U0873561

防腐蚀工程师必读丛书

防腐蚀涂料与涂装

高　瑾　米　琪　编著

中国石化出版社

内 容 提 要

《防腐蚀涂料与涂装》为《防腐蚀工程师必读丛书》之一，由中国腐蚀与防护学会组织专家编写。本书以防腐蚀涂料的基本概念与理论—主要品种与应用—涂装施工与质量控制为主线，并与高分子材料、金属腐蚀理论、防腐蚀涂装施工与检测技术紧密结合，由浅入深地对防腐蚀涂料与涂装技术进行了系统的介绍；同时力求提供并反映国内外防腐蚀涂料与涂装技术的新规范、新技术、新工艺及应用现状。

本书可作为防腐蚀工程师技术资格认证培训教材，也可以作为高等院校相关专业教材和参考书，并可供从事防腐蚀领域的技术人员以及涂料研发、生产与销售相关人员阅读参考。

图书在版编目(CIP)数据

防腐蚀涂料与涂装/高瑾，米琪编著．
—北京：中国石化出版社，2007(2025.5重印)
(防腐蚀工程师必读丛书)
ISBN 978-7-80229-183-6

Ⅰ.防… Ⅱ.①高… ②米… Ⅲ.①防腐-涂料 ②防腐-涂漆 Ⅳ.TQ639

中国版本图书馆CIP数据核字(2006)第152113号

中国石化出版社出版发行

地址：北京市东城区安定门外大街58号
邮编：100011 电话：(010)57512500
发行部电话：(010)57512575
http://www.sinopec-press.com
E-mail:press@sinopec.com
北京艾普海德印刷有限公司印刷
全国各地新华书店经销

*

787毫米×1092毫米16开本27.5印张683千字
2025年5月第1版第6次印刷
定价：78.00元

《防腐蚀工程师必读丛书》
编写委员会

序

金属材料在自然条件或工况条件下，由于与其所处环境介质发生化学或电化学作用而引起的退化和破坏，这种现象称为腐蚀，其中也包括上述因素与力学因素或生物因素的共同作用。某种物理作用（例如金属材料在某些液态金属中的物理溶解现象）也可以归入金属腐蚀范畴。

腐蚀问题遍及各个部门及行业，对国民经济发展、人类生活和社会环境产生了巨大危害。据统计，各国由于腐蚀破坏造成的年度经济损失约占当年国民经济生产总值的1.5%～4.2%，随各国不同的经济发达程度和腐蚀控制水平而异。根据《中国腐蚀调查报告》的资料，我国近年来的年腐蚀损失约为5000亿元（约占国民经济生产总值的5%），这是一个十分惊人的经济损失数字。除了腐蚀的经济性问题之外，腐蚀过程和结果实际上也是对地球上有限资源和能源的极大浪费，对自然环境的严重污染，对正常工业生产和人们生活的重大干扰，并给人们带来不可忽视的社会安全性问题。腐蚀问题还可成为阻碍高新技术发展和国民经济持续发展的重要制约因素。

腐蚀与防护是一个很重要的学科，它涉及许多对国民经济发展有着重要影响的行业。普遍地、正确地选用适当的腐蚀控制技术和方法，可以防止或减缓腐蚀破坏，最大程度地减轻可能由腐蚀造成的经济损失和社会危害。一般认为，只要充分利用现有的腐蚀控制技术，就可使腐蚀损失降低（挽回）25%～30%。采用适当的腐蚀控制措施和预防对策，其能够达到的目标是：可以保障公共安全，防止工业设备损伤破坏，保护环境，节约资源能源，以及挽回数以百亿、千亿元的腐蚀损失。

腐蚀结果表现为多种不同的类型，在不同条件下引起金属腐蚀的原因不尽相同，而且影响因素也非常复杂。因此，根据不同的金属/介质体系和不同的工况条件，迄今已发展出多种有效的防腐蚀技术（腐蚀控制措施），内容非常丰富。每一种防腐蚀技术都有其适用范围和条件，只要掌握了它们的原理、技术和工程应用条件，就可以获得令人满意的防腐蚀效果。对国民经济建设的贡献将是巨大的。

当前，随着国民经济的迅速发展，我国腐蚀科学和防腐蚀工程技术领域迎来了又一个春天。防腐蚀市场的发展和巨大需求，给腐蚀科学和防腐蚀工程业界的广大科研人员和工程技术人员带来了极大的机遇。为和腐蚀作斗争，满足国民经济的巨大需求，就需要拥有大量高水平的科技人才和一支很大的防腐蚀从业人员队伍。在开展腐蚀科学研究、发展和推广应用防腐蚀技术、精心实施防腐蚀工程项目的同时，我们还应高度重视防腐蚀教育工作，培养一大批合格的、能满足国民经济需要的各类人才。

中国腐蚀与防护学会经国家主管部门授权，试点开展防腐蚀工程师(系列)技术资格认证工作。同时，对需要提高腐蚀与防护专业知识水平的人员，中国腐蚀与防护学会将组织专业培训和考试。为此中国腐蚀与防护学会组织编写了《防腐蚀工程师技术资格认证考试指南》(中国石化出版社出版，2005年1月)。为了适应防腐蚀工程师(系列)技术资格认证工作的需求，以及满足腐蚀学科与防腐蚀行业的科研人员和工程技术人员进一步学习的需要，中国腐蚀与防护学会和中国石化出版社又共同组织编写了一套《防腐蚀工程师必读丛书》。这套丛书包括《腐蚀和腐蚀控制原理》(林玉珍、杨德钧)、《工程材料及其耐蚀性》(左禹、熊金平)、《表面工程技术和缓蚀剂》(李金桂、郑家燊)、《阴极保护和阳极保护——原理、技术及工程应用》(吴荫顺、曹备)、《防腐蚀涂料与涂装》(高瑾、米琪)、《腐蚀试验方法及监测技术》(李久青、杜翠薇)共6册。在编写过程中，力求理论联系实际，深入浅出，通俗易懂，便于自学，尽可能结合防腐蚀工程案例，使它们既可用作技术资格认证培训的教学参考书，也可作为广大科技工作者的科技参考书。

丛书编委会由中国腐蚀与防护学会邀请本学科、本行业的专家教授组成。由于时间短促和限于作者水平，书中缺点错误在所难免，敬请广大读者指正；当然，作者和编委会努力将缺点错误减至最少。我们期望这套丛书对感兴趣的读者有所裨益，对我国的国民经济建设能有所贡献。

《防腐蚀工程师必读丛书》

编写委员会

目　　录

第1篇　防腐蚀涂料

第2篇 防腐蚀涂装

第1篇　防腐蚀涂料

第1章　绪　　论

金属腐蚀是金属材料在环境介质作用下发生的化学或电化学反应而引起的破坏和变质，也包括上述作用与机械因素或生物因素的共同作用。所有材料均存在腐蚀问题，如高分子材料的老化、混凝土和砖石的风化和溶蚀等等。腐蚀与防腐科学应包括金属腐蚀与防护和非金属腐蚀与防护。现今，金属材料的腐蚀问题仍然是影响最大，它给国民经济带来的损失是巨大和惊人的，一般谈到的腐蚀主要是指金属材料的腐蚀，其中尤以钢铁的腐蚀最为重要。并且腐蚀还经常引发有害物质泄漏、装置爆炸等恶性突发性事故，直接威胁人身安全和环境保护。材料的腐蚀遍及所有的经济和生活领域，减小腐蚀的危害是国民经济各部门共同关心的问题。据国外专家估计，如能充分运用现有的腐蚀防护技术，可把腐蚀所造成的损失减少三分之一。有效的防腐蚀措施，不仅可节约资源、能源，减少突发性事故，还能减少环境污染。

防腐蚀的方法有许多种，其中涂层防腐由于选择性宽、可用范围广、应用施工方便、节省能源等优点，迄今为止仍是最有效、最经济和应用最普遍的方法。

防腐蚀涂装是材料防腐蚀的重要手段之一，其目的是将工件/环境界面代之以工件/涂层/环境界面，利用涂膜的耐蚀、抗渗、缓蚀等功能来保护材料免受环境侵蚀，延长其使用寿命。

1.1　涂料、涂膜的基本概念

1.1.1　涂料与涂膜

涂料　俗称为油漆，是一种涂于物体表面，能形成具有保护、装饰或特殊性能(如绝缘、防腐、标志等)的固态薄膜的一类液体或固体材料的总称。由于早期大多以生漆和桐油为主要原料，故有“油漆”之称。随着石油化工和有机合成工业的发展，涂料原材料日新月异，各种合成树脂在涂料工业中得到广泛应用，涂料的性能得到了极大的提高，应用范围也得到了扩展。常在具体涂料品种名称中用“漆”字表示“涂料”，如调和漆、底漆等。以防腐蚀为主要功能的涂料称为防腐蚀涂料。

涂膜(漆膜、涂层)　是涂料经涂装所形成的连续固态薄膜。

涂装　是指将涂料涂布到被涂物表面，经固化成膜的工艺。涂装工艺一般由涂前表面处理、涂布、干燥固化三个基本工序组成。

1.1.2　涂料与涂膜基本术语

(1) 涂料(coating)　涂于物体表面能形成具有保护、装饰或特殊性能(如绝缘、防腐、标志等)的固态涂膜的一类液体或固体材料之总称(俗称油漆)。

(2) 防腐蚀涂料(anticorrosive coating)　以防腐蚀为主要功能的涂料。

（3）防锈涂料(antirust coating)　防止金属受自然因素锈蚀的底涂，也称为防锈底漆。

（4）重防腐蚀涂料(Heavy duty coating)　在苛刻腐蚀环境下应用，并具有长效使用寿命的涂料(一般要求：化工大气、海洋：$t \geqslant 10 \sim 15a$；酸、碱溶剂介质：$t \geqslant 5a$)。

（5）玻璃鳞片涂料（glass flake coating，简称 flake coating）　以耐蚀树脂为主要成膜物质，将薄片状的玻璃鳞片以高浓度分散在基料中制成的原浆型涂料。

（6）有机涂料(organic coating)　主要成膜物质由有机物组成的涂料。

（7）无机涂料(inorganic coating)　主要成膜物质由无机物组成的涂料。

（8）色漆(paint)　含有颜料的一类涂料，涂于基材时，能形成具有保护、装饰或特殊性能的不透明漆膜。

（9）厚漆(paste paint)　颜料分很高的、浆状的色漆。使用前需加适量的清油调稀。

（10）调合漆(ready-mixed paint)　一般指不需调配即能使用的色漆。以油脂为单一成膜物制成的调合漆称为油性调合漆；以油脂为主，加入少量的松香脂、酚醛树脂等制成的调合漆称为磁性调合漆。

（11）磁漆，瓷漆(enamel)　施涂后，所形成的漆膜坚硬、平整光滑，外观通常类似于搪瓷的色漆。其漆膜的光泽可变化于有、无之间。

（12）腻子(putty；filler)　用于消除涂漆前较小表面缺陷的厚浆状涂料。

（13）底漆(priming)　多层涂装时，直接涂到底材上的涂料。

（14）中间漆，二道底漆，二道浆　多层涂装时，介于底漆与面漆之间，用来修整不平整表面或增厚的色漆。

（15）面漆(finish；top coating)　多层涂装时，涂于最上层的色漆或清漆。

（16）清漆(varnish)　不含着色物质的一类涂料。涂于底材时，能形成具有保护、装饰或特殊性能的透明漆膜。曾称为凡立水。

（17）透明(色)漆(colored varnish)　含有着色物质的、透明的涂料。它是在清漆中加入醇溶性、油溶性染料或少量有机着色颜料调制成的。

（18）溶剂型涂料(solvent based coating)　完全以有机物为溶剂的涂料。

（19）水性涂料(water(based)paint；water based coating)　完全或主要以水为介质的涂料。

（20）粉末涂料(powder coating)　不含溶剂的粉末状涂料。

（21）双组分涂料，双包装涂料(two-component coating；two-pack coating)　两种组分分装的、使用前必须按规定比例调合的涂料。

（22）漆料(medium；vehicle)　一般指色漆中的液相部分。

（23）基料，漆基(binder)　涂料中的不挥发组分，它能形成漆膜并黏接颜料。

（24）成膜物(质)(film former；film forming material)　漆基能单独形成有一定强度、连续的膜的物质。

（25）树脂(resin)　一类固态、半固态或假固态、相对分子质量一定的聚合物。有时也可以是液态的聚合物。通常有软化或熔融的温度范围，软化时，在应力作用下有流动的倾向。

（26）合成树脂(synthetic resin)　由简单的小分子化合物通过化学反应(如加聚或缩聚反应等)制得的树脂。

（27）增塑剂，增韧剂(plasticizer)　可增强漆膜柔韧性的物质。

（28）溶剂，真溶剂(solvent)　在通常干燥条件下可挥发的，并能完全溶解漆基的单组分或多组分的液体。

(29) 助溶剂(co solvent)　在通常干燥条件下可挥发的液体。它本身没有溶解成膜物质的能力，但若以适当的比例与某种成膜物质的溶剂混合，则能增强溶剂的溶解能力。

(30) 稀释剂(thinner)　单组分或多组分的挥发性液体。加入涂料中能降低其黏度。

(31) 颜料(pigment)　通常是粉状、不溶于介质的有色物质，由于它有光学、保护、装饰等性能而用于涂料。

(32) 防锈颜料(antirust pigment)　具有阻碍金属锈蚀功能的颜料。

(33) 体质颜料，填(充)料(extender; filler)　通常是白色或略带颜色的、折射率小于1.7的一类颜料，由于它的物理或化学性能而用于涂料。

(34) 染料(dyestuff)　天然或合成的、能溶于介质的有色物质，它能使漆膜具有所需的颜色。

(35) 催干剂(drier)　通常是可溶于有机溶剂和漆基的有机金属化合物。在氧化干燥型的涂料中加入适量的催干剂，可加速其干燥过程。

(36) 底材，基底(substrate)　涂有色漆(或清漆)涂层或要涂色漆(或清漆)的各种材料，主要指其表面。

(37) 涂层(coat; film; paint film)　经施涂所得到的连续膜。

(38) 底涂层(primer coat)　在底材上，涂底漆所形成的涂层。

(39) 隔离涂层，封闭涂层(barrier-coat; sealer)　用于隔离上层涂料和下层表面，防止它们相互之间发生物理或化学作用的涂层。

(40) 中间涂层(intermediate coat)　介于底涂层与面漆层之间的涂层。

(41) 面涂层(finishing coat; topcoat)　涂料配套体系的最后一道涂层，与环境接触。

(42) 干燥(drying)　液态漆膜转变成固态漆膜的整个过程。

(43) 自(然)干(燥)，(空)气干(燥)(air drying)　在常温空气中涂层自然干燥的过程。

(44) 烘(烤)干(燥)(baking; stoking)　用加热的方法使涂层干燥的过程。

(45) 色漆或清漆配套体系(paint or varnish system)　欲涂或已涂于底材上的整套色漆或清漆涂层。

(46) 涂层系统(coat system)　由同种或异种涂层组成的系统。

(47) 耐丝状腐蚀性(filiform corrosion resistance)　涂膜抗丝状腐蚀的能力。

(48) 老化性(ageing (weathering))　涂膜受大气环境作用发生的变化。

(49) 抗冲击性(impact resistance)　涂膜抗冲击作用的能力。

(50) 回黏(after tack)　干燥膜又复出现黏滞状态的现象。

(51) 发白(blushing)　一般由潮气、起霜所致有机涂膜的变白或失光泽现象。

(52) 起皱(wrinkling)　在干燥过程中涂膜通常由于表干过快所引起的折起现象。

(53) 起泡(blistering)　涂层因局部失去附着力而离开基底(底材)鼓起，使漆膜呈现似圆形的凸起变形。泡内可含液体、水蒸气、其他气体或结晶物。

(54) 咬底(lifting)　在干漆膜上施涂其同种或不同种涂料时，在涂层施涂或干燥期间使其下的干漆膜发生软化、隆起或从底材上脱离的现象(通常的外观如起皱)。

(55) 剥落(peeling)　一道或多道涂层脱离其下涂层，或者涂层完全脱离底材的现象。同义词：脱落；脱皮。

(56) 粉化(chalking)　漆膜表面由于一种或多种漆基的降解以及颜料的分散，而呈现出疏松附着细粉的现象。

(57) 针孔（pinholing） 一种在漆膜中存在着的类似于用针刺成的细孔病态。它是由于湿漆膜中混入的空气泡和产生的其他气泡破裂，且在漆膜干燥(固化)前不能流平而造成，也由于底材处理或施涂不当(漆膜过厚等)而造成。

(58) 流挂(runs；sags；curtains) 涂料施涂于垂直面上时，由于其抗流挂性差或施涂不当、漆膜过厚等原因而使湿膜向下移动，形成各种形状下边缘厚的不均匀涂层。

(59) 缩孔(cratering) 漆膜干燥后仍滞留的若干大小不等、分布各异的圆形小坑的现象。此病态俗称为“麻坑点”。

1.2 涂料防腐蚀特点及在防腐蚀领域中的地位

涂料涂装防腐蚀技术长久以来作为简单方便的防腐蚀方法，在国民经济中扮演着十分重要的角色，它不仅保护着金属材料、混凝土、木材等材料所生产和制造的各式各样制品，而且具有装饰美化等特殊作用。在各种防腐技术中，涂料防腐蚀技术具有许多独特的优越性，是最经济、应用最广泛的有效保护方法，在防腐蚀领域中占有重要的地位。涂料涂装防腐蚀特点主要体现在：

(1) 涂膜自身对酸碱盐的惰性决定了其在金属发生电化学腐蚀的情况下具有耐蚀性；高分子树脂及无机成膜物的介电常数高，阻止了腐蚀电路的形成，从而起到隔离腐蚀介质、保护基材的作用。

(2) 施工简便，适应性广，不受设备面积、形状的约束，重涂和修复方面费用低。有的工件可在工厂作业线上涂装，有的可在设备的使用现场和工程工地进行。易于现场维护、维修、更新，可在设施和工程不停止生产和运行的情况下进行施工。工期短，对生产影响小。

(3) 涂料防腐可与其他防腐措施(如：阴极保护、金属喷涂、金属镀等)配合使用，从而获得极完善的防腐蚀系统。

(4) 可供选择的品种多，能适合多种用途。随着石油化工工业的发展，涂料工业已形成以合成树脂和无机材料为主体的精细化工行业，能生产包括各大类千余个涂料品种。在使用条件、耐腐蚀性、涂装工艺和价格成本等方面均有适当的品种供选择。

(5) 在防腐蚀保护的同时，还具有装饰、标志、伪装、防火、润滑、防噪音等功能。

(6) 涂料成本和施工费用低于其他防腐蚀措施。

一般情况下，涂层较薄(多在1mm以下)，抗渗、保护性能有限，机械强度有限，在使用中易被损伤，对强腐蚀介质和高温的耐受性有限，所以在高温、强腐蚀介质以及经常磨损和经受强外力的场合，涂料防腐蚀受到一定的限制。但是随着高分子化工的发展，新型固化树脂的出现，涂装技术的发展而新型重防腐涂装体系不断诞生，以及与衬里技术的融合，采用涂装技术可达到衬里的防腐蚀效果，如鳞片重防腐蚀涂料、粉末涂料、喷塑、聚脲弹性体覆盖层等，在苛刻的腐蚀环境下也具有较好的保护寿命。在防腐工程中，涂料不但用于设备的外表，也广泛地应用在设备的内表面。据日本腐蚀和防腐蚀协会调查表明，在涂料、金属表面处理耐腐蚀材料、防锈油、缓蚀剂、电化学保护、腐蚀研究等七大防腐技术投资中，涂料防腐蚀投资的经费占62.5%，由此可见涂料防腐的重要地位和研究开发的活跃程度。

1.3 防腐蚀涂料的发展及趋势

涂料用于防腐蚀已有数千年的历史，早在几千年前，人们就已用大漆进行木器的防腐和装饰，并达到较高的水平。涂料的发展一般可分为天然成膜物质的使用、涂料工业的形成和合成树脂涂料的生产三个发展阶段。中国是世界上使用天然成膜物质涂料——大漆最早的国家，春秋战国时代(公元前 770~前 221)就掌握了熬炼桐油制涂料的技术；公元前的巴比伦已使用沥青作为木船的防腐涂料，希腊人掌握了蜂蜡涂饰技术；长沙马王堆出土汉墓的漆棺和漆器，做工细致，漆膜坚韧，保护性能良好。17 世纪以后，中国的漆器技术和印度的虫胶(紫胶)涂料逐渐传入欧洲。

18 世纪是涂料生产开始形成工业体系的时期。1790 年，英国创立了第一家涂料厂。在 19 世纪涂料生产开始摆脱了手工作坊的状态，很多国家相继建厂，如法国在 1820 年、德国在 1830 年、奥地利在 1843 年、日本在 1881 年都建立了涂料厂。第一次世界大战期间，中国涂料工业开始萌芽，1915 年开办的上海开林颜料油漆厂是中国第一个涂料生产厂。天然树脂为原料制成的溶剂性涂料和天然树脂涂料的特点是原料易得、制备工艺简单，但涂料的性能和用途都极为有限。

19 世纪中期，随着合成树脂的出现，涂料成膜物质发生了根本的变革，涂料工业进入了合成树脂涂料时期。1855 年，英国人 A·帕克斯取得了用硝酸纤维素(硝化棉)制造涂料的专利权，建立了第一个生产合成树脂涂料的工厂；1909 年，美国化学家 L·H·贝克兰试制成功醇溶酚醛树脂；1927 年，美国通用电气公司的 R. H. 突破了植物油醇解技术，发明了用干性油脂肪酸制备醇酸树脂的工艺；1940 年三聚氰胺-甲醛树脂与醇酸树脂配合制漆，大大提高了漆膜的耐晒性能、耐油性能，这进一步扩大了醇酸树脂涂料的应用范围，广泛用于工业涂装。第二次世界大战结束后，合成树脂涂料品种发展很快，美、英、荷(壳牌公司)、瑞士(汽巴公司)在 20 世纪 40 年代后期首先生产环氧树脂，为发展新型防腐蚀涂料和工业底漆提供了新的原料。50 年代初，性能广泛的聚氨酯涂料在联邦德国法本拜耳公司投入工业化生产。1950 年，美国杜邦公司开发了丙烯酸树脂涂料，逐渐成为汽车涂料的主要品种，并扩展到轻工、建筑等部门。壳牌化学公司开发了环氧粉末涂料，美国福特汽车公司 1961 年开发了电沉积涂料，并实现工业化生产。50 年代后期以来，随着石油工业和化学工业的发展，特别是高分子科学的发展，人们对高分子化合物的合成、性能和结构有了较系统深入的研究，以石油化工产品为原料的合成树脂品种日渐增多和成熟，产量不断扩大，涂料的发展也就进入了以合成树脂为主要原料的阶段。这个阶段的特点是原料来源丰富，产品性能得到了很大的提高，基本上可以满足各种用途的需要，但这时的涂料仍以溶剂性涂料为主。

随着世界经济的快速发展和人们生活品质的不断提高，保护环境和节约能源越来越受到重视，世界涂料的发展方向和产品结构都发生了根本变化，其中以美国加州著名的“66 法则”和美国环保局 1977 年提出的所谓“四 E”原则（即经济 Economy、效率 Efficiency、生态 Ecology、能源 Energy 的原则)为转折点，涂料的发展朝着省资源、省能源、无污染方向发展，相继出现了水性涂料、粉末涂料、辐射固化涂料、高固体分涂料等。这些产品的应用，使涂料产品中的有机溶剂用量大幅度下降，甚至不使用有机溶剂，开辟了低污染涂料的新领域。尤其是进入 90 年代以来，保护环境和节约能源成了人们共同关心的话题，世界各国纷纷制定相应法规，限制 VOC(Volatile Organic Compound，挥发性有机化合物)的排放量，加强行业管理，使得环保节能型防腐涂料得到了长足发展。同期，树脂的合成也有了许多新的原理和方法，涂料的品种更加繁多，性能和用途更加广泛。这一时期开发并实现工业化生产的还有杂环树脂涂料、橡胶类涂料、乙烯基树脂涂料、聚酯涂料、无机高分子涂料等品种；富锌涂料、磷化处理、无毒的防锈颜料和功能性纳米涂料的开发使金属防锈保护效果进入了新的境界，使防腐蚀涂料的品种和性能发生了根本性的改变。

随着钢铁等金属材料的大规模生产和应用，促进了近代工业革命的实现和发展，防腐蚀涂料开始作为一门科学出现并得以发展。从18世纪末到19世纪末，经过近百年的探索、实践和改进，人们设计、规定了一套标准的防腐涂装工艺，已经包含了现代涂装中的基本概念，如表面处理、防锈颜料、底面漆等。20世纪50年代，高压无空气喷涂在造船工业和钢铁桥梁建筑中推广，大大提高了涂装的工作效率。静电喷涂是60年代发展起来的，它适用于大规模流水线涂装，促进了粉末涂料的进一步推广。电沉积涂装技术是60年代适应于水溶性涂料的出现而发展的，尤其在超过滤技术解决了电沉积涂装的废水问题后，进一步扩大了应用领域。

现代工业技术的发展不仅为防腐涂料的发展提供了更好的技术物资基础，同时也提供了更广泛的市场(如空间技术、核能利用、海洋资源开发等)，也提出了更高、更新的要求，这也是防腐蚀涂料发展的原动力。如在各种酷烈石油化工生产条件下，石油化工设备防腐蚀涂料的使用寿命至少必须在7年以上，一般防腐蚀涂料很难达到这一要求，由此应运而生的重防腐蚀涂料(Heavy duty coatings)已获得了极为迅速的发展，尽管它的初期涂装费用较高，但因其耐腐蚀性能优异，使用期很长，所以经济效益显著。一般说来在苛刻条件下使用重防腐蚀涂料比使用一般防腐蚀涂料要少花2~3倍的经费。重防腐蚀涂料在国内外已广泛地用于涂装重要建筑工程、石油化工设备及管线、船舶、海上设备、桥梁、铁质或非铁质大型构件等，以确保它们在严酷条件下使用5~10年而无须大面积重新涂漆。近年广泛应用的玻璃鳞片涂料、聚脲弹性体涂装技术把衬里的优异防腐蚀性能和涂料的易施工性结合于一体，进一步扩大了涂料防腐蚀的应用范围。环境保护的限制对防腐蚀涂料提出了水性化、粉末化和高固组分化的要求，涂料工业向节省资源、能源，减少污染，有利于生态平衡和提高经济效益的方向发展。

粉末涂料产量从1980年到2001年，年均增长率达13%。预计到2015年粉末涂料将占涂料总量的20%。随着粉末涂料薄膜化、低温固化和快速换色技术的发展，粉末涂料不仅可用于金属制作、家电、建筑、汽车、特种钢筋及管道方面，还可用于木制品、无机器材、卷材等领域，发展前景广阔。无溶剂涂料在重防腐涂料、船舶涂料等领域一直被视为极重要的发展方向，特别是近年来地坪涂料用量骤增，使无溶剂涂料的开发和应用更受重视，其用量逐年上升，预计到2015年将占涂料总量的20%。溶剂型高固体涂料系指体积固体分在60%以上的溶剂型涂料。这种涂料由于溶剂含量少，因此对环境的危害减少了，它是汽车、船舶、集装箱、重防腐、钻井平台和木器等重要涂料应用领域的主力军和发展方向，目前在开发和应用的树枝状聚合物(高相对分子质量、低黏度)如聚酯、聚氨酯等正是为开辟新颖高固体涂料所作的准备，欧洲现有汽车涂装流水线都将换用高固体涂料以取代固体分溶剂型涂料。美国杜邦公司称，不久将会有80%高固体分涂料应用于汽车涂料中。

近年，国内外在防腐蚀涂料与涂装理论方面开展了大量的应用基础性研究，并且取得一定的进展。如对涂料防腐蚀机理进行了深入的研究，提出了选择涂料防腐蚀系统的理论；通过对金属表面、高分子功能基团的分析，进一步明确了影响涂膜附着力的各种因素；通过电化学交流阻抗、恒压脉冲极化法及断续电流法对膜下金属腐蚀状态、腐蚀介质在膜中的传递行为的深入研究，有效地预测和监控膜下腐蚀和涂膜的失效；通过应力分析研究温度变化或金属形变时的各种现象，以确定涂膜与基体钢材的应力适用性以及和涂膜性能相适应的使用条件等；研究涂膜环境老化与实验室加速老化性能的相关性，以便快速评价防腐蚀涂层体系；应用溶度参数理论分析聚合物涂层的耐腐蚀性能，从而应用分子设计的方法合成具有特定耐腐蚀性能的聚合物基料，以满足特定技术要求。涂料及膜下金属腐蚀行为的基础性研究的成果将涂料防腐蚀技术推进到一个新的水平。然而，相对防腐蚀涂料品种和产量的不断增加，其理论研究还相对匮乏，涂料品种的千变万化、使用对象(基材)和环境的多样性和复杂性以及多学科知识的交叉性使得许多问题还只停留在定性阶段。防腐蚀涂料的理论研究主要是以高分子理论、金属腐蚀理论、界面化学理论、流变学理论以及复合材料理论等为基础。

总之，系列合成高分子树脂的出现，相应地，金属腐蚀与防护理论的研究进展、机械除锈表面处理技术的应用、涂装技术设备的进展、各种涂层性能检测仪器的出现以及涂料理论研究的重视和成果，使防腐涂料得到重大发展，为社会创造了巨大的经济利益。从世界范围看，涂料作为一门科学所涉及的各个领域的研究，已愈来愈引起科学家们的兴趣，特别是功能性防腐蚀涂料在航空航天到民用高技术产品上的应用，其与光、电、磁、热等性质，以及与环境保护的要求相联系，这一切势必引起科学界和企业界的重视，必将有更大的投入去研究与开发，引发涂料产业的革命，使涂料工业及其产品对人类社会有更大的贡献。防腐蚀涂料正以自己的优势在各领域中发挥重要的作用，并向着高性能、低污染、多功能、省资源的方向发展。

1.4 防腐蚀涂料的分类及命名

1.4.1 防腐蚀涂料种类

防腐蚀涂料种类很多，从不同角度出发，可分为不同的种类：

(1) 从对材料的保护作用出发
- 防锈涂料：防止金属受自然因素锈蚀的底涂
- 主要包括：预涂底漆、富锌涂料、带锈涂料、一般防锈涂料
- 防腐涂料：防止材料受化学介质的腐蚀

(2) 从对材料的保护效果出发
- 一般防腐蚀涂料：在一般的腐蚀环境下应用，保护寿命有限，涂膜较薄(一般厚度 0.1~0.15mm)
- 重防腐蚀涂料：在苛刻腐蚀环境下应用，并具有长效使用寿命的涂料(一般要求：化工大气、海洋环境，$t\geqslant 10\sim 15$ 年；酸、碱、溶剂介质，$t\geqslant 5$ 年)

(3) 从腐蚀环境出发　海洋防腐蚀涂料、大气防腐蚀涂料、地下防腐蚀涂料等；

(4) 从应用功能性出发　耐热防腐蚀涂料、耐磨防腐蚀涂料、抗静电防腐蚀涂料等；

(5) 从保护对象出发　管道防腐蚀涂料、船舶防腐蚀涂料、化工设备防腐蚀涂料、建筑防腐蚀涂料等；

(6) 从涂料形态出发　无溶剂、水性、粉末、溶剂型防腐蚀涂料等；

(7) 从成膜物类别出发　有机防腐蚀涂料(热塑性、热固性)，无机防腐蚀涂料等。

上述各种分类只是强调某一方面，无法全面反映防腐蚀涂料的特征。防腐蚀涂料是涂料产品的一个组成部分，按国际标准依据主要成膜物质划分的类型中，它分布在 17 个大类中，按特性和主要用途划分的基本品种中，它们属于基本品种代号在 50~ 59 的防腐蚀涂料。但防腐蚀漆的重要品种，如防锈漆、船舶漆等另有品种代号。对涂料产品分类和命名的了解，有利于选择和应用防腐蚀涂料。

1.4.2 涂料的分类

涂料分类一般采用以主要成膜物为基础，按照国家标准(GB/T 2705—92)，并结合其用途来进行分类。以主要成膜物质为基础将涂料品种分为 17 大类，见表 1-1，大部分以其汉

语拼音的第一个字母为其代号，稀释剂和其他辅助材料归为一类，若成膜物质为混合树脂，则以在漆膜中起主要作用的一种树脂为基础。

表 1-1　涂料产品分类表

序号	代号①	涂料产品类别	代表性成膜物质
1	Y	油脂涂料	天然动植物油、清油(熟油)、合成干性油
2	T	天然树脂涂料②	松香及其衍生物、虫胶、乳酪素动物胶、大漆及其衍生物
3	F	酚醛树脂涂料	纯酚醛树脂、改性酚醛树脂、二甲苯树脂
4	L	沥青树脂涂料	天然沥青、煤焦沥青、石油沥青
5	C	醇酸树脂涂料	甘油(或季戊四醇等)醇酸树脂和各种油改性醇酸树脂等
6	A	氨基树脂涂料	脲(或三聚氰氨)甲醛树脂和各种改性醇酸树脂等
7	Q	硝基涂料	硝化纤维素和改性硝化纤维素
8	M	纤维素涂料	乙酸纤维、苄基纤维、乙基纤维、醋丁纤维、羟甲基纤维等
9	G	过氯乙烯涂料	过氯乙烯树脂及其改性过氯乙烯树脂
10	X	乙烯树脂涂料	VAGH、聚乙烯醇缩丁醛树脂、氯乙烯-偏氯乙烯共聚物、聚苯乙烯、氯化聚丙烯、石油树脂等
11	B	丙烯酸树脂涂料	丙烯酸树脂、丙烯酸共聚物等
12	Z	聚酯树脂涂料	饱和聚酯和不饱和聚酯
13	H	环氧树脂涂料	环氧树脂、脂肪族聚烯烃环氧树脂、改性环氧树脂
14	S	聚氨酯涂料	加成物、预聚物、缩二脲及异氰脲酸酯多异氰酸酯(芳香族与脂肪族)
15	V	元素有机聚合物涂料	有机硅、有机钛、有机铝、有机磷等
16	J	橡胶涂料	天然橡胶及其衍生物，如氰化橡胶；合成橡胶及其衍生物，如氯磺化聚乙烯橡胶
17	E	其他涂料	以上 16 类包括不了的成膜物质，如无机高聚物，聚酰亚胺树脂等
18		辅助材料	溶剂和稀释剂，如松香水、二甲苯等；防潮剂、催化剂、脱漆剂、固化剂、表面处理剂等

① 按汉语拼音字母发音。

② 包括由天然资源所产生的物质及其加工处理后的物质。

1.4.3　涂料的命名

防腐蚀涂料的命名遵循涂料命名的基本原则，国家标准 GB/T 2705—92 作了详尽规定。

涂料的命名原则是，涂料产品的全名称包括颜色或颜料名称+主要成膜物质名称+基本名称，基本名称反映涂料的基本功能、特征或用途。例如，氧化铁红环氧底漆、锌黄酚醛防锈漆等，对某些有专业用途和特性的油漆产品，常在其成膜物后加以阐明。例如，醇酸导电磁漆、灰色丙烯酸桥梁漆、白丙烯树脂冰箱漆、白硝基外用漆等。

为求统一和简化，每一类油漆产品都有一个确定的型号。型号和命名原则，如下所示：

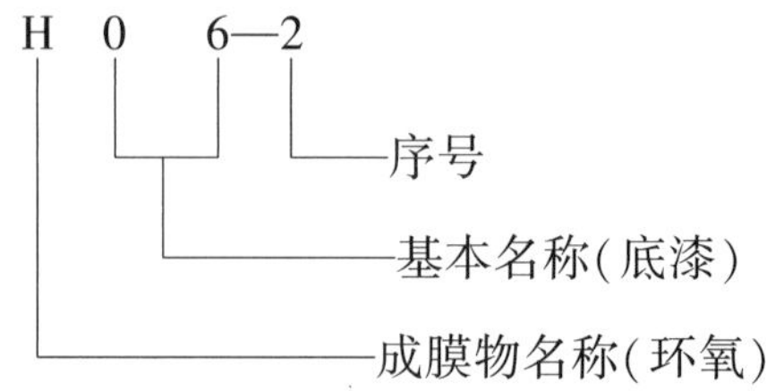

即：成膜分类代号+基本名称代号+—+品种序号，涂料基本名称代号及涂料产品序号如表 1-2，1-3。

例：Q01-17　硝基清漆；

B04-2　丙烯酸磁漆；

C04-3　白醇酸磁漆；

A04-31　黑氨基无光烘干磁漆；

H52-98　铁红环氧酚醛烘干防腐底漆。

表 1-2　涂料产品基本名称代号表

代号	基本名称	代号	基本名称	代号	基本名称
00	清油	22	木器漆	53	防锈漆
01	清漆	23	罐头漆	54	耐油漆
02	厚漆	30	(浸渍)绝缘漆	55	耐水漆
03	调合漆	31	(覆盖)绝缘漆	60	耐火漆
04	磁漆	32	(绝缘)磁漆	61	耐热漆
05	粉末涂料	33	(黏合)绝缘漆	62	示温漆
06	底漆	34	漆包线漆	63	涂布漆
07	腻子	35	硅钢片漆	64	可剥漆
09	大漆	36	电容器漆	66	感光漆
11	电泳漆	37	电阻漆，电位器漆	67	隔热漆
12	乳胶漆	38	半导体漆	80	地板漆
13	其他水溶性漆	40	防污漆、防蛆漆	81	鱼网漆
14	透明漆	41	水线漆	82	锅炉漆
15	斑纹漆	42	甲板防滑漆	83	烟囱漆
16	锤纹漆	43	船壳漆	84	黑板漆
17	皱纹漆	44	船底漆	85	调色漆
18	裂纹漆	50	耐酸漆	86	标志漆、马路划线漆
19	晶纹漆	51	耐碱漆	98	胶液
20	铅笔漆	52	防腐漆	99	其他

注：00~13 代表涂料基本品种；14~19 为美术漆；20~29 为轻工用漆；30~39 为绝缘漆；40~49 为船舶漆；50~59 为防腐蚀漆；60~79 为特种漆；80~99 为备用漆。

表 1-3　涂料产品序号代号

涂料产品		代号 自干	代号 烘干
清漆、底漆、腻子		1~29	30 以上
磁漆	有光	1~49	50~59
	半光	60~69	70~79
	无光	80~89	90~99
专业用漆	清漆	1~9	10~29
	有光磁漆	30~49	50~59
	半光磁漆	60~64	65~69
	无光磁漆	70~74	75~79
	底漆	80~89	90~99

注：在氨基树脂涂料中，清漆、磁漆、腻子的序号划分不符合此原则。

第 2 章　涂装防腐蚀技术的基本理论

2.1　涂层防腐蚀保护基本原理

2.1.1　金属腐蚀

要对金属材料施以有效的涂层保护，论述其保护原理，非常有必要首先对金属腐蚀有一定的了解。金属材料的腐蚀过程比较复杂，按作用机理可分为化学腐蚀、电化学腐蚀和物理腐蚀(见图 2-1)。金属材料腐蚀遵循哪一种机理，主要取决于金属表面所接触的腐蚀介质种类，是电解质还是非电解质。

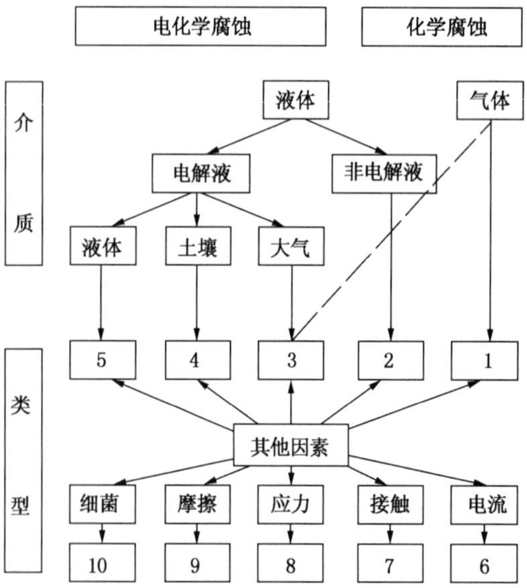

图 2-1　金属腐蚀的分类

金属的化学腐蚀是金属表面与非电解质直接发生化学作用而引起的破坏，其反应特点是，在一定条件下，非电解质中的氧化剂与金属表面的原子相互作用而形成腐蚀产物。在化学腐蚀过程中，金属与氧化剂之间的电子传递过程是杂乱无章的，因而没有电流的产生，不形成腐蚀微电池。金属化学腐蚀往往只在特定的情况下发生，不具有普遍性。例如，在高温下气体与金属直接作用发生的气体腐蚀、石油中溶有的有机硫化物硫醇对金属管线和容器所产生的腐蚀、高温氧化腐蚀、钢铁的脱碳、地下管道的细菌腐蚀等。

金属的电化学腐蚀是指金属表面与离子导电的介质(电介质溶液)因发生电化学作用而产生的破坏，具有广泛性和普遍性。研究腐蚀的目的在于控制腐蚀，延长金属的使用寿命，其中电化学腐蚀是最主要的研究对象。在金属表面形成原电池是电化学腐蚀的最主要条件，在电介质溶液(如水)中，由于金属的电位差，可产生腐蚀原电池。即使在同一金属表面，由于其局部内应力的差异、微观组织的差异、焊缝成分的不同、电介质溶液的浓度差、温度差、溶液中的氧浓度差等，都会产生电位差而引起腐蚀。

钢铁的腐蚀电池反应：

阳极：$Fe \longrightarrow Fe^{2+}+2e$　(2-1)

阴极：$2H^{+}+2e \longrightarrow 2H \longrightarrow H_2$(酸性溶液的析氢反应)　(2-2)

$O_2+4H^{+}+2e \longrightarrow 2H_2O$(酸性溶液的氧还原反应)　(2-3)

$O_2+2H_2O+4e \longrightarrow 4OH^{-}$(中性或碱性介质中的氧还原反应)　(2-4)

反应式(2-2)是析氢反应，较为危险，用于强酸介质的浸渍，涂层必须慎重，以免偶有个别微孔造成介质透过。涂层一旦破损，钢板快速蚀穿。反应式(2-4)是在中性、碱性介质中的氧还原反应，对于防腐蚀涂料来说是最重要的反应，在一般大气中及海洋环境的腐蚀均属此类；由于在阴极部位产生碱性的 OH^-，会使油脂型、醇酸型漆膜皂化剥落。日常见到的有些腐蚀是由于氧浓差引起，如铆钉下、锈层下等均因氧供应少而成为阳极。钢板上的露滴，外层供氧多而形成阴极，中心供氧少而成为阳极的腐蚀凹坑(如图 2-2 所示)。

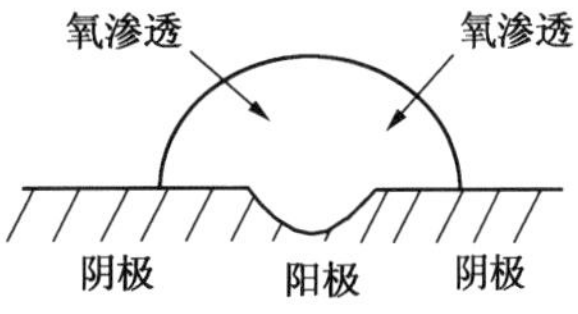

图 2-2　氧浓差引起的腐蚀

腐蚀电池的驱动力是两个电极间的电位差 ΔE。腐蚀电流越大，腐蚀速率越快。由于电流通过而引起原电池两极间电位差的减少，并因而引起电池工作电流的降低现象，称为原电池的极化作用。当通过电流时，阳极电位(E_a)向正方向移动为阳极极化，阴极电位(E_c)向负方向移动为阴极极化，消弱或减轻阳极和阴极作用的电极过程称为去极化过程(或去极化作用)，能消除或减轻极化的物质为去极化剂。图 2-3～图 2-6 是将极化曲线用直线表达的简化示意图。图中 I_{corr} 为腐蚀电流；E_c 为阴极电位；E_a 为阳极电位；E_{corr} 为腐蚀电位或称稳定电位。

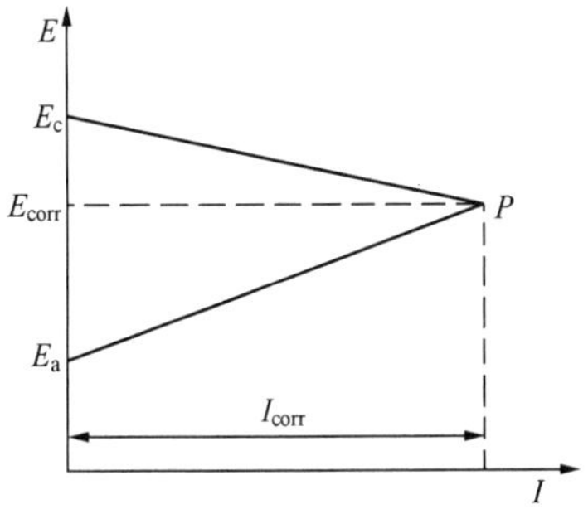

图 2-3　低电阻的腐蚀电池

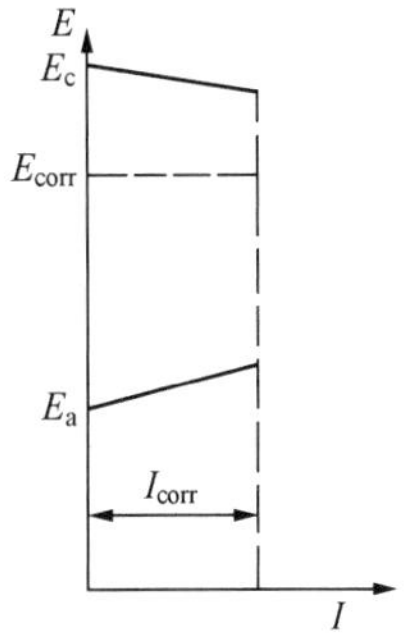

图 2-4　高电阻腐蚀电池

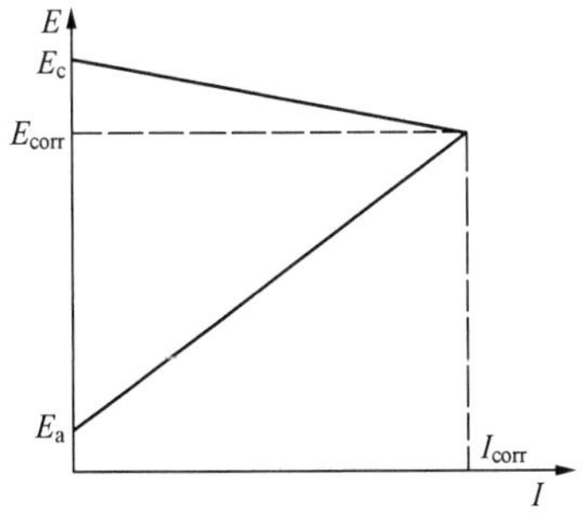

图 2-5　阳极控制的微电池

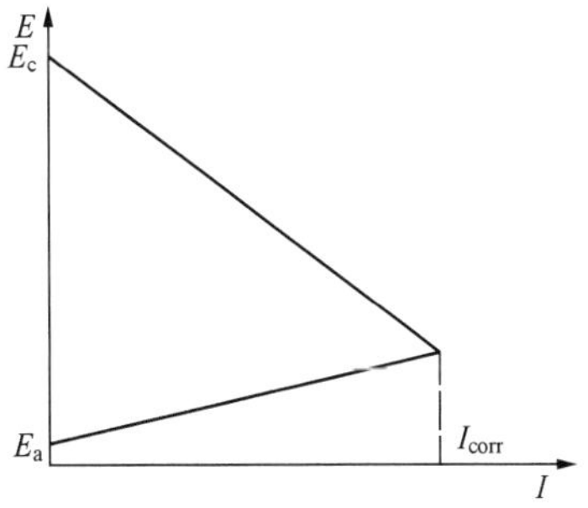

图 2-6　阴极控制的微电池

图 2-4 是高电阻的腐蚀电池，受屏蔽型涂层的阻挡，电阻大，使电流变小。为了减少腐蚀，须降低腐蚀电流，在原始 E_c-E_a 不变的情况下，可采用电阻控制(优良的厚层漆膜)、阳极控制(如铬酸盐底漆使阳极钝化)、阴极控制(如锌或钙颜料在阴极生成碱性沉积层，也可用优良涂层，透氧率低，阻滞阴极的氧还原反应)。也可采取兼有阳极控制的铬酸盐底漆，上罩环氧沥青的电阻控制及阴极控制的混合控制，来控制腐蚀。

物理腐蚀是指金属由于单纯的物理溶解作用所引起的破坏。许多金属在高温熔盐、熔碱及液态金属中可引起金属溶解或开裂，这种腐蚀不是由于化学反应，而是由于物理溶解作用而发生。例如用来盛放熔融锌的钢容器，由于铁被液锌所溶解，故钢容器渐渐地变薄。

根据金属产生腐蚀的环境可分为自然环境中的腐蚀(大气、土壤、淡水和海水、微生物腐蚀)和工业环境介质中的腐蚀。根据金属腐蚀形貌、破坏的特征可将金属腐蚀分为全面腐蚀、局部腐蚀(电偶腐蚀、点腐蚀、缝隙腐蚀及其特例丝状腐蚀、晶间腐蚀及其特征焊缝腐蚀、选择性腐蚀)以及在力学和环境因素共同作用下的腐蚀(氢致开裂、应力腐蚀断裂、腐蚀疲劳、磨损腐蚀)。

2.1.2 涂层防腐蚀保护作用

涂层对金属的保护作用是基于在金属发生腐蚀(化学、电化学)的情况下，涂层体系对金属腐蚀介质显示化学惰性，并通过抑制电化学、化学反应而达到。具体来看，是基于下面几方面的作用。

2.1.2.1 屏蔽作用

许多涂层对酸、碱、盐等腐蚀介质显示化学惰性，且介电常数高，阻止了腐蚀电路的形成，因此金属表面涂覆漆膜后，把金属表面与环境隔开，阻止或抑制了水、氧和离子透过漆膜，起到了屏蔽腐蚀介质的作用，从而阻止形成腐蚀电池或抑制其活动。因为没有或仅有少量的水和氧存在于金属表面，电极过程和去极化过程难以进行，腐蚀电流很小，腐蚀速度缓慢。屏蔽作用对于混凝土、木材、砖石来说，是纯粹的对腐蚀介质的机械隔离作用。但必须指出，涂料用高聚物具有一定的透气性，并与涂层结构密切相关，涂层抗渗性是涂层起屏蔽作用的关键。

漆膜屏蔽作用还体现在它的电阻效应，在腐蚀电池的回路中，电绝缘性良好的漆膜可以抑制溶液中阳极金属离子的溶出和阴极的放电现象。金属上的漆膜妨碍了阳极或阴极与溶液间的离子移动，产生了在腐蚀电池回路的溶液区域介入电阻的效果。事实证明，涂层表面电阻率高并且在溶液中能较长时间保持稳定值的漆膜防腐蚀性良好。当涂层表面电阻率降到$10^7\Omega/cm^2$以下时，就应该考虑到在涂层下发生了一定速率的腐蚀，如涂层的表面电阻率保持在$10^9\Omega/cm^2$以上时，则无需考虑腐蚀问题。对地下镀锌钢管上的涂层，其表面电阻率应该达到这样的要求：即使在室温下长期浸泡于氯化钠溶液中，表面电阻率能保持在$10^9\sim10^{10}\Omega/cm^2$之间至少一年。

2.1.2.2 颜料的钝化、缓蚀作用

颜料是涂层的重要组成部分，借助涂料中的防锈颜料与金属表面作用，使其钝化或生成保护性的物质以提高涂层的保护作用。另外，大多数碱性颜料能与漆膜含有的植物油酸以及有机漆膜的大分子链发生氧化降解，所产生的低分子羧酸生成皂类化合物，如钙皂、钡皂、锶皂及锌皂等，它们可以降低漆膜的吸水性和透水性，并有缓蚀作用。

在防锈底漆中经常采用活性较大的防锈颜料，如铬酸盐类和红丹等，它们对底材金属有一定的钝化作用。以铬酸盐系颜料底漆为例，当微量水透过漆膜时．少量被溶解的颜料将底材金属钝化。这种不通电流而使金属阳极钝化的现象称为金属的“自钝化”。有资料介绍，将裸钢板浸入浓度0.5%的Cr_2O_3水溶液中，发现经24h后其电极电位升高10%~20%。

2.1.2.3 电化学阴极保护作用

这种作用的原理与金属覆盖层相类似，是在涂料中含有大量电位比铁低的金属粉为填料(如锌)，且其量足以使金属粉之间和金属粉与基体金属之间达到电接触程度。在腐蚀过程中它会起到牺牲阳极的阴极保护作用，使基体金属免受腐蚀。富锌底漆是该类功能涂料的典型代表，已被广泛用于桥梁、管线、大型钢结构设施的保护。通常在其上面涂以面漆，以延长保护期限。

2.2 涂料的基本组成及各组分的作用

涂料是复杂的多组分化学混合体，也可以说是一种复合材料。它的性能和防腐蚀保护作用的发挥是各组分间相互作用的最终结果。涂料要经过施工在物件表面而形成涂膜，因而涂料的组成中还包含了为完成施工过程和有助干燥成膜过程所需要的组分。

涂料虽然品种繁多，性能各异，但归纳起来主要有四大组成部分，如表 2–1 所示。

表 2–1 涂料的基本组成及作用

基本组成	典型品种	主要作用
成膜物质	合成高分子、天然树脂、植物油脂、无机硅酸盐、磷酸盐等	是涂料的基础，黏接其他组分，牢固附着于被涂物表面，形成连续固体涂膜，决定涂料及涂膜的基本特征
颜料及固体填料	钛白粉、滑石粉、铁红、锌黄、铝粉、云母等	具有着色、遮盖、装饰作用，并能改善涂膜性能(如防锈、抗渗、耐热、导电、耐磨等)，降低成本
溶剂、分散介质	挥发性有机溶剂(如酯，酮类)、水	使涂料分散成黏稠液体，调节涂料的流动性、干燥性和施工性，本身不能成膜，在成膜过程中挥发掉
助剂	固化剂、增塑剂、催干剂、流平剂等	本身不能单独成膜，但改善涂料在制造、贮存、施工、使用过程中的性能

注：不含有固体颜料、填料的涂层呈透明状，称为清漆。

2.2.1 成膜物质

成膜物质是组成涂料的基础，它具有黏接涂料中其他组分形成涂膜的功能。它对涂料和涂膜的性质起决定性作用。

涂料成膜物质具有的最基本特性是它经过施工能形成薄层的涂膜，并为涂膜提供所需要的各种性能。它还能与涂料中所加入的必要的其他组分混容，形成均匀的分散体，具备这些特性的化合物都可用为涂料成膜物质。它们的形态可以是液态，可以是固态。可以作为涂料成膜物质使用的物质品种很多，原始涂料的成膜物质是油脂，主要是植物油，到现在仍在应用，如大漆类防腐蚀涂料。现在合成树脂作为涂料成膜物质应用广泛，树脂是一类以无定形状态存在的高分子有机物，通常指未经过加工的高分子聚合物，包括各种热塑性树脂和热固性树脂。

2.2.1.1 防腐蚀涂料对成膜物的基本要求及分类

防腐蚀涂料对成膜物的基本要求为：

(1) 黏合性强，包括与基材及填料，这是涂料能发挥基本保护性能的前提；

(2) 成膜固化性能要与涂装工艺相配套；

(3) 对腐蚀介质稳定，结构致密，抗渗性强；

(4) 具有一定的溶解、分散性能，满足涂装工艺对流变性能的要求。

能作为防腐蚀涂料成膜物质的化合物种类繁多。根据成膜前后结构的比较，可分为两大类：非转化型成膜物质和转化型成膜物质。

(1) 成膜物质在涂料成膜过程中化学组成结构不发生变化，这类成膜物质称为非转化型成膜物质。它们具有热塑性：受热软化，冷却后又变硬，多具有可溶解性、可熔融性。属于这类成膜物质的品种有：①天然树脂，包括来源于植物的松香(树脂状低分子化合物)、来源于动物的虫胶、来源于矿物的天然沥青。这类成膜物质的涂料为油漆类或低档漆，其特点是施工性能好、价廉，但干性慢、机械力学性能差，只具有一般的保护性能，不能适应严酷腐蚀环境的防护要求。②天然高聚物的加土产品，如硝基纤维素、氯化橡胶等。③合成的高分子线型高聚物即热塑性树脂，如过氯乙烯树脂、聚乙酸乙烯树脂、热塑性丙烯酸树脂等，涂料用的热塑性树脂与用于塑料、纤维的同类品种在相对分子质量、化学组成等性能上有所不同。

（2）成膜物质在涂料成膜过程中化学组成结构发生了变化，这类成膜物质称为转化型成膜物质。一般具有可反应的官能团，在热、氧或其他物质的作用下聚合成与原结构不同的不溶解、不熔融的网状高聚物，即热固性高聚物。属于这类成膜物质的品种有：①干性油和半干性油，主要是来源于植物的植物油脂，它们是具有一定数量官能团的低分子化合物；②天然漆和漆酚，也属于含有活性基团的低分子化合物；③低相对分子质量化合物的加成物或反应物，如多异氰酸酯的加成物；④合成聚合物，有很多类型。属于低聚合度低相对分子质量的聚合物有：聚合度为5~15的齐聚物，低相对分子质量的预聚物和低相对分子质量的缩聚型合成树脂，如酚醛树脂、聚氨酯预聚物、丙烯酸酯齐聚物等。现在还开发了多种新型聚合物，如互穿网络聚合物，采用溶胶凝胶技术合成的有机-无机杂化成膜物。

现代涂料经常采用几个树脂品种，互相补充或互相改性，以适应多方面性能的要求，如环氧煤沥青涂料、丙烯酸聚氨酯涂料、环氧有机硅涂料等。

2.2.1.2　成膜物结构对防腐蚀涂料性能的影响

涂料的基本特征是由成膜树脂所决定的，而成膜树脂的固有特性则是它的结构链节所决定的。因此，影响防腐蚀涂料性能的主要因素可归结到成膜树脂的结构。例如，含亚甲基键节的烃系树脂如聚乙烯树脂、聚丙烯树脂等具有较好的耐化学药品性、耐水性、耐腐蚀性；含酯键链节的树脂易发生皂化反应，故其耐化学腐蚀性较差；含醚键链节的环氧树脂、酚醛树脂等则具有很好的耐腐蚀性能；含酰胺基链节的聚酰胺树脂、尼龙等，也具有较好的耐腐蚀性能；含有机硅链节的有机硅树脂、硅醇树脂则具有很好的耐湿性；含氨基甲酸酯链节的聚氨酯树脂也具有极好的耐腐蚀性能(详见第5章)。但值得注意的是，每种树脂都含有多种结构和化学基团，而且各结构和化学基团之间相互影响，同时所遇到的腐蚀介质和所处的腐蚀环境不同，因此在分析成膜树脂结构对防腐蚀涂料性能的影响时，一定要具体分析，这样才能取得预期的效果。

水是最常见的一种腐蚀介质，它能使涂膜中的化学键水解，降解为小分子，致使整个涂膜失去其防腐蚀能力，所以涂膜的抗水解性是解决涂膜耐腐蚀的重要指标。构成涂膜主链的各种化学键的水解稳定性极不相同。一般说来，醚键的抗水解性较好，酯键、羧基、羟基较差，但随基团侧链上碳链的增长，耐水性提高。同时，水的渗透压高，能透过涂膜使底漆中的可溶性颜料和某些杂质溶解，从而使液体内外的渗透压不同，在内外压力平衡的过程中常常使涂膜起泡或产生微细裂缝，各种腐蚀介质便乘虚而入，造成严重腐蚀。显然，若固化涂膜中含有的大量亲水性基团，涂膜的吸水性增加，便会使耐腐蚀性能降低。

各种化学介质对涂膜的破坏作用各不相同。电介质溶液对涂膜的破坏作用和水相似，但因其导电性增加，腐蚀更为厉害。无机酸对有机固化涂膜的作用，主要是使大分子中的极性键水解，同时在双键处发生加成反应，并引起某些大分子的异构化或环化，当然这种作用是极其缓慢的。但酸能溶解和分解涂层中的颜料及各种添加剂，降低涂膜的保护作用。有机介质(如醇、醛、酮、醋、酸等)可使固化涂膜溶胀和溶解，从而加速腐蚀反应的进行。不论是单纯的溶剂腐蚀，还是环境应力腐蚀等，均与介质对涂膜的溶解能力有关。

从结构上看，碳链聚合物形成的涂膜的耐腐蚀性能比杂链聚合物的要好，若以氟、氯等元素取代碳链上的氢原子，可提高其耐腐蚀性能。另外，固化涂膜中应尽可能不含低相对分子质量化合物，固化涂膜中的双键数也应减少到最低数，以避免产生过多的腐蚀介质作用中心而加速腐蚀的进行。

2.2.2 颜(填)料

2.2.2.1 颜(填)料作用及种类

颜(填)料简称颜料，是色漆的重要组成部分，但不能单独成膜，因此，也称为次要成膜物质。颜料一般为微细的粉末状有色物质，通过涂料生产过程中的搅拌、研磨、高速分散等加工过程，使其均匀分散在成膜物质及其溶液中，形成色漆。在形成涂膜之后，颜料均匀分散在涂膜中，涂膜的实质是颜料和成膜高聚物的固-固分散复合体。

颜料在涂料中可以显现颜色，赋予涂膜以遮盖力。同时还对涂料的流变性、保护性能、耐候性、耐化学品性、耐热性、涂膜的机械性质很有影响，还关系到涂料成本的降低。加入功能性颜料，还可赋予涂层某些特定功能，如导电、阻燃等性能。

颜料的品种很多，各具有不同的性能和作用。按在涂料中的用途可分为着色颜料、体积颜料和功能性颜料，每一类都有许多品种。

常用的着色颜料有钛白、锶黄、酞青蓝、甲苯胺红、石墨、炭黑、华蓝、群青等；常用的体积颜料(也称填料)有碳酸钙、磷酸钙、云母、硫酸钡、滑石粉、硅藻土等，体积颜料常用来调节涂料的颜料体积浓度(PVC)，以增强诸如漆膜的机械强度、附着力，调节抗水、气、腐蚀介质的渗透性和光泽等。体积颜料一般价较廉，因此在涂料配方中着色颜料用量决定后，剩余的 PVC 量就以体积颜料充填，故也把体积颜料称为填充料。

功能颜料是具有特征功能的颜料，如防锈蚀颜料、防污颜料、阻燃颜料、导电颜料等。功能颜料价格高昂，故其用量以满足功能要求为度。

2.2.2.2 防锈颜料

在一定条件下能防止金属生锈的颜料称为防锈颜料，是防锈涂料获得良好防止锈蚀效果的重要组分。在涂料中使用的防锈颜料，按其防锈机理，可分为物理性防锈颜料和化学性防锈颜料两大类。其主要品种及作用见表 2-2。

表 2-2 主要防锈颜(填)料种类及作用

种 类	代表品种	作用方式	特 点
铅系	红丹、氰化铅、次氧化铅	由于皂化作用，起到钝化金属表面及缓蚀作用	有毒，不适用于轻金属，需配面漆，不可长期暴露于大气中
铬酸盐	锌铬黄、铬酸锶、铬酸钙	阳极钝化，缓蚀作用	溶解度适宜，有毒，用于钢铁、轻金属表面
锌粉	锌粉	阴极保护作用	涂膜中锌含量>85%
固体鳞片	玻璃鳞片、铝粉云母、不锈钢鳞片	鳞片抗渗	同时赋予涂层耐热、防老化等性能
有机铬酸盐	无环胍、无环脒、环胍、环脒	缓蚀	用量少、对漆基的溶渗力强
磷酸盐	磷酸铁铵、磷酸铁、铅、钙	与铁离子形成致密的配合物	无毒，一般与铬酸盐配合使用

物理性防锈颜料本身具有一定防锈能力，与成膜物质适当配合，可防止水分渗入或腐蚀性物质侵入，对防锈起到一种增效作用。例如，铁红玻璃鳞片粉、不锈钢粉、云母氧化铁等可在涂层中平行重叠排列，能有效阻止水分、氧气和各种腐蚀性介质的侵入，提高涂层的防腐蚀性能；氧化锌能阻止霉菌的生长，阻止由此而带来的腐蚀，它还能与高酸价的成膜物质反应而生成具有阻止腐蚀作用的锌皂，同时可增强涂层的机械性能。

化学性防锈颜料是凭借某种化学作用而产生化学抑锈效果的一类防锈颜料，主要有以下三方面的作用。

（1）化学防锈颜料与金属表面发生作用，例如钝化作用、磷化作用，产生新的表面膜层（钝化膜，磷化膜等）。这些薄膜的电极电位较原金属为正，使金属表面部分或全部避免了成为阳极的可能性，同时，由于薄膜上存在许多微孔，便于成膜物质的附着，可以阻止锈蚀在膜下及漆膜破坏的地方向外扩展。当有微量水渗入膜下后，上述作用的发挥，就更能体现出化学防锈漆比物理防锈漆优越。

（2）化学防锈颜料与漆料中某些成分进行化学反应，生成性能稳定的、耐水性好的和渗透性小的化合物，例如某些皂化物。有些生成物具有一定的缓蚀作用，并能增强漆膜的强度。由于反应结果降低了漆料的酸价，也减缓了漆料对底材金属的作用。

（3）有的颜料和助剂在成膜过程中能形成阻蚀性配合物，提高防锈效果。例如，磷酸锌是一种水合物，具有生成碱式配合物的能力，此配合物可与漆料中的极性基因如羟基、羧基等进一步配位，生成交联配合物，可以增强漆膜的耐水性和附着力，也能与 Fe^{2+} 形成配位配合物，阻止锈的生成。某些胍类有机氮化合物作为助剂与铬酸盐配合使用，也能生成具有缓蚀性的配位化合物。

化学防锈颜料的主要品种有铅系颜料、铬酸盐颜料、磷酸盐颜料、有机磷酸盐颜料等。例如，红丹的防锈能力在于所含的氧化铅可以和干性油生成碱性铅皂，具有良好的附着力，可阻止水分的透入；又因一氧化铅呈微碱性，可将随水分透入涂膜的酸性物质如二氧化碳、二氧化硫、二氧化氮等中和，使之不能达于金属表面而产生腐蚀；再者红丹含有过氧化铅，可将钢铁表面的低价铁离子氧化成高价氧化铁，而牢固地附着在钢铁表面，阻止继续腐蚀。金属锌和铝粉在涂层中都可起到阴极保护作用。锌铬黄、铬酸锌钾、四盐基锌黄、锶黄、锶钙黄、钙黄、钡黄、碱性硅酸铅、铬酸二苯胍、磷酸锌、磷铬酸锌、钼酸锌、偏硼酸钡等的应用，多数是由于铬酸根等离子的缓慢析出，在阳极或阴极腐蚀反应的极化所致，均能有效地提高涂料的防锈防腐蚀性能。

2.2.2.3　纳米填料

纳米材料是处在原子簇和宏观物体交界区的一种系统，其特殊的结构层次使它具有表面效应、体积效应、量子尺寸效应等。由于其独特的物理和化学特性，它的发展可能给物理、化学、生物、材料、医药等学科带来新的机遇。近年来，其在化工领域得到了一定的应用，其中在涂料工业占了很大部分。因此，纳米材料的开发为提高涂料的性能和涂料工业的发展提供了新的途径。将纳米粒子用于涂料中所得到的一类具有抗辐射、耐老化和剥离强度高或具有某些特殊功能的涂料称为纳米复合涂料。纳米复合涂料可根据涂料的细度分为纳米改性涂料和纳米结构涂料，利用纳米粒子抗紫外线等性能对现有涂料进行改性，提高涂料的某些性能，这种涂料称为纳米改性涂料。用某些特殊工艺制备的涂料，其细度均在纳米量级，这种涂料称为纳米结构涂料。

纳米 TiO_2、纳米 SiO_2、纳米 ZnO、纳米 Fe_2O_3 等是优良的抗老化剂，可以明显地提高涂料的耐老化性能。纳米 ZnO 等金属氧化物由于质量轻、厚度薄、颜色浅、吸波能力强等优点，而成为吸波涂料研究的热点之一。纳米微粒还是一种新型抗静电剂，将纳米 TiO_2、纳米 CrO_3、纳米 Fe_2O_3 及纳米 ZnO 等具有半导体性质的粉体掺入树脂中有良好的静电屏蔽性能。将一定量的纳米 ZnO · $Ca(OH)_2$ · $AgNO_3$ 等加入 25%的磷酸盐溶液中，经混合、干燥、粉碎等再制成涂料涂于电话机、微机等，有很好的抗菌性能。纳米 TiO_2 具有高的光催化性，是一种光催化半导体抗菌剂。纳米 TiO_2 还是一种重要的新型无机效应颜料，具有透明性、紫外线吸收性，在涂料领域的应用已引起了国内外材料科学界的广泛关注。

纳米二氧化硅(SiO_2)是无定型白色粉末(指其团聚体)，表面存在不饱和的残键及不同键合状态的羧基，其分子状态呈三维链状结构。触变性是纳米二氧化硅改善传统涂料各项性能的主要因素。添加纳米 SiO_2 的涂料具有防流挂、施工性能良好的特点，尤其是抗沾污性大大提高，具有优良的自清洁性能和附着力。纳米二氧化硅具有极强的紫外吸收、红外反射特性，它添加在涂料中，能对涂料形成屏蔽作用，达到抗紫外老化和热老化的目的，同时增加涂料的隔热性。

纳米二氧化钛(TiO_2)的光学效应随粒径而变，尤其是纳米金红石型 TiO_2 具有随角度变色效应，在汽车面漆中，能使涂层产生丰富而神秘的色彩效果。纳米 TiO_2还具有吸收紫外线的效应，可明显提高轿车漆的耐候性。除此之外，用纳米 TiO_2配制成光催化净化大气环保涂料，利用纳米 TiO_2光催化氧化技术制成的环境净化涂料对空气中 NO_x净化效果良好，在太阳光下，降解率高达 97%，同时还可降解大气中的其他污染物，如卤代烃、硫化物、醛类、多环芳烃等。

纳米氧化锌(ZnO)在磁、光、电、敏感等方面具有一般 ZnO 产品无法比拟的特殊性能和新用途。在化妆品中可作为新型防晒剂和抗菌剂。由于其良好的抗菌性能，在电话机、微机中可作为防菌涂层。纳米 ZnO 也是一种很好的光催化剂。在紫外光照射下，它能分解有机物质、抗菌和除臭。具有这一性质的光催化剂可用于环保涂料中。在国防上，纳米 ZnO 由于质量轻、厚度薄、颜色浅、吸波能力强等优点而成为吸波涂层研究的热点之一。此外，纳米 ZnO 的导电性可赋予涂层以抗静电性。

纳米碳酸钙($CaCO_3$)由于具有补强性、透明性、触变性和流平性等优良特性，是一种新型高档功能性填充材料，在橡胶、塑料、油墨、涂料、造纸等诸多工业领域中具有广阔的应用前景。在涂料中的应用研究表明，纳米碳酸钙填充涂料，其柔韧性、硬度、流平性及光泽均有较大幅度的提高。利用其存在的“蓝移”现象，将其添加到胶乳中，也能对涂料形成屏蔽作用，达到抗紫外老化和防热老化的目的，增加了涂料的隔热性。

由于纳米材料比表面积大，表面自由能高，因此纳米粒子极易团聚，如何将其分散到基料之中，是纳米材料在涂料中应用的关键技术。为了改善纳米粒子的分散性能，通常对纳米粒子进行表面修饰和改性，一是利用表面活性的有机官能团与粒子表面进行化学吸附或化学反应，从而使表面活性剂覆盖于粒子表面；二是通过高能辐射、微波诱导、等离子体处理方法，使无机纳米粒子表面产生新的物理、化学功能。目前表面改性的方法主要分为表面物理包覆和化学改性两种。表面物理包覆方法就是用适当的方法使无机纳米微粒在高分子溶液或熔体中分散，其表面吸附的高分子不仅减少了范德华力，而且产生一种新的空间位阻斥力，对粒子间的各种缔合力起到屏蔽作用，因此粒子之间再发生团聚将十分困难。表面化学改性法利用无机纳米粒子与高分子相互作用，使纳米粒子与高分子主链连接，并得到很好分散。

由于纳米材料的特性，即使利用砂磨、高速搅拌等方法使纳米粒子分散在涂料中，也发生团聚现象，失去纳米材料应有的作用，因此纳米材料在涂料中的稳定性也是一个非常重要的问题。必须研制出专用的稳定剂，使纳米粒子稳定地分散在涂料中，防止纳米材料进一步团聚、絮凝，保持纳米材料在涂料中的特殊功能。

2.2.2.4 颜(填)料的选择

涂料颜填料的选择除了要考虑颜填料的基本功能以外，还需考虑以下几方面：

1. 颜填料的粒径及表面积

由于颜料的粒径小、表面积大，所以可以吸附成膜聚合物而使颜料颗粒成为准交联点，使漆膜的机械性能提高，颜料粒子的形状主要影响涂料的流动性、贮存性和耐久性。颜料主要以3种形状存在：①瘤状粒子，近似于球形，如钛白粉、立德粉等。②针状粒子，如某些锌白和滑石棉等，针状颜料具有增强作用，因而可以改善涂料的机械性能。③扁平状粒子，如鳞片状铝粉、云母等，同样对涂料具有增强作用，有些扁平状颜料具有强烈的取向作用，平行于涂膜表面，因而降低了气体和水的渗透性，具有好的防腐性和特殊外观性，利用这种特性可以调节漆膜的抗水、气、腐蚀介质的渗透性。

有机高分子防腐层的腐蚀破坏主要有两种形式：化学腐蚀破坏和物理破坏。防腐失效通常是由物理破坏引起的，其因素主要是介质的渗透，此外，钢结构的残余应力及热应力也是引起腐蚀破坏的重要因素。基于高分子防腐层的特点，要提高有机高分子防腐层的使用寿命，主要应从加厚防腐层、抑制腐蚀介质渗透、减少衬层内残余应力入手，鳞片类防腐层的结构设计及材料组成可以较好地满足上述要求。鳞片填料包括玻璃鳞片、云母片、云母氧化铁、不锈钢粉和锌铝合金鳞片等。

2. 耐光性、稳定性

合理选用颜料品种、相对含量及其在涂料中所占的比例可改善涂料的性能，提高涂料的装饰保护作用。为了使颜料在涂料中对上述的种种作用提高到最高的限度，选用颜料时必须注意到粒度、形状、水溶性、折射率以及是否具有某种特殊功能等等。对面涂的显色颜料还需注意耐光性、渗色性以及对所处环境的稳定性等。

成膜聚合物在紫外线辐射下会引起降解，而大多颜料具有吸收紫外线的功能，所以为了提高漆膜的耐候性，正确地选用颜料以抵御紫外线也是十分重要的。黑色颜料的吸收率最高，所以同一成膜聚合物制成的涂料以黑色的耐候性最好。

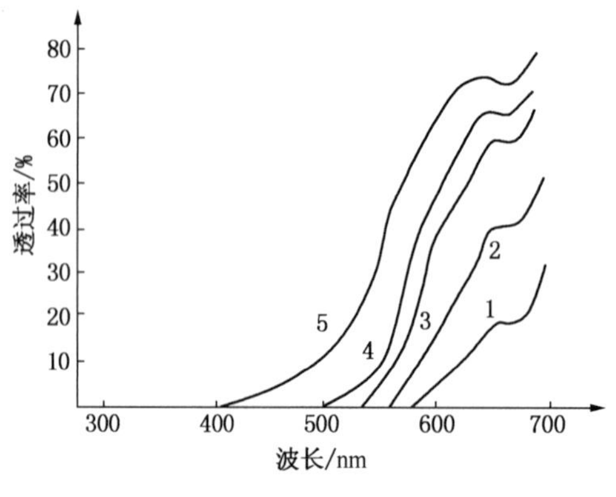

图 2-7　氧化铁颜料浓度与紫外线透过率的关系

聚苯乙烯中氧化铁颜料浓度：曲线 1—0.5%；曲线 2—0.25%；曲线 3—0.125%；曲线 4—0.0625%；曲线 5—0.0313%

颜料吸收紫外线的能力与粒径大小也有关系，即与表面积相关。表面积大则吸收率高，紫外线透过率还与颜料浓度有关。图 2-7 是(微粒化)氧化铁不同浓度对紫外光透过率的影响。

3. 环保性

在环境保护意识日益加强的今天，涂料颜填料的选择更需要考虑颜填料的环境友好性能。铅系(如红丹)、铬酸盐系(如锌黄)等化学防锈颜料借助于与金属底材发生的电化学反应产生缓蚀、钝化作用而防止腐蚀的发生。人们对这种颜料的应用较早，并且在实际应用中也取得了很好的效果。但是，随着人们生活水平的提高及环保和安全等法规的强化，这些颜料正逐渐被高性能的新型低毒或无毒防锈颜料所替代。这些颜料包括磷酸盐、铝酸盐、硼酸盐、铁酸盐及离子交换型颜料等，还包括这些颜料中的两种或多种颜料的复合防锈颜料。研究表明，采用几种无毒防锈颜料的混合物，可以起到互相增效的结果。同时，通过细微化和化学改性处理可不断提高其防锈性能。在以上多种环保型颜料中，目前使用效果较好、应用较广的颜料是磷酸锌和三聚磷酸铝两种颜料，如德国 Heubach 公司生产的化学改性的 Heucophos 系列磷酸锌颜料，是锶改性的碱式水合正磷酸锌，其平均粒径为 2.75μm，在苯丙乳液水性系统中有极好的防锈能力。现今推出的第三代产品将正磷酸根改为多聚磷酸根形式。德国 Hokd 公司新近公开了一种用水合亚硝酸钙改性的磷酸锌专利，这种产品很适合水性防腐体系。只要设计得当，采用磷酸锌颜料的涂料防腐效果完全可以与红丹、锌铬黄制得的涂料接近。美国 Sherwin-Williams 公司在成功开发出第一代钼酸盐颜料产品后，近年来又推出了第二代改性钼酸盐防锈颜料(磷钼酸锌钙)，其防锈性能优于铬酸盐，用其配制的水性丙烯酸桥梁漆，已获得美国运输部的认可。

4. 超细化与分散

超细颗粒通常泛指粒度在 0.001~1μm 的微细固体，是粒度介于微观粒子与宏观微粒之间的新材料，由于粒度的超细量变化而引起物理化学性质的变化。涂料，特别是某些高档涂料中，颜填料粒子的粒度大小和分散性好坏是影响涂料质量的重要因素，颜填料粒子超细化分散后，能够赋予涂料优良的性能以及某些特殊功能，例如含钛白的涂料，在固含量相同的条件下，加有超细钛白粉的乳胶漆，其遮盖力提高；色料粒子超细化分散后则具有理想的色感；在生产过程中，使用超细颜料还可省去砂磨机研磨工序，减少人力、物力、财力的投入。目前随着颜料应用领域的不断扩大，对颜料粒子的粒度要求也由细化、超细化向纳米级的方向发展。

5. 表面改性

要使颜料在涂料中充分发挥作用，就必须使它良好地分散在干膜之中，那么首先就要良好地分散在涂料之中，并在成膜过程中保持良好的分散。良好的分散就是将颜料聚集体充分地、尽可能地分离成为初级粒子，并使之润湿，使之分散稳定化。无论是何种树脂体系当加入颜料(指常用的无机颜料)后，都成了分散体，是热力学上的不稳定体系。由于颜料的密度远远大于树脂溶液，在重力作用下，下沉是不可避免的。颜料可以粉碎得很细，但是布朗运动使颜料粒子碰撞发生絮凝而下沉，因此，颜料的表面处理和颜料分散剂的分子设计是关键。在不同的树脂体系中，所用的颜料分散剂是十分专一的，有很多专利报道，如开发了一种新型的锚合型分散剂。由于颜料结构复杂，品种繁多，在不同的涂料体系中分散与稳定的理论是很复杂的，只有进行必要的理论性实验研究，才有可能开发出性能优良的颜料分散剂和得到均匀稳定的涂料。

涂膜是由非极性或弱极性高分子-极性无机颜填料组成的，如果颜填料表面不加以改性，则极性颜填料和弱(非)极性高分子界面的黏合性差，这样在室外容易加速颜填料的粉化，缩短使用寿命。对涂料体系而言，当前主要使用性能稳定的无机颜料。无机颜填料在涂料中，尤其是在乳胶漆中使用存在一个共同的问题，就是易产生沉降，导致颜填料在体系中分散不均，涂料贮存稳定性差，对乳胶漆的性能产生极大影响。为了提高无机和有机颜料在涂料体系内的稳定性和耐久性，通常对颜填料表面进行改性。颜填料表面改性的方法很多，按原理可分为物理法、化学法和物理化学法3种，其中常用物理包膜处理法。根据包膜材料的不同，包膜处理法又可以分为有机包膜和无机包膜两大类。例如使用水合氧化铝、水合二氧化硅、水合氧化铁为改性剂对超细二氧化钛粉末进行表面处理，并对其电镜照片进行分析，结果表明，经3种改性剂改性后超细二氧化钛的凝聚情况有较大改善。用化学接枝改性方式对颜填料进行处理，使其表面具有两亲性，这样一方面可以满足施工前颜填料在涂料中的分散性，另一方面又能保证在干燥成膜后，涂膜界面的黏接性，提高涂膜的使用寿命。机械力化学法是物理化学法的一种。它是利用矿物颜填料粉碎时产生的机械力化学效应强化或实施改性，集超细粉碎和改性于一体，同时可简化和强化改性工艺过程。

2.2.2.5 颜(填)料的含量

干燥的涂层可以认为是由颜填料与成膜物质形成的固-固相分散体系。将颜填料体积占干膜总体积的百分比称为颜料体积浓度，即PVC。

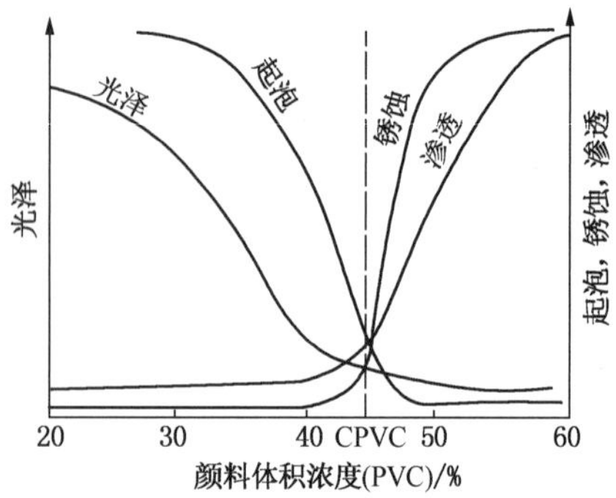

图2-8 颜料、填料体积浓度与涂层性能的关系

当刚好有足够的成膜物提供颜填料表面一个完整的吸附层，并填满紧密堆积的固体颗粒间隙的PVC为临界颜料体积浓度，即CPVC。

颜料体积浓度的主要特征是在低于CPVC时，颜料粒子很少接触，粒子间充满树脂；而高于CPVC时，颜填料颗粒紧密堆积，但基料不足以填满颗粒间隙，含有空气，涂膜各种性能明显下降。故涂层性能在CPVC两侧发生明显转折，如图2-8所示。涂料的PVC必须小于或等于CPVC。

CPVC是涂料配制的重要设计参数之一。PVC与CPVC之比称为比体积浓度

$$\Delta=\frac{PVC}{CPVC}$$

由于不同颜填料表面形貌不同，成膜物的黏接填料能力也不同。因此，不同涂料体系的CPVC值也不同。一般来说，工业涂料$\Delta=0.8\sim0.9$；防锈漆$\Delta=0.75\sim0.9$，而对于要打磨的底涂，Δ在$1.05\sim1.15$之间，这样可以使打磨容易；富锌底涂为保证锌粉的连续性和导电性，PVC与CPVC非常接近。

水性涂料(乳胶漆)的CPVC和溶剂型涂料不同，溶剂型的漆料(外相)是一个连续相，成膜过程中填料间的空隙可自然地被树脂所充满，但乳胶漆不同，乳胶是一种粒子，成膜时它可和颜料成混杂的排列，也可各自聚集在一起，这样在最后成膜时，颜料间空隙被填满就需更多的乳胶粒子。因此，乳胶CPVC总是低于溶剂型涂料的CPVC。当乳胶粒径减小时，CPVC可以略有升高，因为粒子小后，乳胶粒子更易挤在颜料之间；当体系温度升高，或加有助成膜剂时，CPVC也可升高。因为这时乳胶在成膜时，流动性好，可比较容易进入颜料的空隙。

2.2.3 溶剂和分散介质

溶剂、分散介质是不包括无溶剂涂料在内的各种液态涂料中所含有的重要组分，也称为辅助成膜物质。它使成膜基料溶解(分散)而形成为液态涂料，使涂料具有适当的黏度，以满足施工工艺对涂料黏稠度的要求。它们在成膜过程中要完全挥发掉，这就要求它们不仅对成膜物质有较好的溶解性(分散性)和化学稳定性，还要挥发性大、毒性小、成本低。溶剂

的挥发速度影响涂膜干燥时间及质量，并要与转化型成膜物质的固化交联过程相匹配，否则易带来涂膜发白、流挂、针孔等严重影响保护作用的涂膜弊病，因此要选择适中。有机溶剂的挥发造成资源的浪费及环境污染，这愈来愈引起人们的重视，对溶剂型涂料的法规限制也越来越严格，从而促进涂料向低污染型方向发展。现已开发出不含有机溶剂的固体粉末涂料、液态无溶剂涂料以及低污染的水分散性(或水溶性)涂料。其中，粉末涂料、无溶剂涂料在重防腐蚀工程中发挥着重要作用。

表 2-3　各种低污染涂料固体分含量比较表

低污染涂料	固体分含量/%	有机溶剂含量/%	低污染涂料	固体分含量/%	有机溶剂含量/%
粉末涂料	100	—	无机涂料	90~95	5~10
辐射固化涂料	95~100	0~5	水乳胶涂料	50~60	5~10
无溶剂涂料	90~100	0~10	水溶性涂料	40~50	5~10
高固体分涂料	65~90	10~35			

现在已有三种溶剂被美国 EPA 认可为豁免溶剂(Exempt solvent)，其使用及含量均不属于 VOC 范围，即丙酮、对氯三氟化甲基苯、二聚环戊二烯与亚麻仁油的共聚物(商品名 Dilulin)，它们可用来代替一些现用溶剂。例如在美国一家公司的水性丙烯酸涂料，由于采用豁免溶剂，因此是一种零 VOC 涂料，现已用于金属饰品、珍宝等做装饰涂料。美国空军军方采用对氯三氟化甲基苯这种豁免溶剂制造航空涂料业已完成了开发工作并正在向 EAP 申请许可。

2.2.3.1　常用溶剂的品种

涂料常用溶剂的品种类别很多，按其化学成分和来源可分为下列几大类。

(1) 萜烯溶剂　绝大部分来自松树分泌物。常用的有松节油、松油等。松节油对天然树脂和树脂的溶解能力大于普通的香蕉水，小于苯类。其挥发速度适中，符合油漆涂刷及干燥的要求。

(2) 石油溶剂　这类溶剂属于烃类，是从石油中分馏而得。常用的有汽油、松香水、火油等。汽油挥发速度极快，危险性大，一般情况下不用之作溶剂。松香水是油漆中普遍采用的溶剂，其特点是毒性较小，一般用在油性漆和磁性漆中。

(3) 煤焦溶剂　这类溶剂也属于烃类。是将煤干馏而得。常用的有苯、甲苯、二甲苯等。苯的溶解能力很强，是天然干性油、树脂的强溶剂，不能溶解虫胶，但毒性大，挥发快，油漆中一般不常使用，一般作洗涤剂；甲苯的溶解能力与苯相似，主要作为醇酸漆溶剂，也可以作环氧树脂、喷漆等的稀释剂用，在洗涤剂中少量使用；二甲苯的溶解性略低于甲苯，挥发比甲苯慢，毒性比苯小，可代替松香水作强力溶剂。

(4) 酯类溶剂　是低碳的有机酸和醇的结合物，一般常用的有乙酸丁酯、乙酸乙酯、乙酸戊酯等。乙酸丁酯毒性小，一般用在喷漆中，便于施工，还可以防止树脂和硝酸纤维析出；乙酸乙酯溶解力比乙酸丁酯好，常见乙酸丁酯使用在木器等硝酸纤维漆中；乙酸戊酯挥发较慢，用在纤维漆中能改进流干性和发白性。

(5) 酮类溶剂：它是一种有机溶剂，主要用来溶解硝酸纤维。常用的有丙酮、甲乙酮、甲异丙酮、环己酮、甲己酮等。丙酮溶解力极强，挥发速度快，能以任何比例溶于水，所以容易吸水而使漆膜干后泛白、结皮，一般与挥发慢的溶剂合用，大多用在喷漆、快干黏合剂中，但丙酮极易燃烧，用时应注意防火；甲乙酮比丙酮挥发慢，溶解力稍差，可以单独使用；甲异丙酮溶解力高，挥发性适中，防止漆膜发白的能力很强；环己酮挥发慢，溶解性好，可使漆膜在干燥中形成光亮平滑的表面，防止气泡的产生。

（6）醇类溶剂　能与水混合，常用的有乙醇、丁醇等。醇类溶剂对涂料的溶解力差，仅能溶解虫胶或缩丁醛树脂。当与脂类、酮类溶剂配合使用时，可增加其溶解力，因此称它们为硝基漆的助溶剂。乙醇不能溶解一般树脂，而能溶解乙基纤维、虫胶等，还可用来制得酒精清漆、木材染色剂、洗涤底漆等。丁醇的溶解力略低于乙醇，挥发较慢，性质与乙醇相似，常与乙醇共用，可防止漆膜发白，消除针孔、桔皮、气泡等缺陷。丁醇的特殊效能是防止油漆的胶化，降低黏度的同时还可作为氨基树脂的溶剂。

（7）其他溶剂　常用的有含氯溶剂、硝化烷烃溶剂、醚醇类溶剂。含氯溶剂溶解力很强，但毒性较大，只是在某些特种需求和脱漆剂中使用；硝化烷烃溶剂挥发速度与乙酸丁酯大致相同，同时可溶解硝化纤维等；醚醇类溶剂是一种新兴的溶剂，有乙醚乙二醇、甲醚乙二醇及其酯类等，常用于酚醛树脂漆及环氧树脂漆中。

涂料的挥发成分，大都由各种混合溶剂组成，借以调整涂料挥发速率和动态溶剂平衡，以便得到均匀性很好的涂层。在各种稀释剂中所含混合溶剂的挥发率要配比到适当的平衡，才能结成良好的涂层。如硝基、过氯乙烯、丙烯酸酯涂料等转化型涂料如果溶剂挥发不合适，会形成泛白、疏松、消光、针孔等病态，而影响涂层的其他各种性能。

2.2.3.2　常用涂料的溶剂体系

一些成膜物常用的溶剂体系为

（1）丙烯酸类树脂　热塑性丙烯酸类树脂的溶解性变动范围较大，甲基丙烯酸甲酯含量高、相对分子质量高，溶解性最差。若分子中的碳氢链增长，则溶解性提高。所用溶剂一般以酮类为主，配合少量醇类和芳烃化合物。热固性丙烯酸类树脂的溶解性变动范围也很大，可用脂肪族的酮和醇醚作为溶剂。常用溶剂有乙酸丁酯、二甲苯、丁醇、酮的混合溶剂；丙烯酸稀释剂有乙酸丁酯 20、二甲苯 60、环己酮 20，以及二甲苯 70、丁醇 30。

（2）环氧树脂　大多数的环氧树脂溶于酮（环己酮、丙酮）、酯和醇醚。随着相对分子质量的降低，可逐渐增加芳烃类溶剂和硝基烷烃的用量，也可掺用少量醇类溶剂，如 E 型环氧树脂可采用二甲苯和正丁醇的混合溶剂。环氧酯比环氧树脂的溶解性好得多，除了可溶于酮、酯和醇醚外，长油度的还可溶于芳烃类溶剂，甚至石油溶剂。环氧树脂稀释剂有甲苯 80、丁醇 20、二甲苯 70、丁醇 30、丁酮 20、乙基溶纤剂 30、甲苯 50。

（3）酚醛树脂　200#溶剂汽油、煤油、松节油、二甲苯，松香水：二甲苯=70：30 的混合溶剂。

（4）沥青　重质苯、二甲苯、200#煤焦溶剂。

（5）过氯乙烯　乙酸丁酯：丙酮：甲苯=12：26：62；乙酸丁酯：丙酮：二甲苯=30：30：40；乙酸丁酯：丙酮：二甲苯=30：60：10；二甲苯：丙酮=85：15。

（6）乙烯树脂　乙烯树脂的溶解性与其本质，改性程度和相对分子质量有关。一般以酮类最能溶解。也可用硝化烷烃和某些氯化烃类溶剂，或高含量的酯类和酮的混合溶剂。稀释剂有乙酸丁酯：丙酮：甲苯=12：26：62，其中聚乙酸乙烯树脂溶于甲醇、乙醇、苯、二甲苯。

（7）氨基树脂　氨基树脂一般以芳烃类溶剂和醇的混合物为溶剂，如甲苯和正丁醇、异丁醇或异丙醇。

（8）橡胶类树脂　常用的橡胶类树脂有氯化橡胶、氯丁橡胶和丁苯橡胶。防腐蚀涂料以氯化橡胶用得最多，它们最好溶剂是芳烃溶剂，如甲苯、二甲苯和煤焦溶剂。有时以酮类、乙酸酯类、一氯化苯、二丙酮醇、硝基烷烃以及与某些醇醚混合作为溶剂，然而对涂料的稳定性和流动性的影响不如芳烃溶剂。常用二甲苯、200#煤焦溶剂、高沸点芳烃溶剂。

（9）聚氨酯类（异氰酸酯）树脂　作为异聚氨酯树脂的溶剂，必须为无水酯、酮、醇、醚、乙酸酯和芳烃溶剂的混合物。不可为含羟基的醇、醚、醇类有机化合物。常用溶剂有甲苯、二甲苯、环己酮混合溶剂；X-10 聚氨酯稀释剂有二甲苯 60、乙酸丁酯 25、环己酮 15。

（10）聚酯　甲苯、二甲苯、芳烃类混合溶剂。

（11）有机硅树脂　芳烃类、酯类、高沸点芳烃混合溶剂。

（12）醇酸树脂　醇酸树脂的溶解性在很大程度上与油度相关。长油度的可溶于石油溶剂，一般不用更强的溶剂。随着油度的降低，在石油溶剂中的溶解性就逐渐减弱。短油度的需用芳烃溶剂，一般是二甲苯，加些正丁醇可以降低黏度。无油醇酸不溶于脂族溶剂，一般用芳族溶剂再加些醇醚溶剂。常用溶剂为 200#溶剂汽油、煤油、松节油、二甲苯、X-6（松香水：二甲苯=70：30）。

（13）氨基树脂　200#溶剂汽油、酯类、松香水：丁醇=90：10 的混合溶剂；二甲苯：丁醇=50：50 的混合溶剂；二甲苯：丁醇=90：10。

涂料的挥发成分，大都由各种混合溶剂组成，借以调整涂料挥发速率和动态溶剂平衡，以便得到均匀性很好的涂层。在各种稀释剂中所含混合溶剂的挥发率要配比到适当的平衡，才能结成良好的涂层。如硝基、过氯乙烯、丙烯酸酯涂料等转化型涂料如果溶剂挥发不合适，会形成泛白、疏松、消光、针孔等病态，而影响涂层的其他各种性能。

2.2.4　助剂

助剂在涂料中含量很少，但起到显著的作用，也称为涂料的辅助成膜物质。它是现代涂料生产技术的重要组成部分。其本身不能单独成膜，但在涂料制造、贮存、施工和使用过程中，显出了愈来愈重要的作用。往往某种助剂的添加量只占涂料总量的 1%或更少，但却能大大改善涂料的某种性能。因此，合理添加具有特殊功用的助剂，对于提高涂料和涂装的整体效果十分重要。

不同种类的涂料需要使用不同类型的助剂。即使同一种类的涂料由于其使用的目的性能要求不同，而需要使用不同种类的助剂。总之，助剂的使用是根据涂料和涂膜的不同要求而决定的。总的来看，助剂分为四个类型：

（1）对涂料的生产过程发生作用，如消泡剂、润滑剂、分散剂、乳化剂等；

（2）对涂料施工成膜过程发生作用，如催干剂、固化剂、流平剂等；

（3）对涂料贮存过程发生作用，如防结皮剂、防沉淀剂；

（4）对涂膜性能发生作用，如增塑剂、防霉剂、阻燃剂、防静电剂、紫外光吸收剂等。

2.3　涂料的成膜

2.3.1　涂料的干燥成膜机理

涂料的干燥（固化）成膜过程即将涂料施工于被涂物件表面由湿膜或干粉的堆积层转化成连续固态涂膜的物理或化学变化过程，它直接关系到涂膜能否充分发挥预定的效果，是整个涂料使用中最重要的环节。无论液态涂料还是固态粉末涂料，其成膜速度（常称为干燥速度）和所达到的干燥固化程度都是由涂料本身组成结构、成膜的条件（温度、湿度、涂膜厚度等）和被涂物的表面材质特性决定的。根据成膜物质在成膜过程中所发生的变化，成膜机理可分为物理成膜和化学成膜两类。

2.3.1.1 物理成膜方式

涂料中的成膜物质为非转化型的(即在干燥成膜过程中只有相态的改变，不发生化学结构变化)，这类涂料的成膜物质的大分子结构多为线型结构，有一定的热塑性，玻璃化温度(T_g)略高，以保证漆膜在常温或使用温度下能承受一定外界力学损伤的固态膜。它包括两种成膜方式。

1. 溶剂的挥发成膜方式

理想的溶剂性涂料应该是施工时可以自由流动，在物件表面上铺展成均匀的湿膜，然后随着溶剂的挥发，大分子链相互靠拢、缠结，形成结构均一、整体性好的涂膜。

溶剂的挥发可以分为3个阶段：

阶段Ⅰ：溶剂表面快速挥发，导致表面层聚合物浓度增加。在此阶段，溶剂的挥发速度主要取决于溶剂的蒸气压、溶剂蒸气的密度、蒸发潜热、溶液的表面张力、相对湿度、膜的比表面积和涂料表面气流的强度，可由下列公式定量表示

$$W = \frac{D^* Mp}{TRC}\ln\frac{p_{b1}}{p_{b2}} \qquad (2-5)$$

式中 W——溶剂的挥发速率，kg/(m^2·s)；

D^*——溶剂的扩散系数，m^2/s；

M——溶剂的相对分子质量，kg/kmol；

R——气体常数，J/mol·K；

T——温度，K；

C——空气边界层厚度；

p_{b1}，p_{b2}——边界层两边的部分空气压；

p——外界压力，Pa。

随着溶剂的挥发，体系的黏度增加，大分子的玻璃化温度 T_g 升高，自由体积减小，此时溶剂的挥发速度不仅取决于溶剂挥发多快，而且取决于溶剂分子达到膜表面的速度，即达到阶段Ⅱ。

阶段Ⅱ：溶剂通过聚合物浓度层扩散至表面进一步挥发。该阶段溶剂的挥发速度受溶剂通过膜的扩散速度所控制。溶剂分子从一个自由体积孔穴跳跃到另一个自由体积孔穴，最后到达膜表面。随着溶剂的进一步挥发，T_g 进一步增加，自由体积进一步减少，溶剂的挥发速度进一步降低。溶剂的扩散系数随聚合物浓度的增加而减小，取决于聚合物-溶剂分子的相互作用以及溶解于溶剂的浓度。高溶剂浓度时，取决于聚合物溶液的黏度；中等溶剂浓度时，取决于聚合物-溶剂的相互作用能量；低溶剂浓度时，取决于溶剂分子结构和与聚合物链段的相互作用。随着溶剂的进一步挥发，聚合物溶液 T_g 接近成膜温度，自由体积空穴很少，溶剂挥发为残余在涂膜中的溶剂挥发，即进入阶段Ⅲ。

阶段Ⅲ：残留的溶剂进一步扩散挥发。

颜料对挥发速度能产生不同的影响。粗分散的颜料能加速溶剂挥发，细分散的颜料特别是片状结构的颜料能使溶剂挥发速度减少。

因此该方式的涂膜干燥速度和固化程度直接与溶剂或分散介质的挥发能力相关联，同时也与成膜物质的化学结构、相对分子质量、玻璃化转变温度，以及溶剂在涂膜中的扩散速度、成膜条件、厚度有关。以挥发方式成膜的涂料种类有过氯乙烯漆、沥青漆、橡胶漆、热塑性烯烃树脂漆等。

2. 聚合物粒子凝聚方式

该方式是依靠高聚物粒子在一定条件下接触、挤压、变形，最后由粒子状态的聚集转变为分子状态的聚集而形成连续的涂膜，这是分散型涂料(如水乳胶、塑性溶胶)、粉末涂料的主要成膜方式。

乳胶漆是聚合物粒子在水中的分散体系，与溶剂性涂料的成膜过程同样涉及到溶剂的挥发，只是这时的挥发分散性介质是水，但它们的成膜机理则大不相同。溶剂性涂料的成膜是随着溶剂的挥发，聚合物分子链相互缠结的结果，乳胶漆则是随着分散介质(主要是水和共溶剂)挥发的同时产生聚合物粒子的接近、接触、挤压变形而聚集起来，最后由粒子状态的聚集变成为分子状态的凝聚而形成连续的涂膜。

乳胶粒子是由两种机理稳定的——即静电斥力和空间位阻力。乳胶漆成膜必须首先克服粒子之间的相互斥力才能凝聚成连续的膜。已经提出了许多理论来解释乳胶的成膜，其中最具代表性的有凝聚理论、毛细管理论和相互扩散理论。

凝聚理论是 Bradford 等人在 20 世纪 50 年代首先提出的。该理论认为，乳胶成膜是由于聚合物表面张力增大导致乳胶粒子的凝聚而成的。固体的粉末涂料在受热的条件下通过高聚物粒子热熔、凝聚而成膜。

Brown 则提出乳胶成膜是由毛细管力产生的，即毛细管理论。该理论认为，乳胶成膜分为两阶段。第一阶段，随着水的挥发，未变形的粒子形成网状结构，接着是第二阶段的变形粒子凝聚形成均相涂膜。根据 Brown 理论，由于乳胶粒子表面的双电层的保护，乳胶中的聚合物之间不能直接接触，此时乳胶粒子之间可形成曲率半径很小的空隙，相当于很小的“毛细管”，毛细管中被水所充满，由水的表面张力引起的毛细管力可以对乳胶粒子施加很大的压力。成膜的必要条件为：$F_c>F_G$，F_c 是在间隙毛细管体系中存在的负水表面曲率产生的毛细管压力，当乳胶粒子相互接近时，F_c 可高达 3.5MPa，F_G 是球形粒子的变形阻力。根据 F_c 和 F_G 与界面的表面张力 γ，聚合物粒径 r 和聚合物的弹性模量 G_t 的关系，上述成膜条件的必要条件可由下式表示：

$$G_t < 35\gamma/r \tag{2-6}$$

后来又有人提出毛细管压力和接触作用压力的面积不相等，而提出了如下的修改式：

$$G_t < 266\gamma/r \tag{2-7}$$

Voyutskii 于 1958 年提出了另一理论来解释乳胶粒的成膜机理，即相互扩散理论。按照该理论，乳胶成膜分为三个阶段。在前两个阶段，水的挥发使得粒子间区稳定剂浓度增加和球形聚合物粒子的部分变形。在聚合物变形过程中，表面张力和毛细管力均起重要作用。在第三阶段，稳定剂的排除。其取决于稳定剂的性质，或增塑聚合物改善了膜的黏接，或离开聚合物粒子并在粒子之间形成分散的聚集体。这样，聚合物粒子的凝聚程度取决于分散体系中稳定剂的性质和用量以及成膜条件。

Padget 等人考虑界面能和弹性变形，提出乳胶粒子完全凝聚(无孔隙)必须满足下列条件

$$\frac{ED}{\gamma_s(1-\nu^2)} < \text{常数} \tag{2-8}$$

式中 E——聚合物的杨氏模量；

γ_s——接触表面能；

ν——泊松比(=0.5)；

D——粒子直径。

无论何种理论，均离不开乳胶粒子中聚合物分子自由扩散进入邻近粒子中并最终导致单个粒子消失，而聚合物分子的运动需要乳胶粒中有足够数量和尺寸的自由体积孔穴作保证。换句话说，乳胶粒子的玻璃化温度 T_g 必须低于成膜时的温度 T，通常将乳胶能够成膜的最低温度称为最低成膜温度。当成膜温度高于聚合物的 T_g 时，成膜较快。成膜速度受 $T-T_g$ 影响很大，一般希望乳胶粒子能快速凝聚成膜，所以乳胶的 T_g 必须远远低于成膜温度。但另一方面 $T-T_g$ 也影响凝聚的膜是否为固态膜。为通过中等抗黏着性试验，$T-T_g$ 必须为 21℃，假如涂膜的抗黏着性试验温度为 50℃，T_g 应该为 29℃或更高。如何解决这一矛盾？途径之一是加入成膜助剂，成膜助剂必须能溶在乳胶聚合物中并有低的挥发速度。成膜助剂溶入乳胶粒子起增塑剂的作用，以降低 T_g，可在较低温度下成膜，成膜之后，成膜助剂可以慢慢扩散到膜的表面后挥发。既然膜的自由体积相对小，成膜助剂的挥发速度较慢，并且随 T_g 的逐步升高，挥发速度进一步放慢。因此这种涂膜尽管感觉干燥，但仍有几个星期的黏着性。途径之二是设计乳胶粒子，以相对较高 T_g 的聚合物为核，以相对较低 T_g 的聚合物为壳，低 T_g 的壳有利于乳胶在低温成膜，随着水的挥发，凝聚膜的 T_g 接近整个聚合物的平均 T_g，这种较高的 T_g 减小了黏着的可能性。

当把成膜助剂当作乳液的内增塑共聚单体时存在如下关系：

$$\frac{1}{MFT} = \frac{1}{K}\left[\frac{V_P}{T_{gp}} + \frac{\alpha V_a}{T_{ga}}\right] \qquad (2-9)$$

式中 V_p 和 V_a——聚合物和成膜助剂的体积分数；

T_{gp} 和 T_{ga}——聚合物和成膜助剂的玻璃化温度；

αV_a——表示与外增塑剂浓度相等的内增塑单体的相当浓度；

MFT——增塑聚合物的最低成膜温度（按绝对温度计）；

K——特定乳液的一个特性常数。

上式说明了各种变量如 T_g、成膜助剂和表面活性剂以及乳胶粒径等与最低成膜温度（MFT）的关系。

通过粒子凝聚成膜的还有非水分散体系、有机溶胶、增塑溶胶和水稀释性树脂体系，以及粉末涂料体系。

2.3.1.2 化学成膜方式

由转化型成膜物质组成的涂料被施工为薄膜状态下，成膜物要发生一系列化学反应而转变为具有一定性能的高分子膜。其结构大多为大分子网状结构，所发生的反应完全遵循高分子合成反应机理，因此可分为连锁聚合反应成膜和逐步缩聚成膜两种方式。

1. 连锁加聚反应成膜

主要有三种形式

（1）氧化聚合形式　含有油脂组分的天然树脂涂料、醇酸树脂涂料、环氧酯涂料等依靠该方式成膜，即所含有的干性油和半干性油，在涂装于工件表面后油脂中不饱和脂肪酸的双键与空气中的氧发生氧化聚合反应而形成涂膜。其机理为高分子自由基连锁加聚反应机理。油脂的氧化聚合速度与其所含的亚甲基基团数量、位置和氧的传递速度有关。利用钴、锰、铅等金属可促进氧的传递，从而加速涂料的成膜。但漆膜表面快干可能导致漆膜起皱，这可以加入锌盐抑制钴盐的活性。

（2）引发剂引发聚合形式　含有不饱和基团（双键）的合成树脂涂料，是靠引发剂分解产生的自由基来引发双键发生自由基连锁加聚反应而形成高分子涂膜。如不饱和聚酯、乙烯基酯类涂料等遵循此成膜反应方式。引发剂主要为过氧化类化合物，如过氧化苯甲酰等。

(3) 能量引发聚合形式　在紫外光或辐射能的作用下，涂料产生活性自由基引发聚合成膜。以紫外光引发成膜的涂料通称光固化涂料，在光敏剂的存在下，成膜物的自由基加聚反应进行非常迅速，涂料在几分钟内固化成膜。利用电子辐射成膜的涂料通常称为电子束固化涂料，电子束具有更大的能量，直接激发单体或聚合物产生自由基，在数秒内完成加聚反应，固化成膜，电子束固化目前是涂料最快的成膜方式。

2. 逐步缩聚成膜方式

依据高分子逐步缩合反应机理成膜的涂料，成膜物质多为含有可反应官能团(如羟基、羧基、氨基、环氧基、羟甲基、异氰酸基等)的低聚物或预聚物。可以是由一种含有两种不同官能团的成膜物组成的“自交联型”涂料(如：自交联丙烯酸涂料)，也可以是由两种或两种以上分别含有不同官能团的成膜物(或固化剂)组成的涂料(如环氧、聚氨酯、酚醛树脂涂料等)。

自由体积对反应速率和反应完整性有很大的影响，假如反应温度远大于 T_g，自由体积大，交联反应速度受浓度和动力学参数控制。如温度低于 T_g，自由体积小，聚合物链段运动有限，反应速度较慢。在 T_g 温度时，交联反应可以进行，但反应速度受分子链运动速度控制，而不是受动力学参数控制。

通过化学交联方式固化的涂膜机械性能取决于很多因素，其中两个最重要的因素是交联点之间的链长度和交联树脂的 T_g。交联点之间的链长度可以用交联点之间的平均相对分子质量 M_c 来表示，也可以用交联密度(XLD) 表示。XLD 越高，模量越大，涂膜越硬。固化反应必须完全，假如反应不完全，XLD 比理论值低，可能导致其他副反应，并影响涂膜的性能。影响交联聚合物 T_g 的主要有 4 种因素：交联点间聚合物链段的 T_g、交联密度、悬空链端和可能存在的环状链段。XLD 大，T_g 增加；悬空链端比例增加，T_g 降低；环状链结构倾向于限制分子链运动而增力 T_g。

在低相对分子质量树脂固化的初始阶段，随着悬空链比例下降，树脂的相对分子质量和 XLD 增大，T_g 升高。随着交联反应的进行，凝胶生成，只要有足够的官能团和足够的链运动，交联反应继续进行，T_g 进一步升高，涂膜的模量增加。

交联密度(XLD)越高、T_g 越高，越有利于提高涂膜的抗渗保护性能。

大多涂料成膜过程包括多种成膜方式，既有物理成膜作用，又有化学成膜作用，是由多种方式共同作用形成最终涂膜。

2.3.2　涂料的干燥成膜温度及工艺

为了满足漆膜极好的外观、附着力以及保护性等，要求涂料具有很好的成膜性和充分的固化，同时要满足干燥时间的要求。根据不同的制品，固化速度有时是十分苛刻的。影响涂料的成膜性与固化情况的因素有很多，特别是树脂的结构、固化剂的结构与用量、溶剂的组成与蒸发速率、成膜助剂的种类和用量等有密切的关系。

不同的成膜方式需要不同的条件，成膜条件直接影响成膜效果及涂膜性能。从实际应用考虑，常将涂料的干燥成膜工艺分为：自然干燥(俗称自干或气干)、烘干和照射固化三种。

(1) 常温固化成膜　这是最通用和最简便的成膜方式，大多数涂料都要求能在常温下固化。在常温固化时要注意保持成膜环境清洁。

(2) 加热固化成膜　采用加热成膜工艺是根据涂料性质而决定的，要根据涂料性质和被涂物件情况选择适宜的工艺条件，如温度、时间等。加热固化即烘干工艺常用的有蒸汽、电、远红外加热等方式，需要相应的设备。

加热固化要达到一定的固化程度并不仅是烘烤温度和时间的组合，而是多种组合，如图 2-9所示。在实际的烘道中，一般分为升温段、保温段和冷却段三个区，温度各不相同，工件的升温如图 2-10 所示；漆膜在未到达设定的峰温时已到达交联的开始点，开始交联固化，在到达后又可能超过设定峰温，冷却中可能还有交联反应继续进行，所以必须把工件升温曲线与烘烤窗(或最佳烘烤温度-时间曲线)结合起来，针对实际对烘烤条件加以修正，才能达到最佳的固化。

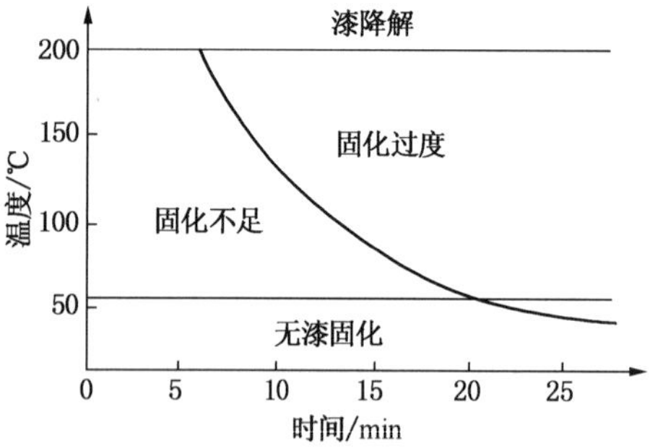

图 2-9　最佳烘烤温度-时间曲线

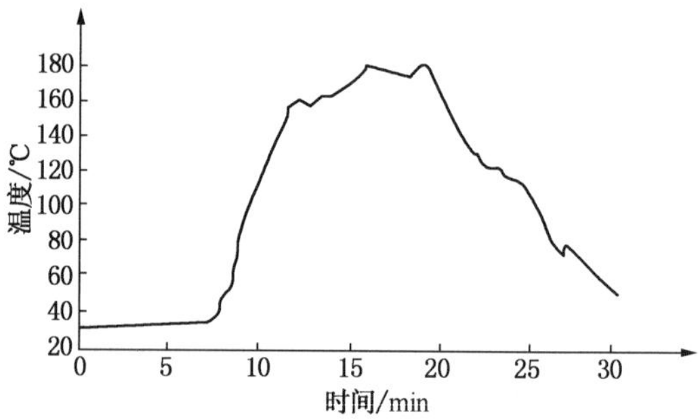

图 2-10　烘道中工件的升温曲线

(3) 特种固化成膜　主要有紫外光固化工艺、电子束固化工艺和氨蒸气固化工艺，是针对某种特定涂料而采用的。它们分别需要特定的设备。随着新涂料的发展，特殊的成膜工艺也将不断出现。

防腐蚀涂料的成膜温度对涂层的性能影响很大。一般情况下，成膜温度高则涂层性能好，反之成膜温度低则性能较差。不论常温固化成膜或加热固化成膜均有此趋势。因“节约能源”或其他原因，往往忽略成膜温度的重要性。

在低温环境下成膜，其不利之点如下：①溶剂挥发慢，不易充分逸出漆膜，增大了高分子链间的自由体积，导致腐蚀因子透过漆膜，使抗腐蚀性下降，当残留亲水性溶剂(如醇、醚醇、酮等)则漆膜抗水性更明显下降；②对于反应性涂料(如环氧或聚氨酯)，低温使反应缓慢而不充分；环境温度低，漆膜内的高分子链运动困难，其活泼基团不能充分碰撞。即使部分地反应，待漆膜的玻璃化温度随反应升高，达到近于环境温度时难以进一步反应，不能形成具有优良性能的漆膜，同时残留活泼基团(如胺基、羟基等)又可能降低漆膜的耐水性。反应性漆膜在低温下溶剂未充分挥发而残留在膜中，待活泼基团已反应，漆膜不再流动凝胶成膜，而残留的溶剂才逐渐逸出漆膜，漆膜体积收缩而易产生内应力，降低附着力，易开裂；同时易带来针孔等缺陷，抗渗性能下降。

反之，在较高温度下，漆膜环境的温度超过该高聚物的玻璃化温度，可使活泼基团充分反应交联固化，并使溶剂在反应前已充分逸出涂膜。另外，高温可使高分子链段容易旋转，消除漆膜内应力；同时，漆膜的活泼极性基团易吸附于金属的活性点而提高附着力。在较高的温度下，涂料的黏度较低，有利于渗入被涂物的毛细孔缝隙，提高附着力。

无论是在自干、烘干或照射固化场合，为确保漆膜质量，漆膜干燥都应具备下列条件。

(1) 烘干室内或自干场所要清洁，无灰尘，空气要干净。

(2) 温度应符合涂料的技术要求，过高过低都会影响干燥效率和漆膜质量。特别是注意，对于常温固化涂料，不可在冬季赶工程进度，在较低温度下施工。对于烘干涂料，不可单纯为了节能而随意降低温度。

（3）空气要流动，因空气流动有利于溶剂的挥发，有利于干燥成膜。

（4）一般要在前一层漆膜充分干燥后才能涂第二层漆，不然易产生咬底、渗色等漆膜弊病和影响干燥效果。但有些涂料，如环氧树脂漆，有一定的复涂限期，过早尚未成膜，过迟层间附着不良。对“湿碰湿”工艺是例外。

涂装间隔时间不仅与涂料品种有关，还与施工时的温度、湿度和气候条件有关，涂装间隔在冬季可适当延长，夏季适当缩短。各类涂料的大致表干、实干时间见表2-4。对有些品种，如单组分依靠溶剂挥发的氯化橡胶、高氯乙烯、丙烯酸类涂料，在实际使用时，可无最长涂装间隔的限制，只规定最短涂装间隔。有些涂料在涂层表面用砂纸等打磨后，可适当延长最长涂装间隔。这些情况要根据施工现场的具体情况，酌情考虑。但为了达到最优质的涂装效果，应尽可能在最佳涂装间隔内施工。在漆膜实干后，需注意涂膜保养，一般在7～14天后，涂膜才能完全干燥，被涂物件方可投入使用。

表2-4 常用涂料干燥时间和涂装间隔

涂料类型	干燥时间(23℃±2℃)		最佳涂装间隔(23℃±2℃)	
	表干/h	实干/h	最短/h	最长/d
沥青漆类	2	24	14～24	5
氯化橡胶漆类	0.5	2	9	7
环氧沥青漆类	8	24	20	5
醇酸漆类	4	24	14	7
环氧漆类	4	24	9	5
乙烯漆类	1	4	6	3
酚醛漆类	5	24	9	3
聚氨酯漆类	2	6	14	5
丙烯酸漆类	0.5	4	6	5
硝基漆类	0.5	4	4	2
过氯乙烯漆	0.5	4	6	1
无机漆类	4	24	2	2

实际操作中涂膜固化程度常需做简单的估计，常用溶剂拭擦试验方法对试样与正常漆膜作比较。涂膜耐溶剂性是与交联密度相关的，所以可选用一种合适的、具有明显溶解效果的溶剂来做对比估计，常用的是甲乙酮。试验时，用吸饱溶剂的织物在样板上每秒来回擦一次，这试验对交联密度较高的不敏感，所以一般以200次擦拭实验结果对比来评价交联固化的程度。

2.4 涂膜附着理论

2.4.1 涂膜附着力及与金属保护的关系

涂层的附着力(结合强度)是指涂层与基材结合力的大小，即单位表面积的涂膜从基材(或中间涂层)上剥离下来所需要的力。涂膜只有与基材面较好的附着，才能很好地发挥保护作用。特别是对金属基材，涂层的附着至关重要，这主要是由于附着力与涂层下金属的腐蚀过程的密切关系决定的，因为涂层覆盖下的金属发生腐蚀是由相界面的电化学腐蚀引起的；首先良好的附着力能有效地阻挡外界电解质溶液对基体的渗透，推迟界面腐蚀电池的形成；第二只有在局部阴极和局部阳极为电解液连通后才有可能发生，牢固的界面附着力可以极大地阻止腐蚀产物——金属阳离子经相间侧面向阴极区域的扩散，这些阳离子扩散是为了平衡阴极反应所生成的带负电荷的氢氧根离子。阳离子通过涂层向阴极扩散是一个相当缓慢的过程，如果没有附着力的减弱，这种电解液的连通是不可能的。

有无附着力的两种涂装钢样腐蚀对比实验说明了涂层附着对膜下产生金属腐蚀的影响。将有和无附着力（涂层仅仅只是贴在基体金属上、四周密封的试样）的两种涂装钢样浸泡在3%NaCl溶液中，保持24℃恒温，目视观察两种试样腐蚀情况的变化。并在800h内的一定时间间隔下测量电位随时间的变化。无附着力的试样在10h内就观察到了腐蚀的开始，而在有附着力的试样上则约在25h后才发生腐蚀。无附着力的试样上发生了宏观分开的阳极区和阴极区，还看到膜下缝隙型腐蚀的情况，这是由于漆膜上出现了裂痕，在一定条件下成了阳极区，而有附着力的涂装试样，附着力能阻止腐蚀性物质沿金属/涂层界面扩散，故在这种试样上看到的是较小的阳极区，没有观察到漆膜的剥离。对于有附着力的涂装钢涂层全面失效发生在550～750h，而无附着力的试样是在300～450h之间。一旦涂层达到了破坏阶段，便会以电化学和物理化学的机理发生剥离。当漆膜中有缺陷（如小孔或裂痕）和有离子（如NaCl的离子）存在，在开始时常常会较快地发生阴极剥离，并伴以邻近部位的起泡，进而完全破坏。因此，涂层附着性能的好坏是漆膜发挥保护功能的前提和保证。

涂层的黏附力的实质是一种界面作用力，有机涂层的黏附力应该包括两方面。首先是有机涂层与基体金属表面的附着力，其次是有机涂层本身的凝聚力。这两者在涂层防护的整个体系中是缺一不可的。在涂层的有效期内，涂层都必须牢固地附着在基体表面。附着力强度越大越好；同时涂层的凝聚力也是非常重要的，涂层必须形成致密牢固连续的膜层，才能起到良好的阻挡作用。两个方面缺一不可，附着力不好，再完好的涂层也起不到作用，而涂层本身凝聚力差，则漆膜容易龟裂。这两者共同决定涂层的附着力，构成决定涂层保护作用的关键因素。

涂层要均匀分散在被涂膜表面，与基材很好地结合，其前提是涂料是具有一定黏性的液体（粉末涂料也是先在高温下熔融、熔体流平固化），并取得尽可能大的接触面，也就是说，涂料与被涂物表面的完全浸润是获得高附着性能的前提。

2.4.2 涂料对基材的浸润

涂料对基材是否浸润、浸润的程度如何，显然与涂料的性质和被涂基材的表面状况有关。例如水能浸润玻璃，但不能浸润石蜡。水银不能浸润玻璃却能浸润洁净的钢铁表面。浸润是在接触表面上发生的，所以它与物体间不同的内聚性能和表面张力有关。从热力学角度来分析液滴在光滑、清洁的固体表面的现象，可能出现图2-11所示的几种情况。就液体对固体表面的浸润性来说，（a）>（b）>（c）。其表面接触形状可以用图中θ角来表示，由液面的切线和固体表面间所形成的角称接触角（又称浸润角或润湿角）。显然，接触角越接近0°，浸润越好，$\theta=0°$时表示完全浸润；接触角越接近180°，浸润越差，$\theta=180°$时表示完全不浸润（如图2-11所示）。

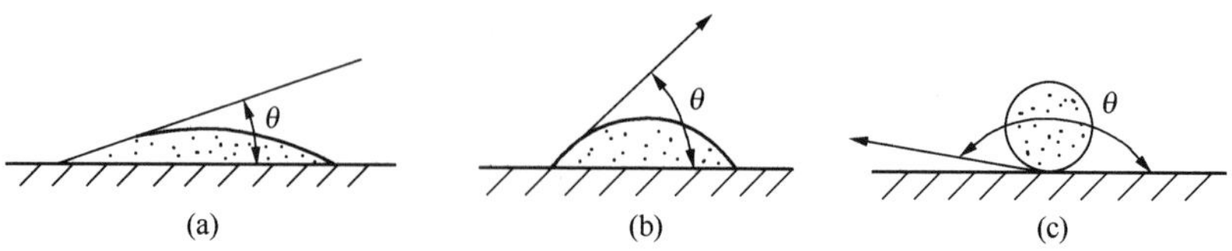

图2-11 液滴在固体表面的浸润程度

很明显，接触角的大小与各界面的表面张力的相对大小有关。如图 2-12 所示，在液滴与固体表面的接触点 x 上，同时受到液-气的界面张力(γ_{LV})，固-气的界面张力(γ_{SV})和液-固的界面张力(γ_{LS})三个力的作用。当这三个力的合力把 x 上的液体分子拉向左方时，液滴扩大，浸润程度增加；这三个力的合力，把 x 上的液体分子拉向右方时，液滴收缩，浸润程度减少。

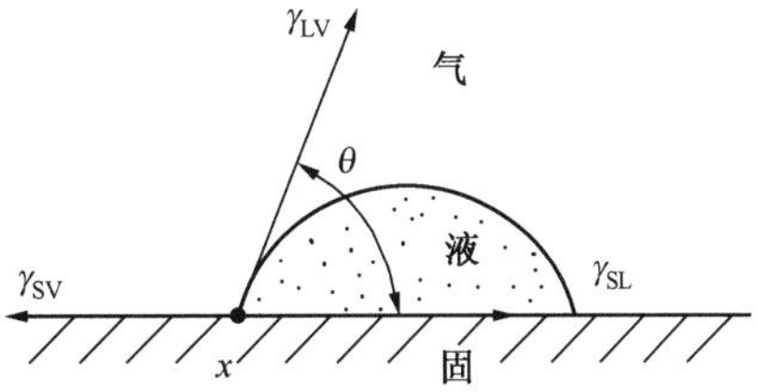

图 2-12　接触角与界面张力的关系

从图 2-12 所示力的关系可知，平衡后，三个力关系如下

$$\gamma_{SV} = \gamma_{LV}\cos\theta + \gamma_{SL} \qquad (2-10)$$

这时，液滴静止，接触角 θ 保持不变。上式移项可得

$$\cos\theta = (\gamma_{SV} - \gamma_{SL})/\gamma_{LV} \qquad (2-11)$$

从上式可见，要使接触角 θ 小，即浸润程度好的条件是固体表面具有显著的表面吸引力，即 γ_{SV} 大；固体表面与液滴之间具有真正的亲和力，即 γ_{SL} 小；液滴的表面张力 γ_{LV} 小。

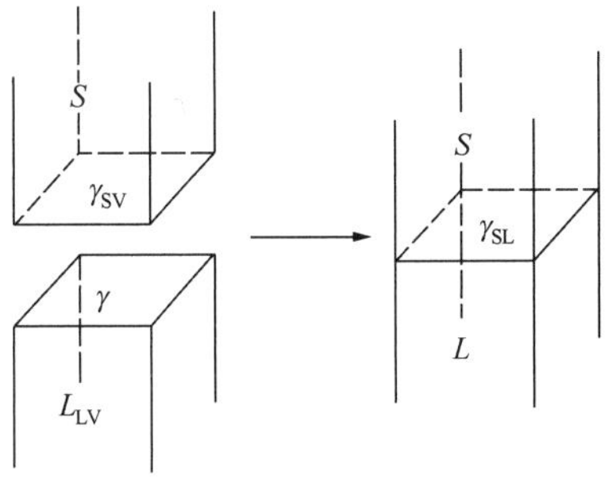

S(固相)，L(液相)，G(气相)，

图 2-13　沾湿过程示意图

γ_{SV}、γ_{SL}、γ_{LV} 也可看作为固-气、固-液、液-气界面中单位面积的自由能。因此，从热力学考虑，液体沾湿固体表面过程，也就是液-气界面和固-气界面变为液-固界面的过程，如图 2-13 所示。涂料的液滴有效地附于基材表面之上，这个过程的自由能的变化是

$$\Delta G = \gamma_{SL} - (\gamma_{SV} + \gamma_{LV}) \qquad (2-12)$$

令 $-\Delta G = W_A$

W_A 为黏附力，表示分离 1cm^2 固-液界面所需的能量。即，$W_A>0$，此过程自发进行。若把(2-10)式代入(2-12)式则得

$$W_A = \gamma_{LV}(1 + \cos\theta) \qquad (2-13)$$

从(2-13)式可见，对于同一种液体，即 γ_{LV} 相同，则接触角越小，把液体从固体表面剥离所需的能量就越大。这就是说 θ 越小，黏附越好；当 $\theta=1$ 时，$\cos\theta=0$，则

$$W_A = \gamma_{LV}(1 + 1) = 2\gamma_{LV} \qquad (2-14)$$

$2\gamma_{LV}$ 等于液体本身的内聚功(W_c)，即将截面积为 1cm^2 的纯液柱拉开时所做的功(如图 2-14所示)。当 $W_A = W_c$ 时，即液体从固体表面剥离时所需的功等于液体本身分离的功时，黏附强度最大。

将涂料涂于基材上，不仅要求涂料附在其上，还要求其铺展，其过程的实质是以固-液界面代替固-气界面的同时，液体表面也同时扩展，当扩展面积为单位面积时，自由能变化为

$$\Delta G = (\gamma_{SL} + \gamma_{LV}) - \gamma_{SV} \qquad (2-15)$$

令 $-\Delta G = S$

S 为铺展系数。若 $S>0$，在恒温恒压下液体可以在固体

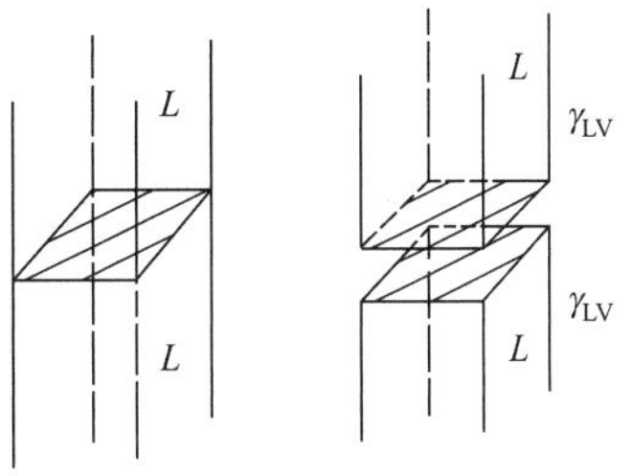

图 2-14　液体内聚功

表面自动展开。将(2-10)代入上式，得

$$S = \gamma_{LV}(1 - \cos\theta) \tag{2-16}$$

因此，原则上测定了液体的表面张力和接触角，就可以得到黏附功和铺展系数．不难看出，接触角大小是各种润湿情况的衡量。当 $\theta \leq 180°$ 时，可沾湿，$\theta \leq 90°$ 时可浸湿，当 $\theta \leq 0$ 时，可铺展。习惯上以 $\theta = 90°$ 为标准，称 $\theta > 90°$ 为不润湿，$\theta < 90°$ 可润湿。θ 越小润湿越好，$\theta = 0$ 或不存在，可铺展。固体表面的润湿和其表面能相关，一般有机物及高聚物为低能表面，不易润湿，而氧化物、硫化物、无机盐等为高能表面，易被润湿。固体表面张力难以测得，常用临界表面张力来替代分析。表 2-5 列出一些基材的临界表面张力。

表 2-5　一些底材的临界表面张力

底　　材	临界表面张力/(mN/m)	底　　材	临界表面张力/(mN/m)
锌铁板	45	聚乙烯	32
钢板	36~45	聚丙烯	28~32
磷化钢板	40~45	聚苯乙烯	42
铝	37~45	聚氯乙烯	39~42
玻璃	70	尼龙 66	46
马口铁	33~38	聚四氟乙烯	20
聚碳酸酯	42	聚甲基丙烯酸甲酯	39

即使在热力学上是能被浸湿的，实际上也有可能浸湿不好，原因是浸湿速度受到许多因素的影响(即动力学方面的因素)，它与被涂物的表面结构、涂料黏度以及表面张力有关。如果把被涂物粗糙表面的缝隙当作毛细管，

$$t = \frac{2 \cdot \eta \cdot l^2}{r \cdot \gamma_{LV} \cdot \cos\theta} \tag{2-17}$$

式中　t——液体流过毛细管所需的时间；

η——液体的黏度；

l——毛细管的长度；

r——毛细管的半径；

γ_{LV}——液-气界面张力；

θ——液体在固体表面上的接触角。

可见，在浸润条件下，黏度和接触角越大，所需润湿时间就越长。当 t 大到一定程度，涂料还来不及实现完全浸润就已固化或不能流动时，就出现不完全浸润的现象。因此，常温固化涂料，如果黏度较高，比较容易形成这种动力学不润湿，其结果是附着力差。烘漆由于高温下涂料黏度下降很多，不容易有动力学不润湿的情况发生。在颜料分散时，也是同样道理，为了保证分散效率，要求液相的黏度不能太高，这样润湿时间可较短。

2.4.3　涂膜的附着机理

研究涂膜与基材附着的形成和本质对提高涂层保护技术、评估涂层保护寿命具有重大作用。虽然现在还没有一种理论同时解释附着的各种现象，但人们从不同角度研究了这个问题，提出了多种看法，其中机械嵌合作用、吸附作用、扩散作用、化学键作用、静电作用都从各自方面对附着本质作了理论阐述。

2.4.3.1　机械嵌合作用

任何物体的表面即使用肉眼看来十分光滑，但放大起来看还是十分粗糙、遍布沟壑的，

有些表面还存在很多孔隙。涂装时，涂料就渗透到这些小沟和孔隙中，固化后依靠“锚合”、“钩合”、“钉合”、“嵌合”、“树根固定”等形式(见图 2-15 所示)把涂料和被黏物连在一起。显然这种机械镶嵌作用将会起到很大的机械结合效果，破坏时必须要用较大的力才能把这些伸展的固化涂料从主体的缝隙中撕裂，所以能起到很好的黏合作用。

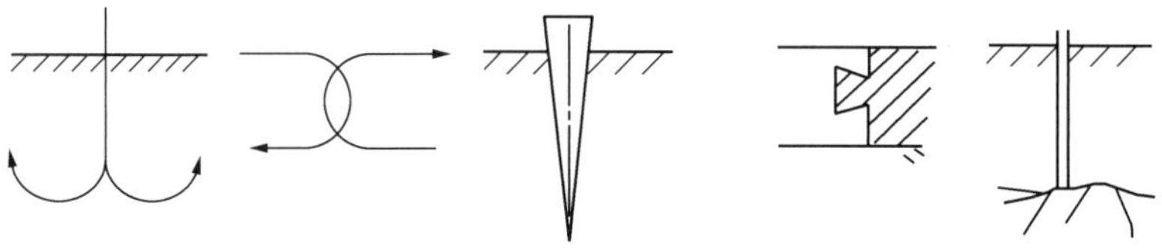

图 2-15　机械结合模型

在涂装过程中基体要进行表面处理，除对表面要清洁处理外，往往还要进行粗化处理(如喷砂)。粗化处理的目的有两个，一个是增大接触面积，另一个是增加涂层材料与基体表面嵌合或锚合作用，以加强涂层与基体的附着力。例如，经过喷砂处理后的表面其附着力往往可比光滑的表面提高一倍。但对于抛光表面及光滑表面涂装有机涂料的附着力则难以解释。

2.4.3.2　吸附作用

从分子水平上看，涂膜与基材表面间存在原子、分子之间的相互作用力，这些作用力包括主价力(化学键力)、次价力(氢键和范德华力)。

当两个理想平面距离为 1nm 时，由于范德华力的作用，它们之间的吸引力便可达 10^3~10^4N/cm^2，距离为 0.3~0.4nm 时可达 10^4~10^5N/cm^2，这个数值远远超过了现在最好的结构胶黏剂所能达到的强度，但是两个固体之间很难有这样理想情况，即使经过精密抛光，两个平面之间的接触还不到总面积的百分之一，次价力作用体现不出。

固体表面由于范德华力的作用能够吸附液体和气体，其条件是液体完全润湿固体表面，这种固体表面吸附液体和气体的作用称为物理吸附作用。物理吸附是涂料、胶黏剂和被黏物之间牢固结合的普遍性原因，这就是吸附理论。因此涂料在固化之前完全润湿基材表面，才能有较好的附着力。固体表面表面能越高，则对涂料的吸附力越大，表面能越低，则吸附力亦越低。

吸附力的大小与分子的偶极矩、极化率等因素的大小成正比。高分子链含有极性基团，特别是带有能形成 H—键的基团(如氨基、羟基等)时，会有较强的附着力。在涂装体系中，一般来说，极性高聚物为电子给予体(广义的路易斯碱)，而金属和金属氧化物则为电子接受体(广义的路易斯酸)。因此，成膜高分子链含有胺基、羟基等电子给予基团的涂层附着力强。

通常认为，分子间引力(氢键、范德华力)是附着力的主要来源，即使如此，其黏附力也远比理论强度低得多，这是因为在固化过程总是有缺陷发生的，黏附强度不是决定于原子、分子作用力的总和，而是决定于局部的最弱部位的作用力。两个表面之间若仅通过范德华力结合，实际便是物理吸附作用，这种作用很容易为空气中的水气所取代。因此为了使漆膜与基材间有强的结合力，仅靠物理吸附作用是不够的。但需注意，吸附理论仅说明附着力产生的条件和原因，选择成膜物时还必须考虑涂膜内聚力的因素，若涂膜内聚力很小，易被破坏，仍不能得到吸附完好的涂膜。吸附结合理论尽管得到广泛支持，但涂层与基体牢固结合的唯一因素是否仅只是吸附结合，仍存在许多问题待解决。

2.4.3.3　化学键作用

化学键吸附作用是涂装材料的活性基团与工件表面金属发生化学反应，生成了共价键而产生的吸附力。化学共价键力比分子吸附力大得多，前者相当于后者的100倍以上，约41.8～418kJ/mol。对于化学黏接涂层，如酚醛树脂可在较高温度下与铝、不锈钢等发生化学作用，硅酸盐类无机涂料与铁产生化学反应，产生硅酸铁类化合物。化学键的作用力要较物理吸附作用强得多。偶联剂的应用就是利用此机理来提高附着力的重要体现，偶联剂分子必须具有能与基材表面发生化学反应的基团，而另一端能与涂料反应，如常用的硅烷偶联剂在玻璃鳞片环氧涂料中的应用，硅烷类偶联剂分子结构中的R基团可以和有机化合物起化学反应，而—Si—$(OH)_3$可以自缩合和玻璃上的Si形成化学键，这一过程发生了化学反应。硅烷烷偶联剂常作为附着力的增进剂。

但是化学键的形成必须满足一定的化学条件，不像次价键那样具有普遍性。次价键中色散力虽然键能小，但键的密度大，总和仍然是可观的。而化学键键能虽高，但只能在有限的活性原子与基团之间发生化学反应而成键。化学键的密度受到表面活性原子与基团数量和化学活性的制约，与色散力的密度比较要小得多。因此这两者共同作用，决定涂层附着力的大小。

2.4.3.4　扩散作用

涂料中的成膜物为聚合物链状分子，如果基材也为高分子材料，在一定条件下由于分子或链段的布朗运动，涂料中的分子和基材的分子可相互扩散，相互扩散的实质是在界面中互溶的过程，最终可导致界面消失。高分子间的互溶首先要考虑热力学的可能性，即要求两者的溶解度参数相近，另一方面，还要考虑动力学的可能性，即两者必须在T_g以上，有一定的自由体积以使分子可互相渗入。因此塑料涂料的溶剂最好能使被涂塑料溶胀，提高温度也是促进扩散的一个方法。带锈涂料、修补涂料具有扩散作用是涂膜发挥其功能性的重要因素。

2.4.3.5　静电作用

当涂料与基材间的电子亲合力不同时，便可互为电子给体和受体，形成双电层，产生静电作用力。例如，当金属和有机漆膜接触时，金属对电子亲合力低，容易失去电子，而有机漆膜对电子亲合力高，容易得到电子，故电子可从金属移向漆膜，使界面产生接触电势，并形成双电层，产生静电引力。

涂料在基材表面浸润是上述作用能够发挥的前提。

2.4.4　附着力的影响因素

涂层与基材的附着作用是非常复杂的，很难用上述单一因素的影响来说明，是多种因素综合作用的结果。因此，附着力的影响因素是由上述理论结合涂装实际复杂因素分析得出，其重要因素为：

（1）基材表面的润湿情况。要得到良好的附着力，必要的条件是涂料完全润湿基材表面，通常纯金属表面都具有较高的表面张力，而涂料一般表面张力都较低，因此易于润湿，但是实际的金属表面并不是纯的，表面易形成氧化物，并可吸附各种的有机或无机污染物，这可大大降低表面张力，从而使润湿困难，表面处理的目的就是在于提高基材表面的表面能，有利于涂料的浸润。对于低表面能的基材，更要进行合适的处理。

（2）涂膜的附着力与金属的性质也有一定的关系，同一种涂料在不同的金属表面上表现

的附着力不尽相同。按附着力的大小，金属排列如下

镍>钢>铁>铜>黄铜>铝>锡>铅

因此，在测定涂层的附着力时，除按照标准方法测定之外，还要在实际应用的材质上测定。

(3) 涂料黏度。涂料黏度较低时，容易流入基材的凹处和孔隙中，可得到较高的机械嵌合力，一般烘干漆具有比气干漆更好的附着力，在高温下，涂料黏度很低，也是原因之一。

(4) 表面粗糙度。适当地提高表面粗糙度可以增加机械嵌合作用，另一方面也有利于涂料在基材表面的润湿。但过于粗糙，若涂料的黏度大，深入性能有限时，有微细的空隙，易产生缺陷，带来附着力下降。当涂层厚度不大时，抗渗保护性能降低。表 2-6 为基材粗糙度对涂膜耐久性能的影响。

表 2-6 被涂物表面凸凹度与涂膜厚度和耐久性的关系

被涂面	凹凸度	涂一道	涂二道	涂三道
平滑面	5S	70	300	1400 以上
喷砂面	50S	6	100	430
腐蚀面	250S	1	12	24
平均涂膜厚/μm		43	70	100

注：表中的数值为：酚醛树脂系涂料浸渍在 3%食盐水溶液中(20~25℃)。当测定面积为 $100cm^2$ 时，交流电阻降低到 100Ω(1kHz)时的时间(h)。平均涂膜厚度是在平滑面上的值。

S 是表面粗糙度英文字 Surfaceness 的缩写，其前数字愈小，表示表面光洁度愈好。

(5) 成膜物。成膜物大分子极性基团的极性越强、个数越多、相对分子质量越大，越有利于成膜物与基材表面形成较强的分子间作用力，结合牢固。

(6) 内应力的影响。漆膜的内应力是影响附着力的重要因素，内应力过大，大于涂层内聚力时，涂膜开裂；大于涂膜附着力时，涂膜产生脱壳等破坏，丧失保护作用。内应力有两个来源：A 涂料固化、溶剂挥发过程中涂料体积收缩产生的收缩应力；B 涂料和基材的热膨胀系数不同，在环境温度变化时产生的热应力。涂料不管用何种方式固化都难免发生一定的体积收缩，收缩不仅可因溶剂挥发引起，也可因化学反应引起。缩聚反应体积收缩较严重，特别是对于有小分子产生的缩聚反应固化过程，因为有一部分要变成小分子逸出。烯烃或低聚物的双键发生加聚反应时，两个双链由范德华力结合变成共价键结合，原子距离大大缩短，所以体积收缩率也较大，例如不饱和聚酯固化过程中体积收缩达 10%。开环聚合时有一对原子由范德华作用变成化学键结合，另一对原子却由原来的化学键结合变成接近于范德华力作用，因此开环聚合收缩率较小，环氧树脂固化过程中收缩率较低，这是环氧涂料具有较好的附着力的原因。降低固化过程中的体积收缩对提高附着力有重要意义，增加颜料、增加固含量、加入预聚物以减少体系中官能团浓度是涂料减少固化收缩的常用方法，加入无机填料同时还具有降低涂膜热膨胀系数的作用，减少热应力。另外涂膜越厚，内应力也越大。总之，漆膜的内应力与附着力以及漆膜强度之间是相互抗衡的。

(7) 附着增进剂(偶联剂)的作用。利用偶联剂的活性基团与金属形成离子键或共价键，同时又能与涂膜中的官能团相互作用，产生化学键来提高附着性能。

在环氧涂层与基体金属之间采用聚丙烯酸(PAA)处理金属(铁、铜、铝)，金属与环氧涂层的附着力有显著的提高，聚丙烯酸结构上的羰基与金属发生了化学作用，形成离子键。另外也可能是由于形成了氢键。因此用聚丙烯酸乳液预先处理涂装钢板，可以显著增加含玻

璃鳞片环氧底漆与基体金属的附着力。

2.4.5 湿附着力及影响因素

实际上漆膜的防腐蚀功效是在湿态下(产生电化学腐蚀)才发挥作用，所以高的干态附着力并不能保证漆膜的耐蚀性。较佳的湿附着力是涂膜具有良好防腐蚀性能的一个关键性因素。严格来讲，涂层附着力应该是指涂装金属暴露在高湿环境或溶液中的附着力，俗称湿附着力，即指将涂装金属置于介质环境后，表现出来的附着力。

目前通用的一些测定涂层附着力的方法，大多测试的是干涂层体系的数值，这一数据与涂层的湿附着力是有区别的。因为涂层与介质接触后，其附着力会发生一系列的变化，这些变化与涂层下界面金属的腐蚀有密切的关系，特别是水的去黏合作用，涂装试样暴露在水或高湿环境中，其附着力不可避免地会有所降低，但这种变化不会立即或紧接着导致完全的涂层剥离，往往存在一个中间的过渡状态。在此阶段，当把涂层体系重新干燥后，附着力可能部分地重新获得。曾经有文献报道，涂层在经历一轮浸泡干燥后，附着力可降低为其原始值的15%，在经历了20轮后，却只降低了50%。表2-7为各种涂装体系的不锈钢在100%相对湿度(R. H)下和浸泡在水中丧失附着力50%时所需要的时间 。

表2-7 不锈钢涂装体系在100%R. H下和浸泡在水中附着力为原50%时所需要的时间

涂层类型	失去原有附着力50%所需要的时间/轮		涂层类型	失去原有附着力50%所需要的时间/轮	
	在100%R. H下	浸泡在水中		在100%R. H下	浸泡在水中
醇酸	20	50	聚氨酯	50	3
环氧酯	100	5	环氧-聚酰胺	400	1
氯化橡胶	125	10	蜜胺-环氧	700	10
热固性丙烯酸	>700	10			

这种附着力的下降和丧失，是由于水穿入涂层/金属界面引起了附着力的降低。涂层/金属界面对环境，特别是对水的稳定性需要进行仔细的考虑。一种看法认为水分子进入涂层破坏了涂层/金属界面上相互作用的化学键、氢键或极性键，这是水去黏合作用的化学机理。另一种看法认为水进入涂层/金属界面产生的机械力将它们分离，这是水去黏合作用的机械或水力学机理。在界面上生成的水膜是不连续的，柔软的涂膜在连续浸泡后会出现小的、孤立的和随时间增长的水泡。

若湿附着力差，则水透过漆膜到达钢铁表面后，可以顶替原有的漆膜和金属表面的作用而形成水层，而且透过漆膜的O_2可以溶解于漆膜下部的水中。由于有O_2和H_2O，钢铁便有了发生腐蚀的条件，腐蚀一旦发生，便有Fe^{2+}、OH^-的产生，此时水成为盐的溶液，于是有渗透压产生。在渗透压作用下，H_2O和O_2可非常迅速地通过漆膜，此时的漆膜相当于半透膜，漆膜的附着受到进一步破坏，导致与钢铁表面脱离(气泡因之生成)。另一方面，腐蚀发生时，体系中有OH^-产生，它可使一些易水解的基团水解，如酯基，使漆膜失去应有的机械物理性能，从而失去保护钢铁的作用。因此如何改善漆膜的湿附着力是相当重要的。当然漆膜的防腐蚀作用和漆膜的透H_2O和O_2能力及漆膜的机械物理性质有关，涂料中的防锈颜料对腐蚀能力也有很大的影响，有的颜料(如玻璃磷片、铝粉)有屏蔽作用，有的可起钝化作用，还有如富锌漆中的锌粉则起牺牲阳极的作用。

为了获得较高的湿附着力，涂膜除具有较高的干附着力条件以外，下列因素均对提高湿附着力有利。

(1) 成膜树脂的耐水性好。

(2) 漆膜含氨基可提高湿附着力。其原因为：①因腐蚀作用而使阴极部分受碱性侵蚀，高聚物皂化水解，破坏涂层/金属界面附着力。含氨基，耐皂化好，从而保持附着力，②浸水后，树脂中的羟基等极性基团与金属表面活性中心的吸附会被水逐渐介入而替换，丧失附着力，漆膜中若含有碱性基团(给电子基团)所具有的吸附力不易被水置换。如通常的胺固化环氧树脂固化之后，氮原子仍呈碱性，与钢面附着力强，湿附着力受水的影响小，故其耐蚀性能远高于醇酸漆膜、环氧酯底漆。

(3) 可尝试在涂料中加入有机硅偶联剂、铝酸锆添加剂、钛酸酯类偶联剂以及锆酸酯类偶联剂。

另外，起泡是湿附着力丧失、涂层失效的重要体现。涂膜湿态刚性越大，挠性越低，涂膜不易起泡，就如同黏在玻璃板上的胶带纸易剥下，而两块玻璃板吸附在一起却难以揭开一样。因此，浸在水中的防腐涂层，不宜是富有弹性、挠性的，而宜是刚性坚硬的，具有较高的杨氏模量，厚的涂层也有利于抗起泡。但涂层过厚、刚性过大，不利于抗开裂，要综合考虑。

2.5 防腐蚀涂层系统

2.5.1 防腐蚀涂料应具备的基本条件

作为一种优异的防腐蚀涂料必须具备下列特性：

(1) 耐腐蚀性能要好。所谓涂料的耐腐蚀性是指其固化涂层对它所接触的腐蚀介质(如水、酸、碱、盐、各种化学药品、废液、空气、水分、化工气体等)在物理性质和化学性质方面都是稳定的，即不被腐蚀介质溶胀、溶解，也不被腐蚀介质所破坏、分解，不和腐蚀介质发生有害的化学反应。

(2) 透气性和渗水性要小。钢铁的大气腐蚀需要有水分和氧的作用，否则其腐蚀速度可以忽略不计。涂漆钢板的腐蚀，从本质上讲，是由于水和氧以相当大的速度穿透涂膜到达金属界面上造成的。显而易见，一种优异的耐腐蚀涂膜的透气性和渗水性应尽可能地小。为此必须选择透气性小的成膜物质和屏蔽作用大的涂料，并增加涂装道数，使涂层达到一定的厚度。

(3) 要求良好的附着力和一定的机械强度。涂膜能否牢固地附着在金属基体上，是其能否发挥防腐蚀作用的关键因素之一。除此之外，固化涂膜还应具有一定的物理机械强度，以承受在工作条件下的应力。

防腐蚀涂料除了应满足上述三方面的主要要求之外，还应具有良好的电绝缘性、抗温变性、耐湿性，同时经济上也应合算，而且施工方便。

实际中往往会出现这样的情况，某一涂料品种耐腐蚀性能很好，但对基材附着力和机械性能不佳而无法应用。为了解决耐腐蚀性能和机械性能之间的矛盾，常常采用几种涂料配合使用。例如，以附着力好又有一定防锈能力的涂料作底漆，而以耐腐蚀性好，又与底漆有很好层间附着力的涂料作面漆。若底漆和面漆的层间附着力不佳，可采用能把底、面漆牢固连接起来的所谓中间层涂料作“过渡”层。这样便可以得到机械性能和耐腐蚀性能都很好的防腐蚀涂装系统。

2.5.2 防腐蚀涂层体系

在实际应用中，一种涂层往往不能很好地起到保护金属的作用，或不能同时满足防腐、耐候、美观等使用要求。因此，大多在金属表面涂覆几种涂层，组成一个整体系统共同发挥功效。这一涂层体系包括底漆、中间层、面漆，每层按需要分别涂刷一至数次。也有的仅是单层结构就同时满足不同的使用要求，如粉末涂料。

2.5.2.1　底漆

底漆直接与金属接触，是整个保护涂层系统的重要基础，主要具有以下特征：

(1) 与金属表面要有良好的附着力，因此成膜物分子结构中往往含有极性基团。

(2) 底涂黏度应该较低，以便对基材表面有良好的润湿性；且溶剂挥发不可太快，以便有充分时间对焊缝、锈痕等部位渗入。

(3) 能阻止锈蚀的生成和发展，因此往往含有防锈颜料、抗渗填料。

(4) 因为金属腐蚀时在阴极呈碱性，所以底涂的基料应具有耐碱性。

(5) 一般底涂填料含量较多，除防锈、抗渗功能外，还起到减少涂膜内应力(固化收缩力、热应力)的作用，以及使漆膜表面粗糙，增加与中间层或面漆的结合力。

(6) 填料体积浓度不可大于临界填料体积浓度(PVC≤CPVC)。但有的涂料为了增大与面涂的结合力，设计时涂料的 CPVC≤PVC，要求面漆的渗入能力很强，面漆固化前渗入到底涂中，充当了底涂的黏合剂，使底面涂成为一体。实际上，从最终的干膜 PVC 来看(面涂渗入后)，仍然是 PVC≤CPVC。

(7) 一般底涂厚度不易过高，因太厚会引起收缩应力，使附着力下降。

2.5.2.2　中间层

中间层的主要作用是增厚提高屏蔽作用、缓冲冲击力、平整涂层表面的作用。最重要的一点是中间层要与底、面漆结合良好，才能起到承上启下作用。其与底、面漆的结合，主要是靠中间层所含溶剂将底漆溶胀，两层界面间的物质相互扩散、高分子链相互缠结以及极性基团间相互产生吸引力。

在整个涂层体系中底漆或面漆有时不宜太厚。在重防蚀涂料系统中，为提高整个涂层的屏蔽性能，厚度要求较高，所以将中间层涂料制成触变型固体厚膜涂料，用无气喷涂，一次可获厚膜。

对于一些类似汽车漆的防腐、装饰性土装体系，中间层可以提供平整表面，保持美观。中间层往往还具有较好的弹性，能缓冲碎石冲击车辆，涂层不裂。

2.5.2.3　面漆

面漆与环境相接触，因此要具有耐环境化学腐蚀性、装饰美观性、标志性、抗紫外线、耐候性等。往往面漆的成膜物含量较高，含有紫外线吸收剂，或铝粉、云母氧化铁等阻隔阳光的颜料，以延长涂膜的寿命。有一些耐化学品涂料(如过氯乙烯漆)，往往最后一道面漆是不含颜料的清漆，以获得致密的屏蔽膜。

防腐蚀涂层体系一般采用“多层异类”结构，即根据各种树脂的性能特长，选其作为底、中、面漆，而不在乎成膜物质是否属于同一类型。例如，过氯乙烯漆有良好的耐化学介质稳定性，涂层的断裂强度值很高，但同时具有极度低的金属附着力，而醇酸漆的附着力指标非常高，断裂强度和耐蚀性却远低于过氯乙烯漆，若采用醇酸底漆、过氯乙烯面漆的“多层异类”配套，则涂层兼具附着力和耐蚀性均好的特点。又如，环氧漆对金属附着力好而耐候性差，丙烯酸/缩二脲聚氨醋漆的耐候性极佳，但价格昂贵，二者底面配套，可作为装饰性、耐候性极佳的户外钢结构保护涂层，而且涂层成本有所降低。

2.5.3 涂层厚度与涂装道数

防腐蚀涂层的厚度与防腐蚀效果有直接的关系，尤以在严酷腐蚀环境下的重防蚀涂料，必须达一定的干膜厚度。为此往往需要有多道的涂层，其主要原因是通常每道涂层不能太厚。若涂料是氧化干燥型(醇酸、酚醛桐油等)，太厚则表层吸氧皱皮而内层不干；若涂料含溶剂，太厚会使溶剂不能充分挥发，少量溶胶残留在涂层中而降低耐蚀性。多道涂层系统中，其总厚度为每次涂层厚度的总和，道数愈多，整个涂层系统愈厚。一般过氯乙烯或氯磺化聚乙烯涂料等，因其固体含量低，都必须多道涂布才能达到规定的厚度，以确保防蚀功效。即使是用无溶剂(或高固体)涂料勉强一次达到规定的漆膜厚度，但现今所有漆膜总难免有若干缺损，如缩孔、针孔、气泡、丝状尘埃埋在漆膜中，在大面积施工中，无法获得完全完整无缺的漆膜，在缺损薄弱部位首先会发生腐蚀。多道涂层的优点是各层之间互相覆盖缺损部位。因为各道涂层都在同一具体部位发生缺损的概率是极低的，多道涂层保证了整个涂料体系的防蚀功效。

目前在防腐蚀工程上采用的涂层，不论厚薄，极少是单层漆膜的。一般认为，同一厚度的涂层，多道数涂装的，其耐蚀性甚至包括机械性能，优于单层。

但涂层过厚一般会带来较大的内应力，致使涂层在使用过程中，由于外力或温度的变化极易发生开裂。树脂内聚力大，或具有一定的弹性都利于增厚。无机填料、玻璃鳞片的添加起到增强作用，均有利于增加涂膜的内聚力，因此，也有利于增厚。

厚浆涂料、高固体分涂料、无溶剂涂料的单层漆膜厚度可达 100~300μm，甚至更厚，为一般涂料的 10 余倍，在施工技术和检测方法可靠的情况下，厚浆涂料有节省工时、减少污染的优点。在铁路货车、集装箱、长输油气管道、化工厂混凝土地坪上已成功应用多年。表 2-8 列出不同用途涂层所应控制的漆膜厚度，供参考。

表 2-8 不同用途涂层所应控制的漆膜厚度

涂层用途	应控制的厚度/μm	涂层用途	应控制的厚度/μm
一般性涂层	80~100	耐磨蚀涂层	250~300
装饰性涂层	100~150	超重防腐蚀涂层	300~500
防腐蚀涂层	150~200	高固体分涂层	700~1000
重防腐蚀涂层	200~300		

为了解决多道涂装的工程进度问题，可采取更合理的施工程序，兼取厚浆涂料的优点，比较合理的涂装方案是底漆和面漆采用多道薄涂，中层漆使用厚涂层。

2.5.4 涂膜层间的结合与配套性

多道涂层体系中，各道涂料其组成往往不同，即使组成相同，在一层之内，干燥之后表面与内里往往并不完全相同，因此每层之间必须充分附着，形成密合的整体。

由多道漆膜组成的涂层，漆膜间的层间附着力是重要的。如果层间附着力不好，在使用过程中，会发生逐层剥落，涂层总厚度减少，耐腐蚀性降低。

层间附着力可以是机械嵌合、漆膜间静电引力、成膜物质分子结构上的极性基团以及彼此间形成氢键、以及在个别情况下也可能发生两层间的化学键合(例如上层的异氰酸酯与下层的羟基、胺基反应)。但在很大程度上还决定于两层漆膜的成膜物高分子或链节的接触和互相渗透，分子之间的缠结，即所谓的膜与膜的胶黏作用。如图 2-16 为高分子物质自动胶合时的聚结作用，膜间已无界面，不存在层间附着力的问题。

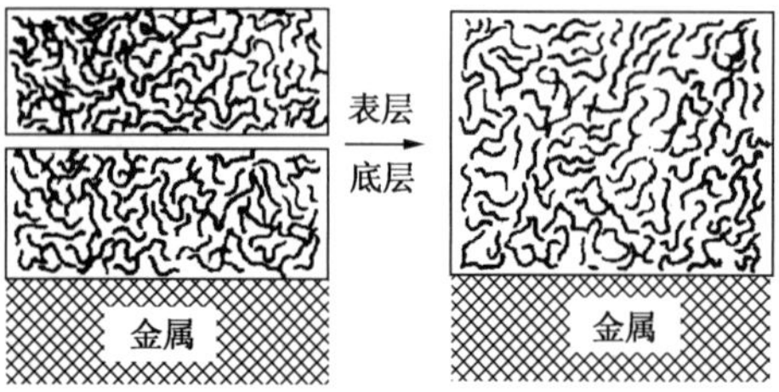

图 2-16　高分子链扩散渗透带来的自动胶合时的聚结作用

对于通常的溶剂型涂料，层间附着力的形成主要有以下几种情况。

(1) 溶化型：涂料的基料是热塑性(非转化型)树脂，例如氯化橡胶。下一道涂料所含的溶剂会将前一道漆膜的表层溶解，使二层融合，待溶剂挥发后二层联成一体。所以此类涂料的层间附着力良好，前一道漆膜虽经长时期干燥，在修补重涂时只要表面清洁，常仍能获得良好的层间附着力。

(2) 溶胀型：底层漆膜的基料是热固性(转化型)，例如环氧树脂、聚氨酯树脂、氧化型醇酸树脂等，其漆膜干燥后形成了不溶于原溶剂的三维网状结构，第二道的溶剂不能再溶解其表层，只能溶胀。此时二层间的行为有三种情况：① 底层虽已初步干燥，但尚未充分交联，在涂第二道时溶剂仍能在交联点之间渗入底层的表层，使表层溶胀，底层高分子链之间距离增加，降低了其局部的玻璃化温度，增加了自由体积，使第二道漆的树脂分子渗入底层自由体积之内，二层之间的树脂分子互相吸附或缠结，使二层之间能密切附着。这种情况在实际涂装施工中很常见，尤其是环氧或聚氨酯系涂料，施工间隔往往有规定，待其初步干燥即可涂第二道，以获良好的层间附着。② 若底层已干燥而充分交联，而且交联密度高，交联点之间距离短(相对分子质量 Mc 小)，经长期固化后，形成紧密的三向网状构造，第二道漆的溶剂难以渗入底漆的表层分子间，使层间附着力很差。整个涂层系统干燥后经潮湿、浸水等后，第二道漆膜极易剥离。对于环氧系及聚氨酯涂料必须注意施工时二层之间不可间隔太久。若经长期固化后，第二道漆难以附着，此时若欲涂漆，必须将漆膜充分打毛，增加表面积以增加附着力。此种补救办法耗费人工和时间，应尽量避免。另外，为改善聚氨酯漆的层间附着力，可以把底漆两个组分的配比稍加变动，将 NCO/OH 的当量比从(1~1.2)：1 改为(0.8~1)：1，降低底漆的交联密度。胺固化环氧底漆，也可以把胺用量比理论量减少 1%~2%，取得同样效果。

此外，可以提高底漆或中间层的粗糙度，例如加入高体积浓度的云母氧化铁，使漆膜表面凹凸粗糙，即使施工期超过了规定时限，仍能保持一定的层间附着力。所以防腐蚀涂料体系中，往往不强调高光泽，而宜适当提高颜料、填料的体积浓度、降低光泽，减少吸潮后的体积肿胀，有利于层间附着。

欲保证良好的层间附着，底漆配方中不宜加入硅油，底层漆膜表面不可沾污。如沾有油腻或硅油，由于其表面能低，上层漆附着不良，甚至缩孔。此外，如在海边施工，底层漆膜上沾有盐雾，则上层漆膜易引起渗透压起泡。在多道涂层体系中，若间有打磨水洗工序(例如机床或车辆涂装)，最后必须用去离子水冲洗，若用普通的城市自来水，水中含微量水溶性盐，待水挥发干燥后盐残留在漆膜表面，夹在两层漆膜之间，在湿热环境下会全面起泡。若施工时疏忽，手指触及工件漆膜，会留下许多汗污印痕，上罩的涂层在湿热下会起泡，所以必须严禁手指接触。

总之，大多数漆膜的层间剥离都是长期在潮湿情况下，水分子透入漆膜，在二层漆膜间的附着活泼点处介入，降低了层间附着力。在潮湿的江、海边施工涂装(例如船坞、港湾、桥梁等)往往湿度很高，在物面上附有不易察觉的潮气，甚至凝露。不宜为了赶工而在清晨涂装，以免层间剥离，物体温度必须超过露点 3℃ 以上才可涂漆。

若底漆的交联点密度低，上罩强溶剂的涂料(例如聚氨酯漆或硝基漆等)，强溶剂渗入底漆，引起过度的溶胀，将底漆咬起，或虽未咬起，但损伤了附着力，在涂料技术上此现象称为二层之间不配套。

一般多层的涂膜系统中，要求底漆坚硬，面漆较柔韧为合宜。反之，若底漆柔软而面漆坚硬，则涂膜曝晒后，面漆收缩易龟裂。

表 2-9 部分涂层的重涂性(配套性)

原涂装的涂料(在下层) \ 重涂涂料	长暴型磷化底漆	无机富锌涂料	有机富锌涂料	油性防锈涂料	醇酸树脂涂料	酚醛树脂涂料	氯化橡胶系涂料	乙烯树脂涂料	环氧树脂涂料	环氧焦油涂料
长曝型磷化底漆	×	×	×	✓	✓	✓	✓	✓	△	△
无机富锌底漆	✓	✓	✓	×	×	×	✓	✓	✓	✓
有机富锌底漆	✓	×	✓	×	×	×	✓	✓	✓	✓
油性防锈涂料	×	×	×	✓	✓	✓	×	×	×	×
醇酸树脂涂料	×	×	×	✓	✓	✓	×	×	×	×
酚醛树脂涂料	×	×	×	✓	✓	✓	✓	△	△	×
氯化橡胶涂料	×	×	×	×	✓	✓	✓	×	×	×
乙烯树脂涂料	×	×	×	×	×	×	×	✓	×	×
环氧树脂涂料	×	×	×	×	△	△	△	✓	✓	×
环氧焦油涂料	×	×	×	×	×	×	✓	×	△	×

注：表中符号：✓表示可以重涂；×表示不可以重涂；△表示在一定条件下可以重涂。

2.6 涂膜对腐蚀介质的抗渗性

保护涂层的核心任务是屏蔽腐蚀介质对基材的作用，它是将金属与腐蚀介质隔离起来，使腐蚀不能发生，因此其抗渗性能是关键。但实际上没有长期完全不透的屏障，有机涂层在形态上多孔性的一个重要特点是与之相接触的潮气、气体和其他物质可以经孔隙穿入而被涂层吸收。这些被吸收的物质会在涂层中扩散，并到达涂层/金属界面而引起腐蚀。涂层丧失了对腐蚀介质的屏蔽作用，可以说发生了渗透破坏。

2.6.1 介质在涂层中的扩散

物质(如水、氧或离子)进入涂层后，在浓度梯度的驱使下，会由浓度高处向浓度低处扩散。浓度梯度越大则扩散速率越大。若将其简化，认为是浓度梯度不随时间改变的稳态过程，则扩散物质在单位时间内通过单位面积的量，与浓度梯度的关系可由菲克（Fick）第一定律描述，即

$$J = \mathrm{d}q/\mathrm{d}A\mathrm{d}t = -D\mathrm{d}C/\mathrm{d}x \tag{2-18}$$

式中，J 为物质的渗透率[$g/(cm^2 \cdot s)$]；C 为物质在涂层中的浓度(g/cm^3)；D 为扩散系数，表征介质在高分子膜内渗透能力的常数，它除与温度、浓度有关外，还受介质分子大小、质量、亲和力以及涂膜内部的孔隙率与孔径分布等因素的影响。

上式只适用于 D 为定值的场合，否则难以求得方程的解。若扩散系数为定值，将式(2-18)在 C_0 与 C 之间积分，则得到渗透率

$$J = D(C_0 - C)/L \tag{2-19}$$

式中　L——试样厚度(cm)。

在通常的腐蚀试验中，介质不能在短时间内达到渗透平衡。扩散体系处于非稳定状态，即不满足 $dC/dt=0$ 的条件，J 也是时间的函数，可应用 Fick 第二扩散定律：

$$\frac{\partial C}{\partial t}=D\frac{\partial^2 C}{\partial x^2} \tag{2-20}$$

在恒温恒压条件下，由 Fick 第二扩散定律得

渗透前期：$$q/Q=A(Dt/L^2)^{1/2} \tag{2-21}$$

渗透后期：$$\ln(1-q/Q)=-B\cdot D\cdot t/L^2 \tag{2-22}$$

式中　Q——无限长时间后介质的渗入量，即平衡增重，g；

q——介质的渗入量，g；

A、B——比例常数。

在涂装工艺中有许多过程(特别是涂膜的干燥和固化过程)将影响最后成膜的结构，例如溶剂的挥发会使体系发生相分离；水在膜中的凝结会使膜变“混浊”，生成多孔性的外层结构；涂料中的有些高聚物成分优先在靠近金属表面固化，有些则远离表面优先固化，如醇酸和环氧酯类涂层的氧化性固化是从空气/涂膜界面上开始的，随后进到金属/涂膜界面；有些高分子的交联反应还受到金属基体的影响，凡此种种，使涂层在形态上出现明显的差异。金属上的涂层最后便是一种不均匀的体系。涂层的这种不均匀性使未加颜料的清漆涂层上存在着两种不同性质的的致密性：一种是大小在 1～5nm 以内或更小的分子之间的自由体积，它们与分子或离子由一个最小的能位移到另一相邻的最小能位之间的距离相近。当温度高于玻璃化温度时，链段的运动带来这种空位(自由体积)随时间而改变着位置，故又称这种孔为虚孔或起伏孔。这种致密性取决于高聚物的聚集态结构和高分子链段的活动能力。介质在这种结构中的扩散为活化扩散，物质本身要有一定的能量，介质才能在其中扩散；另一种致密性情况是亚微观上的大孔，其孔径比分子或离子的平均跳跃距离要大得多。这种孔是一种不随时间而改变位置的静态形态结构单元，其几何形状在很大程度上与温度无关，它们是一种实孔，这一涂层区域为两相体系或不均匀体系，介质在这种结构中的扩散为非活化扩散。实际中介质在涂层中的扩散是一种混合型扩散(如图 2-17 所示)。

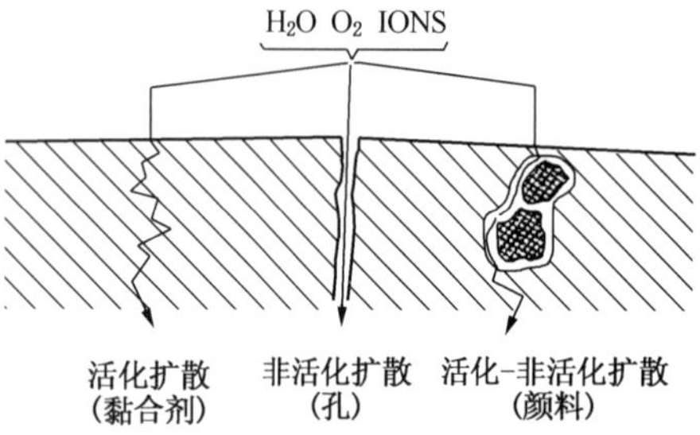

图 2-17　涂层中可能的扩散类型

2.6.2　影响介质渗透性能的因素

涂层体系的渗透能力取决于渗透介质的浓度分布以及在材料内的扩散系数。扩散系数(在气体中可以是渗透系数)是腐蚀介质与高分子材料共同决定的特性常数。所以影响体系扩散能力的因素，在浓度梯度一定时主要通过扩散系数(或渗透系数)起作用。

(1) 高聚物涂层结构的影响　介质分子向新的平衡位置迁移，只有当其周围存在空位(自由体积)时才有可能。高分子材料由于相对分子质量很大，不可能排列得非常紧密，即使是晶态高聚物也存在着无定形部分以及大大小小的缺陷。因此，凡使材料结构紧密的因素，如提高结晶度、交联密度等，降低链段活动能力的因素均能减少活化扩散，使扩散系数、渗透系数或渗透率下降，涂膜抗渗性能提高。而增塑剂的加入会使链段活动能力增大，涂膜抗渗性下降。

(2) 介质的影响　扩散系数正比于介质分子向邻近平衡位置迁移的几率。这种迁移几率

在一定温度下决定了渗透分子的体积、质量以及运动中受到的阻力。此外，介质的极性及与涂膜的亲和力是影响渗透能力的重要因素，涂膜中若含有大量的亲水性基团或添加剂和颜填料，会使抗水性能大幅度下降。图 2-18 所列为支配有机介质在聚乙烯中渗透能力的三个主要因素。由于聚乙烯被渗材料是非极性的，所以极性小的介质与聚乙烯材料的亲和力大，渗透就容易。苯胺有着很大的极性，与聚乙烯难以相互溶解，渗透率就小得多。

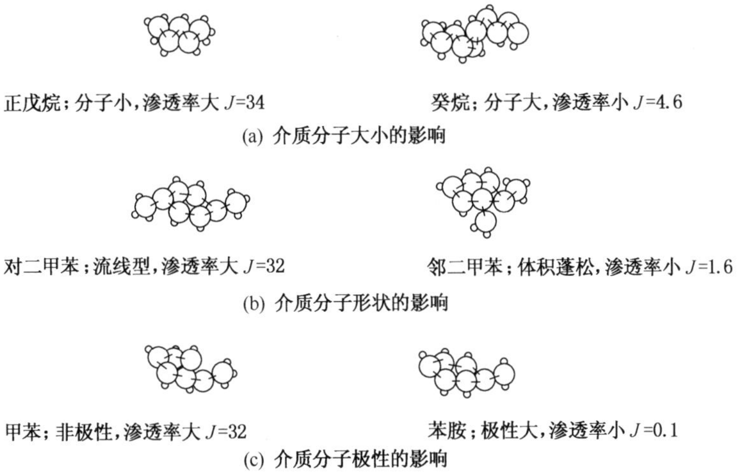

图 2-18　不同介质对聚乙烯渗透率的影响

(3) 温度的影响　温度对扩散渗透性能有很大影响。温度上升，大分子及其链段的热运动能就增大，将出现更多的空隙或自由体积，介质分子就容易通过。另一方面，温度升高也使介质分子热运动能力增大，扩散能力提高。

(4) 介质浓度的影响　介质在材料中的扩散系数或渗透系数常依赖于介质的浓度，一般介质浓度越大，渗透率越高。

2.6.3　涂层保护寿命及提高涂层抗渗性的措施

2.6.3.1　涂层保护寿命

腐蚀介质透过涂层，与基材发生一定的有害作用，涂层也就失效了。因此，涂层的保护寿命是由两部分组成，一是介质渗透涂层到达基材与涂层界面的时间 t，另一个是介质到达界面后，使涂层完全破坏，发生了电化学反应、涂层起泡等破坏的时间 T，这一时间取决于涂层与基材的结合情况，当介质(通常是水)渗透达到金属-涂层界面时，可能在界面对涂层和金属基体发生各种物理化学的作用，破坏金属-涂层间的黏合，使涂层与金属基体分离。其在涂层方面的宏观表现，最初是产生气泡，并随气泡的不断扩大使涂层逐渐从基体上分离直至破坏。因此，T 长短主要取决于涂层-金属基体界面黏接力的强弱、电化学反应情况。即

$$寿命 = t + T \qquad (2-23)$$

介质渗透涂层到达基材与涂层界面的时间 t 可由渗透后期的渗透方程式(2-22)(见 2.6.1)变得

$$t = -\ln(1 - q/Q)L^2/(B \cdot D) \qquad (2-24)$$

若能确定介质刚透过涂层时的吸液量 q，或与平衡吸液量(Q)的比值 q/Q，则根据扩散系数 D 与衬里层的厚度 L 即可求得介质透过涂层的时间 t。只要其厚度 L 已定，介质透过涂

层的时间 t 即可求得。

当介质从材料的一边渗透到另一边时，其吸液量 q 已经接近饱和吸液量 Q，即 $q/Q=1$。简化得 $t=L^2/(B\cdot D)$，也可表示为

$$t=\left(\frac{L}{K}\right)^2=\left(\frac{L}{a\cdot C}\right)^2 \qquad (2-25)$$

式中 C——介质浓度；

a——比例常数(浓度系数)。

2.6.3.2 提高涂层抗渗性的措施

提高涂层的抗渗性是涂层具有长寿保护性能的关键，为提高抗渗性，综合上面所述，结合涂装工艺，可从以下几点考虑：

(1) 成膜物质要选用聚集态结构紧密、透气性小的高聚物，如大分子链上极性基团多、支链少、交联密度大、结晶度高的高聚物；同时成膜物的大分子刚性强，有利减少活化扩散。

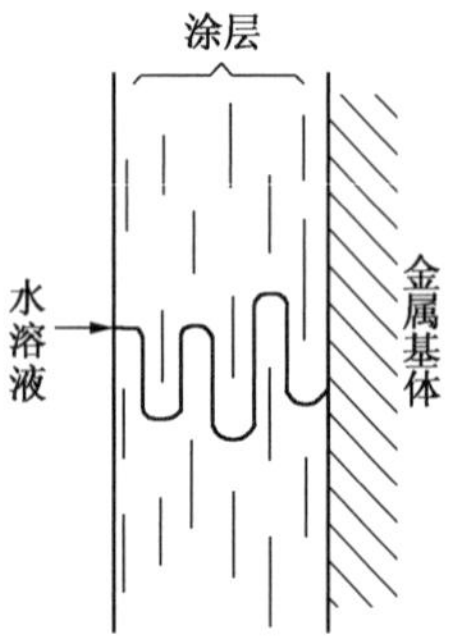

图 2-19 介质在鳞片涂层中的渗透

(2) 加入一定量的惰性无机粉末填料(如滑石粉、高岭土、云母等)常可提高涂层的抗渗性。但加入量过大，高聚物不足以把填料颗粒间的空隙完全填满时，反而使涂层的抗渗性减弱。当加入的固体填料为鳞片状(如铝粉、玻璃鳞片等)时，可以增加有效渗透距离 L，即使涂层很薄，抗渗性仍好(如图 2-19 所示)。如玻璃鳞片重防腐蚀涂料，即使涂得很薄(100~200μm)也能起到衬里的防腐蚀保护效果，在排烟脱硫装置、海洋防护工程等防腐蚀领域中应用。

(3) 涂层的微孔是在涂料干燥成膜过程中形成的，与干燥固化因素有关。对于有小分子产物生成的缩聚反应成膜，由于小分子产物从膜中逸出，极易形成针孔。含有大量溶剂的涂料，当溶剂挥发后就会产生许多针孔。如果涂膜在干燥成膜后期还能保持充分的流平性，上述针孔就会封闭，为此，要调节溶剂组成，使成膜物的溶解度在溶剂挥发过程中不致急骤降低。

(4) 增加涂层厚度及涂覆次数。在涂层厚度相同的情况下，涂覆次数越多，出现微孔的几率就越小，防腐蚀性能就越好，实际上难以做到一次涂成所要求的厚度，但涂覆次数多，施工经费增加，因此要综合考虑不同环境中涂层的有效厚度及最低界限厚度的涂覆次数。

(5) 改变表面极性，涂层体系面涂采用与介质极性不同的树脂，以增大涂层表面的疏液性，使渗透率减小。

2.6.4 水、氧、离子的透过性

金属腐蚀的三个普遍的重要因素是水、氧和离子。故良好的防腐蚀涂层必须对这三大因素起到很好的屏蔽作用。

2.6.4.1 透水性

水进入涂层会产生一系列破坏作用，不仅引起涂层的润胀、起泡、组分的浸出和失去附着力等物理作用，还会起一些化学破坏作用。当水到达涂层/金属界面时，会与氧等一起 作用，发生膜下腐蚀。

涂层的吸水是指被吸收的水保持在涂层间隙中的水量。在干燥条件下，涂层中的水会挥发，而在高湿环境下或浸泡在水溶液中时又会吸水。涂层吸水的早期阶段只涉及表面层，此时只有不平衡的力在起作用，体系的化学位几乎保持不变。被吸收的水还要向涂层内部的空

隙移动，不均匀地积累在成膜物/颜料界面和涂层/金属界面，甚至在成膜物本身的内部孔隙内，并滞留在其中，最后与大气中的水蒸气处于平衡状态。如果涂层的附着力很强，在涂层与基体之间不存在孔隙，则涂层所吸收的水将保持相对惰性状态。具有强氢键结合的水分子可能以较大数量较强地被吸收在含极性基团的涂层中。但吸水量与涂层中的极性基团之间并无简单的相关性，这是因为这种吸收受到高聚物分子的有序度和—OH、—COOH 或其他一些极性基团对水分子的接近程度的影响，另外还受到水和极性基团之间分子间力的相对强度，以及水-水相互作用的影响。

涂层的吸水量随相对湿度的增大而增加。当涂膜的吸水量随相对湿度线性增大时，说明水与涂层之间没有相互作用；当吸水量随相对湿度的变化，偏离且高于线性关系时，说明水分子与涂膜中高聚物的极性基团或其他水敏感添加剂(填料或助剂)的亲和力随相对湿度的增大而增大。

温度的升高会加速渗透速度，但对涂膜平衡吸水量没有明显影响，因为吸收平衡是不受动力学控制的。

表 2-10　自然环境中裸钢的腐蚀速率及其需水量

腐蚀速率/[mg/(cm^2·a)]	耗水量/[mg/(cm^2·a)]	环境条件	腐蚀速率/[mg/(cm^2·a)]	耗水量/[mg/(cm^2·a)]	环境条件
70	0.03	饱和海水，工业大气	13.3~333	0.006~0.147	大气
7~128	0.003~0.056	大气	7.9~79	0.004~0.035	大气

从表 2-10 所列数据可以看出，当铁以 7mg/(cm^2·a)的速率腐蚀时所需水量为 0.0035~0.056mg，水经涂层的透过率要比此值大得多(如表 2-11)。故透过的水量足以维持膜下金属的腐蚀，即透水量不是涂膜防腐蚀的决定性控制因素。但是当水穿入涂层达到基体，会降低甚至破坏涂层对基体的附着力。如果涂层原有的附着力不强，将导致涂层两侧出现蒸汽压差，水汽便有朝这个方向运动的倾向，并可能在这一空间凝结。如果周围温度较高，孔隙内的水汽还会产生足够的压力以使涂层起泡。如果涂层具有优异的附着力、则从一侧到另一侧不存在蒸汽压差，涂层中的水便会与空气中的湿气或涂层表面上的水达到平衡，涂层内的水汽量保持恒定。

表 2-11　漆膜的透水量

涂膜种类			涂层厚度/μm	通透速度/(mg/cm^2·d)
编号	成膜物	颜料，PVC		
1	环氧-聚酰胺	Fe_2O_3，35%	100	5
2	氯化橡胶	Fe_2O_3，35%	100	3.5
3	醇酸树脂	Fe_2O_3，15%	100	2.3
4	醇酸树脂	Fe_2O_3，35%	100	2.1
5	聚氨酯	—	100	1.4
6	聚　酯	—	100	1.3
7	酚　醛	—	100	1.1
8	环氧-沥青	—	100	1.1
9	氯化橡胶	—	100	1.0
10	醇酸树脂	加颜料	100	0.6~0.7

另外，漆膜吸水后导电性增大、击穿电压降低。通常出现的泛白现象，是由于水相与油相互相渗透导致光学性能差异造成的。

2.6.4.2　透氧性和透气性

对涂装金属起破坏作用的气体有 O_2、HCl、SO_2、NH_3、CO_2 等。

氧和水一样，是自然界普遍存在的物质，并与水共同参与腐蚀反应，氧是金属腐蚀阴极去极化剂：

$$4e+O_2+2H_2O \longrightarrow 4OH^-$$

HCl、SO_2、NH_3 是大气中的污染物，它们的分子体积都很小，很容易穿入有机涂层中。它们与水都有很强的亲和力，它们可随水一道渗入涂层中，NH_3 与水反应生成碱，这会引起许多涂层起泡。HCl、SO_2 溶于水后生成 H^+ 和阴离子（SO_3^{2-}），H^+ 是阴极去极化剂，SO_3^{2-} 在空气中进一步氧化成 SO_4^{2-}，它们和 Cl^- 都是腐蚀促进剂，破坏金属表面的氧化膜，使金属氧化物转变为氯化物或硫酸盐而溶解，与此同时增大了水的导电率。它们还会与钢铁反应生成初级腐蚀产物——$FeCl_2$ 和铁的硫酸盐络合物。这些产物是可溶的，可以从电极区扩散开去，随后这些可溶性的腐蚀产物被氧化、水解，并在距反应区一定的距离上沉淀为锈。

CO_2 在大气中的含量虽然不高（占空气质量的 0.04%），但它的穿透性很强。CO_2 稍溶于水，与水反应生成酸，也是金属腐蚀的促进剂。

涂膜的透氧、透气和透水的原理基本相同，并且大多情况下是随空气或水同时进行的，由于 O_2 普遍存在于自然界中，又是直接参与腐蚀反应的物质，引起更大的关注。

为了维持涂层下金属腐蚀的进行，膜下阴极部位必须有足够的氧。在通常腐蚀条件下，当铁以 0.02~0.35mg/（cm^2·d）的速度腐蚀时（$2Fe+3H_2O+\frac{3}{2}O_2=Fe_2O_3\cdot 3H_2O$），钢铁所需耗氧量约为 0.008~150mg/（cm^2·d）范围之间，而涂层的透氧率如表 2-12 所示。即使是分离膜的透氧量也已低于此值，氧比水的透过率约小 1000 倍。总的看来，涂层的透水率远远超过钢铁腐蚀的需水量，而涂层的透氧率则与钢铁腐蚀所需量接近。所以，一般认为涂覆于金属上的涂层可以起到良好的抗氧化作用，为涂装金属腐蚀的控制步骤，它限制了涂膜下金属腐蚀的进行。这可以一定程度上解释在港湾码头及平台的飞溅区，因海水中氧浓度高涂装金属腐蚀最为严重的原因。

表 2-12　部分树脂薄膜的透氧率

种　类	透氧率/[mg/（cm^2·a）]	种　类	透氧率/[mg/（cm^2·a）]
醇酸树脂	0.0103	氯乙烯-乙酸乙烯共聚物	0.0075
氯化橡胶	0.0022	硝酸纤维素	0.106
环氧树脂-聚酰胺	0.0073		

注：于 20℃，膜厚 100μm 条件下测定。

2.6.4.3　离子透过性

与水和氧一样，离子穿入涂层也是发生涂装金属腐蚀不可缺少的条件。离子进到涂层/金属界面形成导电溶液，才能使局部腐蚀电池构成通路，以维持腐蚀反应的进行。

离子对漆膜的透过比较困难，受离子直径、静电作用及离子活度的影响，透过量很少。表 2-13 列出 NaCl 和 H_2O 在部分漆膜中的透过速度。

离子透过漆膜比水和氧透过漆膜要慢得多，降低了腐蚀电流，因而阻缓了腐蚀。离子透过漆膜的迁移率则是漆膜阴极脱层的决定因素。

表 2-13　NaCl 和 H_2O 在部分漆膜中的透过速度比较

漆膜种类	扩膜速度/[g/(cm²·a)]		漆膜种类	扩膜速度/[g/(cm²·a)]	
	NaCl 水溶液	H_2O		NaCl 水溶液	H_2O
醇酸树脂	4×10^{-5}	0.325	聚乙烯缩醛	2×10^{-6}	0.897
酚醛树脂	4×10^{-6}	0.711	聚乙烯	1.92×10^{-4}	0.488

离子在涂层中的通透是有选择性的，要受离子本身所带电荷性质的影响，因为高聚物涂膜在水中是带电荷的，具有离子选择性通透作用。如含羧基和其他酸性基团的高分子(醇酸树脂等)在水中带负电荷，具阳离子选择性通透作用，低浓度外电解质液中的阴离子不能透过膜层。相反，带正电荷的高分子(如脲醛树脂)和用过量聚酰胺固化的环氧树脂，在水中带正电荷，具有阴离子选择性，阳离子不能透过。离子选择性通透作用是否对有机涂层的防蚀起显著作用尚不能肯定，但无论如何，作为良好保护性的涂膜体系，离子在涂膜中的透过率应该是很低的。有些进入涂层的离子(如 Cl^- 和 SO_4^{2-})不仅起导电作用，它们还是局部腐蚀反应的去极化剂，因为它们可与腐蚀产物如 Fe^{2+} 生成可溶性络合物，从而促进腐蚀。离子进入涂层停留在局部部位上(如在涂层/金属界面某处)还可引起渗透作用使水穿入涂膜而起泡。

总之，介质透过漆膜的现象使腐蚀电池的形成成为可能，而膜下腐蚀一旦发生，由于腐蚀产物的体积膨胀及膜下离子溶液与外部介质溶液渗透压的平衡作用，将导致漆膜隆起、鼓泡、透锈和剥落，丧失保护底材的作用。所以，防腐涂层的屏蔽性能是抑制腐蚀和保持耐久防蚀效果的首要条件。

2.7　防腐蚀涂层的失效

涂料在使用过程中受到各种不同因素的作用，使涂层的物理化学和机械性能引起不可逆的变化，并最终导致涂层的破坏，这种现象一般称为涂膜的失效(老化)。涂层失效的宏观表现为起泡、软化、开裂、脱落、变色、粉化等现象。涂层的失效可分为物理失效(老化)和化学失效(老化)。物理老化是指涂层服役过程中，在环境介质和应力的作用下导致涂层溶胀、介质渗入、涂层开裂等使用性能劣化现象。化学失效是指涂层服役过程中，在热、光、氧、酸和碱等化学介质作用下高分子链发生降解/交联等化学反应，引起的介质渗入、涂层开裂、粉化等物理和化学性能劣化现象。涂膜在自然大气环境下相对分子质量下降，或使涂膜光泽度下降、变脆、开裂、变色、甚至于粉化，主要体现了涂膜的耐候性。

防腐蚀涂层的开裂、脱落、粉化等现象是破坏的极端现象，其保护功能早已丧失。涂层的起泡是涂层的保护性能受到破坏的最先外观表现，是普遍破坏方式。

2.7.1　涂层的起泡

起泡是涂层局部丧失了对基体的黏合性后从底材表面升起的半球状凸起，其中可能聚集了水。起泡通常是漆膜防腐蚀能力不足的最先外观表现，是发生腐蚀的前兆，它是防腐蚀涂料极为重要的课题。涂层起泡主要有以下一些原因：

1. 由于润胀引起涂膜体积膨胀而起泡

用于防蚀的高聚物涂层，暴露于水或电解质水溶液中通常会吸收 0.1%~3%(占涂层重)的水。漆膜在浸水或凝露、高湿度环境下，吸水后会引起润胀，使体积增大。如果这种润胀是在局部范围内发生，吸水肿胀时如产生的应力大于附着力，则会起泡。即使这种吸收的水并不真正润胀涂层，它们也会聚集在一些内部界面上，如颜料/载体、涂膜/基体界面。考虑漆膜的黏弹性，吸收如此少量的水所产生的应力在膜分离前由于松弛过程而被解除，并有可能不生成泡。此外，也可能由于润胀引起漆膜体积膨胀产生皱折而不生成泡，如漆膜暴露于适当的有机溶剂中所观察到的现象。

2. 由于气体夹杂或气体生成而起泡

在涂膜形成过程中或在实施阴极保护时，由于漆膜中有挥发性成分存在，或有挥发性物质生成，便会产生泡。这种成分可能是在配制涂料时，或是涂刷时掺入的空气泡，也可能是相分离带进的某些溶剂夹杂物或是挥发性的凝结产物。这些泡不一定限制在一些界面上，而应该在整个涂层中看得到，并容易与由其他原因所产生的泡区分。泡还可能由涂层下的金属表面电解作用析出的气体生成，主要是由于生成氢气，若涂漆的钢板浸于酸性介质中，氢离子若透过毛细孔缺损处则在阴极产生氢气

$$2H^{+}+2e \longrightarrow 2H \longrightarrow H_2\uparrow$$

防腐蚀涂料力求避免这种酸性介质的析氢腐蚀，此时漆膜不是靠缓蚀颜料，而是靠良好的屏蔽作用阻挡腐蚀因子的透过，漆膜要有足够厚度而完整无毛孔。因为一旦出现析氢，往往腐蚀速度很快。另一种因析氢而起泡常见于阴极保护不当。为了有效地保护地下埋管、船舰的底部、港湾之水下构造等，往往采取阴极保护与涂层相配合的措施。钢铁在海水中的保护电位(以饱和硫酸铜电极为参比电极)为-0.85~-0.88V，若电位太负，不仅增加消耗，而且将引起钢板表面析氢产生大泡。一般油性涂料只可耐-0.88V电位，而环氧沥青则可耐-1.33V。为了避免涂层在阴极保护时起泡，除了调正保护电位外(一般在-0.83~-1.03V)，尚须注意在阳极周围的超电位会使漆膜起泡，该处宜采用厚层而干透的环氧沥青涂层。

3. 渗透起泡

漆膜是一种半透膜，水可以透过，而对一些溶质则不易透过，因而会产生渗透压。漆膜的起泡在大多情况下是由于存在渗透压。金属在涂装前表面处理不净便会有残留的杂质存在于涂层/金属界面上，如磷化处理时未洗净的残留盐、漆膜打磨后用自来水(应该用去离子水)洗涤后残留痕量的盐、某些水溶性太高的颜料、甚至手接触底材残留下皮脂分泌物质等均可引起渗透压，促使漆膜起泡。当穿入涂层的水进到界面与一些可溶性杂质作用形成浓溶液时，由此产生很大的渗透压，水便不断经涂膜渗入而形成水泡。泡中的渗透压可高达2500~30000kPa。这一压力比涂膜抗变形的阻力要大得多(估计为6~40kPa)。渗透起泡是涂层起泡最重要的原因，它可以解释许多情况下的起泡。对于渗透压引起的漆膜起泡，蒸馏水或去离子水的活度高，而自来水、盐水的活度低，所以往往有些漆膜浸在盐水中尚未起泡，而浸在在蒸馏水中容易起泡。类似的情况是潮湿试验漆膜上的凝露，近似蒸馏水，容易使漆膜起泡。

4. 电渗透起泡

电渗透是一种动电现象，是水或类似液体在电位梯度影响下移动而通过毛细管或膜。移动的方向取决于膜的电荷正或负。当高聚物涂层与电解质溶液接触时，高分子链上的极性基团如-COOH、-OH和$-NH_2$等发生电离或进行离子交换，使高聚物带上电荷，再加上这种带电荷的高聚物的介电常数与电解液的介电常数不同，便会在涂层/溶液界面上形成双电层。当涂层带负电荷时，溶液中的阳离子易从涂层渗透，反之，则阴离子易渗透，故高聚物涂层

可看成是一种具有离子选择性的半透膜。高聚物涂膜除脲醛等少数品种外，多数在水溶液中带负电，因而具有阳离子选择性，则液体迁移至阴极。当涂层下有局部腐蚀电池形成时，在电位梯度的作用下，溶液中的水化阳离子便会作为腐蚀电流的运载体渗入涂层，在阳极区发生脱水(由水化阳离子带走一部分水)，而在阴极区则从外部得到水。电渗透的结果是在阴极区产生了水泡。反之，如果高聚物涂膜具阴离子选择性，由于电渗透的结果，会在阳极区产生水泡。

因电渗透而通过漆膜毛细管的液体体积与腐蚀电流成正比而引起漆膜起泡。文献报道，在腐蚀情况下，由渗透压和电渗透两者相加的总压要比单纯的渗透压的效果大20倍，透过漆膜的水，90%是由于电渗透，由于单纯的渗透压仅占6%，由于离子的水合仅占4%。

5. 在涂膜形成中由于相分离的起泡

以上论述的四种起泡原因，虽经许多研究和探讨，但尚不能说明为何经过渗透压、电渗透吸水之后，漆膜不是全面肿胀脱落，而是分布成一个一个的泡，泡之间的漆膜仍附在底材上。由此提出起泡有时是由于涂料成膜时相分离的渗透压。

在涂膜形成过程的后期，由于成膜的化学反应使涂层中高聚物母体的结构发生了相当大的改变，致使涂层配方中亲水性的、挥发较慢的高沸点惰性溶剂不能再与高聚物相容而从该相分离出来，这种现象称为相分离。即膜内逐渐形成许多高聚物冻胶，在溶液相中析出，其上部是一层清液，冻胶之间随机并合。先连合成开孔的膜，逐步再并合成闭孔的膜，最后形成连续的膜，但漆膜近底材处中残留一些未并合的微孔，在冻胶并合时随机分布。发生相分离后，当夹裹着溶剂的涂膜与高湿环境或液水接触时，微孔中若残留亲水性的高沸点溶剂，例如乙二醇醚，则漆膜吸水后由于渗透压，被夹裹的溶剂向膜外扩散的速率较水经膜(渗透过程)向内扩散慢得多，由此而生成水泡，在金属表面上呈微胞状膜，如图2-20所示。在泡出现后不久，膜从金属基体分离，这时还检测不出腐蚀产物的痕迹(如Fe^{2+})，但泡中确实含有相当多的亲水性溶剂。所以在常温干燥的涂料中，若含有亲水性溶剂，则漆膜厚者溶剂残留多，遇水易起泡，薄者溶剂挥发较充分，则不易起泡。

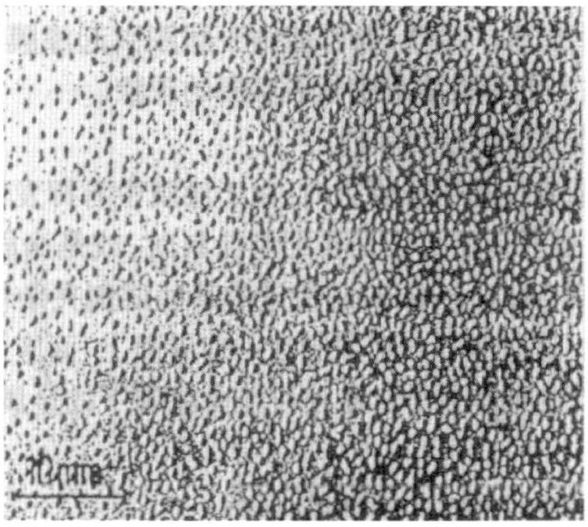
图2-20　由于相分离和溶剂夹杂引起的起泡

6. 划伤处的起泡

划伤处的裸露钢表面腐蚀成阳极，划痕的邻近有涂层处为阴极而呈碱性。此时若漆的基料是环氧等耐碱性强的树脂，则不易被碱破坏，若是醇酸等耐碱性弱的树脂，则酯键易被碱所皂化，丧失附着力。更由于皂化所生成的水溶性钠皂的渗透压及腐蚀引起电渗透作用，伤痕附近的涂层(阴极部位)极易起泡而脱落。为测试涂层经碰伤破损后，是否能抵抗起泡和锈蚀蔓延，往往将涂了漆的钢板在盐雾试验时划伤以测定其耐蚀性。盐雾试验终了后用压敏胶带紧贴在划痕上快速揭起以观察锈的蔓延宽度及漆膜丧失附着力而脱落的程度。

不论是由于漆膜吸水膨胀、析氢、渗透压、电渗透、相分离或其他原因，当漆膜的内应力超过附着力而起泡离开了金属表面，则丧失了保护作用，开始腐蚀。漆膜对底材的附着力是其防腐蚀性能的一个重要因素。良好的防腐蚀涂料除了能屏蔽水、氧、离子透过外，尚必须具有并保持高度的附着力。若用拉开法测量，良好的漆膜附着力约可达40MPa。但当漆膜浸入水中后，水分子透过漆膜到达金属界面。原先金属表面活性点与漆膜中的极性基团之间的吸附，由于水分子的介入和置换取代，使附着力降低。实际上漆膜的防腐蚀功效是在湿态下(产生电化学腐蚀)才发挥作用，所以高的干态附着力并不能保证漆膜的耐蚀性。漆膜湿附着力是其防腐蚀性能的—个关键因素，漆膜必须有高的湿附着力。

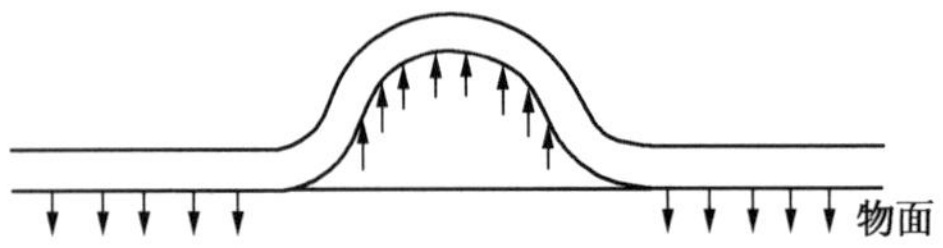

图 2-21　涂膜的鼓泡

涂层起泡是涂层的变形(如图 2-21)。因此，涂膜在湿态下抗变形能力越强，即湿态刚性越大，挠性低，越不易起泡。就如同通常贴在物面的压敏胶带很易被揭起，虽然胶带的全部面积下总的附着力并不低，但是由于胶带本身挠性大、刚性低、屈服值低，易变形、所以在剥离的局部，仅有很小的附着力 A_1 在抵抗，全带面积下的附着力并未能帮助抵抗，以致被拉揭力 P 逐一地局部克服，终致全体揭起，见图 2-22。许多漆膜浸水后，因吸水使漆膜增塑，增加了挠性，在渗透压、析氢、电渗透等力的作用下按类似道理而鼓泡。反之，若压敏胶不是涂在挠性的带上，而是涂在钢板上，将此板黏在物面上，虽然因压敏胶黏剂相同而单位面积的附着力相同，但因钢板为刚体，屈服值高而不变形。用相同的拉揭力克服附着力，必须要能克服全面积钢上的附着力的总和才能揭起，如图 2-23 所示。

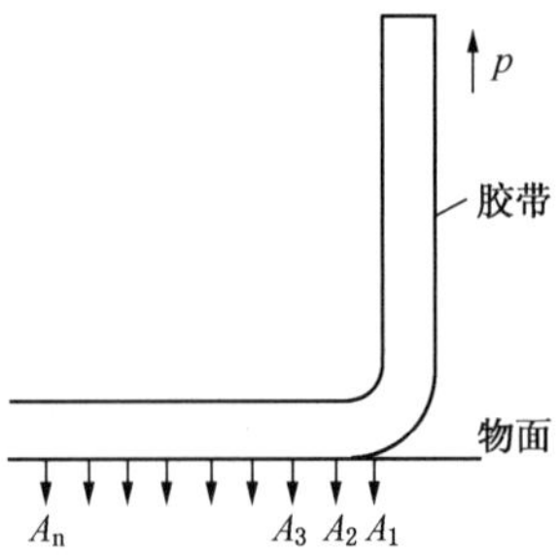

图 2-22　压敏胶带的剥离试验

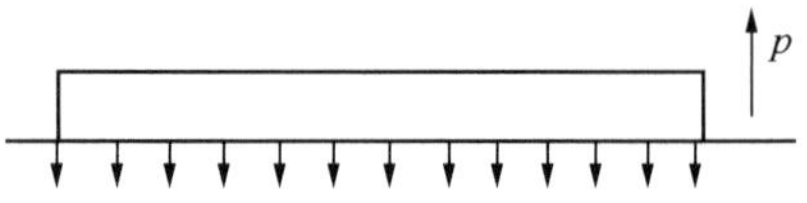

图 2-23　刚性板的剥离试验

若漆膜的湿态刚性大，挠性低，则类似于所述钢板的屈服值高不变形，鼓泡的力必须要能克服附近全面积附着力的总和，显然这要困难得多。这就是为何在相同超电位下软的沥青漆膜易鼓大泡，而刚性的环氧沥青涂层长期保持完好。浸渍在水中的防蚀涂层，不宜是富有弹性、挠性的，而宜是刚性坚硬的，具有高的杨氏模量，具有湿态刚性，并注意施工后的充分干燥和固化。特殊使用时，可进行“强制干燥”，即在 60～80℃ 左右温度下加温，使溶剂充分逸出，树脂充分交联，玻璃转化温度高，提高了刚性，以避免起泡。

漆膜的变形(挠度)(起泡)不仅与其杨氏模量成反比，而且与漆膜的厚度三次方成反比如下式

$$f_{(中心挠度)}f = \frac{0.17qR^4}{Eh^3} \tag{2-26}$$

式中　q——因渗透压等起泡的内应力超过附着力之差的平均分散载荷；

R——泡的半径；

E——杨氏模量；

h——漆膜厚度。

所以重防蚀涂料的漆膜很厚，不仅可以阻挡水、氧、离子的透过，保持 108Ω/cm² 以上

的电阻，而且由于漆膜厚，可以提高刚度，减少起泡。但在天然大气曝晒时昼夜冷热循环，面漆宜有一定弹性以免开裂。

2.7.2　阴极剥离

阴极剥离或叫阴极去黏合是涂装金属遭到破坏的一种常见形式。涂装的钢铁设备如船舶、海上平台和地下管道，以及盛水溶液的大型槽罐的内壁常采用阴极保护手段防止腐蚀。阴极保护不理想的后果之一是有缺陷处的涂层，由于阴极反应而失去附着力，涂层会从金属上分离，这种现象称为阴极剥离。

覆盖了高聚物的金属表面可以变为阴极区，并可催化涂层下的阴极反应。这种阴极本性可以有目的地诱发，如阴极保护中的阴极极化，也可由腐蚀来诱发，因为发生腐蚀时阴极区和阳极区是分开的。阴极反应，或更确切地说阴极反应产物会对涂层和基体之间的键有不利的影响，并使涂层从基体上分离，即我们所称的阴极剥离。受阴极保护的船体、管线和地下结构与阴极剥离有关，车辆上或暴露在大气环境下的金属构件上油漆的起泡，往往是由于基体被暴露而引起了涂层的受损，暴露面为阳极，而其邻近区为阴极。腐蚀的扩展和油漆的起泡是由于发生了阴极剥离以及随后在使用期中干湿交替作用，使水和盐侵入的结果。阴极剥离是引起涂装金属腐蚀的一种特别形态，它破坏了涂层对金属的附着力。

阴极剥离的机理非常复杂，并随涂装体系不同而变化，尚无一般性结论，现在提出来的有三种主要的阴极剥离机理。这三种机理是：由于阴极吸氧反应所产生的高 pH 值是一前提，①涂层在界面上分离，即涂层发生了附着力的破坏，或界面被水置换，从而使涂层从金属表面上分离。②金属上氧化物的溶解，金属上氧化膜被阴极反应所产生的碱溶解后，破坏了涂层与基体的结合而产生了剥离。③内聚力破坏和涂层的解聚，涂层本身的物理和化学结构受到了破坏，对涂层/金属界面之间结合力起了破坏作用。

2.7.2.1　阴极剥离过程与机理

阴极剥离过程涉及金属表面的电化学性质、剥离前沿的 pH 值、剥离机理、反应物如何到达反应区，以及离子中和阴极区的负电荷等问题，此外，还与膜的厚度、基体表面对阴极反应的催化活性和温度等因素有关。

一般都认为，在有空气存在的腐蚀过程中，阴极剥离的主要推动力是下述阴极反应

$$H_2O+\frac{1}{2}O_2+2e^-=2OH^-$$

当外加一电位，而推动力又足够大(电位足够负)时，重要的阴极反应将为

$$2H^++2e^-=H_2$$

发生在剥离前沿的阴极反应所产生的氢氧根离子对有机涂层/金属基体之间的键起主要的破坏作用。目前获得的所有证据均表明，阴极剥离过程之所以发生是由于阴极反应产生了高 pH 值。根据一些实验证据提出了强碱环境会侵蚀界面上的氧化物，或会侵蚀高聚物。例如，在聚丁二烯氧化固化过程中，钢表面上发生了轻微的氧化，通过透明的涂层容易看到表面显现淡的稻草色。在剥离进行时，稻草色消失了，并可看到铁的金属外貌，这一观察提出了氧化膜被碱性环境破坏了，但这并未回答氧化膜的破坏是否就是剥离的原因。表面分析技术清楚地证实了在界面上有羰基化的物质存在，这是氢氧根离子侵蚀高聚物的结果，实验事实也说明耐碱能力较好的涂层在有划痕并经盐雾试验时具有较好的性能。

由此对剥离过程提出的主要机理是：在有机涂层和金属之间的界面上薄氧化层的增溶。氧化物的溶解破坏了涂层和金属基体之间的键，高 pH 值导致了界面上高聚物被局部地侵蚀。对剥离的聚丁二烯涂层用电子显微镜的确观察到了氧化物是局部地被还原了，但在整个剥离带，还原是不完全的，因而断定氧化物的还原不是阴极剥离过程必然的先兆。

美国的 Leidheiser 研究了阴极脱层试验，得到如下结果：

① 阴极脱层现象在无氧情况下不能发生，在酸性情况下亦不发生。

② 在脱层的漆膜下溶液呈碱性，在某些情况下甚至 pH 可达 14。

③ 阴极脱层于碱金属溶液中(Li，Na，K，Ba，Cs)速率很快，于碱土金属溶液中(Mg，Ca，Ba)则速率很慢。阴极脱层速率按下列次序进行：Li<Na<K<Cs。不论任何涂料系统，上述次序保持不变。

④ 脱层速率与溶液中的阴离子无关。

⑤ 在恒定电位下，脱层的面积与时间成直线关系。

⑥ 脱层速度随施加电位的升高而增快。

⑦ 漆膜厚度增加则脱层速率降低。

⑧ 脱层速度是漆膜组成的函数。

2.7.2.2　减少阴极剥离的方法

许多工业涂装金属在涂漆前进行了金属表面预处理，即用磷酸盐、硅酸盐或铬酸盐将表面进行了化学改性或称化学转化，以增强其抗阴极剥离的性能。

减小阴极剥离应使阴极反应不易在涂层/金属界面上发生，或增强界面的抗碱侵蚀的能力。可归纳为以下几方面：

(1) 在涂层/基体界面上不应有裸露金属或表面氧化的金属。被轻微氧化的金属如铜、锌和钢是氧还原反应的良好催化剂，由于剥离过程的破坏成分是氢氧根离子，故氢氧根离子的生成速率应降到最小，金属表面应为完整而紧密的涂层覆盖，这样就可限制反应物进到金属表面。

(2) 在涂层/基体的界面上应有一电子传导非常不良的膜层存在。阴极反应所需的电子由外电源供给，或由腐蚀过程阳极半反应提供，如果提供到界面的电子能够减到最小程度，则反应速率就会降低。

(3) 在涂层/基体之间的界面层应为一个对阴极反应不良的催化层。两个常见的阴极反应：$H_2O+\frac{1}{2}O_2+2e^-=2OH^-$ 和 $2H^++2e^-=H_2$ 都是在不存在固体时不容易发生的反应。前一反应最容易发生在氧化的金属上，而后一反应最容易发生在裸金属上。两个反应都要导致 pH 值增高，而两者都对阴极剥离起作用，每一反应的相对重要性取决于电位和表面的本性。界面层应具有对上述两个反应无催化活性的化学本性。如果表面是钝性的，就不会有氢氧根离子生成。

(4) 基体和涂层之间的界面应当粗糙(或研磨、或化学侵蚀、或生成具大表面积的反应产物)，以改善基体/有机涂层的黏合，这是一种标准的做法。而粗糙表面对降低阴极剥离还具有另一良好特性，即它可使扩散到氢氧根离子释出区的阳离子“走”曲折的道路。氧还原反应的基本要素是水、氧、电子、活性催化的表面和对氢氧根离子提供局部电荷平衡的阳离子。一些体系在 NaCl 中发生的阴极剥离是钠离子侧向扩散的结果。任何能使阳离子扩散路程增长的表面结构，或使阳离子向氢氧根离子释出区迁移变得更为困难，就会降低氧还原反应速率。

(5) 界面区应是耐碱侵蚀的。剥离过程的发生是金属表面氧化物受到侵蚀的结果，虽然氧化物的被侵蚀对高聚物和金属表面间键的破坏是更为可能的机理，但有些学者认为，对于有些体系其界面的高聚物可能以比氧化物溶解更快的速率受到侵蚀。故理想的界面区应包括金属上的耐碱涂层和非常耐水解的、或耐其他形式碱液侵蚀的有机材料。

2.7.3 涂层溶胀破坏

涂层的软化主要是环境化学介质(强有机溶剂)对浸泡涂层产生一定的溶剂化作用，发生了溶胀现象，丧失强度和屏蔽作用。这是由于成膜物高聚物的选择不当所造成的，在实际应用中是不该发生的。涂装体系的选择首先是考虑对环境介质的稳定性，即不被介质溶胀、溶解、发生有害的化学反应。对于热塑性涂膜，耐溶剂性能与溶剂的选择是一个事物的两个不同方面。对于热固性涂膜，介质虽然不能发生溶解，但可以通过基团间的溶剂化作用，发生溶胀，使漆膜软化，丧失保护功能。大多数的防腐蚀涂层可用于中性到微碱的含水介质和极性较弱的有机溶剂中。二氯甲烷、酮、有机酸、苯类溶剂易使膜发生溶胀，进而软化失效。大多数的挥发干燥型的涂料不适宜在接触有机溶剂的环境下使用。部分涂层的耐溶剂性能见表 2-14。

表 2-14 部分防腐蚀涂层的耐溶剂性

涂料名称	醇类	汽油	烃类	酯、酮	卤烃
醇酸树脂	可	中	中	差	差
丙烯酸树脂	差	中	可	差	差
环氧酯	可	优	良	可	可
胺固化环氧树脂	中	优	优	良	中
环氧酚醛	优	优	优	优	优
酚醛树脂	优	优	优	可	可
聚酯树脂	中	优	优	差	差
聚氨酯	良	良	优中	可	可
氯化橡胶	优	中	差	差	差
氯磺化聚乙烯	优	中	中	差	差
氯化聚乙烯	优	可	可	差	差
乙烯树脂	可	中	差	差	差
生漆	优	优	优	优	优

涂层软化对于涂膜的使用性能来说是失效，但也可以利用此点研制脱漆剂，用于特殊工程中来除去旧漆膜。

2.7.4 涂层的化学破坏及化学稳定性

涂层的化学破坏是指涂膜在环境化学介质的作用下，成膜高聚物大分子链发生降解(氧化降解、水解等化学变化)，进而使涂膜基本力学性能(附着力、硬度等)、抗渗性能下降，丧失其保护性能。

涂膜在腐蚀环境中的化学破坏决定于对腐蚀介质的化学惰性。当漆膜与腐蚀介质进行某些化学反应生成其他物质时，漆膜就丧失了预先设计的许多性能。涂膜所进行的化学反应是在固相的漆膜与液相或气相的腐蚀介质之间进行的，一般是比较缓慢的，并且往往是局部的反应，即使有较多的官能团，也只有一部分参与反应。

2.7.4.1　耐酸性

各种无机酸对有机漆膜作用的主要表现是使高分子化合物结构上的极性键水解、在双键处发生加成反应，促进某些分子异构化或环化，使涂膜破坏。浓度较高的氧化性酸，如浓硫酸和硝酸可使有机涂层氧化断链或脱水碳化，失去漆膜对底材的附着力和对颜料的黏合作用。有机酸对高分子的作用比较温和，但是对于一些低分子的有机酸，如乙酸等，尤其是在高温下，大多数的有机涂层难以抵抗其侵蚀。因为它们不仅有酸解的破坏性，而且能溶解或溶胀漆膜。例如，有机酸对聚酯的降解作用

$$\cdots\text{—O—}(CH_2)_2\text{—O—CO—}(CH_2)_4\text{—CO—}\cdots + HOO\text{—}(CH_2)_4\text{—CO}\ \vdots\ \text{—OH}$$

$$\longrightarrow \cdots\text{—O—}(CH_2)_2\text{—O—CO—}(CH_2)_4\text{—COOH} + HOO(CH_2)_4\text{—CO—}\cdots$$

一些含有氨基的高分子化合物常会被有机酸分解。酚醛树脂、过氯乙烯树脂、高氯化聚烯烃、氯磺化聚乙烯树脂、糠醛树脂、氟碳树脂、漆酚缩甲醛、生漆等漆膜以及氯化聚醚、聚苯硫醚等塑料涂层均有良好的耐酸性。

2.7.4.2　耐碱性

碱溶液对黑色金属的腐蚀并不严重，但对漆膜却有很强的破坏性。若漆膜主链是杂链结构、尤其是由含有酯键的高分子化合物构成的，或是带有极性键的化合物，碱能加速它们的水解反应并与其生成金属皂。如果漆膜为含有酚性的羟基化合物，则能生成钠盐。碱对饱和的碳链化合物几乎不起任何作用。油性漆、醇酸漆、酚醛漆、聚酯漆等都不耐碱，环氧树脂是耐碱性良好的品种。过氯乙烯、高氯化聚烯烃及氯化橡胶树脂的耐碱性尚可，但在制漆时应尽可能不用酯类增韧剂，以免削弱其耐碱性。在设计底漆时应特别注意成膜物质的耐碱性，虽然对于底漆来说，漆膜一般不直接与腐蚀介质接触，但是当在漆膜下形成腐蚀电池后，阴极反应有 OH^-生成，漆膜有被水解和皂化的可能。

2.7.4.3　耐水解

水对有机涂层的破坏性是很严重的。许多高分子化合物带有容易水解的化学键或亲水性官能团。在水中(尤其在热水中)，由于水解，使化学键断裂，降解成小分子，漆膜失去强度和屏蔽性。构成高分主链的不同化合键对水解的敏感性大约可按如下次序排列

$$\underset{\displaystyle \text{O—}}{\underset{|}{\text{—CH—}}}\text{O—} > \underset{\displaystyle \text{O}}{\underset{\|}{\text{—C—}}}\text{NH—} > \underset{\displaystyle \text{O}}{\underset{\|}{\text{—C—}}}\text{O—} > \text{—O—}$$

2.7.4.4　耐氧化性介质

大多数的高分子化合物可以被氧化，氧化作用的结果，是大分子链断裂、分枝、成环或进一步交联。由于化学组成和结构的变化，导致漆膜物理化学性能的改变。不饱和碳链聚合物很容易受到氧化性介质的进攻，他们与氧反应可生成过氧化氢物或环状过氧化物，然后进一步裂解交联。对于饱和碳链聚合物，氧化通常是从弱的 C—H 键处开始的。强氧化介质主

要有双氧水、浓硫酸、浓硝酸等。

总体来看，涂膜对腐蚀介质的稳定性为：饱和的 C—C 链高聚物比杂链的好，如果高聚物 C—C 键上的 H 被 F、Cl 等元素的原子取代，因 F—C 键和 Cl—C 键的键能高于 C—H 键，耐腐蚀性更好。在成膜之后的漆膜组成中，不应含有较多的低分子化合物，分子结构上应尽可能不带或少带—OH、—COOH、—NH_2 等活性官能团，双键数量也应减少到最低限度，因为它们都是腐蚀介质的作用点。部分防腐蚀涂料的耐化学介质性质如表 2-15。

表 2-15 部分防腐蚀涂料的耐化学介质性质

涂料名称	无机酸	氧化酸	有机酸		碱	氨	盐	耐盐雾	户外耐久性
			甲酸、乙酸	油酸、硬脂酸					
醇酸树脂	可、差	差	差	可	差	差	良	优	优
丙烯酸树脂	中、可、差	可、差	可、差	优	中、差	差	良	优	优
环氧酯	中、可、差	可、差	可、差	优	优	差	优	优	优
胺固化环氧树脂	优、良、中	中、差	可、差	中	优	中	优	优	中
环氧酚醛	优	优、良、差	优、良	优	优	优	优	优	优
酚醛树脂	中、可、差	中、可、差	中、可、差	优	差	差	优	优	中
聚酯树脂	优	差	差	可	差	差	中	优	优
聚氨酯	中、可、差	中、可、差	中、可	中	良、可	差	优	优	优
氯化橡胶	优	优、可	中、差	可	优	中	优	优	优
氯磺化聚乙烯	优、中	中、可	中、可	中	优	中	优	优	优
氯化聚丙烯	优、中	优、中	中、差	中	良	中	优	优	优
乙烯树脂	优、中	优、良、中	优、差	优	优	优	优	优	优
生漆	优	可	中	良	优	良	优	良	优
氟碳树脂	优	优	优	优	优	优	优	优	优

注：耐化学药品性如有两个评价，指介质浓度分别为 20 %和浓溶液；三个评价分别为 10 %，10%～30%和浓溶液。

2.7.5 辐射破坏

2.7.5.1 光辐射破坏

涂层的光辐射破坏实质上是涂料中的高聚物经光照引起高分子结构发生物理化学变化，宏观表现为失去光泽、变色、粉化、变脆、开裂等，实际在没有开裂、粉化前，涂膜抗渗性能已经下降，丧失保护性能。如涂层经光照后，其吸水率明显增加(图 2-24)。吸入水能引起涂层起泡、剥离、加速氧和电解质的扩散，从而加速涂层下金属的腐蚀和涂层的失效；涂层的电阻随紫外光照射时间的增加而减小，由此计算出的孔隙率随光照时间而增加(见表 2-16)。

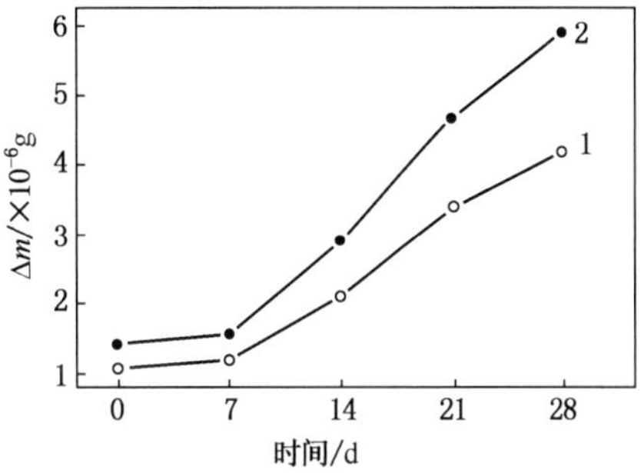

图 2-24 涂层最大吸水量与光照时间的关系

1—聚亚胺酯；2—醇酸树脂

一般认为，在户外大气环境下光是引起涂膜老化的主要因素。到达地球表面的太阳辐射介于 295～3000nm 之间。根据波长的不同，可分为紫外光、可见光和红外光。表 2-17 为太阳光的光谱组成，其中介于 295～400nm 之间的为紫外光部分，占据了总辐射能量的 4%～7%。但这 5%左右的紫外光区所具有的能量在攻击高分子化学结构导致断键、断链等“光致化学降解”作用上却最有威力，这是因为根据光量子理论，光波长越短，光量子所具有的能量越大。

表 2-16　紫外光照射 7d 的醇酸涂层阻抗数据以及空隙率及润湿基体面积随润湿时间的变化

时间/d	$R_p/\times10^4\Omega$	$C_g/\times10^{-9}$F	$R_{ct}/\times10^4\Omega$	$C_{dl}/\times10^{-6}$F	孔　率	润湿面积
0	261	18.8	—	—	1.84×10^{-8}	—
1	86.9	343	—	—	5.52×10^{-8}	—
2	7.5	743	—	—	6.40×10^{-7}	—
4	3.7	636	8.5	0.38	1.30×10^{-6}	7.20×10^{-3}
6	1.5	687	6.2	0.44	3.20×10^{-6}	8.33×10^{-3}

表 2-17　太阳光的组成

太阳光的波长/nm	所占比例/%	太阳光的波长/nm	所占比例/%
290~320	2.0	600~1200	38.9
320~360	2.8	1200~2400	21.4
360~480	12.6	2400~4300	0.4
480~600	21.9		

高分子涂膜材料在光照下是否断键而导致一系列光氧化降解首先取决于分子链所吸收的波长能量和化学键的强度。太阳光中的紫外光波长短，所含的能量高，最有可能破坏高分子聚合结构中的化学键。并且紫外光能量一般高于引起高分子链上各种化学键断裂所需的能量（表 2-18）。

表 2-18　键强度与辐射能量

波长/nm	辐射能量/kJ·mol^{-1}	键型	键强度/kJ·mol^{-1}	波长/nm	辐射能量/kJ·mol^{-1}	键型	键强度/kJ·mol^{-1}
200	600	C—F	449	340	352	C—O	314~335
290	418	C—H	355~418	350	340	C—Cl	293~360
300	397	N—H	314~335	500	297	C—N	250~272

事实上，紫外光辐射引起的光降解速度很慢，主要是因为高分子结构对紫外线的吸收速度很小，高分子的光物理过程可消耗大部分被吸收的光能，使量子效率很低。涂膜聚合物分子吸收紫外光量子，成为激发态分子，这为聚合物分子发生光化学反应提供了可能性，但并不是每个激发态分子都能促成双分子之间的化学反应，即不总是导致聚合物降解。即使所吸收的能量足以导致化学键的断裂或引发其他的光化学反应，激发态聚合物分子也可以通过发光（荧光、磷光）、发热，以及能量传递等过程转化大部分激发能。这是一个光物理过程，如图 2-25 所示。聚合物中的光敏基团通过吸收光量子能够将一个分子中的电子能从基态能级 S_0 跃迁到激发态 S_1，S_1 态的电子能也可以通过荧光或内部的电热转化而被消耗掉。一个处于 S_1 态的分子同样有可能经过系统间过渡跃迁到三重激发态 T_1，这种状态下的电子能量也能够通过内部转化以光、热形

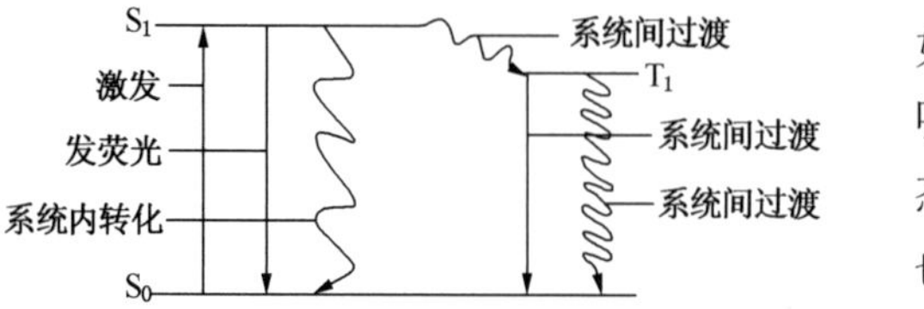

S_0—基态（单一态）；S_1—第一激发态（单一态）；T_1—第三重激发态

图 2-25　电子激发状态过程能级

式被损耗。光降解在 S_1 和 T_1 态均可发生，寿命较长的三重态可为聚合物的光降解提供更多的时间。

涂膜中被光敏基团吸收的紫外光量子只有一部分通过光物理机制而消散，多余的光量子就不可避免地引起涂膜的光降解，涂膜高分子材料在自然环境中的光降解实质上可以看成是光-氧化降解过程。光化学反应首先表现在聚合物分子吸收光量子后形成激发态的光激发核，并进而发生键裂解，产生游离自由基，此游离自由基能够引发光氧化过程，使得光降解过程更为复杂，其主要反应历程如下：

引发：
$$RH \xrightarrow{h\nu} R\cdot$$
$$RH+O_2 \longrightarrow R\cdot +HO_2\cdot$$
$$R\cdot +O_2 \longrightarrow RO_2\cdot$$

增长和传递：
$$ROO\cdot +RH \longrightarrow ROOH+R\cdot$$
$$ROOH \longrightarrow RO\cdot + HO\cdot$$
$$ROOH+RH \longrightarrow R\cdot +RO\cdot +H_2O$$
$$RO\cdot +RH \longrightarrow ROH+R\cdot$$

终止：
$$2R\cdot \longrightarrow \text{歧化终止}\quad R+RH(\text{断链})$$
$$\text{偶合终止}\quad R-R(\text{交联})$$

自由基浓度通常是一个非常低的恒稳态值，因此自由基与自由基相遇较自由基与分子相遇机会少得多，使得上述反应得以不断进行。在光老化过程中产生了一些小分子如酮、醇、酸等，这些小分子很容易被水冲刷掉。由于不断损失成分，涂层就会收缩，厚度减小，这样就导致脆化、开裂。若涂层含有颜料，涂层高聚物的损失会有效地降低成膜物与填料的黏合作用、增加颜料在涂层表面的体积浓度，结果是涂膜的致密性下降，同时表层相对较脆，里层较有弹性，这样导致涂层表层粉化、深层开裂。

此外还有一个不可忽视的原因是各种高分子结构对光波波长的敏感性各有不同，含有可吸收紫外光的光敏基团的聚合物易发生光降解。环氧涂料对光敏感，不可为大气环境下的防腐面漆，而氟碳树脂涂料、丙烯酸涂料具有很好的耐光降解性能。

涂膜的光老化失效在我国海南、西部高原太阳光(紫外线)辐射强的地区尤为突出。

2.7.5.2　核辐射破坏

核技术的和平利用日益增多，核反应堆和核电站中的一些装备和设施需要涂层保护，这就要求漆膜能承受铀和其他放射性元素的辐射。有机高分子链在高能射线的作用下，分子结构可能发生明显变化，主要是大分子链的交联和降解，从而带来涂膜保护性能、力学性能的丧失。

表 2-19　涂料耐辐射的最大剂量

涂　　料	耐辐射的最大剂量/Mrad	涂　　料	耐辐射的最大剂量/Mrad
二苯基硅氧烷涂料	5000	聚氨酯涂料	1000
酚醛涂料	5000	三聚氰胺甲醛涂料	1000
环氧酚醛涂料	5000	脲-三聚氰胺涂料	500
催化型环氧涂料	5000	聚乙烯醇缩丁醛涂料	500
苯乙烯涂料	5000	硝基纤维素涂料	100
乙烯基咔唑涂料	4000	醋酸纤维素涂料	50
沥青涂料	2000		

其中有机硅、酚醛以及杂环聚合物具有较好的耐辐射性能。但还应指出，涂料中的填料、助剂均须对核能辐射稳定。

2.7.6 热破坏

涂料的基本性能是由成膜物决定的，高分子成膜物若长期在较高温度下使用，很容易发生分解、老化(失重)等问题，主要是由于交联过程及聚合物分子链的破坏。交联的结果，产生了立体结构，使漆膜变硬、变脆、失去弹性，而分子链破坏的结果使大分子链断裂，减少了分子长度及相对分子质量，形成了游离基团，表现为发软、发黏，抗渗性能丧失，特别是在环境介质、力的协同作用下，涂膜更易丧失其保护作用。因此涂膜存在使用温度的范围，在此温度范围内，长期使用涂层仍能保持完好的性能。

涂膜的热失效归纳起来主要有三种情况：

(1) 高温热(氧化)降解。当使用温度达到(或接近)高分子的热降解温度时，高分子链发生自由基降解反应。氧气的存在加速降解反应，会使热降解温度下降。

热分解温度与高分子链的键能密切相关，键能越高，抗热降解性能越好。一般情况下，芳香族主链的高聚物耐热性大于脂肪族的，有机硅类的大于杂链高聚物，杂链的大于碳碳链的。有机硅涂料是有机高分子涂料中耐热性能最好的一类。如铝粉有机硅耐热防腐涂料可耐温到600~800℃，用于烟道等部位的高温防腐。由于C—F的键能远大于C—H的键能，因此氟碳树脂的耐热性能较高。而对于梯形高聚物，从统计观点来看，它的梯形结构(多环结构也一样)中同一环上的两个键同时断裂的可能性很小，单一键断，生成的两个自由基极易相互碰撞而再结合成键。如聚酰亚胺特种耐热涂层。

(2) 对于一些非转化型涂膜，在较高的温度下虽然未发生降解反应，但大分子链段具有了一定的活动能力，涂膜不具有基本的力学性能(硬度、强度、附着性能)，发生软化，丧失其使用性能。热转变温度(T_m/T_g)限制了它的使用温度。如丙烯酸类热塑性涂料使用温度在80~90℃以下。

(3) 耐温变性。由于冷热交替温度变化带来涂膜的内应力较大，使涂膜发生开裂、脱壳等失效现象，也可看做为力学破坏。我国地域辽阔，南北温差悬殊，飞机、火车、汽车等交通工具的防腐涂装必须能承受温差变化频繁所带来的失效问题。西部高原地区昼夜温差大，已是众多涂装工程过早失效的原因之一。

2.7.7 涂层的力学破坏

涂层的力学破坏在以下几方面。

2.7.7.1 应力破坏

当涂层的内应力大于其强度时，漆膜会开裂，当内应力大于附着力时，漆膜会与基材剥离，丧失其保护作用。涂层的内应力主要有是两个来源(见2.4.4)。涂膜内应力可用下式表示：

$$\sigma_{内}=\sigma_s+\sigma_T+\sigma_t \tag{2-27}$$

式中 $\sigma_{内}$——涂膜内应力总和；

σ_s——固化时体积收缩应力；

σ_T——热固化冷却所产生的热应力；

σ_t——使用过程中的温度应力(高于常温时为压应力(负值)，低于常温时为拉应力(正值)。

2.7.7.2 磨损破坏

涂膜的磨损是指在摩擦过程中胎膜微粒不断从涂膜表面分离下来的现象，显而易见涂膜的磨损将大大促进环境腐蚀介质的渗入，进而产生渗透破坏。往往单一的磨损破坏并不多见，而是伴有其他类型的失效。涂膜的耐磨损性能影响因素比较多，也比较复杂。总体来看，与摩擦性能密切相关，摩擦系数越小，磨损越小。并非涂膜硬度越大，耐磨损性能越好（如橡胶弹性膜），无论是硬度还是摩擦系数的影响都不是一定的。似乎是材料的断裂强度越大，耐磨性越好，但有时相反。例如，表 2-20 是地坪涂料的机械性能，而耐磨性的顺序与拉伸强度的顺序是相反的，而与断裂功的顺序相同。文献认为，断裂功更能较好地表示耐磨性的大小。聚氨酯弹性体涂膜具有较好的耐磨性能，这是由于聚氨酯链段之间存在大量氢键，在无应或低应力作用下氢键的作用类似于交联，降低了在溶剂中的溶胀。在高应力作用下，氢键发生断裂，分子发生延伸。当应力除去时，分子松弛，又重新形成新的氢键，因此聚氨酯具有极好的耐磨性。

表 2-20 地坪涂料的机械性能

地板涂料	拉伸强度/$\times10^6$Pa	伸长率/%	断裂功/(J/cm^3)
硬环氧树脂	62.0	8	262
中等环氧树脂	32.4	19	414
软环氧树脂	7.58	95	552
聚氨酯弹性体	1.93	480	1380

涂膜表面涂有表面润滑剂，可减少接触面积均可降低涂层的磨损。

2.7.7.3 划伤破坏

涂膜发生划伤破坏过程中往往有弹性形变、塑性形变、断裂形变，后两种形变产生划痕。涂膜的耐划伤性能与其硬度密切相关，硬度是指涂膜表面被另一更硬的物体穿入时的阻力，硬度越大，耐划伤性能就越好。硬度的测定常用压痕硬度试验法、铅笔硬度测定法、摆杆硬度计。

涂膜的耐微划伤强度可以由划痕压力(F_N)与划痕截面积之比来表示。表 2-21 列出三种涂层的微硬度和微划痕强度。

表 2-21 三种涂层的微硬度和微划痕强度

作用力/μN	PE		PU		AC	
	微硬度/(N/mm^2)	微耐刮伤强度/($\times1000N/mm^2$)	微硬度/(N/mm^2)	微耐刮伤强度/($\times1000N/mm^2$)	微硬度/(N/mm^2)	微耐刮伤强度/($\times1000N/mm^2$)
49	12.5	∞	390	2.58	385	6.65
92	11	19.1	338	1.34	129	1.09
126	9.24	3.59	75.6	1.04	53	0.642
169	8.75	2.35	45	0.539	49.7	0.286
212	8	1.48	41.4	0.367	46.8	0.251
254	7.6	1.39	35	0.333	43.9	0.22
298	9.89	0.952	25.6	0.269	25.1	0.201
338	11	0.833	20.8	0.256	16.7	0.195
385	10.6	0.619	15.8	0.255	23.1	0.193
421	8.2	0.468	11.4	0.108	28.8	0.17

2.7.7.4　冲击损伤

涂料的耐冲击性又称冲击强度，是指涂覆在底材上的涂膜在经受高速率的重力作用下发生快速变形而不出现开裂或从金属底材上脱落的的能力，它表现了被试验漆膜的柔韧性和对底材的附着力。需要注意的是所谓耐冲击性实际是一个冲击负荷造成的快速变形。

测定耐冲击性所用仪器为冲击试验仪，是以一定质量的重锤落在涂膜样板上，使涂膜经受伸长变形而不引起破坏的最大高度，用重锤质量与高度的乘积表示涂膜的耐冲击性。冲击检测分为正冲和反冲，涂膜面向上为正冲，涂膜面向下为反冲，对大多数涂料而言，反冲比正冲严格。

2.8　膜下金属的腐蚀

2.8.1　涂装金属腐蚀历程

涂装金属的腐蚀与未涂装裸金属的腐蚀不同。由于涂装金属与腐蚀环境之间有一惰性膜层，使金属受到保护，在涂层未被破坏以前，腐蚀速率要比裸金属慢得多，在腐蚀形态上也有其自身的特点。

涂装金属的腐蚀一般要经历以下步骤：

(1) 水、离子和氧穿入涂层。涂层将金属与腐蚀环境隔离起来，但它不能完全将腐蚀性物质阻挡。涂装金属在全浸或置于潮湿的大气中时，水、离子和氧会穿入涂层，并以一定的传递速率到达涂层/金属界面，在那里形成发生腐蚀的条件。水穿入的量和在涂层中的传递速率都比氧大。离子可以随水一起进入涂层。多量的水(或水汽)在界面上聚集或在涂层孔隙中聚集，到一定程度便会在涂层中形成水泡，这往往是涂装金属发生腐蚀的前兆。

(2) 在涂层中形成导电通路。它是金属基体与本体电解液之间的低电阻通道。在透明的聚丁二烯涂膜下金属可以看到一个很小的暗点，它随时间而散开，这说明腐蚀变得明显了，可以合理地认为在这一点上存在着从本体溶液到金属表面的导电通路，通过测量电阻随时间而变小也可以得到证明。这种导电通道是在一定时间后出现的，它的产生和发展与涂层的化学组成、涂膜厚度、质量以及在使用中出现的缺陷等因素有关。

(3) 金属表面发生阳极反应($Fe-2e=Fe^{2+}$)、阴极反应($H_2O+\frac{1}{2}O_2+2e=2OH^-$)。

一旦有足够的电解液进到涂层/金属界面，就可以测出明确可辨的腐蚀电位。对聚丁二烯涂装钢，在浸泡(0.5%mol/L NaCl)开始不久，它的腐蚀电位为-400～-600mV (vs. SCE)，随后的几天电位逐渐正移。在这一时期腐蚀区呈现暗绿色到黑色($FeO\cdot xH_2O$ 和 $Fe_3O_4\cdot yH_2O$ 的颜色)。当涂层受到严重破坏时，腐蚀产物变为棕或红棕色并具有铁锈的外观(主要为三价铁，$Fe_2O_3\cdot 2H_2O$)。与此同时，腐蚀电位开始负移。在涂层受到完全破坏时，电位最后降到与裸钢在0.5% mol/L NaCl中相同的腐蚀电位-650mV。关于涂装金属在浸泡后不久腐蚀电位正移的问题，主要是由于随着腐蚀的进行，电解液穿入涂层/金属界面，使金属的暴露面积增加，因而增大了有利于阴极反应的面积，即增大了阴极与阳极的面积比，使腐蚀电位更偏向于正方。铁的溶解立即促使腐蚀区的pH值下降。

阴极区是上述暗点(锈点)周围的光亮区(非锈)。在光亮区，涂膜已从基体上分离，但仍保持着它的完整性而无明显的撕裂。在一开始观察到的暗点区内，用电子探针分析显示，在缺陷内部总是有含铁的物质存在。这种缺陷的截面积比周围的分离区要小得多，缺陷靠近分离区的中心。用显微镜和探针分析给人清晰的印象是阳极区是高度局部化的，它位于缺陷的周围或紧挨着缺陷，而阴极区是阳极周围相当大的一个分离区。在这个分离区上进行的是氧还原反应，这里的pH值约为10，比本体溶液的pH值大得多。

当腐蚀发生时，在低电阻底部的金属表面上的小体积内的离子浓度增大，固体腐蚀产物在金属表面上生成。对于较厚的涂层，腐蚀产物变黑，看上去像是牢固地附着在金属表面上。腐蚀产物可能具有相当于$Fe(OH)_2$或Fe_3O_4的组成，从热力学的基础看，不排除其他的可能性。对于较薄的涂层，由于氧进入的量多，腐蚀产物具有$Fe(OH)_3$的铁锈颜色特征。

（4）铁的溶解立即促使腐蚀区的pH值下降。

在高聚物涂层(如聚丁二烯)下的腐蚀是一种闭塞腐蚀电池，在腐蚀溶解产生的小坑内液体与本体溶液相隔离的情况下，正如孔蚀、应力腐蚀破裂、晶间腐蚀、缝隙腐蚀等等那样，小坑内液体的化学成分受酸化—催化作用发生变化，pH值降为3.8~4.8，其结果是使局部腐蚀的强度增大。但在涂层下所形成的闭塞腐蚀电池有别于一般条件下发生的情况。这里，阳极反应和阴极反应都是发生在封闭的体积内。这种闭塞腐蚀电池在稍离开腐蚀点的剥离阴极区的pH值高，而阳极腐蚀点的pH值低。

（5）在阴极区产生的高pH值和在阳极区产生的低pH值都将对高聚物膜层造成损害。

高聚物受到损害可以从一系列聚丁二烯涂层的电容变化率得到证实。对浸泡在充空气的0.5%mol/L NaCl中的膜厚为140μm的聚丁二烯涂装钢分别测出了pH值从1到13范围内电容的变化率，如图2-26所示。从图上可以看到在酸性区和碱性区电容的变化率比在中性区的大。电容测量显示了涂层介电性能的变坏。

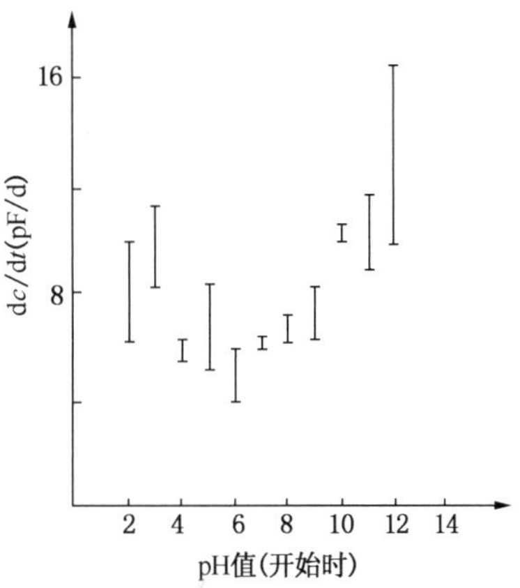

图2-26　聚丁二烯涂装钢样浸泡在充空气的0.5% mol/L NaCl中不同pH值(开始时)的电容变化率

酸性和碱性环境能较快地降低聚丁二烯涂层的性能。紧挨孔底产生的低pH值预计会损坏孔周边的高聚物，并导致孔径的增大。由阴极反应产生的高pH值也将同样破坏紧靠阳极腐蚀区周围的高聚物与金属之间的结合键。

2.8.2　膜下金属腐蚀类型

2.8.2.1　阳极坑蚀

阳极坑蚀是指涂膜下发生了阳极溶解反应使涂膜从金属基体上分离的一种涂装金属的腐蚀形态，它是涂装金属遭受腐蚀破坏最重要的一种形式，以下分几种情况来说明。

（1）涂装镀锡铁发生的阳极坑蚀。用作食品罐头盒的镀锡铁在有机涂层与铁基之间锡层的溶解。当有机涂层上出现缺陷时，锡作为阳极而溶解。阴极反应可能是食品中的一种成分(去极化剂)在阴极上的电子。当锡层由于阳极溶解出现了缺陷将铁暴露出来时，在酸性条件下(如食品介质中含柠檬酸，其pH值为3.5)，铁对锡为阴极，当阴极面积逐渐增大，就会进一步促使锡溶解，锡的溶解使涂层从基体上分离而失去保护作用。

（2）涂装铝板发生的阳极坑蚀。铝是对阳极坑蚀特别敏感的金属。把涂装铝板和裸铝板密封于一圆形电池的两端，圆筒内充以0.5mol/L NaCl和0.5mol/L柠檬酸盐溶液(pH=3.5)。当在它们之间外加各种电压，膜下腐蚀只发生在阳极，而在阴极上没有受到损坏。即使不外加电压(电流)，仅是将它们暴露于腐蚀介质中，作为阴极的涂装铝板未发现膜下破坏，而作为阳极的裸露铝板遭受了相当大的腐蚀。

（3）涂装铁板发生的阳极坑蚀。在涂装铁板上也会发生阳极坑蚀，但在阴极上可能出现膜的剥离破坏。将两块涂有环氧和乙烯类树脂漆的钢板，各用刀切开一约 3mm 长的刻痕，用啤酒为试液组成电池系统，外加 0. 2V 电压，20 天后观察，作为阳极的钢板发生了膜下坑蚀，而作为阴极的钢板没有可见的损坏。如果将外加电压提高(例如几伏)，则在阴极上发生的是涂层剥离，而在阳极上发生孔蚀。用电偶效应和缝隙腐蚀的原理就可对它们作出合适的解释。

2. 8. 2. 2　丝状腐蚀

丝状腐蚀是钢、铝、镁在漆膜下发生的腐蚀，涂装金属在腐蚀过程中产生纤维状的丝(或线)的一种腐蚀形态，它是一种特殊形式的阳极坑蚀，腐蚀的头部向前曲折进展，留下丝状的腐蚀产物。一般在潮湿环境下出现，腐蚀发生的条件是相对湿度为 65%~95%和温度为 15. 5~26. 5℃，丝状腐蚀有时也发生在表面偶然被沾染了盐的裸钢上。它还可在薄的镀锡、镀银和镀金层上，以及磷酸盐转化涂层上观察到。漆膜薄而有缺损处，或在边缘棱角处开始。沾有氯化钠、氯化铁等盐类促进丝状腐蚀。通常若在钢板上涂一层清漆，在潮湿环境下贮存，可见红棕色锈的长丝蔓延板上，往往习称为红丝腐蚀。若涂一层有颜料的漆，虽正面遮住不易察觉，但剥下漆膜也可看到膜下丝状腐蚀的蔓延。有些工业机电产品往往包装入箱后贮存或外运，闷在箱内潮湿环境下必须注意丝状腐蚀的影响。

丝状腐蚀所产生的“丝”有种种不同的外貌，例如在铝上呈粒状，而在钢上透明的清漆下看到的是很细和尖的丝，其头部呈蓝色(高浓亚铁离子溶液的颜色)，尾部呈红棕色(氢氧化铁的颜色)。丝状腐蚀产生的丝的宽度约为 0. 05~0. 5nm，在实验室的条件下每天以 0. 01~1nm 的速率生长，一般在大约 0. 4nm/d 的速率下恒定。细丝在生长过程中表现出以下特点。细丝的头不会穿过另一细丝，当头达到另一细丝时，便会以一定的反射角反射，或停止生长；当两个丝以锐角相遇时，会并成一根丝继续生长；最后可以形成“死套”而终止。由于腐蚀细丝外貌像虫，其互相作用异常，最初人们怀疑它是微生物活动，可是加入毒剂后细丝仍然生长，故排除了生物因素。

丝状腐蚀之所以发生，以涂装有机清漆的铁为例来说明。首先是由于涂层中有高度局部化的缺陷，这种缺陷可能出现在涂层划痕的边缘上、涂层的夹杂物上、金属表面的缺陷上，或者是在能引起涂层渗透作用的、局部存在的高浓电解液中。在高湿条件下水会穿入涂层，电解液中的 Na^+和 Cl^-由于对水有很强的亲和力，也会随水穿入涂层，一旦有足够的水分子穿入其内，由于其浓度高、蒸汽压低，就会有更多的水经涂层扩散进来。当金属基体发生轻微腐蚀时，溶解产生更多的离子，便能使水进一步向内扩散。在液滴体积增大和金属发生腐蚀时，头部被鼓起而向前蔓延。圆形微腐蚀区的某些点上由于局部条件的不同，使供氧出现不平衡，缺氧区成为阳极，其周边变为阴极，头部氧含量低是阳极，尾部氧补充量多，形成氧气的浓差电池，即躯干部是阴极，便出现了细丝生长的条件。头部的 Fe^{2+}与接界处的 OH^-生成 $Fe(OH)_2$ 而沉淀，以后再氧化成含水的 $Fe(OH)_3$。生成了沉淀之后，漆膜内溶液中盐的浓度大幅度下降，渗透压大降，膜内所含水反而透过漆膜向外扩散。$Fe(OH)_3$类沉淀失水而形成含水的铁锈。一旦细丝长出，氧浓差电池进一步发展，细丝头部在其高效的阳极和头部周围的阴极作用下扩展。阴离子在丝状腐蚀中也起重要作用，如在涂层下有硫酸根离子沾染时，在钢上形成的丝要比有氯离子沾染时的数目少而细。在丝的头部含有沾染盐的阴离子而不是阳离子，这些阴离子是为了补偿在头部活性区溶解下来的金属离子的电荷而迁移进来的。

影响丝状腐蚀最重要的因素是大气中的相对湿度。相对湿度只有在65%以上时才会出现丝状腐蚀，且随湿度增加，丝状腐蚀的丝宽度增加。相对湿度高于95%则出现鼓泡。涂层的性质对丝状腐蚀的程度和特点也有一定的影响，透水、透气性强的涂层对丝状腐蚀特别敏感。涂层力学性质很脆和由于腐蚀过程产生的压力而受到破坏的涂层，失去了截留湿气的能力，往往导致孔蚀。

防止丝状腐蚀的基本措施如下。金属预处理采用耐蚀的、较厚的磷酸锌系转化层；采用铬酸预处理；采用渗透率较低的涂层，提高涂层厚度；漆膜中含缓蚀颜料；改善仓贮环境降低湿度；防止盐类沾污。丝状腐蚀的考察可采用ASTMD2803—93《金属上有机涂层耐丝状腐蚀试验方法》、GB/T 13452. 4—92《色漆和清漆钢铁表面上的丝状腐蚀试验》进行。

2. 8. 2. 3 早期锈蚀

早期锈蚀也叫早蚀，是指乳胶漆在表干后，在高湿条件下发生的斑点锈蚀。乳胶漆发生早期锈蚀与其成膜过程有关。乳胶漆的成膜过程靠乳胶粒子聚结实现。由于水分蒸发，粒子与粒子接触，接着在表面张力和毛细管力的作用下，使粒子发生形变，最后在乳胶粒子中发生高分子链的扩散，使膜变硬。早期锈蚀是在干燥速率减慢和水溶性铁盐经漆膜浸出的条件下发生的，如果在乳胶干燥过程中不存在潮湿条件，便不会发生早期锈蚀。

发生早期锈蚀有三个条件：乳胶漆薄(不到40μm)，基材温度低，高湿条件。钢材表面的活性对早期锈蚀有影响，活性大的表面，早期锈蚀严重。例如，经喷丸研磨见白的钢面比电动工具进行不充分清洁的钢面所引起的早期锈蚀就要严重一些。在涂料配方中加入可溶性缓蚀剂，可成功地防止早期锈蚀。

在喷丸清洁的钢表面上用水基底漆打底后不久会出现褐色锈斑，这种现象也称为瞬时锈蚀(或叫闪蚀)。产生瞬时锈蚀的原因是喷丸(钢丸或陶瓷丸粒)使金属表面留下了缝隙或在钢丸和钢基之间形成了电偶电池，在钢表面被水基底漆润湿后，就会立即使腐蚀过程活化。锈斑是可溶的腐蚀产物穿过涂层，在涂层的表面或内部被氧化而生成的三价铁化合物。如果在喷丸处理后将留在表面的污染物除去，或在涂刷底漆前仔细清洁表面，或进行一些处理，就可一定程度上避免这种腐蚀发生。

第 3 章　涂料与涂膜的基本性能

3.1　涂料的基本性能

涂料的性能包括涂料原始状态性能、使用性能两个方面。不言而喻，涂料性能的质量控制对于涂料的理论研究、涂料的配制、储存、施工的质量具有重要的意义。好的涂料质量是得到长寿命保护涂膜的重要保证。涂料的性能项目很多，在此只介绍几种对防腐蚀涂料施工和涂膜质量影响较重要的基本性能。

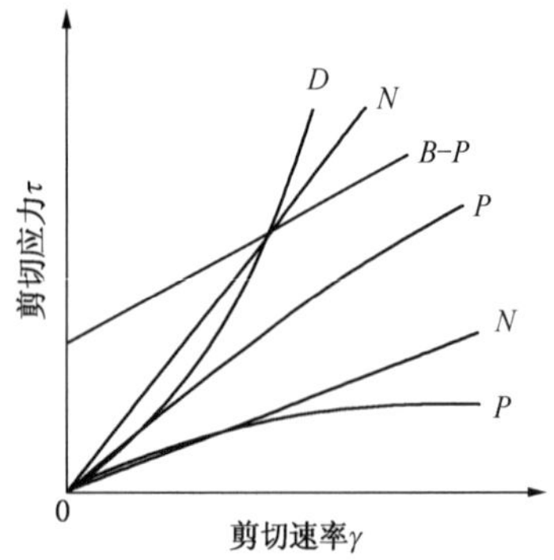

图 3-1　典型的流动曲线
N—牛顿流体；P—假塑体；
B-P—宾汉流体；D—胀塑体

3.1.1　涂料的流动性和黏度

3.1.1.1　涂料的流动性

涂料的流动性能是涂料进行涂装得到连续涂膜的基本保证。黏度是度量流体流动性能的基本物理参数，是剪切应力与剪切应变速率的比值，对于牛顿流体(比如水)，此比值为恒定值，即不随剪切应力(或剪切应变速率)的变化而变化(如图 3-1 曲线 *N*)。对于非牛顿流体，黏度将随剪切应力(或剪切应变速率)的变化而变化，是一变值，因此也称谓表观黏度(如图 3-1 所示)。涂料是高分子溶液(或熔体)与固体粉末填料组成的悬浮液，其基本流变性能遵循高分子液体的流变特性，是一非牛顿流体。

$$\eta_a = \tau / \gamma \tag{3-1}$$

高分子流体一般具有假塑性，是假塑性流体，即表观黏度随剪切应力(或剪切应变速率)的增大而变小(如图 3-1 曲线 *P*)。当流体的黏度随剪切率的增加而增加(剪切增稠)时，称为膨胀性流体(如图 3-1 曲线 *D*)。涂料大部分是假塑性流体，膨胀性流体在涂料中很少见到。还有的流体必须在一定的剪切力之上才能发生流动，称为宾汉流体，这个最小的剪切力叫做屈服值，在此值以下其性质好像是弹性固体(如图 3-1，曲线 *B-P*)。

由图 3-1，我们可以看到一定的剪切速率对应某一黏度值，它应该和测定黏度是否经过激烈搅拌无关，也就是和它的历史无关。当假塑性流体的流动行为和其历史有关，也就是对时间有依赖时，称其为触变性流体。人们经常将触变性流体和假塑性(剪切稀释)流体混为一谈。对于触变性流体，当从低剪切率逐步增加至高剪切率测得各点的黏度，然后由高剪切率逐渐减少至低剪切率，测得各点的黏度是不重合的，如图 3-2 所示。

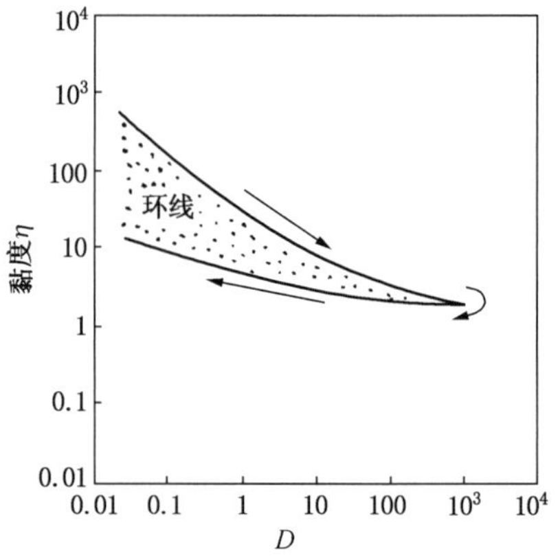

图 3-2　触变性流体剪切率与黏度的关系

触变性在涂料中起到很好的作用。我们经常设法使涂料具有触变性，如在涂料中加一些助剂(触变剂)等。触变性可使涂层性能得到改善。在高剪切率时(刷涂时)，黏度低，可方便涂刷，并使涂料有很好的流动性，在低剪切率时(静置或涂刷后)，具有较高的黏度，可防止流挂和颜料的沉降。触变性的起因之一在于静止时体系内有某种很弱的网状结构形成，如通过氢键形成的聚合物间的物理交联和颜料为桥由极性吸附形成聚合物间的“交联”。这种网状结构在剪切力作用下被破坏，一旦撤去剪切力，网状结构又慢慢恢复。

涂料的流动和流变性就是研究涂料的组成与黏度的关系，在不同的剪切速率下的黏度变化，以及温度对涂料黏度的影响以及树脂的结构对体系黏度的影响等内容。其研究结果可指导涂料的生产控制，颜料的稳定性以及涂料储存稳定性，涂料的开罐效果和流动性，涂料的流平性与流挂，涂料的施工要求(刷涂、喷涂、辊涂等)以及涂料的配方设计、涂料的浸润与界面结合力等。因此，国外对涂料流变性的研究是十分重视的。

举例来说，涂料能否得到平整的漆膜，流平性是关键。影响流平性的关键是能控制涂料黏度的助剂，即涂料流变改进剂，有增稠剂、增黏剂、触变剂、流平剂、防流挂剂等，占据了涂料助剂的相当比例，可见其重要性。

3.1.1.2　涂料的黏度及测定

涂料的黏度又叫涂料的稠度，是指流体本身存在黏着力而产生流体内部阻碍其相对流动的一种特性。对于任何流体，体系的黏度是流体的基本属性。

这项指标直接影响施工性能、漆膜的流平性、流挂性。通过测定黏度，可以观察涂料贮存一段时间后的聚合度，按照不同施工要求，用适合的稀释剂调整黏度，以达到刷涂、有气无气喷涂所需的不同黏度指标。

涂料黏度在涂装过程中，可分为原始黏度和施工黏度。原始黏度为进厂时原漆的黏度，施工黏度又称工作黏度，即适合某种涂装方法使用的黏度。

涂料的黏度可以利用毛细管流变仪、旋转黏度计等方法测定。国家标准 GB/T 1723—93 规定了 3 种测定黏度方法，包括涂-1、涂-4 黏度杯及落球黏度计测定涂料黏度的方法，其中在涂装过程中最常用的测定黏度方法是采用涂-4 黏度杯测定法。此种方法简便易行，即以 100mL 的漆液，在规定温度下，从直径为 Φ4mm 的孔径中流出的时间，记录时间，以 s 表示。这种方法适用于各种低黏度涂料。

3.1.1.3　黏度的影响因素

涂料黏度的影响因素很多，归纳起来，主要有以下几点：

(1) 涂料的组成、助剂的种类　树脂含量越大，黏度越高。

(2) 成膜物高分子链的相对分子质量和分布　相对分子质量越高，黏度越大；分子链的柔性越好，涂料的非牛顿性就越大，即黏度对剪切力的依赖性越大。

(3) 颜填料细度　颜填料细度越高，分散的越好，黏度越高。

(4) 溶剂的溶解性能　溶解性能越好，黏度越大，所形成的膜的致密性越高，结构越均一。在施工中一定要注意稀释剂的选择。

(5) 施工温度　施工温度越高，黏度越小，与基材的结合性能也越好。

3.1.2　细度

涂料的细度，是表示涂料中所含颜料在漆中分散的程度，同时也检测涂料中是否含有影响涂膜外观平整度的杂质。细度也称研磨细度。如果细度小，能使涂层平整均匀，不仅仅对涂层的光泽度、外观、遮盖性能、装饰性均能起到一定的作用，而且对延长保护寿命也是有利的。而粗糙的涂层，不但影响外观和光亮，还能影响涂料的耐久性。例如，室外的交通车辆所使用的涂料，经常受到气候、温度、湿度的变化和侵袭，涂层最粗糙的部分也最易先受到破坏，从而使整个涂层逐渐老化和破坏。为此，对防锈底漆的细度要求还可适当地放宽些，而对面漆的细度要求要高。测定色漆中颜料及杂质等颗粒粗细程度按照国家标准 GB/T 1724—79 测定，所用的仪器为刮板细度计，以微米数表示之。使用时，将试样滴入沟槽的最深部位，然后用刮刀垂直接触平板，以适宜的速度把漆拉过槽的整个长度，立即用 30°角度对光观察沟槽中颗粒均匀显露的位置，即为该试样的细度。此法操作简便，清洗容易，测试速度快，适于现场生产控制使用，但需注意试样的稀稠度应符合产品标准的规定，以免测试时产生误差。

细度的检测是将涂料铺展为厚度不同的薄膜，观察在何种厚度下显现出颜料的粒子，即称之为该涂料的细度。实际测得的数值是该涂料中最大固体颗粒的大小尺寸，表示的是其粗粒子存在的程度。应该指出，这些粗粒子并不是单个的颜料或体质颜料粒子的大小，而是色漆在生产过程中颜料研磨分散后存在的凝聚团大小。单个颜料或体质颜料的颗粒一般为零点几微米，一旦聚集起来就可以大到几十微米甚至上百微米，色漆在研磨过程中只能将大的颜料凝聚团分散成小的颜料凝聚团。颗粒细、分散程度好的色漆，其颜料能较好地被润湿，颗粒间未被漆料充的空间少。因此，研磨细度是防腐蚀涂料的重要的内在质量之一，对涂膜的抗渗性能有很大的影响，而且颗粒细、分散程度好的涂料在贮存过程中颜料不易发生沉淀、结块等现象，提高了贮存稳定性。

当然，细度也不是越细越好，要求过细，不但延长了研磨工时，占用了研磨设备，同时也会影响漆膜的附着力，必须根据品种和用途来区别对待。一般来说，底漆和面漆要求的细度是不一样的，我国目前底漆细度要求不大于 50μm 或 60μm，醇酸、氨基等装饰性面漆细度不大于 20μm，有个别品种要求达到 15μm 以下。

3.1.3 固体分含量

涂料的固体分含量即涂料组分中的不挥发分含量，指的是涂料组分中经过施工后留下成 为涂膜的部分，它的含量高低对形成的涂膜的质量和涂料使用价值有直接关系。现在为了保护环境，减少挥发有机物对大气的污染，大力提倡生产高固体分涂料。其固体分越高，在涂装时成膜厚度就越高，可节约大量的稀释剂和涂装道数，因此具有一定的经济价值和使用意义。另外对于防腐蚀涂料，挥发组分含量小有利于减少由于溶剂挥发带来的涂膜缺陷（如：针孔等），提高抗渗性能，特别是对于添加鳞片状填料来提高抗渗性能的涂料（如玻璃鳞片重防腐涂料，鳞片状的填料将阻碍溶剂的挥发，要求必须为组分涂料或无溶剂涂料）。

但由于各种涂料所含树脂中的相对分子质量大小和分布不同，其所加入的溶剂及其溶解性能也各不相同，因此影响到涂料在一定黏度下的固体分含量。目前我国常用的溶剂型涂料的固体分含量见表 3-1。

固体分含量的测定，按照国家标准 GB/T 1725—79（88）《涂料固体含量测定法》规定，可将涂料称量后在一定温度下进烘箱保温，干燥后剩余物重量与试样重量的比值，以百分数表示之。在干燥过程中挥发出来的是溶剂，即涂料组分中的挥发分。标准规定了对不同品种涂料的取样数量、烘焙温度，烘焙时间。测得的结果可用来计算涂料按一定干涂膜厚度要求施涂时所能涂装的面积大小。

表 3-1　溶剂型涂料组成中固体分含量

溶剂型涂料	固体分含量	达到施工黏度所需加入的溶剂/%	
		刷　涂	喷　涂
油基涂料	60~70	0~5	10~15
醇酸树脂涂料	55~65	0~5	10~15
氨基树脂涂料	55~65	0~5	10~20
环氧树脂涂料	50~60	0~5	20~50
聚氨酯涂料	50~60	0~5	20~50
有机硅树脂涂料	50~60	0~5	20~50
硝基树脂涂料	20~40	—	80~120
过氯乙烯涂料	20~35	—	80~120
丙烯酸酯涂料	10~40	—	150~200

3.1.4　贮存稳定性

贮存稳定性是指涂料产品在正常的包装状态和贮存条件下，经过一定的贮存期限后，产品的物理或化学性能所能达到原规定的使用要求的程度，或者说是涂料产品抵抗在规定条件下，进行存放后可能发生的性能变化的程度。对于贮存稳定性的检测，我国制定了国家标准 GB/T 6753.3—86《涂料贮存稳定性试验》。对液体涂料要检查的项目有结皮情况、分层现象、色漆有无液体上浮或颜料上浮现象，用木条或金属棍或玻璃棒插入容器检查有无沉淀结块，沉淀是否容易搅起，经过搅拌是否均匀，颜色是否上下一致等。

理想的涂料产品在容器中贮存应该不发生质量变化，在打开容器进行施工时应与产品刚生产时相同。但由于涂料品种不同，生产控制水平不同或贮存保管不善等原因，往往在容器中产品的物理性状发生变化，严重的可能影响使用，特别是氧化干燥型涂料最易发生变化。所以一般涂料有保质期限的规定。在生产方面应该尽量延长产品保质期限，在使用时首先应该检查涂料产品在原装容器中贮存的时间是否过期和其原装状态。贮存稳定性作为涂料设计生产过程中的一个必要的性能控制项目。

3.1.5　干燥时间

干燥过程依据涂膜物理性质主要是黏度的变化过程可分为不同阶段，习惯上分为表面干燥、实际干燥和完全干燥 3 个阶段。对于干燥时间，施工部门的要求是越短越好，以免被涂工件沾上雨露尘土，并可大大缩短施工周期。而对涂料制造来说，因要保证成膜后的质量，往往要求一定的干燥时间。涂料的完全干燥所需时间较长，因此一般只测定表面干燥（表干）和实际干燥（实干）两项。漆膜干燥时间受周围环境的温度、湿度、通风、光照等因素影响，故测定时必须具备一定的环境和设备，在恒温恒湿室中进行。

（1）表面干燥时间测定常用的方法有吹棉球法、指触法（GB/T 1728—79（88））。吹棉球法是在漆膜表面上放一脱脂棉球，用嘴沿水平方向轻吹棉球，如能吹走而膜面不留有棉丝，即认为表面干燥。指触法是以手指轻触漆膜表面，如感到有些发黏，但无漆黏在手指上，即认为表面干燥或称触指干。

（2）实际干燥时间测定常用的有压滤纸法、压棉球法、刀片法和厚层干燥法。我国国家标准 GB/T 1728—79（88）有详细规定，通常使用压滤纸法、压棉球法。压滤纸法是在漆膜上用干燥试验器(如图 2-18 所示)压上一片定性滤纸，经 30s 后移去试验器，将样板翻转而滤纸能自由落下，即认为实际干燥。同样，压棉球法采用 30s 后移去试验器和脱脂棉球，若漆膜上无棉球痕迹及失光现象，即认为实际干燥。

根据涂膜的固化过程，可以看出涂膜的干燥时间除受环境因素影响外，更主要的是受成膜物的固化交联反应性质、固化剂种类、溶剂挥发速度、高分子链段活动能力的影响。若环境因素不与之搭配，干燥时间过快或过慢都会给涂膜带来弊病和缺陷。如过快易给涂膜带来起皱、光泽度低、附着力低甚至于丧失等问题。

3.1.6 流平性与流挂性

3.1.6.1 流平性

流平性是指涂料在施工后，其涂膜由不规则、不平整的表面流展成平坦而光滑表面的能力，是涂料施工性能中一个重要项目。涂膜的流平性是重力、表面张力和剪切力的综合效果，因此流平的前提是涂料是否能润湿工件表面，是否具有较好的流动性，这就与涂料的组成、性能和施工方式等有关。在国家标准 GB/T 1750—79(88)《涂料流平性测定法》中规定了流平性的测定方法，分为刷涂法和喷涂法两种，以刷纹消失和形成平滑漆膜所需时间来评定，以分钟表示。刷涂法的测定方法是将涂料调至施工黏度，涂刷在马口铁板上，使之平滑均匀，然后在涂膜中部用刷子纵向抹一刷痕，观察多少时间后刷痕消失，涂膜又恢复成平滑表面，是否合格由产品标准规定。一般流平性良好的涂膜在 10min 之内就可以流平。喷涂法则观查涂料喷涂到试片表面，达到均匀、光滑、无皱(无桔皮或鹅皮)状态的时间。

湿膜的流平过程就是湿膜表层表面张力的均化过程。这均化过程可受到湿膜厚度、溶剂挥发、表面张力差和黏度的影响。表面张力差是流平的动力，余者都是流平的约制。在溶剂挥发过程中，湿膜较厚处会有较高的溶剂含量，因而比较薄处易于产生上下的对流，以均化其所含的物质，这区间的上下对流，引起了表层区间的浓度差，即表面张力差，从而引起了湿膜的表层流动。如湿膜因溶剂的不断挥发而失去了有效的流动性时，而表层流动尚未能使表面张力均化，即尚在继续流动中，那么这表层流动和上下对流就被“冻结”而成为表面缺陷，即来自湿膜流平的缺陷，可用流平助剂改善。

流平助剂是有限混容(对涂料而言)的线型树脂。它与表面活性剂不同，不是两性结构的分子，所以它的性质也和表面活性剂不同，可移向湿膜的表面而不移向其他界面，因为它的不混容性，并且随着不混容性的提高而增加富集在表面的程度，从而在湿膜上形成了一层“壳”，阻碍了溶剂的挥发，一定程度上延长了流动时间，以获得更多的流平可能。同时这层“壳”犹如水面上漂浮着的层，它“稳住”了湿膜的表面积，减弱了表层的流动，因而减弱流动的“痕迹”。作为流平助剂的有限混容线型树脂选择取决它与涂料的不容性及其表面张力，所以就涉及相对分子质量和结构等细节。例如，醋丁酸纤维就有不同的黏度(相对分子质量)，不同的乙酸、丁酸和羟基的含量，因而有不同的溶解参数(混容性)和表面张力可供选择。

这类流平助剂抑制溶剂的挥发而延长了湿膜的流动时间，故也加剧了垂直面下流挂的倾向。此外，由于有限混容而造成漆膜不太均一，在一定程度上损及力学性能和光泽，故必须仔细匹配，取最佳的最小用量。这类流平助剂中常用的还有硅油，硅油即低相对分子质量的聚二甲基硅烷，表面张力可降低至 20mN/m，所以沿用多年。然而其缺点甚多，主要是混容性非常小，剂量又很小(约 0.01%)，稍有过量就在涂料本体内形成液滴，这种液滴犹如低表面张力的异物，在湿膜上会展布而缩孔，又由于剂量过小，就不易均匀分散，即使并未超量，但因局部过量也同样可以造成缩孔；此外，还富集于膜表面使干膜的润湿张力降低而不利于再涂涂层的附着。为了使用量更准确，混合得更均匀，常采取的方法是配制成稀溶液或吸附于体积颜料上后再加入。为了改进硅油的缺点而保持其优点，还对其做了改性，把烷基、芳基、亲水的聚醚、亲油的聚酯等不同的基团接在聚二甲基硅氧烷链上以调节其混容性和其他性能。对流平助剂而言，以聚醚改性的最合适，它比硅油有更大(可调节)的混容性，从而对剂量幅度容忍较大。聚醚的热稳定性差，不宜用于烘漆，这类流平助剂还有丁醚化脲醛、三聚氰胺、丙烯酸类和聚乙烯醇缩醛等树脂，它们对特定涂料具有有限混容性和较小的表面张力。

粉末涂料虽然没有因溶剂挥发而引起的区间表面张力差，但它不像液态涂料那样的均一，所以它的熔融膜表面上的区间表面张力差很显著，再加上胶化时间较短，没有充分的流平时间，因而粉末涂料比液态涂料的流平性能差些。改善粉末涂料的流平性机理与液态涂料一样，用流平助剂来均化区间的表面张力差。目前主要的流平助剂是丙烯酸酯的均聚物和共聚物，如聚丙烯酸正丁酯，以及丙烯酸-2-乙基己酯的共聚物。也有加有机硅的。它们的分子结构要与应用的粉末涂料相匹配，如酯基、直链或支化、羟基或羧基等的引入。为了均匀和方便地将流平助剂混入粉末涂料中，常将它与树脂制成母粒。

3.1.6.2 流挂性

涂料流挂性能是液体涂料涂刷在垂直表面上，受重力的影响，在湿膜未干燥以前，部分湿膜的表面容易向下流坠，形成上部变薄、下部变厚，严重的形成球形、波纹形状的表面。这说明涂料易流挂，或其抗流挂性能不好，是涂料应该避免的性状。涂膜的流挂性不合标准规定，干后就难得到平整厚薄均匀的涂膜，影响装饰外观，影响各项保护性能。所以对涂料的流挂性也需要检测控制。一般的测定方法是在试板上涂上一定厚度的涂膜，将试板垂直放置、观察湿膜的流坠现象，进行记录，检查是否符合产品标准规定。国家标准 GB/T 9264—88《漆流挂性的测定》检验方法，采用流挂试验仪对色漆的流挂性进行测定，以垂直放置、不流到下一个厚度条膜的涂膜厚度为不流挂的数值，厚度数值越大说明越不容易产生流挂。

流挂的起因主要是涂料的流动特性不适宜，或者是涂层过厚超过涂料可能达到的限度，涂装环境和施工条件不合适也会造成流挂现象。

有机膨润土类流变助剂(用量在 0.2%~0.9%)、超细二氧化硅类、氢化蓖麻油及其改性品种等流变助剂的应用会起到一定的触变作用，有效地控制流挂现象。

涂料的流挂速度与涂料黏度成反比、与涂层厚度的二次方成正比。涂料的流动性能越好，涂膜越易流挂，同时也愈容易流平。最大限度的流平和最低程度的流挂，这两个目标是相互对立的，因此要综合考虑加以控制。

3.1.7 涂料基本性能国家检测标准

(1) GB 3186—82　涂料产品的取样(1988 年确认)

(2) GB/T 1721—79　清漆、清油及稀释剂外观和透明度测定法

(3) GB/T 1722—79　清油及稀释剂颜色测定法

(4) GB/T 1723—79　涂料黏度测定法

(5) GB/T 1724—79　涂料细度测定法(1988 年确认)

(6) GB/T 1725—79　涂料固体含量测定法(1988 年确认)

(7) GB/T 1726—79　涂料遮盖力测定法(1988 年确认)

(8) GB/T 1746—79　涂料水分测定法(1988 年确认)

(9) GB/T 1747—79　涂料灰分测定法(1988 年确认)

(10) GB/T 1756—79　涂料比重测定法(1988 年确认)

(11) HG2—569—77　涂料酸碱测定法

(12) GB/T 1758—79　涂料使用量测定法(1988 年确认)

(13) GB/T 1749—79　原漆、腻子稠度测定法(1988 年确认)

(14) GB/T 1751—79　稀释剂，防潮剂水分测定法

(15) GB/T 1752—79　稀释剂，防潮剂白化性测定法(1988 年确认)

(16) GB/T 1753—79　稀释剂，防潮剂挥发性测定法(1988 年确认)

(17) GB/T 1744—79　催干剂催化性能测定法(1988 年确认)

(18) GB/T 1745—79　脱漆剂脱漆效率测定法(1988 年确认)

(19) GB/T 1757—79　涂布漆涂刷性测定法(1988 年确认)

(20) GB/T 1750—79　涂料流平性测定法(1988 年确认)

(21) GB/T 1769—79　漆膜磨光性测定法(1988 年确认)

(22) GB/T 1770—79　底漆、腻子膜打磨性测定法(1988 年确认)

在工业防腐蚀涂料中，为了确保涂装质量，可根据不同要求和涂料产品的具体情况，按上述标准方法抽样检测某些项目。

3.2　涂膜的基本性能

3.2.1　涂膜的厚度

涂膜厚度是涂料施工过程中的重要检测项目。厚涂层的抗渗性优于薄涂层，同时涂膜各种物理性能、保护性能等的测定研究均须在一定厚度下进行。因此也是涂膜的首要性能。

一般涂料为了获得较厚的漆膜，或是多道涂装，或是提高涂料固体分。但是，第一种方法施工费用高，工期长，第二种方法必然使涂料的黏度超过施工黏度。据试验证实，固体分提高 2%，黏度可突增 10~20s(涂-4 杯)，涂装难度加大。

涂膜厚度的影响因素众多。涂料流动性能、流挂性、流平性等决定了一次涂刷所能达到的涂膜厚度。但对于低固体分含量的涂料，由于大量溶剂(或分散剂)的挥发易带来针孔、涂膜体积收缩比例大等问题，不可一次成膜过厚。因此，不能为了省工，通过加入增稠剂、触变剂，片面追求涂膜厚度。不能认为涂膜厚了，保护性能就该好，要知道涂膜的各种缺陷给环境腐蚀介质的渗入带来了畅通的路径。对于一次成膜较厚的涂层一定要注意固化后期，高分子链段的活动能力(即 T_g 随干燥过程上升的情况)，是否能使涂膜流平，消除针孔。

重防腐蚀涂料要求固体分含量高，这不仅仅是生态环境的需求，也是涂膜具有长效防腐蚀性能的必然要求。对于无溶剂涂料、粉末涂料似乎是没有溶剂挥发带来的诸多问题，可以涂装较厚，但涂装过厚又带来了一些其他问题，受到一定的限制，比如涂装过厚，涂膜的固化所产生的内应力较大，易给涂膜带来开裂、脱壳等问题。通过涂料中加入增强填料可以在一定程度上解决此问题，比如玻璃鳞片重防腐涂料，玻璃鳞片的加入不仅仅是大幅度提高了涂膜的抗渗性能，同时起到了增强作用，可以涂得较厚，双管齐下，使之具有了防腐蚀衬里

的防腐蚀效果。另外树脂具有弹性或具有较高的强度，也可以得到较厚的涂层体系。例如，无溶剂的聚脲弹性体涂层的快速固化，解决了流挂问题，涂层弹性解决了开裂等附着力问题，由此，用涂装工艺得到了橡胶衬里的防腐蚀体系。又如，喷塑工艺(或粉末涂料)涂装得到的工程塑料覆盖层防腐蚀体系。

总之，涂料的组成、涂料的固化挥发性能、流变性能、涂膜的力学性能以及基材表面处理的质量、基材的吸附能力、涂装方式共同决定了涂膜的厚度。

涂膜厚度在涂料检验过程中，如何正确测定漆膜厚度是质量检验中重要的一环。目前，测定漆膜厚度有各种方法和仪器，选用时应考虑测试漆膜的场合(实验室或现场)、底材(金属、木材、玻璃)、表面状况(平整、粗糙、平面、曲面)和漆膜状态(湿、干)等因素，这样才能合理使用检测仪器和提高测试的精确度。

施工时，漆膜厚度的控制一般采用控制湿膜厚度、控制干膜厚度两种方法，GB 1764—79(88)《涂膜厚度测定法》对此进行了规定。

(1) 湿膜厚度的测定。湿膜的测量必须在漆膜制备后立即进行，以免由于挥发性溶剂的蒸发而使漆膜发生收缩现象。目前常用的湿膜厚度计有下面 3 种：轮规、梳规、Pfund 湿膜计。从实际应用来看，以轮规较为理想，既能在实验室使用，也能在现场进行测定，使用简便，读数准确。Pfund 湿膜计虽然也较为精确，但操作和计算较烦琐。梳规成本低廉，携带方便，但误差较大，只能用于施工现场对湿膜厚度作粗略测定。

(2) 干膜厚度的测定。在实际工作中大量遇到的是干膜厚度的测量，在检验涂层各项物理性指标时或统计整个施工完毕后的漆膜总厚度时，均以测干膜为准。干膜厚度的测定目前已有不少种方法和仪器，但每一种方法都有一定的局限性，能适用于所有类型样品和环境的仅仅是少数。依工作原理基本上分为两大类，磁性法和机械法。① 磁性法根据被测底材不同，又可分为磁性测厚仪和非磁性测厚仪。磁性测厚仪主要是利用电磁场磁阻的原理来测量钢铁底板上涂层的厚度，非磁性测厚仪则利用涡流测厚原理来测量诸如铝板、铜板等不导磁底板上涂层的厚度。需注意的是某些涂料品种由于含有铁红、铝粉等，将对测试结果有一定的影响。磁性法目前已成为干膜厚度测定的主要方法。② 机械法是使用杠杆千分尺或千分表测定涂膜厚度的方法，使用较久，优点是使用时不受底材性质的限制和漆膜中导电或导磁颜料的影响，仪器本身精度可读到±2μm。但只能对较小面积的样板进行测试，为了消除误差，必须多次测量，手续烦琐，不如磁性法测厚仪简便。ISO 2808—1974 漆膜厚度测定标准中的显微镜法，已被推荐为漆膜厚度测定的仲裁方法。其测试原理是用一定角度的切割刀具将涂层切出一个 V 形缺口直至底材，然后用带有标尺的显微镜测定。因此可从显微镜中直接读出漆膜的实际厚度(a、b)。此法的最大优点是，除能测定总漆膜厚度外，还能测定多层漆系统的每层漆膜厚度，同时可以在任何底材上进行。其不足之处是将使漆膜遭受局部破坏。

3.2.2 涂膜的基本物理机械性能

作为保护层的涂料，经常受到各种力的作用，如摩擦、冲击、拉伸等，因此要求漆膜有必要的力学性能。为了评价漆膜的力学性质，涂料工业本身发展了一系列测试方法，但这些方法只能提供具体材料性能优劣的数据，而不能给出漆膜力学性能的规律、特点及其与漆膜结构之间的关系。由于聚合物材料的广泛应用，有关聚合物材料的力学性质已进行了广泛而深入的研究。涂料也是一种聚合物材料，且包括了聚合物材料的各种形式(如热塑性材料、热固材料、复合材料)，因为漆膜是和底材结合在一起的，漆膜的各种性能都是和底材密切联系的，因此漆膜和底材之间的附着力对漆膜的应用性能有重要影响。

涂膜的各项性能多是根据实际需要而定名，并且表示其性能常常是冠以“耐”或“抗”字命名。涂膜的机械性能间的关联性很强，每个性能的检测有多种方法，分别从不同的角度来表示其性能的情况。其中，附着力、硬度、抗冲击性能、柔韧性是最基本的项目。

3.2.2.1　硬度

硬度是表示漆膜机械强度的重要性能之一，干燥后的涂膜应具有一定的坚硬性，才能承受物理性的外来损伤而起到保护被涂物面的作用。硬度的物理意义可理解为漆膜表面对作用其上的另一个硬度较大的物体所表现的阻力。这个阻力可以通过一定质量的负荷，作用在比较小的接触面积上，测定漆膜抵抗变形(包括由于碰撞，压陷或者擦划等而造成的变形)能力。用以判断涂膜受碰撞和摩擦等外力作用下的抗损坏程度。

涂膜的硬度测定方法很多，目前常用的有3类方法，即摆杆阻尼硬度法、划痕硬度法和压痕硬度法。这3种方法表达涂膜的不同类型的阻力，各代表不同的应力-应变关系。

(1) 摆杆阻尼硬度法　通过摆杆横杆下面嵌入的两个钢球接触涂膜样板，在摆杆以一定周期摆动时，摆杆的固定质量对涂膜压迫，而使涂膜产生抗力，根据摆的摇摆规定振幅所需要的时间判定涂膜的硬度，摆动衰减时间长的涂膜硬度高。这种检测方法也称摆杆阻尼试验。所用仪器称为摆杆阻尼试验仪，通用的有：科尼格(Konig)摆，简称K摆；珀萨兹(Persoz)摆，简称P摆。这两种摆的测定结果之间不能建立起通用的换算关系。在产品检测时通常只规定使用其中一种摆杆仪器，摆杆试验仪的测定结果以秒计。涂膜厚度及底材材质对阻尼时间有影响，还取决于涂层具有的复杂的弹性和黏弹性。摆杆阻尼试验的结果与测试时环境有关，应在控制温、湿度条件，无气流影响的情况下进行。摆杆阻尼试验方法测试的优点是对涂膜不破坏。现在这两种型式的摆杆硬度试验仪已被我国国家标准GB/T 1730—88《漆膜硬度的测定摆杆阻尼试验》采用。

用摆杆阻尼试验仪测定涂层厚度时，摆动衰减的主要原因是因为涂层对机械能的吸收，摆动衰减时间和损失模量成反比，损失模量是用来表示吸收机械能的能力。因为从动力学性质测定的论述中，在玻璃态区域和橡胶态区域的损失模量都比较低，可以推测在这两个区域内摆动衰减时间长，实际上摆杆试验测定软的橡胶涂层其衰减时间变长证明了这一情况。因而有人认为摆杆试验是涂层损失模量的检测而不是涂膜硬度的检测。

(2) 划痕硬度法采用在漆膜表面用硬物划出痕迹或划伤涂膜的方法以测定涂膜硬度。常用的有铅笔硬度法和划针测定法。

铅笔硬度法有手工操作和仪器试验两种方法，是采用已知硬度的铅笔测定涂膜硬度，以涂膜不被犁伤的铅笔硬度(手工操作)，或犁伤涂膜的下一级铅笔硬度(仪器试验)作为涂膜的硬度。铅笔应采用规定的生产厂制造的符合标准的高级绘图铅笔，按规定削出笔芯。各国采用的铅笔硬度分级不同。我国国家标准GB/T 6739—86《涂膜硬度铅笔测定法》中规定使用的铅笔由6H到6B共13级，6H最硬，6B最软。作为仲裁试验要用仪器试验方法，通用仪器型号有QHQ型铅笔法划痕硬度仪。

划针测定法采用仪器的针尖划伤涂膜，用涂膜抗划针划透性来代表涂膜硬度。以在规定负荷下是否被划针划透，或划针划透涂层所需最小负荷来表示。我国国家标准《GB/T 9279—88色漆和清漆划痕试验》规定用自动型仪器作为仲裁试验的仪器，所得结果比较准确。划痕法测定硬度时，涂膜不仅受压力的作用，而且受剪力的作用，对涂膜的附着力也有所体现，因此它所测定的涂膜硬度特征是与摆杆阻尼试验法不同的。

（3）压痕硬度法　采用一定质量的压头对涂膜压入，从压痕的长度或面积来测定涂膜的硬度。国家标准《GB/T 9275—88　色漆和清漆巴克霍尔兹压痕试验》规定使用巴克霍尔兹(Buchholz)压痕试验仪测试涂膜硬度的方法，测得的压痕长度表现了涂层对仪器的压痕器压入的抵抗能力。压痕硬度在硬膜比较明显，一般结果与涂膜厚度有关，对同一涂料来说，薄膜的压痕硬度值要高于厚膜。从实际测量看，压痕试验对有弹性的涂层的结果不准确。

3.2.2.2　抗冲击性能

抗冲击性能或称冲击强度，涂膜的冲击强度是指抵抗外来冲击的能力，是涂于底材上的涂膜在经受高速率的重力作用下发生快速变形而不出现开裂或从金属底材上脱落的能力，它表现了被试验漆膜的延伸率、静态硬度和对底材的附着力。这项指标，对于车辆及机械用漆的质量鉴定有重要意义。需注意冲击性实际是一个冲击负荷造成的快速变形，应与漆膜经受静态负荷下的性能区分开。静态负荷下的变形受到塑性和时间等因素的影响，而在冲击负荷的情况下就不存在这个问题。

抗冲击强度的测定是以一定质量的重锤落在涂膜样板上，使涂膜经受伸长变形而不引起破坏的最大高度，用重锤质量与高度的乘积表示涂膜的耐冲击性，通常用N·cm(kgf·cm)表示，采用冲击试验器进行。冲击检测可分为正冲和反冲，即涂膜面向上为正冲，涂膜面向下为反冲，对大多数涂料来说，反冲比正冲要严格。涂膜通过冲击时的高度愈高，则涂料产品的耐冲击强度愈大。涂膜的厚度以及底材的厚度和表面处理情况都会影响冲击强度的结果，因而需要标准化。我国国家标准《GB/T 1732—79(88)　漆膜耐冲击测定法》规定重锤质量1000g±1g，冲头进入凹槽的深度为2mm±0.1mm，滑筒刻度等于50cm±0.1cm，分度为1cm。

不难看出抗冲击性能是涂膜附着力、涂膜强度、延展性的共同体现，但它又不同于静态负荷下的变形，是冲击负荷造成的快速变形。它还与涂膜的力学损耗(内耗)密切相关，内耗表示了材料将机械能冲击能通过高分子链段运动的内摩擦转化为热能而消耗掉。因此内耗越大，吸收冲击能的能力就越强，力学损耗因子 $\tan\delta$ 可以度量内耗的大小。比如，汽车中间抗冲击层、阻尼涂料的设计需考虑在使用温度范围内，使材料在较宽频率范围内具有较大的 $\tan\delta$，这可以通过共聚的方式设计高分子链的组成来实现。

冲击能可以用材料快速拉伸时的应力-应变曲线下的面积表示，就是材料高速断裂时所消耗的能量。所以，无论何种改善抗冲击性能的方法，都离不开设法提高强度或增大断裂伸长率这两方面。因此，相对分子质量高、分子链刚柔相间、交联适中的涂膜强而韧，将具有较好的抗冲击性能。

3.2.2.3　柔韧性

当涂于底材上的漆膜受到外力作用弯曲时，所表现的延展性(弹性、塑性的表现)和附着力等综合性能称为柔韧性，也称弯曲性。也代表涂膜应力消除后恢复原形的能力，有时也称弹性或延展性。涂膜的柔韧性与涂膜的附着力、抗拉强度、耐冲击性等有密切关系，由涂料的组成所决定，并与检测时涂层变形的时间和速度有关。涂覆于物件上的涂膜经常要受到使其变形的外力影响。例如，外界温度剧烈变化所引起物件的热胀冷缩，若涂膜的延展性不够，涂膜将开裂，若附着力不够高的话，涂膜将脱离物件表面。

柔韧性的测定主要通过涂膜与底材共同受力弯曲，检查其破裂伸长情况，其中也包括了涂膜与底材的界面作用。目前涂层柔韧性的测定主要有 3 种仪器：轴棒测定器《GB/T 1731—79 漆膜柔韧性测定法》，圆柱轴弯曲试验仪 GB/T 6742—86《漆膜弯曲试验（圆柱轴）》，锥形挠曲测验仪 GB/T 1118—89《漆膜弯曲试验（锥形轴）》。其中轴棒测定器最为常用。

国家标准 GB/T 1731—79《漆膜柔韧性测定法》规定使用轴棒测定器的测试方法。轴棒测定器是由粗细不同的 6 个钢制的轴棒所组成，每个轴棒长度均为 35mm，曲率半径分别为 0.5、1、1.5、2、2.5、5 和 7.5mm。测试时是将涂漆的马口铁板，在一定直径的轴棒上弯曲，弯曲动作必须在 2~3s 内完成，然后用 4 倍放大镜观察涂膜，无裂纹即为通过，以其弯曲后不引起漆膜破坏的最小轴棒的直径 mm 来表示。漆膜在不同直径的轴棒上弯曲时，轴棒直径与漆膜的相对伸长率的关系如表 3-2 所示。

表 3-2　轴棒直径与漆膜的相对伸长率的关系

轴棒直径/mm	1	2	3	4	5	10	15
漆膜内表面的伸长率/%	20.00	11.1	7.69	5.88	4.76	2.44	1.64
漆膜外表面的伸长率/%	23.20	12.9	8.92	6.82	5.52	2.83	1.90

注：马口铁板厚度为 0.25mm，漆膜厚度为 0.02mm。

3.2.2.4　附着力

漆膜附着力是指漆膜与被涂物件表面结合在一起的坚固程度。附着力是涂料物理机械性能的重要指标之一，通过此项目的检查，可以检验涂料组成，特别是树脂的使用是否合理。漆膜的附着力除了取决于所选用的涂料基料外，还与底材的表面预处理、施工方式以及涂膜的保养有十分重要的关系。涂膜附着力理论在 2.4 章节中进行了较详细的论述，在此介绍一下附着力的测试方法。测定附着力的方法有划圈法、划格（或划痕）法、拉开法和扭开法等，国家标准标准 GB/T 1720—89（79）规定了划圈法测定漆膜附着力的方法，GB/T 9286—88 规定了采用划格法测定附着力，GB/T 5210—85 规定了采用拉开法测定涂层附着力的方法，其中应用最简便的是划圈法测定漆膜附着力。前述的划痕硬度、冲击强度、柔韧性等试验方法也可以间接地表现出漆膜附着力。目前测定漆膜附着力的一般是采用以下方法。

1. 十字划格法

用单刀或多刀的手工切割刀具和机械切割仪器划格。划格结果形成的图形如图 3-4 所示。一般涂膜的附着力均较好，单纯使用划格法不能区分出优劣，必须使用胶带法相配合，胶带一般是 25mm 宽的半透明胶带，背材为聚酯薄膜或乙酸纤维，将胶带贴在整个划格上，然后以最小角度撕下，结果可根据漆膜表面被脱落面积的比例来求得，试验结果按国家标准 GB/T 9286—88《色漆和清漆漆膜的划格试验》分级。

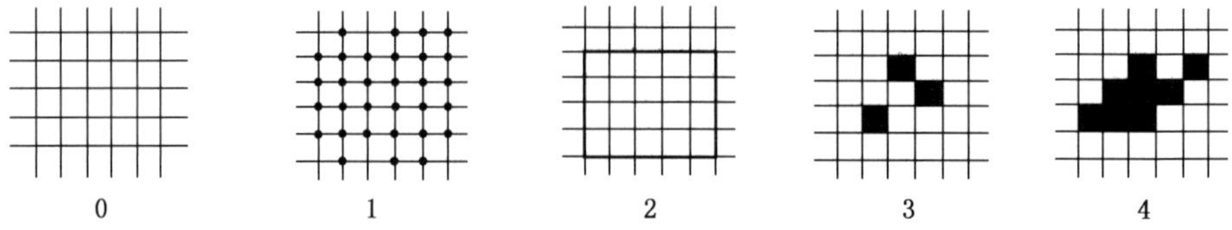

大于 4 级的严重脱落为 5 级

图 3-4　划格法测定涂膜附着力

2. 划圈法

按国家标准 GB/T 1720—79（88）中规定采用附着力测定仪测定。耐磨针尖在漆膜上划出一定长度、依次重叠的圆滚线图形，使漆膜分成面积大小不同的 7 个部位，见图 3-5。凡第一部位内漆膜完好者，则附着力最好，为 1 级，第二部位完好者，则为 2 级，依次类推，7 级的附着力最差。

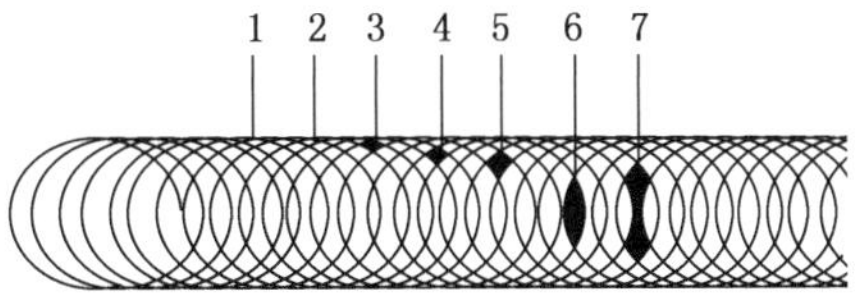

图 3-5 划圈法附着力的分级

3. 拉开法

拉开法为剥落试验法，这种方法比综合测定法较前进了一步，它主要是测定漆膜从底板上脱落所需之功，或在垂直方向把漆膜从底板上拉开一定的面积所需之力，可定量表示涂膜附着力的大小。

拉开法所测定的附着力是指在规定的速率下，在试样的胶结面上施加垂直、均匀的拉力，以测定涂层间或涂层与底材间的附着破坏时所需的力，以 MPa 表示。此方法不仅可检验涂层与底材的黏接程度，也可检测涂层之间的层间附着力，并考察涂料的配套性是否合理，而全面评价涂层的整体附着效果。常用的方法有两种。

一种是将一铝制试验拉头粘在涂层上，采用机械拉力试验机将拉头拉脱，读出拉去铝头的拉力。(如图 3-6 所示)，考核其附着力和破坏形式。按照 ASTM D4541、ISO 4624 等国际标准进行。

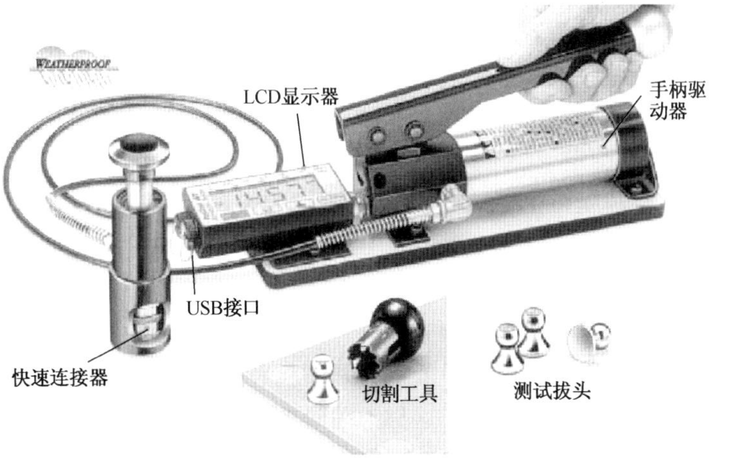

图 3-6 拉开法附着力测定仪

实验时要注意以下几点：①认真选择装置试验拉头的区域，此区域的表面必须平整，以保证表面与拉头充分接触，且面积大于试验仪脚的尺寸，一般以长宽各 10cm 以上的面积为宜。②用适当的溶剂去除待测物面的油脂、灰尘，用细砂纸轻轻打磨涂层表面，以促进试验拉头的附着，但不要过多磨损涂膜。用溶剂清洗并轻轻打磨试验拉头的较薄测试面，使其表面粗化。③按适当比例混合胶黏剂，要求黏接力极强，如环氧类双组分结构胶，必须谨慎保证胶黏剂与试验涂层相容，黏接的强度大于试验涂层的强度。④在试验区涂一层薄胶，同时也在试验拉头的结合面涂上相同的一层薄胶，将试验拉头压紧在试验区涂胶处，并轻微转动拉头，以保证全部接触，用一平整重物压在试验拉头上。⑤按胶黏剂固化说明保证充分的时间间隔，一般 24h 后测定。⑥黏接固化后多采用配套的切刀，套住拉头，刻划出透达基体

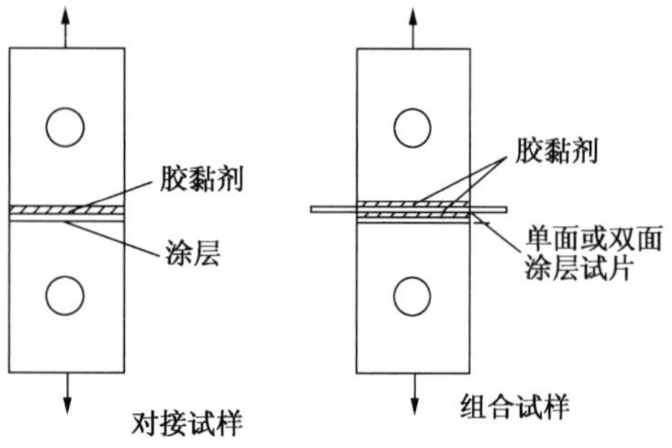

图 3-7　拉开法(GB/T 5210—85)试样组合方式

的圆，用以除去过多的胶黏剂，同时不影响试验拉头。⑦将试验仪下部的夹子滑向并嵌入拉头的沟槽内，操作者必须保证仪表平稳垂直地安置在涂膜表面。⑧在进行拉开操作之前，将拉力指示器调到“0”读数，拉头脱开为止，计数。仍不能拉开时，采用最大拉力计数。

另一种方法是在规定的速度下，在试样的黏接面上施加垂直的均匀拉力，以测定涂层间或涂层与底材拉开时单位面积上所需的力。试验可采用一般的拉力试验机，试件为两个金属试柱的对接件(如图 3-7 所示)，胶黏剂可用 502 胶黏剂或环氧双组分胶黏剂。测定时拉力机夹具以 10mm/min 的速度进行拉伸，直至破坏，考核其附着力和破坏形式。按照国家标准 GB/T 5210—85《涂膜附着力的测定方法　拉开法》进行。

试样组合时一定要注意上下试柱的同轴心对接。对于涂层试片的组合试样，固化后用锐利的刀子，沿试柱的周线切透涂层和胶黏剂直达底材。

附着力拉开试验可能发现三种涂层破坏类型。

(1) 附着失效，涂层与基体，复合涂层界面间的破坏，此值为涂层与基体的附着力。

(2) 内聚破坏，涂层本身被拉断，此值作为层间附着力的数值。

(3) 胶层从涂层或试验拉头上拉断或其自身内部拉断，认为是胶黏剂的失效；此时涂层与基材或涂层与涂层之间的附着力均会超过实验值。说明胶黏剂的黏接强度不能满足要求，可更换黏接强度更高的胶黏剂，以便定量表示涂层的附着力。

(4) 附着力失效，若胶黏剂与未涂漆的试柱脱开，或与被测涂层的面漆完全脱开。

3.2.2.5　耐磨性的测定

在一定负载下，经一定的磨转次数后，用涂膜的失重(克)表示。详见 GB/T 1768—79《漆膜耐磨性测定法》。

3.2.3　涂膜的外观光泽性能

漆膜的光泽对于装饰性防腐蚀面涂来说是一项很重要的指标。光泽是指物体表面受光照射时，光线朝一个方向反射的性能。一般认为是漆膜表面把投射其上的光线向镜面反射出去的能力，反射光量越大，则光泽越高，这称为镜面光泽。另外，镜面反射光强度和扩散光强度的比值也是光泽度的一个指标，光泽的高低不仅决定于反射率，也决定于这种对比(见图 3-8)。例如，具有相同反射率的黑色漆膜及白色漆膜，一般黑色的显得光泽更好。

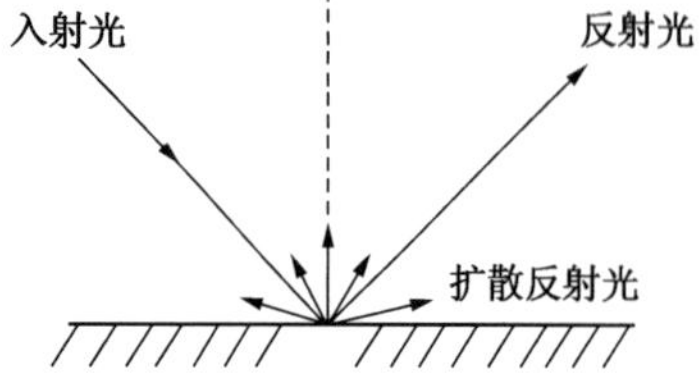

图 3-8　镜面反射光与扩散反射光

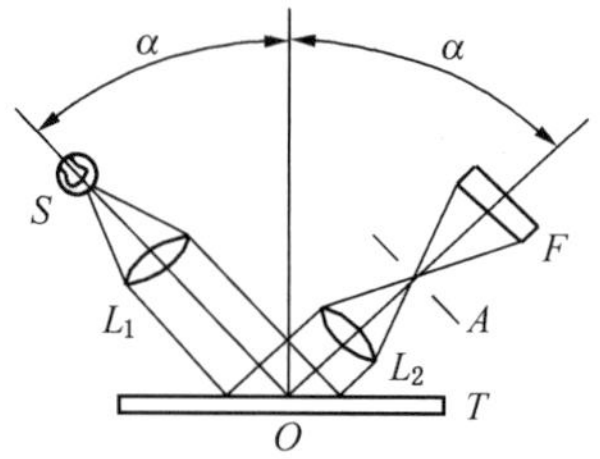

图 3-9　光泽测定原理简图

涂膜光泽的测定通常采用固定角度的光电光泽计(见图3-9)，单位以%表示。详见GB/T 1743—79《漆膜光泽测定法》。需要注意，这里的光泽百分数，并非反射率，而是一个相对值。它是将样板与一个标准板比较而得的。将标准板的光泽定为100%，然后测出样品的百分数。由于光泽受人的主观因素影响，所以用单一的客观标准来评价，往往不能和主观感觉相一致，这是为什么光泽计测得结果有时和实际感觉有较大差距的原因。为了更好地评价光泽，往往用多种方法进行，如前所述的对比光泽以及用多角或变角的光泽计来测定不同角度的反射光强。

涂膜的光泽是鉴别涂膜外观质量的一个重要方面。涂膜的光泽分为三档：高光泽涂膜，光泽一般在70%以上，磁漆涂膜多属此类。半光漆的涂膜光泽为30%~70%，室内乳胶漆涂膜多为此类。无光漆涂膜的光泽在10%以下，一般底漆即属此类。

影响涂膜光泽的因素很多，可以归纳为两个主要因素。一是与漆面的平滑度有关，同样材质的表面，如果是镜面，发生的是镜面反射，其反射角方向的反射最强，若表面凹凸不平，则会发生乱反射，这样便削弱了反射角方向的光强。漆膜中浮在表面的颜料必然会影响平面的平滑度，因此颜料的含量、粒径、分布、相对密度等都对漆膜的光泽有重要影响。二是漆膜分子结构的性质，当表面具有相同平滑度时，光泽的高低和漆膜的分子性质有关，特别是和成膜物的克分子折光度(R)有关，R的数值反映了分子结构的特征，R值愈大，光泽愈高，相对分子质量越大，R值越高。一般含有不饱和键的分子具有较高的R值，具有共轭体系的R值更高。这是醇酸树脂涂料的光泽高于干性油，丙烯酸酯和苯乙烯共聚物涂料(苯丙涂料)的光泽高于丙烯酸酯和乙酸乙烯酯共聚物涂料(乙丙涂料)，以及不饱和聚酯涂料具有很高光泽的原因之一。因此，为了获得高光泽漆膜，首先要使涂料有很好的流平性，涂料的颜料体积浓度不能高，涂料配方中多种组成的相容性要好，不致在成膜过程中有析出等问题，成膜物应选择较高克分子折光度的聚合物。因此，通过此项测定，可以得知涂料产品所用树脂、颜料以及两者的比例是否适宜。另外，涂膜光辐射后，成膜高聚物的高分子结构首先发生变化，相对分子质量下降，首先影响到光泽度，所以光泽度变化是涂膜耐候性下降的第一信息。

涂膜颜色及外观采用目测观察，与标准色板、标准样品进行比较的方法评定结果。详见GB/T 1729—76《涂膜颜色及外观测定法》。

3.2.4 涂膜基本性能国家检测标准

(1) GB/T 1727—92　漆膜一般制备法

(2) GB/T 1764—79(89)　涂膜厚度测定法

(3) GB/T 1728—79(89)　漆膜、腻子膜干燥时间测定法

(4) GB 1729—79　颜色外观测定法(1985年确认)

(5) GB/T 1730—93　漆膜硬度测定法

(6) GB/T 6739—86　涂膜硬度铅笔测定法

(7) GB/T 1731—93　漆膜柔韧性测定法

(8) GB/T 1732—93　漆膜耐冲击测定法(1988年确认)

(9) GB/T 1720—79(89)　漆膜附着力测定法

(10) GB/T 5210—85　涂层附着力的测定法拉开法

(11) GB/T 1743—79(89)　漆膜光泽测定法(1988年确认)

(12) GB/T 1762—79(89)　漆膜回黏性测定法

(13) GB/T 1768—79(89)　漆膜耐磨性测定法

3.3 涂膜防腐蚀保护性能及测试

涂膜的耐腐蚀保护性主要由涂料的结构组成决定，但施工的配套、施工条件和质量也对涂膜的这方面性能产生影响。在防腐蚀工程设计和涂料研制，以及相关理论研究时要根据使用要求选用适当的方法对其耐化学和耐腐蚀性能进行检测，尽量模仿实用条件和可能遇到的情况。但由于实验条件与实际的差别，性能的检测结果通常是在规定条件下得到的数据，更多的是比较定性的结论，与千变万化的实际应用情况很难达到完全吻合。检测方法正在不断丰富和改进，以求适应要求。

涂膜防腐蚀性能的检测通常包括 3 个方面：①对接触化学介质而引起破坏的抵抗性能检测，如耐水性、耐盐水性、耐石油制品性、耐化学品性等。②对大气环境中物质破坏的抵抗性能检测，如耐盐雾性、耐潮湿性、耐污染性、耐化工气体性、耐霉菌性等、氙灯(紫外灯)加速老化试验。③对防止介质引起底材发生腐蚀的能力的检测，通常以湿热试验、盐雾试验、水气透过性试验、电化学方法来表示其能力。

浸渍试验一般都用样板进行，但对某些化学品腐蚀性溶液浸渍试验，除样板外也用钢棒，将其下端磨圆无棱角，涂上规定的漆膜，充分干透后浸入规定温度和浓度的腐蚀介质。以测试涂层耐水、耐盐水、耐溶剂、耐酸、耐碱等腐蚀介质的浸泡试验。一般是将试样的一部分浸入介质，一部分留在液面上，液面的漆膜要耐蒸气的侵蚀，液下部分的漆膜要耐介质的浸渍，尤其是在空气与液体的交界部位，液面的氧气浓度高，试样金属成为阴极而呈碱性，其下面部位的金属样板的氧气浓度低而形成阳极。所以在浸泡试验中，试样漆膜在液面部位最易受碱性破坏而出现腐蚀。

3.3.1 耐水性能

如前所述耐水性的好坏对涂膜的保护性能有着决定性的影响，与树脂中所含的极性基团、颜料中的水溶盐、涂膜中的各种添加剂等因素有关，也受被涂物的表面处理及涂膜的干燥条件等因素所影响。涂料在实际应用过程中往往与潮湿的空气或水分直接接触，随着漆膜的膨胀与透水，就会发生起泡、变色、脱落、附着力下降等各种破坏现象(详见 2.6，2.7)，直接影响到涂料的使用寿命，因此对某些涂料产品必须进行耐水性能检测。根据不同要求，有耐蒸馏水、耐热水、耐冷水的不同检验方法。耐浸泡时间愈长，耐水性愈好。详见 GB/T 1733—93《涂膜耐水性测定法》。

有些测试是在浸水后再测其附着力，称为二次物性，指漆膜经试验后测其是否仍保持原始物性。例如原始样板划格后测其干附着力。待浸水 24h 后，取出揩干在 5min 内用压敏胶带迅速揭起，测定其湿态附着力，即浸水试验是否损伤其附着力。

3.3.1.1 常温浸水法

常温浸水法为最普遍采用的一种方法，适用于醇酸、氨基漆等绝大多数品种。国家标准 GB 1733—79(88)规定将涂漆样板的 2/3 面积放入温度为(23±2)℃的蒸馏水中，待达到产品标准规定的浸泡时间后取出，目测评定是否有起泡、失光、变色等现象，也可用仪器来测定漆膜失光率、附着力的下降程度。该法简便易行，但所用的水质对漆膜耐水性有很大的影响。

3.3.1.2 浸沸水法

浸沸水法适用于经常与盛有热水器皿接触的物件涂膜。测定时，将涂漆样板的 2/3 面积浸挂在沸腾的蒸馏水中，待达到产品标准规定的时间后取出，以目测检查起泡、生锈、失光、变色等破坏现象。此法中沸水应始终保持沸腾状态，试验时为保持同一液面，需用沸腾的水进行补充。

3.3.1.3　加速耐水法

常温浸水法虽然简便易行，但对某些涂料测试时需要较长时间，为了缩短周期，加快试验进程，GB /T 5209—85《色漆和清漆——耐水性测定——浸水法》参照采用ISO 1521—1973标准，用循环泵或通入干燥、无油的压缩空气，使水流动，水温提高到40℃±1℃，其加速倍率约为6~9倍，大大提高了测试效率。

ASTM D870—880　浸入蒸馏水，其温度为37.8℃±1℃(或供需双方都同意的温度)，浸入样板长度的1/2~2/3。

3.3.1.4　水汽渗透试验

水汽透过涂膜到达金属底材会引起腐蚀，因此通过水汽透过率试验可以用来评定涂膜的耐腐蚀性。水汽透过率越低，说明涂膜其耐腐蚀性越好。水汽透过率(WVT)是水汽在单位时间内透过单位面积的由两特定平等面(每一面各处于不同的规定温度和相对湿度下)构成物体的稳定流量，常以g/(m^2·d)来表示。水汽渗透率(WVP)是水汽在单时间内透过单位面积的由两特定平等面(两面赋予水汽压差AP)构成的稳定流量，常以g/(m^2·d·mmHg)表示，WVP=WVT/AP。常用标准有：ASTMD 1653—93《有机涂膜的水汽透过率试验方法》，ASTMG 9—S7(1992)《管道涂层水渗透试验》。

3.3.1.5　吸水性

涂膜吸水性能是涂膜抗渗性能和涂膜极性基团对水的亲和性能的综合体现，涂膜的吸水性能可用吸水率来表示，涂层的吸水率为

$$W = \frac{\Delta G'}{\Delta G} \times 100\% \qquad (3-2)$$

式中　W——涂层的吸水率；

$\Delta G'$——涂层吸水后的增重，g；

ΔG——涂层质量，g。

涂膜的吸水率是评估涂层抗渗透性能即屏蔽性能的一个重要参数，测量涂层吸水率可参照国家标准《GB 1738—89(79)　绝缘漆漆膜吸水率测定法》进行。

3.3.2　耐化学性

耐化学性试验，是对酸、碱、盐、洗涤剂、油脂等工业化学品抵抗能力。漆膜充分干透后浸入规定温度和浓度的腐蚀介质，试验结果由失光、变色、起泡、软化、附着力下降、脱落等来评断。因化学品的种类繁多，温度和浓度不同，很难统一。除了采用试样浸渍试验之外，尚有点滴法、气熏法、挂板法(有将样板悬挂于化工厂现场，观察其对腐蚀气氛、液体等的耐受力)，视不同场合条件而定。国内外部分检测标准包括GB/T 1763—79(89)《漆膜耐化学性测定法》、GB/T 9274—88《色漆和清漆耐液体介质的测定》(等效采用ISO 2812—1974)、ISO 2812—1974(E)《涂层耐液体介质的测定》(除另有规定，浸渍的温度为23℃±2℃)、DIN 53168—1982《抗化学介质稳定性评定》、JISK5400 7.4~7.7耐酸、碱、盐水、挥发性溶剂浸渍、ASTMD 5065—95(使用棉球蘸溶剂进行擦拭，除了评定涂层耐溶剂性能外，还可评定涂膜固化交联程度)。

3.3.2.1　耐盐水性

涂膜在盐水中不仅受到水的浸泡而发生溶胀，同时又受到溶液中氯离子的渗透而引起强烈腐蚀，因此漆膜除了可能出现有耐水性中的起泡、变色等现象外，还会产生许多锈点和锈

蚀等破坏。所以可用耐盐水性试验判断涂膜防护性能。

耐盐水试验按国家标准 GB/T 1763—79(89)《漆膜耐化学试剂性测定法》的甲法和乙法并参考 GB/T 10834—89《船舶漆耐盐水性的测定　盐水和热盐水浸泡法)进行。目前盐水浓度一般都采用 3%(质量)的氯化钠溶液，测试时将试板 2/3 面积浸入，按产品标准规定的浸泡时间后取出并检查。这种常温浸盐水法国内外基本相同，仅试验温度有所差别。另外也可采用加温耐盐水法，试验温度为 40℃±1℃，以加快试验。

3.3.2.2　耐酸、碱性

涂膜在经常在酸、碱环境下使用。在酸、碱环境下，成膜物高分子可能发生水解、溶胀等破坏，同时渗透到涂膜/金属界面后对膜下金属的电化学腐蚀产生促进作用，(详见 2.6、2.7)，有机酸对漆膜的破坏性较强。因此，耐酸碱性能是涂膜重要的耐蚀性能之一。

涂膜的耐酸性、耐碱性测试方法基本相同，按国家标准 GB/T 1763—79(88)《漆膜耐化学性测定法》中规定用普通低碳钢棒浸涂或刷涂被试涂料，将试棒的 2/3 面积浸入产品标准规定的酸(或碱)中，在 25℃±1℃下浸泡。定时观察检查涂膜状况，按产品标准规定判定结果。为了加速，也可采用搅动的方法使酸(或碱)介质按一定速度流动，同时提高温度。或将试棒在酸、碱介质和在空气中交替进行，因试棒置于空气中时，氧气能更迅速经过湿漆膜而渗透到试棒上，促进漆膜的破坏。国家标准 GB/T 9274—88《色漆和清漆　耐液体介质的测定》中规定除了使用碳钢棒外也可使用冷轧钢板等浸泡法测试，温度定为 23℃±2℃。另外，还有点滴法、酸熏法。具体如下：

(1) 盐酸点滴法　用 10mL 的 37%盐酸加 90mL 水配成稀酸往漆膜上滴 10 滴此稀酸，用表面玻璃覆盖 15min(18~27℃)，取出以清水冲洗后观察。

(2) 硝酸熏法　取一只约 240mL 的广口瓶，注入 70%HNO_3一半容积，将样板的漆膜向下放置于瓶口上 30min，用水冲干净，经 1h 恢复后，观察漆膜状况。

3.3.2.3　耐溶剂性能

现代工业产品经常会接触到各种石油制品(有机溶剂)，如汽油，润滑油、变压器油等，并大多具有挥发特性。不同产品的保护涂膜规定了对不同石油制品的耐溶剂性标准，其中最普遍的是耐汽油性。

耐汽油性的检测是测定涂膜对汽油的抵抗能力，即在规定的条件下进行试验，观察涂膜有无变色、失光、发白、起泡、软化、脱落等现象，以及恢复原状态的难易程度。按照国家标准 GB/T 1734—79(89)《漆膜耐汽油性测定法》规定，检验方法分为浸汽油和浇汽油两种，两者均适用于汽油间断并短时间作用于漆膜上的场合。测试时，也是将试板的 2/3 面积浸入产品标准规定的汽油中，到时取出并检查，或在试板上浇上一定量的汽油，到规定时间后，于漆膜上放上纱布和砝码，以观察纱布是否粘在漆膜上。规定的测试温度为 25℃±1℃。对于汽油经常并长时间作用于漆膜上的场合，最好于沸点的汽油中进行快速试验。

近年来国际上推荐一种甲乙酮来回擦拭法，既能测出涂膜耐有机溶剂能力的强弱，更能判断涂膜的机械强度，对交联型涂料可以考察其交联密度的大致情况。通用的方法是使用一个中空的管状容器，带有一个毡制的尖端，在涂膜上每秒擦拭一个来回，计量擦掉一定厚度的涂层后露出底材所需来回擦拭的次数，例如进行 200 或 300 次来回擦拭，涂膜仍不露底，可表示其结果为 200^+或 300^+。

涂膜的耐化学品检测常采用点滴法进行(又称污染试验)。按照国家标准 GB 9274—88 又分覆盖法和敞开法。将测试液体滴在制好的试验样板涂膜表面上，每滴约 0.1mL，覆盖法在液滴上覆以表面皿，敞开法则不加覆盖。在规定的温度下23℃±2℃，在规定时间内，样板应不受干扰。达到产品标准规定时间后，如果是水溶液则用水清洗，如果是非水溶液，则用对涂膜无损害的溶剂彻底冲洗，并立即检查涂膜变化情况。一般是根据变化情况划分等级标准，常划分为11级，11级最好，0级最差。

3.3.3 耐盐雾性能

大气中的盐雾是由悬浮的氯化物微小液滴所组成的弥散系统，它是由于海水的浪花和海浪击岸时泼散成微小水滴经气流输送形成。一般在沿海或近海地区的大气中都充满着盐雾。沿海盐雾中的氯化钠、氯化镁因吸潮而导电，氯离子腐蚀性强，因此盐雾对于在沿海或近海地区的金属材料及其保护层具有强烈的腐蚀作用。

盐雾试验是将涂漆的样板(或划伤后)斜置于盐雾箱中，经一定时间后观察样板的锈蚀、蔓延和起泡程度，是一种实验室内的腐蚀测试法。盐雾试验不仅仅是用来评价涂层耐海洋性气候大气腐蚀的加速模拟方法，同时也是涂层防腐蚀性能评价的最为成熟、使用最为广泛的人工加速腐蚀试验。它是一个氯离子、水、水汽、氧气、温度、pH值等多腐蚀因素综合作用的腐蚀评价试验方法。

盐雾试验虽然采用颇多，但由于盐雾试验的控制因素较多，它只能表征涂层在一定条件下的耐腐蚀行为。但抗盐雾性能和在其他介质中的抗蚀性之间很少有直接关系，因为有种种因素影响着腐蚀过程，反应的化学性质，膜的化学结构及其保护作用等常常是随所接触的条件而发生很大的变化。试验所得结果不能被作为涂层在所有使用它的环境中抗蚀性的直接指南。例如油性红丹漆在一般大气中(尤其在未充分除锈的钢面上)具有良好的防腐蚀效果，但在盐雾试验中迅速破坏，因为油性基料不耐盐雾引起的阴极部位的皂化。另外用不同盐雾箱，或在不同时间，结果的重现性也缺乏证明。为更好地模拟腐蚀环境，现今已将盐雾与其他环境腐蚀因素相结合，开展盐雾/光老化等多因素循环加速试验方法的研究。

3.3.3.1 盐雾试验

盐雾试验主要受盐雾浓度、喷雾压力、雾粒度、盐雾沉降量及温度等因素影响，因此涂层耐盐雾性能评价时要必须注意试验条件的一致性才有可比性和可靠性。

根据盐雾液的性质将盐雾试验分为两种。

1. 中性盐雾试验

pH值控制在6.5~7.2是各种盐雾试验法中最广泛采用的。虽有众多标准，但最广泛采用的是ASTM B117—73，还有ISO 3768—1976(E)中性盐雾试验法(NSS)、ISO 7253—1984、ISO 3768—1996中性盐雾试验(NSS)(划线刀刃角30°)、日本J15K5400 7.8(划线刀刃角20°±2°)、JIS Z2371、德国SSDIN 50021、DIN 53167。

按国家标准GB/T 1771—91《色漆和清漆　耐中性盐雾性能测定》，是等效采用国际标准ISO 7253—1984。试验条件为盐水浓度NaCl(50±10)g/L，pH值为6.5~7.2，温度为35℃±2℃，连续喷雾。试验条件与美国标准ASTM B 117—73完全相同。

目前各国盐雾试验标准中所采用的盐水配方大体上可分为两类。一类是纯的氯化钠盐水，由于浓度过大有时试验箱内相对湿度下降，造成样板表面有盐结晶析出降低了腐蚀强度，以及喷嘴经常易堵的毛病，故一般用3%~5%之间。

另一类是所谓人造海水，其组成见表3-3。

使用人造海水的目的是想使溶液的成分更接近天然海水，以模拟真实海洋大气的腐蚀条件。从试验结果来看，金属在人造海水中的腐蚀速度不如在纯氯化钠溶液中快。

表 3-3 人造海水组成及含量

组分	NaCl	$MgCl_2$	$CaCl_2$	KCl	H_2O
含量/(g/dm^3)	27	6	1	1	余量

2. 酸性盐雾试验

为了提高盐雾试验的效果，乙酸盐雾试验(ASS)，即用乙酸将纯氯化钠溶液的 pH 值调整至酸性(pH 值在 3.1~3.3 之间)，如标准 ANSI/ASTM B 287、ESS DIN 50021、ISO 3769—1976(E)。更进一步的发展是氯化铜改性的乙酸盐雾试验，即除了用乙酸调节成酸性外，再加入适量的 $CuCl_2 \cdot 2H_2O$。这两种方法的目的就是试图克服以往盐雾试验存在的可靠性和重现性不够理想的缺陷，并大大加速腐蚀的速度。

温度对腐蚀速度有密切的关系，温度高时腐蚀加快，但可靠性和重现性下降，目前大多数国家标准中规定的是 35℃或 40℃两种。喷雾量及温度的不均匀性都会引起误差。喷雾周期根据不同要求可采用连续喷雾或间歇喷雾(如每小时内，喷雾 15min，停喷 45min)，但以连续喷雾的破坏速度最快。

针对试样，采用两者方法。一是划痕加速试验，涂装试样中间用钢刀划“×”痕，将涂层划破露出基底金属，然后把样品置于盐雾箱中进行盐雾试验，按照美国 ASTM—D1654 进行，若涂层耐蚀性好，则涂层划痕腐蚀扩展的距离就小，起泡也少，以此来比较涂层性能的相对优劣。另一种是普通的盐雾箱试验(涂装试样不用划痕)，按照国标 GB/T 1771—91《色漆和清漆耐中性雾性能的测定》(等效于 ISO 7253:1984)进行，试验结果按国标或 ASTM D—1654—79A 标准评定。

盐雾试验设备目前采用较多的是喷嘴式的，让一定压力的空气通过试验箱内的喷嘴把盐水喷成雾状而沉降在试验样板上。采用喷嘴式盐雾箱试验时需注意以下事项。

① 试验过程中，必须经常检查喷嘴是否堵塞，以保证喷雾的正常进行。

② 所用的压缩空气必须经空气过滤器除油和空气饱和器加热饱和。

③ 喷雾压力应严格控制，使在规定值上下很窄的范围内波动，以免影响试验的重现性。

④ 把需要进行相互比较的同一批样板应尽量在同一次试验里进行。样板涂漆表面与盐雾沉降方向成 30°角放置。在每次检查后，应交换样板的放置位置，以消除设备内喷雾量及温度的不均匀所引起的误差。

3.3.3.2 多因素循环盐雾试验

为更好地模拟环境加速腐蚀，现发展出盐雾多元素循环试验法[如美国 ASTM D2933—74(81)]，即样板在盐雾箱中放置 4h 后，不冲洗干燥立即将样板放入温度 37.8℃，相对湿度 100%的湿热试验箱中 18h，然后不干燥直接放入温度为-23℃±2℃的冷冻箱中 2h，此为 1 循环。重复试验至产品规定的要求，一般为 5~35 循环。

由于海洋大气环境涂层既要抵抗大气中盐雾和水汽等的作用，又要抵抗紫外线的辐射和雨水结露的作用。因此又出现了盐雾/人工加速老化试验，这对于铁的防腐蚀涂层性能有着重要的意义。如 ASTM D 5894—96《涂漆金属的周期性盐雾/UV 曝露试验法》，该法是将样板暴露于紫外线/凝露试验之后再暴露于喷雾/干燥的交叉循环。其测试结果与实物在大气环境中腐蚀更为接近。①先将样板置入紫外线/凝露试验箱(ASTMG53，例如 QUV 试验箱)，在 60℃±3℃；照紫外线 4h，然后在 50℃±3℃凝露 4h。按以上循环操作 168h。②移入盐雾箱，在常温喷盐雾 1h(盐雾液的组成是氯化钠 0.05%、硫酸铵 0.35%)，再在 35℃±2℃干燥

1h，按以上操作循环 168h。③再移回至荧光/凝露试验箱，依此循环。研究证明循环盐雾/紫外线法与海洋环境腐蚀的关联性最好。

3.3.4 耐湿热性

湿热试验是将涂有漆膜的样板或实物置于温度和湿度受控制的密闭试验箱内，一定时间后观察起泡、腐蚀及附着力下降等变化，评定涂膜抵抗湿热水汽(有时包含有凝露)能力的试验。考核涂层对湿热带气候的环境适用性和耐蚀能力。

湿热试验中涂层的耐水性和水汽渗透性比一般常温浸水试验失效要快。湿热试验引起的腐蚀不及盐雾试验剧烈。湿热试验与盐雾试验的主要区别是湿热试验的雾滴中没有盐分而是蒸馏水，虽然盐滴因其导电率高、又含氯离子而腐蚀作用剧烈，但对渗透压而言，蒸馏水的活度高，涂层是半透膜，蒸馏水渗入漆膜的能力比盐液强。水分透入漆膜，在两层漆膜之间积聚，会降低层间附着力，而起泡。随后再向深入一步发展，到达漆膜与底板之间，降低附着力，导致漆膜起泡，同时水分与金属底板接触，产生电化学腐蚀作用。在漆膜内吸收水分，会引起漆膜膨胀而产生内应力，降低附着力而起泡，漆膜吸水率在蒸馏水中比盐水中高，就对涂膜的破坏力来说，湿热试验是很苛刻的。

一般在相对湿度较低的情况下，漆膜附着力的变化是不明显的，但随着相对湿度增加到90%，甚至于更高，附着力的丧失就会变得很快，除了个别漆膜外，大多数漆膜在干燥后附着力均不能恢复。

在相同的相对湿度下，温度越高，绝对湿度越大，则周围空间水蒸气压力增加，同时温度越高，高分子链的热运动越厉害，加速形成了分子间的空隙，有利于水分的进入，水汽向漆膜内扩散就越显著，但温度太高则与实际情况不符。有些湿热试验的条件规定有升温及降温的循环，降温时水汽在漆膜上凝露，增加水汽的透入。

目前推荐的湿热试验有以下 3 种，各种湿热试验的具体方法略有不同，湿热试验测试条件必须有明确规定。

(1) 高温高湿短周期。

(2) 温湿度交变的试验周期　如 ASTM D 2247—80《在 100% 相对湿度下涂漆的金属样板试验》的条件是在 100% 相对湿度的样板表面始终存在冷凝水的情况下，温度保持 38℃ ± 1℃。由于有低温高湿阶段，使水汽在漆膜表面上凝露，有利于水分渗透到漆膜内部，从而加速了对漆膜的破坏。但也有认为凝露太多，在漆膜上形成一层水膜，易造成漆膜中的可溶物质过多地被溶解出来，与实际湿热情况不符。

(3) 恒温恒湿的试验　如我国标准 GB/T 1704—79(88)《漆膜耐湿热测定法》，温度 47℃ ±1℃，相对湿度 96% ±2%。ASTM D 1735《有机涂层 水雾试验标准方法》，温度为 37.8℃ ±1℃，喷雾液为蒸馏水或去离子水。

由于湿热试验中最主要的影响因素是温度和湿度，因此在每次试验中需特别注意对这两个因素的控制。另外在试验时，垂直悬挂的样板之间应保持一定的距离，以不相互重叠碰撞为准(2~4cm)；样板在各周期检查时还应互换位置，以尽可能地减少因设备内温、湿度的不均匀所造成的试验误差。试验用水应采用蒸馏水或离子交换树脂净化水。对于样板的评定主要观察涂膜有无起泡、生锈和脱落，按其损坏程度进行评级。

3.3.5 抗霉菌性

涂层耐霉菌破坏作用的性能称之为防霉性。涂膜在湿热带地区，由于气候潮湿，涂层很容易被霉菌侵袭；另外土壤环境保护涂层也易受微生物侵扰。特别是使用油性涂料和加有增塑剂的涂料，很容易受到霉菌的破坏，以致涂层日久产生斑点、起泡甚至给某些霉菌充当食料而吃掉，从而丧失保护的作用。为了防止霉菌的破坏，可以在涂料中加入少量的有机防霉剂或灭菌丹等农药。

霉菌对涂料的破坏作用首先是霉菌在漆膜上的生长引起漆膜表面的斑点、起泡，同时由于霉菌在新陈代谢过程中所产生的有机酸，能引起漆膜表面颜料的溶解及漆基的水解，从而透入底层，导致漆膜破坏并失去其保护作用。

一般适于霉菌生长的温度是15~35℃，最适宜的温度是25~30℃。当温度低于0℃，高于40℃时，霉菌几乎不生长。适于霉菌生长的相对湿度是80%以上，超过95%时生长最为旺盛，低于75%时霉菌不生长，但并不死亡，最适宜于霉菌生长的气候条件是温度30℃、相对湿度95%~100%。各种霉菌在生长过程中除了必要的温度、湿度外，还需供给一定的碳源、氮源及其他微量元素。在实验室内我们可以配制各种培养基以满足霉菌培育所需要的养分，如蔡氏培养基、无碳培养基、马铃薯培养基、麦芽汁培养基等。

在试验中所需选择的菌种是随不同地区、不同季节的气候条件变化而有所不同。各国家和地区的霉菌试验方法标准中规定使用的菌种也不一样。根据我国具体情况及试验要求，可供选择的菌种有黑曲霉、黄曲霉、土曲霉、焦曲霉等。

防霉试验方法一般有悬挂法和培养皿法，对于大件成品的漆膜表面还可采用局部法。悬挂法要求有专门的霉菌试验箱，保持温度28~30℃，相对湿度95%~100%的范围，样品表面不允许有大量凝露，适合零部件或整机的防霉试验。培养皿法则采用一般烘箱或低温烘箱，样品制成15mm×40mm的小片试样，保持温度28~30℃，相对湿度由培养皿内的培养基来保持，不用控制。比较来看，悬挂法霉菌生长速度慢，需时较长，不太好观察；培养皿法霉菌生长速度快，好检查，试验条件较为严酷，长霉等级一般比悬挂法要快2~3级。

3.3.6 耐候性能

涂膜抵抗大气自然环境对其作用，丧失保护等功能的性能为涂膜的耐候性。涂层在户外，经日晒、雨淋、凝露、寒暑交替、污气侵蚀等因素的反复作用，如前所述这些因素将引起涂膜的物理(内应力、介质渗透)、化学(光氧化降解、水解)变化，且各因素对涂膜老化协同作用，涂膜逐渐变质、失光、粉化、开裂、剥落，失去装饰和保护功能。

大气环境引起涂层老化的诸因素中，当以日光引起的光氧化最重要。日光之外的重要破坏因素是雨露，水分透入漆膜内引起肿胀及加速破坏。漆膜中或底板上若含有可溶性盐，引起渗透压增大，使漆膜鼓泡，甚至锈蚀。含溶解氧的露水渗入漆膜会引起膜内氧化及水解，并溶出一部分降解产物。在低湿度下，紫外线对漆膜破坏较慢，在湿态下则失光、粉化大为加速，即户外气候老化试验必须日光与潮湿共同作用。

耐候性的测试法分为两大类，即户外天然曝晒及实验室内加速试验。

3.3.6.1 户外天然曝晒试验

户外天然曝晒试验是指各种气候类型区域里研究大气各种因素如日光、风、雪、雨、露、温度、湿度、氧气、化工气体等对涂层所起的老化破坏作用。

户外曝晒试验的主要因素是试验板的定向角和试验涂膜的地理取向。

我国地域辽阔，气候类型复杂，大气种类可分为乡村大气、工业大气和海洋性大气。根据地区又可分为温带、寒带、干热带、湿热带等类型，国家标准GB/T 17957—1995《大气环境腐蚀性分类》对此进行了归类。往往同一个配方的涂料品种，在不同地区使用性能差异很大。较为苛刻的环境是紫外线辐射强烈的西部高原气候，以及日照时间长的海南海洋性气候。如同样的醇酸品种，同样的施工工艺，同时在天津、上海、武汉、重庆、广州、海南岛进行曝晒，发现海南岛最快，样板破坏最为厉害。

曝晒季节对其影响也很大，开始曝晒季节不同，样品所经历的气候条件不同，因此漆膜的破坏程度不同，测试结果有一定波动。例如，对于自干型涂料，在春季曝晒时，由于漆膜尚未完全干燥坚硬就受到温差的急剧变化而引起漆膜变形，接着在夏季又遭受到强紫外光照射或大量的雨水侵袭而进一步造成破坏。在秋季曝晒时由于气温较平稳，紫外光强度也日趋下降，致使新涂的漆膜能有一持续坚硬的过程，从而经得起来年的大气破坏作用。即春季样板破坏最快，秋季样板破坏最慢，其顺序是春>夏>冬>秋。另外各年之间气候也存在一定差异。

因为在大气老化中，光是一个很重要的因素，因此应该尽量设法以最合适的角度来最大限度地利用太阳能。曝晒角度对涂料的耐久性影响较大。目前广泛使用的是朝南45°曝晒。

国家标准 GB/T 9276—1996《涂层自然气候曝晒试验方法》、GB 1767—79(88)《漆膜耐候性测定法》中规定了曝晒试样的放置方式、检测周期、检测项目等，并指出检查周期可根据情况适当变更。规定的检查项目包括失光、变色、粉化、裂纹、起泡、斑点、生锈、脱落等。具体评级方法在国家标准 GB 1766—79(88)《漆膜耐候性评级方法》和 GB/T 9277.1～5—88《色漆涂层老化的评价》中有规定。

在化工厂或在某些设施的周围，有自己的“小气候”，其温度、湿度和腐蚀性气体含量不同于一般环境，常在此处辅以挂板试验，考察二氧化硫、氨气等工业腐蚀性气体、酸雨与自然气候共同对涂膜的作用，便于在一些特殊的工业建设项目中针对性更强的选择防腐蚀涂料。

虽然户外曝晒试验更接近实际，日光雨露完全来自天然环境，其结果也往往具有说服力和可靠性，但老化速度较慢，试验周期长，尤以北方寒冷地带日光弱，雨露少，需长时间才得出结果，由此出现了加速天然曝晒试验。其主要加速方法是：

① 变动样板向南与地平线所夹角度，使样板与日光方向垂直，以接受更多的辐射。

② 黑箱法。涂层向南与地平线呈5°角，涂于黑箱顶以吸收太阳能，提高温度，老化较快，可参见 ASTM D4141。

③ EMMA 铝镜反射法。曝晒架装有10大块铝反射镜，能将阳光反射到涂层样板，可比普通向南45°角曝晒的老化快10倍，若在晚上每5min喷水30s，则老化更快。

3.3.6.2 实验室加速老化试验

人工加速老化试验是基于大量的天然曝露试验的结果，从中找出规律，找出气候因素与漆膜破坏之间的关系，在实验室内人为地创造出所谓人工气候，模拟气候因素光、热、氧、湿气、降雨的条件并给予一定的加速性，试验周期大大缩短，可从几年减至数十至数百小时。人工加速试验能迅速测得涂层的抗老化性能，对平行试验筛选涂料品种十分有利。

人工气候老化试验中模拟大气环境的因素是光、氧、热、湿度和降雨。

光是最重要的因素。光源的能谱与太阳光能谱的相似性会直接影响老化试验结果的可靠性，光源的辐射强度决定着试验的加速倍率，所以选用理想的光源不仅关系到试验方法的有效性，而且对求得自然气候曝露试验与人工气候老化试验的相关性，以及预测高分子涂层材料的户外耐久性都有极为重要的意义。目前人工气候老化试验采用的光源有碳弧灯、紫外灯、氙弧灯、高压水银灯等。其光谱分布如图3-10。

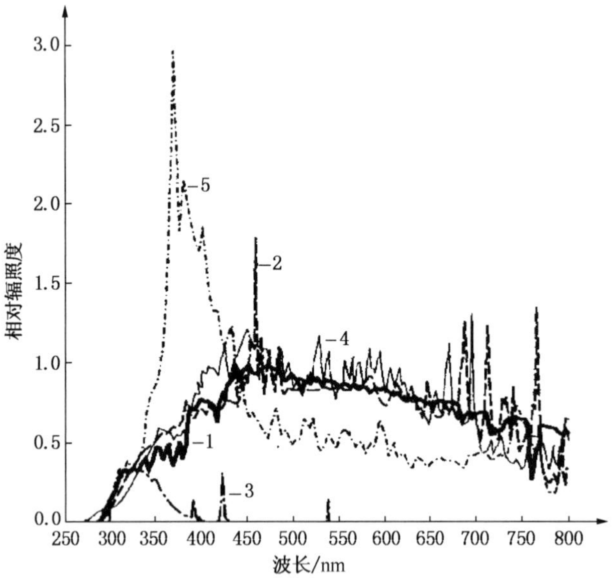

图 3-10　光谱能量分布图

1—阳光；2—氙弧灯；3—UVA-340 荧光灯；4—金属卤化物；5—日光碳弧

由图 3-10 可以看出，氙灯的光谱谱图与自然光的光谱图在紫外光和可见光部分很相似，所以，氙灯可以很好地模拟自然光。但这种方法也有其局限性，即氙弧灯光源稳定性及由此带来试验系统的复杂性。氙弧灯必须经过过滤以减少不期望的辐射。另外，氙灯的光谱能量分布可以通过不同的内外过滤管的组合进行调整，以满足模拟不同环境的试验要求(如室内、室外)。典型的氙弧辐射都配备一个辐照控制系统。尽管氙弧辐射存在因灯老化引起的光谱能量分布变化，但仍不失作为耐候性和耐日光照射试验的一种可靠的和反映实际的光源。目前使用氙灯进行人工加速老化试验已成为一种首选、通用的光老化试验方法。相应的氙灯老化试验方法也很多，有 ISO、ASTM、SAE J、GM 等。光老化，紫外光老化试验也是应用广泛的试验方法。氙灯辐射的目的是模拟太阳光，而紫外光老化试验并不是仿制太阳光线，而只是模拟太阳光的破坏效果。

由于光的作用总是伴随着温度的上升，可以加速高分子链的光氧化降解。因此温度升高也是促使漆膜老化的一个重要因素，如图 3-11，温度每升高 10℃，UV 降解反应速率加倍。在人工加速老化试验中，一定的温度配合周期性的降雨，造成频繁的交变温度，其影响比单纯的热老化更为重要，因为这样使涂层和底板发生不断的膨胀和收缩，导致涂层中形成很大的内应力。在大多数情况下，漆膜组成体系中含有成分和结构不同的物质：底漆、腻子、色漆、磁漆或清漆，因此在受温度交变作用时，在各层中的应力有所不同，再加以具有一定波长的强烈光照，很易造成漆膜的开裂。

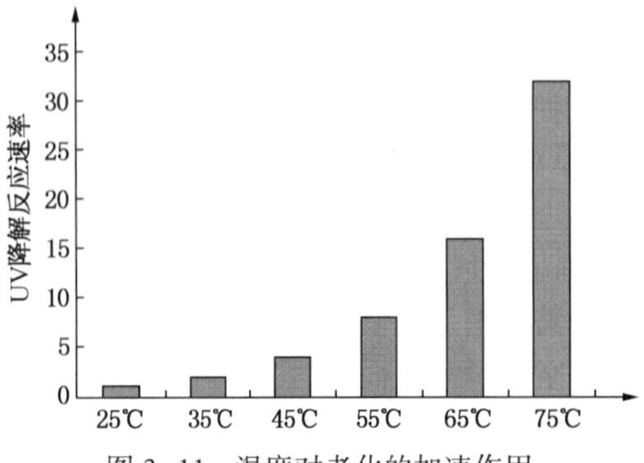

图 3-11　温度对老化的加速作用

在大气中曝露，漆膜实际上是长时间地保持在潮湿状态下，尤其在湿热带地区更是如此。低湿度的紫外线照射虽然也能使漆膜产生失光、粉化，但作用较慢，并且很少出现龟裂。而在高湿度下，紫外线照射就成为一个更有效的破坏因素，使上述破坏作用大大增强。其原因主要是水分的吸收引起漆膜的溶胀，体积变化，或使涂膜中水溶性物质溶解出来，当受光线照射时，易使漆膜结构破坏或加快光化学变化的作用。当然湿度的影响应考虑到温度、水分以及光照等各因素互相促进的总体影响。

我们知道氧气的存在大大加速高分子链的光降解，即发生光氧化降解。被太阳能所活化的氧会引起漆膜表面的氧化作用，结果增加了漆膜的孔隙并形成了漆膜的失光。已证实在人工加速老化试验循环中，增加氧处理具有重要的意义，尤其是在较高压力的氧气处理中，显著地增加了由于裂缝和龟裂所引起的破坏现象。

实验室人工加速试验按 GB/T 1865—80(89)《漆膜老化(人工加速)测定法》进行。国际相关标准有日光炭弧灯(可参见 ASTM D822)、氙弧灯(参见 ASTM G26、ISO 105)、QUV 老化仪(荧光凝露仪)(可参见 ASTMG53、G154、ISO 4892)等。

但是单以人工老化指标来评定涂料耐老化性是不充分、不可靠的，有时还会与自然老化试验结果不一致。现在以自然曝晒为主，人工老化为辅，两者相结合已成为先进国家的较通用的做法和发展趋势。若要真实地反映自然环境腐蚀规律，其关键是加速模拟试验的腐蚀历程要与实际相同。由于人工模仿天然条件的局限性及涂料结构的多样性，目前尚不能求出它与天然曝晒试验的比例关系，用它推断涂层的使用寿命。户外老化试验和人工气候老化试验相关性的研究是环境腐蚀研究的一个重要方向。

3.3.7 涂膜保护性能国家检测标准

(1) GB/T 1764—79　漆膜厚度测定法(1988 年确认);

(2) GB/T 1733—93　漆膜耐水性测定法;

(3) GB/T 1734—93　漆膜耐汽油性测定法;

(4) GB/T 1735—79(89)　漆膜耐热性测定法;

(5) GB/T 1740—79(89)　漆膜耐湿热性测定法;

(6) GB/T 1741—79(89)　漆膜耐霉菌性测定法;

(7) GB/T 1765—79(89)　测定耐湿性、耐盐雾、耐候性(人工加速)的漆膜制备法;

(8) GB/T 1771—91　漆膜耐盐雾测定法;

(9) GB/T 1766—79(89)　漆膜耐候性评级方法;

(10) GB/T 1767—79(89)　漆膜耐候性测定法;

(11) GB/T 1865—80(89)　漆膜老化(人工加速)测定法;

(12) GB/T 1761—79(89)　漆膜抗污气性测定法;

(13) GB/T 1763—79(89)　漆膜耐化学试剂性测定法:

(14) GB/T 1738—89(79)　绝缘漆漆膜吸水率测定法;

(15) GB/T 1739—89(79)　绝缘漆漆膜耐油性测定法;

(16) GB/T 5370—85　防污漆样板浅海浸泡试验方法;

(17) GB/T 13452.4—92　色漆和清漆钢铁表面上的丝状腐蚀试验;

(18) HG/T 2—59—78　绝缘漆膜表面电阻及体积电阻系数测量法;

(19) HG2—49—64　绝缘漆渗透性测定法;

(20) HG2—58—64　介质损失角正切测定法;

（21）HG2—1611—85　涂膜耐油性测定法；
（22）HG2—1612—85　漆膜吸水性测定法；
（23）HG2—57—80　绝缘漆耐击穿强度测定法（1985 年确认）；
（24）HG2—60—30　绝缘漆耐电弧性测定法（1985 年确认）。

3.4　涂膜的电化学测试

涂层下金属的腐蚀在很大程度上是电化学过程。金属涂装后，主要增大了腐蚀原电池的阴极和阳极之间的电阻，另外防锈颜料的作用而增大了阳极极化值，使腐蚀电化学过程难以进行，达到防腐蚀目的。金属涂装后，减少了水和氧的渗入，使电解质离子的渗透难以进行。电解质渗入涂层的量越少，在涂层内越难迁移，则涂层的防腐蚀性能越好。因此，可用电化学方法研究涂层/金属体系耐蚀性，评定涂层性能。涂层金属耐腐蚀试验评价，可采用曝露试验，盐雾试验和环境箱试验等人工加速模拟试验方法，这些方法试验周期太长，不利于及时筛选涂料及选择最佳涂装工艺。电化学方法快速、简便，日益受到重视。

进入 20 世纪 80 年代，随着电化学理论和电子技术的发展，电化学方法在涂层/金属体系耐蚀性评定中的应用得以迅速发展，并取得重要成果。用电化学方法研究涂层金属的腐蚀行为。以及探讨涂层对金属的保护作用机理，是目前较为广泛采用的方法，它能提供许多涂层失效和层下金属腐蚀的信息。电化学方法快速简便，将防蚀机理研究和防蚀性能评价方法相结合并系统化，有助于涂层涂装技术的发展。

涂层钢板防腐蚀性的直流电化学法测试法主要有电位/时间法、直流电阻法、极化曲线法和极化电阻法、脉冲极化法、微小电流检测法、涂层腐蚀面积推算法、阴极剥离法等。这些方法主要用在实验室研究中，并不适宜用来评定涂层钢板的耐蚀等级，其中电位/时间法最简单。

3.4.1　直流电阻法

直流电阻法测定时一般采用下列方法：（1）涂层与已知电阻及直流电源串联，比较已知电阻和该电阻与涂层串联所造成的电位降，用电路原理求出涂层电阻值；（2）用适当的参比电极测定涂层金属的电极电位，比较该电位值与已知电阻在两极间串接时的电位值。应注意的是涂层电阻较低的为 $10^6\Omega \cdot cm^2$，高的达 $10^{12} \sim 10^{13} \Omega \cdot cm^2$。因此，电位测量应使用高输入阻抗电压表，与涂层串联的已知电阻值应接近涂层电阻值，否则已知电阻的作用将消失。

3.4.2　电位-时间法

电位-时间法简单易行，它能满足真正无损、可重复性的要求。用电位-时间作预备性的测试是必要的。达到最终电位下降的时间，作为漆膜破坏的定量尺度。实验装置如图 3-12 所示。

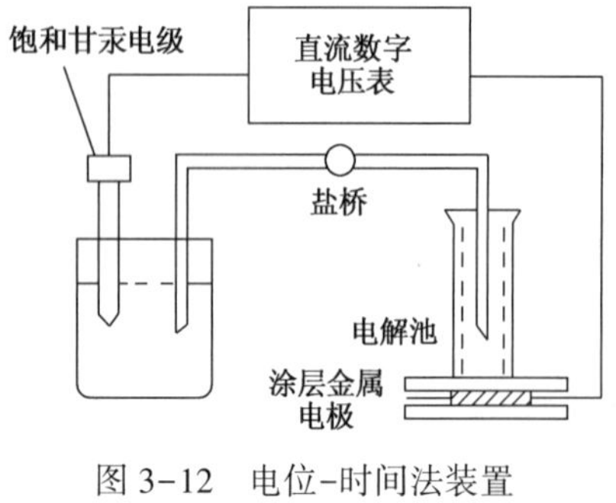

图 3-12　电位-时间法装置

电解池用 Φ3.5cm 的有机玻璃管制成，借助于有机玻璃夹具和垫圈紧压于研究电极——涂层/金属表面。用 3.5% 氯化钠盐水浸泡，用直流数字电压表测定不同浸泡时间下的腐蚀电位。研究电极用钢试片经除油、打磨、溶剂清洗，涂漆固化后于试片边缘焊出两根导线，并用环氧涂封焊接处。

例如，将涂覆 39μm 厚透明聚丁二烯涂层的钢件浸泡在 0.5mol/L NaCl 溶液中，一天后测得腐蚀电位大约是-0.3V，32d 后，电位大约为-0.1V，此时涂层开始破坏(如图 3-13)。这表明随着水、氧的渗入，增加了阴极面积与阳极面积比值，腐蚀电位往正方向移动，涂层与底材之间附着力降低，导致水在阴极区大量集聚，从而形成涂层/金属界面溶液双电层，使电化学反应得以进行，即底材金属开始腐蚀。相反，性能优良的涂层/金属体系，其腐蚀电位应基本稳定在相同裸露金属的电位值(-0.65V)。由于这种方法，仪器简单，测试方便，被广泛采用。但由于影响电位的因素很多，不同类型涂层/金属其腐蚀电位含义不同，因此，应与其他方法配合使用。

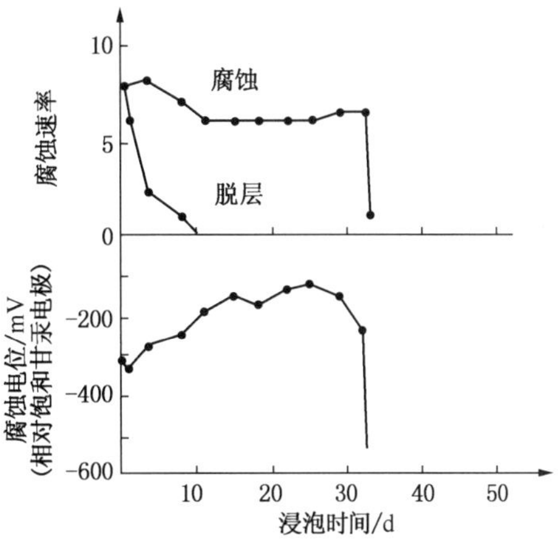

图 3-13 腐蚀电位、腐蚀速率随浸泡时间的变化

通常，涂层金属片比未涂装的金属呈现更高的腐蚀电位。影响腐蚀电位的因素是涂层的电阻，以及因金属离子和 OH^- 等腐蚀产物扩散缓慢造成的浓度上升和防锈颜料对腐蚀的抑制作用等。影响电位的因素很多，不同类型涂料涂装的金属，其腐蚀电位的含义不同，所以对测定结果的解释需要慎重，应与其他手段并用。

3.4.3 循环伏安法

循环伏安法在主要是用来研究电极反应的可逆性、电极反应机理及电极表面的覆盖层。很少有文献报道用循环伏安法研究涂层/金属的耐蚀行为，这可能归结于涂层/金属体系的导电性差的缘故，近年发展起来的一种微电流技术解决了在导电性差的介质中进行电化学测试的这一难题。研究电极与前面相同，参比电极为饱和甘汞电极。借助于盐桥，使测试系统构成一个电流回路，按图 3-14 所示的连续微电流循环伏安法测试系统。通过测试所得的循环伏安曲线可看出，随浸泡时间的变化，腐蚀电流也跟着变化，说明了涂膜的变化状况，结果与加速模拟实验结果一致。

3.4.4 极化曲线(Tafel 曲线)法

强化区极化测试方法是最经典的腐蚀速度电化学测试方法，较为方便简单。通过 E-log$I$ 作出局部阴阳极极化曲线，两直线相交在 E_{corr} 点，从 Tafel 直线的交点可求出腐蚀电流密度 I_{corr}。通过比较所得 E_{corr} 和 I_{corr} 可以区分防腐效果的差别。

如利用扫描极化法极化具有微小涂层缺陷的钢板时得到一系列极化曲线，如图 3-15。

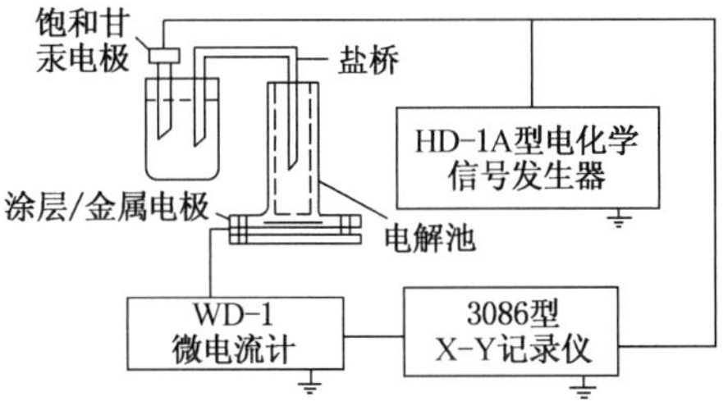

图 3-14 微电流循环伏安法测试系统

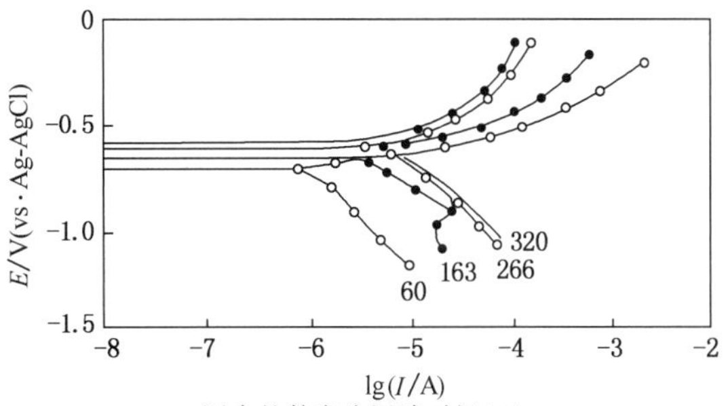

图中的数字为浸渍时间(h)

图 3-15 阴离子电沉积涂层钢板极化曲线

利用极化曲线可定性地判断涂层下钢板腐蚀速度的大小及腐蚀的类型。

由图 3-15 可看出，同一涂层随浸泡时间的延长，腐蚀电流逐渐增大。另外图 3-15 中阴极极化曲线枝上出现了峰值电位(浸泡 163 h 的曲线)。峰值电位与膜下 A 部分发生腐蚀有关(如图 3-16)。若膜下 B 部分金属发生点蚀时，则不会出现峰值电位。

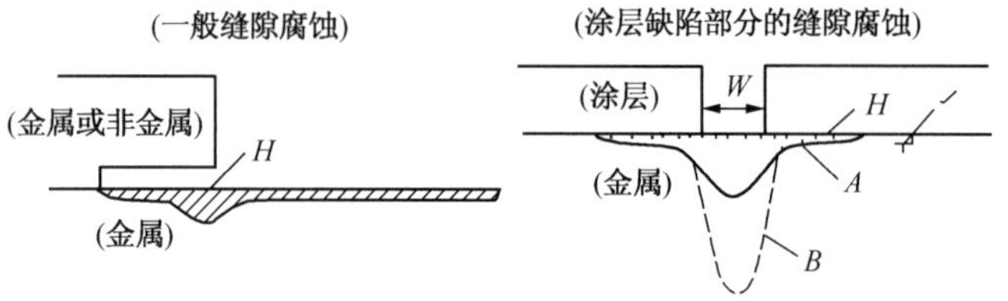

图 3-16　缝隙腐蚀状况的模型图

3.4.5　恒电量方法

恒电量方法是一种断电的松弛方法，它可以克服高阻问题，能在没有外电流的情况下测定电极的响应关系。它根据涂装金属体系在恒电量激励下的张弛过程，建立恒电量微扰下涂装金属体系的物理模型，再转换成等效电路抽象出数学模型，求解得到表达式。最后制成测试仪，该测量系统的框图见图 3-17。

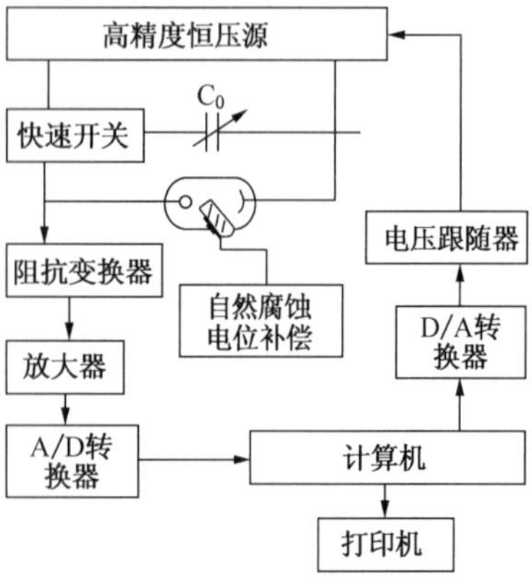

图 3-17　恒电量腐蚀速率仪测量系统工作原理框图

采用恒电量方法只须对涂装金属体系进行一次恒电量微扰，即可快速获得涂膜电阻、涂膜电容、底材金属极化电阻、界面微分电容等参数，从而达到不须进行涂膜部分的补偿，也能得到表征涂膜部分和底材金属部分特性的信息，提供了一种快速评定涂膜体系耐蚀性的新方法。恒电量腐蚀速率仪与微型计算机联机在线测量，能对涂膜的影响因素进行连续跟踪，还可以通过测量的电阻、电容随时间的变化，定性判断缝隙腐蚀和小孔腐蚀是否发生。

3.4.6　涂层/金属体系电容测试方法

这种方法是通过测定涂层/金属体系的电容变化，判定涂层失效时间。例如，将涂有醇酸涂层的钢件浸泡在电解质中，当体系电容值大幅度升高时，表明涂层已失效(如图 3-18)。该方法不足之处是电容变化提供的是整个体系中总含水量，不能区分涂层吸水量和涂层/金属界面的含水量。而后者危害性更大。

3.4.7　交流阻抗技术(EIS)

3.4.7.1　EIS 试验方法

随着阻抗测量仪器的发展及电化学阻抗谱（EIS）方法在电化学研究中的应用，在 20 世纪 80 年代国际上开始广泛用该方法来研究涂层与涂层的破坏过程。交流阻抗法测试的阻抗谱随浸泡时间的变化能详细地反映涂层的介电性质和涂层下金属腐蚀的信息，是近年来评价涂层性能和研究涂层下金属腐蚀行为的最有效方法之一。在美国，用 EIS 方法评价涂层性能已有

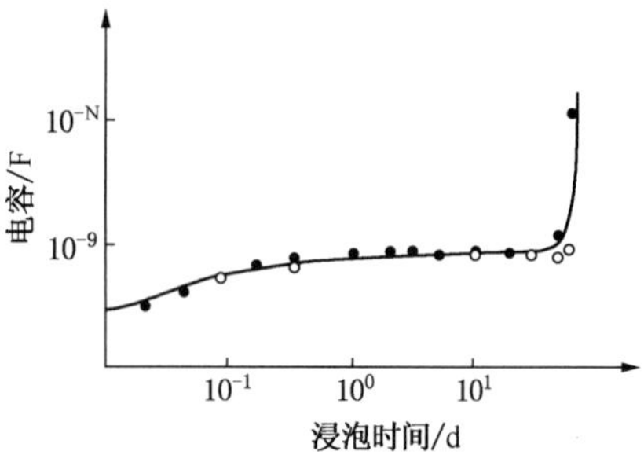

图 3-18　涂层/金属体系电容随浸泡时间的变化

ASTM 标准。

直流电化学法测试法是迫使离子以一种方向透过漆膜，这样会引起涂层钢板腐蚀加速或减速，而交流阻抗谱法避免了此缺陷。由于该方法采用小振幅的正弦波扰动信号，不会使涂层体系在测量过程中发生大的改变，故可以对其进行反复多次的测量，适用于研究涂层破坏的动力学过程。

交流阻抗技术是利用小幅度正弦波电压或电流对电极体系进行扰动，同时记录相应的响应信号，由激励与响应信号的幅值比和相位差，再结合等效电路模型来评价腐蚀体系。用 EIS 可以在很宽的频率范围对涂层体系进行测量，因而可以在不同的频率段分别得到涂层电容、微孔电阻以及涂层下基底腐蚀反应电阻、双电层电容等与涂层性能及涂层破坏过程有关的信息，从电容值可以衡量涂层的吸水量，从电阻值可以衡量涂层的防蚀性能，由涂层下面金属电化学腐蚀电荷传递电阻可以估算金属腐蚀速度，这样可以对腐蚀发生时涂层下面金属界面的变化进行比较直观的研究。

在用 EIS 方法研究涂层性能时，一般将涂层覆盖的金属电极样品浸泡于 3.5%的氯化钠溶液中，可在室温敞开的条件下进行。测量的频率范围为 $10^5 \sim 10^{-2}$Hz，在有些情况下，低频可至 10^{-3}Hz，测量信号一般为幅值 20mV 的正弦波。这个幅值比一般 EIS 测量所用的幅值要高，这是因为有机覆盖层可以看成是一个线性元件，故涂层覆盖的金属电极的线性响应区比裸露的金属电极要宽。幅值高一些可避免或减小因测量时腐蚀电位漂移所带来的误差，也可以提高测量的信噪比。由于涂层覆盖电极往往是一个高阻抗体系，测量时高频部分的阻抗与低频部分的阻抗可以相差好几个数量级，因此阻抗测量中流经电解池及输入仪器的电流也会有几个数量级的差别。故对涂层体系的阻抗测量中要改变取样电阻以使量程保持一个合理的范围。在现有的阻抗测量系统中，有些可以自动调节电流量程，有些却需要手动或分步设置取样电阻。交流阻抗的自动测试电路框图如图 3-19 所示。测试仪器有 273PARC 恒压器 FRA1250 或 FRA1255 频率响应仪等。

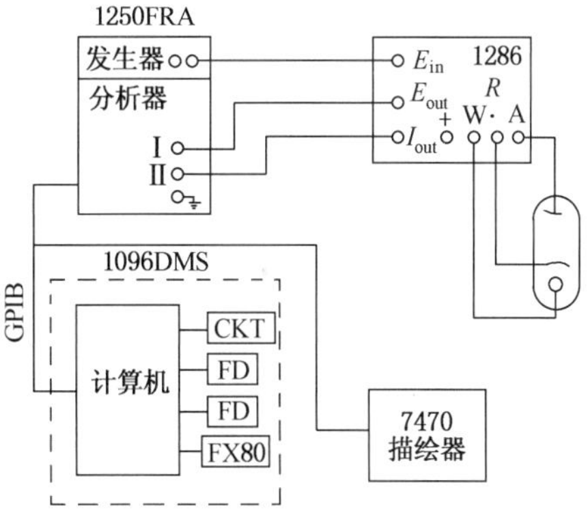

图 3-19 交流阻抗的自动测试电路框图

实验试样的制备最根本的要求是涂装均匀，使样品各处的厚度及物理化学性质基本一致。为了避免施工不良带来的影响，有人采用集束电极的方法。将试验样品载入电解池后，向电解池加入其容量 2/3 的氯化钠溶液。将电解池中的参比电极、工作电极、辅助电极与仪器接通，监测研究电极的腐蚀电位。浸泡约 30min 左右，待研究电极的腐蚀电位趋稳定，即可开始阻抗测量。为了研究涂层性能及涂层破坏过程，要对试验样品进行长时间、反复的测量。在浸泡初期，为了更好地了解电解质溶液渗入涂层的情况，每次测量的时间间隔要短一些，可以一天测量两次。当渗入涂层的溶液已经饱和之后，涂层结构的变化相当缓慢，每次测量的时间间隔就可以长一些，可以几天甚至十几天测量一次。长期浸泡中，由于腐蚀产物的影响及溶液中水分的挥发，会改变溶液的成分，故应经常地更换溶液。

3.4.7.2 EIS 谱图分析与应用

浸泡初期(水分还未渗透到达涂层/基底界面的那段时间)Bode 图(如图 3-20)中 lg|Z|对 lg$f$ 作图为一条斜线，对应于溶液电阻的平台出现在甚高频率区(>10^6Hz)，对应于涂层电

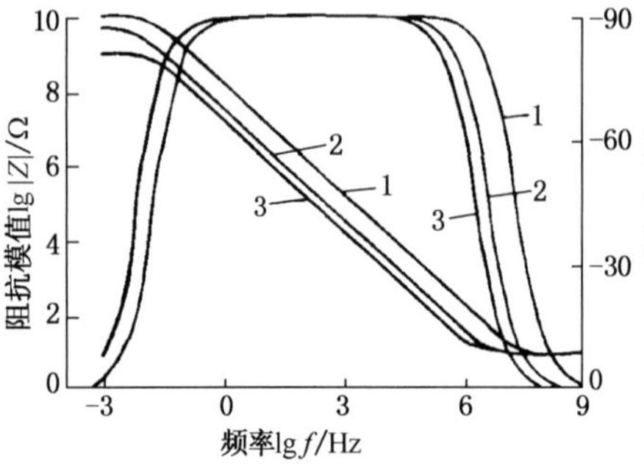

图 3-20　有机涂层覆盖的金属电极在 NaCl 溶液中浸泡初期的 EIS Bode 图（浸泡时间随曲线 1、2、3 依次增大）

阻的平台则出现于低频，相位角在很宽的范围内接-90°，说明此时的有机涂层相当于一个电阻值很大而电容值很小的隔绝层。此时阻抗谱所对应的物理模型则可由图 3-20 的等效电路给出，图 3-21 中 R_s 为溶液电阻，C_c为涂层电容，R_c 为涂层电阻。

在浸泡初期，随着电解质溶液向有机涂层的渗透，涂层电容 C_c 随浸泡时间而增大，涂层电阻则随浸泡时间而减小。在 Bode 图中，表现为 lg | Z | 对 lg$f$ 的曲线朝低频方向移动，相位角曲线下降。涂层电容与涂层电阻两者是并联关系，故由两者组成的复合元件的阻抗主要显示阻抗小的那个元件的阻抗特征。相位角曲线的下降，说明了涂层电容值的增大及涂层电阻值的下降。引起这种变化趋势的原因是电解质溶液的渗入。与组成有机涂层的那些物质及涂层中的空穴相比，电解质溶液具有较小的电阻值及较大的介电常数，它的渗入会改变涂层电阻与涂层电容。

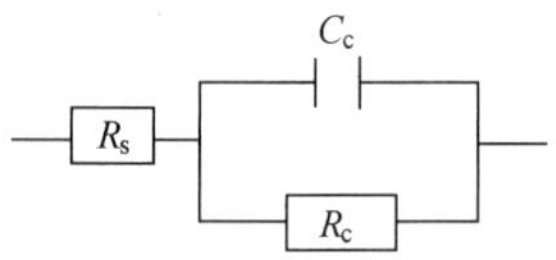

图 3-21　浸泡初期有机涂层覆盖金属电极阻抗谱的等效电路

电解质溶液对涂层的渗透在一定的时间之后达到饱和，此后涂层电容 C_c 不再因为电解质渗透造成涂层介电常数的变化而明显增大。这时测得的阻抗谱 Bode 图中高频端对应于涂层电容的那条斜线不再随时间向低频移动而是互相重叠。但随着电解质溶液渗透到达涂层/基底的界面，并在界面区形成腐蚀反应微电池后，测得的阻抗谱就会具有两个时间常数。电解质溶液到达涂层/基底的界面，在引起基底的腐蚀反应的同时还破坏着涂层与基底之间的结合，引起涂层的起泡或肿胀。但此时涂层表面还没有出现肉眼能观察到的宏观小孔。我们把阻抗谱出现两个时间常数但涂层表面尚未形成宏观小孔的那段时间叫做浸泡中期。浸泡中期有机涂层体系的阻抗谱特征可见图 3-22。图中的阻抗谱是具有两个时间常数的阻抗谱 Bode 图，几个阻抗谱曲线在高频端重叠在一起。在浸泡中期，电解质溶液对涂层的渗透已达饱和。

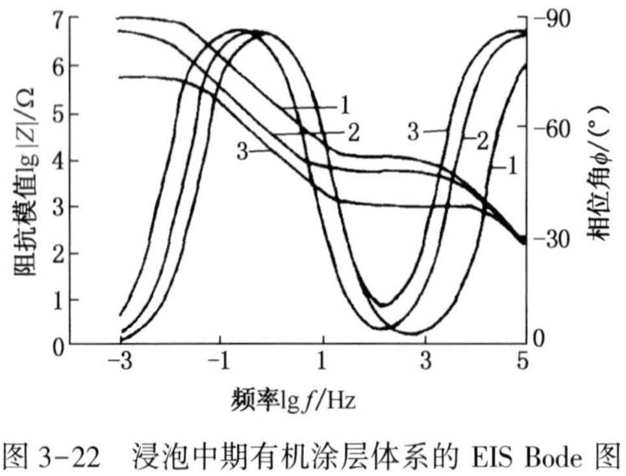

图 3-22　浸泡中期有机涂层体系的 EIS Bode 图（浸泡时间随曲线 1、2、3 依次增加）

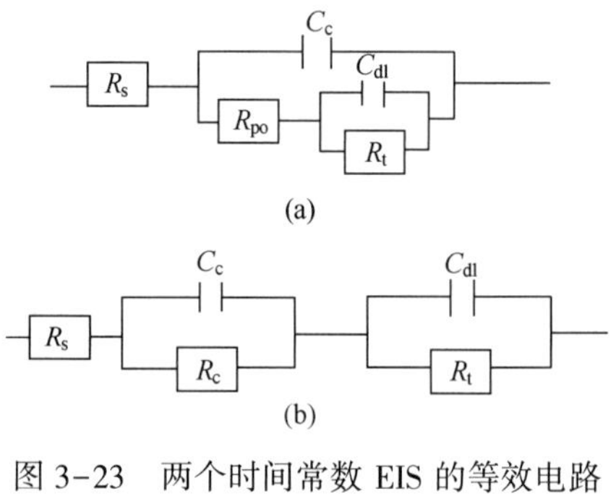

图 3-23　两个时间常数 EIS 的等效电路

浸泡中期的 EIS 测量对于涂层性能的评价是极其重要的。这是因为阻抗测量的结果极其灵敏地显示出涂层/基底界面结构的变化信息。一旦电解质溶液渗透到达涂层/基底界面，在界面区建立腐蚀微电池，阻抗谱就会显示两个时间常数的特征。故阻抗测量可灵敏地显示出涂层下在界面发生的破坏过程，不但比用肉眼观察要优越得多，且较其他测量方法更灵敏。浸泡中期的 EIS 呈现出两个时间常数的特征，与高频端对应的时间常数来自于涂层电容 C_c 及涂层表面微孔电阻 R_{po} 的贡献，与低频端对应的时间常数则来自于界面起泡部分的双电层电容 C_{dl} 及基底金属腐蚀反应的极化电阻 R_t 的贡献。若涂层的充放电过程与基底金属的腐蚀反应过程都不受传质过程的影响，那么这个时期的 EIS 可以由图 3-23(a)中的两等效电路来描述。在某些情况下，如果电解质溶液是均匀地渗入涂层体系且界面的腐蚀电池是均匀分布的。这种情况下，就要用图 3-23(b)的模型来描述两个时间常数的 EIS 了(如富锌涂料)。如前所述，电解质溶液是通过涂层表面的微孔渗入涂层并到达涂层/基底界面的，界面区的起泡也是局部的且与微孔相对应。这种情况下，用图 3-23 模型来作为浸泡中期有机涂层 EIS 的等效电路是合理的。不难看出，模型中的一些参数如 R_{po} 等与涂层表面孔隙面积及界面起泡区的面积有关。

大多数的有机涂层中都含有颜料、填料等添加物，有的有机涂层中还专门添加阻挡溶液渗入的片状物。由于大量添加物的阻挡作用，电解质溶液渗入有机涂层就很困难，电解质溶液沿着颗粒之间的空隙，弯弯曲曲地向内渗入，反应粒子的传质过程的方向也并不与浓度梯度的方向平行，参与界面腐蚀反应的反应粒子的传质过程也就可能是一个很慢步骤。这样，在阻抗谱中往往会出现扩散过程引起的 Warburg 阻抗的特征。

在浸泡后期，还往往可得到一个时间常数且呈 Warburg 阻抗特征的阻抗谱。这种阻抗谱的阻抗平面图及其等效电路图示于图 3-24。

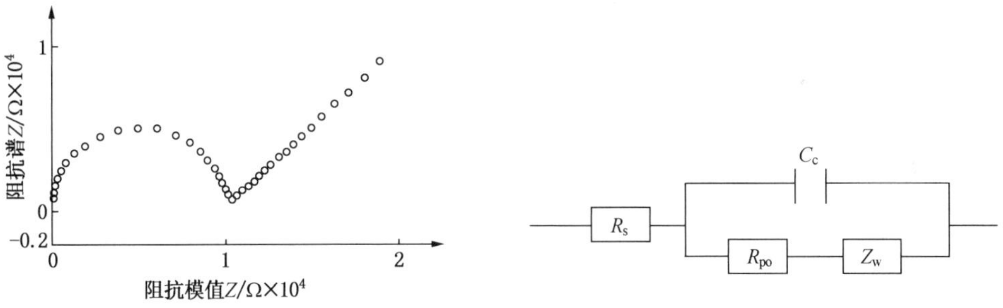

图 3-24　浸泡后期，一个时间常数且呈 Warburg 阻抗特征的阻抗谱阻抗平面图及其等效电路

这种阻抗谱的出现表示，在浸泡后期，有机涂层表面的孔率及涂层/基底界面的起泡区都已经很大，有机涂层已经失去了阻挡保护作用，故阻抗谱的特征主要由基底反应的电极过程所决定。

根据测得的 EIS 谱图建立了其物理模型之后，就可以对 EIS 数据进行解析。这样，就可以得到涂层电容 C_c、微孔电阻 R_{po}、双电层电容 C_{dl} 及基底金属腐蚀反应电阻 R_t 等电化学参数。从这些参数值，可以分析计算不同浸泡时间的涂层表面微孔率及界面区面积，从而可以研究涂层的防护性能。另外，前面也介绍过，涂层电容 C_c 是随电解质溶液的渗入而增大的，根据涂层电容 C_c 值的变化情况，可以得到电解质溶液渗入涂层的信息。

不同涂层的 R_{po} 不同，同一涂层随在腐蚀介质中浸泡时间的延长而 R_{po} 下降。因此 R_{po} 就成为评价涂层防腐蚀性能好坏的一个电化学指标。如果我们能精确测出不同情况下的 R_{po}，并能把 R_{po} 和实际情况中涂层的防护性能联系起来的话，就可以用 EIS 对涂层的使用寿命进

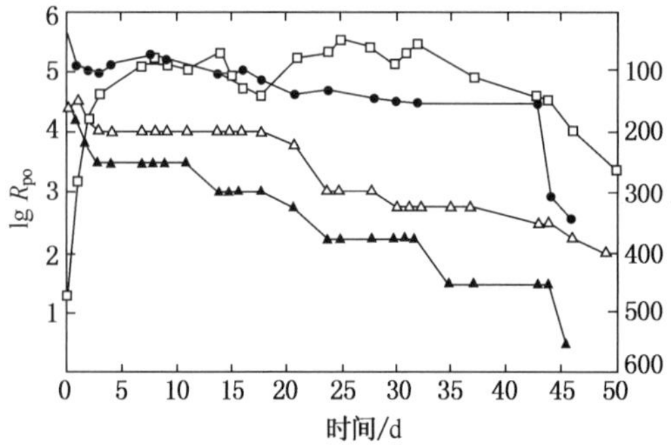

图 3-25　涂层钢板的涂层电阻、腐蚀电位、腐蚀面积和剥离面积随时间变化图

●— R_{po}涂层电阻；△— CORR 腐蚀面积；▲— DEL 剥离面积；□— E_{corr}腐蚀电位

行预估。图 3-25 就是 EIS 的一种典型应用，其中圆点代表 R_{po}，E_{corr}为腐蚀电位，CORR 和 DEL 分别为按 ASTM D 610 所测的腐蚀面积和涂层剥落面积。从图 3-25 可看到，R_{po}在 1d 内即下降到一个平台值 R_{plat}，与观察到的实际情况下 500h 的腐蚀量相关联。同时还可看出，腐蚀电位 E_{corr}随浸泡时间延长而下降，腐蚀面积和涂层剥落面积也随浸泡时间延长而增加。

3.4.8　涂层/金属界面腐蚀电位分布测试方法

这种方法是把涂料直接涂在 8×8 阵列电极上，利用微机控制的阵列电极测量系统，可直接测量涂层/金属界面腐蚀电位分布，由此可深入研究有关腐蚀物种在涂层内传输过程、涂层的不均一性、涂层缺陷分布及涂层/ 金属界面腐蚀发生、扩展机制。例如，将硝基漆涂覆在阵列电极上浸入 0.5mol/L NaCl 溶液中，从图 3-26 中二维电位分布可以直观地看到涂层下腐蚀发生部位(峰值对应部位为阳极腐蚀区)，提供了在涂层/金属界面腐蚀破坏扩展的直接实验证据，比前述电位时间法更进一步。

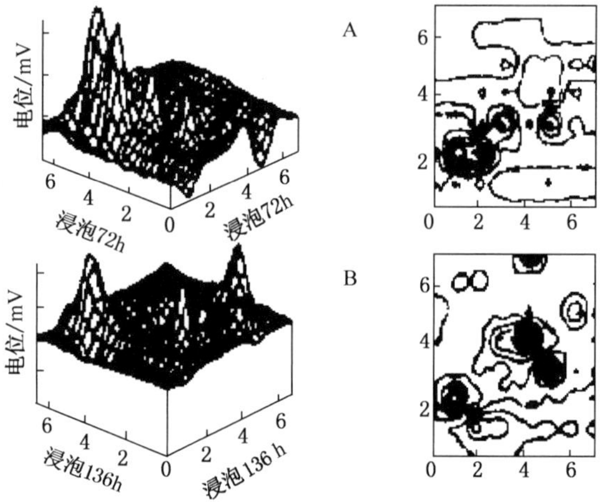

图 3-26　涂层/金属界面腐蚀电位分布

(摘自《涂料工业》1998，9，p43)

3.4.9　电化学噪声法(ENM)

电化学噪声法是在恒电位(或恒电流)控制下，通过测量工作电极和参比电极之间或两个相同电极之间产生的自发电流(或电压)和波动来分析、评价涂装金属防腐性能的方法，它以随机过程理论为基础，用统计方法来研究腐蚀过程中电极/溶液界面电位和电流波动的规律性。在研究涂层的性能时，双电极结构的应用最普遍。

通常情况下，ENM 是在一定的时间间隔中，顺次监控 N 个(如 12 个)探针，读出其电流和即时电位值，通过一系列电流、电位值计算出平均电流 I_m 和平均电位 V_m 及标准偏差(σ_I，σ_v)。然后用噪声电阻 $R_n=\sigma_v/\sigma_I$ 来评价不同涂层体系的防腐作用。

图 3-27 为典型涂层不同浸泡时间的电化学噪声谱。一般来说，防腐性能好的涂层电位波动频率高，而防腐性能差的涂层电位波动频率小，比较平滑，且随浸泡时间延长，波动频率由大到小。

用统计法，每一个噪声谱中包括 N 个连续的测量值 X_1，X_2，…，X_N。计算其平均值：如 X_A，X_V，

$$\overline{X}=\frac{\sum_{i=1}^{N}X_i}{N} \tag{3-3}$$

利用 X_A，X_V 对浸泡时间作图，如图 3-28、图 3-29 所示，可发现随涂层防腐能力降低，X_V 下降而 X_A 上升，用此可对不同涂层或同一涂层的不同浸泡时间的防腐性能进行对比。

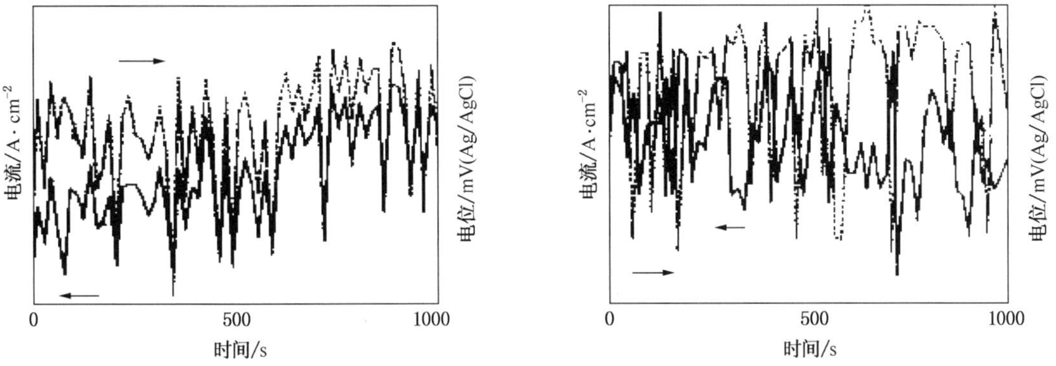

(a) 浸泡6h　　(b) 浸泡1536h

图 3-27　环氧聚酰胺涂层的电化学噪声谱

虚线—电压；实线—电流

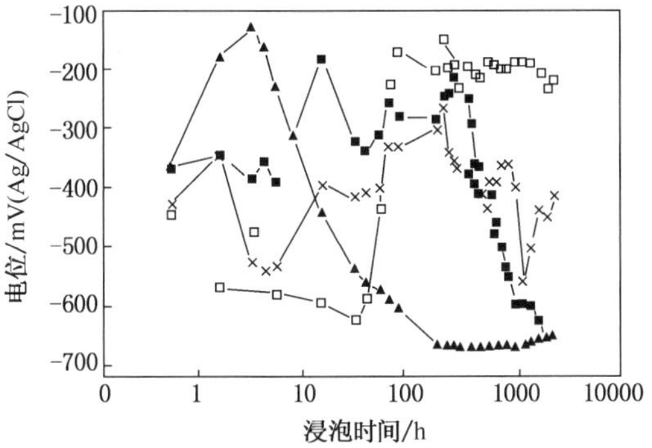

图 3-28　不同涂层的浸泡时间-平均电位图

□— 氯醋共聚树脂；■— 醇酸树脂；

▲— 丙烯酸乳液；× — 环氧聚酰胺

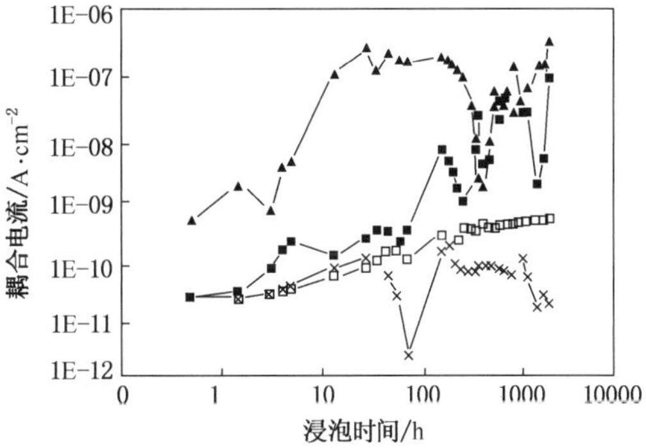

图 3-29　不同涂层的浸泡时间-耦合电流图

□— 氯醋共聚树脂；■— 醇酸树脂；

▲— 丙烯酸乳液；× — 环氧聚酰胺

3.4.10　扫描参比电极技术(SRET)

SRET 最早由 Isaacs 用于研究不锈钢的点蚀和晶间腐蚀等局部腐蚀，后来则广泛应用于研究有机涂层的防腐效果及涂层本身的破坏。它最大的特点就是能精确测知金属上的局部腐蚀反应。随着计算技术和微电子技术的不断发展，SRET 也不断地改进，出现了更多精密的仪器。到目前为止，已有许多种 SRET，其工作原理如下：一个十分精密的扫描铂/ 铱探头被固定在工作试样上方一固定高度，一般 <20μm，沿 x-y 轴方向扫描，同时在一压电晶体控制下，以 80Hz 的频率沿 z 轴方向振动。当该探头振动过因腐蚀电流而产生的电压梯度时，微小的电压变化便被记录并经过一个内置放大器放大，然后输出供计算机分析处理。电势的大小及符号反映了局部电流的方向，从而说明是阴极反应还是阳极反应。为了提高设备的精度，一般采用低浓度的电解质。由于 SRET 是一非侵入性电化学方法，因此它可用于长时间的连续测试，且不影响被测试系统的正常反应。

3.4.11 氢渗透电流法

氢渗透电流法是由日本大阪府立大学山川宏二教授等人发明，它应用涂层下阴极还原反应产物氢的渗透原理，通过测量氢的渗透量和变化规律，可确定涂层下腐蚀反应过程的难易程度，进而评价涂层耐蚀性和耐剥落性。

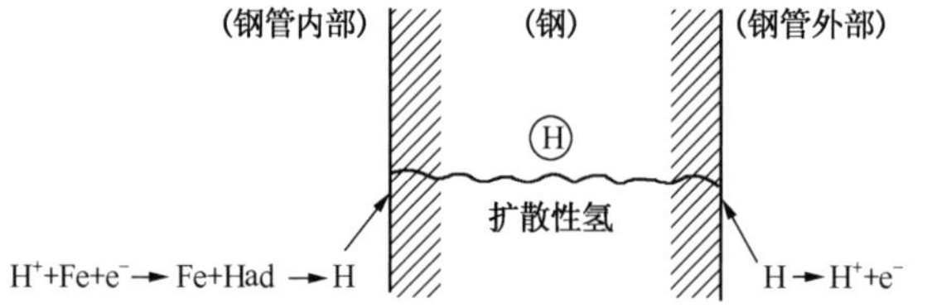

图 3-30　腐蚀反应引起的氢渗透示意图

钢管内防腐涂层体系中，若介质呈酸性或中碱性，则涂层下钢表面发生的电化学腐蚀反应中的阴极过程存在下列反应。

$$H^{+}+Fe+e^{-}\longrightarrow Fe\cdot H_{ad}\longleftrightarrow$$

$$Fe\cdot H_{ab}\cdot H(\text{侵入钢中})$$

其示意图见图 3-30。

若在钢管外表面安装氢电解装置(见图 3-31)，则可通过氢的电解电流变化观察涂层下钢的腐蚀状况。

氢渗透电流法的优点是可在实际工况条件下分析、研究钢管内防腐涂层的防护效果及其影响因素、腐蚀规律以及涂层与金属界面间的电化学行为，进而评价涂层的综合性能。它可用于指导涂层材料的配方研究和施工工艺选择，为经济防腐涂层材料及其结构设计提供依据，并对涂层使用寿命进行预测。国内外近几年开发的电化学噪声法、涂层阻抗快捷解析方法、氢渗透电流法等几种新的方法已初步应用于有机涂层防腐性能的评价，并取得了一定的成效。

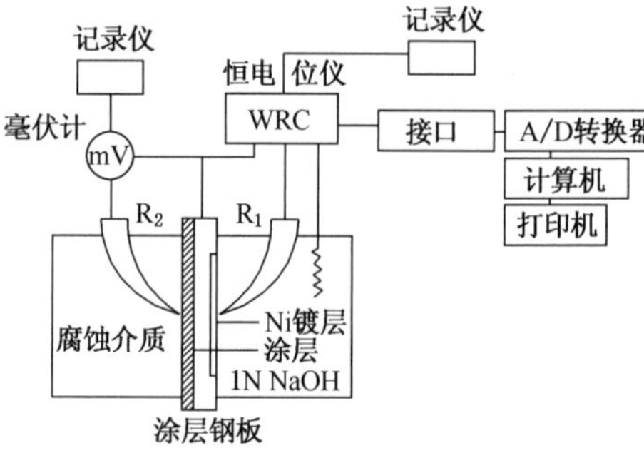

图 3-31　氢渗透测定装置示意图

3.4.12 阴极剥离试验

涂膜下金属在电化学腐蚀过程中，阴极附近呈碱性，容易使漆膜遭到破坏。特别是近年来对一些大型工程的防腐蚀保护，采用重防腐蚀涂装体系与阴极保护联合的措施越来越多，如牺牲阳极及外加电流等，在此保护过程中，有机涂层的缺陷和损伤部位，受超电位和电极反应的作用后，出现不同程度的起泡、剥落等现象。这是与涂料本身的性质有关的另一种附着力性能。

对于涂层和阴极保护联用的防腐蚀体系来说，阴极剥离是一种很有意义的指标，即被测试的涂层/ 金属放在 3% NaCl 溶液中，施以 115V 的电压，经过一段时间后计算涂层剥离面积来评价涂层防腐蚀性能的好坏。一般认为，在阴极剥离试验的腐蚀过程中，涂层内离子的扩散迁移速率就是控制腐蚀速率。离子迁移量大，电荷传递多，则腐蚀速率就高。如果这一过程成立的话，这一指标就可作为评价涂层防护性能优劣的一个依据。

阴极剥离试验最多用于管道涂层，现在也用于检测有阴极保护的海洋钢结构和船舶防腐蚀涂料。管道涂层常常在运输和安装过程中引起涂层的损失，埋入地里后由于土壤的电解质作用，杂散电以及阴极保护电位等产生的电应力会使涂层产生剥离而腐蚀。石油或天然气的输送管道必须注意防腐蚀，以防泄漏引起大灾祸。不论是埋在地下，或在地上，均须有涂层保护。但在运输管道或埋管施工过程中涂层难免有缺损，必须配合阴极保护措施。一般是采用镁阳极，或外加电流。涂层在超电位作用之下，在缺损部位易产生脱层。美国 ASTM 的测试方法，是涂膜受超电位作用后，观察脱落面积和情况，或测其极化电位和电阻、电流。共有 3 种阴极脱层试验法：ASTM G 8—96《管道涂层的阴极剥离试验》；ASTM G 19—88(1996)

《直接埋土法测管道涂层的剥离》；ASTM G 42 管道涂层受高温或循环温变的阴极剥离试验。例如 ASTM G 8 测试法装置之一如图 3-32 所示，以供参考。

我国国家标准是 GB/T 7790—1996《防锈漆耐阴极剥离试验方法》，其主要内容为：按规定将样板除锈达到 GB 9823 Sa2.5 级，涂漆，样板上有一裸露金属的人工孔穴，全浸于盛有天然或人造海水中，作为阴极；用一定规格的镁合金为牺牲阳极，两极与直流电源连接，进行电池运作试验。试验温度 23℃±2℃。依据漆膜起泡、剥落和孔穴附近附着力的变化情况进行评定。

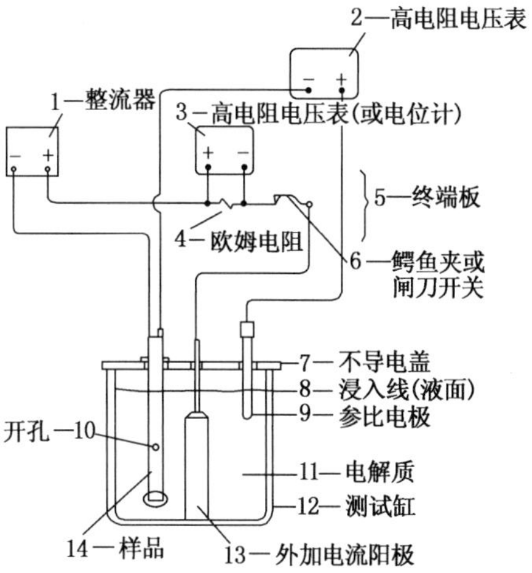

图 3-32 单独样品的外加电流测试装置

阴极涂膜脱层的原因主要是与涂膜接触的金属界面上的氧化物层在阴极溶解。阴极区的碱性侵蚀了涂膜树脂，OH^-与金属的作用替代了涂膜与金属之间的结合(详见 2.7.2 章节)。

与涂层失效的经典盐雾试验、老化试验方法相比，电化学方法应用于涂层/金属体系耐腐蚀性能研究具有快速简便，能提供较多定量和半定量信息的优点。但由于涂层/金属界面电化学过程以及各种不同类型涂层防腐蚀机理的复杂性，应用电化学方法测定涂层/金属体系耐腐蚀性具有一定局限性，还处于发展阶段。

第4章　防 锈 底 漆

涂层是一种最广泛应用的保护材料免受腐蚀的措施。从广义上讲，其保护对象包括一切适于保护的材质。当强调保护金属免受自然介质(如水、大气、海水、土壤)腐蚀时，称其为防锈涂料，即金属用防锈底漆，它必须阻止金属内形成腐蚀电池和阻止其继续发展。

防腐蚀涂料往往是底漆至面漆的配套系统。防锈底漆是防腐蚀涂料的重要组成部分，其直接与金属基材接触，是防腐蚀涂装体系的基础，应满足底漆的基本性能要求，要与金属有良好的浸润性、附着性、耐碱性，与面漆的配套性，同时黏度要低、内应力小，PVC≤CPVC(详见2.5.2)。

防锈底漆的防锈功能主要通过防锈颜料发挥作用，因此通常以防锈颜料的作用和名称来分类命名。以防锈颜料的防锈作用机理来看，大致归纳为四种类型：物理作用防锈底漆、化学作用防锈底漆(一般化学防锈涂料，磷化底涂和带锈涂料)、电化学作用防锈底漆(富锌涂料)及综合作用防锈底漆。结合使用效果又可分为普通防锈漆(物理、一般化学防锈涂料)、特种防锈漆(磷化底涂、富锌涂料、锈面涂料)。

4.1　普通防锈底漆

该类防锈底漆种类繁多，现今大多数品种的防锈作用是物理、化学防锈作用共同发挥，相互交叉重叠，难以截然分开。从防锈涂料的名称来看只是强调了某一防锈颜料作用。

4.1.1　铁红防锈底漆

铁红防锈底漆是由铁红及少量锌黄、磷酸锌、氧化锌等化学防锈颜料和油基、醇酸树脂、环氧酯、乙烯树脂等漆基组成。

铁红(又称氧化铁红)，分子式 Fe_2O_3，其性质稳定，耐热性好，对日光、水、碱等显示惰性，不耐强酸。其作为物理防锈颜料，还具有着色力、遮盖力强，对电解质有一定的抵抗力，颗粒细，在涂层中能起到很好的封闭作用。但其本身不能起到化学防锈的作用，锌黄等少量化学防锈颜料的加入，可提高其防锈能力。铁红是各种防锈漆的重要辅助防锈颜料。

这种防锈底漆具有无毒、耐候、价格低廉、施工方便的特点，已在石油、化工、建筑、船舶、桥梁等各个方面获得广泛的应用。如：铁红醇酸树脂防锈漆、铁红聚酰胺固化环氧底漆、铁红氯化橡胶防锈底漆等等。

4.1.2　云母氧化铁防锈底漆

云母氧化铁是稳定的 $\alpha\text{-}Fe_2O_3$，在矿物学上叫做云母状赤铁矿，是由天然镜铁矿经粉碎、水选、烘干等工序加工而成，也有人工合成的产品。其主要成分是稳定的 $\alpha\text{-}Fe_2O_3$，属三方晶系，菱形，厚度与平面尺寸之比很小；它既具有氧化铁红颜料的耐光性、耐候性和化学稳定性，同时又具有片状颜料的特性，产品中直径在10μm以下的鳞片占70%以上。鳞片状云母氧化铁颜料在涂膜中采取和底材平行的方向重叠排列，可有效地防止水汽的渗透，同时云母氧化铁本身的化学稳定性好，对阳光的反射力很强，还能吸收紫外光，减缓涂膜的老化，也是面漆的常用颜料，防腐蚀性能很好。

与云母氧化铁配套的树脂有长中油醇酸树脂、油基酚醛树脂、环氧酯等。多数配方中也使用一定量的化学防锈颜料(如锌黄)，来进一步提高防锈能力。云母氧化铁防锈漆已广泛用于桥梁、输电铁塔、油罐等。

例如，云铁环氧沥青防锈漆(分装)适用于特别潮湿的环境(如隧道、地下工程)中的钢铁结构防腐蚀用，可作为底漆，也可底面合一，或涂于其他底漆上。配方如表 4-1。

表 4-1　云铁环氧沥青防锈漆配方

	组　分	含量/%	组　分	含量/%
甲组分	60%E-20 环氧树脂	32.0	云母氧化铁	35.0
	60%煤焦沥青	16.0	109 锌黄	5.0
	丁醇	2.7	硬脂酸铝	0.3
	二甲苯	6.0	铝粉浆(65%，浮型)	3.0
乙组分	己二胺	50.0	醇	2.7

现用现配，甲组分∶乙组分=100∶(2.5~4.0)(质量比)，10h 内用完。

4.1.3　铝粉防锈底漆

铝粉俗称银粉，是具有银色金属光泽的鳞片状颜料，直径一般为 40μm 以下，厚度在 0.2~0.5μm 左右。由于厚度和直径的尺寸极差悬殊，因而具有良好的延展性，涂于金属表面后，能平展地排列在金属表面上，有如包裹一层铝膜。虽然铝的标准电位比锌还低，但很容易在表面上生成一层氧化膜，各种涂料所用的铝粉都是由带有氧化膜的铝粉小颗粒组成的，不容易与保护金属接触，不能对钢铁起电化学保护作用。铝粉之所以能作为防锈颜料使用，一是因为其呈鳞片状，具有良好的抗渗性，遮盖力强，稳定性好；二是其对光和热有反射作用，漆膜能反射 60%以上的紫外光和 70%以上的可见光，可以降低漆膜的光照老化速度和延长涂层的寿命。

铝粉和铝粉浆分非浮型和浮型，非浮型铝粉浆色暗，金属光泽弱，无装饰性，主要用作防锈底漆。浮型浆的铝鳞片能飘浮在漆膜上层，有良好的屏蔽底材和反射紫外线和可见光的作用，可作为面漆或底面合一漆和有一定装饰性的金属颜料。铝粉质轻，使用时易在空气中飞扬，易燃易爆。故常用膏状体，含铝鳞片约 60%~70%。其配套成膜物种类很多，常用的有醇酸树脂、环氧酯、过氯乙烯等。铝粉漆耐水、耐化学腐蚀，但不能与酸性介质接触。常用作水下防锈底漆、大气防锈漆。

4.1.4　氧化锌防锈底漆

氧化锌又名锌白，是一种白色粉末，由不定形或针状的小颗粒组成。具有耐热、耐光、耐候、抗粉化的特点。漆用锌白中还含有 35%和 50%的碱式硫酸铅，其防锈力较纯氧化锌好，且不易变稠。氧化锌防锈底漆是由锌白、铅白和油基性漆料等制成的。涂膜干燥快，耐久性好，通常用于室内外金属构件的防蜡打底。需要说明的是，对于乳液涂料，氧化锌的加入、加入量要慎重，它易与乳液中的助剂产生作用，使涂料的稳定性下降。对于丙烯酸乳胶漆，氧化锌具有一定的交联作用，可以增强涂膜的耐水性能、抗渗性能，但加入量不能多(<3%)，否则影响涂料的稳定性。

4.1.5　石墨防锈底漆

石墨是六方晶系的结晶形碳，成叶片状、鳞片状和致密块状，具有金属光泽，化学性质不活泼，与酸、碱等药剂不易起作用，耐化学腐蚀。由石墨和炭黑、滑石粉和油料等调制成的石墨防锈底漆，具有良好的耐酸、碱、化学药品、溶剂腐蚀的性能，同时耐高温和耐光。若在其组成中加入锌黄等化学防锈颜料，其防锈效果更好，通常在特殊要求的化学环境中使用。

石墨是碳的同素异形体，由于在石墨晶格中每个碳原子只与其他三个原子结合形成三个共价键，有一个电子比较自由，与金属中的自由电子一样，它们也是传递电流和热波的媒介。因此，石墨是电和热的良导体，石墨的导热系数比碳钢大 2 倍多，比铅大 3~4 倍，比非金属材料大一百倍。在每个单层内，碳原子之间的共价键结合是非常牢固的，其他化学基团来取代它们很难，这就使石墨表现出卓越的化学稳定性。

由于石墨是好的导电、导热体，故在导热涂料、导静电涂料中得以应用。但要注意，导静电涂料电阻率的下降会带来防腐蚀屏蔽作用的下降，涂层电渗透、阴极剥离起泡加剧。前些年，油罐导静电涂层失效频频发生，因此，导静电涂料的电阻率要求从 $10^5 \sim 10^8 \Omega/cm^2$ 改为 $10^8 \Omega/cm^2$ 左右。

4.1.6 红丹防锈底漆

红丹防锈底漆是最古老的一种防锈漆，虽然近年来因环境保护法令的强化，为了避免铅中毒的危险，有被无铅防锈颜料逐步取代的可能，但因其防锈效果甚佳，至今仍是不可完全替代的品种，多在苛刻的腐蚀条件下使用。

红丹防锈底漆是以红丹为主体颜料，配合以滑石粉、碳酸钙等填料，常用含油树脂(如油料、酯胶、长油、中油醇酸、油性酚醛、环氧酯等)为成膜物，配制成各种防锈底漆。其涂膜坚韧，附着力好，耐水，防锈性能优异。不仅如此，而且对钢铁的表面处理要求不高，在残留有少许锈蚀和氧化皮的表面上使用仍有很好的防锈效果，尤其是和亚麻油配制的漆，防锈能力极佳。其中“磁性红丹漆”是采用醇酸树脂、酚醛桐油等聚合型基料配制的，亚麻油红丹漆称为“油性红丹漆”，磁性红丹漆的防锈效果实际上不及油性红丹漆。

典型的亚麻油红丹防锈漆的组成示例见表 4-2。

表 4-2　亚麻油红丹防锈漆的组成

组　成	含量/g	组　成	含量/g
红丹(97%Pb_3O_4)	200	生亚麻油	52.7
溶剂汽油	2.24	铅催干剂(36%)	0.60
钴催干剂(12%)	0.35	锰催干剂(6%)	0.10
丁酮肟	0.10	膨润土(34 号)	0.60
乙醇/水(95/5)	0.18		

红丹称红铅、铅丹，含有 97%以上的四氧化三铅，其余为氧化铅和杂质，呈鲜红色重质粉末。在化学上可视为正铅酸铅 Pb_2PbO_4 或 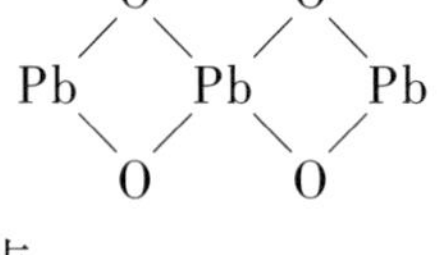 。

红丹防锈底漆防锈能力强的原因有以下几点：

(1) 当红丹在防锈漆中的用量较高时，由于红丹晶格上不可逆的离子交换作用，使它在阳极区和阴极区均能发生作用。在红丹的晶格中，Pb^{2+} 和 PbO_4^{4-} 有规律地排列，当它与钢铁接触时，处于晶格外层的 Pb^{2+} 可与腐蚀初始阶段的 Fe^{2+} 产生交换作用而生成难溶的正铅酸亚铁(Fe_2PbO_4)，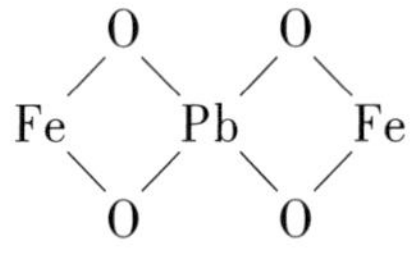 覆盖在铁的表面。并能保持晶格结构不变，使漆膜致密，减少透气、透水性。由于红丹的碱性，使二价铁氢氧化物溶解度降低，促进其转化为稳定的三价铁氧化物，以上都可使阳极的极化度增高。红丹在阴极区的作用是与新生的水发生反应而消耗 H^+，红丹本身被还原为氢氧化亚铅[$Pb(OH)_2$]，继续使过氧化氢分解。由于 $Pb(OH)_2$ 的循环使用，所以对控制斑点腐蚀特别有效。对钢铁表面残留铁锈中的 Fe^{3+} 亦能产生同样的交换作用而形成正铅酸铁($Fe_4(PbO_4)_3$)。

$$Pb_3O_4+H_2O+2e \longrightarrow 3PbO+2OH^-$$

$$2PbO+2H^+ \longrightarrow Pb(OH)_2+Pb^{2+}$$

$$Pb(OH)_2+H_2O_2 \longrightarrow H_4PbO_4$$

$$H_4PbO_4+Fe(OH)_2 \longrightarrow Pb(OH)_2+Fe_2O_3+3H_2O$$

(2) 可与沾污物反应，在工业大气中含 SO_2，在海边有盐雾，所以在未充分除锈的钢面上的残锈中，往往含有 SO_4^{2-} 和 Cl^-，它们在漆膜下会促进腐蚀而使漆膜起泡、出现锈斑。若涂红丹漆打底，由红丹晶格交换出来的 Pb^{2+} 有助于吸收工业大气中的硫酸根离子(SO_4^{2-})而生成不溶的硫酸铅，可减轻或消除工业大气的腐蚀。但若工业大气中含有较多氯离子(Cl^-)时，因生成的氯化铅还有一定溶解作用，因此只能部分抑制其腐蚀作用。

(3) 在水和氧的存在下，红丹能与油性漆（特别是由红丹和亚麻油配制的防锈漆)生成铅皂，这种亚麻油酸铅或油酸铅能进一步裂解为不同的短链产物如壬酸铅和壬二酸铅等，可起缓蚀作用，因而具有较好的防锈作用。

(4) 油性红丹漆防锈效果好的另一个原因是其植物油对钢面的优良润湿性，尤其表现在未充分除锈的钢面上。油的表面张力低，可充分渗入残锈的缝隙而与钢面密切接触，虽然各种树脂高聚物溶液可加入足够的溶剂冲稀，使其黏度达到与植物油相等，但一经涂布，溶剂迅速挥发，余下的树脂基料的黏度迅速变稠，而且表面张力高，不能渗透入残锈的缝隙。而亚麻油等在涂布后仍长时间保持低黏度，可有充裕时间渗透入缝隙与钢面密切接触。另外，油性红丹漆因其基料对钢面润湿性好，又在干燥氧化过程中生成铅皂，更增加了附着力。油性漆膜柔软，可消除干燥过程中体积收缩引起的内应力，随着时间的推延，漆膜中所含铅皂日渐增多，最后变成坚硬结实的底涂层。

使用红丹防锈底漆要注意以下几方面：

(1) 对铅的消耗量较大，有毒。在制造、施工应用中，红丹粉尘会吸入人体，红丹漆也能通过皮肤吸收，必须加强劳动保护，不能用于需经火焰处理(如焊接等)的钢铁结构上。铲除旧漆膜时注意环保，旧漆膜回收处理好。

(2) 红丹具碱性，能吸收空气中的二氧化碳，生成碳酸铅而降低防锈性，为此红丹防锈漆上应及时涂上面漆。

(3) 红丹比重大，易沉底，涂刷性差。为了克服红丹防锈漆的沉淀，可采用红丹粉与漆料分装的办法，用时调配，但有较多不便。此外，采用含有一定量二氧化铝的非沉降性红丹颜料，有助于降低沉降倾向，但可能影响其防锈性能。如采用触变性漆料(如聚酰胺改性触变性氨基甲酸酯油)，对红丹防锈底漆的沉底和刷涂性可同时获得改善。

(4) 不能在铝、镁及其合金等轻金属表面上应用，否则因电化学作用而加剧腐蚀的进行。

(5) 对于油性红丹漆，干性慢。为了提高干性，但仍保留一定的渗透性，其基料采用一半生亚麻油，一半醇酸树脂等的混合物。可用含氧化铁及滑石粉的廉价红丹漆配方，其中一半基料为生亚麻油。

(6) 油性基料抗蚀性弱，不耐皂化。所以不耐盐雾、盐水浸渍，或化学品液溅滴。油脂漆膜的交联度低，不耐酮类、酯类、芳烃等强溶剂的溶胀，所以油性红丹底漆上的面漆不可含强溶剂，只宜与醇酸涂料等配套，难以与环氧、聚氨酯涂料等配套，以免咬起。故油性红丹漆宜应用于城市或农村的一般钢结构，江河淡水的桥梁等，不宜用于化工厂、海洋性构造上。

另外，铅系防锈颜料铅酸钙、铅白等也常用于防锈涂料中。铅酸钙的化学结构与红丹接近，其缓蚀作用在于碱性和形成钙皂。广泛用于钢铁和镀锌件上。也可用于无机锌的封闭漆。铅白的主要成分是碱式碳酸铅，混有少量的氧化铅，防锈机理与红丹相似，与脂肪酸的化合力很强，反应生成物使漆膜更加坚韧，防锈效果与纯度、细度及表面状态均有关系，可以适应多种漆料。

4.1.7 锌黄及铬酸盐防锈底漆

铬酸的钾、锌、钙、锶、钡、铅盐以及它们的复合物都是常用的化学防锈颜料，它们在水中有一定的溶解性，同时能电离出 CrO_4^{2-}，通过各种反应发挥防锈作用。铬酸盐类防锈颜料的防锈机理是对钢铁的阳极区有自钝化作用，与物理防锈颜料配合有防锈增效效果。可与多种漆基配套制漆，用途广泛，在钢铁和大部分有色金属上均可使用。

在阳极区，由于 CrO_4^{2-} 与金属表面作用，发生阳极微区钝化，形成钝化膜。提高了金属的防锈能力。所谓钝化，是指在一定的条件下，由于改变了金属的表面性质，使金属不易成为阳极，或阳极反应受到抑制，从而提高了金属的化学稳定性。关于金属的钝化理论，有两种认识，一种是薄膜说，认为钝化结果在金属表面生成厚度在 1nm 以下的极薄的透明薄膜，它通常是在氧化介质中形成的氧化物。如果它是致密的，几乎能完全阻止金属的腐蚀，即使是多微孔的，也能极大地抑制腐蚀的进展。另一种是吸附说，认为金属表面上的氧原子被金属的电子离子化，其正端在金属上，提高了金属的电极电位。钝化最明显的特征是金属的电极电位向正的方向移动。例如，钢板浸入 0.5% 的铬酸溶液中，自钝化的结果，电位从 -0.4V 升到 -0.1V。

在阴极区，CrO_4^{2-} 与氧反应，被氧化成不稳定的过铬物，然后与铁反应，生成复合氧化物，呈稳定状态，还可形成稳定的络合物。

$$2Fe+2(CrOOH) \longrightarrow 2Fe(OH)_2 \cdot 2(CrOOH)$$

铬酸盐防锈漆的防锈性能与铬酸盐的用量、溶解度及成膜物的抗渗性、耐蚀性有关。如果溶解度小、电离度低，则 CrO_4^{2-} 的浓度不足，钝化作用不明显；如果溶解度太大，当水透过漆膜时，则在膜下金属表面的孔隙中，存有浓度较大的电解质溶液，其渗透压高于涂层外部的腐蚀介质溶液的渗透压，使漆膜起泡。所以在设计配方时应充分了解颜料的溶解度，以判断其防锈效果及用量。

铬酸盐类防锈颜料品种较多，性能各异，尤其是水溶性差别很大，所以在使用时，应慎重设计配方，严格控制用量，以免出现早期起泡、失效快或钝化不足等弊病。通常使用混合颜料可以使效果均衡发挥，使防锈期限延长，其中以锌黄防锈漆应用最多。

锌黄的化学成分是铬酸锌，呈淡黄色或中黄色粉末，耐光性很好，且不受硫化氢气体影响，由它配制的防锈底漆既适用于钢铁，也适用于轻金属，是目前广泛应用的一种防锈颜料，主要用作铝镁等有色金属的防锈漆，也可用作钢铁表面的可焊接底漆或预涂底漆。常用的漆基有油基性树脂，醇酸树脂和环氧酯等。锌铬黄除用在酸值太高的漆料中可能成胶外，对一般漆料均适用。

锌黄中的铬酸锌和钢铁作用生成的铬酸铁覆盖在钢铁表面上，使之钝化而不产生电化学腐蚀，但应控制锌黄的用量(质量分数一般在25%～50%)，否则涂层不均，将产生锈蚀针孔。锌黄对酸、碱的抵抗力较差，故常加入一些氧化锌。另外因锌黄的溶解性较好，在潮湿环境中易于起泡，所以常和低溶解度的铬酸盐颜料或铁黄等配合使用，以提高其防锈效果。

铬酸盐防锈漆的其他种类主要有：

四盐基锌黄[$ZnCrO_4 \cdot 4Zn(OH)_2$]，四盐基锌黄的水溶性较小，但溶解速度较均匀，防锈作用维持较久。在磷化底漆中作为主颜料，能与聚乙烯醇缩丁醛和磷酸相互作用，形成的络合物牢固地附着在金属表面，并提高与上层漆的结合力。

铬酸锶$SrCrO_4$，又称锶铬黄，溶解度也较小，阳极钝化作用很弱，在阴极区还原作用较强。能耐500℃以上高温，适用于高温防锈漆，在水性漆中应用也较多，与磷酸锌、氧化锌并用，可提高性能，但价格贵，应用有限。

碱式硅铬酸铅$PbO \cdot PbCrO+SiO_2$，呈桔黄色，是在二氧化硅核的表面上包覆碱式铬酸铅和硅酸铅的复合物，含PbO 42%～49%，CrO_3 5%～7%，SiO_2 45%～50%，故铅含量仅为红丹的1/2，且铅量的一半是以酸不溶的无毒铬酸铅和硅酸铅的形式存在，因此毒性较小。其耐候性和耐盐水性优于红丹，近十几年来发展很快，在船舶、桥梁、大型钢结构、汽车、农机等方面均已大量应用。但着色力很低，可配成多种颜色的底漆。

可溶性铬酸盐中的六价铬是致癌物质，在制造和应用时应小心谨慎，施工时注意劳动保护。

4.1.8 有机铬酸盐防锈底漆

有机铬酸盐是近年来开发的高性能新型防锈颜料，对漆料的适应范围很广，用量低，防锈效果显著。用它和物理防锈颜料及体质颜料结合，可配制成不含铅、锌的无毒防锈底漆。

一般无机金属防锈颜料须在漆中有较高的含量才能得到满意的防锈效果。而有机铬酸盐作为防锈颜料只要较低的用量就可获得较高的防锈效果。有机铬酸盐是采用有机氮化物(如无环胍、环胍，无环脒，环脒等)和铬酸结合而成的。有机氮化物和含六价铬的物质配合使用时，比单独使用的防锈效果好。其作用可能是有机氮化物吸收氢后，形成比较稳定的离子基团，但与铬酸根的结合不甚牢固，在透入漆膜的微量水作用下，其解离物和铬酸离子均向极性表面(金属基体)定向吸附，从而可对钢铁起缓蚀作用，铬酸根也可在阳极区和阴极区起到缓蚀作用。另外，这类颜料含有机基团，对漆基的溶渗力强，易于均匀分布而起作用，故能以较低的用量而获得良好的防锈效果。

有机铬酸盐亦可替代红丹防锈漆(或锌黄防锈漆)中的50%红丹(或锌黄)，配制成各种新型防锈漆，其防锈性不比红丹、锌黄防锈漆差，常用作轻金属的防锈底漆。

4.1.9 磷酸盐防锈底漆

磷酸盐防锈颜料因其无毒，环境友好，并具有磷化防锈作用，对钢铁的防锈性能可与红丹接近，对表面处理要求不高，适应范围广泛，是近年来大力推广的品种。作为防锈颜料的磷酸盐品种很多，如磷酸锌、三聚磷酸铝、磷酸铁铵、磷酸铁、磷酸铬、磷酸钙、磷酸钡等，其中应用上最多的是磷酸锌和三聚磷酸铝。

磷酸锌[分子式是$Zn_3(PO_4)_2 \cdot 4H_2O$]，其防锈作用在于磷酸锌本身是水合物，具有形成碱式络合物的能力，它与金属表面和Fe^{2+}形成附着牢固的络合物$Fe[Zn_3(PO_4)_3]$沉淀层而抑制阳极反应，同时能与漆料中的羟基、羧基配位，生成稳定的交联配位化合物，使颜料-涂料-底材之间形成化学结合，从而增强漆膜的附着力和抗渗性能。应用磷酸锌的最大优点是对漆料的选择范围较广，一般在油基、醇酸、酚醛、丙烯酸、硝基、环氧等挥发型漆料、交联固化型漆料中均可使用，在水性漆和预涂底漆中也可应用。它的最大缺点是单独使用时体积浓度必须很高(其用量为总颜料量的20%~30%)。一般和四盐基锌黄、铬酸锶、氧化锌等配合使用时，防锈性和抗起泡性均有较大改善，适宜于在各种工业大气中应用。

三聚磷酸铝是近年发展应用比较快的新型磷酸盐类防锈颜料，其主要原因在于对环境友好、防锈效果好(优于磷酸锌的防锈能力)。

三聚磷酸铝的分子式为 $AlH_2P_3O_{10} \cdot 2H_2O$，结构式为：

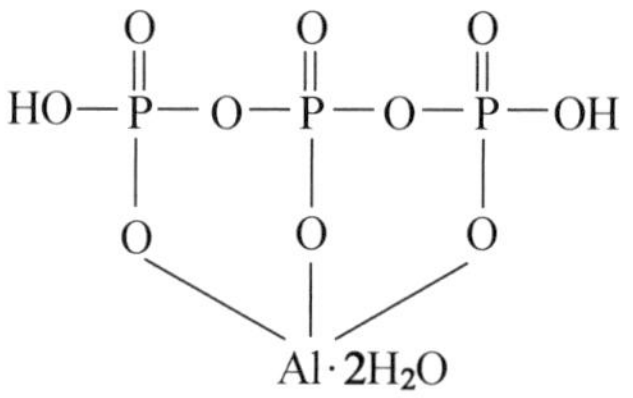

其为白色微晶粉末，无毒、对皮肤无刺激作用，热稳定性好，微溶于水，相对密度3.0~3.1。三聚磷酸铝具有优异的防锈能力的主要原因为三聚磷酸铝能释放出配位能力很强的防锈基团($P_3O_{10}^{5-}$)，

$$AlH_2P_3O_{10} \cdot 2H_2O \longrightarrow Al^{3+} + 2H^+ + P_3O_{10}^{5-}$$

这种离子具有非常好的活性，比 PO_4^{3-} 对二价和三价铁离子以及各种金属离子有更强的螯合力和更高的配位能力，在钢铁表面上形成很致密的钝态膜，对钢铁等金属物体的腐蚀具有极强的抑制作用，并且缩合磷酸铝的缩合度越高，其防蚀效果越好，特别是三聚体以上的缩合磷酸铝效果更好，因此其防锈能力优于磷酸锌。同时它解聚反应形成的焦磷酸盐变成低分子化合物正磷酸，这些活性基团油与基材表面再次反应，形成一层有效的钝态保护膜，与上面的锈转化磷化膜溶为一体，从而使原先较为疏松的锈层变成致密的磷化膜，而牢固地渗附于钢铁表面，进一步抑制了腐蚀的进展，为钢铁表面提供所谓的“双重防锈”。而且它的储存稳定性和耐候性能良好。三聚磷酸铝适用于酚醛树脂、醇酸树脂、环氧及环氧聚酯树脂、丙烯酸类树脂等油溶性树脂和各种水溶性树脂，能制备具有优越防锈性能的耐酸、耐水、防火、重防腐蚀涂料。

由磷酸盐配成的防锈漆，早期防锈性能并不突出，而后期防锈性能卓著。使用时在配方上应采取措施加强早期防锈性能。

4.1.10　钼酸盐防锈底漆

钼酸盐是作为无毒防锈颜料从20世纪70年代发展起来的。其防锈原理是依靠钼酸根离子的钝化作用，防锈效果相当于或超过红丹或锌铬黄。但钼酸盐在水中的溶解度较高(如钼酸锌，5g/L)，使用不当漆膜易起泡，也常与铬酸盐防锈颜料配套使用，以减少铬酸盐的用量，特别是用于有色金属的防锈。其配套成膜物较多，油基、醇酸、酚醛、丙烯酸、硝基、环氧等均可。另外，钼酸盐呈白色，不影响配制浅色漆，甚至可以部分代替钛白。因此应用面广，在底漆、面漆，溶剂性、水性漆中均可以使用。

4.1.11　偏硼酸钡防锈底漆

防锈底漆用偏硼酸钡($BaB_2O_4 \cdot H_2O$)，常以硅酸盐进行表面处理，以控制粒度和水溶性，所以也称改性偏硼酸钡。它的显著优点是无毒、抗粉化、防霉性很好，但其遮盖力和着色力较低；它的阴离子基团有阳极钝化作用，并具有一定水溶性，所以常与水溶性小的颜料如红丹、四盐基锌黄、硅铬酸铅、铬酸钡以及氧化锌、铝粉等配合使用，以提高其防锈力，该漆防锈能力一般，不宜用于水下设施和经常积水的部位。偏硼酸钡防锈漆一般由偏硼酸钡、氧化锌、铝氧化锌、磷酸锌、滑石粉、厚油及树脂(酚醛、醇酸、环氧等)配制而成。

总之，防锈底涂的应用既要考虑防锈漆的基本性能与环境的配套性，也要考虑到对基材的适应性。表4-3列出常用普通防锈漆的基本性能。

表4-3 普通防锈漆的适应性

防锈漆种类	适应底材	化学活性		毒性			表面处理要求	防锈效果
		漆的黏度稳定性	大气中成盐性	施工	焊接	维修		
铁红防锈漆	黑色及有色金属、铬、铅	稳定	小	小	小	小	一般	中
云铁防锈漆	黑色及有色金属、铬、铅	稳定，易淀沉	小	小	小	小	一般	优~中
铝粉防锈漆	黑色及有色金属、铬、铅	分装	中	小	小	小	一般	优~中
红丹防锈漆	黑色及有色金属、铬、铅	不稳定，易沉淀	可能	大	大	大	低	优
铅酸钙防锈漆	钢铁、铸铁	中	中	大~中	大	大	中	优~中
碱式硅铬酸铅防锈漆	钢铁、铸铁	中	中	大~中	大	大	中	优~中
铅粉防锈漆	钢铁、铸铁	中，易沉淀	可能	大~中	大	大~中	中~低	优
锌铬黄防锈	黑色及有色金属、镉、镁	稳定~中等	中等可能	中	中	中	中	优
钼酸盐防锈漆	黑色及有色金属、镉、镁	稳定	不成盐	无	无	无	中	优
磷酸盐防锈漆	黑色及有色金属、镉、镁	稳定	不成盐	无	无	无	低	中
偏硼酸钡防锈漆	黑色及有色金属、镉、镁	中等稳定	不成盐	无	无	无	高	中

4.2 磷化底漆

磷化底漆(又称洗涤底漆)是一种特殊的预涂底漆，实际上是一种高效的金属表面处理剂，来增强防锈能力和提高金属与底漆涂层之间的附着力，并具有无毒、对焊接无影响的特点，它不能替代底漆。由于涂料中含有磷酸，对金属底材有轻微的侵蚀作用，在英国常称之为“刻蚀底漆”，在我国涂料业中称之为磷化底漆。

4.2.1 磷化底漆的防锈作用

磷化底漆的防锈作用可以概括为磷化-钝化-成膜。

一般认为漆中的磷酸能使钢铁表面磷化的机理如下：

$$Fe+H_3PO_4 \longrightarrow Fe(H_2PO_4)_2+H_2\uparrow$$

$$Fe(H_2PO_4)_2 \longrightarrow FeHPO_4\downarrow+H_3PO_4$$

$$Fe+Fe(H_2PO_4)_2 = 2FeHPO_4\downarrow+H_2\uparrow$$

$$3FeHPO_4 = Fe_3(PO_4)_2\downarrow+H_3PO_4$$

$$Fe+2FeHPO_4 = Fe_3(PO_4)_2\uparrow+H_2\uparrow$$

当溶液中Fe^{2+}浓度不断增加，Fe^{2+}、HPO_4^{2-}与PO_4^{3-}浓度大于磷酸盐的浓度时，就产生沉淀，在制件上生成极薄的、厚度不超过 10μm 的磷化膜，其结构如下：

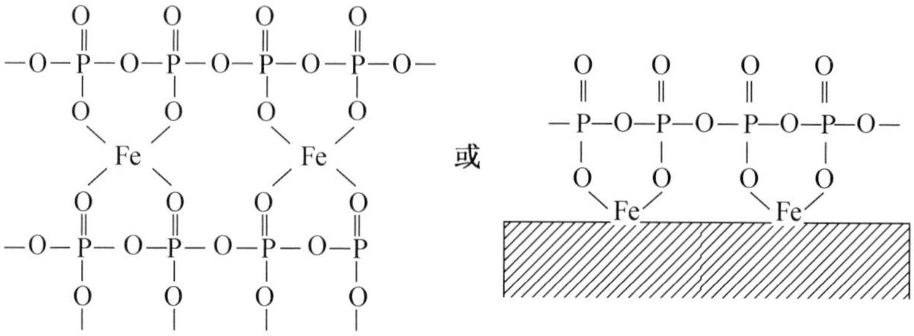

磷化膜具有很高的介电性，短时间内可经受 400~500℃温度的高温，在水中的溶解度仅为 1.76mg/L(16℃)。反应若析出过多的氢气，将附着在被磷化的金属表面上，从而阻止磷化膜结晶的形成。因此，有时在涂装锌面时，为了避免磷酸与锌面过快的反应而析氢，使涂层表面产生气泡，建议酌减酸量。在镁表面涂磷化底漆时，将酸性稀释剂的加入量按配方所规定，降低到 25%。金属磷化处理后必须迅速罩漆，而磷化底漆膜虽经多天之后仍有优良的附着力，不必立即罩漆。

磷化底漆的另一突出功效是具有优良的附着力，对于钢、铝、锌、铬、镉、镁、不锈钢等金属都具有优良的附着力。在光滑金属表面上涂普通的底漆，浸水后在光滑的金属面上附着力大幅度下降，若先用磷化底漆打底，使其与金属附着牢固，再罩普通底漆，因磷化底漆表面较毛糙，虽浸水但仍能保持湿态附着力，如飞机蒙面铝锌、铬等(在涂装前不宜用喷砂打毛)金属表面涂磷化底漆。

4.2.2 磷化底漆的种类

磷化底漆一般由双组分组成，一组分由聚乙烯醇缩丁醛、四盐锌黄、滑石粉、乙醇、正丁醇、醇溶性酚醛树脂等组成，另一组分由磷酸(常为 85%的磷酸)、水、乙醇等组成，临用时按配方规定现用现配。配制时，在甲组分不断搅拌下，渐渐将乙组分注入甲组分中，不可加入太快以免胶结。此时两个组分之间开始反应，必须在 8h 内用完。8h 后虽漆液外观不变，并未胶结，但漆膜附着力下降，不宜再用。其典型配方见表 4-4。

表 4-4 双组分磷化底漆配方

	成分	含量/%	成分	含量/%
甲组分	聚乙烯醇缩丁醛(低黏度)	39.2	丁醇	16.1
	四盐基锌黄	6.9	乙醇	16.7
	滑石粉	1.1		
乙组分	磷酸(85%)	3.6	乙醇	14
			水	2.4

为了方便施工，也开发了单包装磷化底漆，称为“预反应”的磷化底漆，贮存期可达数月，施工方便，但磷化效果一般不如双组分的品种。

为了提高磷化底漆的耐水性、防锈性，将漆膜厚度提高至 15μm，可加入热固性的醇溶性酚醛树脂，此种底漆称为增强型磷化底漆。在不涂其他底漆情况下，保护时间能达到 6~10 个月，也称为“长曝型”磷化底漆。其典型配方见表 4-5。

表 4-5 “长曝型”磷化底漆配方

组　分	用量/%	组　分	用量/%
聚乙烯醇乙醛	8.7	甲基丁二醇乙酸酯	3.4
醇溶酚醛树脂	4.1	甲苯	35.0
四碱式锌黄	0.9	水	1.6
铁红	5.1	乙酸钴	1.3
钛白粉	3.5	焦性没食子酸	0.8
滑石粉	1.6	三甲基己二酸二甲酯	3.1
异丙醇	18.5	磷酸(85%)	1.8
正丁醇	10.6	合　计	100.0

4.2.3 磷化底漆的应用

磷化底漆喷涂时必须喷得很“湿”，使漆液充分浸润底材。喷涂时，如周围环境湿度高(如在船厂江边)，过度吸潮入漆膜，会使聚乙烯醇缩丁醛在漆膜中析出，所成的膜疏松泛白，毫无附着力及强度。这可通过调整溶剂，加入丁醇及甲苯，与水形成共沸物，使水挥发逸出漆膜的问题解决，也可预先将底材略予加热来解决。磷化底漆在常温下约 30min 干燥，若与烘干型防锈底漆配套，则应涂覆后一并烘烤，不可单独烘烤。测定磷化底漆膜是否成膜良好，可在漆膜干燥后用酒精棉花揩拭，若易被溶解揩除，表明未充分络合，性能不良。

磷化底漆可增强防锈能力，但很薄，一般约 8～10μm，一般磷化底漆一经涂布，最好 24h 内涂其他底漆。在室内不应超过 5~6 个月，在户外不能超过一周，需涂覆其他防锈漆才能有较好的效果。在磷化底漆膜上涂覆醇酸、环氧、酚醛、聚氨酯等均附着力良好，但不宜直接涂硝基、氨基、氯化橡胶等防锈漆，如果要使用这些漆，应先用油基酚醛漆过渡打底，以免“咬底”。

磷化底漆广泛用于钢铁及有色金属增强防锈，尤其适宜海洋、湿热地区及水下的设备和金属结构的保护。但磷化底漆应用于浸过酸的钢板效果不好，因为浸酸后残留的盐会引起漆膜浸水后鼓泡，而涂覆于经磷化处理过的钢板则效果良好。不适宜涂装铬锰钢、铬钨钢及含铜钢。对于那些不能进行磷化处理的大型金属结构，采用磷化底漆会得到与磷化处理相同或更好的效果。

磷化底漆成分中含有四盐基锌黄，即 6 价铬(Cr^{6+})，会致癌。现在欧洲禁用六价铬颜料，乃可采用磷酸锌、改性偏硼酸钡、三聚磷酸铝锌(硅改性)、硼酸锌代替四盐基锌黄，制成不含铬的磷化底漆，涂层性能良好，漆膜具有优良的耐盐雾性、耐湿热性。配方举例如表 4-6。

表 4-6 不含铬的磷化底漆配方

	成　分	含量/g	成　分	含量/g
甲组分	聚乙烯醇缩丁醛	12.99	丁醇	28.51
	三聚磷酸铝(84 号)	3	乙醇	17.1
	滑石粉	7	甲苯	11.4
乙组分	磷酸(85%)	2	丁醇	8
	水	2	乙醇	4.8
			甲苯	3.2

注：甲组分∶乙组分=4∶1。

4.3 富锌涂料

4.3.1 基本原理及要求

含有大量锌粉的底涂为富锌涂料(富锌底漆)。锌粉是一种化学活性颜料，锌的电极电位为-0.7628V，铁的电极电位为-0.409V，在其漆膜中锌粉相互接触并与钢铁接触而导电。因此当涂装了富锌底漆的钢结构发生腐蚀时，因为金属锌在很宽的温度范围内的电极电位比铁负，锌是阳极，被腐蚀，铁是阴极得到保护，起到了牺牲阳极的阴极保护作用。同时锌粉腐蚀后的产物可填充涂膜的孔隙，封闭涂膜的损伤部位，又起屏蔽腐蚀介质的作用。因此尽管富锌涂料的涂层比较薄，但仍有较好的防锈效果，使用寿命也较长。

富锌涂料的一大特点是即便涂膜上有的部位被机械损伤或有漏涂等缺陷，在一定范围的面积内，防蚀电流也能流向钢铁露出部分而起到保护作用。此种保护作用，在涂膜呈崭新状态期间特别显著。在有防蚀电流流过的同时，锌的腐蚀产物沉积到露出的钢铁表面上，形成保护膜。随着钢铁表面的不断暴露，富锌涂膜不断地被保护膜所遮盖，阴极保护作用便呈现惰性，但在涂膜受到机械损伤而露出新的锌表面时则又开始复活。若用砂纸打磨涂膜表面，或将涂膜擦伤露出新的锌面，则电位差便恢复原状。但是，若损伤部位上由于阴极保护作用所生成的保护膜损伤到不能与周围的锌粉接触时，则电位差就不能恢复，钢铁表面将发生腐蚀。

当今，富锌涂料已成为保护金属最普遍、最重要的底漆，广泛用于大气、海洋环境中的桥梁、船舶、海上采油平台、输油气管道、港口码头设施、户外钢结构的保护。在大气、海洋气候条件下，保护期能达到3~15年，是重防腐蚀涂料最主要品种之一。

富锌涂料由于具有良好的耐蚀性和可焊接性，目前也普遍用于预涂底漆(车间底漆)(较薄，厚度为15~20μm)，涂有预涂底漆的钢板在预处理、切割和焊接时，不发生锈蚀，待结构安装完毕时，无需喷砂，只需用水清除表面污物(或简单机械打磨)，就可进行下道底漆和面漆的涂装。但用作预涂底漆的富锌涂料，在切割焊接时产生大量的微细氧化锌烟雾，吸入后会使工人发烧，锌粉含量降低会减少此污染，但焊接性能、保护性能下降。其对策是降低漆膜厚度，以减少钢板上的含锌量，另一对策是用惰性而导电的磷铁(Fe_2P)填料替代一部分锌粉。

“热浸锌”作为钢铁表面保护技术得到广泛的应用，由于富锌涂料涂装过程无需高温处理却得到了同样起到阴极保护作用的高锌含量表面，近几年也有将高锌含量(92%)的富锌涂料称为“冷镀锌”，与“热浸锌”技术相对应，同为“锌保护”技术。

与工艺成熟的传统热喷锌相比，水性无机富锌涂料的优点比较突出。首先，热喷锌(热浸锌)是单一锌层的牺牲阳极保护，其耐腐蚀速度仅取决于锌层的厚度及溶解速度；而富锌涂膜除了锌层的保护，还有涂层成膜物的抗渗作用，特别是无机富锌涂料的复杂化学变化生成的硅酸锂、硅酸锌、碱式碳酸盐等能更好地覆盖金属表面。其次，热喷锌的孔隙率较高(一般为3%~5%)，需另涂刷封闭剂，而水性无机富锌漆膜的孔隙率较低（一般为1%以下)，因而可作热喷锌表面封闭剂。再则，热喷锌工艺复杂，需高温高压装置，而无机富锌则喷涂、刷涂均可灵活操作。总体而言，无机富锌综合成本较低。表4-7列出不同锌保护技术的性能比较。

富锌涂料中锌粉的用量一般在85%~95%之间才能起到很好的电化学保护作用。因基料用量少，所以要求基料与钢铁表面的附着力较好，具有较高的力学强度和密实性、耐水、耐腐蚀和耐候性。实践证明，锌粉含量的多少与漆膜的防蚀性并无直接关系。某些含锌量高者防蚀性并不好，这是由于成膜物的黏合力不够，或成膜物的耐蚀性不能满足环境要求，抗渗、抗损失等综合性能不能满足要求；而某些含锌量低者防蚀性并不差。涂料的耐蚀性能是成膜物、颜填料、涂装情况综合作用的结果。例如，笔者曾就几种不同富锌涂层(同样的涂装工艺)，进行耐沸水实验，结果，进口的高性能无机、有机富锌涂料(含锌量大于92%)3

天内涂层均脱落，而自行配制的无机富锌涂料水煮两个月仍完好，其锌含量仅有78%。所以不能单纯以锌粉含量来评判富锌漆的优劣，必须以其防蚀的实效为依据，要根据具体的环境腐蚀情况合理选择涂料种类，不可单纯强调锌含量。

表4-7 不同锌保护技术的性能比较①

项目			无机富锌底漆	有机富锌底漆	熔融喷镀	熔融浸镀	备注
对被涂物的适应			◎	◎	◎	△	
适合的底材	底材处理方法		喷射处理（喷砂、钢砂、丸）	喷射处理（喷砂、钢砂、丸）	喷射钢砂②喷砂	酸洗+温水洗	
	头道底漆适应性	有机锌漆	×	○			
		无机锌漆	○	○			
涂装作业性	施工性		○	○	△	○	熔融喷镀喷幅3cm，富锌底漆30cm
	厚涂性		◇	○	◎	◇	熔融浸镀最大100μm，无机富锌超过150μm易产生裂纹
	干燥性		○	○	◎	◎	有机富锌低温慢干
	环境湿度影响程度		◇	○	○	○	无机富锌固化时缩合脱水，对水的影响敏感
涂膜性能	长期防腐蚀性		○	○③	◎	◎	
	白锈发生程度		◇	△	△	△	无机富锌底漆因部分漆基与锌反应，比其他锌层容易发生
	与钢板附着性		○	○	○	◎	
	漆膜强度		◇④	◇	◎	◎	
	配合面漆	油性漆	×	×	×	×	油性漆不耐久，经时破坏
		氯化橡胶类	○	○	○	○	
		环氧类	◎	◎	◎	◎	
	耐热性		○	◇⑤	○	○	

① 按5个等级相对比较评价，递减次序为：(良好)◎→○→◇→△→×(差)。

② 熔融喷镀膜的附着靠投锚，喷钢砂要求严格。

③ 在滨海环境中比无机富锌底漆差。

④ 无机涂层硬度高有脆性，不耐强冲击。

⑤ 温度太高不适用。

富锌涂料的使用要注意以下几点：

(1) 不宜用于酸、碱环境中，因为酸、碱与锌粉反应产生氢气。

(2) 因金属锌的腐蚀产物呈弱碱性，配套面漆应具有一定的耐碱性。不能和醇酸树脂漆配套使用；与之配套的漆种类相当多，如聚氨酯涂料、环氧树脂涂料、乙烯树脂涂料、氯化橡胶涂料等，以及各种无机锌、铝涂料。

(3) 基材要进行严格表面处理，喷砂等级达到Sa2.5级，更可靠的处理还应有50μm的粗糙度；喷砂后应及时涂敷，最迟不得超过8h。

(4) 根据富锌涂料的品种、施工条件，应严格掌握环境条件，通常施工温度应不低于5℃，湿度条件根据品种而定。

(5) 注意涂膜厚度，一般不超过100μm，若需较厚，应防止出现裂纹。

根据成膜基料的不同，可将富锌涂料分为有机富锌涂料和无机富锌涂料。无机成膜物以硅酸盐为主，并具有水性，有利于环境保护。有机型成膜物以环氧树脂为多，美国SSPC(美国钢结构涂装协会)对富锌底漆的分类和评价列入表4-8。

表4-8　富锌涂料的分类和评价

类别及名称		相应标准	性能评价
无机类	水溶性后固化无机富锌底漆	SSPC TYPE 1A	防锈性优，漆膜较脆，对底材表面处理要求苛刻
	水溶性自固化无机富锌底漆	SSPC TYPE 1B	防锈性优，稍次于1A，自固化，施工方便，对底材表面处理要求苛刻
	醇溶性自固化无机富锌底漆	SSPC TYPE 1C	防锈性优良，漆膜适应性好，干燥快，对底材表面处理要求高
有机类	环氧富锌底漆	SSPC TYPE 11	防锈性良好，但低于无机类富锌底漆；漆膜柔韧，易与面漆配套，对底材表面处理要求一般

4.3.2　有机富锌涂料

有机富锌涂料常用环氧树脂、氯化橡胶、乙烯基树脂和聚氨酯树脂为成膜基料，最常用的为环氧富锌涂料。锌粉在干膜中的质量分数高达85%～94%。有机富锌漆的有机成膜物的导电率低，所以必须增加锌量以保证导电性，有机树脂的黏合性一般优于无机的，这也为其锌粉含量的提高提供了条件，但其防锈性比无机型的稍差，导电性、耐热性及耐溶剂性不如无机型的，但施工性能好，对底材表面处理质量容忍度大，且受施工环境影响小。宜作暴露在大气中的石油化工装置、构筑物的防锈底漆或防腐蚀涂料。作为防锈底漆与其他防腐蚀涂料配合使用时，可比两者单独使用寿命延长2～10倍。在海上采油装置、设备和构筑物上应用有机富锌底漆时，必须配合相应的耐候、耐盐雾、耐水、耐湿热的面漆。

聚酰胺固化环氧富锌底漆是有机富锌底漆中应用最大的品种，分3个组分包装，使用前按比例配混，配方如表4-9。

表4-9　环氧/聚酰胺富锌涂料配方(美国钢结构涂料协会)

甲组分		乙组分	
环氧树脂E-20的75%溶液	41.5g	聚酰胺树脂70%溶液	22.5g
甲基异丁酮	18.5g		
二甲苯	40g		
正丁醇	10g		
锌粉320#	890g		

注：1. 稀释剂为二甲苯：丁醇=4：1。
2. 甲组分中加入膨润土8g，先用70g二甲苯搅拌均匀，再加4g甲醇制成浆，防止锌粉沉降。

4.3.3　无机富锌底漆

无机水性涂料主要是以无机硅酸盐(钠、钾、锂)为基料，现也开发出磷酸盐类的富锌涂料。水性无机富锌涂料的发展，已经历了50余年的历史，实践验证了它的防蚀效果，至今仍为最重要的重防腐涂料品种之一，广泛用于暴露在海洋大气、高温和各种环境的钢结构的长效防腐。总体来看，无机富锌涂料具有下列特性：

(1) 极佳的耐蚀性能和附着力　由于漆膜与基材间存在化学键结合，无机锌粉底层能与金属基板形成很牢固的附着，从而抑制膜下的开裂和锈蚀的迁移。

(2) 耐候性佳　因为该类涂层完全是无机的，因而不会被氧化，耐太阳光的化学辐射，在长期曝晒下，不会有粉化、开裂或脱落的情况发生。

(3) 耐热性　以硅酸盐涂层为例,在形成固化层时以聚硅氧烷(Si—O—Si)相结合,这种 Si—O 键的结合能比形成有机高分子的 C—C 键结合能大得多,因而具有更强的耐热性和耐辐射性。

(4) 耐磨性　一般无机涂层均较硬和耐磨，但硅酸乙酯涂层在低湿干燥环境中因固化不充分，其耐磨性比其他无机锌粉涂层差。

(5) 耐溶剂性　这也是无机涂层一个突出的性质，尤其是水性无机涂料，它们几乎在所有烃类溶剂中，包括汽油、甲苯、二甲苯以及其他脂肪烃和芳香烃石油产品中是不溶的，对许多强溶剂(如醚、酮以及氯化烃)均具有很强的抵抗能力。

(6) 安全环保性　因绝大多数无机涂层不以有机溶剂为稀释剂，不存在溶剂挥发等问题，是环保型重防腐涂料。无闪点，不燃烧，故在各类施工中无需采取严格的防火措施，大大简化了贮运、施工条件，提高了安全性能。

(7) 抗静电性　一般有机涂层容易产生静电，这样不但会发生危险，而且也易沾染尘埃，而无机富锌底漆的电阻率一般为 $10^3 \sim 10^8 \Omega \cdot cm$，符合石油部防静电指标，是油罐重防腐保护的主要措施。

(8) 良好的导电性　这种性能带来了可带漆焊、切割性能，因此可作为预涂底漆，也是有机类环氧富锌漆所不及的。

(9) 脆性　这决定了该涂料不适合在薄的易变形的底材上使用，否则，由于外力的作用，会使涂层出现大面积剥落。

(10) 施工性能不如有机型好，对底材的表面处理要求严格。

4.3.3.1　水溶性后固化无机富锌涂料

以硅酸钠(水玻璃)或硅酸钾(一般模数大于 3)为黏接剂，与锌粉(纯度应高于 95%)混合后涂布于钢铁表面，涂膜干燥后，需加热或涂上酸性固化剂(10%稀磷酸或 3% $MgCl_2$ 水溶液)进行后固化处理才能固化完全，故称为后固化型。所发生的反应如下：

$$MX_2 + Na_2SiO_3 \cdot SiO_2 \cdot H_2O \longrightarrow MSiO_3 + H_2SiO_3 + 2NaX$$

硅溶胶还可与 Fe^{2+} 和 Zn^{2+} 进行反应，铁基与涂膜产生化学键，使涂膜附着力、耐蚀性能进一步提高。

$$Fe^{2+} + SiO_3^{2-} \longrightarrow FeSiO_3$$

$$Zn^{2+} + SiO_3^{2-} \longrightarrow ZnSiO_3$$

硅酸钠及硅酸钾还能与锌表面的氧化物生成不溶性复盐。

$$ZnO + Na_2SiO_3 + H_2O \longrightarrow Na_2O \cdot ZnO \cdot SiO_2 \cdot H_2O$$

上述反应中，生成一些可溶性盐(NaX)结晶于涂层表面，因此固化后必须用水冲洗除净。

配方举例如表 4-10。

表 4-10　后固化型无机富锌涂料配方举例

锌　　粉	黏 结 剂		固 化 剂
锌粉(8~12μm)	硅酸钠(37.8%水溶液)	9.8%	10%磷酸
	羟甲基纤维素(2.5%)	68.2%	
	水	22%	

配比为锌粉：黏接剂=2.5：1 (质量比)。

锌粉、固化剂、黏接剂分别包装，现用现配。后固化富锌涂料常常需要经过涂覆、酸化和水洗三道工序。若涂两道，每涂完一层后要酸化处理并水洗至中性，干燥后才能再涂下一层，工艺繁琐。目前，这种涂料仅限于作特殊场合下的底漆或水下防腐蚀涂料。

4.3.3.2　水溶性自固化无机富锌涂料

随着对锌/硅酸盐化学研究的深入，一种自固化的无机富锌涂料应运而生。该类涂料的代表产品就是以硅酸锂水溶液为基料和以模数>4 的硅酸钾(钠)水溶液作为基料的自固化无机富锌涂料。涂布后在室温下靠吸收空气中的二氧化碳而完全固化，无须酸洗后处理。故称为自固化型。发生反应如下：

$$Li_2SiO_3+CO_2 \longrightarrow SiO_2+Li_2CO_3$$

$$Zn+Li_2SiO_3+CO_2+H_2O \longrightarrow ZnSiO_3+Li_2CO_3+H_2\uparrow$$

$$Fe+Li_2SiO_3+2H_2O \longrightarrow FeSiO_3+2LiOH+H_2\uparrow$$

$$2LiOH+CO_2+H_2O \longrightarrow Li_2CO_3+2H_2O$$

有关研究表明，由于锂离子半径比钠、钾离子半径小得多，其相应离子水化半径就小，反应性能就强，因而自固化时模数就低，硅酸锂≥2，硅酸钠≥4，硅酸钾≥6。随着模数的增高，硅酸钠和硅酸钾黏度急剧增大，表明 SiO_2 的聚合度提高，SiO_2 的粒径也随之增大，呈现不稳定性，由于模数高，活性羟基比常规的多，意味着提高了与锌粉的反应速度，固化时间大大缩短，减少了涂装间隔和面涂时间。而硅酸锂则不同，通常可以制得模数(M)1～25 的稳定产品。但当 M≤2.2 时，容易产生化学组分为 $Li_2O\cdot 2SiO_2$；$Li_2O\cdot SiO_2\cdot 2Li_2O$ 的白色沉淀，M>10 的硅酸锂水溶液其膜附着力降低硅酸锂水性无机富锌涂料同钠、钾型涂料相比具有耐水性、耐温性好，自干速度快等优点。其典型配方见表 4-11。

表 4-11　水溶性自固化无机富锌涂料典型配方

甲组分	乙组分	甲组分	乙组分
硅酸盐(LiO_2 2%，SiO_2 20%)　56g	锌粉(600 目)	去离子水	9g
辅助成膜物质33g		助剂	2g

注：乙组分(锌粉)：甲组分=5：2

水性自固化型无机富锌底漆的不足之处是干燥速度慢，厚涂层的底层干燥不彻底，因而涂面漆时，易产生皱纹或裂纹。采用高模数的硅酸盐可以提高干燥性和降低成膜温度，但涂料黏度大，易胶凝，施工困难。

4.3.3.3　醇溶自固化型富锌涂料

上两种类型的水性富锌涂料的缺点都是干燥慢,固化受温度和湿度的影响大,且固化过程对水较敏感。醇溶性自固化无机富锌涂料(即正硅酸乙酯型无机富锌涂料)克服了这一缺点。

正硅酸乙酯实际上是一种半无机黏合剂，以预先部分水解缩聚的正硅酸乙酯(溶解在醇溶液中)与锌粉配合而成。涂敷后，溶剂挥发，正硅酸乙酯进一步水解、缩聚，最后吸收空气中水分水解形成聚硅氧高分子网络而固化。因此，固化成膜不受环境湿度影响，干燥迅速，施工适应性好。

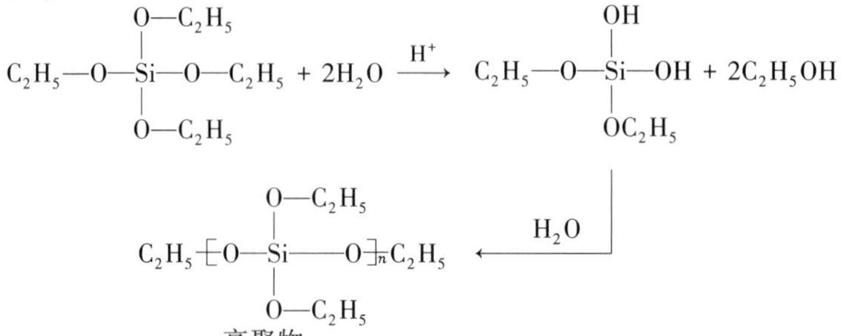

高聚物

也有文献报道，在正硅酸乙酯进一步水解、缩聚的同时与锌、铁反应，有 Si—O—Zn 键生成。

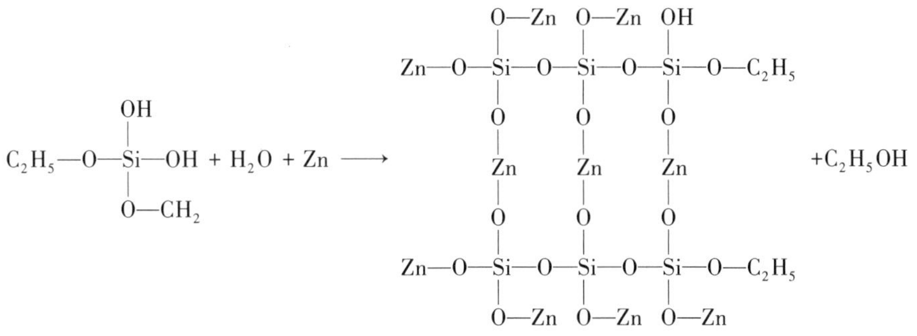

正硅酸乙酯的水解液在酸性下稳定，但一旦加入锌粉，酸会与锌粉表面的微量氧化锌、碳化锌反应，生成氯化锌，对聚硅酸乙酯的缩合起促进作用。若溶剂和水析出过快，漆膜软而松。

该类的典型涂料配方见表 4-12。

表 4-12 典型醇溶自固化型富锌涂料配方

组　分	原　料	质量/g	组　分	原　料	质量/g
甲组分	正硅酸乙酯缩合物	12.04	乙组分	聚乙烯醇缩丁醛树脂	1.26
	丁醇	5.24		乙醇	17.07
	乙醇	12.57		氧化铬汞	6.29
	H_3PO_4(5%)	1.04		磷酸铝防锈颜料	2.09
			丙组分	锌粉	41.88
	氯化锌	0.52	合计		100.00

4.3.4 锌粉

富锌涂料起到阴极保护作用的核心是锌粉，无机富锌涂料与有机富锌涂料所用锌粉相同。锌粉，是将锌锭蒸馏制得，呈球形。细度大于 325 目，纯度大于 95%。

对锌粉的质量要求有许多标准 ISO 3549、ASTM D520、DIN 55969、BS 4652 等。ISO 3549 规定了锌粉中 Pb 和 Cd 的最高含量，以保证焊接钢材时涂料排出 Pb、Cd 污气不影响工人健康。国际上实际产品之纯度较高者其铅含量为 0.005%，Cd 含量 0.0005%，比 ISO 3549 的允许量低 40~400 倍。锌粉久贮其表面产生氧化锌，再久贮后于电子显微镜下会出现可见厚层的碳酸盐，所以宜用新鲜的锌粉。

不同涂装用途对富锌底漆厚度的要求不同，随之对锌粉颗粒大小和形态的要求也不同（如表 4-13）。

表 4-13 不同涂装用途对锌粉粒度及粒度分布的要求

涂装用途	干膜厚度/μm	锌粉细度/目	锌粉粒度分布/μm	个别熔融变形黏连颗粒长度/μm
集装箱锌粉底漆	10~15	≤800	95%粒径≤10，少量粒径 10~15	<20
车间底漆	15~20	≤600	90%粒径≤10，少量粒径<20	<25
船用富锌底漆	30 左右	≤400	90%粒径≤10，少量粒径 10~30	30 左右
其他	40 左右	≤325	85%粒径≤10，少量粒径 10~35	<40

富锌涂料锌粉除用球形锌粉外，还有用鳞片状、椭球状的。鳞片状锌粉可以更有效地相互接触，实现阴极保护，具有球状粉不可比拟的优点：片状锌粉在涂膜中平行交叠排列，呈落叶状平铺于被涂金属表面，表面致密，大大减少了水和腐蚀介质在涂膜中的渗透；片状锌粉有较大的比表面积，通过表面改性后具有较好的漂浮性，在涂料中不易沉淀。片状锌粉径厚比大(100/1)，涂层厚度远小于球状锌粉配制涂液，相同涂覆面积、相同防腐性能，涂料中片状锌粉用量为球状锌粉用量的1/3～1/2；另外，片状锌粉的采用，由于其延展性好，大大提高了涂膜的柔韧性，这一点对无机富锌尤为重要。鳞片状锌粉可以与各种树脂配制成富锌底漆，如硅酸乙酯、环氧脂、环氧和聚氨酯等。从结构方面考虑，即使本配方中锌片用量少于普通锌粉底漆量，也不会降低涂料的防腐蚀性能。

用作车间保养底漆的富锌底漆，在切割焊接时产生大量微细的氧化锌烟雾，吸入人体后会影响人的健康。其对策是降低漆膜厚度至20μm，以减少钢面上含锌量，另一种对策是在富锌漆中用惰性而导电的磷铁(Fe_2P)填料取代一部分锌粉，以降低锌含量。

磷铁粉是一种带有棱角的不规则形状、无嗅的深灰色粉末，在常温下具有一定的耐酸、耐碱性，并拥有良好的导电导热性，突出的耐盐雾性和户外曝晒性。在锌粉漆中可取代部分锌粉，虽减少锌粉含量，但仍能保持其优良的防腐性，有利于焊接切割时减少锌雾，改善工作环境。焊接时残渣少，气割时增加速度25%～50%，现已广泛用于汽车、造船、电机等行业。因其价格较廉，故又可降低锌粉漆的成本。其作用原理如图4-1所示。

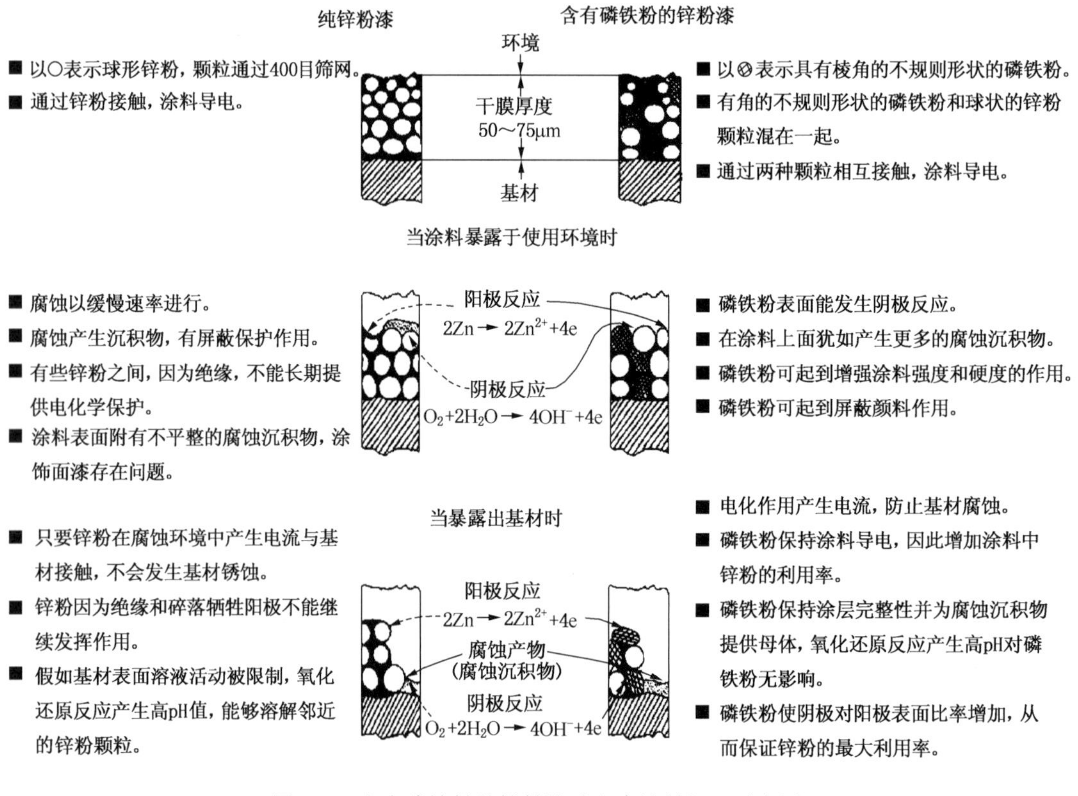

图4-1　含有磷铁粉的锌粉漆减少腐蚀的机理示意图

磷铁粉取代锌粉应根据不同基料而有适当的比例，漆膜厚度也是至关重要的因素，漆膜厚，单位面积内锌粉含量就高，如膜厚75μm，尤其是双组分无机硅酸锌，磷铁粉含量达到

40%(国外磷铁粉)，耐盐雾性可达 6000h。而为了降低成本，磷铁粉用量过度会导致防锈性能下降，使其管道工程曝晒数月后即有锈斑出现，造成返工。当漆膜厚度在 20μm 左右时，锌粉含量低，更不适宜添加高含量磷铁粉，推荐磷铁粉含量在 20%~25%是合适的。

4.4 锈面涂料

锈面涂料是指可在未充分除锈清理的钢面上涂敷，以稳定活泼铁锈并能很好地附着在钢铁的表面上为目的，从而具有一定防锈功能的涂料。曾习惯地称为带锈涂料。

为了获得优良的耐腐蚀性能，涂漆前必须把底材上的铁锈清除干净。因为铁锈是一种疏松的、多孔的不断发展着(膨胀)的物质，如果不去除干净在其上涂漆将会导致漆膜和防腐效果很差，所以，钢铁的表面处理对于防腐涂料来说是至关重要的。但有些大型建筑、桥梁、复杂的设备、煤气贮气柜等钢结构在维修过程中，由于受施工条件限制，不能采用喷砂或喷丸等方法除锈处理，而只好用手工或电动工具除锈，其结果必然有铁锈和各种腐蚀产物的残留，即使采用价格昂贵、性能优良的防锈涂料也难以发挥其作用，在这种实际情况下，人们迫切希望有一种在一定的锈蚀表面上能直接施工而且具有较好的防锈效果的涂料，锈面涂料正是为适应上述情况而开发的。

采用锈面涂料不仅减轻了繁重的除锈工作量，节省施工费用、提高劳动生产率，而且改善了劳动卫生环境，特别是在一些特定的情况下大幅度提高了涂装质量，因此引起了普遍的关注。但需强调的是锈面涂料不能完全取代表面处理，重防腐涂装体系质量的保证离不开严格的表面处理。

4.4.1 锈面涂料的防锈原理

带锈涂料是涂在未经表面除锈处理的基材表面，要具有一定的保护作用，必须要活泼铁锈不再发生反应，并能和酥松的锈很好结合，与基材具有一定的附着力。因此其作用原理是以锈层的组成、结构、性质为依据，以稳定活泼铁锈为目的。

钢铁表面是一个活性的表面，在空气中受到氧气、水分及其他腐蚀介质作用而生锈，铁又是一种多价金属，从钢铁腐蚀起，它由低价的铁变成稳定的高价化合物，由于铁锈生成和老化过程是持续不断地进行着。所以，铁锈实际上是一个复杂的铁化合物，其主要成分是三价的铁化物(如 γ-FeOOH、α-FeOOH、$Fe(OH)_3$、Fe_2O_3，…)及二价铁化合物(如 FeO、$Fe(OH)_2$ 等)，此外还有 Fe_3O_4。其中以 Fe_3O_4、Fe_2O_3、α-FeOOH 的性质较稳定，而其他的铁化合物则是活泼的。在锈层中 γ-FeOOH 含量常较高，其性质也较活泼，在一定的条件下，经过缓慢的分子重排而转化为比较稳定的 α-FeOOH，也容易和氢氧化亚铁反应生成 Fe_3O_4，γ-FeOOH 在一定的条件下还会脱水生成稳定的 Fe_2O_3。其锈蚀过程如下：

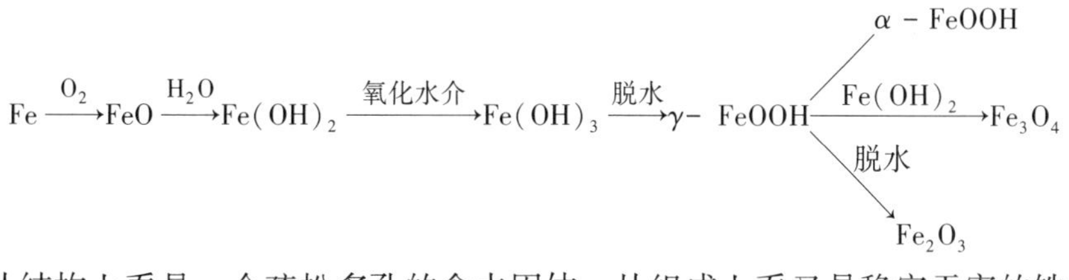

锈层从结构上看是一个疏松多孔的含水固体。从组成上看又是稳定无害的铁化合物和活泼有害的铁化合物的混合体。从锈蚀表观层次来看，分三层，在锈层的不同层次上，锈的组成也不尽相同。大致情况如下：

面层：主成分是 Fe_3O_4，为结构疏松的浮锈，化学性能较为稳定，被认为是“成熟”了的锈，是惰性的物质。

中层：以 $Fe_2O_3 \cdot nH_2O$ 的粒状锈为多，处于从低价化合物向高价化合物过渡的不稳定状态。

底层：主成分是 $FeO \cdot H_2O$，即[$Fe(OH)_2$]，紧贴钢铁表面，由腐蚀微电池作用而生成，呈群落分布，是新生态的正在成长的活性锈。在水和氧的存在下，能进一步氧化成高价化合物，使锈面不断扩大和发展，导致锈层膨胀增厚。

在复杂的锈蚀过程中，锈的组成、锈层的结构与气候环境及锈蚀的时间长短有关。一般新生锈 γ-FeOOH 和 α-FeOOH 含量较高，老锈 Fe_3O_4 含量高而 γ-FeOOH 含量低；在潮湿的环境中 Fe_3O_4 含量高而 γ-FeOOH、α-FeOOH 含量低。不同条件下锈层的组成见表 4-14。

表 4-14　不同条件下锈层的组成表

组成 / 环境	γ-FeOOH/%	α-FeOOH/%	Fe_3O_4/%	X 无定型物①/%
滨海气候	0~3	10~20	30~50	30~40
工业大气	55	33	11	
高湿环境	0	10	60	30
森林气候	14	57	0	29

① 指 X 射线测定的无定型物。

在疏松的浮锈上涂漆，当然得不到良好的附着，然而去除浮锈在底锈上涂漆，由于底锈是活性的，碰到水、氧等介质又会继续反应，即穿过漆膜再次呈现锈蚀，所以带锈涂料是直接涂在除去上层疏松的锈蚀(浮锈)后的底层锈蚀上。它最主要的特点是，具备使活性锈蚀“惰性化”、“坚实化”的作用。锈蚀呈稳定状态并相互有很好的附着，从而达到良好的防锈作用。

因此，锈面涂料的防锈作用除了必须具有一般防锈涂料的防锈作用外，还必须具备两个特殊的功能。一是必须对锈层有足够的渗透能力，即应能充分浸润、渗透整个疏松多孔的锈层，使锈层黏接成为连续的封闭性涂层。二是对锈层必须有足够的反应性，即使锈层中活泼的有害铁化合物经过钝化或转化，变成稳定的无害填料。

带锈涂料设计原理就是把“底层正在成长的、活性的锈蚀进行惰性化”作为主要目标来设计的。“惰性化”的方法有化学、物理、化学/物理三种方法。设计配方时，大多以一种方法为主兼有其他方法，使带锈涂料具有多功能性。

(1) 化学方法　主要是利用各种能与铁锈起反应的化学品，把活泼的铁锈转化成惰性的，如生成一种对钢铁表面无害或有保护作用的络合物或整合物。

(2) 物理方法　主要利用漆料或助剂有良好的渗透性，对疏松铁锈进行润湿、浸润、把铁锈分隔并包围在漆料之中，阻止锈蚀进一步发展，还有的利用一些树脂具有良好的耐离子渗透性，对腐蚀介质进行屏蔽、隔离。为了达到有效的防腐效果，还加入触变剂，使涂料施工中不会流挂，成为厚膜型，在颜料上选择铝粉等片状填料，有助于迷宫效应和涂层增强作用，使涂膜有很好的抗渗性。

(3) 化学/物理方法　这是“锈蚀惰性化”近几年发展较快的一种方法。它利用漆料黏度低、渗透力强，能渗透到锈层的微小孔洞里，可穿过锈层把深入嵌埋在金属表面的水和沾污物吸收和封闭掉。另外，在新型带锈涂料一些产品中，涂料中基料对水有足够的反应性，即含有与水反应的基团，能把锈层中水吸收和反应掉，也可选择活性防锈颜料作填料，如磷酸锌、铬酸盐组合体系，这种体系在缓慢水解中，能形成杂多酸，可与活性的铁锈生成难溶的、惰性的络合物。

基于上述原理，锈面涂料主要采用渗透性较好的树脂为漆基，借助于渗透剂、极性溶剂的配合，使涂料具有好的渗透性，从而浸润和渗透锈层并把它封闭。另外依靠涂料中树脂的反应性基团、活性颜料或锈的转化剂与锈层中活泼的有害成分反应，生成稳定的抑制化合物，从而使整个锈层成为涂料中稳定的、具有保护性的填料。涂料中各种不同活性的防锈颜料的适当配比和填料的配合，也可使整个带锈涂层具有较好的防锈性、耐久性和物理机械性。

4.4.2 锈面涂料种类

传统的锈面涂料依据其对锈层的作用方式大致可以分为渗透型、转化型和稳定型三种类型。这种分类方法已沿用多年，现已远远不能概括近年来锈面涂料的新品种、新技术。近年来发展的品种多以一种类型的作用原理为主，兼有其他类型的特点。性能介于稳定型和转化型之间，其组成为两者的结合的称作稳化型。

4.4.2.1 渗透型锈面涂料

又称浸渍型锈面涂料、渗透型封闭底漆。这是一种低黏度、强渗透性、可润湿、封闭锈蚀并且能固化成膜的带锈涂料，它可将锈蚀和外界腐蚀因子隔绝，增加锈蚀层的强度和与钢板的附着力，它可作底漆，与面漆有很好的相容性，也可作底面合一的涂料。

这种类型的涂料主要是利用黏度较低的液态基料对疏松铁锈的浸润、渗透作用，把铁锈分隔并包封起来，使之失去活性，阻止了锈蚀的进一步发展，同时借助防锈颜料起到防锈作用。渗透型带锈涂料本身和铁锈不发生任何化学反应，完全靠物理渗透和包封，使铁锈同外界腐蚀介质隔绝，在相当长的期间内失去活性而不再继续腐蚀钢铁。

此类涂料在国内研究较少，适用的成膜料大多具有较低黏度的油性树脂基料，如环氧酯、醇酸树脂、聚氨酯、有机硅改性醇酸树脂、熟制亚麻仁油、长油醇酸等，但渗透能力最好的为鱼油、鱼油醇酸。某些带有螯合基团的树脂能与被保护的金属、铁锈生成稳定的螯合作用物，或与锈层中残存的水反应的树脂，这有效地除去并利用了致蚀因素，使涂层坚实耐久。例如环氧磷酸酯等。

配合的防锈颜料以红丹和铁红为主，采用碱金属和碱土金属的铁酸盐可以代替红丹。铁酸盐有很强的还原性，能使新生态的锈转化成稳态的氧化铁。

为增加渗透能力，常加入表面活性剂，如脂肪胺、聚氧乙撑烷基酚醚等。少量的醇类，醇醚也有利于渗透和排除锈中的水分。渗透型环氧酯锈面涂料的典型配方见表 4-15。

表 4-15　渗透型环氧酯锈面涂料配方

原料名称	配方 1	配方 2	原料名称	配方 1	配方 2
鲸油、桐油环氧酯	60.0		氧化锌	1.0	1.0
亚桐油环氧酯		60.0	沉淀碳酸钙	20.0	
滑石粉		20.0	渗透剂	0.5	0.5
铁酸钙	20.0		萘酸钴	0.08	0.08
铁酸锶	20.0	20.0	合　计	100.0	100.0

注：配方中的环氧酯中含有 10%的纯酚醛树脂。

用酮亚胺作环氧的潜固化剂，配合酮类溶剂更能使涂料渗透，增加进入锈蚀层的深度。

同时酮亚胺和锈层中的水先进行反应产生胺基：

$$(R_1)(R_2)C=N-R-N=C(R_1)(R_2) + 2H_2O = 2R_1-\overset{O}{\overset{\|}{C}}-R_2 + H_2N-R-NH_2$$

此反应不仅消耗了锈层中的水分，同时生成的多元胺与环氧树脂的环氧基反应，交联成膜，把锈固定。生成的酮类化合物在挥发过程中，能带出多余的水分。所以认为，这种锈面漆不会起泡，耐溶剂好，不会引起咬底。以上这些特点是普通胺固化环氧漆不能达到的，其配方举例见表 4-16。

表 4-16　酮亚胺固化环氧渗透型单包装锈面涂料配方

组　　分	含量/份
环氧 Epiclon800：间苯二胺：甲基异丁酮=1：0.4：0.8(摩尔比)	100
氧化铁红	26
滑石粉	79
防流挂剂	8
混合溶剂(二甲苯：甲基异=1：1)	50

渗透型带锈底漆主要用于陈旧的和化学污染较小的钢铁表面，它的使用效果也与钢结构表面锈蚀状态无关，但形成的漆膜很薄，需多道涂装。应用于海洋石油化工装置、桥梁、船舶等的防锈打底，其对钢铁结构的铆接或螺旋部位特别适宜。

4.4.2.2　稳定型锈面涂料

利用活性防锈颜料及稳定剂(如磷酸锌、铬酸锌、磷酸二苯胍、三苯胍等)，能渗入疏松的锈蚀层间，其中铬酸盐和磷酸盐水解产生相应的铬酸根和磷酸根，形成杂多酸，该杂多酸可与活性的铁锈(FeOOH)生成杂多酸类的络合物，使铁锈钝化失去活性，成为带锈涂料中的填料，达到稳定锈蚀的目的。反应式如下：

$$Zn_3(PO_4)_2 \cdot 2H_2O + 2CrO_4^{2-} \longrightarrow [Zn_3(PO_4)_2(CrO_4)_2]^{4-} + 2H_2O$$

$$\downarrow Fe^{3+}$$

$$[Zn_3(PO_4)_2(CrO_4)_2]_3Fe_4$$

杂多酸及其盐类多数是可溶的，而杂多酸的铵盐却是难溶的。所以必须在活性颜料体系中加入适当的有机氮碱，使其进一步生成不溶性的杂多酸氮碱络盐，促使活泼的铁锈得以稳定。氮碱稳定剂也可与铁锈酸直接反应，生成稳定的化合物。反应方程式如下：

$$FeOOH + NR_1R_2R_3 \longrightarrow FeOONHR_1R_2R_3$$

有机氮碱及其盐类，对锈的稳定具有十分重要的作用。常用的有机氮碱的盐类，如铬酸胍、铬二苯胍、氨基胍、磷二苯胍、铬联苯胺等，它们水解时产生的含氧酸根和氮碱离子都能参与不溶性杂多酸络盐的生成，其用量仅占颜填料的 3%~5%为宜。

稳定型带锈涂料的组成中还应加入 2 价金属的氧化物(如 ZnO、BaO、SrO 等)、3 价金属的氧化物(如 Fe_2O_3、Al_2O_3、Cr_2O_3 等)以使锈层中活泼的 2 价铁的氧化物转变成为类似尖晶石结构的铁化物，而使锈层得以稳定。然而单纯地依靠这些组分是不够的，还必须结合采用磷酸盐和铬酸盐及有机氮碱的组合颜料体系来达到稳定锈层和防锈目的。

成膜物多以长油度季戊四醇醇酸树脂、醇酸树脂等油性树脂为基本成膜物，以铬酸锌、铬酸钙、铬酸二苯肌、磷酸锌、烷基磷酸二苯呱为稳定剂，氧化铁红和氧化锌为防锈剂，滑石粉、碳酸钙和重晶石粉为填料组成，并常配有少量表面活性剂以增加渗透能力。常用配方举例见表 4-17。

表 4-17 醇酸稳定型带锈涂料配方举例

原料名称	用量	原料名称	用量
60%油度亚桐油醇酸	42.0	铬酸锶	3.0
阴离子表面活性剂	0.5	磷酸锌	1.5
防结皮剂	1.0	铬酸二苯胍	2.0
混合干料(Pb、Co、Mn)	3.0	甲苯	15.5
氧化铁红	15.0	二甲苯	6.0
氧化锌	7.5		
四碱式锌黄	3.0	合计	100.0

涂料中各种防锈剂的适当配比和填料的恰当配合使整个耐蚀涂层具有较好的防锈性、耐久性和强度，其效果优于喷砂表面涂装铝粉铁红或醇酸铁红等普通耐蚀底层涂料。但该涂料采用长油度醇酸树脂为基本成膜物，本身干燥较慢，氮碱类化合物又有阻干作用，使耐蚀涂层干燥时间较长，通常在 24h 后才能涂装下道涂料。

另外，在稳定型带锈涂料中也常加入铁酸盐来稳定锈蚀。某些金属的高铁酸盐能吸收锈层中的水分并和水分反应而把锈层里的水分排除，使锈层被钝化失去活性，从而阻止锈蚀的继续发生。其反应如下：

$$MeFeO_4+2H_2O \longrightarrow Fe(OH)_2+Me(OH)_2+O_2\uparrow$$

上式中 Me 可为 Ca、Sr、Ba、Zn 等，反应生成的氧能将低价铁的氢氧化物氧化成稳定的高价铁化物，其反应如下：

$$4Fe(OH)_2+O_2+2H_2O \longrightarrow 4Fe(OH)_3$$

$$2Fe(OH)_3 \longrightarrow Fe_2O_3+3H_2O$$

反应生成的 2 价金属氢氧化物也可和活泼的 γ-FeOOH 反应，生成类似于四氧化三铁结构的稳定铁化物，其反应如下：

$$2\gamma\text{-}FeOOH+Me(OH)_2 \longrightarrow Fe_2O_3\cdot MeO+2H_2O$$

上述反应是循序渐进的，直至锈层中的水分完全被排除并使锈层得到稳定为止。由于这类带锈涂料要求漆基有较好的渗透性，能使反应性的盐酸盐随着漆基充分浸入锈层，所以要求具有渗透型带锈涂料的特征，成膜物、助剂与渗透型的类似，有的也称此类为渗透型带锈涂料。

稳定型带锈涂料通常只可用于铁锈层较薄的表面，防腐蚀要求不高的场合，锈层厚度最好不超过 10~20μm，氧化皮、浮锈和油污应去除，与抗渗性好的磁漆配套使用。对配套面层涂料无特殊要求，几乎与各种面层涂料都能很好配合。此外，它的使用效果与钢结构表面锈蚀状态无关，在锈蚀状况差异较大的钢结构表面、残留氧化皮或旧漆层的钢铁表面也可取得良好效果，对钢结构表面锈蚀处可保证良好附着，在无锈蚀处则效果更好。

4.4.2.3 转化型锈面涂料

转化型锈面涂料也称为反应型带锈底漆。转化型带锈涂料是涂料中含有锈的转化剂，能与铁锈起化学反应的转化剂(如亚铁氰化钾、磷酸、丹宁酸、铬酸等)，将铁锈转化为结构稳定致密的铁化合物，可在短期内把铁锈转化为无害、难溶的或具有一定保护作用的配合物或螯合物，又可与耐蚀涂层良好键合，而成为耐蚀涂层与钢结构表面间的偶联物，而形成保护膜。如果其中不含有成膜物质，就称其为表面处理剂或锈蚀转化剂。

常用的转化剂有磷酸-亚铁氰酸钾及磷酸-丹宁酸等。

磷酸-丹宁酸，它的组成大致为磷酸或加入丹宁酸的醇/水溶液，并且加有渗透剂或加入能滞缓溶剂挥发的物质，以提高渗透深度。丹宁酸分子结构比较复杂(分子通式可用$C_{76}H_{52}O_{46}$来表示)，分子结构中含有羧基基团及大量的羟基基团，其邻位羟基为可螯合基团，在磷酸存在下，丹宁酸容易和钢铁表面及锈层中的铁离子起络合作用，形成稳定的丹宁酸铁络合物。

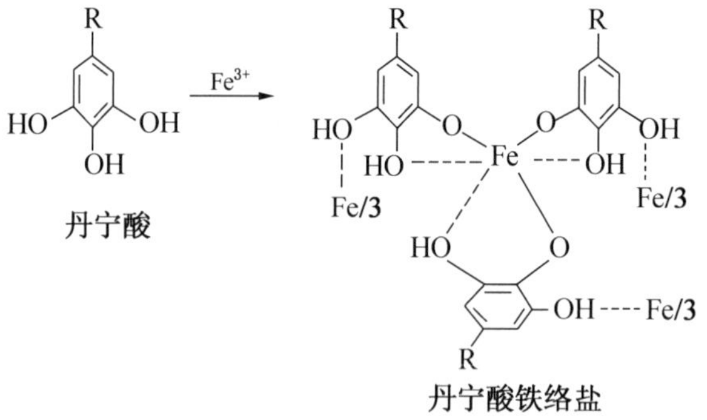

这种络合物是一种不溶性的具有网状结构的有机保护膜，强有力地附着于钢铁表面上。转化剂中的磷酸的存在为丹宁酸铁络盐的形成创造了介质条件，磷酸把不稳定的铁锈溶解，使更多的铁离子参与丹宁酸铁盐的生成。上述反应最适宜的条件是 pH 值为 2~2.5 间，反应过程是吸氧的，反应后所有的铁离子被连结在一个庞大的有机金属大分子之中。另外磷对锈层和钢铁表面也有类似的作用，它可生成磷铁钝化膜覆在钢铁的表面，从而具有很强的阻蚀作用。

制备磷-丹宁酸转化型带锈涂料的主要物质是磷酸、丹宁酸、成膜物、颜料等。其中成膜物常用的有聚乙烯醇缩丁醛、环氧等树脂，但由于转化反应是吸氧的，所以醇酸等氧化干燥型树脂不宜采用，此外为了改善涂层的机械性能、耐水性等，还加入增韧剂(如苯二甲酸二丁酯等)、填料(氧化铁红、磷铝、硅铝等)。配分举例见表 4-18。

表 4-18　磷酸-丹宁酸转化型锈面涂料配方

转化液/%		成膜液/%		铁红浆/%	
磷酸(85%)	58	聚乙烯醇缩丁醛树脂液(10%)	67	氧化铁红	47.1
丹宁酸(75%以上)	10.6	E-44 环氧树脂	6	E-44 环氧树脂	12.2
乙醇	27.8	铁红浆	27	邻苯二甲酸二丁酯	12.2
丁醇	3.6			蓖麻油	28.5

磷酸-亚铁氰酸钾转化型锈面主要是由于涂料中的亚铁氰酸钾在磷酸介质中形成亚铁氰酸，再与铁锈反应生成一种比较稳定的铁络合物(普鲁氏蓝)所致。其主要反应过程如下：

$$\underset{\text{亚铁氰化钾}}{K_4Fe(CN)_6}+\underset{\text{磷酸}}{4H_3PO_4}\xrightarrow{\text{放热}}\underset{\text{亚铁氰酸}}{H_4[Fe(CN)_6]}\overset{\text{转化液}}{\downarrow}+\underset{\text{磷酸二氢钾}}{4KH_2PO_4}$$

亚铁氰酸再与铁锈反应：

$$2Fe_2O_3\cdot H_2O+3H_4Fe(CN)_6\xrightarrow{\text{酸性介质}}Fe_4[Fe(CN)_6]_3\downarrow+8H_2O$$

$$4Fe(OH)_3+3H_4Fe(CN)_6\xrightarrow{\text{酸性介质}}Fe_4[Fe(CN)_6]_3\downarrow+12H_2O$$

此转化反应过程在酸性介质条件下进行，磷酸先使锈溶解成为离子状态，因为锈层中还存在部分的亚铁化物[如 FeO、$Fe(OH)_2$]，故可加入少量的铁氰化钾，以增加对2价铁的转化效果。反应体系中存在过量的磷酸，同锈反应生成具有阻蚀作用的磷酸铁，同时也和钢铁表面形成磷化膜，使钢铁表面得到钝化，增加了防锈效果。

表 4-19　磷酸亚铁氰化钾转化型锈面涂料配方

转化液/%		成膜液/%	
磷酸(85%)	88	聚乙烯醇缩丁醛树脂液(10%)	53
亚铁氰酸钾	12	E-44 环氧树脂	6.6
		蓖麻油	6.6
		乙醇	16.9
		丁醇	16.9

注：转化液：成膜物=1：1。

不同型号和厚度的钢结构，锈蚀生成时的温度和时间均影响铁锈的成分与结构，从而直接影响到转化及成膜性能，应根据不同的表面状态调整转化液与成膜液的比例。对氧化皮多、锈蚀少的表面，为防止破裂的氧化皮翘起，可提高成膜液的比例，而对于全部是锈蚀的表面则应提高转化液的比例，以保证锈蚀完全转化。

转化型带锈涂料可用于铁锈层较厚的表面，转化速度快，但本身呈酸性(pH 值为2左右)，对其后的配套面漆有一定的破坏作用，可使面层涂料变脆和龟裂，因而要求配套面层涂料耐酸，且应多道涂装。另外，锈的转化剂既不是涂料的基料，也不能作为涂料的颜料，只有和锈层恰好完全反应之后，才能发挥作用。转化剂的用量必须严格控制，用量少时锈转化不完全，用量过多，表面残留酸性物质，影响漆膜的附着力，早期起泡，并易发生膜下腐蚀。在锈蚀均匀的钢结构表面上涂装比例适宜的转化型带锈涂料可收到极好的效果，但在锈蚀状况差异较大的钢结构表面就要差得多，锈蚀较厚处可能转化不彻底使表面仍有残锈，锈蚀较薄处或原有油漆的部位由于转化液太多则会腐蚀金属或油漆，生成一层较疏松的盐类，这些都会使得耐蚀涂层附着力大为降低。因此转化型带锈涂料适用于锈蚀较均匀且不残留轧制氧化皮或片状厚锈的钢铁表面，还要根据锈层厚度情况，调节转化液和成膜液的配漆比例。由于转化作用快，须及时涂上防锈底漆和面漆方能起到保护作用。

转化型锈面涂料的作用与稳定型、渗透型的不同。稳定型、渗透型的作用较缓慢，且对整个锈层的结构状态不加改变，仅使锈层中活泼的铁锈稳定下来。而转化型的则使整个锈层的结构、组成、性质都发生根本性的变化。

这三类锈面涂料由于其组成和作用原理的不同，各有其优点和不足之处，都有不同的适应性，选用时要根据基材表面锈蚀状态、使用环境、施工条件和要求来综合考虑。总的来说，带锈涂料的转化、稳定、渗透锈层的能力有限，一般仅适用于经过人工除锈后或防腐要求不高的金属表面，目前还远远不能取代喷砂、酸洗等除锈方法。

现代锈面涂料“以直接涂在锈蚀上，使活性锈蚀惰性化、坚实化”为目的，从施工、实效、环保等多方面出发，研制了众多的多功能锈面涂料，如：“厚浆型锈面涂料”及“屏蔽型锈面涂料”“惰性化锈面涂料”、“水性锈面涂料”，以及集带锈、带水、带油、带旧漆膜的“多功能锈面涂料”等，它们都是在前面各类锈面漆的基础上发展了某些性能。研究开发出的新型带锈涂料，它们对钢铁具有良好的防锈能力，并具有高渗透性、与水反应性、优良屏蔽性、可厚涂性及与旧漆有良好相溶性、底面合一性等特点，与传统型带锈涂料相比更具有明显的优越性，因而采用新型带锈涂料涂装的大型钢结构，能节省费用，延长防腐更替周期。美国和日本等先进国家都已在大桥、船轮、化工设备等方面进行普遍应用，效果很好。近几年，国内经济飞跃发展，大型设备、城市公路、桥梁和海洋工程不断兴起，相信我国的带锈涂料会得到进一步发展和将有广阔的应用前景。

4.5 预涂底漆

为防止钢材在贮存（加工前的短时间贮存）或加工期间生锈为主要目的，金属经第一次表面处理后立即进行涂装的底漆称为预涂底漆，其一般是在钢铁经喷砂或抛丸处理后，立即在车间涂上这种底漆，存放待用，因此也称车间底漆(也称保养底漆)。也有在钢厂压延成钢板时，直接在流水线上涂上底漆，最后卷成一卷出厂待用。要求这种底漆：快干、耐磨、无毒、可焊接、有3~6月的临时保护作用。目前应用的预涂底漆主要为磷化底漆、富锌底漆两类。

预涂底漆用于钢材在贮存、装配以及合拢等过程中，起到临时保护作用。由于钢结构制造场所的空气通常十分恶劣，车间底漆可以保护材料在此阶段不生锈，有利于后道涂层的涂覆，大大减少了在分段组装后的二次除锈工作量。在二次表面处理中，我们不仅要计算劳动力和能源的直接费用，也要考虑脚手架、环境保护、材料处理等的费用。对于隐藏的费用，常没有估计在内，比如增加的自然资源的消耗，不同的环境污染(灰尘和噪声)，或者累积起来的卫生危害等。对作为原材料的金属材料或初期半成品进行涂装底漆保护，在机械加工基本完成后，在现场进行二切割电焊装配后再进行最后的涂装，不仅使涂漆作业工厂化，而且实现了材料的源头保护。这种工艺最早在造船厂产生，后来扩展到桥梁厂、机械厂等集团生产企业。

车间底漆在防锈机理和性能方面与已介绍的防锈漆相似，只是为适应工厂化涂装和后来的机械加工。在技术配方、施工质量控制程序与其他产品有一些特殊的要求，车间底漆必须具备以下条件。

（1）在未涂装面漆前应该有3~6个月的户外防锈能力，以适应机械加工和安装周期。

（2）不影响焊接切割速度和质量，以及焊缝强度，耐电位性符合焊接要求。

（3）在焊接和切割时，生成的有害气体(如氧化锌雾)浓度不超过劳动保护允许范围。

（4）干燥迅速(3~5min的快干性)，钢板可以在几分钟后进行搬运；能满足工厂自动化流水线的施工要求。

（5）对喷砂表面有良好的附着力和良好的耐腐蚀性能，不会皂化，耐水、耐溶剂和化学品。

（6）力学性能好，能抵御搬运、组装过程中的力学损失。

（7）耐热性好，在焊接、切割及热加工时，受损面积小，蔓延长度在10~15mm之内。

（8）与面漆兼容配套性好，能适应大部分涂料的涂覆。

车间底漆的选择取决于很多因素，如钢材的类型、车间生产程序和要求保护时限，二次表面处理的级别和采用方法，后续长效保护涂料的类型等。

车间底漆发展至今，主要有聚乙烯醇缩丁醛磷化底漆(或蚀刻底漆)、环氧富锌、环氧铁红和无机硅酸富锌车间底漆四种类型(详见3.1.1、3.2、3.3)。当然，也有一些其他类型的车间底漆，如丙烯酸铁红车间底漆等，但使用并不多。其中磷化底漆中的铬酸在高温作业(如电焊等)时，有一定健康危害，故在有些国家使用已经受到了限制。无机硅酸锌车间底漆，由于其良好的耐热性、突出的防锈性，以及与其他涂层很好的相容性能等已经成为了目前的主流产品。各种预涂底漆性能比较见表 4-20。

表 4-20 车间底漆性能比较

底漆名称	无机富锌底漆	环氧富锌底漆	环氧铁红富锌底漆	长曝型磷化底漆
主要成分	锌粉、正硅酸乙酯缩合物	锌粉、环氧树脂、聚酰胺	铁红、铬酸锌、环氧树脂、聚酰胺	四碱式锌黄、聚乙烯醇缩丁醛、酚醛树脂
户外防锈漆/月	6~9	6~9	3~6	3~4
干燥速度	快	中	中	中
可焊性	优	优~良	良	优
焊割气雾	氧化锌雾	氧化锌雾	小	小
耐电位性	优	优	良	差
耐溶剂性	优	良	良	一般

4.6 金属基材对防锈底漆的要求

漆膜在不同金属底材上，附着力有所差异，对钢铁之类黑色金属，大多数防锈漆和防腐蚀漆都可以适应。

对于铝、锌等有色金属，由于表面化学、电化学等性质，相应有一些特殊要求。比如，对铝、锌等有色金属不宜采用红丹防锈漆，以免加速腐蚀，应使用铬酸盐系或铁红底漆。表 4-21 列出不同金属底材适用的底漆。

表 4-21 不同金属底材适用的底漆

金属种类	底漆品种	金属种类	底漆品种
黑色金属（钢、铁、铸铁）	无机富锌、磷化底漆、铁红醇酸、铁红纯酚醛、铁红酚醛、红丹酚醛、红丹醇酸、铁红环氧、锌黄环氧、硼钡酚醛、过氯乙烯底漆	锌	锌黄环氧、锌黄纯酚醛、磷化底漆
		镉	锌黄环氧、锌粉环氧
		铬	铁红醇酸
		铜及其合金	铁红氨基、铁红醇酸、磷化底漆
铝及铝镁合金	锌黄环氧、锌黄醇酸、锌黄油性漆、磷化底漆	铅	铁红醇酸
		锡	铁红醇酸、铁红环氧

4.6.1 铝材表面对涂装的要求

铝材表面能迅速生成氧化膜，厚度约 0.01~0.015μm，在 pH 值为 4~8.5 而无氯离子的情况下，具有良好的耐腐蚀性。但在近海或化工厂等腐蚀环境中会出现白色腐蚀斑点。为了延长铝材寿命往往需要涂漆。

铝材涂漆前的表面处理采用喷砂者较少。铝表面比较光滑，若没有表面处理，则涂料对铝面的附着力低，而且耐腐蚀性也较低，有时在漆膜下生成线状腐蚀。所以铝面在涂漆前均须经适当的表面处理。其表面处理共有 3 种方法，包括电化学阳极氧化法、化学溶液氧化法、磷化底漆。阳极氧化或化学溶液氧化完成后的表面应尽快涂装，不可超过 24h。若超过 24h 则附着力下降。此时可再用磷化底漆打底，或再进行溶液处理。其原因是新的阳极氧化膜表面是多孔，对有机涂层有很好的附着力，若搁置时间较久，则氧化膜老化而降低附着力。以上几种铝表面处理法各有利弊，宜按不同要求而采用。在一般情况下，使用磷化底漆较为便捷，不需特殊设备投资，施工简便，功效良好。

上述各种表面处理方法所获膜很薄，防蚀力有限，必须于其上涂各种涂料。铝表面底漆须含低水溶性的铬酸盐颜料，如铬酸锶、铬酸锌等。当水分透过漆膜时，此类颜料能持续地微量溶出铬酸离子，使铝表面钝化，功效确切可靠，但因六价铬会致癌，所以在使用时要采取防护措施。现大多用磷酸锌无毒颜料代替。

铝表面切忌涂红丹漆等含活泼的铅系颜料的底漆，因为铝比铅活泼，在潮湿或盐雾环境不会发生置换反应，反而加剧铝材的腐蚀。

4.6.2　锌材表面对涂装的要求

锌材表面的涂装保护，最常用的是在镀锌铁板表面的涂装。镀锌铁板，在建筑、工业生产上大量应用。镀锌铁板由于其锌层可作为牺牲阳极而保护其下的铁皮不锈蚀，在一般温和的环境下具有良好的耐蚀性。但是镀锌钢的锌层很活泼，在湿空气中，易氧化，在酸性、碱性、或盐类的介质环境中，锌层而会迅速变暗而腐蚀。为了延长镀锌铁皮的寿命，一般都习惯涂覆一、二层涂料。常见的如彩色涂层卷钢、汽车工业等。在镀锌钢板上再罩以涂料，较之无镀锌层的钢板，可显著延长寿命。

镀锌钢板在涂漆之前，均经过专门的前处理(如铬酸处理或磷化处理)，然后再涂漆，可提高附着力及耐蚀性。常在出厂前用铬酸盐或硅酸盐溶液予以钝化。已经钝化过的镀锌钢难以磷化，所以常用铬酸盐转化层来处理。磷化仅用于未钝化的镀锌钢。因为锌活泼，所以磷化迅速，在 10~20s 内形成磷酸锌膜。磷化处理在锌面生成一层不溶性的磷酸锌结晶，与锌底材密切结合。普通镀锌铁皮表面光滑，所以与涂料的附着力不高。磷酸锌结晶层表面积大而毛糙，提高了涂料的附着力，而且无机的磷酸锌层隔开了涂料所含的有机基料与锌底材，避免了基料的酸性与锌表面之间的反应，延长了涂膜的寿命。

一般涂锌铁皮构件在涂漆前，施工单位极少进行磷化或钝化处理，通常只是揩净油污后就进行涂装。若涂以含有氧转化的干性油的醇酸油漆，涂装的效果很差，漆膜日久都会剥落，这是镀锌铁皮上漆膜最常见的弊病。这是由于油脂类涂料或醇酸涂料均含干性油，含许多双键，在钴、锰皂等催化下会迅速氧化而干燥成膜。但是它们成膜之后氧化作用并不停止，仍在缓慢地持续下去。氧化的结果产生了许多副产物醛和羧酸等，还有蚁酸。在有机酸中，蚁酸腐蚀性是相当强的，它能与锌底材反应生成蚁酸锌，蚁酸锌有一定的水溶性，不能形成不溶的腐蚀产物屏蔽层，不断腐蚀的结果在锌面与漆膜之间生成了不少疏松的蚁酸锌，比原有锌的体积胀大约 10 倍，降低了漆膜的附着力，最后引起漆腻大片剥落。在剥落的漆膜背面可看见白色的粉末层，经分析其成分得知大部是蚁酸锌。

在镀锌钢板上的常用防锈底漆有铅酸钙底漆、磷化底漆、锌粉底漆和其他不含氧化型油脂的涂料，不会因氧化产生蚁酸而引起漆膜剥落，例如环氧沥青涂料、氯磺化聚乙烯涂料等，都对锌面有良好的附着力，虽经长期户外曝晒仍能保持完整而不剥落。近年来，为了减少空气污染提倡水性漆。丙烯酸类的乳胶防锈漆对锌面有良好附着力和防蚀性。硅溶胶与高分子乳液进行复合，可得到具有较高的耐磨性的透明防腐蚀漆膜。

4.6.3　镁合金表面对涂装的要求

镁合金是目前最轻的金属工程材料，密度 1.74g/cm^3，仅为铝的 2/3，铁的 1/4。强度高，导电、导热性能好，兼有良好的阻尼减震与电磁屏蔽性能，并且加工能耗低，可直接回收。因此，镁合金得到了汽车、航天、电子等行业的普遍重视，被誉为“21 世纪的绿色工程材料”。然而由于镁合金极强的电化学活性，用于结构件面临着严重的腐蚀问题。比如与异金属接触件的电偶腐蚀、轻质发动机件内表面受冷冻剂的腐蚀、道路防冻盐带来的全面腐蚀等。在众多 Mg 合金防腐措施(高纯合金、新合金、离子注入、快速凝固工艺、表面保护层等)中，涂层保护技术成本低且工艺简单。但是镁合金自身化学活性以及铸造导致的缺陷等因素给传统涂料在镁合金上的涂装带来了很大的困难。很多国家与组织也积极致力于新型镁合金有机涂层的研究。

有机涂层的保护作用主要是在金属基体和环境介质间充当阻挡层，阻碍水、离子、氧气和电荷传输到基体，阻止腐蚀电路的形成。镁合金表面的涂装所遇到的问题有以下几点：

(1) 镁合金的高化学活性。一遇到空气或水就会在表面形成对涂层黏接性和均匀性有破坏作用的氧化物/氢氧化物薄膜。

(2) 铸造镁合金件难以避免的表面缺陷和大量的孔洞给涂装造成困难。在对工件涂装有机涂层前，必须采用恰当的方法清除工件孔洞中的水分和空气，以免由于脱气而在涂层中形成针孔。

(3) 镁合金在高温下的抗蠕变性能普遍很差(如 Mg-Al-Si 系与 Mg-Al-RE(稀土)系合金使用温度上限分别为 150℃、175℃)，限制了传统高温烘烤漆在某些镁合金上的应用。

要获得最佳的耐蚀性，化学转化膜、阳极氧化转化膜、微弧氧化转化膜是非常必要的预处理方式。所生成的膜对 Mg 表面进行了化学改性，使表面变得粗糙，有利于底涂与金属表面的牢固结合。同时，封孔处理后的阳极氧化膜还具备一定的耐蚀性。在航空、军工等领域，通常在各种转化膜或阳极氧化膜处理后还须进行封孔处理，作为底涂的基础。

镁合金的清洗过程先是机械处理、溶剂或碱液清洗，然后进行酸洗或侵蚀并同时涂覆转化膜涂层或进行阳极氧化处理，另一种镁合金表面处理的方法是将酸洗过的材料浸泡在有机物的水溶液中。以上措施都有利于有机涂层与表面结合更紧密，在对工件涂装有机涂层前，必须清除工件表面孔洞中的水分和空气，以免由于脱气而在涂层中形成许多小洞。为了在镁合金上获得外表美观、耐蚀性和耐磨性好的涂层，经常需要综合使用好几种涂层技术。

对于普通部件，预处理可以是简单的磷化，但对于汽车部件，如在粉末喷涂之前往往要进行铬酸盐处理或电泳底涂。而 D. Davis 认为铬酸盐处理对粉末涂层来说并不是好的基础，而一种以钛的有机金属化合物为主要组成的转化膜则获得了满意的效果。具体工艺如下：

碱洗(3~5min，140~160℃)⟶自来水洗⟶磷化底漆⟶自来水洗转化膜(2min，Alodine 5200)⟶去离子水洗⟶干燥(120℃)⟶粉末喷涂

许多学者力图将溶胶凝胶法制备有机无机杂化材料涂膜技术引入到镁合金涂层的制备中，溶胶凝胶法制备有机无机杂化材料涂膜技术是通过金属醇盐的水解与缩合，形成三维的有机无机复合网络，这种结构的材料兼有无机与有机的优点。Wagner 以有机改性硅氧烷与铝醇盐为主要原料在镁合金上制得了透明的杂化涂层。130℃固化后，涂层显示了优异的附着性能与耐蚀性能。并且潮湿试验(DIN 50017)四周后，附着力仍没有下降。耐磨性能比常规双组分环氧涂料高出数倍，涂层在盐雾试验 2 周后仍未腐蚀。优异的附着性能使镁合金的表面处理得以简化，可以省去传统的转化膜或阳极氧化膜工艺。这种溶胶凝胶技术为镁合金在汽车、航空等领域的应用开辟了广阔的前景。

镁合金有机涂装体系可以从最简单的单层涂装(磷化或铬酸盐处理后直接涂覆)到复杂的多层涂装体系(阳极氧化、微弧氧化、环氧封孔、底涂、单层或多层面涂)进行选择。选择合适的涂装体系要考虑到合金种类、应用环境、表观要求、耐久性及成本等因素。虽然目前镁合金有机涂层保护技术还处于探索阶段，但是对于某些镁合金构件已经有了较成功的涂装体系的应用(如表 4-22)。

表 4-22 较成功的镁合金部件涂装体系

部件		预处理	涂装体系
汽车部件	引擎罩下部件（阀门罩，燃料感应室）	湿磨，碱洗，铬酸盐或磷酸盐处理	环氧或聚酯粉末涂层
	车轮	铬酸盐或磷酸盐处理	电泳漆，聚酯粉末或丙烯酸粉末涂料
	表观部件（车门等）	铬酸盐或磷酸盐处理	电泳漆，丙烯酸面涂或丙烯酸粉末涂料
计算机部件	机壳	铬酸盐或磷酸盐处理	丙烯酸、聚氨酯涂料或环氧粉末涂料
	驱动器部件	重铬酸盐处理	电泳漆
航空部件	耐高温部件	铬酸盐处理或阳极氧化	环氧-聚酰胺底涂，聚氨酯面涂
	传动箱壳体	喷沙，酸洗，重铬酸盐处理	环氧烘烤底涂，丙烯酸面涂或硅酸盐阳极化，环氧封孔
其他部件	便携工具箱	铬酸盐或磷酸盐处理	改性醇酸树脂漆或静电喷涂聚氨酯漆
	行李箱支架	酸洗或磷酸盐处理	聚酯粉末涂层

预计未来的 7~8 年，全球汽车用镁合金将以每年 15%的速度递增。在国内，随着人们对环境问题的日益重视以及汽车、电子等行业逐渐与国际接轨，镁合金也必将获得越来越多的应用。镁合金有机涂层保护应用技术的不断成熟和新型高性能涂层的积极开发将使得这一发展趋势的阻力大大减小。

第 5 章　常用有机防腐蚀涂料特性及应用

防腐蚀涂料往往是一个体系，包括底漆、中间漆、面漆；其保护对象包括一切适于保护的材质，当与金属基材附着，防止金属锈蚀的为防锈底漆，除此之外，防腐蚀涂层还要与腐蚀介质接触，起屏蔽作用。因此，防腐蚀涂料对腐蚀介质的化学稳定性、屏蔽性能、抗老化性能、对工况条件(热、力等)的适应性能是至关重要的。防腐涂料大多属于合成树脂或橡胶类涂料，其性能与成膜高聚物、颜填料、助剂均有密切关系。成膜高聚物决定涂膜的基本性能，同一种成膜物质制成的涂料具有基本相似的性能，表 5-1 介绍了典型有机涂层的耐腐蚀性能。

表 5-1　各种有机涂层的耐腐蚀性能

涂料名称		项目																
		室外耐候性	耐溶剂性					食用醋	食用盐	氨类	碱类	耐酸性					耐盐雾性	耐盐水
			酒精	汽油	烃类	酯酮类	氯化烃类					矿物酸	氧化酸	醋酸	油酸	磷酸		
醇酸树脂漆	油改性醇酸	优	可	中	中	劣	劣	可	上	劣	劣	劣	劣	劣	可	劣	优	可
	胺基醇酸	优	中	优	优	劣	劣	中	优	劣	劣	中	劣	劣	中	劣	上	中
	酚醛醇酸	优	中	优	优	可	劣	上	优	劣	劣	中	中	可	上	劣	优	中
	有机硅醇酸	优	中	优	中	劣	劣	中	上	劣	中	劣	劣	劣	中	劣	优	中
	脲醛醇酸	优	中	优	优	可	劣	中	优	劣	劣	中	劣	劣	可	劣	中	可
	苯乙烯醇酸	可	中	可	优	劣	劣	上	优	劣	上	可	劣	劣	可	劣	中	中
丙烯酸系树脂漆		优	劣	中	可	劣	劣	上	上	劣	中	中	劣	劣	可	劣	优	优
沥青漆		可	劣	劣	劣	劣	劣	优	中	—	优	中	—	优	劣	优	优	优
维素涂料	硝基纤维素	优	中	中	可	劣	劣	中	中	劣	劣	优	劣	劣	可	优	优	中
	醋丁纤维	优	中	中	可	劣	劣	中	上	劣	劣	中	劣	劣	可	优	优	优
	乙基纤维	优	劣	劣	可	劣	劣	优	中	中	中	中	劣	中	—	—	优	优
环氧类涂料	胺固化环氧	中	中	优	优	上	中	优	优	中	优	中	劣	劣	可	中	上	中
	环氧酯	优	劣	优	上	劣	劣	上	优	劣	优	中	劣	劣	优	劣	优	上
	环氧呋喃	优	优	优	优	中	优	优	优	优	优	中	可	可	优	优	优	优
	环氧氨基	优	优	优	优	上	优	优	优	劣	优	上	劣	可	优	中	优	中
	环氧酚醛	优	优	优	优	优	优	优	优	中	优	优	劣	优	优	优	优	优
	环氧脲醛	上	优	优	优	上	优	优	优	劣	优	上	劣	劣	优	中	优	中
氧化聚醚		优	优	优	优	优	优	优	优	优	优	优	中	优	优	优	优	优
氯化聚丙烯		优	优	中	中	劣	劣	中	优	中	上	中	优	劣	中	中	优	优
氟树脂(气干)		优	优	优	优	劣	优	优	优	优	优	优	优	优	优	优	优	优
呋　喃		中	优	优	优	中	优	优	优	优	优	优	劣	可	优	优	中	优
酚　醛		优	优	优	优	可	可	优	优	劣	劣	中	劣	中	优	中	优	优
聚酰胺		劣	中	中	—	—	—	—	—	中	中	劣	—	劣	上	—	可	中
聚　酯		优	中	优	优	劣	劣	中	中	劣	劣	优	劣	劣	中	中	优	可
有机硅		优	可	可	上	劣	劣	可	中	劣	可	中	劣	劣	可	中	优	优
聚乙烯		劣	优	劣	—	中	中	劣	优	优	可	—	上	中	中	上	上	优
橡胶类	氯化橡胶	优	优	中	—	劣	劣	劣	劣	中	优	优	优	劣	可	中	优	优
	氯丁橡胶	优	优	中	中	劣	劣	劣	优	中	优	优	劣	劣	中	上	优	优
	氯化聚乙烯	优	—	中	中	劣	劣	劣	优	中	优	优	中	劣	中	中	优	优
	维通 Viton	优	优	优	优	—	—	可	优	优	优	优	劣	中	中	中	优	中
聚氨酯		优	上	可	优	可	可	可	优	劣	上	中	中	中	中	中	优	优
乙烯树脂		优	可	优	—	—	劣	劣	优	优	优	优	上	劣	优	优	优	优
乙烯与醇酸(11)		优	中	优	—	—	劣	劣	中	劣	劣	可	劣	劣	优	优	优	优

但需指出的是，在成膜物相同的情况下，其他组分不同或施工处理条件不同，涂膜性能会有很大的差异，如同一种环氧树脂使用不同的固化剂，其耐热、耐蚀性能相差较大，热固酚醛涂料的耐蚀性能要比冷固酚醛涂料好。另外，同种树脂由于相对分子质量不同、制造方法不同也会给性能带来很大的差异，至于几种树脂混合组成的改性涂料，其性能更为复杂。

5.1 环氧树脂类防腐蚀涂料

环氧树脂防腐蚀涂料是防腐蚀涂料中应用最广泛的品种。涂料用环氧树脂是指分子结构上含有两个或两个以上环氧基（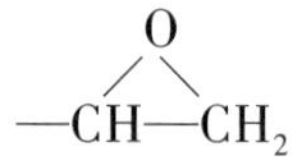）的高分子化合物。此类防腐涂料品种多、性能优异，是一种极为重要的防腐涂料。用于防腐涂料的环氧树脂主要有三类：双酚 A 型、双酚 F 型以及酚醛环氧树脂。其中双酚 A 型环氧树脂(E)约占环氧树脂总产量的 90%。

5.1.1 特性

5.1.1.1 树脂种类与结构特性

1. 漆用双酚 A 型环氧树脂

一般是由双酚 A 和环氧丙烷在碱性条件下缩合而得，其结构如下：

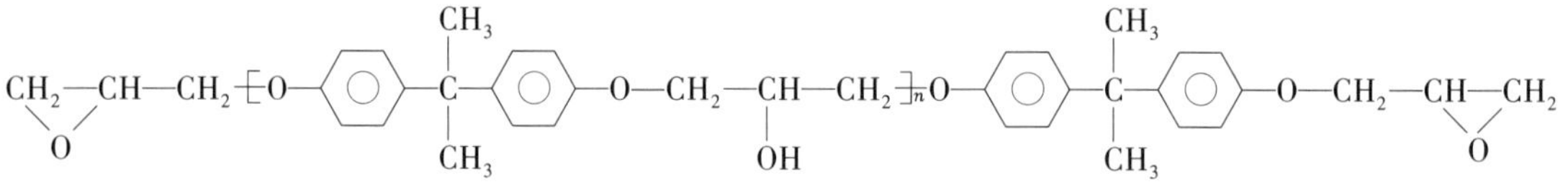

n 代表缩聚度，一般 $n=0\sim20$。线型环氧 $n>25$，可高达 100。随着环氧树脂相对分子质量的提高，其外观从流动液体变成坚硬的固体，树脂软化点越高。涂料用双酚 A 型环氧树脂主要牌号、指标列入表 5-2。

表 5-2 双酚 A 型环氧树脂主要牌号

国产型号	主要技术指标				国外类似型号	
	环氧值/(eq/100g)	软化点/℃	有机氯/(mol/100g)	无机氯/(mol/100g)	Shell 公司 Epon	Ciba-Giegy 公司 Araldite
E-55(616)	0.55~0.56		≤0.02	≤0.001		
E-51(618)	0.48~0.54	<2.5	≤0.02	≤0.001		
E-44(6101)	0.41~0.47	12~20	≤0.02	≤0.001		
E-42(634)	0.38~0.45	21~27	≤0.02	≤0.001	834	
E-35(637)	0.30~0.40	20~35	≤0.02	≤0.005		
E-20(601)	0.18~0.22	64~76	≤0.02	≤0.001	1001	6071、7071
E-12(604)	0.09~0.14	85~95	≤0.02	≤0.001	1004	6064、6084、7004
E-06(607)	0.04~0.07	110~135	≤0.02	≤0.001	1007	6097、7097
E-03(609)	0.02~0.045	135~155	≤0.02	≤0.001	1009	6099、6609

注：括号内为我国旧牌号。

2. 酚醛环氧树脂

酚醛环氧树脂又称苯酚甲醛环氧树脂或甲酚甲醛环氧树脂，由苯酚或邻甲酚甲醛缩合物与环氧氯丙烷反应制成。有多种异构体，以苯酚甲醛环氧树脂为例结构式示意如下：

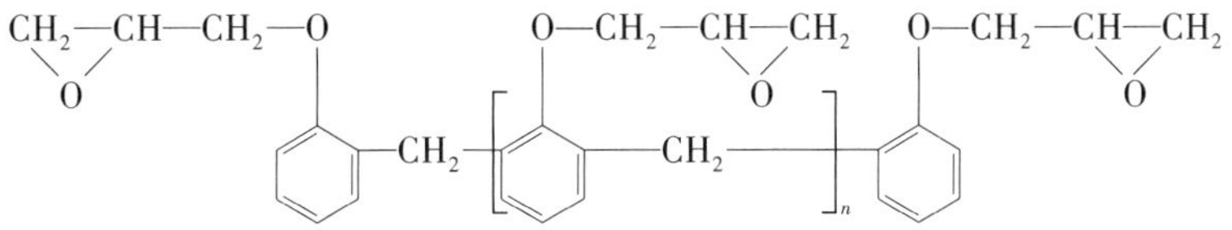

$n=0.2\sim1.6$，该类环氧树脂平均每个分子含有 2.6~3.9 个环氧基，而每个双酚 A 环氧树脂分子中含有 2 个环氧基(实际平均仅为 1.8~1.9 个)，固化后交联密度大，结构较为紧密，因此耐温、耐化学介质好，具有较好的抗渗透性和耐蚀性，如双酚 A 型环氧树脂涂料要受甲醇的侵蚀，而酚醛环氧树脂涂料能成功地用于制造甲醇或含燃料甲醇的贮槽内壁保护层。

传统的酚醛环氧树脂有两个缺点，一是其黏度较大，二是漆膜硬度太高，脆性大。另外，大多需要加热(60~80℃)固化。

3. 双酚 F 型环氧树脂

双酚 F 型环氧树脂是以双酚 F 与环氧氯丙烷为原料制得。结构式如下(对-对位)：

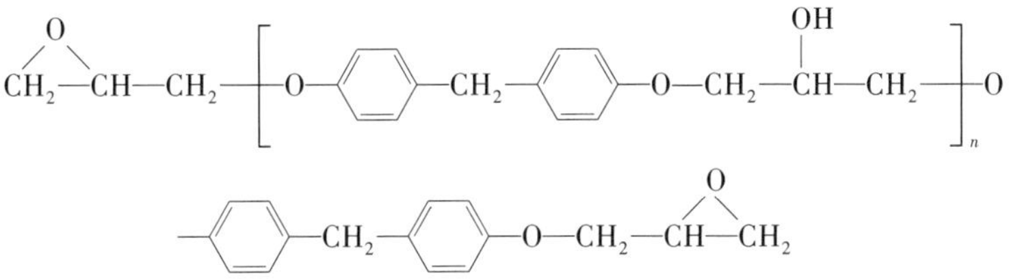

双酚 F 由于酚羟基的位置变化，可以有三种异构体，决定了双酚 F 型环氧树脂的三种结构式。

邻-邻位

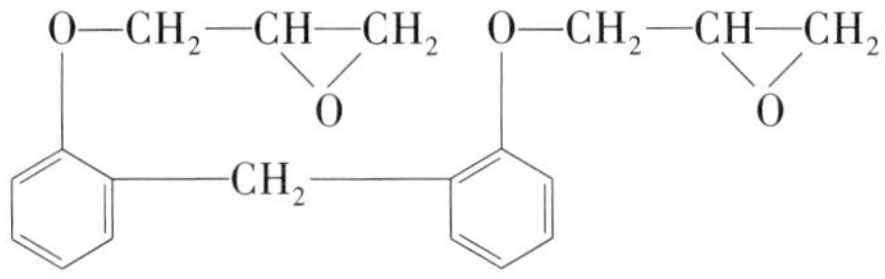

邻-对位

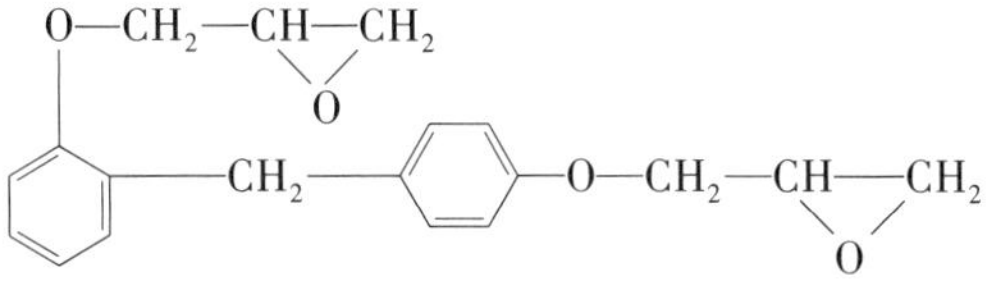

对-对位

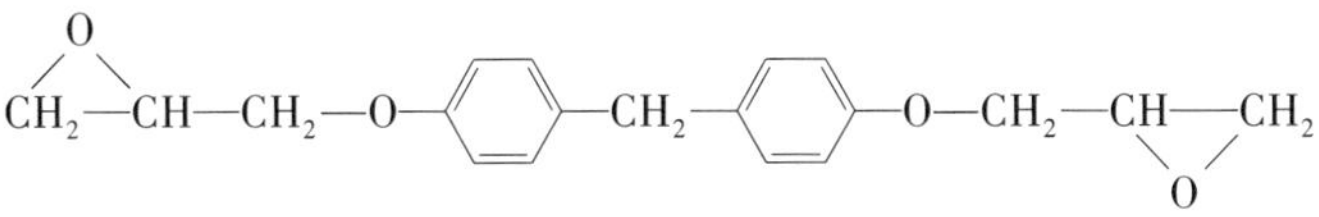

它的分子结构决定了双酚 F 环氧树脂具有如下 3 点优势。

(1) 分子的芳环用—CH_2—连接，链节内旋转较双酚 A 环氧树脂容易，所以黏度低，更容易制造高固体和无溶剂防腐蚀涂料。

(2) 无结晶性，适宜与其他环氧树脂配合，当温度变化时液态双酚 A 环氧树脂易生成固体结晶，而加入双酚 F 环氧树脂能够有效避免。

(3) 更重要的是双酚 F 环氧树脂能够用一般的环氧固化剂固化，且具有类似于酚醛环氧涂料的良好耐蚀性。

4. 线型环氧树脂

线型环氧树脂也是双酚 A 型环氧树脂。但其相对分子质量特别高，一般在 7000~30000。而普通环氧树脂的相对分子质量大多在 4000 以下。分子结构中的 n 值为 25~100，环氧值很小，为 0.0003 左右。以致在结构式中都无法表示出来。分子结构式如下：

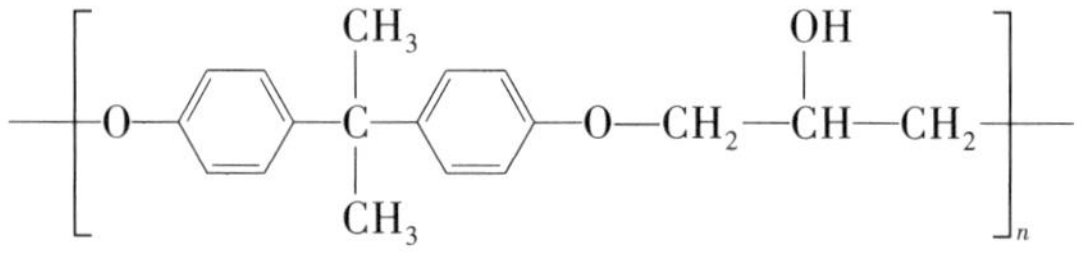

线型环氧树脂具有以下几个特点：

（1）由于分子链很长，它的韧性极好。可以不用固化剂交联而直接作为涂膜组分，使涂料的配制简单化了，这是普通环氧树脂不能做到的。

（2）有大量的极性羟基存在，因而它的附着力比普通环氧树脂更强。但另一方面由于亲水基多，抗水性较差。这种树脂适合与酚醛树脂或氨基树脂等并用，制成具有高韧性和高耐化学品性的烘干型涂料。

（3）由于这种树脂相对分子质量大，溶解时需要强溶剂。当配成符合施工要求的黏度时、树脂的固体含量较低。

（4）树脂对颜料湿润性不好，漆膜的光泽差，适合配制底漆或防腐蚀漆。

5. 环氧酯

环氧酯，是由植物油酸与环氧树脂经酯化反应而制得的。脂肪酸的羧基与环氧树脂的环氧基和羟基发生酯化反应，环氧基比羟基活泼，所以羧基与环氧基反应先发生，称为加成酯化，并无水析出。其次是羟基与羧基发生反应，反应过程如下式：

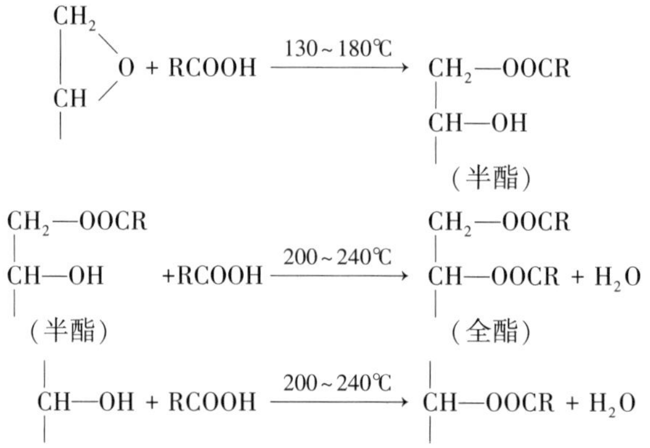

环氧酯是单组分的，固化遵循醇酸树脂的氧化聚合交联过程。环氧酯的性能与脂肪酸用量有密切关系，当脂肪酸用量增加时，黏度、硬度降低，对溶剂的溶解性增加，刷涂性、流平性改善。干燥速度以中油度最好，一般室外耐久性也较好。但环氧酯涂料中因含大量醚键，耐晒性不如醇酸树脂漆好。

环氧酯漆贮存稳定性较好，有烘干型的，也有常温干燥型的，烘干温度也较低（约 120℃），施工方便。环氧酯漆可以由不同品种的脂肪酸以不同的配比与环氧树脂反应制得，因而漆膜性能是多样的。环氧酯可溶于价廉的烃类溶剂中，成本较低。环氧酯与其他树脂混容性较好，如与氨基树脂或酚醛树脂并用，可制成性能不同的烘干型漆，因环氧酯中含有酯基，故耐碱性不好。但比醇酸树脂漆的耐碱性好。环氧酯可以制成清漆、磁漆、底漆和腻子等。

5.1.1.2　涂料特性

总体来看，环氧树脂分子结构中的醚键（不含有酯键）提供了良好的耐化学性。甲基、亚甲基提供了韧性、羟基提供了很好的黏接性能，苯环结构提供了耐高温性和刚性。因此，分子结构性能决定了环氧防腐涂料具有如下特性：

（1）极好的附着力。环氧树脂结构中含有大量的极性羟基和醚键，它们与相邻界面物质能产生较强的吸收力，对金属、木材、混凝土、玻璃均有优良的附着力。

（2）优异的耐蚀、抗渗性能。环氧树脂结构含有稳定的苯环、醚键，使涂层能耐酸、碱和有机溶剂的侵蚀。虽含有亲水的羟基，但通过固化后交联结构的隔离作用，仍能具有良好的耐水性。同时由于环氧树脂固化过程中无小分子副产物，涂层结构致密，使各种腐蚀介质难于渗透到金属表面，抗渗性能极佳。

（3）良好的力学性能。环氧树脂结构中刚性的苯环与柔性的烃链交替排列，使涂层坚硬而柔韧。另外，涂膜固化时，体积收缩率小，热膨胀系数也小，涂层不易因温变等因素而产生龟裂。

（4）高度的贮存稳定性。环氧树脂本身是热塑性的，不加固化剂不会固化，也不会受热固化，一般放置 2 年不会变质。

（5）环氧基较活泼的化学活性。可与各种树脂拼用改性，制备多品种、多性能的防腐涂料。特别是环氧树脂可制备粉末涂料、无溶剂涂料、高固体组分涂料、水性涂料等高性能、环保重防腐涂料，满足时代的发展趋势。

（6）易老化。环氧树脂中的醚键使漆膜耐日光紫外线照射性差，长久日晒，漆膜易失去光泽，然后粉化，所以不易用于户外面漆。加入紫外线吸收剂、铝粉、云母氧化铁等可阻缓其粉化的速度。

环氧树脂因相对分子质量不同可分为液态和固态。低分子量的易溶于芳烃，高分子量的则需醇、酯、醚酯、酮等混合溶剂溶解。不同溶剂配制的环氧树脂溶液有不同的黏度，单一溶剂难以获得较好的施工性能(黏度和干燥速度)，是不可取的。在各类溶剂中，酮、醇醚和酯类溶剂是环氧树脂的优良溶剂，二甲苯仅对环氧树脂有有限的溶解性，主要起稀释作用。醇类不能溶解环氧树脂，只能作稀释剂使用。环氧涂料常用溶剂和稀释剂见表 5-3。

表 5-3　环氧涂料常用溶剂和稀释剂

溶剂及稀释剂类别	举　例	溶剂及稀释剂类别	举　例
芳烃类	二甲苯，甲苯，高沸点芳烃混合物溶剂	醇醚类	丙二醇甲醚，丙二醇乙醚，丙二醚丁醚，乙二醇甲醚，乙二醇乙醚
醇　类	正丁醇，异丙醇，乙醇，甲醇		
酮　类	甲基异丁基酮，甲乙酮，甲基异戊基酮，丙酮，环己酮	酯　类	丙二醇甲醚乙酸酯，乙二醇乙醚乙酸酯，乙酸乙酯

制备涂料时用的都是混合溶剂，主要由二甲苯与一定量的极性溶剂(酮、醇、醇醚和酯等)混合使用。使用时要注意，一般酮溶剂可以额外地延长环氧涂料的使用期，酮和酯不可用于固化剂组分的配制，因为这些溶剂要同固化剂起反应，可影响固化剂组分的贮存稳定性，并对涂膜有不良影响。但酮和酯仍可用于环氧组分中，这是由于环氧和固化剂之间的反应要远快于酮、酯和固化剂之间的反应。另外，尽可能采用有较高闪点的醇、醚醇和酯类，有利于安全。适于不同施工工艺的混合溶剂参考配方见表 5-4。

环氧树脂的稀释剂常采用二甲苯/丁醇=7/3 的混合溶剂。

有的溶剂在涂膜中有滞留性，影响防腐蚀性能，见表 5-5。从上表可以看出，漆膜若有没有挥发干净的溶剂，对防腐蚀性是有影响的，而这一点常常被忽略。

表 5-4 环氧涂料用混合溶剂参考配方(%)

原料 \ 种类	快速挥发(喷涂)	中等挥发	慢挥发(刷涂)
甲基异丁基酮	10.7	20.6	—
乙基戊基酮	7.2	—	—
正丁醇	—	20.0	—
二甲苯	52.2	54.2	70.0
正戊基丙烯酯	—	—	5.0
丙二醇甲醚	29.9	—	25.0
丙二醇甲醚乙酸酯	—	5.2	—
闪点/℃	19	23	20

表 5-5 滞留溶剂对环氧防腐蚀性能的影响

溶剂	加入量/%	14d 后滞留量(25℃)/%	防腐蚀性能(与无溶剂涂料比较)
甲苯	9	5	无明显变化
甲乙酮	9	4	无明显变化
乙二醇单乙醚	9	4	耐盐水、氨水和盐酸性下降
乙酸乙酯	9	4	耐氨水和盐酸性下降
丁醇	9	3	耐乙醇、氨水和盐酸性下降
二丙酮醇	9	7	耐盐、盐酸性下降

5.1.2 固化

5.1.2.1 固化交联反应

环氧树脂本身具有的官能团一般不会相互发生化学反应，即分子间不会自交联成体型结构，因此在单纯的加热条件下，环氧树脂不会固化。只有借助于外加的固化剂，才能与树脂中的可反应官能团反应，使环氧树脂的分子间接或直接的连接起来，逐步形成体型结构。环氧树脂分子中的可反应官能团主要是环氧基，其次是羟基。

环氧基可与亲核试剂(给电子体)发生开环反应，又可与亲电试剂(受电子体)发生开环反应。环氧树脂与胺类固化剂的反应是典型的与亲核试剂的反应，也是最常见的环氧涂料固化方式，反应过程如下：

伯胺的活泼氢原子与环氧基发生反应，生成仲胺

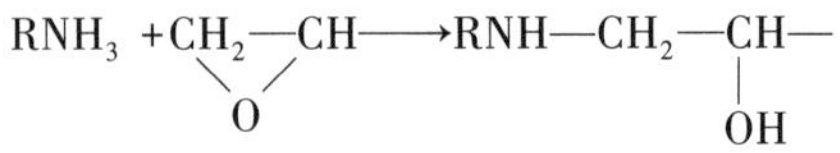

仲胺的活泼氢原子再与环氧基反应，生成叔胺

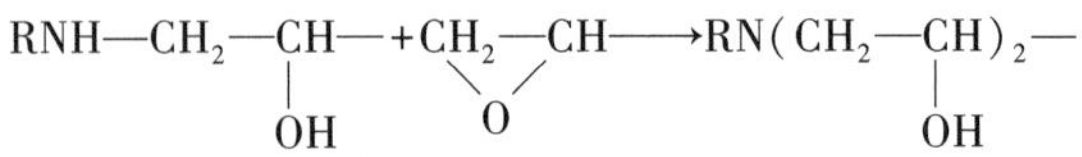

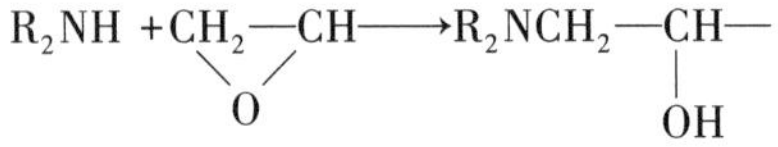

叔胺能起催化作用而使环氧基本身聚合起来。

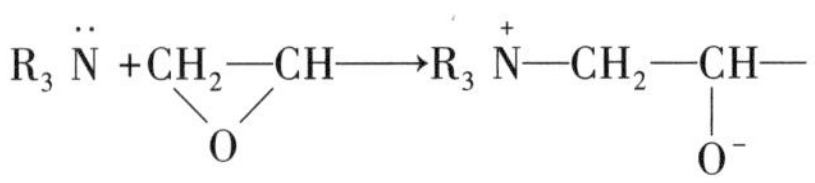

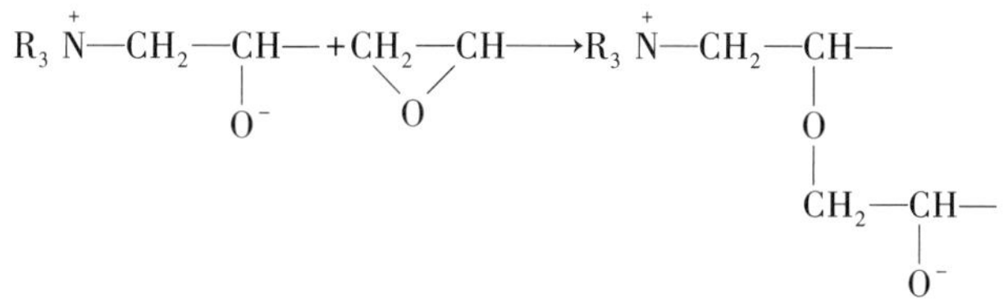

反应继续下去得

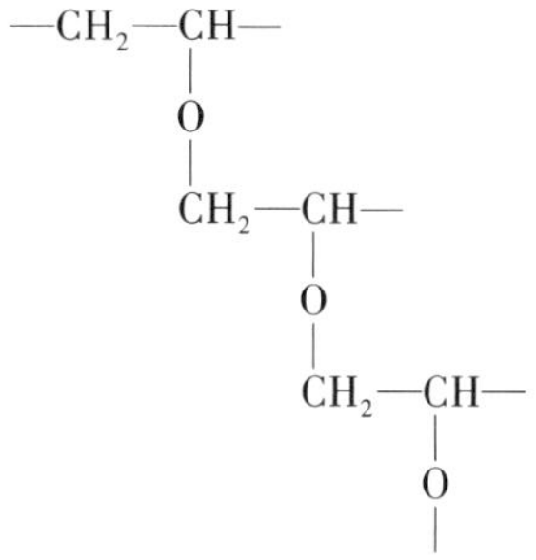

叔胺生成的氧负离子(烷氧基负离子)是更强的亲电试剂，开环能力很强；如此不断反应最终形成体型结构的产物。上述叔胺与环氧基的反应是环氧树脂催化固化的典型反应。

此外，在一定条件下，环氧基还可与羧基、酚羟基、无机酸、羟基等发生开环反应，这些基团中的活泼氢与环氧基上的氧原子结合生成新的羟基。

环氧树脂中的羟基可与异氰酸酯反应，此反应是在低温下进行，属于环氧涂料低温固化的基本反应。

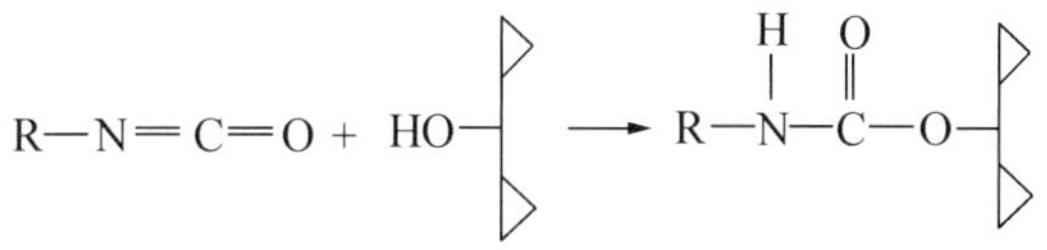

异氰酸酯　　环氧树脂

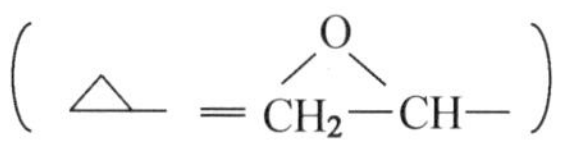

与其他树脂中的羟甲基、烷氧基或硅醇等发生缩合反应：

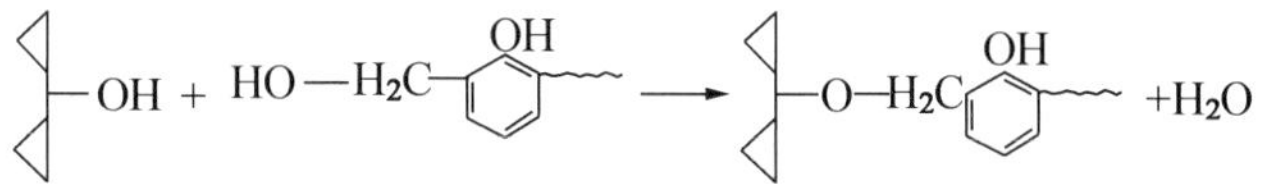

酚醛树脂

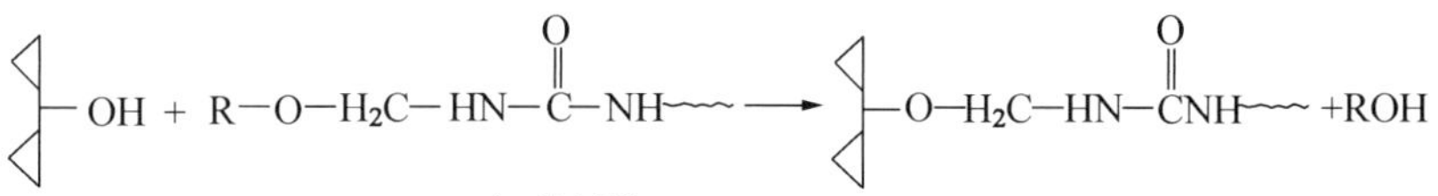

氨基树脂

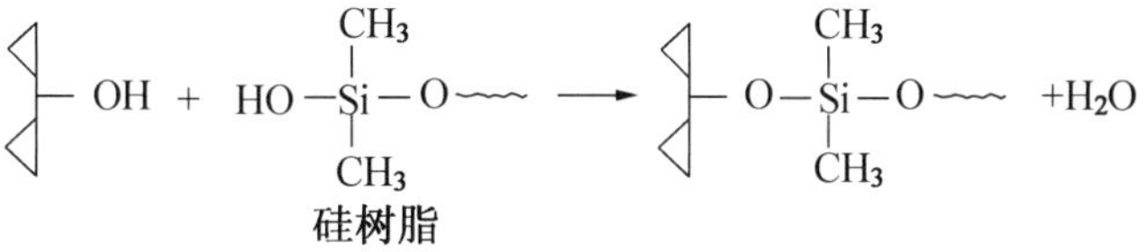

硅树脂

这为环氧树脂与其他树脂(如酚醛树脂、氨基树脂、有机硅树脂等)的改性拚用提供了基本反应，一般在加热条件下才能进行，并伴有小分子的析出。

环氧树脂或涂料的固化过程通常表现为三个阶段：

(1) 固化的开始阶段(施工阶段)　凝胶涂料中的树脂成膜物质由支链型结构转变为体型结构的开始称为凝胶。此时系统的黏度急剧上升，并出现有弹性的凝胶，它意味着树脂或涂料失去了原有的流动性，同时体系有一定热量放出。从涂料配好到成膜物出现凝胶这段时间在工程应用上称为适用期，根据不同的需要和条件，控制一定的适用期，是施工工艺中的主要问题。

(2) 部分固化阶段(涂膜干燥阶段)　涂层凝胶后，固化反应继续进行，此时涂料具有一定的硬度并有一定的物理化学性能，一般在涂层凝胶后约 1~2 天内可达到部分固化。

(3) 完全固化阶段(保养阶段)　即达到很高的固化度(固化度指已反应的官能团与全部可反应官能团的百分比)，涂层具有良好的物化性能，可投入使用。通常在常温下环氧涂层要经过一周或数周时间才能达到较完全的固化。

5.1.2.2　环氧树脂固化剂种类

环氧树脂固化剂主要有以下几个种类：

(1) 脂肪族胺类　主要品种有乙二胺、二乙烯(撑)三胺、多乙烯(撑)多胺等。其特点是，室温下固化，固化速度快，黏度低，易于和其他树脂混用，操作方便。涂膜具有较高的耐溶剂性能。但毒性较大，固化时放热量大，使用期限短，固化受温度、湿度条件的限制，在湿度较大的条件下漆膜易泛白、产生桔皮、缩孔等弊病，固化后漆膜耐热性、机械强度较差。

(2) 芳香族胺类　主要为间苯二胺、间苯二甲胺等。其特点是，需在加热条件下固化，与树脂混合不便，固化物的耐热、耐蚀性能较为突出。其主要用于加热固化工艺，也可用于作改性胺固化剂的原料。

(3) 胺改性固化剂　主要有胺加成固化剂(如 590、593 固化剂)、T31 固化剂、酚氨基醇固化剂。这主要针对脂肪族胺和芳香族胺存在的毒性等问题，通过加成反应或缩合反应对原有胺固化剂进行改进，其特点为挥发性大大降低，成为低毒或无毒固化剂，克服了泛白的缺点，不需诱导期。但固化剂用量增大，用量可在较大范围内变化，通过试验确定最佳用量范围。由于胺改性固化剂分子中引入了新的分子结构，不同程度地改变了涂装工艺性能和固化涂物的性能，如低温、潮湿下的固化性，涂膜的耐蚀、耐温性能，均可得到改善。

其中 T31 固化剂是室温环氧树脂固化剂的主要种类，该固化剂是由苯酚、甲醛和胺进行满氏反应而得的缩合物，又称为满氏碱。固化剂的无毒性、潮湿和低温下的固化性及良好的综合性能，已经在十多年的成功应用中得到证明。但此类固化剂的主要缺点是固化后的环氧涂膜脆性较大，要在涂料配方中加入一些增塑剂或增韧剂来进行改性。

酚氨基醇固化剂是以腰果油(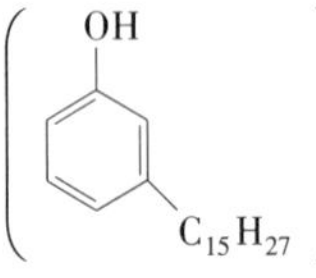
)为主要原料的胺加成固化剂，具有类似于 T31 固化剂的综合性能，同时又有良好的柔韧性。由于腰果油为带脂肪族侧链的芳香族化合物，因此在与胺化合后，较单纯的苯酚与胺的反应产物具有更好的柔韧性，同时保留了苯酚-胺固化剂的优点，如能在低温、潮湿环境下固化、耐蚀性好，低毒，挥发性小等。此类固化剂有各种黏度品种，较适用于高固体组分涂料和无溶剂涂料。现今在防腐涂料应用领域发挥越来越大的作用。

(4) 聚酰胺固化剂　其固化过程是通过聚酰胺末端的伯、仲胺上的氢(不是通过酰胺基上的氢)与环氧基反应，由于两端氨基的分子间距较大，固化后的密度小，因此固化后的涂膜有优良的韧性；而且由于聚酰胺固化剂的用量要求不严格，因此可以根据需要通过聚酰胺的用量来调节韧性。与其他固化剂比较，漆膜柔韧性、抗冲击性能、附着力优于其他胺类固化环氧漆，涂膜耐水性较好，但耐化学性和耐溶剂性较差，并黏度大，配置涂料时需要诱导期，固化活性也不高，必要时可和其他高活性固化剂并用或加入促进剂。

(5) 酸酐固化体系　酸酐与环氧树脂的固化是与其羟基进行反应，反应很慢，往往需高温固化，甚至在200℃下进行，若在酸或碱催化剂存在下，反应很快。其涂膜具有较好的机械强度和耐热性，但固化后漆膜含有酯键，易受碱的侵蚀。该体系常用作环氧粉末涂料、卷材涂料的固化剂，并配以咪唑类固化剂。

(6) 多异氰酸酯固化剂　多异氰酸酯可同环氧树脂链上的羟基起反应。由于环氧链上的羟基数目随环氧树脂相对分子质量的增大而增多，因此异氰酸酯适合于同相对分子质量高的环氧树脂溶液(约30%的环氧树脂含量)起固化反应，固化物有良好的耐酸性。异氰酸酯同环氧树脂中羟基的反应活性高，可在低温下进行，特别适用于零度以下的固化。

5.1.2.3　环氧值与固化剂用量计算

环氧树脂中所含环氧基的多少一般可用环氧值、环氧当量和环氧基含量来表示。从环氧基与胺类固化反应的反应式可以看出，固化过程是通过胺基中的活泼H原子和环氧树脂中的环氧基反应来实现的。因此，固化剂用量可按以下定义计算。

环氧值——100g环氧树脂中含有的环氧基的物质的量，单位mol/100g。双酚A型环氧树脂的国家统一牌号为E-环氧值×100。如E-44，其环氧值为0.41~0.47mol/100g。

环氧当量——含有1mol环氧基的环氧树脂的质量。国外环氧树脂的性能指标主要用环氧当量来表示。

环氧基含量——100g树脂中所含有的环氧基的质量(环氧基团总相对原子质量为43)。

环氧值、环氧当量和环氧基含量之间可以进行如下相互换算：环氧当量=100/环氧值；环氧值=环氧基含量/环氧基团总相对原子质量=环氧基含量/43。

涂料用环氧树脂环氧当量大多在180~3200之间。环氧当量在180~475之间的环氧树脂主要用于双组分低温固化体系，环氧当量为700~1000的环氧树脂主要用于环氧酯体系，环氧当量为1500~3200的环氧树脂主要用在高温烤漆，相对分子质量在50000以上的可直接用作热塑性涂料。

100g环氧树脂所需胺类固化剂的理论质量：W=环氧值×(胺的相对分子质量÷胺中活泼H原子数)。

5.1.3　环氧树脂防腐蚀涂料的种类、特性及应用

环氧树脂防腐蚀涂料种类很多，可将树脂与防锈颜料配制各种防锈底漆、中间漆、富锌涂料等。常根据所用固化剂、改性树脂及应用形态的不同可归纳为胺固化环氧防腐涂料、环氧酯防腐涂料、合成树脂改性环氧防腐涂料和其他四种类型。它们的主要特性及用途见表5-6。

对于环氧无溶剂涂料是环保型重防腐蚀涂料的重要品种。其特点是采用活性稀释剂，它既可以像普通溶剂一样，将树脂溶解成为有一定黏度的溶液，便于涂装，又能够与固化剂反应，成为漆膜的一个组成部分。固化剂为不含溶剂的胺类加成物。例如，以异辛基缩水甘油

醚为活性稀释剂，固化剂是丁基缩水甘油醚-二乙烯三胺加成物。其配方示例如表 5-7。

表 5-6　环氧防腐涂料种类、特性及应用

种　类		固化方式	特　性	用　途
胺固化环氧涂料		多元胺(己二胺、苯二甲酸等)胺加成物,常温或加热固化	可厚涂、抗酸，碱、油性好，耐磨、附着力好，耐候差	油缸内壁、化工设备、管道
		聚酰胺，可常温也可加热固化	无毒、耐候、柔韧性好，耐蚀及耐溶剂性不如多元胺固化型、表面处理要求不严，烘干漆耐蚀性提高	
环氧酯漆		单组分、加催化剂(催干剂)，可常温干燥，也可烘干	附着力强、韧性好，随脂肪酸含量提高，耐蚀性下降、耐候性提高	用于工业大气、海水侵蚀的底、面漆
树脂改性	沥青	胺固化、常温	提高耐水、抗渗性	地下管道、水上建筑
	酚醛	胺固化、常温也可加热固化与羟基固化反应 一般需高温烘烤(150～200℃)	提高耐酸、耐溶剂性	用于特殊的防腐要求
	聚酯		提高耐候、耐盐雾、柔韧性	
	聚氨酯		较好的耐水、耐溶剂性	
	有机硅		提高耐热腐蚀性	
	呋喃		优异的耐蚀、耐溶剂性	
其他	无溶剂	可常温胺固化，常采用聚酰胺固化剂	无污染、厚浆、抗渗性好	潮差(海洋)用钢结构、油缸、食品设备
	粉末涂料	高温烘烤(160～200℃)	环保，一次成膜、美观、抗渗	钢管防腐、化工设备、家电、食品设备
	线性环氧	热塑性、物理成膜	附着力强，耐酸、碱性好	化工设备
	水性环氧	水性固化剂(常采用水溶性聚酰胺)，固化环境湿度最好在 65%以下	安全、环保、湿面施工，有早蚀问题，抗渗性能不如溶剂型，用于金属底涂性能有限	工业地坪、混凝土保护

表 5-7　环氧无溶剂清漆配方示例

环氧树脂组分(甲组分)		固化剂(乙组分)	
E-44 环氧树脂	77.0	丁基缩水甘油醚-二乙烯三胺加成物	91.0
异辛基缩水甘油醚	23.0	2，4，6－三(二甲氨基)甲基苯酚	9.0

注：使用前按甲组分∶乙组分=100∶(20～22)(质量比)配合。

线型环氧防腐蚀涂料是采用相对分子质量 7000 以上的环氧树脂制成，可制成挥发性漆，也可利用环氧树脂分子中的羟基与酚醛树脂、氨基树脂、聚氨酯中的活性基团制成单组分烘烤漆或双组分的自干型漆。其热塑性挥发涂料的配方见表 5-8 所示。

表 5-8　热塑性线性环氧涂料配方举例

组分	线性环氧(70%)	钛白粉(锐钛)	滑石粉(325 目)	锌铬黄	混合溶剂(二甲苯∶丁醇∶环己酮=7∶2∶1)
底漆	75		4	8	13
面漆	75	13			12

5.2　酚醛树脂防腐蚀涂料

5.2.1　树脂种类及特性

酚醛树脂由酚和醛(在酸或碱催化下)按不同比例缩合而得的产物，视原料配比和工艺条件的不同，可得不同类型的酚醛树脂。合成酚醛树脂所用的酚类主要有苯酚、甲酚、二甲酚、对叔丁酚、对苯基苯酚及十酚基丙烷等。醛类以甲醛为主，也有个别产品使用糠醛。醇溶性酚醛树脂分为热塑性和热固性两种。热塑性树脂由于附着力不好，力学性能随温度变化大，在防腐蚀涂料中应用较少。热固性酚醛树脂是含有较多羟甲基的带分枝的线型高分子。在受热或催化剂的作用下，彼此交联缩聚，形成不溶不熔的网状立体结构。漆用酚醛树脂的制备，主要经过两个阶段。一为预反应阶段，在碱催化条件下，苯酚和甲醛的物质的量比为1∶1.5，制得含活性羟甲基取代基的线型结构，树脂相对分子质量分布广；二为酚醛进一步脱水缩合成体型结构，并可根据使用要求对树脂加以改性。

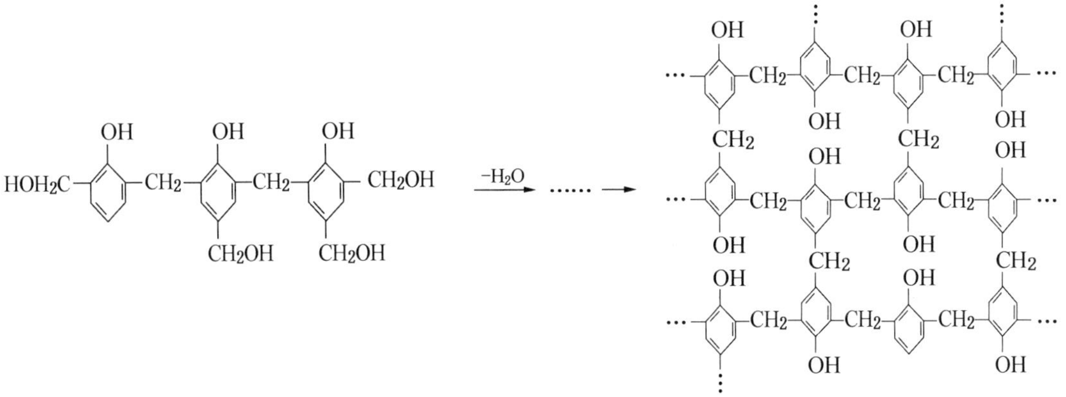

酚醛树脂因原料、配方、反应催化剂及合成工艺的不同，所得的分子结构及性能也有差异。有时还要加入各种改性剂和树脂得到改性的品种。酚醛树脂涂料大致有醇溶性酚醛树脂、油溶性酚醛树脂、改性酚醛树脂三种类型。其特性见表 5-9。

表 5-9　涂料用酚醛树脂的主要类型、组成和特性

类　型		组　成	树脂及涂层的特性
醇溶性酚醛树脂	热塑性	苯酚/甲醛（分子比 7∶6）（酸催化）	不存在活性羟甲基，呈线型结构，即使加热至 250℃后仍呈热塑性。涂层耐水，附着力差，性脆，使用温度低，防腐蚀涂料中少用
	热固性	苯酚/醛（分子比 1∶1.5）（碱催化）	结构复杂，相对分子质量分布广，常为含活性羟甲基支链的线型结构，受热后交联成体型结构，防腐蚀涂料中广泛应用
油溶性酚醛树脂	反应型	各种取代酚（常用对叔丁酚，对苯基苯酚）和甲醛反应而得，不需改性	含有活性羟甲基，能热溶于油中，和油反应剧烈、难控制
	非反应型	各种取代酚（常用对叔丁酚，对苯基苯酚）和甲醛反应而得，不需改性	不含活性羟甲基，和油反应平稳而易于控制，涂料中多应用此品种，按油和树脂比例的不同，分为短油度、中油度、长油度三种类型，涂层坚硬而柔韧，干燥快，耐水好
改性酚醛树脂	松香改性	热固性酚醛缩合产物+松香，然后用甘油或季戊四醇酯化，并与不同比例的各种油熬炼而成	涂层干燥快，耐酸，除广泛用作木器家具、建筑、机械等涂装外，也用来配制耐酸涂料
	丁醇改性	用丁醇醚化的热固型酚醛树脂	涂层耐水、耐酸、但性脆，需高温烘烤。常和油或其他树脂拼用，以制备热固型防腐蚀涂料

酚醛树脂制作成防腐蚀涂料，多以不含油的醇溶性热固性酚醛树脂为主，这种涂膜具有

突出的耐酸性，也耐各种盐溶液和有机溶剂的侵蚀，其耐热性较好(优于环氧)，但不耐温变。但因其结构中含有大量的酚羟基，容易和碱反应而生成酚钠，使涂层遭到破坏，要提高耐碱性，必须进行改性(如加入α，γ-二氯丙醇与酚羟基反应生成稳定的醚键)。另外，涂层固化时有小分子水生成，固化收缩力大，内聚力大，弹性差，对金属的附着力也不理想，故常与其他树脂底漆配套使用。油改性酚醛树脂可以改善涂膜的机械性能，但其耐腐蚀性却下降。

5.2.2 固化

酚醛树脂的固化主要是树脂分子内含有的—CH_2OH 与苯环上的活性点进行反应生成亚甲基交联。

热固性酚醛树脂长期存放，自己亦会逐步缩合，这过程是非常缓慢的，在常温下很难达到完全的固化。加热或加入一定量的催化剂(广义的酸)(也称固化剂)能使它尽快固化，达到施工的目的。通常不采用无机酸作催化剂，因为无机酸与树脂的亲合力不好，与树脂的共溶性小，影响它的催化作用。硫酸乙酯、对甲苯磺酰氯、苯磺酰氯等有很好的催化效果，这些物质与树脂的共溶性较无机酸好，因此可以比较好地分散在树脂内，发挥其催化作用。

5.2.3 涂料种类、特性

常用酚醛树脂防腐蚀涂料基本上可分为两大类：一类是一般耐酸涂料，另一类是醇溶性热固型涂料。

一般耐酸涂料是以油改性酚醛树脂为基料的，涂层能耐室温硫酸、磷酸及各种酸性溶液的腐蚀，但不耐氧化性酸和碱的腐蚀，耐水性比醇酸树脂好，机械性能较好。既可自干，也可烘干，适于保护受酸气腐蚀的金属和木材。

醇溶性热固型涂料是以醇溶性热固型酚醛树脂为成膜物质的通用防腐蚀涂料。通常将醇溶性热固型酚醛树脂溶于工业乙醇中，再和适当的惰性颜料、填料一起研磨，即可配制成各种用途的防腐蚀涂料，这类涂料需要加热固化，但也可加入酸性固化剂常温固化成膜(也称为冷固化醇溶性酚醛树脂防腐蚀涂料)。为了提高涂膜的机械性能，常加入各种增塑剂。举例配方见表 5-10。

表 5-10 醇溶性热固型酚醛涂料配方举例

成　分	耐油、耐水型	耐温、耐强酸型	冷固化型
醇溶性热固型酚醛树脂	77.51	70.43	200
液(50%乙醇溶液)	—	—	—
铝粉浆(35%乙醇溶液)	21.01	—	—
石墨粉	—	12.67	—
甲苯	—	10.57	—
增塑剂(萘)	—	6.33	—
对甲苯磺酸	—	—	7~10
桐油松香钙粉	—	—	10

值得注意的是，使用醇溶性热固型酚醛树脂防腐蚀涂料时为防止涂层龟裂、提高抗渗性，一般需涂 3~5 道，由于固化内应力大，每道不可涂厚。为了保证每道涂层之间具有良好的层间附着力，每喷涂一道漆需在室温下放置一定时间(3~5h)，待大部分溶剂挥发后，在较低温度下加热使涂层部分交联。从 60~105℃随炉升温大约需要 10 多小时，每喷完一道漆，逐步提高其加热温度，直到最后一道漆的加热温度达 130~ 150℃。显然，这样的施工

太麻烦，耗费热能太多，而且大型化工设备进行热处理又很困难，限制了其在大型设备上的应用。所以有必要发展冷固化醇溶性酚醛树脂防腐蚀涂料。

冷固化醇溶性酚醛涂料是在酸性催化剂(如对甲苯磺酸、苯磺酰氯或硫酸乙酯等)作用下，于室温(或小于60℃的低温)固化的醇溶性酚醛树脂防腐蚀涂料。因酸性催化剂对金属底材有腐蚀作用，影响涂层的附着力，故常和环氧树脂或环氧树脂底漆及苯酚-间苯二酚—甲醛树酯底漆配套使用。酸固化的涂层针孔多、性脆，故应尽量少用。并且施工时需在半小时内用完，常需涂3~4道，每涂一道需送入50~60℃的热风，以加速溶剂的挥发和涂膜的固化。该涂层对低浓度非氧化性酸和酸性气体的耐腐蚀性比较好。用作耐溶剂涂层时，应放置较长时间并经检查已完全固化后方可使用。

酚醛树脂涂料具有良好的耐热性(130℃长期使用)及耐热酸、有机试剂、水蒸气的侵蚀，常用作换热器防腐保护。

5.3 聚氨酯防腐蚀涂料

5.3.1 特性

成膜高聚物结构中含有一定数量的氨基甲酸酯链节(—NH—CO—O—)的涂料为聚氨酯涂料。它通常是由异氰酸酯基和含羟基(或羧基)化合物反应而得。

$$R—N=C=O+R'—OH \longrightarrow R—NH—CO—OR'$$

聚氨酯涂膜中除含有氨基甲酸酯键外，还含有许多酯键或油脂中的不饱和双键、异氰脲酸酯键、脲键、脲基甲酸酯键、醚键等。因此，聚氨酯涂料性能丰富、优异，可归纳为以下几方面：

(1) 漆膜高分子结构中存在大量氢键，赋予涂膜极好的物理力学性能，涂膜坚韧、耐磨、光亮、丰满、与被涂物附着力好。

(2)并可通过调节配方，嵌段链的长度、分布及交联密度，可在很大程度上改变其性能，获得所需力学性能的涂膜。如可从极坚硬的涂膜调到极柔韧的弹性涂膜，以适合不同环境下的应用。

(3) 优异的防腐性能，耐酸、耐水性优于环氧涂料，耐酸、碱、水、耐热等性能均优于乙烯类树脂漆。

(4) 施工可操作范围广，既可室温固化，也可加热固化。由于异氰酸基的高反应活性，还可调整配方使涂料在10℃以下，甚至0℃以下干燥成膜。

(5) 异氰酸酯的多官能团性决定其能与多种树脂拼用改性，配制成满足不同使用要求的新品种。能与之拼用的树脂有聚酯、聚醚、环氧、醇酸、羟基丙烯酸、有机硅树脂、沥青、乙烯共聚物、纤维素等。

(6) 良好的电绝缘性。

(7) 芳香族聚氨酯在阳光下受紫外线照射易泛黄，脂肪族聚氨酯涂料不易变黄，多用于对耐候性要求较高的面漆。

(8) 溶剂的选择要慎重，除了要考虑它的溶解能力和挥发性外，还有考虑—NCO基团的高反应活性。所选溶剂不能含有能与—NCO基团反应的物质(或杂质)，如不可选用醇、醚醇类溶剂，不可含有水。烃类溶剂较稳定，但溶解性能差。采用最多的是酯类溶剂，如乙酸乙酯、乙酸丁酯等。其中以乙酸溶纤素溶解能力、挥发能力较适宜。酮类溶剂也可。

聚氨酯涂料综合性能好，适应能力强，是最易通过分子结构设计获得较为广泛的防腐性能和物理机械性能的涂料种类，并可同时使耐化学介质腐蚀与附着力、硬度与弹性、耐磨性与抗渗性等相互矛盾的各种性能达到平衡，以适应复杂多变的工作场合和防腐要求，是目前应用最广、发展最快的品种之一。

5.3.2 异氰酸酯及它的反应性

5.3.2.1 异氰酸酯的反应活性

聚氨酯大分子的合成反应主要是异氰酸酯和含有活性氢原子化合物间的反应，异氰酸酯分子中的异氰酸基—NCO 是一个高度不饱和的基团，电子云分布极不均匀，极易受到亲核试剂的攻击而反应，所以异氰酸酯的化学性能十分活拨，可与任一种含活性氢原子的化合物(羟基、羧基、氨基、水)反应。聚氨酯成膜过程有关的化学反应综合归纳如下：

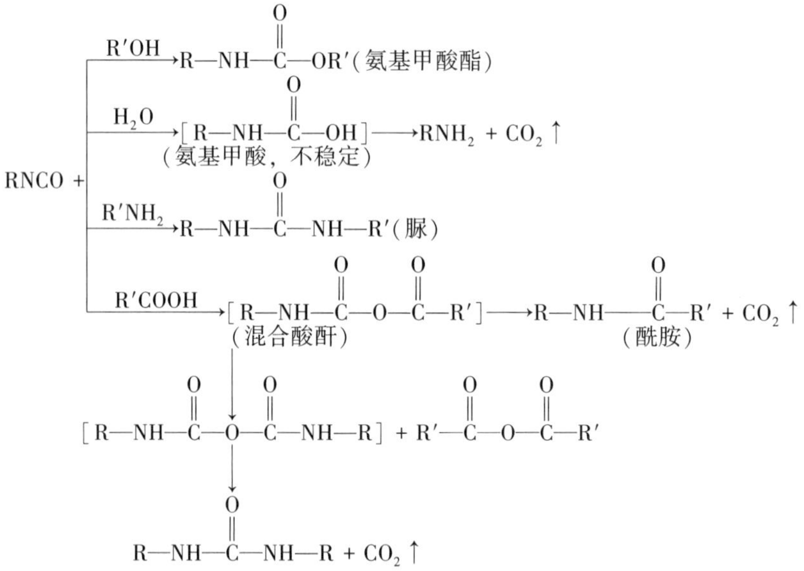

反应的产物分子中仍含有一个或两个活性氢原子，故仍可与异氰酸酯继续反应。此外—NCO还可与—SH、—CH 进行反应。上述反应的速度是：氨基>羟基>水>羧基。

另外，异氰酸酯在适当的催化剂的作用下发生自聚反应，可进行二聚反应或三聚反应。芳香族异氰酸酯的二聚反应

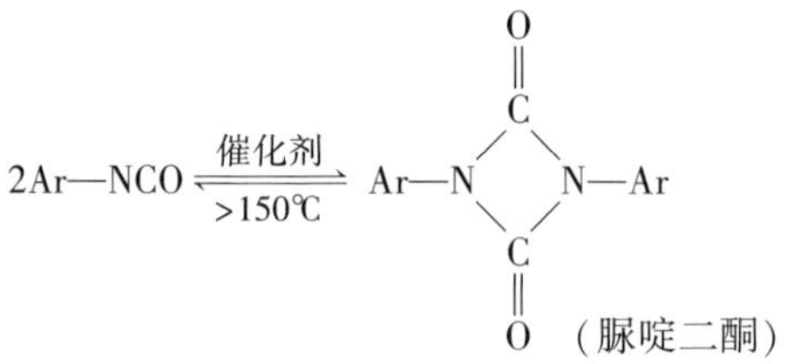

异氰酸酯的三聚反应(脂肪族和芳香族异氰酸酯皆可发生)

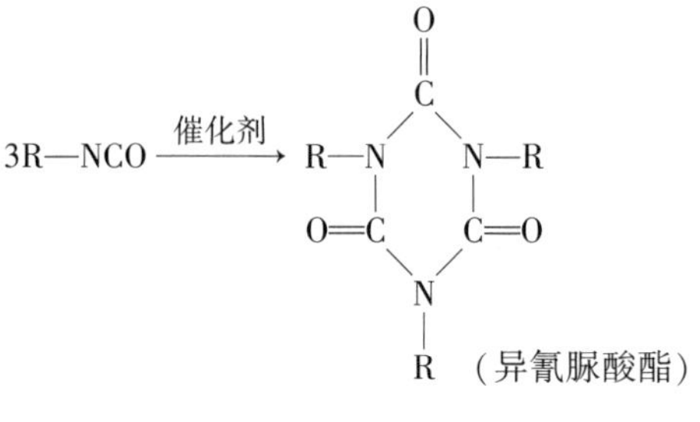

由羟端基聚醚或聚酯合成的聚氨酯为聚醚型聚氨酯和聚酯型聚氨酯，这两类是防腐蚀聚氨酯涂料的主要种类。异氰酸酯与氨端基反应所得聚合物为聚脲(见 5.4 内容)。

当采用官能度(预聚物或单体平均每个分子所含的可反应官能团数目)大于 2 的原料时，所得的聚氨酯为网状结构。

另一类常用的多元醇为含羟基丙烯酸酯和丙烯酸改性聚酯，所得的漆膜具有很好的颜色稳定性和物理性能。

多异氰酸酯和二元醇或多元醇的反应常需加入一定量的催化剂，以促进异氰酸酯的反应速度，并能使反应沿着所需要的方向进行。常用的催化剂有以下三大类：

(1) 叔胺类，如二甲基乙醇胺、甲基二乙醇胺、三亚乙基二胺、乙胺、*N*-甲基吗啉及二甲基环己胺等。

(2) 有机金属化合物，如二丁基二月桂酸锡、辛酸亚锡、辛酸锌及环烷酸钴等。

(3) 有机磷化合物，如三乙基磷、三丁基磷等。这三类催化剂中以前两类最为常用。

不同类别的催化剂对上述反应都有不同程度的催化活性，且各有其不同的催化作用。如二丁基二月桂酸锡及辛酸亚锡类对—NCO/ROH 型反应的催化能力比叔胺类强得多。反之，叔胺类对—NCO/H_2O 型反应催化能力较强。又如叔胺对芳香族异氰酸酯具有显著的催化作用，而对脂肪族 HDI 的催化作用极弱。有机金属化合物则对芳香族和脂肪族异氰酸酯均有强烈的催化活性。总之，催化剂的选择应根据具体的反应条件而定，在实际反应中常采用混合型催化剂，以提高其催化效应。

5.3.2.2 异氰酸酯种类

异氰酸酯的结构式可简写成 R—(—NCO)$_n$，按分子中所含—NCO 基的数目可分为二元、三元及聚合型异氰酸酯三大类，若按分子中有机团 R 性质可分为脂肪族异氰酸酯和芳香族异氰酸酯两大类。

常用的芳香族多异氰酸酯有甲苯二异氰酸酯(TDI)，二苯甲烷二异酸酯(MDI)，结构式如下：

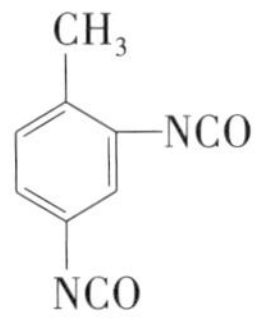

2，4 - TDI

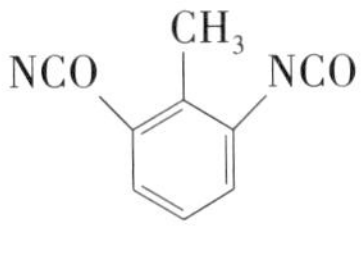

2，6 - TDI

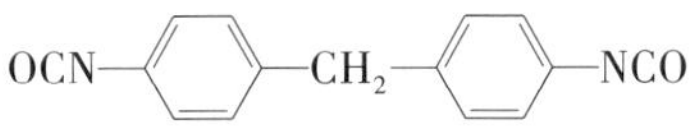

MDI

芳香族二异氰酸酯的最大缺点是涂膜长期暴露在阳光下易变黄，主要是从异氰酸酯基衍变成的芳环端氨基易被氧化。对于 MDI，其亚甲基也可以夺氢反应发生氧化，生成醌亚胺结构，因此，MDI 固化涂料比 TDI 涂料泛黄更严重。

脂肪族多异氰酸酯有六亚甲基二异氰酸酯(HDI)(OCN—CH_2—CH_2—CH_2—CH_2—CH_2—CH_2—NCO)，日晒不变黄，但活性较芳香族二异氰酸酯低，漆膜硬度不及芳香族二异氰酸酯的漆膜。HDI 具有突出的耐候性和装饰性，在涂料工业中有非常广泛的应用。

其他脂肪族二异氰酸酯有异佛尔酮二异氰酸酯(IPDI)、二环己基甲烷二异氰酸酯(H_{12}MDI)、四甲基苯二亚甲基二异氰酸酯(TNIXDI)和甲基苯乙烯异氰酸酯(TMI)。H_{12}MDI、IPDI 和 TMXDI 主要用于制备低聚体、端羟基聚氨酯和封闭型异氰酸酯。

另外，因各种异氰酸酯的结构不同，所带有的—NCO 基活性也不相同，如芳香族异氰酸酯的活性大于脂肪族的，同样的芳香族异氰酸酯，因—NCO 的位置不同，其活性也各异，如 TDI 中甲基对位上的—NCO 基活性大于甲基邻位上的—NCO 基。

涂料中不直接用异氰酸酯单体，因其单体有一定的毒性，它们都有一定的蒸气压，挥发到大气中的蒸气刺激眼角膜，有强烈的催泪作用。对呼吸系统危害最大，长期接触容易患支气管炎、哮喘等疾病。另外，异氰酸酯单体相对分子质量很低，—NCO 含量高，与另一组配方时用量少，在漆膜中所占比重很小，难以调节漆膜的其他性能。所以涂料用的多异氰酸酯是单体加成物、预聚物和聚合体，统称为固化剂。习惯称其为聚氨酯漆乙组分或 NCO 组分，也有的把它列入甲组分，应注意辨别。

有代表的是：TDI 加成物，HDI 缩二脲、HDI 三聚体、TDI 三聚体。

TDI 加成物是 TDI 与三羟甲基丙烷(TMP)加成的产物，反应如下：

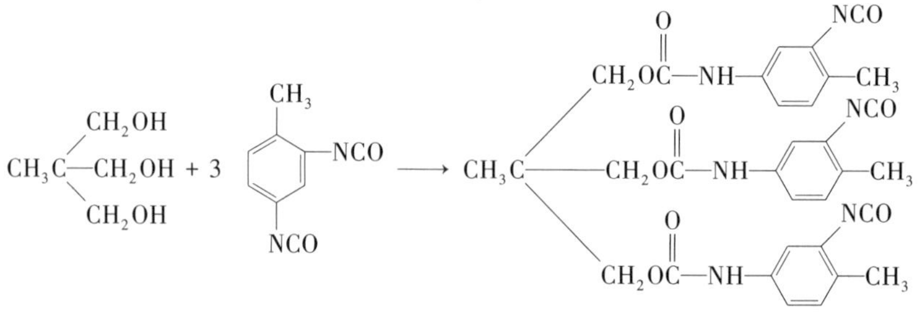

TDI/TMP 加成物是防腐蚀涂料使用最广泛的固化剂，能与各种含羟基组分配方，制成适应各种用途的防腐蚀涂料。

对于单组分聚氨酯涂料，常采用封闭型异氰酸酯固化剂。封闭型异氰酸酯是将多异氰酸酯的—NCO 基团与含活泼氢的单官能团化合物(又称封闭剂)反应，形成在常温下稳定的封闭物，当与羟基组分混合涂布后，在烘烤温度下解封，重新生成含—NCO 的多异氰酸酯的化合物，然后与含羟树脂发生氨酯化反应，生成新的、更稳定的氨酯键，交联成膜。封闭型聚氨酯漆的优点是单组分，使用方便，漆膜性能与双组分基本相同。其缺点是烘烤温度较高，解封后的封闭剂散发到空气中污染环境。

5.3.3 聚氨酯防腐蚀涂料种类、特性及应用

聚氨酯防腐蚀涂料的品种很多，根据其组成和固化特性，可将聚氨酯防腐涂料分为如下几大类。

5.3.3.1 氧固化型聚氨酯改性油涂料

又称氨酯油和氨酯醇酸树脂涂料，是单组分涂料。

氨酯油是将常见的干性油与多元醇进行酯交换反应生成多元醇二酸酯，再与二异氰酸酯反应即得。氨酯醇酸树脂是以二异氰酸酯代替醇酸树脂中的部分二元酸(酐)生成氨酯键。在这一类分子中不含活性异氰酸酯基(已反应)，主要靠干性油中的不饱和双键，在钴、铅、锰等金属催化剂的作用下而氧化聚合成膜。其光泽、丰满度、硬度及耐磨、耐水、耐碱、耐油和耐化学腐蚀性能等均比醇酸树脂涂料好。但流平性差、涂膜耐候性不佳，户外使用易于泛黄、粉化。聚氨酯油的贮存稳定性好，无毒，有利于制造色漆，施工方便。价格也较低，一般用于室内木器家具、地板、水泥表面的涂装及一般的防腐蚀涂料。

5.3.3.2 湿固化型聚氨酯涂料

该种涂料是由含有—NCO 端基的预聚物组成。在环境温度下—NCO 与空气中的水分反应，以脲键固化成膜。其预聚物可以是用蓖麻油的高羟或低羟醇解物与 TDI 制成的，也可由—NCO 基团与环氧、或煤焦油沥青预聚而得。

为加快—NCO 与 H_2O 的反应速度，可在临用前加入催化剂，有的把加入催化剂的另立一类，称为催化湿固化类，催化剂分装。因为有催化加速作用，固化速度更快，并不受潮气和温度的影响，在较低的温度下也能固化。该漆在相对湿度 30%~98%的范围和 0℃以上的条件下均能干燥成膜，在冬天、雾天、梅雨天、甚至潮湿的表面上也能施工。其交联密度大，漆膜有聚氨酯漆类的耐化学腐蚀介质的性能，因含氨酯键多，耐磨性、强度高于羟基固化聚氨酯漆。因有 CO_2 生成，不宜涂厚。可用于潮湿地区的建筑物和水泥、金属、砖石等物面的涂装，也可用作防止核辐射的保护涂层。

油预聚物湿气固化聚氨酯涂料属单包装涂料，防腐蚀性能中等，机械性能由蓖麻油醇解物的羟基含量调节。该种底、面配套漆用于金属油罐内壁防腐蚀。

环氧改性湿气固化聚氨酯涂料为双包装，通常将催化剂与预聚物为一个组分，环氧含羟基树脂色浆为一个组分，但有时为保证催化剂的有效性，在临用前才将催化剂加入到预聚物中。其—NCO/—OH 比值非常高，一部分—NCO 与羟基反应，大约 75%的—NCO 仍在催化下与湿气反应。预聚物的相对分子质量较低，适宜制造高固体分涂料。环氧树脂的引入可提高漆膜的附着力和耐腐蚀性。表 5-11 为催化湿气固化环氧改性聚氨酯防腐蚀漆配方。该漆在混凝土工程上应用时，采取清漆-底漆-中层漆-面漆的配套，中层漆由底漆与面漆以适当比例配合即得。在金属上涂装时，采用底漆-中层漆-面漆的配套。涂层的附着力和机械性能均优。

表 5-11　催化湿气固化环氧改性聚氨酯防腐蚀漆配方(%)

原料名称		面　漆	底　漆	清　漆	金属底漆
含羟色浆	环氧树脂 E-42(80%)	5.8	6.3	11.4	4.1
	混合填料①	14.1	23.4		21.0
	氧化铁红		7.4		
	钛白粉	16.9			
	石墨粉	4.2			
	锌铬黄				21.0
	二甲苯	20.4	20.6	11.9	26.4
催化剂	甲基二乙醇胺	0.3	0.4	0.6	0.2
固化剂	醇解蓖麻油预聚物(80%)②	38.3	41.9	76.1	27.3
合　计		100	100	100	100
固体分/%		70	70	70	70
NCO/OH(当量比)		4∶1	4∶1	4∶1	4∶1
颜料/漆基(质量比)		1∶1	0.8∶1		1.67∶1

① 由云母粉∶滑石粉∶高岭土∶重石粉=1∶1∶1∶2(质量比)组成。

② 为蓖麻油∶甘油=1∶0.48(摩尔比)的醇解物与 TDI 的预聚物。

潮气固化聚氨酯/煤焦沥青防腐蚀涂料将煤焦沥青和聚氨酯预聚物配方，依靠预聚物分子上的—NCO 基团和空气中的潮气交联固化。煤焦沥青中可能存在某些含 O、S、N 的化合物，对湿气固化有催化作用。煤焦沥青有极好的耐水性和耐酸、碱、盐化学药品性，据报道，煤焦沥青漆膜浸水 10 年的吸水率仅有 0.1%~0.2%；对表面的润湿性非常好，在有锈迹的表面上也能保持一定的附着力，与聚氨酯配合使应用范围更加扩大。但煤焦沥青在高温时发软，低温时变脆，长期曝晒后易出现龟裂，用含油的聚氨酯与其配方，这些缺陷得到改善。具有优异的耐水、抗渗和耐蚀性，但耐碱性较差，户外使用易龟裂，宜做水下、海洋和石油化工贮罐内壁防腐涂料，还可用于涂装高压水管内壁和水闸装置等。因其固化快，特别适于寒冷地区施工和冬季施工。该类涂料可用于水利工程、港湾码头钢结构、管道、船舶等方面的防腐蚀。表5-12为聚氨酯/煤焦沥青防腐蚀涂料配方，此漆有环己酮滞留问题，不宜厚涂。聚氨酯/煤焦沥青漆比环氧/煤焦沥青漆干燥快，而且只要温度不低于0℃、湿度不高于95%，基本上能正常干燥；环氧煤焦沥青当温度低于10℃时，干燥速度很慢，低于5℃，则不能干燥。两者的机械性能相近，耐腐蚀性环氧/煤焦油沥青稍好。

表5-12　聚氨酯/煤焦沥青防腐蚀涂料配方(%)

原料名称		铝粉面漆	清　漆	底　漆
羟基组分	煤焦沥青(60%)	40.0	50.0	19.2
	环氧树脂E-42(75%)			2.72
	氯化石蜡			3.39
	云母氧化铁			33.89
	云母粉			3.39
	滑石粉			3.39
	铝粉	14.4		
	混合溶剂	5.6		10.92
聚氨酯组分	油醚预聚物(60%)	40.0	50.0	2.31
合　计		100	100	100
固体分/%		62.4	60	71.5
颜料/漆基(质量比)		3∶10		4∶3

5.3.3.3　封闭型聚氨酯涂料

封闭型聚氨酯涂料是由封闭的多异氰酸(—NCO基团已被保护)和含羟基的树脂两者混合而成的单组分涂料。室温下它具有良好的贮存稳定性，涂刷后，依靠加热升温可释放异氰酸酯，然后再反应，固化成膜。

异氰酸酯与芳香族酚(如苯酚)室下反应生成的产物在高温下可裂解而得到原有的异氰酸酯，此反应如下：

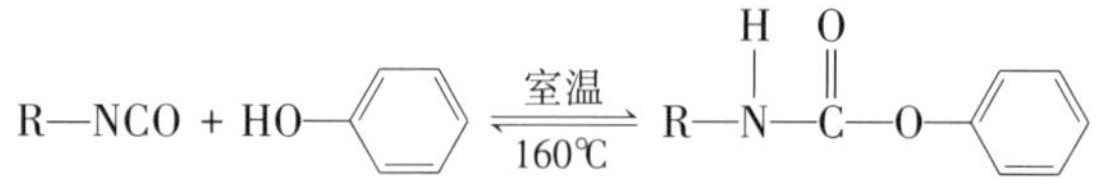

产物称为封闭的异氰酸酯，能起封闭作用的化合物种类很多，除苯酚外还有丙二酸酯、内酰胺、芳香族仲胺、叔醇、杂环化合物、氢氰酸及硫酸盐等，其中苯酚封闭剂最为常用。涂膜的性能可广泛调节。它的电绝缘性好，介电性能优良，耐油、耐溶剂及耐化学药品性能好，吸水性低，黏附力强。主要用途是作漆包线涂料，也可作为轿车用聚氨酯烘漆、水下绝缘防水涂料。缺点是需高温烤烘。另外，封闭剂在烤烘后挥发掉，造成浪费，提高成本，又会污染大气。

5.3.3.4　羟基固化型聚氨酯涂料

主要是由含—NCO端基的异氰酸酯组分(A组分)和含—OH端基的(B组分)构成的双组分涂料。临用前按比例配合，既可室温固化，亦可低温烘烤固化，毒性小，涂膜的性能可以在广泛的范围内调整，两个组分的化学结构和相对分子质量决定了它们的羟值和NCO含量、交联密度、化学键连接的位置等，对漆膜的干燥速度、刚性、柔韧性、附着力等均有影响，通过两个组分的选择和配合可以调节漆膜的性能。另外，漆膜的质量与环境的温度、湿度有密切关系，在低温、潮湿的条件下，漆膜质量不易保证，应在规定条件下施工。

常用的A组分是由甲苯二异氰酸酯(TDI)和多元醇(如三羟甲基丙烷即TMP、甘油等)

反应制成的加成物。常用的 B 组分有聚酯、聚醚、环氧、沥青、酚醛、丙烯酸(含羟基)、有机硅，以及其他含羟基的树脂。由此可知，B 组分种类很多，结构各异，性能也各不相同。因此这类涂料可按预定目标配制成不同品种、不同性能和各种用途的漆膜，是聚氨酯涂料中在金属防腐方面综合性能最好、品种最多、产量最大、用途最广、最有发展前途的种类。其最常用的品种为：

（1）聚酯多元醇固化聚氨酯涂料　漆膜具有良好的耐候性、耐溶剂性、耐化学腐蚀及耐油性，但由于酯基易水解，耐水性有限。可用作耐油、耐酸、耐化学腐蚀的涂料，适用于化工环境(如化肥厂、炼油厂、化工厂的冷冻机、酸槽等)钢结构和一般设备的外壁防腐蚀，以及船舶成品油舱涂料等。

表 5-13　聚氨酯/聚酯防腐蚀涂料配方及性能举例

配方	羟基组分	50%聚酯树脂溶液	50.9	聚酯树脂溶液			
		钛白粉(R 型)	31.2	癸二酸	20.0	一缩二乙二醇	5.2
		聚乙烯缩丁醛液	11.9	三羟甲基丙烷	13.4	E20 环氧树脂	15.3
		环己酮	6.0	环己酮	43.4	二甲苯	5.0
	NCO 组分	50%TDI/TMP 加成物	48.8				
常温耐蚀性能	30%硫酸	70d					
	10%盐酸	30d					
	30%磷酸	70d					
	40%氢氧化钠	90d					

（2）聚醚多元醇固化聚氨酯涂料　成本低，耐水、耐碱性能均优于聚酯型，对周期性湿、热、氯、氨的作用很少受到影响，耐腐蚀性能优于聚酯型。但因含有醚键，不耐紫外线，易于粉化和失去光泽。适用于室内耐化学腐蚀及耐油料等场合。若加入铝粉、云母氧化铁等配成磁漆，也可用于化工大气防腐。

（3）聚氨酯/醇酸树脂防腐涂料　以蓖麻油改性醇酸树脂为羟基组分，TDI/TMP 加成物为固化剂的双组分涂料。用于湿热地区及化工环境的混凝土构筑物、钢结构及设备保护。

（4）聚氨酯/环氧树脂防腐涂料　兼有聚氨酯、环氧的特性。具有优良的耐化学介质腐蚀性能，对非氧化性无机酸、碱、盐及水的侵蚀有极好的抵抗力，不被汽油和溶胶溶胀，耐磨性、耐热性及耐水性超过乙烯类涂料，耐碱性与环氧涂料相当，短期内耐水性比环氧涂料好。适用于尿素造粒塔、油罐等的防腐涂装。

（5）聚氨酯/羟基丙烯酸类树脂改性涂料　一种高级户外防护涂料，具有极好的户外耐候、保色、保光性，又耐化学腐蚀及抗污。与聚酯多元醇相比，羟基丙烯酸树脂中羟基的含量较低，异氰酸酯的耗用量较少，此时交联密度虽低，但其物理机械性能却仍很好。若选用不同结构的丙烯酸类单体，调节共聚物的相对分子质量及羟基含量，就能广泛地改变涂膜的柔韧性和交联密度，从而可制得满足各种特殊要求的涂料。涂膜干得快，不沾尘，可进行流水作业，提高劳动生产率。含羟基丙烯酸树脂改性聚氨酯涂料的应用范围很广，如汽车工业、建筑工业(高级外墙涂料)、石油及化学工业(如海上钻井平台的上层结构面漆)等。可涂覆于钢、铝、砖石建筑的表面，如贮槽、钢结构件、金属管件及汽车等，也可使用于家电、轻工等方面。

（6）聚氨酯/氯醋共聚物(聚氨酯/三元共聚酯)防腐涂料　由聚氨酯加成物与 VAGH(氯乙烯-乙酸乙烯-乙烯醇三元共聚物)拼用而得，VAGH 经与异氰酸基交联后，由热塑性转变为热固性，提高了涂层的耐蚀、耐热性及强度；此涂料固化快，耐盐、碱性突出，曾用于小联碱设备防腐和青藏铁路盐碱冻土地带桥墩的防腐。

5.4 聚脲弹性体防腐涂层

5.4.1 特性

聚脲弹性体涂层是近年来新兴起的无溶剂、无污染的高性能重防腐蚀涂料，喷涂聚脲弹性体(Spray Polyurea Elastomer，以下简称 SPUA)技术是在反应注射成型技术的基础上，于 20 世纪 70 年代中后期发展起来的。德国、美国是喷涂弹性体技术的发源地。该技术将新材料、新设备和新工艺有机地结合在一起，是传统施工技术的一次革命性飞跃。它的快速固化性能、耐蚀性能、采用喷涂工艺得到防腐橡胶衬里厚度的覆盖层，是涂装技术与防腐蚀衬里技术融合的又一典范。国外将 SPUA 技术用于建筑钢结构、石油化工贮罐及设备、长距离输送油(气、水) 管道、跨海大桥等钢结构防腐，已经有近 10 年的历史。

我们知道，异氰酸酯与羟基反应生成聚氨酯。而多异氰酸酯与多元胺反应，则快速生成聚脲。SPUA 技术使用 A、R 双组分物料，通过专业设备实施喷涂施工。A 组分由 MDI 或 MDI 的改性物与聚合物二元或三元醇反应制得。R 组分由端氨基聚醚(有三官能度的 T 系列和二官能度的 D 系列二种)、胺扩链剂、颜填料、助剂等组成。由于活泼氢组分(R 组分)反应活性极高，因此，反应无需任何催化剂，即可在室温(甚至 0℃以下)瞬间完成。

$$R—N═C═O+R'—NH_2 \longrightarrow R—NH—CO—NHR'$$

胺端基的大分子链可由不同刚、柔性分子链组成，若为柔性链，则聚合物呈现弹性，为聚脲弹性体。端氨基聚醚有二个系列：三官能度的 T 系列和二官能度的 D 系列。

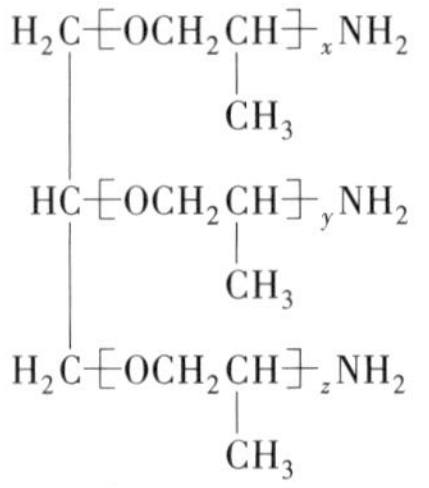

T 系列胺端基聚醚分子结构

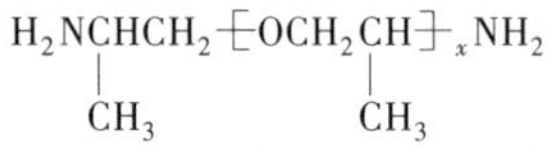

D 系列胺端基聚醚分子结构

在 R 组分中常用的液态胺类扩链剂见表 5-14。其中最常用的是二乙基甲苯二胺，与聚氨酯相比，聚脲弹性体涂层(PSUAO)具有以下优点。

表 5-14 PSUA 中常用的液态胺类扩链剂

化学名称	商品牌号	制造商	备注
二乙基甲苯二胺	ETHACURE 100 DETDA80	Albemarle™ Co. Lonza	伯胺
二甲硫基甲苯二胺	ETHACURE 300	Albemarle™ Co.	位阻型伯胺
N，*N*' -二烷基甲基二苯胺	UNILINK 4200	UOP Inc	仲胺

(1) 固化速度快。不含催化剂却能快速固化，能在任意的表面上喷涂，1min 即可达到步行强度，在垂直面不会产生流挂，6~9s 可以达到不黏手的程度，30min 即可以投入使用。

(2) 由于固化速度相当快，要求使用特殊的双组分加热喷涂设备，即：双组分在喷枪内强烈混合及喷出，具有特殊的供料系统和加热元件(可加热到 77℃)(生产这些喷涂设备的厂家有 Graco，Gusmer，Binks 等）。

（3）对湿度、温度不敏感，因为反应速度比水快得多，在实际施工时不受环境水分、湿度的影响，可在-40℃下成膜。

（4）双组分涂料，单道涂层系统，1 次施工即能达到厚度要求，喷涂一次就可以达到相当厚的涂层 2mm 以上，最厚可达到 15mm，由于弹性及强度，涂膜不会开裂。由于快速固化，不会流挂。因此，通过涂装方式得到了较厚的橡胶覆盖层，可代替防腐蚀橡胶衬里来应用。

（5）100%固体含量，不含溶剂，零 VOC，有利环保。

（6）耐候性、抗紫外线、耐冷热冲击、耐风霜雨雪，在户外长期使用不粉化、不开裂、不脱落。

（7）耐热性能、耐冷热交替性好，热稳定性达到 177℃，-50～150℃下长期作业，可承受 350℃的短时热冲击。

（8）可针对不同的使用环境和性能要求，使用性能在很宽的范围内自由调节，具有优异的防护性能，耐水、海水、酸、碱、盐类和油等介质长期侵蚀。在甲醇这种苛性溶剂中也只有轻微的溶胀(<48h)，对于机油、柴油等的浸泡，表面只有轻微变色，而硬度不变。除了强溶解、强腐蚀介质(二甲基甲酰胺、二氯甲烷、氢氟酸、浓硫酸、浓硝酸、浓磷酸等)外，它可耐受绝大部分腐蚀介质的长期浸泡。腐蚀实验结果表明，钢板表面喷涂一道 SPUA 材料(厚度 0.13～0.14mm）的耐盐雾时间高达 5000h 以上。

（9）突出的物理机械性能。拉伸强度 14～21MPa，拉伸率 240%～520%之间。通过配方调整，可得到从软到硬的各种聚合体涂层(其硬度可从邵氏 A30 调节到 D65)，耐磨。抗冲击性能突出。

（10）附着力好。与钢、铝、混凝土、木材等各类常见底材有着优良的附着力，即使是凝胶时间只有 3s 的快体系。但表面处理要求极为严格，钢材表面必须进行彻底的喷砂处理，处理后必须马上涂装。

（11）与颜填料的相容性好，可以进行颜色的调节，增强遮盖力。在喷涂过程中可以加入玻璃纤维进行增强内聚强度。

喷涂聚脲弹性体材料的优越物理力学性能和耐老化性能见表 5-15、表 5-16。

表 5-15　聚脲弹性体的综合物理力学性能

物理力学性能	性能指标	物理力学性能	性能指标
拉伸强度/MPa	10～27.5	与钢板的黏接(喷砂处理)/MPa	>13.7
撕裂强度 P/kN · m^{-1}	43.9～105.4	与铝的黏接/MPa	>13.7
伸长率/%	420～1000	混凝土黏接/MPa	>2.8
拉伸强度(-20℃)/MPa	>10	冲击强度 P/kg · cm	≥50
撕裂强度(-20℃)/kN · m^{-1}	4319～10514	耐磨性能(阿克隆法)/mg	≤45
伸长率(-20℃)/%	100～500	邵尔硬度	30A～65D

表 5-16　聚脲弹性体涂层的耐老化性能

物理力学性能	老化前	老化后
拉伸强度/MPa	13.5	13.5
伸长度/%	137	110
撕裂强度 P/kN · m^{-1}	76.4	85.4

注：用 UVB2313 灯进行抗紫外线连续试验时间为 3871h、温度为 50℃。

SPUA 技术能够在较短的时间里在国内外众多领域，尤其是在金属防腐领域推广使用，与其具有优异的性能密不可分。优异的材料性能是 SPUA 技术在防腐领域成功应用的软件基础，而专业化设备则是该技术产业化应用的硬件基础。该设备系统由平稳的物料输送系统、精确的物料计量系统、均匀的物料混合系统、良好的物料雾化系统和方便的物料清洗系统等四大系统组成，保证在极短的化学反应时间内，顺利完成所有的施工操作，快速固化，高效施工。

SPUA 技术与现有的环保型涂料技术的比较见表 5-17。由此可见，SPUA 技术在 VOC 含量、施工方法与环境、适用基材以及一次成膜厚度等方面的综合优势明显。

表 5-17　环保型涂料技术

	高固体组分涂料	水性涂料	UV 涂料	粉末涂料	SPUA
VOC 含量	50~150	0~150	0	0	0
施工方法	常规	常规	新型	新型	新型
适用底材	不限	不限	水材为主	仅限金属	不限
施工环境	0℃以上	5℃以上	厂房内	厂房内	不限
一次成膜厚度/μm	<150	<100	<50	<800	不限

5.4.2　种类

聚脲由 A、R 双组分组成，可分为芳香族聚脲、常规脂肪族聚脲、新型聚脲——聚天门冬氨酸酯脂肪族 3 大类。

(1) 芳香族聚脲是最早开发使用并且也是用量最大的品种，在芳香族 A 料中，软段是羟基聚醚，硬段是反应活性很高的 MDI，B 组分主要由端氨基聚醚和液体胺类扩链剂组成。由于芳香族聚脲存在户外使用时易泛黄和褪色、反应速度过快，(通常凝胶时间 3~5s)、对底材的润湿能力弱、附着力差、涂层表观状态差、适用期过短、凝胶时间短、必须采用专用设备施工及施工难度大等一系列问题。因此从 20 世纪 90 年代初期，国外开始研制开发第 2 代产品—— 脂肪族聚脲。

(2) 脂肪族聚脲。在脂肪族 A 料中，软段是聚醚，硬段是脂肪族异氰酸酯。B 组分主要由不同相对分子质量的端氨基聚醚和脂肪胺类扩链剂组成。它的耐温性比脂肪族聚氨酯材料要好。由于不含催化剂，它表现出优异的耐老化性能。经试验证明，在 50℃、5280h 的人工紫外线加速老化后，材料不变色，故更适合户外使用。虽然 1，5 - 环己二胺、异佛尔酮二胺作为扩链剂对提高脂肪族 SPUA 材料的强度和硬度有所帮助，但是它的高反应活性使得在喷涂过程中很难得到光滑的涂层表面效果。采用脂肪二胺作为扩链剂，以减缓反应速度、明显地延长涂料的凝胶时间，从而使涂层表面更光滑。

(3) 新型聚脲——聚天门冬氨酸酯脂肪族。这是近 5 年来在聚脲工业领域出现的一种慢反应、高性能新型脂肪族的涂层材料，被称为第 3 代聚脲，聚天门冬氨酸酯实际上是一种脂肪族仲胺，它最早 1990 年发现，可以用做溶剂型聚氨酯涂料的反应型稀释剂，它能够与普通含有羟基的聚酯、聚丙烯酸酯共聚物混溶，从而降低涂料体系中的 VOC 含量。当它与同是脂肪族的 HDI 三聚体反应时，能够得到耐候性非常好的新型脂肪族 SPUA 材料。具体表现在，聚天门冬氨酸酯黏度低，与 HDI 三聚体的反应速度可以通过不同的取代基团调节，凝胶时间从 5min 延长至 120min，施工寿命可从 5min 拓宽到 2h 以上，喷涂 1 道就可达到 0.6mm，涂层表面无气孔产生，配方体系的可调节范围很宽，对紫外线有很好的耐受性，光泽持久、色彩稳定、不泛黄，喷涂时的材料损耗少，固体含量可以从 70% 调节到 100%。聚天门冬氨酸酯最大的优势是可以通过人为增加聚天门冬氨酸分子中空间冠状结构的位阻密度，合成出降低反应活性、延长凝胶时间的“定时”化合物。它与 HDI 三聚体的反应活性远低于以往的脂肪族、芳香族扩链剂。因此，人们可以按照施工季节的户外环境温度来确定物料的组成，从而有效地掌握施工节奏和进度，大大提高施工效率、节约材料和费用。

5.4.3 应用

由于 SPUA 优异的物理力学性能，耐老化性，快速、方便的使用性能，在国外已经在防渗、防水、防腐和抗磨涂层等方面得到非常广泛的应用。我国于 20 世纪末在引进国外技术的基础上进行了相关的研究和应用，已经应用于各类地坪、船体涂层、建筑防渗涂层、化工防腐等，并开始在机场跑道和矿山耐磨设备等方面的应用。

1. 工业重防腐

SPUA 材料因在酸、碱、盐、油、水以及高寒、地下和海洋等恶劣环境条件下，表现出优异的超重防腐性能，加之其先进的施工工艺，使得该材料在化工贮罐衬里、贮罐围堰、管道防腐、酸洗槽、电镀槽等的防护、防腐、防渗漏领域，有着广阔的应用前景。

例如 SPUA 材料结构稳定，具有优异的耐 30% NaOH、饱和盐水和现场取样碱液等强碱腐蚀的性能（见表 5-18）。SPUA 能显著提高 18-8 不锈钢的耐强碱腐蚀性能，其耐强碱腐蚀性优于 202 和 303 奥氏体铸铁（如表 5-18）。

表 5-18 SPUA 耐强碱、饱和盐水实验结果

腐蚀介质	168h（室温）		720h（室温）		1440h（室温）		168h（60℃）	
	拉伸强度保持率/%	延伸率保持率/%	拉伸强度保持率/%	延伸率保持率/%	拉伸强度保持率/%	延伸率保持率/%	拉伸强度保持率/%	延伸率保持率/%
30% NaOH	99.4	100.6	98	105	87①	112	86①	117
饱和盐水	99.7	100.2	99	102	91①	109	93①	110
现场取样碱液	99.1	100.9	96	108	86	118	85①	120

① 涂层颜色略有改变，但不起泡或裂纹。

表 5-19 PSUA 保护 18-8 不锈钢在碱液中的腐蚀率

编　　号	苛化法生产的碱液		电解法生产的碱液		
	K1	K2	D1	D2	D3
202 奥氏体铸铁	0.172	0.038	1.070	0.538	0.126
303 奥氏体铸铁	0.081	0.025	0.153	0.145	0.045
18-8 不锈钢	4.190	0.095	3.190	1.940	0.359
SPUA-无针孔	0	0	0	0	0
SPUA-有针孔	0.027	0.002	0.018	0.011	0.004

在工业生产过程中，需要处理大量的氨水、浓碱水、浓盐水，腐蚀介质多、浓度大、环境恶劣，钢结构贮罐的防护一直是一大难题。采用 SPUA 材料将取得较好的保护效果。

2. 建筑领域

SPUA 在建筑防水、防湿滑、防腐、耐磨、耐热及装饰等工程中有广阔的应用前景。可用于建筑屋面、外墙及地下防水，防水围堰以及污水处理池、游泳馆、隧道、巷道等的防水处理，以及渗漏治理和裂纹修补，适合防滑要求较高的运动场、游泳池及水（海）上动物表演馆等建筑的地面、通道、楼梯和防滑路面等工程部位使用，可在跨海大桥、海岸钢结构等工程中应用，还适用于道路路面、飞机跑道等耐磨工程，以及建筑装饰及抢修等工程。在通常的建筑防水材料（如沥青、SBS、APP 等）经日光老化后会出现开裂，即使防水材料自身不开裂，也会因混凝土的开裂(由振动、应力、风化等因素引起）而断裂。SPUA 材料则完全不同，因其自身优异的柔韧性、耐老化性和力学强度，即使在混凝土开裂的情况下，聚脲材料不但自身不会断裂，而且还能将混凝土紧紧“抓住”，起到防水和保护作用，特别适用于高档建筑的屋面防水处理，达到“一劳永逸”的目的。此外，SPUA 技术对环境温度、湿度的不敏感性，使其在我国寒冷的北方和潮湿、多雨的南方防水施工中，独领风骚。

SPUA /聚氨酯泡沫复合体系应用于建筑防水保温工程，这种新型防水保温体系是在结构层表面现场喷涂一定厚度的 SPUF 保温层，再在其上喷涂聚脲弹性体作防水、保护及装饰层，形成一体化的防水保温体系。该体系的整体性强、无接缝、效率高、造型灵活多样。彻底解决了传统外墙或屋面材料功能单一，施工繁杂等问题。这种复合结构在美国、西欧等发达国家是最受青睐的一种防水保温体系，代表着国际最新的复合墙体和复合屋面技术潮流，被美国屋顶施工者协会确认为惟一长效的防护体系，成为构筑现代城市建筑不可缺少的新型防水保温体系。这种新型复合体系最大的优势在于外墙立面造型千变万化，丰富多彩。

3. 水利工程设施

聚脲弹性体可用于输水隧洞、大坝溢流面、钢结构设施的防腐保护。比如：输水管防腐内外衬、挡潮钢闸门，还可作给排水工程的污水池、曝气池、澄清池、储水池的防渗、防腐之用。

表 5-20 对挡潮钢闸门的涂料保护、喷金属保护、阴极保护进行经济比较，由表 5-20 可以看出，保护效果好使用寿命长的保护方法初次投资均较大，但其年保护费用较低。其中喷涂聚脲年保护费用不到普通涂料 50% ，约是优质涂料的 60% ，喷金属保护的 70% ，可见其优势比较明显。

表 5-20　挡潮钢闸门不同保护方法年保护费用的比较

防腐蚀方法	表面处理要求	预计保护时间/a	单位造价/（元/m^2）	年保护费用/（元/m^2）	特　点
普通涂料涂装	Sa2 级	3~4	50	14.29	成熟简便，保护寿命短
优质涂料涂装	Sa2 级	6~8	80	11.43	成熟简便，保护寿命不够长
喷涂金属	Sa2.5 级	10~15	120	9.60	质量控制要求高，封闭涂层破损后，锌、铝层消耗加快
喷涂聚脲	Sa2 级	20	140	7.00	保护效果好，初次投入和工艺要求高
阴极保护	同涂料保护配套	>20	增加费用 50	2.50	水下效果好，大气中不起作用

4. 混凝土耐久性防护

混凝土及钢筋混凝土在长期使用过程中常常出现耐久性降低的问题。因此，耐久性防护与修复成为当前建筑工程的重要任务。SPUA 能在混凝土表面形成密实、稳定的保护层，从而提高混凝土结构耐久性。

5. 军事领域

SPUA 材料具有优良的防腐性能，可广泛用做舰艇舱内铺地材料、甲板防滑材料以及楼梯、机舱和舵板的防腐材料。可喷涂于冲锋舟底部起到耐磨、防划伤等作用，还可应用于军用车辆、军用地垫等。

总之，聚脲弹性体涂料用途广泛，可将其用于化工贮罐、贮罐围堰、管道防腐、船舶的甲板涂层，跨海大桥、海岸钢结构、水下防水耐磨保护衬里、隧道、柔性抗冲击涂层等方面，发展前景广阔。

5.5 丙烯酸树脂防腐涂料

5.5.1 特性

此类涂料是由丙烯酸或其酯类树脂(丙烯酸、甲基丙烯酸及其酯类)，或丙烯酸类单体与苯乙烯共聚所得树脂配制而成的涂料，可分为热塑性、热固性两大类。

丙烯酸树脂涂料具有如下特性：

(1) 突出的耐光、耐候、三防(防盐雾、防霉、防湿热)性能，是其他树脂不可及的。

(2) 极高的装饰性。

(3) 有较好的耐化学腐蚀性。有较好的耐酸、碱、盐油脂、洗涤剂等化学品的沾污及腐蚀性能。

(4) 交联型涂料具有极好的耐热性能，可在230℃左右温度下涂膜不变色。

(5) 能与其他树脂拼用，是通用性较好的涂料。

(6) 硬度、弹性在很大的范围内可调。

(7) 特别是其单体种类很多，通过变换不同的共聚单体，调整相对分子质量及交联体系等一系列措施，可以变化涂料的各方面性能，制成多种性能及应用的涂料，表5-21、表5-22列出了聚合单体的选择对涂膜性能的影响。

表5-21 选用单体与涂膜性能的关系

性能及效用	选用单体
户外耐久性	甲基丙烯酸酯，丙烯酸酯
硬度	甲基丙烯酸甲酯，苯乙烯，(甲基)丙烯酰胺(甲基)丙烯酸、丙烯腈
耐磨性	丙烯腈，甲基丙烯酰胺
光泽	苯乙烯，芳族不饱和化合物
保光，保色性	甲基丙烯酸酯，丙烯酸酯
柔韧性	丙烯酸乙酯，丙烯酸丁酯，丙烯酸-2-乙基己酯
耐溶剂、汽油、润滑油	丙烯腈，(甲基)丙烯酰胺，(甲基)丙烯酸
耐水性	苯乙烯，含环氧基单体，甲基丙烯酸甲酯、(甲基)丙烯酸高烷基酯
耐盐、耐洗涤剂	苯乙烯、环氧基、丙烯酰胺、乙烯基甲苯
耐沾污性	(甲基)丙烯酸低烷基酯
交联官能团	丙烯酰胺、*N*-羟甲基丙烯酰胺、甲基丙烯酸羟烷基酯、(甲基)丙烯酸缩水甘油酯、(甲基)丙烯酸、顺丁烯二酸酐、衣康酸

表5-22 单体对性能的影响规律

单体	硬度	柔软性	耐碱性	耐UV性保光性	溶解性
α-甲基苯乙烯	↑	↓	极好	很差	↑
苯乙烯			极好	差	
乙烯基甲苯			极好	差	
丙烯腈			尚可/差	尚可/差	
甲基丙烯酸甲酯			很好	很好	
甲基丙烯酸乙酯			极好	极好	
甲基丙烯酸丁酯			极好	极好	
丙烯酸甲酯			很好	差	
丙烯酸乙酯			很好	尚可/好	
丙烯酸丁酯			很好	很好	

溶剂对丙烯酸树脂的溶解能力可以根据溶解度参数来判断。丙烯酸类树脂的溶解度参数一般在8.5~10之间，相对分子质量降低，溶解性增加。芳烃的溶解度参数更接近于丙烯酸树脂的溶解度参数，且价格较低。

丙烯酸树脂涂料是最易实现分子设计达到不同使用性能要求的种类，并最易实现水性化，是当今发展速度最快的涂料种类。它可涂于金属、木材、混凝土等许多材质表面，宜于在铝、镁等轻金属上使用。特别是水基丙烯酸涂料、粉末涂料，没有有机溶剂污染环境、资源浪费的问题，在环境保护意识不断加强的今天，具有较大的市场竞争和发展优势。近期在国内外，水基丙烯酸防腐涂料获得迅速发展和广泛应用，如用于带锈底漆、其他防腐涂料的高耐候面漆、防水涂料、弹性防腐涂料等。现广泛用于建筑用漆、车辆、高级轻工产品、机械、仪器仪表的装饰保护涂装。

5.5.2 种类及应用

5.5.2.1 热塑性丙烯酸酯漆

热塑性丙烯酸酯漆所用的共聚树脂成膜时不会进一步交联，因此需要有较好的物理性能，相对分子质量常常较大，但为了不使固体组分太低，一般常在75000~12000之间。为了能满足各种用途所需要的性能特点，必须通过树脂中单体比例来调整，或采用外加能混溶的成膜物(过氯乙烯、乙酸丁酯纤维素等)来进行改性。

这类涂料耐候性优良,耐久性好,保光、保色性优良,耐化学品性及耐水性良好,耐酸、耐碱性良好,附着力高,单体调配得当时,不低于热固性丙烯酸酯漆的性能。最适用于制造铝粉(金属感)面漆及浅色面漆。但最大缺点是对温度的敏感性大。玻璃化温度稍高的涂膜,低温下易脆,玻璃化温度稍低的遇热易软化发黏,一般只能耐70~80℃温度。另外,溶剂释放性差,涂漆时易流挂,不易干透,有时24h甚至48h后仍达不到应有的硬度及其他物性。

热塑性丙烯酸酯漆尽管在某些性能上略逊于热固性的，但耐大气老化的主要性能却十分优越，所以较广泛地应用于各领域。在建筑方面，无论是外墙，铝质框架以及大桥栏杆、电视塔架等工程设施均长期处于强烈日光的暴晒之下，需要优良的耐老化的涂料来涂饰；在铝的表面常有一层极薄的氧化铝膜，在空气中有着较好的耐腐蚀性，但其耐碱性则较差，同时长时期接触潮湿空气后，其表面会变得灰暗失去金属光泽，从装饰角度来看是不够理想的，最好的办法就是涂一薄层涂料加以保护。丙烯酸酯涂料既耐碱又有卓越的耐光老化性能，所以用铝板制成的飞机、车辆外壳涂以丙烯酸酯清漆加以保护后可以长时期保持其光亮的金属光泽及新鲜感。现一般性能的飞机铝蒙皮表面仍主要使用热塑性的丙烯酸酯漆。罩面清漆配方见表5-23，防腐蚀底漆见表5-24。

表5-23 溶剂型热塑性丙烯酸清漆配方

组　成	丙烯酸酯共聚物溶液(50%固含量)	丁基苯基邻苯二甲酸甲酯	甲苯	甲基乙基酮
含量/g	65	3	16	16

表5-24 热塑性丙烯酸防腐蚀底漆

组　成	含量/g	组　成	含量/g
工业甲基化酒精	31.02	正丁醇	26.21
甲基乙基酮	20	水	0.69
聚烯基丁醛树脂	9.66	磷酸	5.14
铬酸锌	8.28		

5.5.2.2 热固性丙烯酸酯漆

热固性丙烯酸酯漆与热塑性的丙烯酚酯漆相比，其主要优点在于通过固化交联使漆膜的分子变成巨大的网状结构，不熔不溶，并提高其多方面的物理性能及防蚀性、耐化学药品性。此外，由于涂料树脂原来的相对分子质量小得多，可以在不太高的黏度下制成高固体分的涂料，从而改进涂膜的丰满度，缩减施工道数，达到理想的漆膜厚度。热固性涂料树脂的相对分子质量常在30000以下，一般在10000~20000之间，至于高固体分涂料所用树脂则常低至2000~3000。

热固性丙烯酸树脂的交联反应是通过树脂侧链上带有可与其他树脂反应或自身反应的活性官能团。树脂合成时采用不同的活性官能单体，这样侧链上就具有多种不同共聚合反应交联体系的官能团。热固性丙烯酸树脂可分为"自反应"与"潜反应"两大类，前者单独或在微量催化剂存在下，侧链上的活性官能团自身之间发生反应，交联成网状结构的聚合物。后一类其活性官能团自身间不会反应，但可以与添加的交联剂上活性官能团反应形成网状结构的聚合物。这类交联剂应至少具有两个活性官能团，不同的侧链活性基团各有不同的交联体系，要求不同的温度或催化剂，表5-25为常用的热固性丙烯酸酯树脂交联反应类型以及涂膜特性应用。

表5-25　常用的热固性丙烯酸酯树脂交联反应类型、涂膜特性及应用

侧链官能团	官能单体	交联类型及交联反应物质	涂膜特性	应用
羟基	(甲基)丙烯酸羟烷酯	与烷氧基氨基树脂加热交联(如三聚氰氨树脂)	120℃以上温度固化；耐候、保光保色、硬度、附着力、耐水性好	轿车、轻工、家电
羟基	(甲基)丙烯酸羟烷酯	与多异氰酸酯室温交联	常温固化；光泽、耐磨、耐划伤、耐水、耐溶剂性能好	是重防腐面漆的主要种类，应用广泛：航空、交通、机器、轻工、大型钢结构
羧基	(甲基)丙烯酸，顺丁烯二酸酐，亚甲基丁二酸	与烷氧基氨基树脂加热交联或与环氧树脂加热交联	150℃至180℃固化，耐久、保光等不及前两者，但耐腐蚀、抗沾污、附着力最佳	洗衣机、电冰箱、防腐蚀卷材、罐头内壁
环氧基	(甲基)丙烯酸缩水甘油酯	与多元羧酸或多元胺交联或催化加热自交联	170℃以上固化，高温保色性、弹性、附着力高；成本高	应用少，在碳钢、铝、镀锌板等均可使用，特种情况下也用
N-羟甲基或烷甲氧基酰胺基	(甲基)丙烯酰胺羟甲基化或再用醇醚化	①加热自交联； ②与环氧树脂加热交联； ③与烷氧基氨基树脂加热交联	150℃以上固化；优异的耐化学药品及耐沾污性	化工、制药特种防腐蚀涂料

150℃固化30min的氨基树脂固化交联涂料配方举例如表5-26所示。

表5-26　丙烯酸/氨基树烘干漆

组　　成	质量/g	组　　成	质量/g
二氧化钛	26.8	将上述组分混合分散后，加入下列组分并搅拌：	
羟基丙烯酸树脂溶液(固含量60%)		羟基丙烯酸树脂溶液(固含量60%)	12.4
二甲苯	7.7	丁基化三聚氰胺甲醛树脂(65%固含量)	17.7
正丁醇	4.0	正丁醇	2.2

5.6 氟树脂防腐蚀涂料

5.6.1 特性

有机氟聚合物是由乙烯分子中的氢原子被氟原子取代后的衍生物聚合物。它们由含氟单体如四氟乙烯、三氟氯乙烯、偏氟乙烯等通过均聚或共聚反应制得。

氟碳树脂涂料具有传统合成树脂涂料所无法比拟的独特性能，氟树脂涂料的优异性能来源于氟树脂中的分子结构特性。

（1）氟树脂中的氟原子具有最高的电负性，是除氢原子之外最小的原子半径（0.135nm），氟聚合物中，氟原子取代了氢原子，存在着大量高键能的C—F键，键能高达485.6kJ/mol（C—H键为413.2kJ/mol，C—C键136.5kJ/mol）。因此分子结构稳定。C—F键包围在碳链外形成紧密的保护层，使C—C键不易受外界的侵袭，并使整个分子链较为僵硬，呈螺旋形，这些是氟聚合物热稳定性（最高使用温度260 ℃）、高化学惰性、耐紫外辐射、超高耐候性好、抗核辐射性能的主要原因。

（2）有机氟聚合物表面能极低，因此具有自润滑及低摩擦性能、不黏性、憎油、憎水性。

（3）透氧性极小，能很好地起到屏蔽作用。

（4）具有强抗湿性、抗菌性。

（5）介电性能优异。

（6）存在加工性能差、熔融温度高、溶解难等缺点，限制了它的应用。

表5-27列出几种氟涂料的基本性能供参考。

表5-27 氟树脂涂料种类与性能

项目 \ 指标 \ 聚合物		聚四氟乙烯 PTFE	聚氟乙烯 PVF	聚偏氟乙烯 PVDF	四氟乙烯-六氟乙烯共聚物 FEP	聚三氟氯乙烯 PCTFE	乙烯-四氟乙烯共聚物 ETFE	乙烯-三氟氯乙烯共聚物 ECTFE	可熔性聚四氟乙烯 PFA	氟乙烯-乙烯基醚共聚物 PEVE	氟橡胶
涂料加工性能	粉末涂料	X	O	G	G	O	E	E	E	X	X
	分散型涂料	O	O	F	O	O	O	O	O	X	G
	溶剂型涂料	X	X	X	X	X	X	X	X	G	X
涂层的基本性能	最高温度/℃	260	150	100	200	160	150	160	260	<100	<100
	力学性能	G	E	E	G	G	E	E	E	F	G
	耐候性	E	E	E	E	E	E	E	E	E	E
	孔隙率	高	极低	无	无	低	极低	极低	无	低	无
	厚涂层	X	O	O	G	G	E	G	E	O	O
	低摩擦性	E	F	F	E	F	F	F	E	F	G
	非黏性	E	F	F	E	E	G	G	E	G	G
	耐化学品（腐蚀）	O	G	G	E	E	G	G	E	O	O
	防污染性	G	E	E	G	G	G	G	G	E	O
	阻燃性	不燃	自熄	自熄	不燃	不燃	自熄	不燃	不燃	自熄	自熄
应用	防腐涂层	X	F	F	E	E	G	G	E	F	G
	装饰性涂层	O	E	X	—	—	—	—	—	E	—
	耐候涂层	—	E	E	—	—	—	—	—	E	—
	防黏层	E	F	F	E	E	G	G	E	G	G

注：E—极好，G—较好，F——一般，O—可以，X—不能。

由于超高层建筑增多，酸雨腐蚀加重，因此氟碳树脂预涂金属板用量增加，特别是在亚洲，2005 年全球氟碳树脂卷材涂料消耗量预计在 5.0 万吨左右，室温固化的 FEVE 氟碳树脂涂料，在超高层建筑外墙和野外钢铁物件、跨海与跨江大桥及特殊地区的桥梁、隧道涂装中用量已大量增加。氟碳树脂的水性、粉末涂料品种也在市场上大力推广，并不断出现“环境友好”型氟碳树脂涂料如高固体分、低沾污型以及防反射膜用的品种，现国外总氟碳树脂涂料年总消耗量为 6.0 万~8.0 万吨，年平均增长速率为 10%以上。

5.6.2 主要种类

氟树脂众多种类中，聚四氟乙烯是高分子材料耐蚀性能最为优异的，除了熔融的碱金属外，几乎对所有的化学介质呈现惰性，具有耐高温强氧化性介质的性能(耐王水、浓硝酸、浓硫酸等)，被誉为“塑料王”，并具有优异的耐磨和自润滑性能。但由于其表面能极低，与基材表面结合很难，常采用烧结成膜方法。

含氟涂料按照成膜过程来区分主要有 3 种涂料：烧结型氟树脂涂料、橡胶型含氟涂料和(可溶性)共聚体含氟涂料。

(1) 烧结型氟树脂涂料：主要是由含氟树脂的微小颗粒高温烧结，而达到连续成膜。该类涂料主要是指难以找到合适溶剂的氟树脂，必须通过烧结的方法才能成膜的氟树脂涂料。主要品种有聚四氟乙烯(PTFE)涂层和聚三氟氯乙烯(PCTFE)涂层、四氟乙烯-六氟丙烯共聚物(FEP)涂层、乙烯-四氟乙烯共聚物(ETFE)涂层等。烧结温度一般在 200~300℃之间，制作时，先研磨树脂成 40~80 目颗粒的悬浮液，底材需要喷砂和脱脂处理，涂覆方法有浸涂、刷涂和喷涂。需要进行多道涂敷才能达到 300~400μm。最后一次涂覆后烧结，往往烧结后要进行速冷淬火，该类氟树脂涂料的耐蚀性能最佳，但施工难。

(2) 橡胶型含氟涂料：主要特点是涂膜具有较高的弹性和抗冲击性能，耐蚀性能比聚四氟乙烯等氟树脂涂料差，但与一般的树脂涂料相比，耐候性、耐磨性、耐水性、耐高低温性能仍有优势。可制成水分散性涂料(如日本的 GL 系列涂料)，便于施工，喷涂后可以在较低温度下干燥成膜。除用于防腐涂层外，也可用于制作耐热、润滑和防黏涂层和密封件。

(3) (可溶性)共聚体含氟涂料：主要是氟乙烯-乙烯基醚共聚物(FEVE)涂料，FEVE 树脂提供了含氟树脂在芳烃和酮类溶剂中的可溶性，克服了以往含氟涂料必须高温烧结的缺点，能在室温到高温较宽的温度范围内固化，得到光泽、硬度、柔韧性都理想的透明涂膜。它与封闭型异氰酸酯树脂(如甲乙酮肟封闭的六亚甲基异氰酸酯)或三聚氰胺树脂(丁醇醚化三聚氰胺甲醛树脂)混合，可制成高温烘烤固化的单组分产品，也可以和缩二脲多异氰酸酯或 HDI 三聚体制成双组分产品，得到可常温交联固化的含氟聚氨酯涂料。其涂料配方示例见表 5-28。

表 5-28　FEVE 涂料配方示例

成　　分		1	2	3
LNMIFLON 清漆(LF100)		100	100	100
溶剂	二甲苯	25	25	25
	正丁醇	—	75	—
	甲基异丁烯甲酮	75	—	75
催化剂	*p*-甲苯磺酸	—	0.1	—
	二丁基二月桂酸锡	0.00035	—	0.00035
颜料	TiO_2(CR-90)	21	21	21
固化剂	封闭型异氰酸酯	16.8	—	—
	氨基树脂		3	—
	异氰酸酯	—	—	9.3

由 FEVE 树脂制得的常温固化含氟聚氨酯涂料，具有超常的耐候性(大大超过了丙烯酸聚氨酯涂料)，曝晒4000h 后，涂膜强度基本不变。含氟聚氨酯涂膜表面坚硬，耐热、硬度高、柔韧性好，防霉阻燃。涂膜表面能低，耐沾污性好，在耐候性、耐化学药品性、高耐腐蚀性和高装饰性方面，具有其他涂料无法比拟的综合优点。氨基树脂、异氰酸酯固化的 FEVE 涂膜，在室温下，分别浸泡在丙酮、苯、乙酸乙酯、挥发性油、三氯乙烷、10%硫酸、10%盐酸、5%硝酸中 10 天后，涂膜仍完好无变化。极好的耐蚀性能和方便的常规双组分涂料常温成膜工艺，使之逐渐获得了广泛的应用。广泛用于航空航天、船舶、车辆、桥梁等户外结构、建筑的防腐蚀保护，也可用于铝材、钢材、塑料、水泥和木材表面的防护和装饰。

目前，氟聚合物以涂料形式应用的品种较多，但用量却很少。氟涂料推广应用难的原因是价格高、涂层制备困难。在制备涂料时，为了满足不同用途，通过添加填充料和颜料对原聚合物进行改性。无机填充料可减小涂层成型后的收缩率，玻璃纤维不仅可以提高涂层的刚性和硬度，而且可以改善涂层的耐热性能。填充高分子聚合物形成高分子合金涂层可以改善涂层的机械性能和物理性能，如聚四氟乙烯(PTFE)本身具有极佳的耐化学品性能，但是用 PTFE 悬浮液制备涂层时，存在涂层孔隙率高和难以制备厚涂层等缺点，涂层防腐性能差，以致不能单独作为防腐涂层使用。PTFE 中加入聚苯硫醚可提高涂层的附着力，减少孔隙，涂层的防腐综合性能有所提高。用氟涂料制备涂层时，不仅要考虑涂料本身的性能，而且还应考虑涂层制备方法。

氟涂料防腐是一种很有发展前途的防腐手段，是重防腐涂料的重要种类。另外作为高级装饰性材料和耐候性涂料也具有很强的竞争力。

5.7 含氯橡胶类防腐蚀涂料

涂料用橡胶树脂是以天然或合成橡胶为原料，经过化学处理(氯化改性)而制得。天然橡胶相对分子质量大，溶液的黏度高，涂膜干燥缓慢，且膜软、发黏。另外，大分子中具有较多的双键(即高度不饱和)，易于老化，故不宜用来制造涂料。合成橡胶的品种很多，某些品种如丁苯橡胶、氯丁橡胶及丁基橡胶等皆可用作涂料，但防腐蚀性能不够理想。不论是天然橡胶或合成橡胶，通过氯化改性或者通过其他方法合成得到的含氯弹性聚合物，其溶解性、可塑性、反应性、化学稳定性以及耐腐蚀性才有所改善或提高，达到制备防腐蚀涂料的要求。因此，橡胶类防腐涂料主要为含氯橡胶涂料，包括：氯化橡胶涂料、氯磺化聚乙烯涂料、氯丁橡胶涂料、氯化氯丁橡胶涂料。

该类涂料由于成膜物大分子中引入了氯元素，构成了极性较大的 C—Cl 键，使涂膜与基材、涂层与涂层之间的附着力增强，耐水、酸、碱、盐，防腐性能好，并具有阻燃自熄、防霉性能。但涂膜不耐高温，高温下易析出氯化氢气体而降解，性能变差，使用温度一般不超过 60℃。

5.7.1 氯化橡胶防腐蚀涂料

氯化橡胶是由天然橡胶经过炼解或异戊二烯橡胶溶于四氯化碳中，通氯气而制得的白色多孔性固体物质。通常含氯量在 65%~68%左右。其化学结构示意如下：

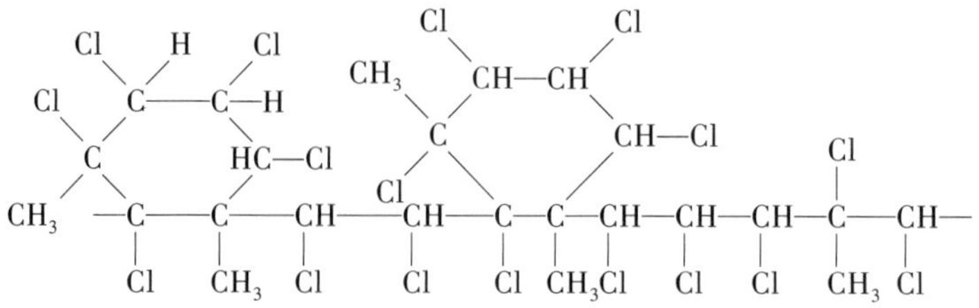

氯化橡胶呈白色粉末状，溶液黏度因橡胶降解程度而异。易溶于芳烃、卤烃、酯类和酮类，并可用部分脂肪烃作稀释剂。漆膜特性为：

（1）由于分子结构规整、饱和、极性小，无活性化学基团，故漆膜化学稳定性高，耐酸、碱、盐、氯化氢、硫化氢、二氧化硫等化学品侵蚀，但不耐浓硝酸和氢氧化铵；长期与动物油、植物油和脂肪接触，漆膜软化和膨胀。

（2）对光、热不稳定，干燥时130℃以上时开始分解，在潮湿条件下60℃就开始分解，所以使用温度低于60℃。

（3）与大部分合成树脂相比，水、水蒸气通过性最低，抗渗透性极好。

（4）是溶剂挥发型单组分涂料，无毒，快干、不受施工温度限制。

（5）附着力好，并无层间附着问题。

（6）含氯量高，故阻燃性好，且在潮湿条件下可防霉。

（7）氯化橡胶可和多种树脂配合制漆，如不干性醇酸、环氧酯、环氧、煤焦沥青、热塑性丙烯酸以及乙烯—乙酸乙烯共聚树脂等，以改进其柔韧性、耐候、耐腐蚀性等。

（8）单独用于涂料时，漆膜较脆，制漆时需加用增塑剂或其他增塑性好的树脂；低相对分子质量增塑剂，如氯化石蜡、氯化联苯或苯二甲酸酯，常因其亲水性而影响涂层的防腐蚀性。

（9）合成氯化橡胶时采用四氯化碳为溶剂，其成品往往含有一定量的四氯化碳，污染环境。

氯化橡胶是应用普遍的重防腐涂料，常用的品种有氯化石蜡改性、氯化橡胶/丙烯酸磁漆、氯化橡胶/醇酸树脂防腐蚀漆、氯化橡胶/煤焦油防腐蚀漆。其中煤焦油有很好的湿润性和耐水下浸泡性，二者结合能制成高固体分、耐蚀耐水性好且成本较低的水下用涂料，其示例性配方如表5-29所示。

表5-29　氯化橡胶焦油改性涂料

组　分	质量分数		组　分	质量分数	
	1	2		1	2
低黏度氯化橡胶	9.8	8.9	萘酸锌	1.5	—
煤焦油(85%)	16.4	17.5	环氧氯丙烷	—	0.1
氯化石蜡(含氯52%)	3.5	3.7	氧化锌	—	1.0
烃树脂	0.7	2.3	二甲苯	20.2	18.9
增稠剂	1.5	1.5	C_9 芳烃	7.5	6.0
铁红	28.7	14.7	固体分/%	70	72.5
重晶石	—	14.8	颜料/树脂(质量比)	1.22	1.24
滑石粉	9.7	10.6	颜料体积浓度/%	30	30
低相对分子质量环氧	0.5	—			

氯化橡胶涂料曾作为化工设备和水管防锈涂料使用，但一度几乎消失，后来由于帝国化学公司的研究开发，根据需要用酚醛树脂、石油树脂、醇酸树脂、丙烯酸树脂等进行改性，克服了氯化橡胶涂膜硬而脆的缺陷，使之成为重要的重防腐蚀涂料，常用作水下钢结构、船舶、地下输油、输气管道防腐保护，但不宜涂于化学品贮槽、贮罐内壁。它在重防腐体系中多用于中涂漆和面漆，与多种涂料，如环氧、酚醛、无机或富锌底漆等涂料有良好的配套性能。其重防腐蚀涂层厚，为减少施工麻烦，常采用厚膜型。由于制造氯化橡胶用的四氯化碳会破坏臭氧层，又有毒，故其成为限制对象。为此，国外正采取以丙烯酸酯橡胶和高氯化聚

乙烯作为氯化橡胶的替代产品。如法国固特异化学品公司欧洲分公司在使用苯乙烯-丙烯酸和苯乙烯-丁二烯聚合物的基础上发展了新的重防腐蚀涂料体系，能取得与使用氯化共聚物同等的效果。

5.7.2 氯磺化聚乙烯防腐蚀涂料

氯磺化聚乙烯是由相对分子质量为20000左右的高压聚乙烯与氯、二氧化硫进行氯化和磺化制得，产物含氯量为26%~29%，含硫量为1.3%~1.7%，相当于聚乙烯链中每7个碳原子中就有一个氯原子，每90个碳原子中就有一个—SO_2Cl，外观为白色片状或条状弹性体。其分子结构如下

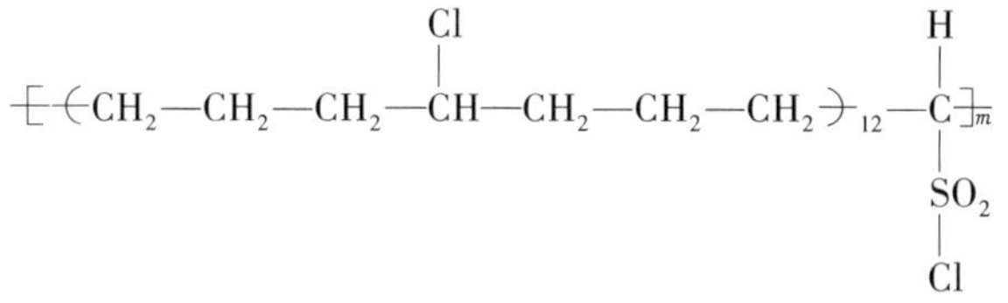

用于涂料产品有氯磺化聚乙烯—20和氯磺化聚乙烯—30两种，前者的氯、硫含量分别为29%~33%、1.3%~1.7%；后者的氯、硫含量分别为40%~45%、0.9%~1.1%。它们易溶于芳烃和卤烃中，这有利于制漆。

大分子链中—SO_2Cl基团活性较大，可与某些金属氧化物反应而交联，如PbO，还可以与胺、醇、酰胺、胺-环氧加成物、有机酸、酚类等反应而交联。因此其固化剂(也称为硫化剂)种类众多，典型硫化剂对涂膜性能的影响见表5-30。

表5-30 硫化剂对涂料性能的影响

涂料性能	一氧化铅	三元马来酸铅	氧化镁	环氧	聚酰胺
耐水性	10	9	1	8	5
耐热性	8	8	10	9	7
耐化学药品性	10	8	5	10	7
装罐稳定性(一部分漆)	7	10	1	9	1
硫化速度(快速硫化配方)	9	7	8	7	10
着色力	6	9	10	9	9
保色性	4	9	10	7	8
抗硫化物污染	3	5	10	10	10
未着色透明性	2	2	3	10	10
分散难易程度	5	6	7	9	10

注：10为优良，1为最差。

氯磺化聚乙烯防腐蚀涂料由氯磺化聚乙烯、硫化剂、硫化促进剂，颜料和溶剂组成。固化后的分子结构决定了涂料具有如下特性。

(1) 分子结构中有氯原子，故可增强涂膜的抗油性、耐燃、耐溶剂性及提高物理机械性能。

(2) 氯磺化聚乙烯大分子的主链是聚乙烯型结构，是一种在主链上不含双键结构的完全饱和型橡胶，因而它的耐气候性、抗臭氧、抗老化、耐酸碱性好，耐化学药品性能(尤其是耐氧化剂的性能)远优于含双键的不饱和型橡胶。但是它不耐热氧老化，会脱出HCl(因而常需加入防老剂)，耐热温度为120℃。

(3) 因为是弹性体，延伸性好，低温下也能形成柔软的薄膜，韧性及耐腐性好；耐低温

性能可达-4℃。

(4) 其透气性和透湿性明显地低于其他的大部分弹性体，有良好的抗水、防潮及抗霉菌等性能。

(5) 在有机溶剂中溶解度低，致使其涂料中的溶剂含量高达 70 %以上，必须使用芳香族溶剂，不仅污染严重，而且也造成溶剂的极大浪费，施工时毒性较大。

(6) 本身颜色较深，不宜制造浅色漆及白漆，不宜制造装饰性涂料。

氯磺化聚乙烯防腐涂料也有非交联型的单组分包装涂料，其采用氯磺化聚乙烯为主要原料，加入一定量的颜料和填料等组成。这种涂料在成膜过程中仅仅依靠溶剂挥发而成膜，不发生任何交联反应。它的特点是容易制取，施工方便，储存期长，包装运输方便，缺点是耐候性差，机械物理性能和耐化学品性能较交联型的涂料差。

双组分交联型氯磺化聚乙烯涂料，在性能上显然优于单组分非交联型的涂料，固化交联的方法有加热固化和室温固化两种。热固化涂料(在 120~177℃烘烤，10~45min)储存稳定性很好，而室温固化涂料的固化剂组分(即 B 组分)中，除了金属氧化物(如 PbO，MgO)等和有机酸外，还需加入含硫的橡胶促进剂，如二硫化苯并噻唑、乙烯硫脲等，用以加速交联反应而使涂料在室温下固化。

氯磺化聚乙烯能与许多合成树脂相混溶。加入某些树脂可改善其性能，如提高硬度、改善黏附性等。常用的树脂有环氧树脂、酚醛树脂、过氯乙烯树脂、氯化橡胶、醇酸树脂及沥青等，以满足不同使用性能要求。表 5-31 列出环氧树脂改性的氯磺化聚乙烯防腐蚀涂料示例性配方。

表 5-31 环氧树脂改性的氯磺化聚乙烯防腐蚀涂料组成

树脂组分/%		固化剂组分	树脂组分/%		固化剂组分
氯磺化聚乙烯-30 溶液(20%)	63.1	乙二胺 6%乙醇溶液	钛白粉(R 型)	9.5	乙二胺 6%乙醇溶液
E-20 环氧树脂(40%)	15.0		乙酸丁酯	6.0	
炭黑	0.37		丙酮	5.0	

注：配合比例(质量比)：树脂组分：固化剂组分=100：(6.4~6.5)。

为克服氯磺化聚乙烯溶剂量大带来的污染严重问题，近年研制开发了水性氯磺化聚乙烯防腐蚀涂料，具有突出的社会效益和经济效益。其主要工艺是将氯磺化聚乙烯胶用溶剂在特种胶体溶剂中分散成溶剂型胶液，然后再加入乳化剂、水，用机械高速分散，再加入颜料和助剂而得，有时也添加特种水性树脂。此外，氯磺化聚乙烯玻璃鳞片防腐蚀涂料是国内外研制和生产玻璃鳞片防腐蚀涂料的主要品种之一，该涂料结合了氯磺化聚乙烯和玻璃鳞片的优点，具有更全面、更优异的性能，可广泛应用于各个防腐领域，效果显著。

氯磺化聚乙烯涂料除可作金属防腐蚀涂料外，还适用于橡胶、塑料、织物等的防护。目前主要用于石油化工大气、石油化工设备、管道、海洋石油设施、船舶和石油化工建筑的防腐蚀涂装。

5.7.3 氯丁橡胶防腐蚀涂料

氯丁橡胶防腐蚀涂料是由氯丁橡胶和其他树脂如对叔丁酚甲醛树脂或过氯乙烯树脂等配制而成。单体氯丁二烯经 1，4 - 加成聚合的大分子中，链上的氯原子反应活性较低，但是在聚合过程中常有少量单体以 1，2 - 方式加成。这种 1，2 - 结构能发生异构化，生成烯丙基氯原子。它的活性较大，能与金属氧化物(如 ZnO)反应而使大分子交联。此类反应可简写如下。

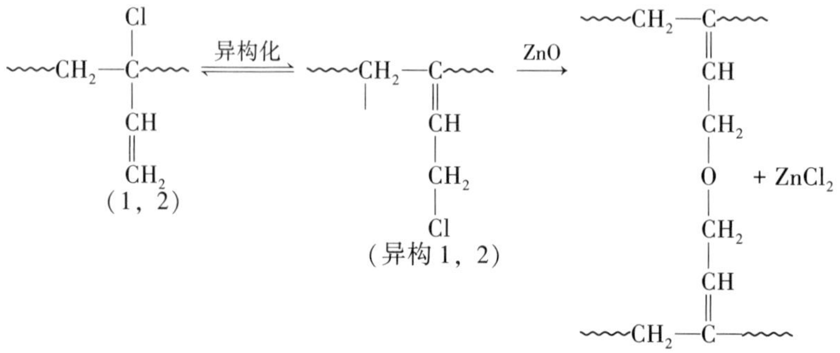

利用这个反应，氯丁橡胶涂料在成膜过程中会“硫化”交联生成体型结构，为了使“硫化”反应能快速进行，常须加入硫化促进剂。

氯丁橡胶涂膜具有耐水、耐晒、抗磨损及耐酸、耐碱及化学介质腐蚀的性能，使用温度范围是-40~90℃左右。其缺点是有色变，不能配制浅色漆，对金属的附着力差，需用氯化橡胶底漆打底。适用于地下、水下或有腐蚀介质的潮湿环境下物件的防腐，常用于化工生产设备、船舶、电镀设备的涂装，也可用作保护性可剥离漆，作为铝及铝合金化学铣切时临时保护层。

5.8 乙烯类含氯防腐蚀涂料

乙烯类含氯防腐蚀涂料是采用含有大量氯元素的聚烯烃类高聚物为成膜物质所制成的防腐蚀涂料。具有如下特点：

（1）由乙烯类单体聚合的树脂配制而成，是热塑性涂料，靠溶剂挥发而成膜，干燥迅速，施工条件宽松。

（2）耐候性，耐蚀性良好，耐化工大气性能优于其他品种。

（3）含氯量高，具有一定的阻燃和防霉性能。

（4）但对金属的附着力较差，必须用各种配套底漆（如环氧底漆等）和多道涂装，以保证涂层良好的附着力和一定的厚度。

（5）它的耐热性不高，使用温度一般不宜超过60℃。在80~90℃温度下即能缓慢分解，145℃以上则加速分解而释放出氯气，分解后涂膜变色、脆裂，耐腐蚀性能大大降低。

（6）一道漆膜较薄，需多道涂装才能达到所要求的厚度。

乙烯类含氯防腐蚀涂料宜作户外大气防腐及石油化工设备的内壁防腐。其品种主要有聚氯乙烯树脂涂料、过氯乙烯树脂涂料、氯乙烯-乙酸乙烯共聚树脂涂料、氯醚共聚树脂涂料、偏氯乙烯共聚树脂涂料、高氯化聚烯烃涂料、氯化乙烯-乙酸乙烯共聚物树脂涂料。其中产量最大、应用最广的为过氯乙烯树脂漆。

下面简单介绍其中的过氯乙烯树脂涂料、氯乙烯-乙酸乙烯共聚树脂涂料、高氯化聚烯烃涂料三个典型品种。

5.8.1 过氯乙烯防腐蚀涂料

过氯乙烯（CPVC）由聚氯乙烯（PVC）再氯化制成，含氯量在64%左右。能溶解于芳烃、酯及酮的混合溶剂。因结构饱和，侧基很小，主链有—Cl屏蔽，能形成结构致密，耐化学介质腐蚀的漆膜，在45℃以下能耐硫酸（浓度<90%）、硝酸（浓度<50%）和各种浓度的酸、碱、大多数盐类水溶液，又耐水、海水、汽油、矿物油、润滑油、醇类及很多种有机化合物。但耐光性差，加入适当的颜料和紫外线吸收剂等配成的磁漆具有良好的耐候性。常与醇

酸、环氧树脂配合使用，改善对金属附着力和耐温性。使用过氯乙烯为底漆时，底材的表面处理要求较高，如果不能达到满意的程度，采用环氧酯漆打底较好。过氯乙烯漆的漆膜很薄，一般要涂 6~10 道才能达到防腐蚀要求的厚度。表 5-32 列出的过氯乙烯防腐蚀底漆、磁漆示例性配方。

表 5-32　过氯乙烯防腐蚀涂料配方

组　分	质量分数/%				
	铁红底漆	锌黄底漆	清漆	白磁漆	红磁漆
过氯乙烯树脂	9.3	14.1	12.00	10.24	10.00
苯二甲酸二丁酯	2.9	4.7	1.25	2.49	2.68
五氯联苯	—	—	1.25	—	—
磷酸三甲酚酯	—	—	1.00	—	—
中油度亚麻油醇酸	5.0	6.0	—	4.25	4.00
环氧氯丙烷	—	—	0.40	—	—
蓖麻油酸钡	—	—	—	0.19	0.18
低碳合成脂肪酸钡	—	0.5	—	—	—
钛白	—	—	—	10.93	—
铁红	23.0	—	—	—	10.50
沉淀硫酸钡	13.3	—	—	—	—
滑石粉	1.5	4.7	—	—	—
锌铬黄	—	15.5	—	—	—
氧化锌	—	7.5	—	—	—
乙酸丁酯	—	10.0	—	—	—
乙酸丁酯：丙酮：甲苯(10：15：95)	45.0	37.0	84.10	71.30	72.64
固体分/%	~55	~63	~16	~29	~27

过氯乙烯漆在防止户外化工大气和海洋环境条件钢结构腐蚀方面应用较多。过氯乙烯底漆对在湿热带及海洋气候条件下的机械设备、钢铁结构有很好的三防效果，也用于混凝土构筑物防水防渗。过氯乙烯防腐蚀磁漆可与过氯乙烯底漆，也可以与环氧树脂底漆配套使用。

5.8.2　氯乙烯-乙酸乙烯共聚树脂防腐蚀涂料

聚氯乙烯(PVC)由于烃链上只有小而相间的氯侧基，故化学稳定性高，具有耐腐蚀、不燃、坚韧耐磨的优点，但溶解性差、附着力低，直接制漆有困难。与乙酸乙烯共聚后，因引入大而带极性的乙酸酯基则改进了溶解性，增加分子链的柔性，与其他树脂、增塑剂的相容性也有所改善，但相应地降低化学稳定性。一般用于制漆的共聚树脂中含乙酸乙烯 5%~17%，此含量是能适当提高溶解性和附着力而防腐蚀性能下降不十分明显的平衡点。其共聚物也简称为氯醋共聚树脂。分于结构可用下式表示

$$\left[\left(CH_2-\underset{\displaystyle Cl}{\underset{|}{CH}} \right)_n CH_2-\underset{\displaystyle OCOCH_3}{\underset{|}{CH}}- \right]_n$$

乙酸乙烯在共聚的大分子链中混杂排列，破坏了原有聚氯乙烯分子链的规整性，即乙酸乙烯起着内增塑作用。由氯醋共聚树脂配制而成的涂料简称为氯醋涂料。该类树脂漆性能近似过氯乙烯，但耐候性、附着力及柔韧性优于过氯乙烯涂料。氯醋共聚树脂涂料具有耐水、耐油、耐化学腐蚀、耐候、防霉、不易燃、坚韧耐磨等特性。用途较广，它可用于化工防腐涂料、金属卷材涂料、船舶及海洋设备涂料，以及常用的食品包装、木器和塑料制品表面等的涂装。如果加入少量的顺丁烯二酸酐，或使乙酸乙酯部分水解，共聚物分子上带有—COOH、—OH 基团，漆膜的附着力将有很大的提高。如国外的 VAGH 系列防腐蚀涂料就是

含有—OH 基的氯醋共聚物，其与加入乙烯醇的共聚产物结构相同，也称为三元共聚物。氯乙烯-乙酸乙烯共聚树脂及其部分水解物(三元共聚物)的防腐蚀涂料示例性配方如表 5-33 所示。该涂膜用于户外钢结构防大气腐蚀效果显著。

表 5-33 氯醋共聚物及三元共聚物防腐蚀涂料配方

原 料	质量分数			
	清 漆	灰磁漆	白磁漆	红丹底漆
氯醋共聚树脂	16.0	20.0	—	—
氯醋共聚树脂的部分水解	—	—	15.0	15.0
磷酸三甲酚酯	—	—	—	3.0
苯二甲酸二丁酯	—	4.0	—	—
苯二甲酸二辛酯	1.5	—	2.0	—
环氧 E-51	0.5	—	0.5	—
环氧 E-42	—	0.6	—	—
红丹	—	—	—	22.0
钛白	—	6.0	10.0	—
炭黑	—	0.1	—	—
丙酮	22.3	11.5	18.5	—
甲乙酮	—	—	—	30.0
环己酮	13.3	23.1	12.5	—
醋酸丁酯	5.4	—	5.0	—
甲苯	—	34.7	—	30.0
二甲苯	41.0	—	36.5	—
固体分/%	18.0	30.0	28.0	40.0
颜料/树脂(质量比)	—	0.248	0.388	1.22

5.8.3 高氯化聚乙烯防腐蚀涂料

氯化聚乙烯(CPE)和高氯化聚乙烯(HCPE)都有良好的耐化学介质腐蚀和抗老化性能，溶解性也基本能满足制漆的要求。与过氯乙烯(CPVC)树脂相比，HCPE 分子上氯原子的位置是无规则的，因而分子的排列是无序的，分子间的缔合力很小，基本上是处于低结晶度或非结晶状态。而过氯乙烯(CPVC)虽然经聚氯乙烯(PVC)氯化之后，平均 3 个氯乙烯链节上又接上一个氯原子，但分子的排列仍比较规整，尚有一定的结晶性。所以，虽然二者的氯含量都在 60%以上，HCPE 的溶解性较过氯乙烯好，且可以不用强溶剂，极易溶于芳烃、二甲苯中。同时，HCPE 能与之相容的树脂更多些，给防腐蚀涂料的改性和性能调节留有更大的余地。

这类涂料具有较优良的性能，包括耐化学防腐性、耐候性、绝缘及极高的起始光泽性，并且单组分包装，使用方便，干燥速度快，与氯磺化聚乙烯涂料相比，没有采用氧化铅等含有重金属的硫化剂的毒性问题，应用范围可以更广，是涂料工业中的新型成膜物质。表 5-34 为常温下 HCPE 防腐蚀漆耐化学介质试验结果。

表 5-34 常温下 HCPE 防腐蚀涂料耐化学介质

化学介质	浸泡时间/h	试验结果	化学介质	浸泡时间/h	试验结果
耐湿热性	720	无变化	30%NaOH	720	无变化
耐盐雾性	720	无变化	耐盐水性		
耐酸性			5%NaCl	720	无变化
5%H_2SO_4	480	无变化	10%NaCl	960	无变化
30%H_2SO_4	720	无变化	耐 40#机油	960	无变化
30%H_3PO_4	600	无变化	耐 85#汽油	960	无变化
耐碱性					
5%NaOH	480	无变化	天然曝晒(沿海地区)	2a	轻微失光

另外，氯化聚烯烃类高聚物都有在热和光的作用下脱 HCl 的倾向，应加入少量环氧氯丙烷或低相对分子质量环氧树脂为稳定剂，吸收 HCl。为改善其柔韧性，通常以邻苯二甲酸酯类或氯化石蜡作增韧剂。HCPE 它可用来配置底漆、面漆、磁漆、防锈漆及防腐漆等。表 5-35为 HCPE 防腐蚀涂料示例配方。

表 5-35　HCPE 防腐蚀涂料配方

原料名称	面漆	底漆	原料名称	面漆	底漆
HCPE 树脂	20~25	15~20	滑石粉		10~15
中油度环氧酯(25%)	10~20	10~15	防沉剂	1~2	6~8
钛白粉(R902)	10~15		流平剂	1~2	
氧化铁红		10~15	混合溶剂	50.0	40.0
氧化锌		3~5			

可应用于室外或室内钢结构和混凝土的防腐涂料、船舶涂料和三防涂料等。

5.9　呋喃树脂防腐蚀涂料

5.9.1　呋喃树脂

由呋喃树脂或用其他树脂改性配制的防腐蚀涂料称为呋喃树脂防腐涂料。呋喃树脂是结构中含有呋喃环链节的一类聚合物，主要有糠醛-丙酮树脂、糠醇树脂、改性呋喃树脂三大类。它们的化学基本结构式如下。

糠醛-丙酮树脂：

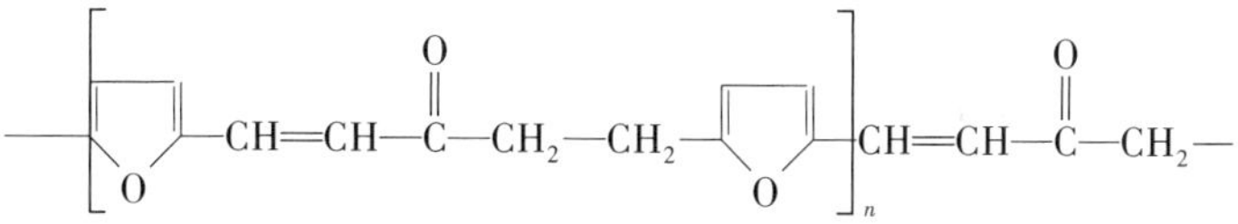

糠醇：

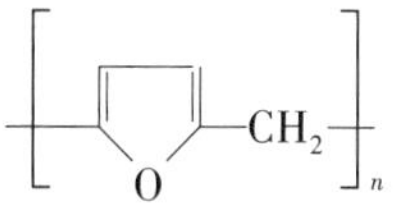

呋喃改性树脂是呋喃树脂与其他树脂进行物理混合或发生化学反应进行改性而成，这些树脂主要包括环氧树脂、聚乙烯醇缩醛、聚氨酯、有机硅树脂。

从上面所介绍的两种呋喃树脂的结构可以看出，呋喃树脂中含有呋喃环、双键、羰基及其相邻碳原子上的活泼氢。因此在碱和酸的催化作用下，可以通过打开双键活性基团，失水等交联反应而形成不溶不熔的网状结构。如糠醇树脂在酸作用下，呋喃环的双链打开进行交联，生成如下的网状结构。

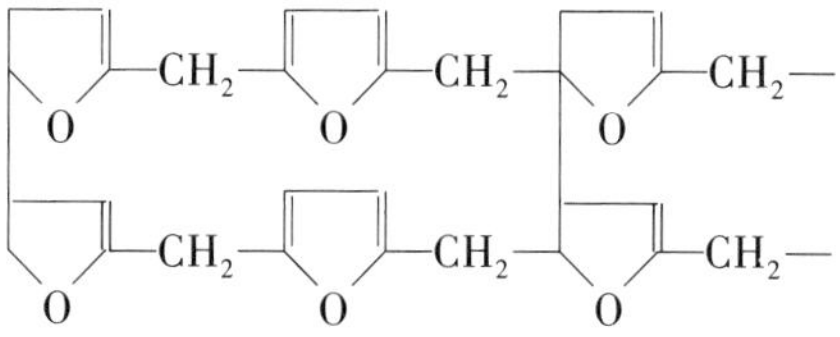

呋喃树脂固化时所用的固化剂与酚醛树脂的固化剂一样，如苯磺酰氯，硫酸乙酯。用量约为树脂质量的 10%。为降低呋喃树脂的脆性，可添加增塑剂，如邻苯二甲酸酯和磷酸酯。

呋喃树脂与酚醛树脂的性能极为相似，除了呋喃环与苯酚环之差别外，都是由—CH_2—

连接起来的紧密网状结构。C—C 键的主链以及很少的活泼基团，分子中又不含能与酸或碱作用的基团，因此表现出良好的耐酸、耐碱性能，可在酸、碱交替的介质中使用，漆膜的透水透气性小，化学稳定，耐腐蚀性优良。但由于分子中还留有一部分双键，易被氧化剂所氧化，因此，它对强氧化性酸[如浓硫酸、浓硝酸]及其他氧化性介质是不耐蚀的。固化后的呋喃树脂由于交联度高，形成紧密的网状结构，其耐溶剂性能及耐温性能(可耐 180~200℃)都比较好。但此结构也使漆膜缺少柔韧性、耐冲击性和附着力，分子链在外力作用下失去了蠕动的可能，使树脂性脆易裂。固化后的呋喃树脂不含有极性基如—OH 等，因此对金属表面的结合力差。上述呋喃树脂的缺点可以通过加入其他树脂，如环氧树脂等进行改性。

5.9.2 呋喃防腐蚀涂料品种

呋喃树脂优异的耐蚀性能决定了呋喃树脂涂料具有优异的耐酸、碱及耐溶剂性，并可在 190℃以下长期使用。呋喃防腐蚀涂料主要有糠醛树脂涂料、糠酮甲醛树脂防腐蚀涂料、环氧改性糠醇防腐蚀涂料、环氧改性糠酮和糠酮甲醛防腐蚀涂料。呋喃树脂分子链的刚性带来涂层坚硬、缺乏柔韧性、对金属的附着力不好，且成膜性差，需在酸性催化剂或高温作用下成膜，这些因素限制了糠醇、糠醛树脂防腐蚀涂料的应用。将呋喃树脂与其他合成树脂(环氧、有机硅等)进行共聚或掺混后制成涂料，既保持了呋喃树脂的耐蚀性能，又改善了漆膜性能，这扩大了呋喃防腐蚀涂料的应用。表 5-36 所列的环氧改性糠醇防腐蚀涂料是将 E-20 环氧树脂与糠醇树脂按(4∶6)~(6∶4)的质量比配合，以冷混或在 120~130℃热拼的方法即可得到改性树脂，热拼树脂漆膜的机械性能较冷混好。该配套涂层用于生产硼酸反应釜内壁防蚀，在 40~100℃的温度和含有硫酸、硫酸钠、硼砂、硼酸介质的侵蚀和磨损条件下，连续使用一年以上无变化。

表 5-36 环氧改性糠醇树脂防腐蚀涂料配方(%)

原料名称	底漆	磁漆	原料名称	底漆	磁漆
环氧改性糠醇树脂(60%)	52.7	79.5	钛白粉(R 型)		14.3
红丹	40.5		二乙烯三胺	占环氧树脂 10%	
滑石粉	6.8	2.1	混合溶剂	调节黏度	
硫酸钡		4.1			

糠醇还可与酚醛在顺丁烯二酸酐催化下制成糠醇树脂，然后与聚乙烯醇缩丁醛配合，制成改性涂料。这种漆膜以酸或石油产品的磺化物催化，在常温可以干燥成膜，不用催化剂时，在 150~160℃烘干；如果与过氧化苯甲酰乙烯混合物配合，常温下也能聚合干燥。该漆的机械强度好，对金属附着力强，对酸、稀碱、水及有机溶剂稳定，耐蚀性优于过氯乙烯漆，使用温度 100℃左右。适用于在金属和混凝土表面涂装。

呋喃树脂类涂料因专用性比较强，使用面较窄。目前，呋喃防腐蚀涂料主要是用于特殊腐蚀环境下的防护，如化工设备内壁防腐。

5.10 有机硅树脂防腐蚀涂料

有机硅树脂独特的元素有机化学结构附与其优异的性能，广泛应用于国民经济的各个领域，在涂料工业中亦占有相当重要的地位。有机硅涂料是以有机硅聚合物或有机硅改性聚合物为主要成膜物质的涂料，它具有优良的耐热耐寒、电绝缘、耐电晕、耐辐射、耐潮湿和憎水、耐候、耐沾污及耐化学腐蚀等性能，近年来在产品性能改进及应用方面都得到了迅速发展。

5.10.1 特性

涂料用有机硅树脂一般以甲基三氯硅烷、二甲基二氯硅烷、苯基三氯硅烷、二苯基二氯硅烷及甲基苯基二氯硅烷等为原料进行水解缩聚而制得。其基本结构式如下：

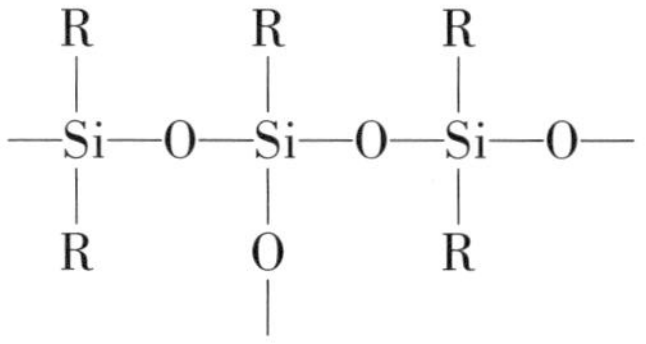

由此看出其主链是由—Si—O—Si—链节组成。同时在 Si 原子上还带有有机基团(—R)。作为涂料用的有机硅树脂主要是带有支链或立体结构的有机硅聚合物。

单体结构、官能团数目与比例硅原子上连接的有机基团种类对涂层性能的影响很大。不同的有机基团可使有机硅树脂表现出不同的性能。具体见表 5-37。

表 5-37　有机硅上不同有机取代基对有机硅性能的影响

有机取代基	赋予有机硅树脂的性能
甲基	热稳定性、脱模性、憎水性、耐电弧性
苯基	氧化、热稳定性进一步提高
乙烯基	可改善有机硅树的固化特性，并带来偶联性；
苯基乙基	可改善有机硅树脂与有机物的共混性
亚苯基、二苯醚亚基、联苯亚基等芳亚基及硅碳硼高聚物	耐辐射性增强，耐温可达 300~500℃

有机硅聚合物主链具有 Si—O—Si 无机结构，又具有有机基团取代基，所以具有无机和有机聚合物的双重性能，主链 Si—O 键的稳定性大于 C—C、C—O 等有机键，因此，其涂层具有以下特征：

(1) 优异的电绝缘性能。

(2) 优良的耐候性，如醇酸树脂引入 30%的有机硅树脂所制备的改性树脂涂料可以常温干燥，户外曝晒性能比醇酸涂料高 2~3 倍。

(3) 耐辐射性。优异。因此，常用于核工业中，它的耐辐射性能随硅原子上的取代基而异，如含苯基的有机硅比含甲基、乙基的有机硅有更大的耐辐射性能。一般含甲基的有机硅耐 $10^7 \sim 10^8$rad，含苯基的有机硅耐 10^9rad。

(4) 耐化学药品性比有机树脂差，但对大多数化学药品还是稳定的。用其他有机树脂改性有机硅可以提高耐化学药品性。如以丙烯酸、环氧、聚氨酯改性有机硅树脂加入钛白粉配成的白色涂料具有较好的耐化学药品性。

(5) 在高温下热氧化时，首先发生侧链有机基的断裂，而主链的硅氧键很少破坏，有机硅聚合物热稳定性随侧链有机基而异，含有芳基的比含脂肪族基团的耐热性更好。另外，含脂肪族取代基的有机硅聚合物热稳定性随有机基碳原子数的增加而降低。

(6) 主链 Si—O 键比 C—C 键长，且取代基少，其大分子柔顺性大于 C—C 主链的有机高聚物，分子间自由体积大，透气性能好，因此若不改性，其屏蔽作用有限，很少用于浸泡类、潮气较大场合下的防腐保护。

(7) 与金属基材的附着力差。

(8) 表面能低，可利用此制备憎水涂料，增加涂层体系的表面防水性能。

(9) 可溶于甲苯，二甲苯等芳香族溶剂及酮类溶剂，为制备涂料提供了可能性。

纯有机硅树脂一般在150~200℃的高温下才能固化，未固化但已干燥时，不耐机械磨损，耐溶剂性能低。由于固化温度高，常常限制了它的使用范围，大面积施工不方便。为了降低有机硅涂料的固化温度，一方面在制备树脂时采用R/Si小及甲基含量高的配方，但这样不可避免地降低了涂料的耐热性及弹性，另一方面就是常采用固化剂如钴、锰、铅、锌等金属的环烷酸盐或辛酸盐作为催干剂，加入量为0.01%~0.5%(按金属浓度计)就可达到降低固化温度、缩短固化时间之目的，以辛酸锌为好。常见低温固化剂种类及固化特性见表5-38。

表5-38 有机硅固化剂种类及特性

固化剂种类	特　　性
辛酸锌等	用量0.01%~0.5%，色浅，对漆膜的耐热性和机械性能影响较小
二丁基二月桂酸锡或二丁基二乙酸锡	用量为0.5%~2%,80℃干燥,使用期短,漆膜耐热性和机械性能较差
三乙酰基丙酮	用量为0.5%~0.75%，80℃固化，使用期1个月，要求R/Si小
胺类(如四甲基氢氧化胺，苄基二甲胺)	0.1%，130~150℃固化
金属胺络合物	用量为0.5%，可以在50~100℃低温固化，不影响涂膜的耐热性和电性能，长期储存不胶化
硅氮化合物	常温干燥，对漆膜的耐热性和机械性能影响较小，稳定性大于5个月

纯有机硅树脂主要用于制备耐热耐候有机硅防腐涂料、耐磨损的透明有机硅涂料、脱模和防潮涂料及耐辐射涂料等品种，加入一定的耐高温填料，可制成耐800℃高温的防腐涂料。

5.10.2 常用有机硅防腐蚀涂料品种及应用

5.10.2.1 耐高温防腐蚀保护涂料

有机硅耐热涂料一般由有机硅树脂和耐热颜料、填料配制而成，所用的颜料大多为金属氧化物，填料大多是硅酸盐型的填料，这些颜填料的加入除对有机硅涂层起到补强的作用外，它们之间在研磨过程中及高温下也会产生一定的化学反应。如云母、石棉、滑石、高岭土这样的硅酸盐填料，它们表面带有少量羟基，能与聚有机硅氧烷的官能基反应。金属氧化物的存在可以对上述反应起催化作用，在主链中形成金属硅氧烷结构。硅酸盐填料的细度愈高其表面活性愈大。

有机硅耐热涂料一般在400~600℃发生较激烈的热分解，聚有机硅氧烷的侧链有机基及主链被破坏，在有机基及硅氧键断裂的地方形成活性中心进一步与硅酸盐和氧化物相互作用。这种作用不会导致有机硅耐热涂料的破坏，相反还加强了耐热性能。这些热物理-化学反应的结果使聚有机硅氧烷和硅酸盐等无机组分联结了起来，保证了有机硅耐热涂料有优秀的性能。

有机硅耐热涂料的配方主要是根据不同的使用条件来选择有机硅树脂和颜填料。只受高温作用的耐热涂料，一般采用纯有机硅树脂来配制使之具有较高的耐热性；要求耐油、耐磨的高温涂料如航空用耐热涂料多采用环氧改性有机硅树脂；要求电绝缘，防潮的耐热涂料多采用聚酯改性有机硅树脂。在户外钢铁上使用的高温防腐涂料多采用有机硅锌粉底漆。铝合金用的耐热涂料多采用锶黄配制的有机硅底漆，因为它对铝合金有钝化防腐作用。采用铝粉为填料的有机硅漆一般可耐热到500℃。

有机硅树脂和颜填料之间的配比，根据要求的耐热温度和使用条件不同而不同，要求装饰性的耐热涂料，可以采用颜基比为0.2~0.8。这样的耐热涂料具有光泽，并且在300℃以下可保持光泽，高于300℃则易失光和破坏。对于耐热温度较高的耐热涂料(高于300℃)，一般要采用较高的颜基比≥2，这样的耐热涂料是无光的，但具有优秀的耐热性。

例如，按表5-39有机硅耐热防腐蚀配方制备的涂层使用在飞机热交换器上，耐温650℃。

表5-39 有机硅耐热防腐蚀配方

组 分	含量/g	组 分	含量/g
有机硅树脂(DC-850)	454	二甲苯	3785
铝粉浆	454		

又如，以环氧有机硅或环氧聚酯有机硅为漆基，石墨为填料，配制的涂料具有较好的耐热、耐酸性，其中石墨用量为漆基的1.5~2倍，用于锅炉烟道使用的耐酸气腐蚀的耐热涂料。

在500℃以上的耐高温涂料中常加入低熔点玻璃料，耐热性可达600~900℃。含玻璃料的耐热涂料经高温下熔融烧结可以获得像陶瓷一样的涂层，如，由环氧有机硅树脂、耐高温颜填料和低熔点玻璃粉配合而成的涂料。玻璃料的熔点在400~600℃范围较好，也可以用不同熔点的玻璃粉配合使用，在填料中也可以加入对玻璃料有助熔作用的物质如偏硼酸钡、五氧化二钒等。在使用中当涂层达到玻璃粉熔融温度时能形成一种无机质的膜，因而具有较高的耐热性。这类涂料可用于合金钢设备和部件的高温保护，如喷气发动机尾喷口的防护。

5.10.2.2 耐辐射保护涂料

有机硅涂料是耐辐射涂料中的重要种类，主要用于核反应堆、核电站、同位素试验室和其他容易受放射性污染的建筑、装置和设备的内外表面保护，要求其具有高度抗辐射和容易去污、耐腐蚀性能及其他应该具备的特殊化学抗性，并且能够吸收腐蚀，以便保护放射源周围的环境。

对于核电站所用的耐辐射涂料，一般要求它至少能耐10^9rad的剂量，由于Si—O键能高，因此具有较好的耐辐射性能，比如有机硅醇酸白色耐辐射涂料在10^9rad的长期照射下无变化。除基料之外，颜料在涂料的耐辐射性能中也起着重要的作用，填料、增塑剂和各种添加剂对涂料的耐辐射性能也有影响，石墨是其中最好的一种，石棉和玻璃纤维等也很有效。还应指出，在选用颜料，填料和助剂时必须注意，制成的涂料不应含经核辐射后会转变成具有放射性的元素，例如铂、镉、锑和锶等。满足这种要求的元素有钛、铅、铬、钙、镁、钡、铁、锌和铝等，有机化合物中的氧、硫和氢等也不存在有害的作用。

5.10.2.3 防水、文物保护涂料

文物保护涂料由于能在文物表面形成了一层膜起到保护作用而且使用方便，因此越来越受到人们的关注。目前，国内外报道的文物保护涂料大多是单一的有机硅系和丙烯酸系涂料。

文物保护涂料需要有对各种文物表面很好的附着力。粒径很小的纳米级硅丙乳液可以很好地渗透到文物内层，大大提高了漆膜与文物表面的附着。其次，硅丙乳液还具有很好的黏接性能，它能固定文物表面的风化层，保留了文物原貌，起到了修旧如旧的作用。另外，由于硅丙乳液中含有无机和有机两种基团，可以改善有机氟乳液和无机硅溶胶的相溶性，起到桥梁作用，使文物涂料的稳定性大大提高。

使用适量的硅溶胶对涂料漆膜的硬度有明显的提高，而且存放稳定没有任何的变化。但是，如果加入过量，由于硅溶胶碱性较大影响了乳液的稳定，造成涂料存放不稳定甚至在涂刷后漆膜有开裂等现象，温度高时这种现象就更加明显。硅溶胶的用量在30%为宜。现今开发出的氟硅丙乳液，它是环保型水性涂料，将氟树脂、有机硅树脂、丙烯酸树脂的优异性能相结合，其特点是耐候性、耐沾污性、透气性、耐水性等优异，并且无光泽，符合文物保护修旧如旧的要求。

5.10.2.4　高温绝缘保护涂料

对于高温绝缘保护涂料不仅要求涂膜具有很好的耐温性能，还要求其电气性能，如漆膜的体积电阻，电击穿强度，介电常数和耐电晕性等，都不应因受热、吸潮和老化而有显著下降。同时耐水、耐油、耐酸碱、耐溶剂等耐蚀性能也是绝缘涂料的性能指标。

有机硅树脂涂料在电气绝缘涂料中占相当重要的地位，其耐热性高、电性能优异，例如，由聚对苯二甲酸酯改性有机硅树脂、滑石粉、氧化铬绿等组成的涂料，耐热性在铁板上可达300℃1000h，耐-55~300℃高低温循环3次，在200℃加1.5倍额定功率热老化100h后，漆膜不开裂、不脱落，$\Delta R/R^{\circ}<\pm 2\%$，具有优秀的耐热、防潮、电绝缘性能。又如，由醇酸有机硅改性树脂制备的绝缘清漆固体分达到40%以上，击穿强度112.5kV/mm，浸水前体积电阻率为$4.15\times 10^{16}\ \Omega\cdot cm$，相对湿度RH95%环境下24h后体积电阻率为$4.8\times 10^{15}\ \Omega\cdot cm$。

5.11　生漆及改性树脂防腐蚀涂料

5.11.1　生漆的特性

生漆，又称大漆、天然漆、国漆等，是从漆树上采割下来的汁液，呈乳白色或黄色黏稠液体，为我国特产，在国外负有盛名，特称中国大漆。大约在汉代，漆器和油漆技术已传到朝鲜和日本。将割取的漆液经过过滤等处理后，便得到可使用的生漆。因漆树品种和产地不同，其组成性质也有差异，产地集中于我国湖北、湖南、江西、云南、陕西带，陕西秦巴地区是我国最大的产漆区。经加工的生漆，漆膜坚硬、丰满、富有光泽，是良好的防腐蚀漆和装饰漆。近几十年来在防腐蚀涂装保护领域，占有很重要的位置。

生漆在空气中易氧化干燥，表面结成黑色光亮坚硬的漆膜，具有如下特性：

(1) 附着力、坚硬、遮盖力均极好。

(2) 具有独特的耐久性，能抵抗酸、土壤、水、海水及种化学介质的腐蚀。如出土的汉朝漆器，漆膜完整。其耐腐蚀性能与酚醛树脂漆相似，而综合性能、防腐蚀效果优于酚醛漆，漆膜具有耐常温酸(浓度70%以下的硫酸、硝酸及各种浓度的盐酸)、耐溶剂(苯类、汽油、乙醇等有机溶剂对其不能溶胀和溶解)、耐水的优异性能(见表5-40)，但耐苛性碱性能较差。

(3) 耐热性优异，可以在150℃以下长期使用，短时间的耐热温度可达200℃，加入填料后耐热性能可大为提高，耐热冲击性能更为优异。

(4) 优异的耐磨性能，可以经受6.86×10^{6}Pa的摩擦力而不损坏，并且越打磨越光亮。

(5) 但生漆干燥成膜慢、颜色深、黏度大，不耐碱和强氧化剂，不耐阳光的长期直晒，而且毒性大，在成膜前，不少人会有过敏反应，这限制了它的应用，所以需要进行改性以降低其毒性，其改性品种逐年增多。

表 5-40　生漆漆膜耐化学介质能力

介质	浓度/%	温度/℃	性能	介质	浓度/%	温度/℃	性能
盐酸	任意	室温至沸	耐	硫酸镍	饱和	室温	耐
硫酸	50~80	100	耐	硫酸钙	饱和	室温	耐
硝酸	<40	100	耐	氯化铵	饱和	室温	耐
磷酸	<70	80	耐	硝酸铵	饱和	80	耐
乙酸	15~80	室温	耐	氯化钙	饱和	80	耐
柠檬酸	20	80	耐	硫化钠	饱和	室温	不耐
硅氟酸	9	80	耐	明矾	饱和	室温	不耐
甲酸	80	室温	耐	松节油		室温	耐
碳酸钠	任意	室温	耐	汽油		室温	耐
苯胺		室温	耐	苯		室温(45℃)	耐(不耐)
氨水	10~28	室温	尚耐	酒精		室温(45℃)	耐(不耐)
氨		室温	耐	湿氯气	浓	室温	耐
硫酸钠	任意	室温至沸	耐	硫化氢	水汽	80	耐
氯化钠	饱和	室温至沸	耐	CO_2 水液	3~5	室温	耐
硫酸铜	15	室温	耐	NaOH	<1	室温	耐
硫酸铵	50	80	耐	漂白粉	饱和	室温	耐
硫酸镁	饱和	室温	耐	水		沸	耐

中国、日本等国自古就有使用生漆餐、饮具的传统文化，证明生漆涂层干燥结膜后对环境无污染危害。生漆及其加工的合成防腐涂料，不但家具、工艺品使用，还广泛用于化工设备、油田防腐、石油管道、船舶、矿山、水利电站、酿造等工业。例如，石油的原油中含有一定量的硫和硫化物，对油管、油槽等设备腐蚀力很强，采用精制生漆涂层保护，其抗腐蚀性能良好，可大大地延长设备的使用寿命；油井结蜡是原油开采过程的老大难问题，我国原油的含蜡量又比较高，直接影响原油的产量，油井管道涂上生漆，防结蜡效果良好。另外还可以作为海洋设施的抗污涂料，刷涂一次保证三年以上无蚌壳寄生繁殖。这是其他化学涂料不可比的。

作为重腐蚀涂料的产品有耐久性漆酚、漆酚钛、漆酚硅重防腐涂料三类。该三类产品均可常温干燥，耐酸碱、耐水、耐盐雾、耐油、耐有机溶剂、耐土壤腐蚀、防潮、防霉、防蛀等综合防腐性能十分突出，适用于石油化工设备、钢铁及大型矿山冶炼的管道、贮槽、设备、天然气管道、油舱油罐、输变电、核电设备及煤矿矿井、海上钻井平台、核电站、地下及海水管线等的重防腐施工。

生漆的组成极为复杂，主要由漆酚(60%~80%)、漆酶(一种特殊结构的氧化酵素)(3.5%~9%)、树脂胶(3%~6%)、含氮化合物(<10%)和水分(10%~30%)等组成。此外，还含有微量有机酸、葡萄糖及灰分等。各种成分的含量因漆树品种、生长环境、采漆时期等而异。漆酚是漆液干燥后的基本成膜物质。漆酶系生漆中含铜的多元酚氧化酶，不溶于水和有机溶剂，但却有特殊的促进漆酚氧化聚合、干燥结膜的功能，其含量在10%以下即能促进漆酚中的不饱和键氧化成膜，漆酶的活性直接关系到大漆的干燥速度。树脂胶不溶于有机溶剂而溶于水，并含有微量钙、钾、铝、镁、钠、硅等元素，它在生漆中的含量为3.5%~9%，其含量愈多，漆液黏度愈大，生漆与漆器之间的附着力愈强。

生漆在20~30℃时置日光下曝晒或在减压常温(20~30℃)下搅拌脱去一部分水，使漆酶活化，同时使漆酶进行一定程度的氧化聚合，过滤除去漆渣，即成精制漆或称熟漆。使用前加入适量熟桐油或熟亚麻油，或二者混合的干性油。

5.11.2　漆酚与生漆的成膜固化

漆酚的结构式为 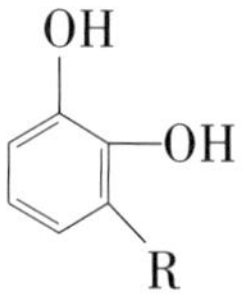

，它是带有不饱和脂肪族长链的邻苯二酚（R 为 C_{15}～C_{17}的不饱和烃基，因生漆的品种不同而不同），其外观为黄色透明液体，可溶于有机溶剂，不溶于水，是生漆的主要成膜物质，其含量愈高，耐腐蚀性能愈好。

生漆的固化成膜是靠漆酚上的活性基团进行交联反应。其主要的活性点为：

（1）漆酚苯环上两个互为邻位的酚羟基活性较大，能与金属化合物、醇、环氧基等起化学反应，生成漆酚金属盐和漆酚醚化合物。

（2）苯环上的不饱和脂肪族长链中的双键能发生氧化、聚合反应。

（3）在苯环上与酚羟基成邻位或对位的氢原子也能活化而发生取代反应和缩合反应。

利用这些反应，可由其他改性剂合成出许多性能良好的新型成膜物，配制各种改性生漆防腐蚀涂料。

一般情况下认为，生漆的成膜机理是在漆酶的催化下，漆酚经过多种复杂的化学反应交联成膜。如把漆酚单甲醚氧化后，发生如下的反应

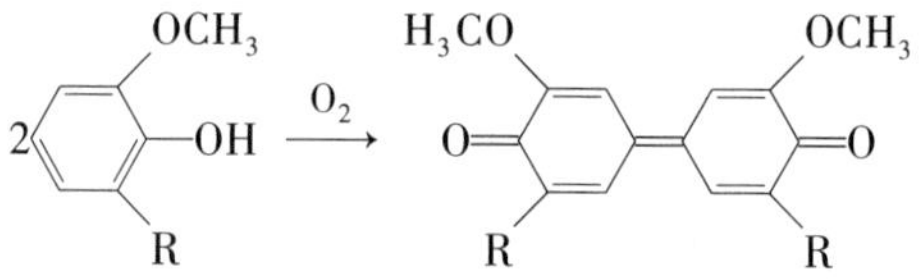

漆酚中的 R 也会像干性油一样，进行氧化聚合，形成网状立体结构。在某些方面类似于油改性纯酚醛树脂，既有酚醛漆那样的致密结构，又有穿插在结构中的脂肪族长链，因而漆膜坚韧，有较高的强度。

漆酶的活性决定了生漆的干燥温度。空气湿度低时，漆酶的活性很低，生漆的干燥缓慢。当温度高于 75 ℃ 时，漆酶在很短时间内全部破坏。生漆最适宜的干燥条件是温度为25～35 ℃，相对湿度 80%以上。在干燥过程中，阳光、刮风及雨雾等对涂层的质量均有影响，给涂装造成一定困难。在高温下，也能干燥，例如 150℃下干燥 3h 即形成坚硬的漆膜。

5.11.3　改性漆酚防腐蚀涂料种类

用生漆作防腐蚀涂料，既可直接应用，亦可改性后应用。生漆的改性方法很多，归纳起来不外物理方法和化学方法两种。前者是将生漆和改性树脂机械混合而得，后者是利用生漆的特性和某些树脂进行化学反应而得。常用改性生漆防腐蚀涂料品种及其特性和用途如下。

1. 漆酚缩醛类防腐蚀涂料

它是由漆酚和甲醛或糠醛缩合而成的，有时也加入适量的顺酐树脂。其耐腐蚀性能和生漆相近，力学性能在初期比生漆的好，但在后期老化较快，易变脆。实际使用时，常用石墨粉、瓷粉等配成磁漆。主要用于涂装车船内外壁和木器家具。

2. 漆酚环氧类防腐蚀

这类涂料的特点是改善了生漆的耐碱性，提高了涂层对金属的附着力。主要有两个品种。

（1）601 漆酚缩甲醛环氧漆　漆酚缩甲醛树脂和 601（即 E-20）环氧树脂反应而得的，以及漆酚缩甲醛树脂与 6004（即 E-12）环氧树脂交联，两产品性能基本相同，漆膜坚硬，附着

力强，具有优良的耐酸、耐碱、耐热、耐化学药品性能和物理机械性能，专供农业机械、化工设备、石油管道防腐蚀用。并可用于液态食品容器内壁，作无毒防腐保护。

(2) 多环氧漆酚缩醛防腐蚀涂料　它是漆酚和甲醛的缩合物与环氧氯丙烷直接反应所得的树脂，溶于甲苯后制成的快干性防腐蚀涂料，耐碱性获得了改善，在142℃、50%氢氧化钠水溶液浸泡4h不变化，在沸腾的70%氢氧化钠水溶液中浸泡12h仅有轻微的变色。此外，耐油性也十分突出，在沸腾的航空汽油中浸泡7天不溶胀。但涂层的耐水性较差，常需罩上由漆酚缩醛树脂和多环氧漆酚缩醛树脂配制的清漆，以提高涂层的耐水性。

(3) 漆酚钛防腐漆　该漆全名为漆酚钛螯合高聚物防腐蚀涂料，它是以生漆为原料，利用漆酚上的酚羟基，配合钛化合物改性剂及有机试剂、助剂等经过聚合反应和特殊处理而制成。其特点为保留了原生漆的优良性能外，还具备有长时间(常温或热态)抗强酸、强碱、耐有机溶剂、耐高温性能，无皮肤过敏性，能自然干燥，施工方便。可作为钢铁、有色金属及其合金、水泥、木材的防腐涂料，广泛用于化工、轻工、石油、食品、纺织、医药、电器、机械、海洋工程以及环保等众多领域。

(4) 漆酚/有机硅防腐蚀涂料　利用漆酚上的酚羟基和有机硅单体进行反应，化合物中引入Si—O键，并减少了漆酚分子上的羟基，从而提高了漆膜的电性能、耐热性能、耐碱性能。采用漆酚和二甲基二氯硅烷与丁醇和水通过酯化、酯交换、缩合反应制得的一种具有特殊性能的漆。成品漆膜对于水、油都不浸润，具有优良的耐油、抗水、耐热、耐溶剂、耐化学品腐蚀等性能。可作为高档防腐、装饰用涂料，尤其是用于石油采油油井中防油管结蜡效果非常显著，属最佳防结蜡涂料之一。

此外，还有漆酚/氯乙烯防腐蚀涂料、漆酚/苯乙烯防腐蚀涂料、漆酚/沥青防腐涂料、漆酚/醇酸防腐蚀涂料等品种。

5.12　醇酸树脂防腐蚀涂料

醇酸树脂是用油料、多元醇(如甘油和季戊四醇等)、多元酸(如苯酐、顺丁烯二酸酐等)通过酯化缩聚制备而成的一种聚酯。制备涂料的醇酸树脂多用干性油(如桐油、亚麻仁油、梓油、苏籽油等)和半干性油(如豆油和葵花籽油)，涂料中的不饱和键在空气中的氧作用下发生氧化聚合交联反应，常温干燥。醇酸树脂可以制成清漆、色漆、工业专用漆和一般通用漆。

醇酸树脂涂料干燥后，形成网状结构，漆膜不易老化、光泽能持久不退。固化后漆膜中残留有羟基和羧基，这些极性基团使涂膜具有较好的附着力，并且漆膜柔韧而坚固并耐摩擦，耐矿物油、醇类溶剂性能好，但耐水性差、不能耐碱。醇酸树脂涂料虽不是油性漆，但就其多数来说，没有脱离脂肪酸衍生物的范围，因此对防盐雾、防湿热、防霉菌等三防性能没有多大保证，不能用于水下结构，在选择使用时，应正确分析。主要用于户内外干燥环境、耐腐蚀性能要求不是很高的场合的钢结构防护。

醇酸树脂涂料的性能与脂肪酸不饱和程度关系密切，根据脂肪酸含量(油度)，醇酸树脂可以分成以下3类。

(1) 短油度——含油40%以下，漆膜干燥很快，有良好的附着力、耐候性、光泽和保光性，短油度醇酸树脂比长油度醇酸树脂的硬度、光泽、耐磨性等方面都好，可以用于汽车、玩具、机器部件等金属制面漆和底漆。短油度醇酸树脂主要和氨基树脂一道用于工业烘干面漆，如自行车、金属、家具等。

（2）中油度——含油40%~60%，苯酐含量为30%~35%，是醇酸树脂中最主要的品种，也是用途最多的一种。特点是漆干燥极快，有极好的光泽、耐候性、柔韧性。但与短油度醇酸树脂相比，保色保光性差些，加入氨基树脂后的烘干时间要长些。可制自干或烘干磁漆、清漆、底漆、腻子等。用作金属制品装饰漆、机械用漆、建筑用漆、家具漆、船舶漆、卡车用漆、汽车修补漆、金属底漆等。由季戊四醇代替部分或全部甘油制得的醇酸树脂，比甘油制得的中油度醇酸树脂主要用于强迫干燥型或者气干性的机械涂料和工业涂料，也用于汽车、货车等的修补涂料。

（3）长油度——含油60%以上，长油度醇酸树脂主要通过豆油改性，苯酐含量为20%~30%。长油度醇酸树脂的漆膜有较好的干燥性能和弹性，以及良好的光泽、保光性与耐候性，但在硬度、韧性、耐摩擦性等方面较中油度醇酸树脂差。用于制造钢铁结构涂料、室内外建筑用漆。

醇酸树脂与各种树脂的拼用改性品种较多，酚醛改性醇酸树脂涂料，主要用于底漆及特殊用途的工业用漆。环氧改性提高了耐腐蚀性，用于底漆。苯乙烯改性醇酸树脂具有比纯的醇酸树脂更快的干燥速度、更好的耐水、耐化学品性和更低的发黄倾向，缺点是漆膜耐溶剂性和耐刮伤性差，主要用做底漆。丙烯酸酯改性醇酸树脂有好的颜料吸收能力、干燥快、高的永久弹性和很好的黏接性。与苯乙烯改性醇酸树脂相比，具有更好的耐候性和保光性及耐刮伤性。有机硅改性醇酸树脂，提高了耐久性和对紫外线的稳定性。漆膜具有优良的耐候性、耐久性、保光保色性、耐热性和抗粉化性等，可作船舶漆、户外钢结构件和器具的耐久性漆和维修漆。有机硅改性醇酸树脂防腐涂料施工方便，价格便宜，应用较为广泛。聚氨酯醇酸树脂干燥快、硬度高、漆膜弹性好、耐磨性高，且防水性和耐化学性好。常用甲苯二异氰酸酯和异佛尔酮二异氰酸酯与醇酸树脂中过量的羟基反应，后者改性的醇酸树脂泛黄性低、颜料吸收性高，且抗粉化性得到了很大的改善，缺点是价格较高。聚氨酯化醇酸树脂主要用于室内外木器清漆，也可用于镶木地板密封漆、船舶漆和细木工清漆。其色漆既可用做高光泽装饰漆又可用做消光装饰漆，具有极好的机械性、耐洗涤剂性等。

第6章 重防腐蚀涂料

6.1 重防腐蚀涂料的基本特点及要求

重防腐蚀涂料和涂装是相对于一般防腐蚀涂料而言的，于20世纪60年代出现了重防腐涂装的提法。它是指在严酷的腐蚀环境下应用并具有长效使用寿命的涂料，也称长效防腐涂装。在化工大气和海洋环境里重防腐涂料一般可使用10或15年以上，在酸、碱、盐和溶剂介质里并在一定温度的腐蚀条件下，一般应能使用5年以上。

为了保证在严酷腐蚀环境下应用具有长效寿命，重防腐涂料的开发和选用首先考虑使用环境的特点。典型的腐蚀环境有海洋大气、海水飞溅区、海水(包括无机电解质溶液)浸泡、化工大气、化工腐蚀介质(酸、碱、盐)、酸性气体和氧化性气体、高温多湿环境、急剧昼夜温差大气，曝晒内陆沙漠环境、污水处理池、油田的高温酸性地下水等。

重防腐涂料除了具有严酷腐蚀环境下应用和长效寿命特点外，还具有以下几点区别于一般防腐涂料。

(1) 与国民经济发展更密切相关。重防腐涂料应用于国家的重点工程和建设，涉及现代工业各领域，对各种腐蚀剧烈的湿热环境中使用的大型装置、建筑物、机械设备等进行防腐蚀涂装。主要用于海洋工程设备(如海上设施、海岸和海湾构造物及海上石油钻井平台等)，现代交通建筑(如桥梁、船舶、集装箱、高速公路、火车和汽车等)，重要的能源工业(油管、油罐、输变电设备、水利电力设备、核电设备及煤矿矿井等)，大型的工矿企业(化工、钢铁、石油化工厂的管道、贮槽、设备及大型矿山冶炼设备等)，在国民经济中发挥重要的作用。

(2) 与现代工业技术的综合发展更为密切相关。现代工业技术的发展不仅为重防腐涂料的发展提供了更好的技术物质条件，也提供了更为广阔的市场。同时环境保护的限制对涂料提出了水性化、粉末化和高固体化的发展要求，这些都将使重防腐涂料在更多领域和更高水平上取代一般的防腐涂料并逐步趋向完善和成熟。特别是新型合成树脂的开发和厚膜化涂料、防锈颜料、填料和高效助剂的开发和应用是促使重防腐蚀涂料发展的关键。重防腐涂料的发展涉及多方面技术的发展，如金属和非金属材料腐蚀与防护机理、表面处理技术，施工、维修和现代检测技术等方面，从某种意义上说重防腐涂料的发展水平也标志着一个国家的科技发展水平。

(3) 重防腐涂装是以系统工程为特征的。必须树立防腐的整体观念。首先，是针对涂料的配套，即底漆-中间层-面漆是涂层设计的基础。其次，底材预处理-施工工艺和管理-涂料和涂装一体化。最后是涂层防腐与电化学防腐(电流保护和牺牲阳极保护)、以及热喷涂金属的整体配套性。重防腐是与工程密切联系在一起的，好的重防腐蚀工程离不开工程设计部门、使用部门、涂料生产部门、施工部门的沟通和协调，保证设计合理、施工、使用、保养的管理严格需要多部门的配合管理、多种技术的相互交叉与融合才能完成。

(4) 厚膜化。这是重防腐涂料的重要标志之一，常用防腐涂料的涂层干膜厚度一般为0.1~0.15mm，而重防腐涂料干膜厚度一般要在0.2~0.3mm，甚至可达2mm厚，厚膜化大大提高了涂膜的抗渗能力(详见2.6.3)，为涂料的长效寿命提供了可靠的保证，但同时也给涂料加工与施工提出了更高的要求。其基本要求如下：

① 要求涂料高固组分或无溶剂化。常用防腐蚀涂料每道涂刷厚度(干膜)为30μm左右，要达到较厚的涂膜必须增加涂刷次数，这不但使涂装费用增加，也带来大量溶剂挥发对大气的污染。因此要求一次涂装较厚，且不会有大量溶剂挥发带来的涂膜弊病(如针孔等)。故涂料以高固组分或无溶剂为主，可使防腐涂料不含溶剂或少含溶剂的途径有：采用低黏度(或低相对分子质量的)组分，如选用的低黏度的树脂、固化剂和改性剂等；选用合适的活性稀释剂；考虑混合溶剂的适当搭配，如添加少量挥发慢的高沸点溶剂，避免由于溶剂含量少、挥发快而在涂刷过程中可能产生的弊病。

② 厚膜化就要求涂料具有触变性能。即涂料静止时黏度较大，当受剪切力作用时(如搅拌、涂装时)黏度大幅度下降，表现出良好的涂刷性能，从而达到一次涂装较厚，也不流挂，同时涂料储存时能有效的防止沉淀。厚浆型涂料中一般通过加入触变剂来达到触变功能，常用的触变剂为氢化蓖麻油、气相二氧化硅和膨润土等。

③ 要求涂料与基材具有更高的附着力，以及自身的抗开裂能力。这是因为涂膜加厚易产生较大的内应力(详见2.7.6)。附着力提高的途径详见2.4 。

(5) 使用高性能的合成树脂和新型的颜料、填料。为达到严酷环境下长效的目的，对重防腐涂料的主要成膜物质合成树脂和次要成膜物质颜料和填料有很高的要求，主要包括：

① 对金属基体的良好附着力，以及其他物理机械性能，如低的收缩率、适当的硬度、韧性和耐磨性、耐温性等。

② 对各种介质有优良的耐蚀性，介质基本包括化工大气、水、酸、碱、盐和其他有机溶剂等。

③ 防锈颜填料常以活性防锈颜料、鳞片状填料为主，对基材能有效产生电化学、缓蚀钝化作用。

④ 有效地抵抗各种介质对涂层的渗透。

⑤ 在各种条件下进行方便的施工并达到对涂层厚度和涂层结构的设计要求。

常用的高性能树脂有环氧、聚氨酯、丙烯酸、氯化橡胶、改性生漆、氟树脂、酚醛、呋喃树脂、工程塑料、新型有机-无机聚合物等。

高效颜、填料主要有锌粉、三聚磷酸铝、磷酸锌、铬酸盐类、玻璃鳞片等高效防锈颜料。

(6) 重防腐涂料必须同金属基体的严格表面处理相结合才能达到理想的效果。表面处理是涂膜与基材很好结合的必要保证。表面处理不但要形成一个清洁的表面，以消除涂层下腐蚀的隐患，而且要使该表面粗糙度适当，增加涂层与基体间的附着力。高性能的合成树脂比油性成膜物质对各金属基体的渗透性小，更需要清洁和粗糙的表面，以增加附着力。大量事实证明由于表面处理不到位带来防腐涂装工程失败占总失效的40%。因此，表面处理的好坏是决定涂层寿命诸因素中的首要因素，重防腐涂料必须与严格的表面处理相结合才能获得满意的结果。对于重防腐涂装，基材表面的处理方法主要有化学处理和机械处理两种：对于6mm以下的冷轧钢板、镀锌板和铝板等宜用化学方法处理，即磷化和钝化处理，最终在基材表面形成一层多孔性的磷酸盐膜层或铬酸盐转化膜层。机械处理方法主要适用于厚度的大于6mm工件，一般采用喷砂处理，不仅可以除去基材表面的氧化皮、锈蚀层和油污，而且还能使表面粗糙化，基材表面能增加，涂层的附着力提高，喷砂处理大多要求达到Sa2.5

级。喷砂粗化后再经磷化处理可达到更理想的效果。

（7）正确的施工、检测和维修管理是实现重防腐涂料设计规范和目标的重要环节。除合理的设计和严格的表面处理外，还必须在施工中确保每一个环节的质量，任何一个环节的疏忽都可能对重防腐涂层的整体质量带来重大的影响。重点要注意以下环节：

① 涂装施工时特别注意现场环境温度和湿度必须在涂料品种所规定的范围内，注意不同现场施工环境（如地上、地下，水上、水下，潮湿面、干燥面及密闭空间和开放空间等）的特点和要求；上道和下道工序间的时间间隔要严格遵守；注意固化剂的加入量往往随温度和湿度而变化，要注意经常做现场固化凝胶试验，并随时调节加入量；每次混配的数量要同涂料的适用期和施工的人力相适应；防腐涂料进一步向低溶剂高固分的方向发展，致使涂料呈高黏度、涂刷越来越难，要采用高压无气喷涂机等先进施工工艺以满足涂装的新要求。

② 加强现场检测。重防腐涂料的施工多在现场进行，因此受环境和人为的影响因素较多，故加强对涂层质量的中间和最后的检测十分重要。现场检测主要有以下几点：A. 外观检查，目测看涂层是否漏涂、流挂、厚度不均以及隆起、剥离等异常情况。B. 硬度检查，用巴柯尔等硬度计或溶剂擦试表面，以观察涂层的固化是否完全。C. 针孔测试采用电火花仪测定，击穿电压不得低于 3000V，或采用放电式针孔检测仪检查，全部漆膜不得有针孔。D. 厚度检测，涂膜应达到规定的厚度。对于检测中发现的问题，必须及时进行修补，确保施工每一环节质量。

③ 在长期使用过程中注意维护。一般防腐涂料，由于使用期较短，基本上不需维修，重防腐涂料的维修，应根据具体涂装体系和环境介质的不同制定维修计划，了解重防腐涂层在特定条件下所受损伤的规律，做到及时维修。

（8）初期涂装费用大于一般防腐涂装，但维修费用少，长远效益高。

（9）新型合成树脂与高效填料的采用、新型喷涂设备的发展，促进其与衬里防腐技术相互融合，可实现用喷涂的施工方法达到防腐蚀衬里的厚度及效果，如玻璃鳞片涂料、新型聚脲弹性体涂料等，在苛刻的腐蚀环境下也具有衬里的保护效果。

6.2 重防腐蚀涂料主要种类

目前常用的重防腐蚀涂料主要有如下几类。

6.2.1 高效防锈底漆

底漆是防腐配套体系中最基础的品种。它必须对底材有好的润湿性和优异的附着力，不得存在针孔、砂眼、起泡等涂装缺陷。同时具备牺牲阳极、钝化、缓蚀或封闭等防腐功能，与中间层或面漆层间附着良好。具有优良的耐电位性，可与电流保护配套。作为底漆的重防腐蚀涂料主要种类有以下几大类。

（1）富锌涂料　是保护钢铁最普遍、最常用的底漆。有无机富锌预涂底漆（膜厚小于 20μm，一般要求保护期 6 个月）、无机富锌涂料（膜厚 70～80μm）、有机富锌涂料。沙漠环境下无机富锌底漆保护管道超过 40 年；海洋大气环境下使用有效期大约 15 年。但应指出，底材要求必须经过严格喷砂处理，达到 Sa2.5 级并满足表面粗糙度的要求。一般不适合在水下部位使用，尤其是直接与防污漆配套是不允许的，防污漆中的重金属与锌粉组成电池加速锌腐蚀引起起泡等问题。此外在强酸性和碱性污水环境中使用也要十分慎重。特别注意在高温（大于 50℃）和高湿条件下，配套环氧中间层或面漆时，可能由于锌粉表面腐蚀发生腐蚀电位逆转引起失效。

(2) 其他高效防锈底涂　由高性能合成树脂(酚醛、氯化聚烯烃、环氧、环氧沥青、聚氨酯等基料)与具有缓蚀或钝化作用的高效化学防锈颜填料(红丹、磷酸盐、铬酸盐、硼酸盐、云母氧化铁等)配制，可制成不同用途和不同防腐蚀效果的产品。详见4.1。

近年来国内外开发出不少“带锈涂料”。但应指出“带锈”这个概念很模糊，难以量化。一种涂料适合什么样的带锈底材难以界定。在重防腐领域一般不使用这类涂料，而是严格要求底材表面处理等级。

6.2.2　重防腐蚀涂装的面漆

面漆与底漆要配套使用，要具有保护、装饰以及功能性的作用。

总体来看要求涂料具有良好的耐候性、耐水性、耐化学药品性，并可直接涂在富锌底漆上。从树脂角度，主要有氯化橡胶系、环氧系、聚氨酯系、氯磺化聚乙烯系、氟树脂系、丙烯酸系、乙烯树脂系、环氧焦油系、聚脲弹性体等重防腐蚀涂料。另外还有，玻璃鳞片重防腐蚀涂料、粉末涂料及塑料涂覆层、新型有机-无机杂化涂料、环氧砂浆重防腐蚀涂料等。不同的使用环境对面漆有不同的要求。

(1) 耐海洋大气环境的面漆　例如，船壳漆、甲板漆、油罐漆等，丙烯酸酯和氯化聚烯烃系列涂料逐步取代了醇酸漆。要求5年以上有效期的可采用有机硅改性丙烯酸涂料，丙烯酸-缩二脲聚氨酯等涂料，更高要求的使用常温固化的双组分氟碳涂料。通常在容易维修的部位(船壳)不要求底漆与面漆的有效期一样长，面漆可定期重涂，但对长效底漆的重涂性有很高要求。

(2) 防污涂料　防止海生物附着用于海洋设施的保护。目前主要使用含防污剂——氧化亚铜、有机锡、硫代氨基甲酸酯等十几种抗生物谱不同的化合物，选用不同的基料设计出基料可溶型、基料不溶型、自抛光型等具有毒剂缓慢可控释放的防污涂料，根据不同用途其有效期可分为1年，1.5~2年，3年，5年以上等不同的品种。以有机锡为主的长效防污漆对海洋生态危害甚大，逐步被禁用。开发环境友好型的无锡自抛光、低表面能防污、无毒防污涂料及电解防污等新型涂料和新技术是当前涂料开发热点。

(3) 耐强腐蚀介质涂料　腐蚀介质不同，要求的涂层性质也不同。工业污水通常有一定的酸碱度，可采用环氧煤沥青与封闭型颜料的组合。埋于地下的管道表面受到盐、碱水的浸蚀，通常用环氧煤沥青与玻璃布涂装防腐，直接接触强酸和强碱的表面最好采用氟碳涂层——可采用高温固化的用热塑性的氟碳涂料，也可用常温固化的双组分含氟聚氨酯涂层。耐有机溶剂，包括耐各种油类的涂料主要是热固型的环氧、环氧聚氨酯系列为主，例如油舱和油罐内壁大多采用环氧厚涂配套。

(4) 特种功能性面漆　种类很多，用量较大的如油罐内壁用导静电面漆(表面电阻10^6~$10^8\Omega/cm^2$)，外壁用的太阳热反射涂料，其反射率大于70%，达到降温5~10℃的目的，核电站用的耐辐照涂层等。

另外，伴随现代工业技术的发展为防腐涂料的发展提供了更好的技术物资基础，同时也不断提出更高、更新的要求，促进重防腐蚀涂料向高性能、多功能、环境友好方向发展，不断涌现出新型高性能的防腐蚀涂料，并在工业应用中证实了其保护效果，已发挥了重要的作用。例如玻璃鳞片重防腐蚀涂料、粉末涂料及塑料涂覆层、聚脲弹性体重防腐涂层、新型有机-无机杂化涂料、环氧砂浆重防腐蚀涂料等。

6.3 重防腐涂料的配套系统

所有的重防腐涂料都是配套使用的。在长期实践中不同的领域积累了丰富的经验，也形成了不同的配套体系。其中有涂料供应商针对自己的系列产品推荐的配套体系，也有不同应用部门的设计单位制定的标准配套体系。选择配套体系时应注意如下几点：

（1）所选涂料和配套体系在相似应用环境下使用的业绩。

（2）底漆与面漆的配套性，层间附着力，是否易出现咬底、裂纹等涂装缺陷。

（3）底漆与面漆之间是否需要中间层，涂料的施工性能与施工方法和设备的适应性。

（4）涂装道数、时间间隔、干膜厚度、单位面积涂装量等基础参数的确定是配套体系的重要内容，当然也包括了最佳性能价格比的选择。

（5）新制作设备和维护保养用的涂料配套体系也有所不同。

现代涂料技术和涂装设备的发展推动重防腐涂料向高固体分和无溶剂及厚膜涂装（150~400μm/道）的方向发展，但也不是越厚越好，应具体问题具体分析。作为第一道底漆应选择黏度低、润湿性好的涂料。

下面介绍一些常用的典型重防腐蚀涂装配套体系。

6.3.1 海洋船舶的防腐配套系统

不同的公司、不同的保护部位有不同的配套体系，在它们的产品说明书中均有叙述。通常分氯化橡胶体系、环氧体系、丙烯酸和醇酸体系等。一些主要部位的配套体系如表 6-1 所示。

表 6-1 海洋船舶主要部位涂装配套体系

部　位	涂料种类	涂装道数	干膜厚度/(μm/道)
船底	氯化橡胶厚浆防锈漆	3	70
	氯化橡胶防污漆	2	60
	环氧沥青防锈漆	2	100~125
	环氧中间漆	1	50~70
	环氧自抛光防污漆	2	75
水线	氯化橡胶厚浆防锈漆	3	70
	氯化橡胶水线漆	2	35
	环氧底漆	2	100~125
	环氧中间漆	1	40
	环氧面漆	1	40
	环氧鳞片底漆	1	40
	环氧鳞片面漆	2	250
船壳	氯化橡胶或丙烯酸防锈底漆	2	70
	氯化橡胶或丙烯酸面漆	2	35
油舱	环氧沥青或玻璃鳞片	1	250
饮用水	纯环氧水舱漆	3	100

6.3.2 集装箱的防腐蚀涂装配套系统

随着现代工业的发展，集装箱在国际性运输和物流系统中发挥越来越重要的作用，所以集装箱涂料不仅要经得起任何一种苛刻的气候条件，更需适应海上和陆上任何一种运输方式。它必须具备优异的特性，通过国际权威机构的检测与认可。

6.3.2.1 集装箱防腐蚀涂料体系的基本要求

（1）防腐蚀性是钢质集装箱最重要的特性，在很大程度上决定了集装箱的使用寿命。集装箱漆膜要耐湿、耐旱、耐海水的冲刷、耐含盐雾的大气，防腐性能上要保证能正常使用 5 年以上。集装箱与船舶和桥梁等重型钢结构不同，用薄型钢板制成的箱体更容易受损和变形，采用防腐性能较好的涂料系统就显得为重要。

(2) 必须具有良好的耐磨性，因为集装箱在装卸作业中，叉车和其他集装箱对它的碰撞、缆绳的摩擦和箱内货物移动，均会使箱体漆膜受到摩擦而损坏。为减轻箱体自重，集装箱由薄型钢板制成，集装箱在运输和装卸作业时，往往会剧烈震动，因此，还要求漆膜具有足够的柔韧性，以防止在动和承压中出现漆膜的折裂与脱落。

(3) 耐候性好,集装箱在运输过程中,往返于热带和寒带,强阳光的照射、水和海水的冲刷都能引起油漆物性的变化,这些变化包括漆膜表面粉化、无光泽和褪色。这就要求集装箱漆必须具有耐多种环境变化的性能。一般规定了集装箱漆膜所承受的温度范围为−40～+70℃。

(4) 批量生产的适应性，集装箱制造工业是大批量、高效率的生产过程，涂料体系应具备良好的施工性能。如各种配套涂料的干燥速率能符合集装箱流水线生产的需要，又如无论自动设备喷涂或手工喷徐，各种配套涂料一次喷涂均能达到规定膜厚的要求，除车间底漆外，中层漆、内外面漆的干膜厚度能达到 50μm，甚至更厚。

(5) 要具有重涂性，集装箱涂膜在使用过程中受损，会引起脱落或生锈，特别外面漆，良好的重涂性是涂膜维修的基础。集装箱外面漆均为氯化橡胶、丙烯酸、乙烯等单组分涂料，有层间互溶特征，修补方便，而且附着力特好。

为确保集装箱涂料的质量，国际集装箱标准化组织对集装箱涂料的鉴定和检测有统一的规定，必须按美国材料检测标准和测试方法，通过 Konstandt 实验室公司 8 个项目的 13 种试验，总评分超过 120 分(满分 130 分)，由该实验室公司出具合格证书后，这种集装箱涂料才能用于 ISO 标准集装箱的制造，所有涂料公司和集装箱厂必须遵守这一规定(见表 6−2)。

表 6−2　美国 Konstandt 实验室对集装箱漆测试项目及评分法

项　　目	要求	满分①	项　　目	要求	满分①
耐磨性②(磨损指数)	15	10	硬度(铅笔耐划性)	4H	10
耐腐蚀性③(5%NaCl 盐水喷雾 600h)			冲击强度/(N·cm)		
平均腐蚀/级	10	10	原来	6.78	10
平均起泡/级	10	10	加速曝晒后	6.78	10
加速曝晒试验④(600h)			对底材的附着力(划格法 DIN53151)		
颜色变化/单位	2.0	10	原来	不脱落	10
光泽变化/%	0	10	加速曝晒后	不脱落	10
柔韧性(12.7cm 轴棒 180°弯曲)			耐盐水(浸于 5%NaCl 中 168h25℃)	无变化	10
原来	无裂纹	10			
加速曝晒后	无裂纹	10			

① 评定为满分时以 10 分计。

② 耐磨性检测方法：ASTM 1044，1000r/min，250g，CS10 号轮。

③ 耐腐蚀性检测方法：暴露 ASTM B117；评价 ASTM D 1654。

④ 老化检测方法：暴晒 ASTM E 42。

6.3.2.2　配套方案

钢质集装箱外侧、内侧、箱底涂料的配套方案见表 6−3、表 6−4、表 6−5。

需要说明的是上述八大系列配套，均需获得美国 Konstandt 实验室公司的认可报告，才可用于集装箱的制造。在上述用环氧富锌底漆作第一道漆的配套中，其中包括了干膜厚度为 10～15μm 的环氧富锌车间底漆。目前最常用的是配套 4、配套 5、配套 7。

表 6-3　钢质集装箱外侧涂料的配套方案

配套序号	配套涂料	膜厚/μm	配套序号	配套涂料	膜厚/μm
1	环氧富锌底漆 氯化橡胶面漆	40 70~80 合计 110~120	5	环氧富锌底漆 环氧磷酸锌中层漆 丙烯酸面漆	30~40 40 40 合计 110~120
2	环氧磷酸锌底漆 氯化橡胶面漆	40~50 70 合计 110~120	6	环氧富锌底漆 环氧磷酸锌中层漆 聚氨脂面漆	30~40 40 40 合计 110~120
3	环氧磷酸锌底漆 乙烯面漆	40~50 70 合计 110~120	7	环氧富锌底漆 环氧磷酸锌中层漆 乙烯面漆	30~40 40 40~50 合计 110~130
4	环氧富锌底漆 环氧磷酸锌中层漆 氯化橡胶面漆	30~40 40 40~50 合计 110~130	8	环氧富锌底漆 环氧磷酸锌中层漆 环氧面漆	30~40 40 40~50 合计 110~130

表 6-4　钢质集装箱内侧涂料配套方案

配套序号	配套涂料	膜厚/μm	配套序号	配套涂料	膜厚/μm
1	环氧富锌底漆 环氧聚酰胺面漆	20~30 50 合计 70~80	3	环氧磷酸锌漆 环氧磷酸锌漆	30~40 40 合计 70~80
2	环氧富锌底漆 环氧磷酸锌漆	20~30 50 合计 70~80	4	环氧磷酸锌漆 环氧聚酰胺面漆	40 30~40 合计 70~80

钢质集装箱内侧目前最常用的是配套 1。在配套 2、配套 3、配套 4 中的环氧磷酸锌漆是集装箱专用的底面二用漆。在集装箱外表面，它是中层的防锈底漆，在箱内侧它可以用作内面漆。

表 6-5　钢质集装箱箱底涂料配套方案

序号	涂料名称		干膜厚度/μm	说　明
1	钢结构	环氧富锌底漆 箱底专用沥青漆	40~50 150~200 合计 190~250	包括车间底漆
	木地板	箱底专用沥青漆	150~200	
2	环氧富锌底漆 环氧磷酸锌底漆 氯化橡胶(乙烯)面漆		40~50 40 60 合计 140~150	包括车间底漆
3	环氧富锌底漆 环氧磷酸锌底漆 环氧聚酰胺面漆		40~50 40 60 合计 140~150	包括车间底漆

6.3.3　海上钻井平台的防腐配套

海上钻井平台包括水下、飞溅区、水面以上钢结构、直升机平台、管线(耐热管路)等不同部位。其典型配套体系中水面以上的底漆以无机富锌为主(维修用环氧富锌)，水面以下以环氧沥青为主，要求耐盐雾试验 5000h 以上，配套体系如表 6-6 所示。

表 6-6　海上钻井平台涂装配套体系

部　　位	涂料种类	涂装道数	干膜厚度/(μm/道)
水下立柱	环氧沥青底漆 环氧沥青、环氧面漆	1 2	250 100~150
飞溅区	无机富锌底漆 环氧沥青加玻璃布或环氧玻璃鳞片	1 2	70~75 250
上层建筑	无机富锌底漆 环氧防锈漆 氯化橡胶面漆	1 2 2	70~75 100 60

6.3.4　地下管道的防腐配套系统

管道防腐涂料包括管道内防腐涂料和管道外防腐涂料两种。管道内防腐涂料的防腐性能受到所输送介质的化学性质、流速、温度等的影响，不同的输送介质所采用的防腐涂料是不同的。管道外防腐涂料主要考虑管道所处的环境，如空气、土壤环境特征。管道外防腐涂层国内外用的比较多的是石油沥青、煤焦油瓷漆、聚乙烯胶带、环氧煤沥青、环氧粉末、双层 PE 和三层 PE 等产品。从有关资料报道来看，石油沥青、煤焦油瓷漆、聚乙烯胶带、环氧煤沥青等传统产品的用量呈下降趋势，而环氧粉末和近年来发展起来的双层 PE 和三层 PE 的用量有较大的上升，聚氨酯沥青在欧美和中东等地区也发展较快。

熔结环氧(PBE)粉末是众多防腐蚀涂料中附着力、抗冲击、耐腐蚀、抗阴极剥离等综合性能较好的品种之一，一般涂层厚度在 300~500μm。但它也存在一些自身的缺点：防水性较差，不耐尖锐硬物的冲击碰撞，施工运输过程中，很难保证涂层不被破坏，现场修补困难，且价格昂贵，因此在碎石土、石方段、地下水位较高的地区要慎用或不同。近 20 年来，粉末涂层钢管得到迅速的发展。目前，国外涂层钢管粉末涂料还是以聚乙烯粉末涂料和防腐型环氧粉末涂料占主要地位，主要用于输送水、海水、污水、原油、成品油、煤气、化学药品等的管道。我国使用粉末涂层钢管起步较晚，但发展较快，只几年的时间，已应用于船舶、石油、化工、电力等管道系统。

三层结构聚烯烃防腐层于 20 世纪 80 年代初，由欧洲国家研究成功并开始在管道上应用。这种防护层综合了环氧树脂的优点，如熔结环氧粉末涂层的高黏接性、高抗阴极剥离性和耐化学腐蚀性，以及聚烯烃材料的高抗渗性、高机械性能等优良特性，目前已被公认为性能最佳、使用效果最好的管道防护层，在许多工程中得到广泛应用，应用量呈不断上升趋势，使之成为目前世界上最先进的管道外防腐涂层地构，已在国内外大量推广开来。但需要指出，这种结构不适用于架空管线，另外由于其造价较高，部分功能过剩，在一般土壤条件下也很少采用。研究开发质量更好、价格更低的配套材料，以降低三层结构聚烯烃防腐技术的成本，是该技术的主要发展方向。

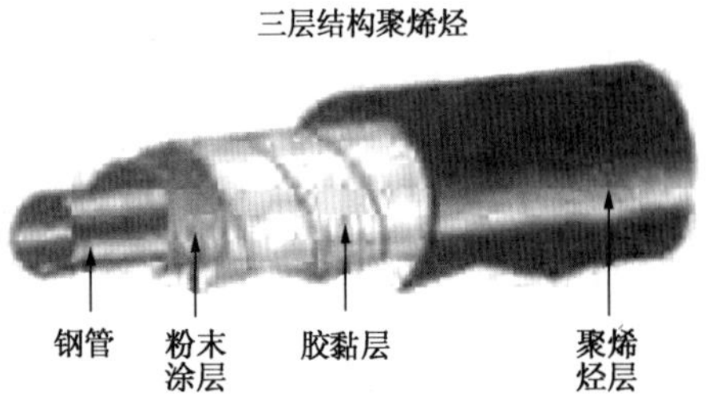

图 6-1　管道三层复合外防腐涂层结构图

聚乙烯防腐层分两层结构和三层结构两种。两层结构的底层为胶黏剂，外层为聚乙烯；三层结构的底层为环氧涂料，中间层为胶黏剂，面层为聚烯烃。三层结构中的环氧涂料可以是液体环氧涂料，也可以是环氧粉末涂料。图 6-1 是管道三层复合外防腐涂层结构图。

采用聚乙烯外层防腐技术时，应根据不同的土壤腐蚀环境，选用不同等级结构的防腐层。不同直径的钢管及不同等级结构的聚乙烯防腐层厚度见表 6-7 ，焊缝部位的防腐层厚度不宜小于表中规定值的 90%。

表 6-7　聚乙烯防腐层的厚度

钢管公称直径 DN/mm	环氧涂料层/μm	胶黏剂层/μm	外防护层最小厚度/mm	
			普通型	加强型
DN≤100	60~80	170~250	1.8	2.5
100<DN≤250			2.0	2.7
250<DN<500			2.2	2.9
500≤DN≤800			2.5	3.2
DN≥800			3.0	3.7

近年来,双层环氧粉末涂料的研究和应用已成为管道外防腐领域的一个亮点,它的底层采用常规熔结环氧粉末涂料,用作防腐蚀保护;面层为增塑剂的环氧粉末体系,用于机械保护,涂层总厚度在 1 mm 以下,大大低于三层 PE 的厚度。双层环氧粉末体系以增塑剂的环氧粉末涂层取代三层 PE 的塑料层,阴极保护的匹配性好,同时由于两层涂层的固化官能团类似,进行的是化学交联,不产生层间分离,采用结构近似的环氧液体涂料进行弯头和补口的防腐,防腐质量很好。目前加拿大 3M 公司、美国杜邦及日本川崎钢铁公司已经针对双层粉末体系开发出相应的产品,其性能较之单纯功能的熔结环氧粉末防腐层有了较大幅度的提高,达到三层 PE 防腐层的防腐水平,而其总体造价却低于三层 PE ,并已于 1992 年投入商业应用。

聚氨酯沥青是 20 世纪 90 年代以来发展最快的地下管道用涂料，在美国、加拿大和中东等地区几乎所有的管道重涂敷设工程中均采用这类涂料。该涂料为双组分热喷涂无溶剂体系，喷涂进程很快，一天可喷 500 多个焊接口。现在国外已经认定，像涂敷三层环氧/ 聚乙烯涂层的长输送管道或主线管道，用此涂料作焊接口涂层是最有希望并成功的。在中亚，从土库曼斯坦到中国以及从伊朗经中国到日本的天然气管道亦将全部采用聚氨酯沥青涂层。其优点是不仅能在常温下可施工，而且在 0℃左右也能顺利进行施工(甚至可在- 4 ℃条件下进行)，这是其他许多涂层所做不到的；它不含溶剂，有利于环保，而且施工效率高，一次性成膜厚，还可采用湿碰湿工艺进行涂层加厚，大大缩短施工周期；其反应时间极短，20℃为 60s，50℃为 30s，其涂层坚韧、表面光洁、附着力优良、耐磨性强；漆膜厚度为 1.5mm 就足可以使管道外壁得到保护，其按单位面积计花费与聚乙烯涂层相当。与环氧粉末和聚乙烯涂层在表面喷砂处理相比较，前者表面喷砂为 SIS SA 2.5 级就足以应付，后二者还要打磨，环氧粉末涂料还需要钢表面加热至 250℃才能使之固化，而聚氨酯沥青仅需施工时将材料预热至 50~80℃即可，钢管表面无需加热。此涂料的附着力与环氧粉末涂料一样属第一等，但其耐冲击性和柔韧性要优于环氧粉末涂料，因此在管道安装时不会像环氧粉末涂料那样有一些损伤，而在这些方面聚乙烯涂层亦有所不及。环氧粉末涂料比聚氨酯沥青更易渗水，导致其硬度显著降低、冲击强度丧失且更易产生回水造成阴极脱层。尽管环氧与聚氨酯涂层耐化学品性相同，但聚氨酯沥青涂层更能经得住流动液体和含有固体的液体之浸蚀作用。此外聚氨酯沥青耐微生物腐蚀性强、有韧性、抗植物根茎能力佳、耐紫外线照射和阻抗光解作用等是其他体系也难以比拟的，故而能适合各种土壤环境和气候条件。不过需要有较高的施工技巧和设备要求。

目前已形成了各种性能优良的管道外壁防腐涂层并存的局面。它们适用于不同的土壤、不同的施工环境和不同的运行条件等，很难对它们的优劣进行排队，也不可能用一种材料取代所有材料，只能依据不同工程项目的具体情况综合考虑。在选材配套设计时应主要考虑以下几方面：

(1) 外界环境，包括土壤腐蚀性、周围介质的物理化学状况、温度、环境与施工条件；

(2) 管道的使用寿命和维修要求对整个管道防腐设计的影响；

(3) 由于各种防腐材料有其自身的防腐寿命，应综合考虑管道的预期使用寿命和工程费用，而且工程费用是一个重要的制约因素；

(4) 综合考虑防腐材料供应、工程预制、现场安装与补口，质量检验等施工程序的影响。

根据我国土壤地形等实际情况，一般认为：

(1) 在沙漠、植物根茎发达、腐蚀性强、地下水位高的地区，宜采用煤焦油磁漆、聚烯烃胶带、挤出聚乙烯、FBE 等防腐涂层(但 FBE 在地下水位高的地区应慎用)；

(2) 岩石(包括卵石、碎石) 山区、丘陵等运输条件差，倒运次数多的地区宜选用抗冲击能力强的挤出聚乙烯(中、小管径) 及三层环氧/ 聚乙烯涂层；

(3) 平原地区应采用环氧粉末、煤焦油磁漆等防腐涂层，而对于腐蚀性较弱、无植物深根又地下水位不高以及介质输送温度较低的地段可采用石油沥青；

(4) 三层环氧/ 聚乙烯涂层虽然综合性能好，适应性广，但价格较高，故选用时应根据沿线条件、工程重要性及用户意见加以确认，而在地形复杂、维护维修困维、石方段及大型穿跨越(尤其是定向钻穿越段) 中采用；

(5) 聚氨酯沥青是新发展的防腐涂料，其综合性能好，适应性强，但需要一定的施工方法和设备，如条件允许，可全方位地用于各个地区的地下管道；

(6) 对于距离较短的小口径管道在作业线条件不具备时可采用环氧煤沥青涂层；

(7) 站场工艺埋地管道的防腐(特别是与长输管道干线管径一致的情况下) 应采取与干线相同的防腐涂层，以达到方便施工减少投资的目的；

(8) 考虑到施工及维修的方便，不宜在同一管道上采用过多类型的防腐涂层；

(9) 补口、补伤及弯头防腐应与管体防腐相匹配，不降低管道防腐整体水平，且易于现场施工，保证质量和高效率。

6.3.5 桥梁的防腐配套系统

国外一般按照钢桥工厂加工后安装及现场施工(包括维修)两种情况制定两大系列的配套体系。根据不同的腐蚀环境分为跨海及沿海地区、城市和工业区、山地、内陆大陆性气候区等采用不同的配套系列。涉及的配套体系很多，例如，我国的铁路桥梁长期采用红丹酚醛，或醇酸底漆配套醇酸，或丙烯酸改性醇酸面漆。近年来开始采用无机富锌、环氧富锌底漆配套环氧中间层和氯化聚烯烃面漆，与美国、日本的配套体系靠拢。以高模数硅酸钾代表的水性无机富锌底漆也成功地应用于大型桥梁防腐，既可单独使用，也可与丙烯酸聚氨酯、常温固化的氟涂料配套使用。

桥梁的耐蚀涂装是典型的户外钢结构的涂装。因此，首先应该弄清楚桥梁所处的腐蚀环境。我国的桥梁多数处于中等腐蚀至非常高的工业腐蚀环境中，同时应该考虑涂装配套系统的耐久性设计时要考虑各方面的综合因素，如下典型配套系统达到有效使用期限为 15 年以上。

第一层　无机富锌底漆，涂膜厚 80μm；

第二层　环氧封闭漆，涂膜厚 25μm；

第三层　环氧云铁中间漆，涂膜厚 75μm；

第四层　聚氨酯面漆，涂膜厚 40μm；

第五层　聚氨酯面漆，涂膜厚 40μm。

整个涂膜分五层，一层底漆，二层中间漆，二层面漆。总膜厚 260μm。

这个涂料配套系统是由几种不同类型的涂膜组合而成的。它包括可以提供电化学保护的无机富锌底漆，可提供屏蔽保护的环氧云母中间漆和耐蚀与装饰都佳的聚氨酯面漆。

6.3.6　大型水利工程中的防腐配套

大型水利工程需要防腐保护的表面既有钢结构，也有混凝土，它们分别暴露在室内外大气和潮湿大气中，干湿交替环境，在静水工况、动水工况、高速含沙水流中和与混凝土结合的环境下工作运行。其中既有复杂的大型钢结构，也有各类机电设备。

处于水下或干湿交替环境的钢结构和设备，不易进行检修，因为检修会对航运、发电及泄洪产生重要影响。这些钢结构和设备要求采用具有高机械强度的防腐蚀体系，要求抗冲刷，附着力极强，而且抵抗微生物和附着生物，其保护年限要求长达 20 年。对发电、航运、泄洪影响不大的钢结构和设备，其保护年限要求达到 10 年以上。

水下腐蚀磨损环境下金属结构物的防腐蚀主要采取涂层保护方式。高速水流区的金属结构物使用环氧金刚砂涂层防腐蚀保护，具有极好的抗冲磨、耐腐蚀效果，防腐蚀成本也适中。热喷碳化钨层保护具有很好的抗冲磨、耐腐蚀效果，可用于水轮机叶片表层保护，也可在一些高速水流区、不易更换维修的闸门平面轨道钢板等金属结构物上使用(如表 6-8)。

表 6-8　三峡、葛洲坝水下腐蚀磨损环境下金属结构物的防腐蚀配套方案

设备类别	环境作用	防腐蚀方案	配套涂料名称	涂膜厚度	备　注
平板工作闸门、人字闸门、检修闸门	静水中，主要起挡水作用，流速一般小于 5m/s	(1) 金属热喷涂+涂料封闭 (2) 涂料	(1) 基面热喷锌、底涂环氧云铁涂料、面涂氯化橡胶涂料或改性耐磨环氧涂料 (2) 底涂环氧富锌涂料或无机富锌涂料、中间涂环氧云铁涂料、面涂改性耐磨环氧涂料	(1) 热喷锌 120～160μm、环氧云铁涂料≥50μm、氯化橡胶涂料或改性耐磨环氧涂料 100μm (2) 环氧富锌涂料或无机富锌涂料二道 100μm、环氧云铁涂料一道 50～100μm、改性耐磨环氧涂料二道 100μm	方案(1)主要用于不易检修的、保护年限要求较长的或常搁置外听露的闸门
弧形工作闸门	动水中，主要起过流挡水作用，流速 12～18m/s	金属热喷涂+涂料封闭	基面热喷锌、底涂环氧云铁涂料、面涂氯化橡胶涂料或改性耐磨环氧涂料	热喷锌 120～160μm、环氧云铁涂料≥50μm、氯化橡胶涂料或改性耐磨环氧涂料 100μm	保护层总厚≥310μm
弧形工作闸门迎水面下缘(泄水时过流面)	高速水流区，主要起过流挡水作用，流速 15～22m/s	涂料	环氧金刚砂	2～4mm	保护层总厚 2～4mm
拦污栅	动水中、拦挡大污物、流速 4～8m/s	涂料	(1) 底涂重防腐蚀含锌涂料+面涂重防腐耐水防腐蚀涂料 (2) 底涂重防腐蚀环氧涂料+面涂重防腐蚀环氧厚浆型涂料 (3) FS 型抗冲耐磨涂料 (4) 抗中高流速含泥水耐磨防蚀涂料 (5) 底涂环氧富锌涂料+中涂环氧云铁涂料+改性耐磨环氧涂料	(1) 含锌涂料 90μm，耐水防腐蚀涂料 160μm (2) 重防腐蚀环氧涂料 90μm，环氧厚浆型涂料 160μm (3) FS 型抗冲蚀耐磨涂料 250μm (4) 抗中高流速耐磨涂料 250μm (5) 环氧富锌涂料 100μm + 环氧云铁涂料 50μm+改性耐磨环氧涂料 100μm	保护层总厚≥250μm

续表

设备类别	环境作用	防腐蚀方案	配套涂料名称	涂膜厚度	备　注
闸门槽轨道金属面	流速 4 ~ 22m/s	（1）金属热喷涂+涂料封闭 （2）涂料 （3）环氧金刚砂	（1）热喷碳化钨+改性环氧液透保护 （2）XK-853 钛纳米聚合物重防腐蚀涂料 （3）抗中高流速含泥沙水耐磨防蚀涂料 （4）优龙 ES-323 水下涂料 （5）环氧金刚砂	（1）热喷碳化钨 300μm （2）XK-853 钛纳米聚合物重防腐蚀涂料 1000~1500μm （3）抗中高流速含泥水耐磨防蚀涂料 350μm （4）优龙 ES-323 水下涂料 700~1000μm （5）环氧金刚砂 2~4mm	（1）优 ES-323 水下涂料用于检修门槽，通过潜水在水下施工 （2）环氧金刚砂用于门槽底槛钢板保护
闸门槽胸墙钢板	流速一般小于 2m/s	涂料	XK-853 钛纳米聚合物重防腐蚀涂料	500~1000μm	保护层总厚 500~1000μm
水轮机叶片、座环、导叶等	流速大于 5m/s	（1）金属热喷涂 （2）涂料	（1）热喷碳化钨 （2）环氧金刚砂	（1）热喷碳化钨 300μm （2）环氧金刚砂 2~4mm	热喷碳化钨主要用于水轮机叶片

溢洪管道为防止泥砂冲刷内壁涂布 3 道 200~250μm 的环氧沥青。钢闸门基本上不能进行大的防蚀涂装，因此要求采用最长年限的防腐蚀的保护系统。对金属结构进行热喷锌或热喷铝就成了最好的选择；也可采用富锌底漆配套环氧、环氧聚氨酯面漆。静水中或小流速环境下的闸门体系宜采用热喷锌加涂料封闭的防腐蚀方法，也可以采用底涂层无机富锌或环氧富锌涂料、面涂层耐磨环氧类涂料的防腐蚀方法。

在大气环境中的外钢结构和设备主要有门式起重机、桥式起重机、清污机械、固定式闸门启闭机、主变压器的外壳以及高压线塔、开关站的钢构件、机组进水压力钢管、钢结构桥梁等。露天潮湿环境下，金属结构物受到阳光、大气、降水量、风尘等的综合因素影响，产生均匀腐蚀。金属结构物的材质、形状和环境的不同，还会产生斑状腐蚀和缝隙腐蚀。露天环境下的金属结构物防腐蚀要求采用耐候性好的装饰性能好的防腐蚀体系，表面涂料要求不易变色，不粉化，其保护年限应该达 15 年以上。大部分金属结构物外表采用环氧富锌底涂层涂料、中涂层环氧云铁防锈涂料、面涂层丙烯酸聚氨酯涂料，能够取得比较好的防腐蚀和设备装饰效果，防腐蚀时效可以达到 10 年。具体见表 6-9。

表 6-9　三峡、葛洲坝大气环境下的金属结构物防腐蚀配套方案

设备类别	环境作用	防腐蚀方案	配套涂料名称	涂膜厚度	备　注
门机及自动抓梁	露天、大气环境	涂料	（1）底涂环氧带锈防锈涂料+中涂环氧云铁涂料+面涂丙烯酸聚氨酯耐候涂料 （2）底涂环氧含锌涂料+中涂变性环氧耐酸碱盐防腐蚀涂料+面涂丙烯酸磁漆 （3）底涂环氧富锌涂料+中涂环氧云铁防锈涂料+面涂丙烯酸聚氨酯涂料	（1）环氧带锈防锈涂料 70μm+环氧云铁涂料 100μm+丙烯酸聚氨酯耐候涂料 40μm （2）环氧含锌涂料 80μm+变性环氧耐酸碱盐防腐蚀涂料 70μm+丙烯酸磁漆 60μm （3）环氧富锌涂料 70μm+环氧云铁防锈涂料 70μm+丙烯酸聚氨酯涂料 60μm	门机外表桔黄色 内腔涂刷醇酸漆
清污机械	露天、大气环境	涂料	底涂环氧厚浆涂料+面涂环氧厚浆涂料	环氧厚浆涂料 150μm+环氧厚浆涂料 75μm	外表黄色

续表

设备类别	环境作用	防腐蚀方案	配套涂料名称	涂膜厚度	备　注
主变压器	露天，大气环境	涂料	底涂环氧富锌涂料+中涂环氧云铁防锈涂料+面涂丙烯酸聚氨酯涂料	环氧富锌涂料 70μm+环氧云铁防锈涂料 70μm+丙烯酸聚氨酯涂料 60μm	外表灰色
启闭机械（室外）	露天、大气环境	涂料	底涂环氧富锌涂料+中涂环氧云铁防锈涂料+面涂丙烯酸聚氨酯涂料	环氧富锌涂料 100μm+环氧云铁防锈涂料 60μm+丙烯酸聚氨酯涂料 100μm	
启闭机械（室内）	室内、大气环境	涂料	过氯乙烯底漆+面漆过氯乙烯磁漆	过氯乙烯底漆 100μm+面漆过氯乙烯磁漆 80μm	启闭机内腔面漆刷醇酸磁漆
高压线塔	露天、大气环境	（1）热镀锌 （2）涂料	涂料，底涂环氧富锌涂料+中涂环氧云铁防锈涂料+面涂丙烯酸聚氨酯涂料	（1）热镀锌≯60μm （2）环氧富锌涂料 70μm+环氧云铁防锈涂料 70μm+丙烯酸聚氨酯涂料 60μm	
机组进水压力钢管	管内承压水流、流速8m/s，管外大气环境	涂料	（1）底涂环氧富锌涂料+面涂厚浆型环氧沥青涂料 （2）底涂环氧富锌涂料+面涂无溶剂耐磨环氧涂料	（1）环氧富锌涂料 100μm+厚浆型环氧沥青涂料 350μm （2）底涂环氧富锌涂料 100μm+面涂无溶剂耐磨环氧涂料 1000μm	
钢结构桥梁	露天、大气环境	涂料	底涂无机富锌涂料+中涂环氧云铁防锈涂料+面涂丙烯酸聚氨酯涂料	无机富锌涂料 50μm+环氧云铁防锈涂料 70μm+丙烯酸聚氨酯涂料 60μm	
开关站钢构件	露天、大气环境	涂料	底涂环氧富锌涂料+中涂环氧云铁防锈涂料+面涂丙烯酸聚氨酯涂料	环氧富锌涂料 70μm+环氧云铁防锈涂料 70μm+丙烯酸聚氨酯涂料 60μm	
船舶	动水中及大气环境	涂料	（1）船体：底涂变性环氧含锌涂料+面涂丙烯酸磁漆 （2）船体甲板及仓壁与望天：底涂变性环氧舰船甲板防腐蚀涂料+面涂聚氨酯涂料 （3）水仓：无毒钛金属聚合物涂料	（1）船体：变性环氧含锌涂料 150μm+丙烯酸磁漆 150μm （2）船体甲板及仓壁与望天：变性环氧舰船甲板防腐蚀涂料100μm~150μm + 聚氨酯涂料 150μm （3）水仓：无毒钛金属聚合物涂料 250μm	

注：除门机及自动抓梁除锈要求为 St2~3.0、高压线塔需经酸洗后除锈达 St2.0 以外，其余设备除锈要求均为 St2.0。

处于地下和密闭环境，通风不良的水利设施，最好采用无溶剂环氧或水性涂料进行施工。

6.3.7　石油化工行业的防腐涂装配套

石化行业防腐属于重腐蚀行业，涉及油田采油设施——油井、管线、贮罐等，炼油厂、石化厂、下游的精细化工厂等接触大量的腐蚀介质。行业内部十分重视防腐，除前面已提到的耐强化学介质腐蚀地下管线防腐之外，比较重要的重防腐系列有：

（1）储油罐。原油罐内壁要耐 100℃以上的蒸汽清洗，采用特种改性环氧厚涂防锈涂料（大于 300μm）。油罐内壁采用涂料防腐蚀必须同时考虑消除静电积累，避免静电压过高造成意外灾害。油品流动摩擦会产生静电吸力、斥力、电震、电击甚至放电。当静电压大于4000V时就会放电，产生火花，造成火灾爆炸事故。因此用于贮罐内壁的涂料要求具有防静电功能。国家标准GB 6950—2001《石油罐导静电涂料技术指标》规定了石油贮罐内壁导静电涂料的导静电要求，于2001年9月15日正颁布，2002年6月1日起实施。参照美国标准，GB 6950—2001中规定石油储罐内壁导静电涂料的电阻率为$10^5 \sim 10^9 \Omega \cdot cm$。为了减少涂料对人体的危害和对环境的污染，还规定溶剂中不能含有苯、氯化合物、乙烯基乙二醇醚及其乙酸酯等。导静电涂料多数为合成树脂添加型，主要采用环氧和聚氨酯，加入导电添料、溶剂和添加剂制成，现已开发出聚苯胺本征型导静电涂料(详见6.7.4.2)。一般的聚氨酯导静电涂料适用于60℃以下的石油贮罐，环氧导静电涂料适用于80℃以下的石油贮罐。无机硅酸锌涂料富含锌粉，耐化学品比一般的有机聚合物涂料要强，常用于油品和化学品贮罐内壁。成品油罐可用富锌底漆(二道或一道)配套环氧或聚氨酯导静电面涂(两道)。但航空燃料罐不允许用富锌底漆，一般配套环氧防锈底漆。特别需要强调的是，当导静电防腐蚀涂料与阴极保护配套使用将加速阳极的溶解以及引起涂层的快速破坏，达不到长效防腐蚀的目的。

油罐外壁可采用富锌底漆，环氧或环氧酯云铁底漆配套氯化聚烯烃、聚氨酯面漆(如表6-10所示)。近年来，太阳热反射涂料开始应用于成品油罐外部，在夏天可降温5~10℃。

表6-10　储油罐外壁涂料配套方案

产品名称		固体体积分数/%	干膜厚度/μm
环氧富锌底漆	Interzinc 52	59	60
环氧云铁中间漆	Intergard 475HS	80	130
脂肪族聚氨酯面漆	Interthane 990	57	60
环氧富锌底漆	Barrier 77	53	60
环氧云铁中间漆	Epoxy HB MIO	80	130
脂肪族聚氨酯面漆	Futura AS	49	60
环氧富锌底漆	15360	51	50
环氧云铁中间漆	45150	85	150
脂肪族聚氨酯面漆	55210	52	50

(2) 换热器内部的耐温、导热防腐涂料。石化厂30%以上的设备是换热器，目前使用的是热固化的环氧氨基或漆酚改性氨基涂料，缺点是涂装难度大，限制其应用范围。开发可常温固化的涂料是当务之急。

(3) 耐高温防腐涂料。耐100~200℃的以改性酚醛，环氧酚醛系列为主，耐200~400℃的以改性有机硅铝粉漆为主，耐400℃以上采用有机改性无机或无机黏接剂为基础的耐温防腐漆。

(4) 环氧地坪。近年来，化工行业乃至其他行业对地面防腐和装饰要求越来越高，新建车间采用环氧地坪日益增多。目前主要是溶剂型环氧为主，并逐渐向无溶剂、水性环氧涂料过渡。

6.3.8　钢结构建筑的防腐涂装配套

钢结构建筑用涂料长期以来使用的是醇酸、酚醛类涂料，现在则多使用重防腐蚀涂料体系。在进行钢结构涂装设计时，最重要的是一定要根据建筑物给定的条件，将防腐蚀在初期设计就加入进去，要考虑钢结构受到外界因素的侵蚀和作用，比如场地条件、房屋条件、部位条件、构件条件和空间条件等。考虑到建筑物涂装设计的给定因素后将其等级化，然后在这个等级范围内进行涂装设计的取舍。对于涂膜的综合耐久性能，还必须考虑到施工条件、维护管理和经济等因素。

进行建筑钢结构防腐蚀的设计时，还要考虑防火的问题，建筑钢结构虽然是不燃物，但是当温度超过450℃时，钢铁的强度就会急剧下降，当达800℃以上时，建筑物就会失去强度而倒塌。所以钢结构建筑的防火实际成了比防腐蚀还要重要的任务。因为钢铁的锈蚀是缓慢进行的，而火灾却是一下子就可以摧垮整个建筑。除了混凝土的耐火保护作用外，最早使用的是石棉材料以及岩棉砂浆等的喷涂工艺。自从石棉类被禁止使用后，防火涂料开始在建筑物上大量采用。防火涂料并不能直接涂刷在钢结构上面。常用的防锈漆有环氧底漆、环氧富锌底漆和无机硅酸富锌底漆等。在底漆上面可以喷涂环氧中间漆以增加防锈效果。然后再涂防火涂料，厚度根据不同的产品和不同的耐火 极限来确定。为了使涂层有美观装饰性，防火涂料上面还可以涂1~2层丙烯酸面漆。如果使用的是环氧类防火涂料，需要加涂聚氨酯等面漆。

典型建筑钢结构防腐涂装体系如下示例。

体育馆网架钢结构防腐蚀涂层系统：

底漆	无机硅酸锌车间底漆	20μm
中间漆	环氧磷酸锌防锈漆	50μm
防火涂料		2mm
面漆	丙烯酸面漆	2道，每道40μm

网架钢管需进行抛丸处理到Sa2.5级后，然后喷涂底漆。为了防止锌粉涂料在网架钢结构装配前有锌盐生成，等其固化后，除油除灰，立即施工后续的环氧磷酸锌中间漆。在体育馆顶等同架钢结构装配好后，对接头处的球头部位和焊接部位进行打磨处理到St3级，然后进行手工刷补。

对于机场钢结构高性能防腐蚀涂装配套系统：高性能涂料是其首要选择。无机硅酸富锌底漆为最常用的重要防锈底漆，中间漆通常选用厚浆型环氧云铁防锈漆，面漆都为丙烯酸聚氨酯面漆。在无机硅酸富锌涂料表面，还必须使用环氧封闭漆，起到填充、封闭无机富锌底漆表面空隙的作用，防止后道涂层的起泡和针孔。

典型的涂装系统如下：

底漆	无机硅酸富锌底漆	75μm
封闭漆	环氧封闭漆	25μm
中层漆	环氧云铁中间漆	120μm
面漆	丙烯酸聚氨酯面漆	2道，每道40μm

有时候为了加强防锈性能，采用喷铝的方式对钢材表面进行处理。这时钢材喷砂级别为Sa3级，才能满足喷铝的表面清洁要求。为了防止喷铝表面的孔隙对后道涂层产生影响，同样要用环氧封闭漆。涂装系统如下：

底材处理	电弧喷铝层	150μm
封闭漆	环氧封闭漆	30μm
中间漆	环氧云铁中间漆	50μm
面漆	丙烯酸聚氨酯面漆	60μm

6.4 玻璃鳞片重防腐蚀涂料

6.4.1 玻璃鳞片涂料及防腐蚀机理

玻璃鳞片涂料是以耐蚀树脂为主要成膜物质，将薄片状的玻璃鳞片以高浓度分散在基料中制成的厚浆型涂料，是一种高固体重防腐蚀和超重防腐蚀涂料，玻璃鳞片涂层的抗腐蚀性及抗渗漏性极佳，防护寿命长达 20 年。因其隔离能力强，适用于腐蚀非常严重的海中和海浪飞溅区的钢构筑物上、排烟脱硫装置内衬、化工耐蚀贮槽衬里等。

玻璃鳞片是美国 Owens-Corning Fiberglass Co. 于 20 世纪 50 年代中期开发的新产品，1956 年开始着手研究玻璃鳞片和环氧树脂混合物在防腐蚀及其施工应用的可能性。由于玻璃鳞片具有极其优异的防腐蚀性能，成为重防腐蚀涂料中极具潜力的品种，在国外得到了迅速的发展。美国 Cilotte 公司开发的煤焦油沥青玻璃鳞片涂料，已成功地用于海洋钻井平台浪溅区。英国国际涂料公司已将 Intershield EG 系列和 Intershield ER 系列用于 300 多艘破冰船，得到满意的效果。意大利欧洲玻璃鳞片公司生产的“Original Glassflake”涂料广泛应用于机械设备，具有优异的抗腐蚀性和耐磨性。国内玻璃鳞片于 80 年代中期开发成功，近年来随着国内一些重要工程对玻璃鳞片涂料的成功使用，引起人们对玻璃鳞片涂料的重视，许多生产和研究单位相继对其进行了研究、开发。

普通高聚物防腐涂料的涂层一般都存在结构孔隙，其大小一般为 $10^{-5}\sim10^{-7}$cm。在成膜过程中，因溶剂的挥发会造成针孔和收缩应力产生裂纹，某些树脂固化时还会放出小分子，也在固化后留下针孔，其大小为 $10^{-2}\sim10^{-4}$cm。这不仅给涂层造成缺陷，还难以抵御腐蚀介质，如水腐蚀介质(直径 2.7×10^{-8}cm)的渗透，形成膜下腐蚀，无法满足长效防腐。

玻璃鳞片涂料由于采用径厚比很大(有的可达 90 左右)的玻璃鳞片(厚度一般为 2~5μm、片径长度为 100~3000μm)，在涂膜的干燥过程中有自然平行于被涂覆基材表面的取向趋势，形成多层屏障结构不仅对腐蚀性介质构成一道道屏障，使介质在基体中的渗透必须经过无数条曲折的途径，在客观上相当于增加了防腐蚀层的厚度(如图6-2 所示)，增加了介质有效渗透距离，来延缓水分和离子通过涂膜的路径，而且使基体材料被分割成许多小区域，使基体内的微小气泡、微小裂纹及分子空穴相互分割，从而有效地抑制了介质的扩散。又由于玻璃鳞片是不连续片状实体，并且在基体中近似平行排列，使得界面孔隙也为基体所分割，因此，尽管在玻璃鳞片防腐涂层中仍有许多缺陷，但其对缺陷的抑制效果要比玻璃钢好得多。

从玻璃鳞片防腐涂层结构与玻璃钢结构的比较，可以更好地得出玻璃鳞片防腐涂层具有较小的残余应力；玻璃钢中树脂是呈现均匀膜状，树脂在膜层内固化时，因大分子间形成化学键及物理键，且分子的构象及聚集态的变化，导致体积收缩；由于树脂与玻纤的线膨胀系数不同，故在它们之间产生收缩应力并且相互之间进行传递，而分散的鳞片，其排列是不十分规则的，具有一定的倾角。因此树脂的收缩被鳞片分割成一个个分散的小区域，使其不能相互影响及传递。另外，虽然树脂与鳞片之间也产生收缩应力，但鳞片是分散体，可随着树脂的收缩而产生位移，故界面收缩应力对鳞片位移做功，将应力松弛掉。这样，使得防腐涂层内的残余应力大大减小，环境热产生的膨胀效果收缩与之相似，仅相反而已。因而，玻璃鳞片的加入减弱了涂膜的收缩，降低内应力，提高湿附着力。使涂层具有了一定的衬里防腐抗渗效果，可以代替橡胶、塑料和玻璃钢衬里，或与玻璃钢衬里相结合，构成玻璃鳞片树脂涂料衬里。玻璃钢衬里是由耐腐蚀合成树脂与玻璃纤维复合而出，因此与玻璃鳞片涂料有一定的相似性，玻璃鳞片涂料的抗渗、耐磨、热膨胀性、施工性能优于防腐玻璃钢衬里，但抗变形性、力学强度不如玻璃钢衬里。

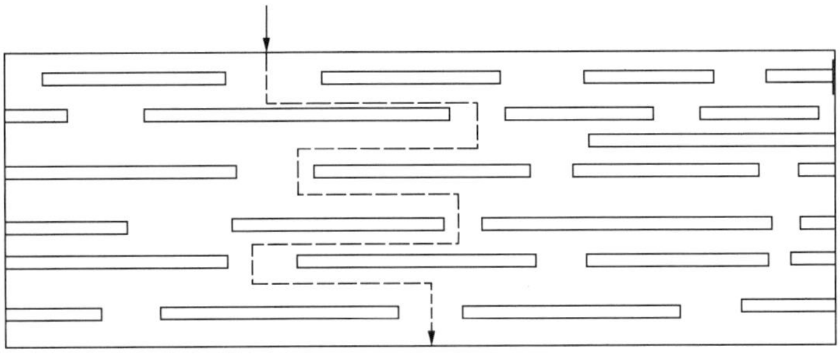

玻璃鳞化涂料腐蚀介质透过图

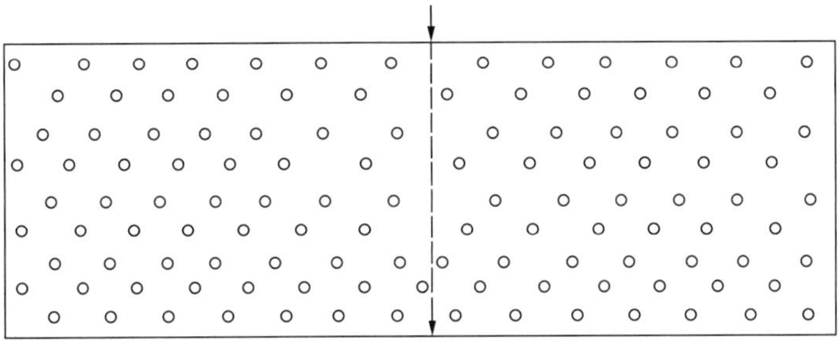

无玻璃鳞片的涂料腐蚀介质透过图

图 6-2　玻璃鳞片涂料屏蔽作用示意图

6.4.2　玻璃鳞片涂料的特性

总体来看，玻璃鳞片重防腐涂料具有下列特性：

(1) 极优良的抗介质渗透性。由于玻璃鳞片很薄，能与涂层重叠平行排列，形成致密的防渗层，有效地提高了涂层的抗渗透能力。例如，0.1mm 厚的玻璃鳞片涂料的抗水蒸气通过性相当于 0.7mm 以上厚度的环氧树脂。

(2) 抗渗性能还与涂层厚度、玻璃鳞片径/厚比、含量密切相关。厚度越大、径/厚比越大，抗渗性能越好。

(3) 一般在涂料中玻璃鳞片含量在 20% 以上时就具有很好的抗渗性能(见图 6-3)。鳞片的掺入量过多，树脂不能充分润湿鳞片表面，黏度过高，流平性不好，使涂层的附着力下降，造成针孔，毛细管等涂层缺陷，玻璃鳞片在涂料配方中的用量可高达 25%。掺入量低于 10% 以下，鳞片含量少，不能形成多层屏蔽阻挡腐蚀介质的侵入。经实验表明，鳞片掺入量 20% 左右，效果较好。玻璃鳞片必须经过表面处理，以保证与树脂的良好黏合性，是涂膜具有优良抗渗性能的重要保证。

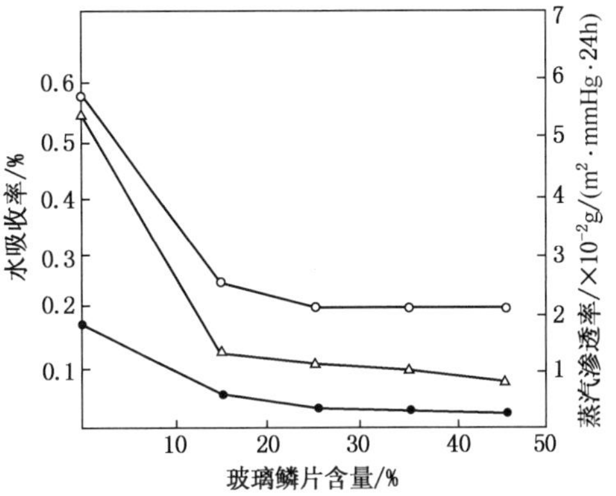

图 6-3　玻璃鳞片含量与水蒸气渗透性之间的关系

(4) 玻璃鳞片的交错重叠不利于溶剂的挥发成膜，因此，要求玻璃鳞片涂料必须是高固含量，最好为无溶剂涂料，这也有利于环境保护的需求。

(5) 涂膜抗开裂性能突出。由于玻璃鳞片的力学增强作用，即使涂膜涂刷很厚，也不会产生开裂现象，涂膜增厚，带来更好的抗渗性能。

(6) 涂膜的厚浆化，要求涂料具有触变性。一般要求一次成膜 150~300μm。

(7) 玻璃鳞片与树脂之间具有极高的黏接强度。玻璃鳞片涂层的剥落强度可高达105kg/cm^2。

(8) 涂层中玻璃鳞片的大量存在，不仅减少了涂层与底材之间的热膨胀系数之差，而且也明显降低了涂层的固化收缩率，因此，存在于涂层与底材之间的内应力也随之减少，这不但有利于抑制涂层龟裂、剥落等现象，更确保涂层发挥其优异的附着力与抗冲击作用。

(9) 涂层中的玻璃鳞片与树脂紧密黏接，提高了涂层的坚韧度，使涂层具有优良的耐蚀性。此外，涂层中层层排列的玻璃鳞片，可形成多层的镜面反射，从而减少了紫外线对涂层中高分子树脂的破坏。

(10) 耐温性提高，减少了涂层与钢铁之间线膨胀系数的差别，耐温度骤变性好，抗开裂性能好。如，乙烯基树脂玻璃鳞片涂料在沸腾水-冷水、或 150℃(干燥)-冷水进行 400 次循环，涂膜完好。

(11) 涂层的硬度、耐磨、抗冲击性极好，比普通黑色醇酸漆高 2.5 倍。当受到机械损伤时，玻璃鳞片涂层破坏仅仅是局部的，其扩散趋势小，易于修复。

(12) 光洁、抗污。其坚硬光滑性能有利于海洋设施涂层表面的海洋微生物、贝壳等污物清除。

(13) 良好的施工性能，可采用喷、刷、滚、抹等工艺，不但施工方便，而且修补容易，在使用几年后，如遭到破坏，则只需在该处作简单处理即可进行修补，并可继续使用。

6.4.3 玻璃鳞片涂料的组成

玻璃鳞片涂料主要由树脂、玻璃鳞片、其他辅助颜填料及助剂组成，在上述各章节知识的基础上，需要再进一步阐明如下内容：

6.4.3.1 玻璃鳞片

玻璃鳞片的性能与涂膜防腐效果至关密切。玻璃鳞片大多采用吹胀法制得，经 1000℃以上的高温熔融，再经吹制变得很薄的球体(厚度 2~5μm)，然后骤冷，最后经破碎、筛选分级而成，进行表面处理后包装待用。

玻璃鳞片的性能直接受玻璃原料成分、鳞片厚度、鳞片是否处理及鳞片大小诸多因素影响，对玻璃鳞片有以下要求。

(1) 要求必须用中碱玻璃，才能具有较好的耐蚀性能。常用的玻璃有 C 玻璃和 E 玻璃两种，其中 C 玻璃为中碱玻璃，由于耐酸性好而称为化学玻璃(Chemical glass)，而 E(Electrical glass)玻璃为无碱原料的玻璃，因良好的电绝缘性而得名，表 6-11 为常用的两种类型玻璃在 80℃、浸在各种化学药品中 24h 的质量变化。该表说明 C 玻璃具有更好的耐化学性。

表 6-11 E 玻璃、C 玻璃 80℃、浸在各种化学药品中 24h 的质量变化

化学药品	失重率/%		化学药品	失重率/%	
	C 玻璃	E 玻璃		C 玻璃	E 玻璃
10%HCl	1.64	42.40	10%HNO_3	1.55	25.55
10%H_2SO_4	1.31	41.15	10%Na_2CO_3	3.70	2.00
30%H_2SO_4	1.22	41.50	H_2O	1.27	0.71

（2）玻璃鳞片要用硅烷偶联剂进行处理，以提高与树脂的亲和性（亲油的玻璃鳞片）。亲油的玻璃鳞片有两种优点，一是与基料能够产生很好的黏接，抑制了界面上的毛细管渗透，降低涂膜的吸水性。二是能够产生一定的触变性，可以减少涂料配方中触变剂的用量。

（3）玻璃鳞片的厚度、片径大小及其在涂料中的含量对涂料的用途、施工方法、最终涂层防腐效果等都有着显著的影响。其中厚度是玻璃鳞片制造技术的关键，是玻璃鳞片的最主要技术指标，玻璃鳞片厚度一般为3~5μm之间，小于0.5μm的，其强度过低，大于10μm的，其漂浮性较差，难以平行于基体，而且单位厚度内鳞片层数较少。在2~5μm范围，才能保证在涂层中有数十层的玻璃鳞片排列，形成涂层内介质复杂曲折渗透扩散路径，从而有效延长介质渗透至基体所需时间。平均片径为0.4~3mm。从图6-4可以看出随着片径增大涂层的抗渗性能提高，反之则下降，较小片径的玻璃鳞片难以与被防腐基材表面平行，片径太大容易引起涂料黏度的增大，同时其所吸附的气体不易脱泡，引起气泡残留率的增加，难以施工，最好选用不同片径的玻璃鳞片进行合理组配。片径具体情况要根据施工方法和用途来决定，选用80~100Z目的综合性能最好。一般喷涂选用100~500μm片径。涂刷或作鳞片衬里，片径可大到3mm。另外，由图6-5也可以看出，在不饱和聚酯树脂中配合不同粒度的玻璃鳞片或普通的体质颜料所形成涂膜和各种树脂单独形成涂膜的透湿性差别是极大的，采用适当规格的玻璃鳞片填充的不饱和聚酯树脂涂膜，透湿率比其他涂膜要小得多。同时还可以看出，其粒度的大小对透湿性的影响也很大。

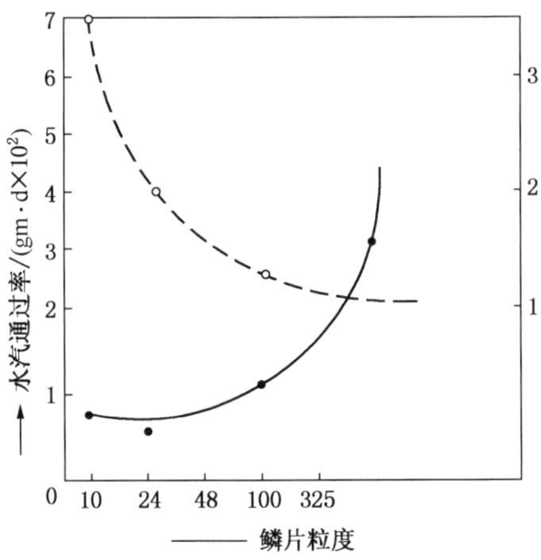

图6-4　鳞片粒度与水蒸气透过率和空洞率的关系

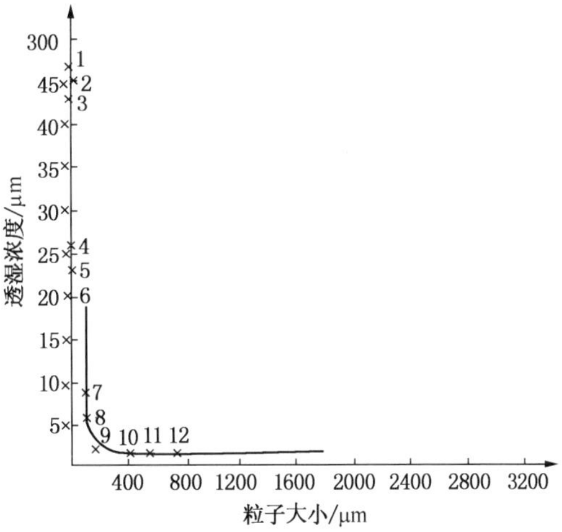

图6-5　玻璃片粒子大小不同的涂膜的水蒸气渗透深度

1—环氧树脂；2—不饱和聚脂；3—聚氨脂；4—氯丁-氯磺化聚乙烯；5—碎纤维；6—硅酸钙；7—玻璃片（<74μm）；8—云母（100μm）；9—玻璃片（250~105μm）；10—玻璃片（420~297μm）；11—玻璃片（590~420μm）；12—玻璃片（795μm）

（5）为充分发挥玻璃鳞片涂料的防腐性能、选择其他颜填料应避免强碱、强酸性、选用钛白粉、氧化铁红、云母等为宜。

6.4.3.2　树脂

玻璃鳞片涂料可使用许多类型的基料，主要是热固性树脂，如乙烯基酯树脂（VE）、不饱和聚酯树脂(UP)、环氧树脂(EP)、聚氨酯树脂(PU)、沥青等，其中尤以综合性能优良的乙烯基酯树脂为主，不饱和聚酯树脂主要是双酚型不饱和树脂、含氯不饱和树脂、间苯型不饱和树脂。

由于固化后的玻璃鳞片涂料具有优异的抗渗性能，相应地要求玻璃鳞片涂料配方中尽量不含或少含挥发性溶剂，接近或达到100%的固体含量。否则，涂层中的可挥发溶剂在涂层固化中由于受玻璃鳞片层的阻挡，难以挥发出来，易产生各种缺陷。含溶剂多的只适合于薄层涂料。

玻璃鳞片涂料的耐蚀性和耐温性等主要决定于鳞片涂料中的树脂种类，因此鳞片涂料也常按树脂种类进行分类。其中最为重要的是乙烯基酯树脂类玻璃鳞片重防腐涂料。

乙烯基酯(VE)主要由甲基丙烯酸与环氧树脂反应而成：

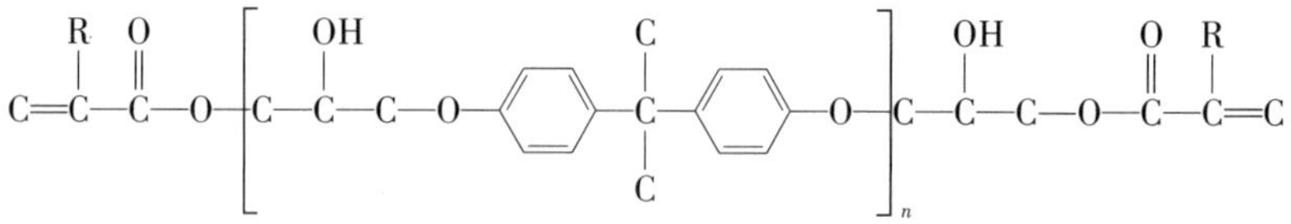

双酚型乙烯基酯树脂

分子链由环氧化学结构单元组成，端基为乙烯酯基，固化为烯烃双键的加成聚合，因此乙烯酯树脂既具有环氧树脂优良的黏接力，又具有不饱和树脂的优良固化加工工艺性，可采用引发剂、紫外线、电子束等光固化工艺，并可实现无溶剂化。与不饱和聚酯相比，酯基基团是不饱和聚酯树脂的最薄弱环节，易受酸、碱的水介质破坏，不饱和聚酯的酯基重复出现在主链中，而 VE 所含的酯基仅仅在主链的末端，所以 VE 的酯基含量更低。间苯型不饱和聚酯(UP)的酯基含量是$(8\sim9)\times10^{-3}$ mol/mL，双酚型 UP 的酯基含量为$(26\sim34)\times10^{-3}$ mol/mL,而双酚型 VE 的酯基含量最低，为$(1.2\sim1.6)\times10^{-3}$mol/mL。实验表明，当酯基含量降低一半时，其耐水时间增加近 20 倍。故乙烯基酯树脂较其他不饱和树脂具有更优良的耐蚀性。由于乙烯基酯树脂分子中羟基的存在提高了树脂对玻璃等填料的浸润性，进一步提高了性能。乙烯基酯树脂可采用紫外线或电子束等光固化工艺，具有更优良的施工工艺性。乙烯基酯树脂的种类较多，改变部分单体可提供各种性能的乙烯基酯树脂，如酚醛型乙烯基酯树脂、阻燃型乙烯基酯树脂等。该类玻璃鳞片涂料具有优异的耐酸、碱、盐及其溶液和化工气体的性能，应用最为普遍。

6.4.3.3　助剂

根据涂料树脂种类的不同，相应须加入各种助剂，需强调的是消泡剂和触变剂的加入极为重要，消泡剂通常可用硅油消泡剂，触变剂视树脂种类的不同可用膨润土、白碳黑、氢化蓖麻油等。另外，流平剂(如有机硅、聚丙烯酸醋等)能降低涂料与底材之间的表面张力，并能调整溶剂挥发速度、降低黏度、改善涂料的流动性，在涂层表面形成极薄的单分子层，以提供均匀的表面张力。

偶联剂的作用是增强玻璃鳞片的憎水性、悬浮性、分散性，提高它同成膜材料的黏接强度。偶联剂是一种能够增进有机物与无机物之间结构性能的助剂，它存在两种性质的官能团，一种可与无机物表面的极性基团反应，另一种可以与有机物的极性基团反应，通过反应，它能把玻璃鳞片与有机树脂利用化学键紧密地结合起来，从而提高涂料的性能。目前主要使用的涂层偶联剂是有机硅烷化合物、有机铬化合物、有机钛化合物三类。要注意对于不同的成膜材料需选择与之相适应的偶联剂，否则由于它们之间反应不佳会直接影响涂层的性能。图 6-6、图 6-7 是鳞片表面是否处理过，涂层抗水渗透效果和材料强度的比较曲线。

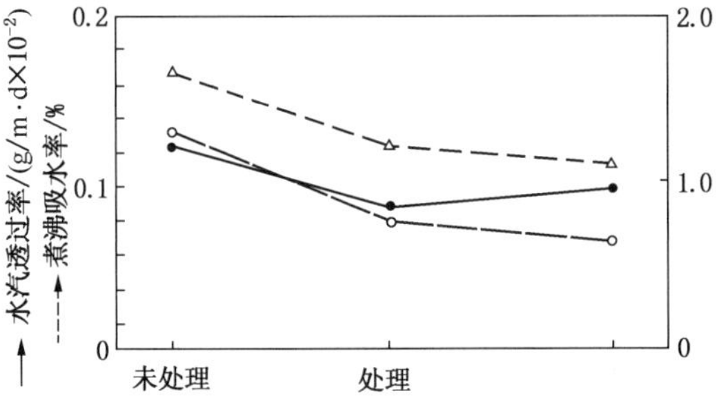

图 6-6 鳞片表面处理与吸水率、水汽透过率的关系

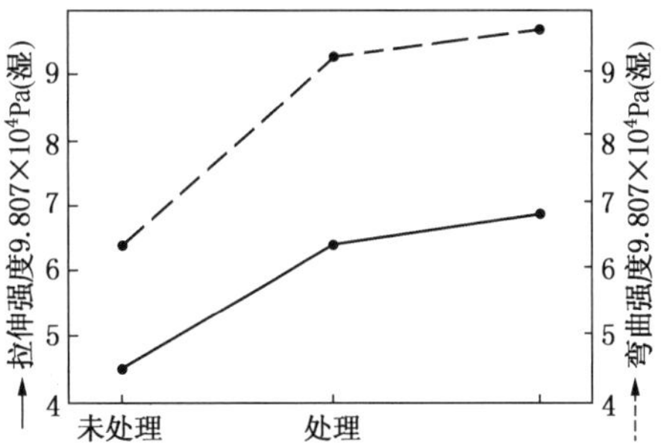

图 6-7 鳞片表面处理与拉伸强度、弯曲强度的关系

6.4.4 玻璃鳞片重防腐涂料的分类、特性及应用

玻璃鳞片重防腐涂料可按树脂种类(如上所述)、涂料黏度、涂料衬里厚度进行分类。按涂料黏度可分为玻璃鳞片涂料、玻璃鳞片厚浆涂料、玻璃鳞片胶泥三种类型。按厚度可分为薄膜、中膜、厚膜三种类型。黏度和膜厚是相互对应的，如对于厚膜玻璃鳞片防腐涂层采用玻璃鳞片胶泥来得到。每种类型配方中加入的玻璃鳞片片径、含量均有所不同，其性能应用范围和施工方法也不同。以常用的双酚 A 不饱和聚酯型和乙烯酯树脂型为基料的玻璃鳞片重防腐涂料为例对其比较如表 6-12。

表 6-12 玻璃鳞片重防腐涂料的种类

涂片衬里的类型	树脂的种类	应用范围	使用温度/℃	膜厚/mm	施工方法
厚 膜	双酚系	机器里面防蚀(特别是排烟脱硫设备等)	85(液) 120(气)	1.5~2.0	泥刀 2 次涂
	乙烯基酯		95(液) 150(气)	1.5~2.0	泥刀 2 次涂
中 膜	双酚系	海洋构筑物(特别是飞溅区)、废水处理设备海水导管里面防蚀	60(液) 170(气)	0.4~1.0	刷涂、滚涂、喷涂等 2 次
	乙烯基酯		70(液) 180(气)	0.4~1.0	刷涂、滚涂、喷涂等 2 次
薄 膜	双酚系	石油贮槽各部、海洋构筑物、水池(饮料水、游泳池水)里面防蚀	50(液) 180(气)	0.2~0.4	刷涂、滚涂、喷涂等 2 次
	乙烯基酯		70(液) 180(气)	0.2~0.4	刷涂、滚涂、喷涂等 2 次

对于 0.4mm 厚度等级的玻璃鳞片增强材料可作气候或大气环境的重防腐蚀涂料，以及作 0.8mm 等级和 3.2mm 等级玻璃鳞片防腐材料衬里的面层料，使产品表面平滑光亮。

0.8mm 等级的玻璃鳞片防腐材料可喷射和涂刷。在液体浸渍条件下使用时，其使用温度 160℃。在蒸汽或间断溢出物条件下使用时，其使用温度可达 100℃。

3.2mm 等级的玻璃鳞片防腐材料，只能用刮的方法，厚度为 1.5~2mm。在液体浸渍条件下使用时，其使用温度可达 103℃；在气体或蒸汽环境中使用时，其使用温度可达 160℃。玻璃鳞片防腐材料的等级及使用方法如表 6-13 所示。

大部分玻璃鳞片涂料仍是各类外加引发剂的不饱和聚酯树脂。在最近 20 年里，掺入固化剂型的环氧体系成为玻璃鳞片涂料的重要部分。不同基料的玻璃鳞片涂料的性能是不同的(如表6-14)。

表 6-13　玻璃鳞片增强树脂等级及使用方法

基本树脂	鳞片尺寸	使用厚度	可使用的施工方法
聚酯(双酚A型)	3.2mm	1.5~2mm	刮
	0.8mm	0.75~1mm	喷或刷
	0.4mm	≤0.75mm	喷或刷
聚酯(Het-acid)型	3.2mm	1.5~2mm	刮
	0.8mm	0.75~1mm	喷或刷
	0.4mm	≤0.75mm	喷或刷
聚酯(异钛型)	0.8mm	0.75~1mm	喷或刷
	0.4mm	≤0.75mm	喷或刷
乙烯基酯	3.2mm	1.5~2mm	刮
	0.8mm	0.75~1mm	喷或刷
	0.4mm	≤0.75mm	喷或刷
环　氧	3.2mm	1.5~2mm	刮

表 6-14　玻璃鳞片涂料用树脂的物理化学性能

性能项目	邻苯二甲酸系不饱和聚酯	双酚A系不饱和聚脂	乙烯基酯树脂	环氧树脂
物理性能				
抗拉强度/(kgf/cm^2)	5.2	3.3	6.9	6.5
抗变强度/(kgf/cm^2)	9.5	10.5	14.5	12.5
弯曲弹性模量/(kgf/cm^2)	350	350	335	340
巴柯尔硬度	32	12.5	41	37
热变性温度/℃	151	120	130	110
延伸率/%	1.2	1.4	2.4	5.5
固化收缩率/%	9.6	8.5	6.5	3.0
化学性能：(均用浇铸体)分优、良、中、差四级				
25%盐酸 100℃	优	优	优	中
10%盐酸 100℃	良	优	优	良
5%苛性钠 100℃	差	优	优	优
5%氨水 70℃	差	优	优	优
甲苯	中	中	优	良
粗汽油	良	优	优	优
甲醇	良	中	优	良
汽油	优	优	优	优
煤油	优	优	优	优
饱和食盐水 75℃	良	优	优	良
水 75℃	良	优	优	良

注：$1kgf/cm^2=98.0665kPa$。

我国已生产、应用的主要有环氧树脂系列、不饱和聚酯、乙烯基酯系列树脂，其耐化学腐蚀性能如表6-14。环氧树脂耐碱、弱酸和某些溶剂；双酚A型聚酯树脂，耐强矿物酸、碱和石油；Het-Acid型聚酯，耐氧化性酸；异钛型聚酯，耐弱酸、淡水和盐水；乙烯基酯树脂，耐大部分酸、碱、石油和某些溶剂。其典型配方如表6-15~表6-18所示。

表 6-15　不饱和聚酯玻璃鳞片保护层配方

原　　料	配比/g	原　　料	配比/g
不饱和聚酯树脂	100	硅烷偶联剂	0.3
玻璃鳞片(100~120″)	30~40		

表 6-16　环氧树脂玻璃鳞片保护层配方

原　　料	配比/g
环氧树脂(E-44)	100
玻璃鳞片(100~200″)	30~40
硅烷偶联剂	0.3
分散剂	0.3
丙酮	10
丁酯类增塑剂	10~15
C-20 固化剂	20~25
分散剂	0.3
引发剂	3~4
促进剂	0.5~1

表 6-17　乙烯基酯玻璃鳞片涂料配方

	原　料	配比/g
甲组分	乙烯基酯树脂	100
	环烷酸钴(6%)	0.2
	2，4-戊烷二酮(阻缓剂)	0.2
	硫酸钡	40
	滑石粉	30
	钛白粉	20
	玻璃鳞片(0.4mm)	15
	流平助剂(硅系)	1
	气相法 SiO_2	3
	苯乙烯	15
乙组分	过氧化甲乙酮 二丁酯糊 (两者比例为 1∶1)	3

表 6-18　环氧沥青玻璃鳞片重防腐涂料配方

	原　料	配比/g		原　料	配比/g
甲组分	环氧沥青漆	100	乙组分	固化剂 (T31 或 E881)	10
	玻璃鳞片	10~15			

玻璃鳞片涂料广泛地应用于化学工业中的颜料厂、氯碱厂、造纸厂、医药工业的制药厂、海洋石油工业的钻井平台、石油贮罐、沿海的桥梁、码头、水闸等设施，电镀行业各种电解槽、电镀槽等，食品工业的发酵槽、贮罐、地坪，电力、冶金工业的防止污染和防腐的各种烟道、脱硫洗涤塔等。例如，在前西德、美国、澳大利亚仅从 1978 至 1986 年间，作为衬层涂层用于大型发电厂的脱硫洗涤塔就有 40 多个，酸汽温度高达 180℃。所采用的树脂是 Dow 化学公司的乙烯基酯树脂 Derakane470-36，鳞片是 Ceilcote GmbH 公司生产的 Flakeline282。日本进口的贵溪冶炼厂硫酸车间空冷塔，塔顶采用了玻璃鳞片涂层作为衬里，使用条件是，烟道入口温度 200℃左右，15%的硫酸喷淋后降至 80℃，介质还有少量的氯化氢、氟化氢、二氧化硫、三氧化硫。涂层结构为底涂 50~100μm，中涂玻璃鳞片涂层两遍，每遍 0.8~1mm，面涂 100~150μm，使用情况良好。又如，青岛碱厂的碳钢氨盐水澄清桶，介质饱和氨盐水，温度 40~50℃，压力 200mmHg 的负压，涂层平均厚度 2mm。吉林省四平联合化工厂的氯乙烯转化器内为 36%的饱和盐酸，温度 70~90℃，原来采用两层耐酸瓷板防腐只能用 3 个月至 1 年，改用 GH 系列玻璃鳞片涂层后，设备可连续运行 2.5 年减轻了设备重量并提高了其有效容积。玻璃鳞片重防腐涂料已广泛用于金属储油罐内壁、海洋设备和构筑物、各种管道和污水处理设施等的防腐，是一种很有发展潜力的重防腐涂料。

6.5　粉末涂料及塑料涂覆层

6.5.1　特性

粉末涂料是由树脂、颜料及固体填料、助剂组成的不含有挥发溶剂的固体粉末。涂装时根据树脂品种、工件状况、施工条件的不同，可选用喷涂、浸涂、沸腾床浸涂、静电喷涂等方法使粉末吸附于金属表面，再通过一定温度加热熔融，将呈颗粒状堆积的树脂熔融，高聚物熔粒相互接触、挤压、变形，最后由粒子状态的聚集转变为分子状态的聚集而形成连续的涂膜(热固性树脂将进行交联反应)，冷却后转变为致密完整的塑料涂覆层。采用火焰熔射法可将粉末直接转变成塑料涂覆层，可进行现场施工，使不宜放入烘炉的大型物件也能获得塑料涂覆层保护。

因此，粉末涂料具有如下优点。

(1) 不含有溶剂，因此无污染，无溶剂挥发的资源浪费，同时避免了有机溶剂带来的火灾、中毒和运输中的不安全问题。虽然存在粉尘爆炸的危险性，但是只要把体系中的粉尘浓度控制适当，爆炸是完全可以避免的。

(2) 粉末涂料是100%的固体体系，可以采用闭路循环体系，喷溢的粉末涂料可以回收再用，涂料的利用率可达95%以上。

(3) 由于所用树脂的相对分子质量比溶剂型涂料的大，因此涂膜的耐蚀、抗渗、耐久性及物理机械性能要比同类溶剂型涂料提高很多。

(4) 涂装时，涂膜厚度可以控制，一次涂装可达到30~500μm，相当于溶剂型涂料几道至十几道涂装的厚度，减少了施工的道数，既利于节能，又提高了生产效率。

(5) 对工件复杂结构部分涂料覆盖性能好。

(6) 在施工应用时，不需要随季节变化调节黏度。施工操作方便，不需要很熟练的操作技术，厚涂时也不易产生流挂等涂膜弊病，容易实行自动化流水线生产。

(7) 容易保持施工环境的卫生，附着于皮肤上的粉末可用压缩空气吹掉或用温水、肥皂水洗掉，不需要用有刺激性的清洗剂。

尽管粉末涂料的增长速度比一般涂料快得多，但目前粉末涂料在整个涂料产量中所占比例还没有达到预期的发展速度。这是因为粉末涂料和涂装还存在如下不足。

(1) 粉末涂料的制造工艺比一般涂料复杂，涂料的制造成本高。

(2) 粉末涂料的涂装设备与一般涂料不同，不能直接使用一般涂料的涂装设备，用户需要安装新的涂装设备和粉末回收设备。

(3) 粉末涂料用树脂的软化点一般要求在80℃以上，施工烘烤温度比一般涂料高得多。

(4) 难以得到30μm以下的薄涂膜。

(5) 更换涂料颜色、品种要比一般溶剂性涂料麻烦。

粉末涂料与溶剂型涂料涂装特点的比较见表6-19。

表6-19　粉末涂料涂装和溶剂型涂料涂装特点的比较

	粉末涂料涂装	溶剂型涂料涂装		粉末涂料涂装	溶剂型涂料涂装
一次涂装可以得到涂膜厚度/μm	30~500	10~80	火灾危险	没有	有
			大气污染	没有	有
厚涂膜施工	容易	难	粉尘爆炸的危险	有	没有
薄涂膜施工	难	容易			
涂装线的自动化	容易	一般	专用涂装设备的要求	需要涂装设备和回收设备	不需要
喷滥涂料的回收使用	可以	不可以			
涂膜性能	好	一般	换颜色	换色需要时间	容易
中毒	没有	有	粉尘污染	有	没有

粉末涂料的应用始于20世纪50年代，最早人们利用流化床技术将聚乙烯粉末成功地涂覆在预热的金属表面，随后不久，聚氯乙烯和尼龙热塑性粉末涂料相继在美国热的金属表面试验成功，随后不久，聚氯乙烯和尼龙热塑性粉末涂料相继在美国问世。50年代后期，为保护天然气和原油输送管道免于腐蚀，Shell公司开发出了第一个热固性粉末涂料产品——环氧树脂粉末涂料。但这时的环氧树脂粉末涂料制备过程相对简单，只是利用球磨研磨技术将环氧树脂固化剂和颜料进行物理干混。1964年，人们又利用挤出技术开发出了具有装饰作用的环氧树脂/双氰胺粉末涂料。70年代以后，粉末涂料得到快速发展和广泛的应用。1971年荷兰SCADOBV公司通过热熔融混合成功开发了具有极好保护、装饰作用的聚酯/环氧树脂或聚酯/异氰尿酸三缩水甘油酯粉末涂料。1972年德国VP-Landshut公司成功开发出了具有耐候性的粉末涂料，用以保护户外建筑铝材和喷镀。几乎与此同时，德国Bayer AG和BASFAG公司报道了热固性丙烯酸酯粉末涂料。随着世界各国对环境保护要求的日益严格和相关法规的实施，粉末涂料正越来越受到人们的重视。表6-20列举了粉末涂料的应用领域及其占有率。

表6-20　粉末涂料的应用领域及其占有率(%)

应用领域	一般工程	防腐	汽车	管道	户外建材	家电	金属家具
占有率	25~35	10~20	10~15	5~	10~20	10~20	10~15

6.5.2　原料及制备

6.5.2.1　原料的选择

粉末涂料由树脂、颜填料、助剂(在热固性粉末涂料中还含有固化剂)等原料组成，粉末涂料的特殊性对上述基本原料的选择具有如下要求。

1. 树脂的选择

合成树脂的结构和性能是决定粉末涂料和涂膜性能的主要因素。从施工涂装角度来考虑，粉末涂料用树脂应满足以下要求。

(1) 熔融温度和分解温度　粉末涂料以粉末状态喷涂到被涂物上面，经加热熔融成膜，即需要把树脂加热到熔融温度以上。如果这时树脂的分解温度和熔融温度很接近时，控制加热温度非常困难。所以在制造粉末涂料和施工应用过程中，希望树脂的熔融温度和分解温度之间的温差要大，这种温差较大的树脂有环氧、聚酯和丙烯酸树脂，比较小的是聚氯乙烯等。

(2) 为保持涂膜的流平性，熔融黏度要求低　熔融黏度高时不易形成平整均匀涂膜，熔融黏度低时容易流平。也希望树脂达到熔点以上温度时，树脂黏度要迅速下降。环氧树脂和聚酯树脂具有这种特性。

(3) 电性能　在静电粉末涂装时，粉末涂料粒子带电，借助于库仑力吸附到被涂物上面，库仑力越大，静电吸附效果越好。一般粉末涂料用树脂的电阻比较大，容易放电。聚氯乙烯树脂的电位下降迅速，容易引起附着的粉末涂料粒子脱落。

(4) 树脂储存稳定性好，不易吸水结块　一般在粉末涂装中喷溢的涂料要回收再利用。但是有些粉末涂料粒子同空气接触久了，因受空气中潮气和温度的影响而变质，所以希望树脂的物理、化学稳定性要好。

(5) 附着力　粉末涂料同被涂物的附着力主要是依靠树脂起作用。如果树脂同被涂物的附着力好，那么不需要涂底漆，而且涂膜的使用性能和耐久性也好。一般热塑性树脂的附着力不如热固性树脂的附着力。

(6) 机械粉碎性能　粉末涂料的粒度分布、粒子形状对涂膜外观及施工性能有很大影响。要得到合适的粉末涂料粒度，必须进行粉碎。粉末涂料的制造可采用机械粉碎法或化学粉碎法，一般主要采用机械粉碎法。一般热塑性树脂的机械粉碎性不如热塑性的树脂，有些树脂还需要进行冷冻粉碎。

(7) 具有良好的漆膜性能、耐蚀性能。

2. 颜料和填料的选择

在粉末涂料中使用的颜料和填料要求化学性质不活泼，在粉末涂料的制造和储存过程中不与其他成分起化学反应，对热和光的稳定性好。能够满足上述条件的溶剂型涂料中使用的颜料和填料一般都可以使用。

颜料和填料的添加量随树脂的种类而不同，一般在热固性树脂中的分散性好，添加量的顺序为：聚酯树脂>环氧树脂>丙烯酸树脂。以钛白粉为例，在聚酯粉末涂料中含量40%也有光泽，涂膜平整。然而丙烯酸粉末涂料中若超过20%，涂膜就逐渐失去光泽，机械性能也开始变差。颜料和填料的添加量还同分散方法有关，一般熔融混合分散法效果好，干混合法效果差。考虑到粉末涂料在使用和清扫时会引起粉尘飞扬，为了保证人体健康，应尽量避免使用含铬和铅的颜料。

3. 助剂的选择

在粉末涂料中用的助剂种类不那么多，用于溶剂型涂料和水性涂料的一些助剂不一定适用于粉末涂料，不能简单地照搬过来，粉末涂料用助剂的选择范围比较窄，不像溶剂型涂料用助剂的选择范围广。

在粉末涂料中所用的助剂原则上必须是固体的。如果助剂是黏稠状或者熔点极低的固体物质，用量超过2%时，粉末涂料的夏季储存稳定性就不好，容易结块。原则上助剂的使用量必须控制在最低限度。

热固性粉末涂料需要加入固化剂。这种固化剂在很大程度上支配着涂料和涂膜的性能。一般粉末涂料用固化剂应满足如下条件：①在常温下是固体，即粉末状、粒状或者片状。②在制造粉末涂料的热熔融混合工序中，与树脂或者其他组分不起化学反应。③制造成粉末涂料后，粉末涂料的储存稳定性良好，在室温储存半年以上，与树脂及其他组分不起化学反应，也不凝聚结。④从节能考虑，配制成粉末涂料后，能促使粉末涂料在低温下迅速固化，形成满意的涂膜。⑤要求固化剂的刺激性臭味和毒性小，无害于身体健康和环境卫生。在烘烤成膜过程中，最好不释放出有刺激性臭味和毒性的化合物或者气体。⑧固化剂应为无色，不能使涂膜着色，否则影响涂膜外观和使用效果。有些带有活性基团的树脂也可作为粉末涂料的固化剂使用，这些树脂同样要求具备上述条件。

粉末涂料的常用其他助剂种类主要为流平剂、消光剂、光热稳定剂等。

6.5.2.2　粉末涂料的基本制备流程

粉末涂料制备的基本过程与设备如图6-8所示，主要分为原材料的预混合、挤出机的熔融混合、细粉碎、粉末的收集和过筛等过程。

6.5.3　基本种类及应用

根据成膜物的性质不同，粉末涂料分为热塑性粉末涂料和热固性粉末涂料两大类。相比较而言，其特性见表6-21。

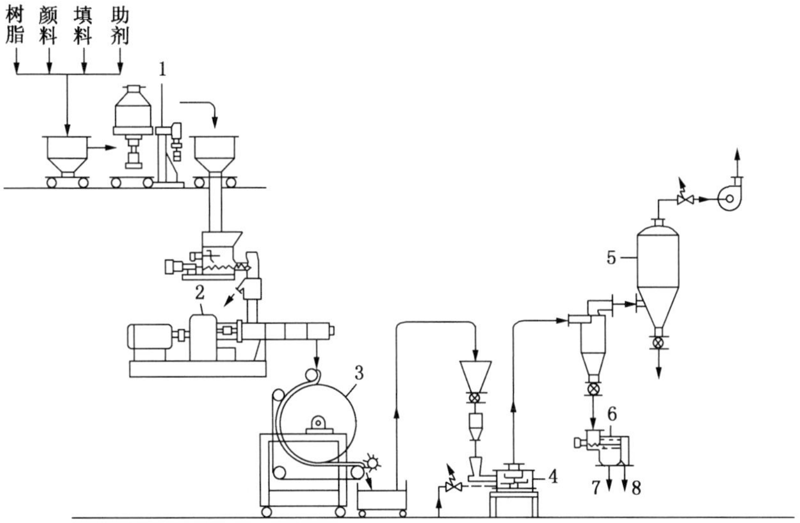

图 6-8　粉末涂料生产基本过程示意图

1—预混合器；2—双螺杆混料挤出机；3—冷却、破碎；4—研磨；
5—滤尘器；6—筛分；7—合格产品；8—大粒径产品

表 6-21　热塑性、热固性粉末涂料的特性

性　能	热塑性粉末涂料	热固性粉末涂料	性　能	热塑性粉末涂料	热固性粉末涂料
相对分子质量	高	中等	底漆的要求	多数情况需要底漆	不需要底漆
软化点	高-很高	比较低	薄膜化	困难	比较容易
颜料分散性	稍微困难	比较容易	涂膜耐污染性	不好	好
粉碎性能	需要冷冻粉碎	比较容易	涂膜耐溶剂性	比较差	好

常用的粉末涂料的种类、特性和用途见表 6-22。

表 6-22　常用的粉末涂料的种类、特性和用途

类　型	种　　类	特　　性	用　　途
热固性粉末涂料	环氧粉末涂料	耐腐蚀、耐化学试剂、电性能好	家具、空调机、金属窗、管道内面、汽车内部零件等
	聚酯粉末涂料	涂膜外观、耐候性好	家具、建材、空调机等
	丙烯酸粉末涂料	涂膜外观、耐候性、耐污染性好	电冰箱、洗衣机、建材、家电产品、交通材料等
热塑性粉末涂料	聚氯乙烯粉末涂料	耐候性、柔韧性、耐腐蚀性好	金属板条制品、建材、家用电器部件等
	聚酰胺粉末涂料	耐磨性、耐寒性、耐溶剂性好	金属家具、管内面、建材等
	纤维素粉末涂料	涂膜外观、耐候性好	汽车部件、电器部件、家具等
	聚乙烯粉末涂料	柔韧性、耐溶剂性、耐水性好	桶、线材、玩具等
	聚酯粉末涂料	涂膜外观、耐候性好	建材、管、泵、家电等

重防腐蚀粉末涂料的应用主要是热固性粉末涂料，以及热塑性工程塑料类粉末涂料。

6.5.3.1　热固性粉末涂料

成膜物为热固性树脂，配方中常含有固化剂，在一定温度下会发生交联反应而固化成不溶、不熔的坚韧、牢固的保护涂层。热固性粉末涂料树脂的相对分子质量比热塑性的，本身没有成膜性能，只有在烘烤条件下，与固化剂起化学反应交联成体形结构，才能得到性能较好的涂膜。由于相对分子质量低，在成膜时熔融黏度较低，因此可以分散更多的颜填料，也可以得到比较薄的涂膜，同时交联固化反应可能在树脂主链上引进极性基团，大大提高涂膜的黏接性能，进一步提高了涂膜的耐溶剂性能。表 6-23 为热固性粉末涂料与溶剂型涂料性能的比较。

表 6-23　热固性粉末涂料与溶剂型涂料的涂膜性能比较

项目 \ 涂料品种	环氧粉末涂料	聚酯粉末涂料	丙烯酸粉末涂料	溶剂型丙烯酸	溶剂型氨基醇酸
烘烤条件/(℃/min)	180/20	180/20	180/20	160/20	160/20
涂膜厚度/μm	50~60	50~60	50~60	40~50	25~35
涂膜铅笔硬度	3H	H~2H	2H	3H	H
冲击强度(ϕ1/2″×500g)/N·cm	>490.3	>490.3	392.24	392.24	490.3
附着力(划格法)	100/100	100/100	100/100	100/100	100/100
耐腐蚀性(盐水喷雾 500h)/mm	0	0~1	2~3	4~5	7~8
耐酸性(5%盐酸 240h)	很好	很好	很好	一般	不好
耐碱性(5%氢氧化钠 240h)	很好	良好	很好	一般	不好
耐沸水(2h)	很好	很好	很好	很好	很好
耐湿性(50℃，RH98%，500h)	很好	很好	很好	很好	很好

热固性粉末涂料的主要品种有环氧、聚酯、聚酯-环氧、丙烯酸、丙烯酸-聚酯等。在我国，环氧粉末涂料是应用最为广泛的防腐蚀粉末涂料品种，现已大量使用在不同口径输油、气管道的内外壁、液化气钢瓶、汽车零部件、化工设备等的防腐保护。

1. 环氧粉末涂料

环氧粉末涂料用的环氧树脂，主要是由环氧氯丙烷和双酚 A 缩聚成的 E 型环氧树脂，环氧当量在 500~1000 之间。环氧当量与树脂软化点有关，环氧当量低于 500 时，软化点在 70℃以下，生产的粉末涂料在常温下有结团块倾向。环氧当量大于 1000 时，软化点在 100℃以上，粉末涂料的熔融流动性差。环氧当量为 700~950 的环氧树脂比较适合作粉末涂料。

常用作环氧树脂粉末涂料的固化剂有固态脂肪胺、固态芳香胺和它们的树脂加成物、固态酸酐和它们的树脂加成物、固态酚醛树脂、多元有机酸和含酸官能团的聚酯等。其中双氰胺及衍生物(DICY)是典型的固态脂肪胺固化剂，双氰胺的衍生物结构如下：

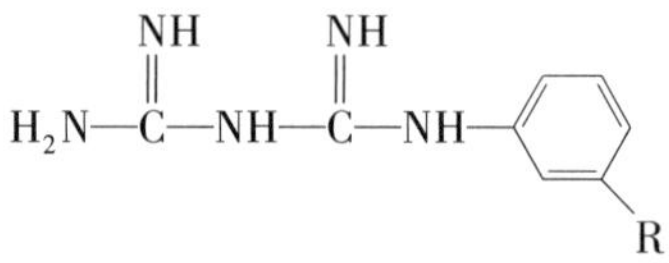

用纯 DICY 作环氧树脂粉末涂料的固化剂时，即使在高温下其固化速度仍然相当低，如 185℃下固化时间为 30min，200℃下固化时间为 20min。为提高环氧树脂/DICY 体系固化速度，通常加入催化剂如三氟化硼/胺复合物、咪唑啉衍生物、三级胺化合物和四级铵盐等。该种类粉末涂料具有优良耐冲击性、耐磨性和耐刮伤性，以及优良的黏接性，不需要任何底漆，但其耐 UV 光性能差且易变黄。因此主要用于地下管道的防腐蚀涂层。

以酚醛树脂作固化剂的环氧树脂粉末涂料具有高的交联密度，良好的耐化学、耐溶剂和耐沸水性以及好的机械性能和装饰性能，且光泽高、耐刮伤、耐石击和耐冲击性能优良，黏接性好，但仍有变黄的倾向。环氧树脂/酚醛树脂粉末涂料，可以用于家电、线缆、自行车架、热水散热器罐、工具、电子元件、控制盘、汽车电枢等。其配方举例如表 6-24。

表 6-24 环氧/酚醛粉末涂料配方示例

组　分①	投料比/%(质量)			组　分①	投料比/%(质量)		
	A	B	C		A	B	C
环氧树脂 663U②	39.0			金红石 TiO_2	50.0		
环氧树脂 642U②		70.0	53.0	颜填料			25.0
固态酚醛树脂 80②		30.0		总计	100.0	100.0	100.0
固态酚醛树脂 81②	11.0			固化时间/(min/℃)	6~8/180	8~10/180	1/230
固态酚醛树脂 82②			22.0				

① A 和 B 配方作标准装饰用；C 作管道功能涂层。

② 为 DOW 化学公司商品牌号。

目前国内外所研制的防腐型环氧粉末涂料多采用改性环氧-酚醛树脂固化体系。由于酚醛树脂类固化剂的结构和玻璃化温度与其他类型的固化剂相比，与环氧树脂的匹配性更好，因而有良好的混合性，在高温下有更高的反应活性。不同固化剂的环氧粉末涂料和涂膜性能比较见表 6-25，环氧粉末涂料的主要用途见表 6-26。

表 6-25 不同固化剂的环氧粉末涂料和涂膜性能比较

项　目 \ 固化剂品种	双氰胺及衍生物	芳香族胺	酸酐	二氟化硼络合物	二羧酸二酰肼	咪唑类
固化反应温度/℃	150~200	120~150	150~200	120~150	150~180	130~180
粉沫涂料储存时间(21℃)/月	75	2~5	6	3~12	12	3~12
涂膜平整性	很好	良好	一般	良好	很好	很好
涂膜光泽	一般	一般	一般	良好	一般	一般
涂膜硬度	一般	很好	很好	很好	一般	很好
涂膜柔韧性	一般	一般	一般	差	很好	一般
涂膜冲击强度	一般	差	很好	一般	一般	一般
涂膜保色性	良好	差	良好	良好	良好	差
涂膜连续使用最高温度/℃	100	150	150	120	100	100
涂膜间断使用最高温度/℃	200	250	200	200	200	200
涂膜耐热水和水蒸气	很好	很好	良好	一般	很好	良好
涂膜耐水(低温)	很好	很好	很好	很好	很好	很好
涂膜耐盐水	很好	很好	很好	很好	很好	很好
涂膜耐酸性	良好	很好	很好	良好	良好	良好
涂膜耐碱性	良好	很好	差	良好	良好	良好
涂膜耐溶剂性	一般	一般	一般	一般	一般	一般
低毒性	好	差	好	差	好	好

表 6-26 各种环氧粉末涂料体系的主要用途

环氧树脂加 \ 应用领域	民用设备	金属家具	建筑零部件	汽车部件	农业设备	散热器锅炉	管道	化工容器	电子设备
催化的 DICY	√	√		√	√		√		√
取代的 DICY	√	√		√	√		√		
胺衍生物	√	√	√	√		√			
聚酯树脂	√	√	√	√	√	√			
酸酐	√	√	√	√	√	√	√	√	√
酸酐加成物	√	√	√	√	√	√	√	√	√
酚醛树脂			√	√	√		√	√	√

管道防腐用环氧粉末涂料是以粉末形态喷涂并熔融成膜的新型涂料。国外自20世纪60年代发展起来以后，在化工及油气管道方面得到广泛应用。进入90年代，随着石油工业的不断发展，对管道防腐的要求越来越高。一些传统的防腐涂料已不适应当前的防腐要求，特别是埋地石油、天然气管道。管道防腐用环氧粉末涂料以其优异的附着力、柔韧性，以及卓越的耐腐蚀性和防腐寿命受到石油化工界的青睐。在一些环境气候和施工条件恶劣的地区，环氧粉末涂料甚至被有关部门指定为石油天然气管道的首选防腐涂料，在天然气管道内防腐和减阻方面更具有独一无二优势。我国在环氧粉末防腐方面起步较晚，在油气管道上的应用则是近几年才刚刚开始，在新建管道工程中的应用发展迅猛，主要用于三层PE复合结构中的底层。一些油田内部的集输管道也开始大量使用环氧粉末防腐。在涂覆施工方面，涂装工艺及其施工设备日趋成熟。

2. 热固性聚酯-环氧粉末涂料

热固性聚酯粉末涂料的特点之一是固化形式多样，涂料的品种多。通过不同醇、羧酸组成的选择，可以合成不同玻璃化温度、熔融指数、熔融黏度的聚酯树脂，也可以合成带有不同反应基团和反应活性的聚酯树脂。又可以通过采用不同固化形式，得到涂膜物理机械性能和耐化学药品性能不同的粉末涂料。用不同固化剂固化聚酯粉末涂料的涂膜性能比较见表6-27。

表6-27 聚酯粉末涂料不同固化剂固化涂膜性能比较

项目 \ 固化剂		三聚氰胺树脂	封闭型异氰酸酯	异氰脲酸三缩水甘油酯
烘烤条件		170℃/20min	170℃/20min	160℃/20min
涂膜外观		良好	很好	一般
光泽/%	>	90	95	90
铅笔硬度		H	H~F	H
划格法附着力		100/100	100/100	100/100
冲击强度/N·cm		490.3	490.3	490.3
耐溶剂性	汽油	很好	很好	很好
	二甲苯	良好	良好	良好
耐盐雾，mm	500h	2	1	3
	1000h	4	3	6
耐湿热	500h(附着力)	100/100	100/100	100/100
	1000h(附着力)	100/100	100/100	100/100
耐酸碱	10%H_2SO_4	很好	很好	很好
	10%NaOH	一般	一般	一般

在聚酯粉末涂料中，某些品种的涂膜物理机械性能、耐化学药品性能、防腐性能接近于环氧粉末涂料。某些品种的涂膜耐候性和装饰性又接近丙烯酸粉末涂料。因此，聚酯粉末涂料不仅可以用在防腐蚀方面，而且可以用于耐候的装饰性涂装方面。在防腐蚀方面，主要用封闭型芳香族二异氰酸酯固化的聚酯粉末涂料，主要用于工业设备、汽车部件、电器等的防护。也用在快速固化的预涂钢板(PCM)方面。在耐候性方面，主要用异氰脲酸三缩水甘油酯和封闭型异佛尔酮二异氰酸酯固化聚酯粉末涂料。

3. 热固性丙烯酸粉末涂料

丙烯酸粉末涂料有热塑性和热固性两种。热塑性丙烯酸粉末涂料的光泽好、涂膜平整，但涂膜物理机械性能、耐化学药品性能差，不能获得比溶剂型丙烯酸粉末涂料更好的性能。

因此，热塑性丙烯酸粉末涂料作为防腐蚀涂料没有得到推广应用，主要推广应用的是热固性的，但树脂的价格较高，涂层耐冲击性能较差。所用的丙烯酸树脂主要有下列 3 种类型：①羟基型丙烯酸树脂；②羧酸型丙烯酸树脂；③含环氧基的丙烯酸树脂。丙烯酸树脂的固化方式随树脂所含官能团的不同而异，其性能比较见表 6-28。

表 6-28　不同类型丙烯酸粉末涂料的特性和涂膜性能比较

树脂反应性基团	—OH			—COOH		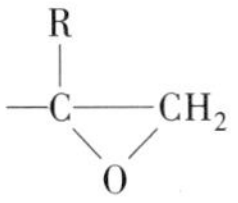	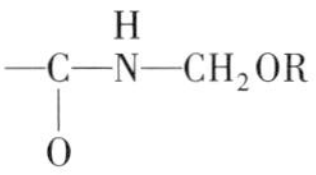
固化剂	氨基树脂	封闭型异氰酸酯	烷氧甲基异氰酸加成物	沍唑啉	环氧树脂	二元羧酸	自交联
粉末涂料耐结块性能	一般	良好	一般	良好	一般	良好	良好
粉末涂料储存稳定性	良好	良好	良好	差	良好	良好	很差
涂料低温固化性	一般	一般	一般	良好	良好	良好	差
涂料烘烤条件/(℃/20min)	200	200	200	180	200	180	220
涂膜外观	很好	良好	很好	良好	良好	很好	一般
涂膜柔韧性	差	良好	良好	很好	良好	良好	一般
涂膜耐污染性	良好	良好	良好	一般	一般	良好	良好
涂膜硬度	良好	良好	良好	良好	良好	良好	良好
涂膜耐化学药品性	良好	良好	良好	良好	良好	良好	良好
涂膜耐腐蚀性	一般	一般	一般	一般	良好	良好	一般
涂膜耐候性	很好	良好	良好	良好	一般	一般	良好
涂膜耐热泛黄性	良好	一般	良好	差	一般	一般	良好
耐化学药品性能							
5%NaOH(30℃，1 周)	很好			很好		良好	差
5%乙酸(30℃，1 周)	很好			很好		一般	差
耐盐水喷雾性能(500h)							
没有划伤部分	不变			不变		不变	点锈

6.5.3.2　热塑性粉末涂料

成膜物为热塑性树脂，常作为装饰性涂料，用于家用电器等。在防腐保护方面的特殊意义是：使某些具有高耐蚀、高屏蔽作用，但不能为溶剂所溶解的树脂(如聚乙烯、聚丙烯、氟塑料等)及其他高耐蚀工程塑料(如聚酰胺、氯化聚醚、聚酯、聚苯硫醚等)均可作为粉末涂料用于重防腐蚀涂装。工程塑料抗腐蚀性能、耐热性能、力学性能突出，而利用粉末涂料的涂装方式可将工程塑料涂覆塑化在金属表面，利用金属的强度，发挥塑料的防腐保护性能。热塑化后多数涂层需进行淬火处理，目的是减少内应力，提高结晶度，以提高塑料涂覆层的综合物理机械性能、黏接性和耐蚀抗渗性能。各种热塑性防腐蚀粉末涂料性能见表 6-29 表 6-30 列出几种常用防腐保护塑料涂覆层的种类及特性。

表 6-29　常用热塑性粉末涂料的涂膜性能

树脂种类		聚乙烯	聚氯乙烯	醋丁纤维素	尼龙	氯化聚醚	氟树脂
耐化学性能	户外耐久性	可以	极优	极优	可以	可以	极优
	耐盐水喷雾	良好	极优	极优	良好	极优	极优
	耐新鲜海水	优	极优	优	可以	极优	极优

续表

树脂种类		聚乙烯	聚氯乙烯	醋丁纤维素	尼龙	氯化聚醚	氟树脂
耐溶剂性能	乙醇	极优	极优	可以	良好	极优	极优
	汽油	优	极优	良好	极优	优	极优
	烃类	优	良好	良好	极优	极优	极优
	酯、酮类	良好	不好	不好	优	优	极优
	氯化溶剂	可以	不好	不好	极优	可以	极优
耐酸碱盐性能	盐类	极优	极优	优	优	极优	极优
	氨水	极优	极优	不好	良好	极优	极优
	碱	优	极优	可以	良好	极优	极优
	无机酸(10%溶液)	极优	极优	良好	可以	极优	极优
	无机酸(30%以上)	优	良好	不好	不好	极优	极优
	氧化酸(10%溶液)	优	极优	不好	不好	极优	极优
	氧化酸(30%以上)	不好	良好	不好	不好	良好	极优
	乙酸、甲酸	优	可以	不好	不好	极优	极优
	油酸、硬脂酸	优	极优	可以	极优	极优	极优
物理机械性能	耐磨性	可以	良好	优	极优	优	极优
	柔韧性	极优	极优	良好	良好	可以	极优
	冲击强度	可以	极优	极优	优	良好	极优
	电绝缘性	极优	优	优	良好	优	极优
	最高使用温度/℃	70	100 以下	80	80	120	200 以上
涂装条件	底漆	要或不要	要	要	要	要	—
	边角覆盖力	良好	良好	良好	良好	良好	—
涂膜外观	颜色及外观	可以	极优	极优	可以	不好	—
	保色性	优	优	极优	优	良好	—
	初期光泽	优	优	极优	良好	良好	—
	保光性	—	良好	极优	—	—	—

表 6-30 几种常用防腐保护塑料涂覆层的种类及特性

名称		特性及用途
氟塑料涂覆层	聚四氟乙烯	化学稳定性高，耐腐蚀极好，表面能低，附着力差，涂覆困难
	聚三氟乙烯	耐酸、碱、盐、有机溶剂，强度，韧性、附着力良好，涂覆耐酸搪瓷釜等，使用温度 -70~130℃
	聚全氟乙丙烯	耐腐蚀性与聚四氟乙烯相当，耐热，可在200℃下长期使用，耐 H_2SO_4，HNO_3，涂装阀门、泵叶轮、管件等，价格贵，施工较麻烦
	聚偏氟乙烯	基本同于聚全氟乙丙烯
氟化聚醚涂覆层		耐热、耐腐蚀，能在120℃下长期使用，附着力好，强度高，可用沸腾床涂覆，火焰喷涂法施工，涂装各种预热工件和小型工件
聚乙烯塑料涂覆层		化学稳定，耐水，电性能好，透气性小，但抗冲击性、伸长率较低，可在60~80℃长期使用。可用火焰喷涂，静电喷涂、沸腾床施工
聚苯硫醚涂覆层		介于热固性和热塑性之间，耐热可在250℃长期使用，于170℃以下耐溶剂，但不耐98%H_2SO_4 及苯胺，附着力强，应用同聚三氟乙烯
尼龙涂覆层		耐腐蚀、耐磨、机械性好

工程塑料涂覆层的广泛应用，解决了耐酸搪瓷、不锈钢等材料很难解决的腐蚀问题，如在磷肥生产中，磷酸及磷化物的腐蚀极强，半年后搪瓷设备大面积出现崩裂现象，而同时使用聚三氟乙烯涂覆层保护的设备完好无损。今后，塑料涂覆层在石油化工防腐应用中会越来越广泛。

6.6 新型有机-无机聚合物重防腐蚀涂料

6.6.1 有机-无机杂化涂料特性

伴随着新型材料的发展,以及对重防腐保护性能要求的不断提高,在不同使用环境下的高性能新型重防腐蚀涂料层出不穷,种类较多。新型有机-无机聚合物重防腐蚀涂料是一典型代表。

有机涂层一般具有成膜性好、附着力强、屏蔽效果好、耐蚀性好、品种多样等优点，但又有耐温性差、易燃烧，耐有机试剂能力有限等缺点。无机涂层一般具有耐候、耐污染、硬度高、耐擦洗、不燃烧、不污染环境等优点，但是也表现出柔性、装饰性及施工性较差等缺点。而有机-无机聚合物涂层则是近年来通过溶胶-凝胶法或称为“变色龙”技术开发的，在有机-无机分子之间形成化学键的一类新型材料。这类涂层将有机高分子与无机高分子通过牢固的键合力结合起来，这与通常所谓的“互联网络结构”材料有所不同，它能使有机、无机杂化物达到分子级的分散水平，这样就改善了网络结构，将无机- 有机材料融为一体，并赋予其新的功能，具有其他材料所不可比拟的优越性。这种用溶胶凝胶技术所获得的有机-无机复合材料不是传统的物理状态的共混，因此其涂层既具备有机涂层较好的抗渗性、耐蚀性、柔韧性等特点，又具有无机涂层优良的耐磨性、耐热性、耐蚀性等特点。除此之外，还可以严格控制产物材料的成分，实行分子设计和剪裁，从而可以满足一些特殊要求。如日本开发的常温固化、超耐候和超低污染型有机改性无机涂料，是半无机聚合物(有机聚硅氧烷)与丙稀酸树脂结合得到的涂料产品，其耐候性及其他重要性能可与氟碳树脂涂料相媲美，而硬度和保光性则胜之。新近出现的二氧化硅微粒子改性有机树脂涂料除耐候性与含氟碳树脂涂料相匹敌外，还有出色的化学物理机械性能和耐沾污性。美国等工业发达国家对此涂料极为重视，在美国 2001 年~2003 年 3 次国际涂料会议上共有 70 篇有关这方面论文发布，在 2002 年仅 2 个月内美国所发表的全部涂料专利约有 5%是这些涂料的专利，而这类涂料也将是下一代航空涂料和汽车涂料中的替补者。

6.6.2 溶胶-凝胶技术制备有机-无机杂化涂料

溶胶-凝胶过程是指将烷氧金属或金属盐等前趋物在一定条件下水解缩合成溶胶(Sol)，然后经溶剂挥发或加热等处理使溶胶转化为网状结构的氧化物凝胶(Gel) 的过程。Sol-Gel 法最常用的前趋物是正硅酸乙酯和正硅酸甲酯，其他烷氧金属也有报道。Sol-Gel 法中前趋物的水解通常用酸或碱催化完成。酸催化时，水解系由 H_3O^+的亲电机理引起，水解速度快，但水解活性随分子中—OR 基团的数量减少而下降，缩聚反应在完全水解前已开始，因而缩聚产物的交联度低，易于形成一维链状结构。而碱催化时，水解系由 OH^-的亲核取代引起，水解速度较酸催化慢，但醇盐水解活性却随分子中—OR 基团数量减少而增大，因而可以完全水解，进一步缩聚时，容易生成高交联度的网状结构。

Sol-Gel 法一般是前趋物在一定条件(酸性或碱性) 下水解产生活性的羟基(—OH)，再经水解缩合反应形成溶胶，随着水解缩合反应的进行，溶胶的黏度进一步增大，最后成为凝胶，凝胶经过陈化、干燥成为干凝胶。制备有机-无机杂化物时，一般选择前趋物和聚合物的共溶剂，在溶胶阶段使聚合物与无机氧化物形成均一的混合体系，再经自然挥发或热处理等方法除去溶剂，使体系进一步交联成为凝胶。控制一定的条件，在凝胶和干燥过程中不发生相分离，便可制得透明的杂化材料。

使用含有不活泼烃基如甲基、丙基等类似的硅烷并结合单一的烷氧基的硅烷，便有可能生产出密实的、无孔的，高柔韧性材料，以及干燥层厚度在微米范围内的涂层材料。

若使用含有性能活泼的基如环氧基、烯烷基等的硅烷，网状结构中的有机成分改变的可能性就会变大。类似于生成无机网状结构的反应一样，有机成分的改变很容易导致某些特定硅烷化合物上的有机基发生反应，这个有机反应会导致有机链生成。这样一来，可能致使硅烷上有机物质的内部反应，或者可能会链接有机单体。于是在硬化过程中同时也生成了有机和无机之间的网状结构。

硅烷在一个有机侧基上若含有氟原子。通过溶胶-凝胶，可以制作出高硬度、透明的涂层，他具有憎水性、疏油性以及防污特性类似于(不透明的)特氟隆材料。通过使用氟硅烷，我们就可能制造出基于水的低聚物氟烷基聚硅烷体系，特别适于作为矿物基质的防污染层。这一体系含有能够与矿物基质黏接的亲水氢氧基，以及在硬化状态下提供憎水和疏油特性的含氟侧链。化学结构式如下：

$$F_3C—CF_2—CF_2—CF_2—CF_2—CF_2—CF_2—CF_2—Si(OC_2H_5)_3$$

6.6.3 应用

美国先进聚合物科学公司开发的 Siloxirane 涂料,为高度耐蚀、耐温的无机结构二氧化硅与有机环氧丙烷苯基醚相连接,生成环硅的五缩水甘油醚。其中环氧键还可在固化剂的作用下进行交联反应,形成高度交联密度的网络结构。该涂料专门用于各种重防腐蚀工程领域,如洗涤塔内衬、高温氯化炉的防衬层、管道外防腐、有机溶剂贮罐内衬等。其主要特性如下：

(1) 低有机挥发物含量，高固组分(96.5%~99%)；

(2) 涂覆厚度按品种和应用目的不同在 0.16~15mm 之间，一般为 0.26~0.4mm；

(3) 对施工表面要求不高，可在潮湿、有锈及轻度油脂的金属和混凝土表面施工；

(4) 极好的耐蚀性，几乎耐各种腐蚀介质(苯、氢氟酸、浓硝酸、浓硫酸、烧碱液等)，是常用的几种高度耐蚀材料所不能解决的(如表 6-31)；

表 6-31 有机/无机复合涂料同其他材料耐蚀性能比较(室温)

腐蚀介质	有机-无机复合涂料	乙烯基酯	环氧	橡胶	酚醛	腐蚀介质	有机-无机复合涂料	乙烯基酯	环氧	橡胶	酚醛
冰醋酸	A	N	N	L	L	二甲酰胺	A	N	N	N	A
丙酮	A	N	N	N	A	乙醇	A	A	A	L	A
NH_4Cl	A	A	A	A	L	甲醛	A	A	A	N	A
氢氧化铵	A	A	A	A	L	糠醇	A	L	N	N	A
苯	A	A	N	N	A	汽油	A	A	A	N	A
黑液(造纸厂)	A	A	A	A	L	液压油	A	A	L	L	A
溴水	A	N	N	N	L	盐酸(0~37%)	A	A	A	A	L
CCl_4	A	A	N	N	A	氢氟酸(52%)	A	N	N	—	N
氯水	A	A	N	A	N	喷气式飞机燃料	A	A	N	L	A
氯苯	A	A	A	N	L	煤油	A	A	A	L	A
CH_2Cl_2	A	N	N	N	A	NaOH	A	N	L	A	N
甲乙酮	A	L	N	N	A	次氯酸钠(17%)	A	A	N	N	N
甲基异丁基(甲)酮	A	L	N	N	A	亚硫酸盐废液	A	A	A	A	A
熔融硫	A	N	N	N	L	H_2SO_4(0~98%)	A	N	N	A	A
氯代乙酸	A	N	N	N	N	油脂	A	N	N	N	A
镀镍	A	A	A	—	A	甲苯	A	A	A	N	A
H_3PO_4(85%)	A	N	N	L	L	三氯乙烯	A	N	N	N	—
NaCl	A	A	A	A	A	烧碱液	A	A	A	L	A
$Na_2Cr_2O_7$	A	L	N	A	N	铬酸(50%)	A	N	N	A	L

注：A—好；L—限制使用；N—不推荐；——无数据。

(5) 高延伸率和高硬度相结合，延伸率常温下高于韧性较好的乙烯基酯树脂涂膜延伸率约 2~3 倍，是一般耐蚀涂膜硬度的 1.5 倍左右；

(6) 突出的耐候性，耐紫外光 40 年(按 ASTMG53 标准)；

(7) 抗渗性，抗吸水性能优异；

(8) 良好的耐热性(-86~260℃)；

(9) 优良的耐磨性(见表 6-32)及力学强度，抗张强度(ASTMD538)660~930kg/cm^2；

(10) 优良的电性能，介电常数为 5.4，体积电阻(ASTMD257)$1\times10^{17}\Omega$/cm。

表 6-32 Siloxirane 涂层与其他涂层耐磨性能比较

(按 ASTMD4060C-17 磨轮)

涂 膜	磨损量/(mg/1000r)	涂 膜	磨损量/(mg/1000r)
Siloxirane 2431	11	乙烯基酯树脂	110
含氧化物环氧	46		
环氧/聚酰胺	93	醇酸树脂	123

6.7 聚苯胺重防腐蚀涂料

6.7.1 聚苯胺防腐蚀涂料特性

聚苯胺(PANI) 作为金属防腐缓蚀剂的研究始于 1985 年，1985 年 D. W. Deberry 发现化学合成的导电聚苯胺膜，在稀硫酸中对钝化处理过的不锈钢有阳极保护作用。以后聚苯胺防腐蚀的研究报道不断涌现。2000 年 10 月 10 日瑞典皇家科学院在该年诺贝尔化学奖的公告中亦提到聚苯胺有防腐蚀作用，随后大量的文献相继报道了 PANI 对不同金属如铁、铝和铝合金、铜、银等的防腐作用。与普通的缓蚀剂相比，PANI 有如下优点。

(1) PANI 无毒无害，对环境无污染，而不像铬酸盐有毒性、对环境有污染。

(2) PANI 涂层有抗点蚀、抗刻划能力强。当因涂层的缺陷或者划伤使金属裸露出来时，PANI 能以特有的机制在裸露金属上生成致密的氧化物层，保护金属不被腐蚀，达到防腐作用。研究发现，PANI 涂层可对宽达 6mm 的划痕有防腐效果，这是常规缓蚀剂所无法比拟的。

(3) 苯胺和聚苯胺在金属表面有很强的吸附倾向，与基体结合强度高。这种吸附有助于聚苯胺涂料对金属的缓蚀防腐。

(4) 聚苯胺涂料的缓蚀作用主要就是阳极保护作用。导电聚合物被认为在金属的钝化区具有稳定的电位,并且能在金属表面形成一层具有保护作用的氧化膜。聚合物膜上氧的还原弥补了金属溶解所消耗聚合物的电荷,从而稳定了金属钝化状态的电位,减小了金属的腐蚀溶解速率。

(5) PANI 有很好的稳定性，可适用于某些特殊场合，如火箭发射时的高温酸雾。

(6) 质轻、成本低、化学和热稳定性好、可逆的电化学活性。

(7) 较高的室温电导率、与聚合物基料混合的低限渗透值，及多数导电聚合物所不具备的溶液加工性等。

(8) 用 PANI 做防腐的缺点是其防护性能受到 pH 值的影响。在酸性介质中，有聚苯胺膜层的中碳钢比没有膜层的耐蚀性高出 100 倍。而在 pH 值为 7 的介质中，有聚苯胺膜层的中碳钢仅比还原态的耐蚀性高出 2 倍。在 pH 值 8.0~9.4 的海水中，没有证据表明聚苯胺有很好的防腐性能。这可以解释为聚苯胺的结构与 pH 值有关。可以说 PANI 在低 pH 值时，以导电的中间氧化物为主，而在高 pH 值时，则以非导电的高分子为主。

总之耐蚀性与聚苯胺的类型、腐蚀环境的特征以及与基体的结合力有关。虽然科研人员对 PANI 防腐机理的看法有一定的分歧，但 PANI 具有优异的防腐性能已成为一个不争的事实，而且防腐性能主要受添加剂和 pH 值的影响。

6.7.2 聚苯胺的结构与掺杂

6.7.2.1 聚苯胺的结构

聚苯胺可以很容易地以苯胺用化学或电化学方法合成。聚苯胺与其他聚合物相比具有结构多样化。

（1）中性聚苯胺(EB)是聚苯胺链中含有相等比例的氧化和还原链段

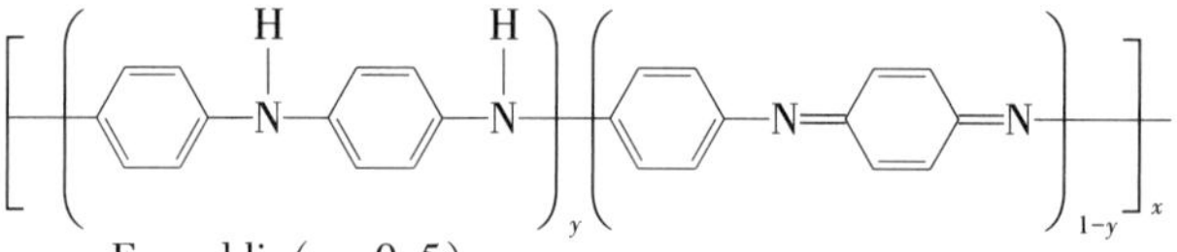

Emeraldin(y=0.5)

（2）还原态聚苯胺

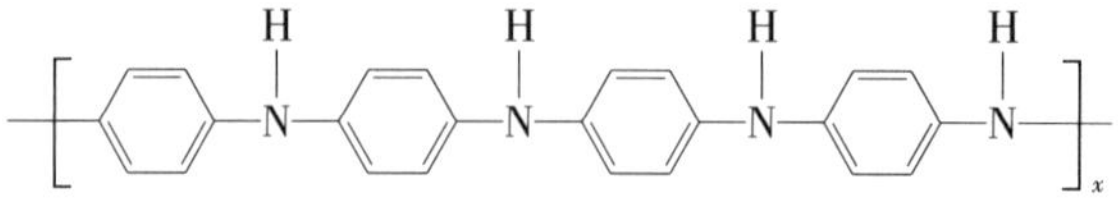

Leucoemeraldin

（3）氧化态聚苯胺

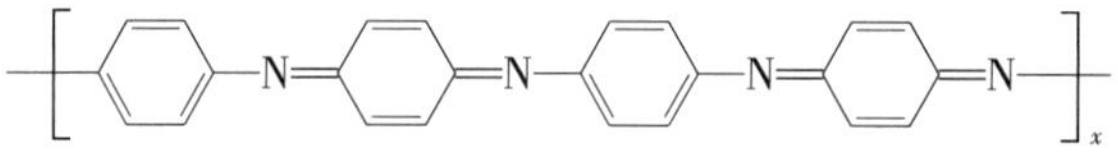

Pernigranilin

试验发现不同的氧化-还原态的聚苯胺对应于不同的结构，其颜色和电导率也相应发生了变化。通常聚苯胺是其多样化结构的总称。

6.7.2.2 掺杂

导电聚合物是无需添加任何导电性物质即可导电的有机聚合物，也称为本征导电聚合物。导电聚合物都有一个长程 π 电子共轭主链，这一 π 共轭体系的成键和反键能带之间的能隙较小，接近于无机半导体的导带-价带能隙，因此共轭聚合物大都有半导体特性，电导率在 $10^{-2}\sim10^{-4}$S/cm。此外共轭聚合物易于被氧化或还原，伴随着氧化或还原反应，离子嵌入聚合物中，以中和主链的电荷，这个过程被称为掺杂。p-型掺杂对应于氧化过程，n-型掺杂对应于还原过程，掺杂后共轭聚合物的电导率增加若干数量级，接近于金属电导率。共轭聚合物的可逆氧化还原掺杂的电化学过程如下。

$$\text{中性聚合物}\xrightarrow{-e^-,\ +\text{阴离子}}\text{氧化态聚合物+掺杂阴离子}$$

$$\text{中性聚合物}\xrightarrow{+e^-,\ +\text{阳离子}}\text{还原态聚合物+掺杂阳离子}$$

中性聚苯胺(EB)是通过掺杂而导电的。质子酸掺杂后产生 p-载流子。质子化发生在亚胺基上，并形成带有非定域的 p-侧和共轭键的阳离子基，此阳离子基相对稳定，起导电作用，其电荷由相关的阴离子所补偿。掺杂后生成 ES：

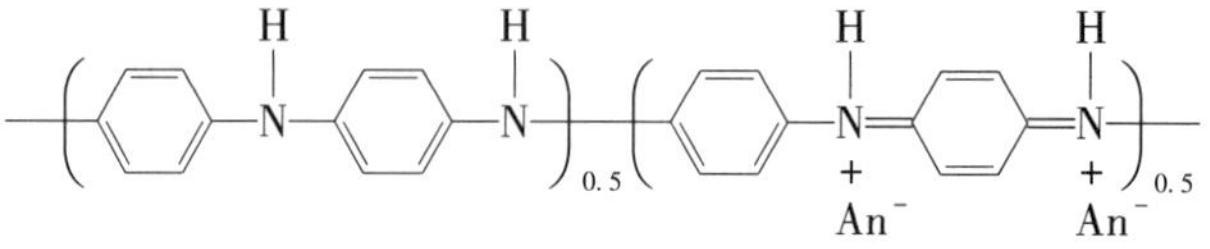

掺杂聚苯胺带定域电荷

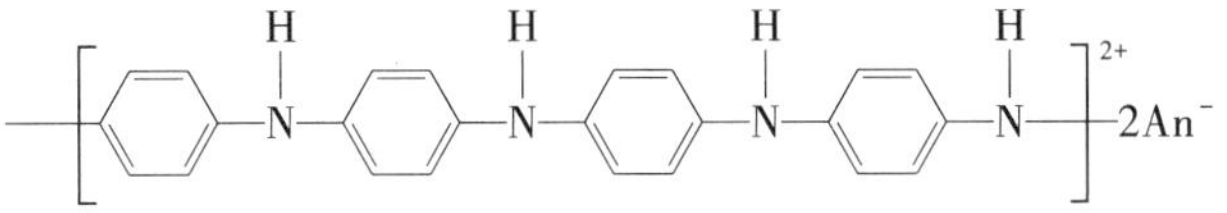

掺杂聚苯胺带非定域电荷

质子酸掺杂剂有 HCl、对甲基苯磺酸、樟脑磺酸、十二烷基苯磺酸、甲基磺酸等。不同的质子酸不仅决定 ES 导电性，还影响其稳定性以及与聚合物基料的混溶性。有机酸掺杂的电导率较低，但能改善混溶性。使用有机溶剂或其混合物，有可能增加电导率，称为二次掺杂，这是造成聚苯胺链伸展的原因。

6.7.3 聚苯胺防腐蚀机制

总的来说，聚苯胺是一个活性聚合物，它可以在不同的导电态之间进行可重复的化学或电的变换。聚苯胺被认为是合成金属或有机金属。视为金属时，它比铁或铜更有惰性。为了发挥聚苯胺的防腐蚀作用，一般是以低含量的 ES 与聚合物基料配制成聚苯胺底漆(Pani-P)，再与对水和离子有较好屏蔽作用的面漆配套应用，以达到良好的防腐蚀效果。聚苯胺的防腐蚀作用机制，经研究表明是由相继发生的三段作用相结合的结果，现分述如下。

6.7.3.1 表面的钝化作用

铁表面上涂过聚苯胺底漆以后就与铁发生作用，使铁表面生成 Fe_3O_4 和 γ-Fe_2O_3 的夹层钝化母体层。经 X 射线光电子谱(XPS)证实，Fe_3O_4 紧附于铁表面上为内层，而 γ-Fe_2O_3 位于 Fe_3O_4 之外形成夹层式。这是一层致密的钝化层，用刀片才能将它剥下来。值得注意的是，初始无氧化物的纯净铁表面，有利于聚苯胺起钝化作用。在铁与聚苯胺界面形成的络合物，对底材上的电荷传递也起到促进作用。这种钝化层奠定了聚苯胺防腐蚀作用的基础。概括地说，聚苯胺诱发的铁钝化作用，总是伴随着电位显著移向高电位，极化电阻增高和腐蚀电流减小。Wessling 强调，可逆的 EB—LE 氧化还原反应和由阴极氧还原所起的中介作用，以及在铁表面加速钝化层的形成，构成聚苯胺的活性作用。他提出聚苯胺对铁钝化的催化机制，如图 6-9 所示。

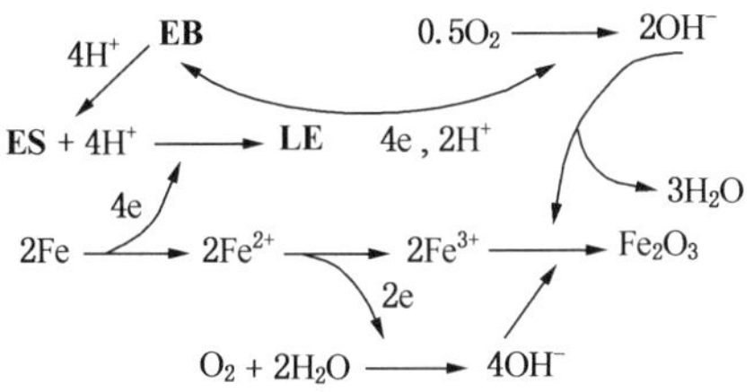

图 6-9　苯胺催化钝化机制

6.7.3.2 隔离阳极部分和阴极部分的反应

这个腐蚀过程的隔离是聚苯胺的能动性防腐蚀作用，由于它能在铁表面拦截电子，并输送至底漆外部而起到能动作用。这种导电性在含 0.6%～0.9%(质量分数)聚苯胺的聚合物基料中就能观察到。当水和离子刚透过涂层并与铁接触就启动这种作用，即在其表面引发并获得电化学活性(如图 6-10 所示)。来自阳极部分反应的电子由聚苯胺输送至界面 II，在此处与氧反应生成氢氧根离子。空间隔离阳极和阴极部分反应的决定因素有两个，一是穿越涂层的氧浓度梯度的存在，二是铁表面有限的电子

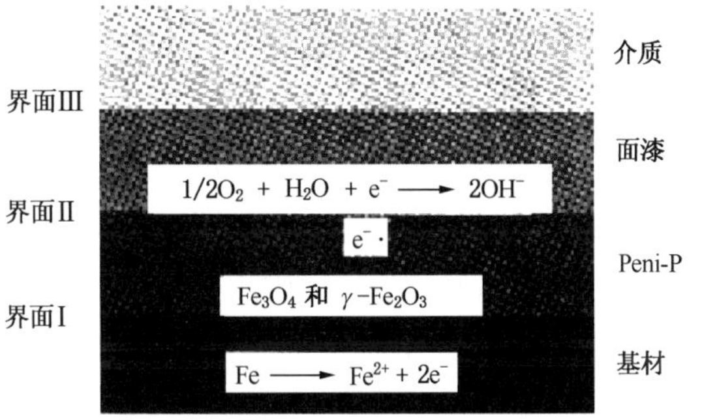

图 6-10　苯胺能动性防腐蚀作用原理示意图

供应。如果在界面Ⅰ可获得氧的供应(涂层的低屏蔽性所致)，以及铁表面电化学活性提高，就不能完成隔离作用。典型的涂层降解就会发生在阴极出现碱性化、起泡和脱层，在阳极出现腐蚀点。如果聚苯胺底漆不与面漆配套，就可观察到这种结果，但这并不排除聚苯胺的防腐蚀性。要达到良好的防腐蚀效果，就得选择高质量的面漆，减缓水和离子向底材的扩散，形成氧的浓度梯度。同时配合通用型颜料的协同作用，将腐蚀过程中的阳极和阴极反应隔离开，使铁表面所处条件更有利于 Fe_3O_4 和 γ-Fe_2O_3 钝化层的形成与保持，促进聚苯胺底漆的长久附着和防腐蚀作用。

6.7.3.3 聚苯胺的屏蔽作用

如果面漆的屏蔽性略差，或因长久使用性能有所下降，在界面Ⅱ(见图6-10)就要过度碱化，并发生层间剥落，遇到这种情况，底材仍能受到聚苯胺的防护。这是因为ES发生脱质子化，生成不导电的EB，而且还可能进一步还原为LE。即使在pH值和氧浓度变化的情况下，也没有观察到EB→ES的可逆变化。研究者认为在盐水或暴露在大气中时，聚苯胺是不发生EB→ES的可逆变化的。由pH值变化所引起的ES→EB反应，可以改进其屏蔽性和耐针孔性。这是由能动性防护到EB的屏蔽性防护的转变。配套面漆和底漆基料的良好耐久性，就可能使聚苯胺达到长期的防腐蚀作用。

6.7.4 聚苯胺防腐蚀涂层的制备方法

目前所采用的聚苯胺型防腐涂层的制备方法主要有电化学聚合、共溶、共混三种方法。

6.7.4.1 电化学聚合

通过电化学聚合反应直接在金属电极表面沉积聚苯胺涂层，主要有恒电位法、恒电流法、动电位扫描法和脉冲极化法。一般都是苯胺在酸性溶液中，在阳极上进行聚合。由于电极材料、电极电位、电解质溶液的pH值以及其种类对苯胺的聚合都有一定的影响，所以目前这种方法制备聚苯胺防腐涂层所采用的反应条件还不统一。

6.7.4.2 共溶

通过聚苯胺与传统聚合物的溶剂形成共溶物进行涂敷，待溶剂挥发后形成涂层。这种方法形成的聚苯胺涂层对金属同样具有钝化作用的防腐效果。但这种方法仍存在不足，主要是聚苯胺在普通的有机溶液剂中溶解率极低，甚至不溶，在其他高沸点溶剂如 *N*-甲基吡咯烷酮(NMP)中，虽有一定的溶解率，但实用性有限，这些溶剂的沸点均比较高，对涂层质量有不良影响，而且这些溶剂大多比较昂贵，毒性较大，应用受到限制。

6.7.4.3 共混

由于聚苯胺不溶于常用有机溶剂，只能溶于极少数强极性高沸点溶剂(如 *N*-甲基吡咯烷酮)，并且纯聚苯胺膜对钢铁的黏接性很差。因此，大量使用纯聚苯胺作为防腐涂料无论从经济上还是从涂膜综合性能上都不是很理想。所以，人们尝试把聚苯胺作为现有防腐涂料的添加剂，与常规涂料成膜物质(如环氧树脂、聚丙烯酸树脂等)混合使用进行涂敷，这种方法是目前研究聚苯胺防腐性能和机理应用最多的方法，并且大量研究表明，聚苯胺与树脂共混制备的防腐涂料不但具有阳极保护作用，而且附着力和对水的屏蔽作用都优于前两种方法。此方法在研制、生产和应用方面都优于前两者，具有广泛的应用前景。

与聚苯胺共混制备复合涂料的树脂应具备两个特性。其一，与聚苯胺要有良好的相容性，以便聚苯胺在涂料中均匀分散；其二，与底材要有较高的附着力。通常与聚苯胺共混的树脂有醇酸树脂、环氧树脂、酚醛树脂和PVA等。

1. 聚苯胺/ 环氧共混体系

将环氧树脂和聚苯胺共混复合所制备的涂料具有良好的附着力和分散性，防腐性能比单一的聚苯胺涂层有较大的提高，将该体系用于防腐，发现其同掺杂态聚苯胺一样具有很好的防腐能力。在两者界面处也有金属氧化膜形成。利用脂肪族多元胺既是环氧树脂的固化剂又是聚苯胺的优良溶剂，能开发出本征态聚苯胺/ 环氧共混物。该共混物属于无溶剂防腐体系，VOC 排放为零，适应当今环境保护的要求。对其防腐性能进行的电化学研究发现，中碳钢的腐蚀电位正向移动，腐蚀电流降低，防腐效果比单纯环氧好。芬兰的科研人员利用环氧树脂和聚苯胺混合开发了一种双组分涂料。这种涂料包含两种组分，一种组分包含至少一种可固化树脂(如环氧树脂)，另一种组分包含不导电的聚苯胺和有机胺化合物固化剂，最典型的是 TMDA（三甲基己烷二胺)。将其涂覆在清洁的钢表面上，涂层厚度控制在 200μm 左右，在 60℃下固化 24h 后，在钢表面划开一条宽 1. 0mm 的划痕，再将其浸入到 3. 5%的 NaCl 溶液中，经过一段时间后观察划痕的情况，发现划痕增长速率慢而稳定，经过 17 天后仅增长 0. 2mm，显示了良好的防腐效果。值得注意的是，该混合涂料的制备工艺是影响其防腐性能的重要因素。必须先将聚苯胺溶解在 TMDA 中，最后与环氧树脂混合。如果先用环氧树脂分散聚苯胺，再分散在 TMDA 中，则由于聚苯胺的分散性不佳，其防腐性能大大降低，甚至没有任何防腐作用。

2. 聚苯胺/聚氨酯共混体系

聚苯胺/聚氨酯是目前常用的另一大类防腐涂料。利用对离子诱导的方法，采用有机大分子阴离子酸(如十二烷基苯磺酸、樟脑磺酸等）使掺杂态聚苯胺溶于普通溶剂(如二甲苯)，使聚苯胺/聚氨酯共混加工成为可能。1mol/L HCl 和 3. 5% NaCl 浸渍实验中发现，聚苯胺的存在可以明显提高聚氨酯漆的防腐能力，并且形成漆膜的力学性能基本符合涂层的国家标准。

3. 聚苯胺/聚酰亚胺共混体系

聚酰亚胺是一种新型耐高温热固性工程塑料，能在-269~400℃的温度范围内保持较高的物理机械性能，同时可在-240~260℃的温度下长期使用，具有优异的电绝缘性、耐磨性、抗高温辐射性能和物理机械性能。当溶液混合后成膜时，它能够与聚苯胺反应，在两者之间形成化学键，形成致密的防护膜，提供很好的物理屏蔽作用。聚酰亚胺与聚苯胺混合体系的防腐性能随着聚苯胺含量的增加而增大，当聚苯胺的含量达到 10%~15%时，涂层显示出良好的防腐性能。在提供物理屏蔽作用的同时，聚苯胺可能吸收扩散进涂层的质子，使得金属底材保持在一个碱性的环境中，在一定程度上抑制了腐蚀的形成。

4. 聚苯胺/ 苯乙烯丙烯酸共聚物(SAA)共混体系

从浸泡实验和盐雾实验表明聚苯胺的存在大大提高了该共聚物的防腐性能。这可能是因为混合体系的 $R_p(1.0\times10^7\Omega)$ 比 SAA 的 $R_p(1.0\times10^4\Omega)$ 高很多的原因。

5. 聚苯胺/ 聚丁基异丁酸酯共混体系

聚苯胺/聚丁基异丁酸酯共混体系是美国 Monsanto 公司开发的商品，该产品既有优良的黏接性，又能起到很好的防腐保护作用。但是它在 3. 5 %NaCl 溶液中不具有抗划伤能力。

6. 与无机物共混

有机-无机纳米复合材料兼具有机材料和无机材料的优点，而弥补了传统的有机-无机复合材料的稳定性不足等缺点。由聚苯胺和蒙脱土共混复合制得纳米插层材料，由于涂料中的纳米蒙脱土延长了溶液中溶解的 O_2 的扩散路径，使其防腐性能得到提高，大大超过一般的聚苯胺复合涂料。EIS 分析表明，这种共混涂料的主要作用是使腐蚀电流降低，从而降低了腐蚀速度。在 5% NaCl 溶液中，聚苯胺和蒙脱土共混复合涂料的腐蚀电位比聚苯胺涂层的腐蚀电位要高，如含蒙脱土 0.75%的复合涂层在浸泡 30min 后的腐蚀电位为-555mV；浸泡 5h 后，腐蚀电位保持在-560mV，并且极化阻抗 R_P 为 $210\times10^4\Omega/cm^2$，而裸露的中碳钢的极化阻抗仅为 $8\times10^2\Omega/cm^2$，相差两个数量级。腐蚀电流随着蒙脱土含量的增加明显下降，无蒙脱土时，腐蚀电流为 $1210\mu A/cm^2$，当蒙脱土含量为 0.75%时，腐蚀电流下降到 $2.4\mu A/cm^2$，而当蒙脱土含量达到 3%时，腐蚀电流仅为 $0.5\mu A/cm^2$。由于腐蚀电流的急剧下降，极化电阻的提高，腐蚀速度随着蒙脱土含量的增加急剧下降。裸露钢的腐蚀速度为 2.19mm/a，没有蒙脱土时的腐蚀速度为 0.59mm/a，当蒙脱土含量为 0.75%时的腐蚀速度为 0.11mm/a，当蒙脱土含量为 3 %时，腐蚀速度仅为 0.025mm/a。聚苯胺和蒙脱土共混复合涂料实际上是通过原位聚合共混而成的，它需要对有机物质有亲和性的蒙脱土，才能使苯胺插入蒙脱土层中进行聚合。显然，该制备方法比其他共混复合涂料繁琐。

6.7.5 聚苯胺防腐蚀涂料的应用

导电高分子膜由于兼有导电和防腐功能，拓宽了其应用的范围。近年来，PANI 在防腐方面应用受到世界各国科学家和工业界的关注。虽然目前人们对聚苯胺防腐涂料的作用机理还没有达成共识，但是人们在已掌握的技术下，对聚苯胺防腐涂料的应用进行研究，发现它在许多传统涂料不能满足的环境下具有特殊的防腐功能。国外已经研究出几种能成功应用于商业上的聚苯胺防腐涂料，如 CORRPASSIVTM、ORMECONTM、VersiconTM 和 CorepairTM 等。

6.7.5.1 海上设施的防腐

PANI 防腐涂料具有独特的抗划伤和抗点蚀性能，使其成为一种前景广阔的并特别适合于海洋和航天等严酷条件下的新型金属腐蚀防护涂料。美国国家航宇局的肯尼迪航天发射中心地处腐蚀严重的滨海地区，那里空气潮湿，盐雾腐蚀严重，而且每次火箭发射都将产生高温 HCl 气体，严重影响发射架等设施使用寿命。他们发现，将 PANI 涂在火箭发射塔的内壁，可避免高温酸雾对发射塔的腐蚀，效果非常好。

海水是自然界中量最大，而且具有很强腐蚀性的天然电解质。海上设施，如船舶、采油平台、码头等常年处于海洋的腐蚀环境中，受到的破坏是非常大的。由于影响腐蚀的环境因素很多，如气温、氧含量、水深、流速、潮汐、海洋微生物等，因此选用涂料时，要考虑到它们的影响，将其作为选择涂料的依据。其中，海洋微生物的作用是导致海上设施局部腐蚀失效的主要因素。要防止海洋微生物的作用，就要使微生物不在涂层上吸附繁衍。传统涂料的做法是在涂料中加入重金属离子(如 Cr^{2+}，Cu^{2+})等，利用重金属离子的作用固化微生物蛋白质，杀死吸附在涂层上的微生物。但是涂层中的无机重金属离子由于与有机涂层结合不稳定，容易析出，从而杀死了船舶附近的微生物，造成环境污染。目前人们尝试利用改变聚苯胺涂层的 pH 值，使其稳定在酸性范围，而不利于适合碱性海水中生存的微生物的吸附与生长，从而达到防污防腐目的。当然，要在海洋环境下保持涂层的 pH 值稳定在酸性范围内，对用来掺杂聚苯胺的质子酸就提出了较高的要求，即掺杂酸的相对分子质量不能太小。例如，掺杂 HCl 的聚苯胺涂料就不能在海水中保持稳定的 pH 值，磺酸和十二烷基苯磺酸掺杂的聚苯胺涂料则有稳定的 pH 值，将其与环氧树脂复合后，在南海的海水中经过 6~9 个月后受污染的面积不到 10 % 。这种涂料虽然距离商业应用还有一段距离，但是对于解决海洋环境下涂料污染问题找到了一条新途径。Skippers CORRPASIVE 是一种海洋防腐涂料，已成功应用于船舶、港口和码头的防腐，它由含有聚苯胺的底漆、中涂漆和面漆组成，使用时应根据受保护的物体与水线的相对位置调整它们的成分。采用这种涂料的保护效果明显比传统涂料的保护效果好，而且使用寿命要长 5 倍。

一种不需要对底材进行预处理就能直接使用的聚苯胺涂料也已开发，是在环氧树脂中加入聚苯胺而制得。这种涂料能够保护海洋环境下使用的铝合金，而且对 pH 值不敏感，在海洋环境中不进行脱掺杂和去质子化，比较稳定。由于不需要对底材进行预处理，减少了施工工序，使用非常方便。最近国外又开发了一种含有聚苯胺的新涂料，聚苯胺作为一层外壳包覆在具有强酸性官能团的核心聚合物上，形成一种“核-壳”结构的复合粒子(粒径小于 10μm)。其基料为丙烯酸的聚合物(共聚物)、乙酸乙烯聚合物、乙烯/丙烯共聚物、苯乙烯/丙烯共聚物、聚氨酯、聚氯乙烯等或它们的混合物，其用量为 0~25%。涂覆这种涂料的钢板经 5 %的 NaCl 盐雾试验表明，120 天后钢板既不起泡也不生锈，并且在有划痕的一侧也具有良好的抗腐蚀性，可用于水线附近防腐。一种加有氧化亚铜的聚苯胺涂料可解决重金属析出而引起的环境污染问题，这种聚苯胺涂料以有机溶剂或水为介质，采用质子酸为掺杂剂制备了导电聚苯胺的分散液，再与环氧树脂、聚氨酯、氯化橡胶等共聚物或水溶性硅酸盐、醇溶性的部分水解正硅酸乙酯、氧化亚铜等共混后制备出固含量为 5 %~85 %的导电涂料，电导率为 10^{-6}~10S/cm，在海洋环境下电导率保持稳定 1 年，避免了传统涂料中的重金属析出引起的环境破坏的同时还有效地阻止了海洋生物在船舶上的附着，可用于船舶的防污防腐涂料。

一种不需要任何溶剂的涂料也已开发。该涂料以聚苯胺/脂肪族多元胺的溶液作为环氧树脂混合固化剂，与稀释剂、消泡剂、增塑剂等共混，不加任何溶剂，制得一种新型无溶剂、无污染的防腐涂料。将配制的涂料涂覆在处理好的钢板上，控制厚度为 10~200μm，室温下 10~24 h 固化，制得一层均匀透明的蓝色漆膜。将涂有涂料的钢板浸泡在 3. 5 %NaCl 溶液中，室温、空气中放置 2 个月，然后将涂层从钢板上除去，观察钢板表面的腐蚀情况，发现表面有一层致密的黑色物质，经 XPS 检测证明其为 Fe_3O_4 和 Fe_2O_3，将这层氧化物刮掉后，发现其底层仍为光亮的金属铁，说明它有很好的防腐效果。用塔菲尔曲线方法测得其腐蚀速度为 0. 01~0. 05μA/cm^2，特别适用作船舶的防腐涂料。

6. 7. 5. 2　油罐防腐涂料

在油罐腐蚀中，由于材料的热应力、机械应力、不同金属的相互接触以及金属材料本身的不均匀性(如成分、组织、表面状态和腐蚀产物沉积)等原因造成电极电位的差别而形成的电化学腐蚀是最主要的、也是危害最大的一种腐蚀。而油品中含有的水、氯化物、硫酸钠和钙镁铁盐以及盐酸、硫酸、氢硫酸等电解质，为电化学腐蚀创造了必要条件。因此，在传统的油罐导静电涂料中(添加型)，将某些有良好导电性能的金属粉末或者炭黑、石墨等作为填料加入，希望通过它们形成导电网络而使整个油罐的电位趋于一致，但是，由于这种无机小分子和有机高聚物之间的结构差异，使导电填料在基料中的分散性不良，很难形成稳定的均相体系，从而影响导电性。而且这种结构上的差异往往会导致无机小分子的析出，使电导率不稳定，使用一定时间后电导率下降，直接影响到涂料的防腐性能。例如，石墨导静电涂料，通常石墨含量要达到 33%以上才能形成电子通道，所以防腐性能往往较差，而且石墨还会迁移到涂膜表面污染油品(用白纸擦拭表面时，会留有黑色痕迹)。

聚苯胺本身就是一种有机高聚物，与无机小分子相比，它与涂料中的其他有机组分有良好的相容性，更能在涂料中稳定存在，同时它的掺杂态聚合物具有导电功能，因此，它能代替传统涂料中的导电物质形成稳定的导电网络，能够用于油罐防腐涂料中，属于本征型导静电涂料。

针对油罐防腐涂料的特点，开发了以漆酚缩甲醛树脂、酚醛树脂、聚苯胺为主体的防腐涂料，具有优良的抗静电性和耐油性。由于单独的酚醛聚苯胺对汽油表现出一定的溶解性能，所以不能单独采用酚醛清漆和聚苯胺复合配制抗静电耐油涂料。随着漆酚缩醛度的提高，漆膜的耐油性明显提高，而且常温下干燥时间缩短，成膜性好，但漆膜的其他性能，如附着力、耐冲击性则变差。由于漆膜的主要性能是耐油、导电，所以缩醛度应较高，附着力可通过加入其他物质进行改性。但是，漆酚醛的用量不能太大，过大会导致导电率的下降甚至不导电。控制漆酚缩醛清漆固含量在41%左右，PANI 与漆酚的质量比为0~15，以二甲苯/正丁醇混合溶剂充分溶解聚苯胺，可配成聚苯胺复合抗静电油罐涂料。

在现有导静电涂料的基础上，通过使用部分聚苯胺来减少石墨用量，在不降低涂料导静电性能的基础上，可提高涂膜的防锈、防腐性能，同时价格也不会提高过多。用占固体总量5%的聚苯胺取代高达16%的石墨(质量比)后，原添加型石墨导静电涂料的导静电性能基本不变，但涂膜的防锈和抗化学品浸泡(防腐)性能明显提高，而且基本克服了石墨迁移污染问题(如表6-33所示)。

表6-33 聚苯胺改性导静电涂料

项目	石墨用量		
	0	16%	32%
聚苯胺含量(按固体总量计)/%	10	5	0
附着力/级	2	1	1
柔韧性/mm	1	1	1
冲击强度/cm	50	50	50
表面电阻(数量级)/Ω	7	4	3
划痕生锈起泡情况(划痕盐雾14d)	划痕锈蚀一般，40%起泡	划痕锈蚀较重，不起泡	划痕锈蚀重，不起泡
10%硫酸浸泡5d	40%起泡	无变化	5%起泡
10%NaOH浸泡14d	个别微泡	无变化	个别微泡
汽油-水浸泡14d	20%起泡	无变化	20%起泡
白纸擦黑情况	无痕迹	基本无痕迹	黑色痕迹明显

注：配方其他组分为601环氧、铁红、云母、溶剂、助剂及固化剂。

以环氧双组分涂料为例。混合型聚苯胺导静电涂料的基本配方如表6-34。

表6-34 混合型聚苯胺导静电涂料的基本配方

原料	质量分数/%	原料	质量分数/%
601环氧树脂	28	铁红	18
混合溶剂	35.8~30.6	分散剂	2
聚苯胺	3.2~6.4①	防沉剂	1
云母	2	总计	100②
石墨	10~12		

注：① 以D-8十二烷基磺酸盐掺杂导电聚苯胺为主。

② 乙组分按需另配。

6.7.5.3 管道防腐涂料

聚苯胺防腐涂料主要用于管道内壁防腐，尤其是石油管道和污水处理管道。CORRPASIVE 4900是一种含有聚苯胺的管道防腐涂料，由德国的Ormecon研制。它由分散有聚苯胺的底漆和环氧树脂面漆组成，应用于城市污水处理系统中。涂有这种涂料的普通钢材可以代替不锈钢，在降低建设费用的同时还能提供优良的保护性能。虽然这些涂料需要根据不同的使用环境调整组分，但是比起其他尚处于实验室阶段的聚苯胺防腐涂料，这确实是一个不小的进步。

6.7.5.4 高耐磨防腐涂料

高耐磨涂料能够在有摩擦的场合下进行防腐，在船舶和输送管道中应用最多。这种涂料需要加入具有耐磨性的填料以提高它的耐磨性。将环氧树脂与聚苯胺和稀释剂混合，研磨后再按(10~20)：1 的比例与酚醛胺、聚酰胺、稀释剂混合均匀，涂覆在金属表面，室温下固化得到涂层。该涂层能在金属表面形成一层致密的薄膜，提高了钢的腐蚀电位，而且所得涂层具有很高的硬度和优异的耐磨性，可以在涂层划伤后，通过在金属表面生成钝化膜而使金属免于腐蚀。另外采用环氧树脂/多元胺的固化体系为主要成膜物，以高细度氧化铝和氧化硅等为填料，并加入聚苯胺等辅助成分，成功地解决了硬度与柔韧性之间的矛盾，制备了一种高耐磨、高硬度防腐涂料。其主要原料为 E-44 、E- 51 型环氧树脂，甲基异丁基甲酮和辅助溶剂，氧化硅、氧化铝、聚苯胺、炭黑、钛白粉等填料和颜料，多元胺类混合固化剂。制备方法为将 E-44 和 E-51 溶于适量溶剂中，加入颜填料，再加入偶联剂后球磨 2h，制得 A 组分。多元胺类为 B 组分。A 组分与 B 组分按质量比 14：1 混合，即制得高耐磨性防腐涂料。这种涂料的硬度为 0.68，耐磨性为 3，可以在海洋防腐与石油管道防腐等多种领域中应用。

随着聚苯胺在钢铁防腐方面研究的深入开展，也有人开始把聚苯胺用在其他金属防腐方面。Wessling 报道把聚苯胺用在铜上也与用在碳钢和不锈钢上一样，能够使其钝化，因此同样有防腐效果。而且还发现与在碳钢上涂上聚苯胺后其阴极电流降低的情况相反，在 Cu、Ag 上涂上聚苯胺后其阴极电流反而增加，其原因还有待于进一步研究。在实验中也发现金属和聚苯胺界面有氧化膜形成，但是并不像在钢表面上形成的如此明显。铝合金表面涂上双层聚苯胺后可以明显观察到氧化膜的存在。随着镁合金研究的发展，导电高分子膜在镁合金基体上的防腐研究也已开始。

聚苯胺复合涂料作为一种新型的无污染涂料，获得了广泛研究。由于聚苯胺本身的多孔性和低黏附性等特点，使其必须与其他组分复合才能达到理想的防腐性能。目前虽然已取得了一定范围的商业应用，但还有许多问题急待解决。其一，对聚苯胺的防腐机理还没有形成统一的认识，给开发性能优良的涂料造成了困难，其二，聚苯胺在共混复合涂料中的分散性能还有待进一步改善，分散性能的提高不但可以提高涂料的防腐性能，同时也可以减少涂料中聚苯胺的含量，降低成本。

综上所述，聚苯胺防腐涂料对金属具有常规涂料不可比拟的阳极保护和屏蔽作用，并具有稳定的链结构以及链上的氮杂原子对金属的强吸附性等独特的防腐蚀性能。有望开发出与常规树脂共混使用的高性能绿色环保的防腐蚀涂料，以满足世界各国对高性能无公害经济型防腐蚀涂料的要求。

参 考 文 献

1 王受谦. 防腐蚀涂料与涂装技术. 北京：化学工业出版社，2002

2 陈世杰. 涂料工艺(第一册). 北京：化学工业出版社，1994

3 虞兆年. 防腐蚀涂料和涂装. 北京：化学工业出版社，2002

4 ［美］ Zeno W. Frank，N. S. Peter. 经桴良，姜应涛译. 有机涂料科学与技术. 北京：化学工业出版社，

2002
5 洪啸吟，冯汉保．涂料化学．北京：科学出版社，1997
6 黎完模，宋玉苏，邓淑珍．涂装金属的腐蚀．长沙：国防科技大学出版社，2003
7 ［美］ T. C. 巴顿．郭隽奎，王长卓译．涂料流动和颜料分散．北京：化学工业出版社，1988
8 姜应涛主编．涂料工艺(第五册)．北京：化学工业出版社，1992
9 居滋善．涂料工艺(第四册)．北京：化学工业出版社，1994
10 王锡春，姜应涛主编．涂装技术(第一册)．北京：化学工业出版社，1986
11 张开．高分子界面化学．北京：中国石化出版社．1997
12 庞启财．防腐蚀涂料涂装和质量控制．北京：化学工业出版社，2004
13 胡传芢．涂层技术原理及应用．北京：化学工业出版社，2002
14 王泳厚．实用涂料防蚀技术手册．北京：冶金工业出版社，1994
15 叶扬祥．涂装技术实用手册．北京：机械工业出版社，2003
16 战凤昌，李悦良．专用涂料．北京：化学工业出版社，1988
17 李国莱，张慰盛，管从胜．重防腐蚀涂料．北京：化学工业出版社，1999
18 石森森．耐磨耐蚀涂膜材料与技术．北京：化学工业出版社，2003
19 李敏风．集装箱涂料与涂装技术．北京：化学工业出版社，2002
20 徐国财，张立德．纳米复合材料．北京：化学工业出版社，2002
21 涂料与颜料标准汇编．北京：中国标准出版社，1997
22 赵金榜．21 世纪世界涂料技术的发展．中国涂料，2001，3：41
23 郭清泉，陈焕钦．防腐涂料用颜填料发展前景展望．涂料工业，2003，33(12)：35
24 萧绍基．涂料业界所面临的趋势．涂料与涂装技术，2003，9(3)：46
25 边洁，王威强，管从胜．金属腐蚀防护有机涂料的研究进展．材料科学与工程学报，2003，21(5)：769
26 赵金榜．国内外涂料工业现状及发展趋势(1)——世界涂料工业现状及发展趋势．电镀与涂饰，2006，25(1)：51
27 聂大仕，慈云青．纳米技术在涂料中的应用．化学工业与工程技术，2004，25(4)：38
28 宋玉苏，姚树人．涂层与基体金属附着力的研究进展．材料保护，1999，32(9)：21
29 汪世平．附着力．上海涂料，1997，(2)：115
30 武利发．纳米材料在涂料中的应用研究．材料导报，2001，(5)：10
31 林海潮，李谋成．涂层下金属的腐蚀过程．腐蚀科学与防护技术，2002，(3)：180
32 刘广荣．电化学方法测试金属涂层的耐蚀性．表面技术，1997，26(6)：12
33 陈亮，肖利秋，窦贤飞．电化学方法在涂层/金属体系耐蚀性能评估中的应用．涂料工业，1998，9：42
34 周立新，程江，杨卓如．有机涂层防腐性能的研究与评价方法．腐蚀科学与防护技术，2004，16(6)：375
35 张鉴清，曹楚南．电化学阻抗谱法研究评价有机涂层．腐蚀与防护，1998，19(3)：99
36 刘小平．涂层防腐蚀的电化学研究．涂料工业，1999，2：37
37 李润兰，叶洪权，李燕等．生漆涂料的研究与现状．中国生漆，1999，18：16
38 郭清泉，陈焕钦．重防腐蚀涂料的研究与发展．合成树脂及塑料，2003，20(3)：72
39 刘登良．重防腐涂料及其在工程中的应用．现代涂料与涂装，2000，5：6
40 于杰．重防腐涂料在管道防腐中的应用．化工施工技术，2000，22 (5)：44
41 王立军．水电站大坝金属结构物的防腐蚀措施及效果．材料保护，2005，38(2)：57
42 郭清泉，陈焕钦．重防腐涂料的发展展望．化工进展，2003，22(9)：947
43 王正岩．国内外粉末涂料的市场应用及发展趋势．中国涂料，2003 (4)：1

44 张基沛．玻璃鳞片涂料的重防腐蚀作用．腐蚀与防护，2003，24(9)：401
45 管从胜，张明宗，熊金平，郭玉梅，王威强．有机氟聚合物涂料及其在防腐中的应用．腐蚀科学与防护技术，2000 ，12(3)：164
46 余锡宾，王华林．无机有机杂化材料的进展．材料导报，1997，12(2)：49
47 王家芳，张文贡．溶胶凝胶法合成有机无机杂化材料研究进展．高分子通报，2001，(2)：62
48 赵文轸．溶胶凝胶科学技术的发展与现状．材料导报，1996，(6)：12
49 陈运法，金联明，陈国昌等．溶胶凝胶法制备无机有机杂化材料．功能材料，1999，30(5)：449
50 黄微波，王宝柱，陈酒姜等．喷涂聚脲弹性体技术和发展．中国涂料，2001 (5) ：31
51 黄微波，王宝柱，陈酒姜等．喷涂聚脲弹性体技术及其在重防腐领域的应用．腐蚀科学与防护技术，2003，15(1)：56
52 吴怀国，赵德海，孙志恒．喷涂聚脲弹性体技术应用展望．中国水利水电科学研究院学报，2003，1(3)：232
53 黄微波，王宝柱，徐德喜．喷涂聚脲弹性体．弹性体，2000，10(3)：28
54 王光国．聚苯胺涂料的防腐蚀机理及应用前景．全面腐蚀控制，2003，17(5)：26
55 王光国．国外聚苯胺防腐涂料工业研发概况．全面腐蚀控制，2002，16(2)：22
56 张金勇，李季，王献红．聚苯胺在防腐领域的应用．功能高分子学报，1999，12(3)：350
57 苏慈生．导生聚苯胺在防腐蚀涂料中的应用．现代涂料与涂装，2001，(1)：1
58 王光国．国外聚苯胺防腐涂料工业研发概况．全面腐蚀控制，2002，16(2)：23
59 王杨勇，强军锋，井新利．聚苯胺防腐涂料的研究进展．宇航材料工艺，2002，(4)：1
60 黄美荣，杨海军，李新贵．聚苯胺复合防腐涂料的制备及应用．涂料工业，2004，34(1)：48
61 Du Y J, Damron M, Tang G, et al. Inorganic Organic Hybrid Coatings for Aircraft Aluminum Alloy Substrates. Progress in Organic Coatings, 2001, 41: 226
62 Schmidt H, Langenfeld S, NaB R. A New Corrosion Protection Coating System for Pressure-cast Aluminium Automotive Parts. Materials and Design, 1997, 18: 309
63 Atik M, Luiz A. Sol-Gel Thin Films for Corrosion Protection. Ceramics International, 1995, 21: 403
64 Hawkins C A, Sheppard A C, Wood T G. Progress in Organic Coatings, 1997, (32): 253
65 Miscyk A , Szalinska H. Laboratory Evaluation of Epoxy Coatings with an Adhesion Promoter by Impedance. Prog. Org. Coat. , 1995, 25: 257
66 Chen J F , Bogaerts W F : Electrochemical Emission Spectroscopy for Monitoring Uniform and Localized Corrosion . Corrosion, 1996, 52 (10): 753
67 Yamabe H. Stabilization of the Polymermetal Interface. Prog. Org. Coat. , 1996, 28: 9
68 Charmeau J Y, Kientz E. Adhesion of Latex Films. Influence of Surfactants. Prog. Org. Coat. , 1996, 27: 87
69 Lin Y H , Tang Z L, Zhang Z T. Preparation of Nanometerzinc Oxide Powers by Plasma Pyrolysis Technology and Their Applications. Journal of the American Ceramic Society, 2001, 83(11): 2869
70 P C Pistorus. Design Aspects of Electrochemical Noise Measurements for Uncoated Metals: Electrocde Size and Sampling Rate. Corrosion , 1997 , 53 (4): 273
71 F Galliano, D Landolt. Evaluation of Corrosion Protection Properties of Additives for Waterborne Epoxy Coatings on Steel . Progress in Organic Coatings, 2002, 44: 217
72 V guillaumin, D Landolt. Effect of Dispersion Agent on the Degradation of a Water Borne Paint on Steel Studied by Scanning Acoustic Microscopy and Impedance . Corrosion Science, 2002, 44: 179
73 John Henningsen. Polyurea : Leading a Revolution in Coating Technology[J]. Paint and Coatings Industry, 2002, (1): 58
74 D. J. Primeaux. Polyurea Spray Technology in Commercial Applications. 60 Years of Polyurethanes: International Symposium and Exhibition , 1997

75 D. J. Primeaux. A Study of Polyurea Spray System. High Solids Coatings , 1994, 15: 2

76 Wessling B. , Posdorfer J. Corrosion Prevention with an Organic Metal (Polyaniline): Corrosion Test Results. Electrochim Acta, 1999, (44): 2139

77 Wessling B. Dispersion as the Link between Basic Research and Commercial Applications of Conductive Polymers (Polyaniline). Synth. Met. , 1998, (93): 143

78 Schauer T, Joos A, Dulog L, et al. Protection of Iron Against Corrosion with Polyaniline Primers. Progress in Organic Coatings, 1998, (33): 20

79 Tan C K, Blackwood D J. Corrosion Protection by Multilayered Conducting Polymer Coatings. Corrosion Sci. , 2003, (45): 545

80 Wang X H , Li J , Zhang J Y, et al. Polyaniline as Marine Antifouling and Corrosion -Prevention Agent. Synth. Met. , 1999, (102): 1377

81 Racicot R , Brown R , Yang S C. Corrosion Protection of Aluminum Alloys by Double - Strand Polyaniline. Synth. Met. , 1997, 85: 1263

82 Brusic V, Angelopoulos M, Graham T. Use of Polyaniline and Its Derivatives in Corrosion Protection of Copper and Silver . Electrochem Soc, 1997, 144: 2

83 Mc Andrew T P. Corrosion Prevention with Electrically Conductive Polymers. Trends Polym. Sci. , 1997, 5: 7

84 A. Barbucci, M. Delucchi, L. Goretta, G. Cerisola. Electrochemical and Physicochemical Characterization of Fluorinated Organic Coatings for Steel and Concrete Protection: Influence of the Pigment Volume Concentration. Progress in Organic Coatings, 1998, 33: 139

85 Chou T P, Chandrasekaran C, Limmer S J. Organic-Inorganic Sol-Gel Coating for Corrsion Protection of Stainless Steel. Journal of Materials Science Letters, 2000, 21: 251

第2篇 防腐蚀涂装

防腐蚀涂装技术在人类历史的长河中已有上千年的历史，它可以追溯到我国远古时代用生漆保护埋设在土壤中的棺木，在欧洲工业国家也可追溯到工业革命时期。由于机械工业的发展，相继有原始的调和漆的问世，用于保护火车、轮船等工业设施；第一次世界大战后，出现了硝酸纤维素漆，同时涂装技术也从手工涂刷发展到空气喷涂，用于车辆和建筑物的防护；第二次世界大战后又有各种新型涂料如磷化底漆、氯化橡胶漆、环氧树脂、聚氨酯涂料和丙烯酸涂料等防腐蚀涂料的问世，除了大大提高了防腐蚀涂料的防腐蚀性能之外，还使得防腐蚀涂装技术得到飞速的发展，各种机械化作业的涂装生产线也开始大量应用于造船、汽车业和家用电器等多种行业的生产。防腐蚀涂装的技术也从小手工作坊、手工作业方式发展为建立在多种工业技术基础上的高度自动化、电子化和机械化的生产方式，从而大大提高了防腐蚀涂装的质量和生产效率。

防腐蚀涂装技术由于其施工的简单易行性和防腐蚀的有效性被广泛应用于钢结构物、混凝土结构物、木材、塑料、有色金属等多种物面的腐蚀防护，因此在国民经济的各个领域如：建筑、运输、交通、军事、航空、航海、工业等都离不开防腐蚀涂装技术。防腐蚀涂装在腐蚀防护领域被公认为是一种最为有效、最为经济和应用最为普遍的腐蚀防护技术。

日本防腐蚀技术协会曾在20世纪80年代做过统计调查，日本所采取的各种防腐蚀措施费用的统计如下表1所示。

表1 日本对各种防腐蚀措施费用的统计

防蚀对策	防蚀费用/亿日元	比例/%	防蚀对策	防蚀费用/亿日元	比例/%
表面涂装	15954.8	62.55	缓蚀剂	161.0	0.63
金属表面处理	6476.2	25.39	电化学防蚀	157.5	0.62
耐蚀材料	2388.2	9.36	腐蚀研究	215.1	0.84
防锈油	156.5	0.61	总计	25509.3	100

由上表的统计数据可见，防腐蚀涂装技术无论在腐蚀控制工程中，还是在国民经济中都占有举足轻重的地位和作用。

同时应指出的是，随着石油化工和高分子技术的发展，以及各种新材料、新技术的产生和环境保护、生态进步的要求，粉末防腐蚀涂料、水性涂料、高固体重防腐蚀涂料、纳米涂料的相继问世，使涂装技术发展成具备多学科知识交叉、多种设备装备的高度工业化、自动化、工程化的技术，这无疑大大提高了防腐蚀涂装技术的科技含量。因此，发展到21世纪的防腐蚀涂装，再也不是过去的简单的、手工操作的小作坊技术，而是不但要满足高效率、高质量、高性价比，而且需要既能节约能源，又要减少污染的高度现代化的防腐蚀涂装技术。

因为防腐蚀涂装的最终产品是防腐蚀涂层(膜)，也就是只有通过涂装技术和涂装工艺才能使防腐蚀涂料转变成为具有防护、防腐蚀功能，甚至兼具装饰功能的涂层(膜)结构，因此，涂装技术与涂装工艺就决定了涂膜(层)的质量和性能，研究和探讨涂装技术与涂装工艺的实施对腐蚀防护的最终效果也就具有了十分重要的现实意义。

第 7 章　涂装前的表面预处理

将防腐蚀涂料均匀地涂布在被涂物表面使之形成连续、致密的保护性覆盖层(或涂层)的过程称为防腐蚀涂装。一般来说，具有保护作用的防腐蚀涂层的功能有以下三种：

其一：屏蔽绝缘作用，即通过结构物表面的防腐蚀涂层(膜)，使被保护的结构体与外界的腐蚀环境隔离开，起到屏蔽腐蚀环境的作用。例如：埋地的钢结构物或钢质管道的外防腐层或浸在腐蚀性介质(水)中的金属结构物。严格说来，绝对意义上的绝缘和屏蔽涂层是不存在的，因为作为钢质结构物外的防腐蚀涂层大部分取材于有机高聚物材料，至少外层结构是这些材料，这些材料绝对不透水、不透氧是不可能的。

也有观点认为，上面所介绍的涂层防腐蚀作用是通过屏蔽腐蚀环境，阻止腐蚀环境中的水和氧向钢表面的渗透而实现的。这种观点是一种误解。这可以通过测量防腐蚀涂层对水和氧的消耗量来得到证明。试验表明：在具有防腐蚀涂层的钢表面测试其水和氧的消耗量，有时反而大于没有防腐蚀涂层的钢表面的水和氧消耗量。这说明涂层的保护机理不是阻止水和氧的渗透作用，而是涂层对钢表面的湿附着力使得涂层中的聚合物基团阻止了水和氧的取代作用，使得它们不易到达钢的表面，而不容易产生腐蚀反应。

其二：阴极保护功能，即在腐蚀环境中，被保护的结构物表面涂层可以起到电化学保护作用，给被保护的金属结构体提供阴极保护电流，如：热浸镀锌、热浸镀铝涂层以及热喷涂锌和铝的合金等，它们属于金属涂层。

其三：其他特殊保护和防护作用，如机械保护(耐磨)、耐紫外光老化、耐高温环境下的腐蚀防护涂层等。

在不同的被涂物表面进行不同类型的涂层涂装，具有不同的工艺特点。在涂装工艺中，涂料质量和性能是获得优质涂层的基础；而涂装技术、涂装工艺则是防护性涂层具备优良质量的关键。也就是说，防腐层或防护性涂层的优劣在很大程度上取决于涂装的施工工艺与施工技术。在任何被防护的界面上进行防腐蚀涂装前，都必须要进行涂装之前的表面预处理或称之为涂装的前处理。统计表明，涂装前的表面预处理对防腐蚀涂装的质量具有十分重要的作用和意义。

7.1　表面预处理的重要性和意义

表面预处理对于涂装质量的重要性可谓是涂装领域人人皆知的。没有适宜的表面预处理，即便是采用多么先进的高级涂料，也不会得到满意的涂装效果。表面预处理对于防腐蚀涂装具有非常重要的作用。那么，表面预处理究竟在防腐蚀涂装技术中占有多大的分量，以及为什么要进行一系列的表面预处理措施呢？本节的以下内容将对此给予逐一的介绍。

所谓防腐蚀涂装是将防腐蚀涂料均匀地涂布在被涂物表面使之形成连续、致密的保护性覆盖层(或涂层)的过程。而所形成的防腐蚀涂层的防护作用则取决于覆盖层(或涂层)的质量，或者说取决于该覆盖层(或涂层)是否与被保护的结构体表面具有良好的黏接，该涂层是否具有连续、致密性，以及该涂层是否具备足够的抵御腐蚀性介质(如水、氧气、腐蚀性氯离子等)穿透的能力，也就是防腐蚀涂层能否起到使被保护的钢质结构、有色金属结构、混凝土结构或非金属材料结构等与外界腐蚀环境隔离开来的保护作用。

应当指出的是，要使防腐蚀涂层能达到理想的防腐蚀效果和要求，涂装前的表面预处理是首要前提条件。而且涂装前的表面预处理对涂层的质量占有重要的地位和作用。表 7-1 是涂装界总结的涂装工艺的各个环节对涂层质量的影响和所占的比例。

表 7-1　涂层质量的影响因素和所占的比率

影响因素	所占比率/%	影响因素	所占比率/%
材质表面处理的质量	49.0	涂装方法和技术	20.0
涂层层次和厚度	19	环境条件	7.0
选用的同类品种质量的差异	5.0		

表 7-1 表明了表面预处理质量在涂装的各种因素中对涂层质量的影响占有非常重要的作用，几乎涂层质量的 50%取决于表面预处理的水平，对防腐蚀涂装而言，表面预处理的作用则更为重要。无论是在金属表面的防腐蚀涂装，还是在非金属表面的涂装都是如此。下面我们将以钢质结构物表面防腐蚀涂装为例进行剖析。

7.1.1　表面预处理的必要性与表面预处理的目的

表面预处理(surface pretreatment)是指在涂装前，除去基底表面附着物或生成的异物，以提高基底表面与涂层的附着力或赋予表面以一定的耐蚀性能的过程，又叫前处理。

也可以说，表面预处理是为了获得规定的表面清洁度和表面粗糙度，在涂装前对被涂装的金属或非金属结构物表面所进行的机械的和(或)化学的预处理工艺工程。因此，检测表面预处理的质量水平也是通过表面清洁度和表面粗糙度两项指标来进行评价。国内外关于表面预处理的标准也围绕着表面清洁度和表面粗糙度两方面。缺少哪一部分的表面预处理都是不全面的。

表面预处理包括以下内容：

表面清洗——即去除被涂装物表面的油污、油脂、水分、氧化皮、锈斑、旧涂层等污物；表面特殊处理——即金属结构物表面的化学或电化学转化。表面清洗或清理是任何一种涂装，包括防腐蚀涂装都必须要做的。然而表面的特殊处理，或称为被涂物的表面转化(化学转化或电化学转化)，并不是每一种涂装工程都需要的。

按预处理的方法分类，可将表面预处理分为：机械预处理方法、化学预处理方法和电化学预处理方法。

之所以要进行表面预处理，以钢质结构物的表面涂装为例，在任何一种钢质结构物的表面，总会由于储存、运输、加工等各种原因，使其表面附着一些污物、水分、锈斑、氧化皮等，这些杂质不被去除，就必然影响到保护性涂层与被涂物表面的分子间黏接性能。同时，残存在涂膜与钢材表面的氧化皮、锈蚀产物和污物还会对涂层的保护功能起破坏作用，形成涂层下的腐蚀现象，造成被涂物表面的涂膜与基底的过早剥离，使涂层的防腐功能失效。

钢铁制品在高温轧制过程中，会生产一层氧化膜，或称为氧化皮。这种黑色的、具有金属光泽的氧化皮，其基本成分是铁的二元或三元氧化物，与轧制时的温度相关。这种氧化皮对钢铁构件表面具有一定的保护功能。有氧化皮覆盖的钢铁构件要比没有氧化皮覆盖的钢铁构件发生锈蚀的起始几率要低。

但是，钢铁构件表面的氧化皮是在热轧时高温下形成的，它的膨胀系数小于钢，附着不牢且不完整。也就是表观看上去很光亮的氧化皮，其实具有很多微观的缝隙。这些氧化皮就是钢铁构件发生腐蚀的根源。而且，由于在分子结构上就存在差异，当钢材构件发生热胀冷缩作用时，氧化皮与钢基材间的剥离是不可避免的。

如果在氧化皮不去除的情况下就涂覆涂层，则涂层黏接的只是氧化皮的表面，当氧化皮与基材剥离时，与氧化皮黏接的涂层会随氧化皮一起脱落；另一方面由于氧化皮的电极电位高于钢基本体，并且由于氧化皮的不完整性，当部分涂层表面存在缺陷时，外界环境的腐蚀介质如氧、电解质等还会进入涂层与钢表面的间隙，从而在钢表面产生小阳极大阴极的局部腐蚀。在局部腐蚀电池中，氧化皮表面是腐蚀电池的阴极区，没有氧化皮覆盖的区域的钢基材表面成为腐蚀电池的阳极区，而形成局部蚀点或蚀坑，即：由于氧化皮的存在而诱发涂层下的腐蚀。这些都会影响涂层的有效性和使用寿命。因此钢材的氧化皮是表面预处理必须去除的物质之一。

钢材表面的铁锈、水分、油脂、尘土等也会影响到涂层与钢材表面的黏接和附着(包括其他金属结构和非金属结构物表面如混凝土构筑物、塑料等)，这些污物在钢结构的加工、运输与储存过程中都是不可避免的。如果涂装基材表面存在水分、油脂、灰尘或其他杂质等污物，会使钢质基材表面的表面能大大降低，从而使防腐蚀涂层与基底的黏接受到影响和破坏，或者使涂膜与基底根本不黏接，而在防腐蚀涂装工程中，防腐蚀涂层与基底的黏接是涂层发挥防护效果的至关重要的因素之一。因此只有清洁、无任何污物的表面，才能保证涂料与基材的全面附着，也就是使防腐蚀涂层能与基底表面实现良好的黏接。同时，表面预处理工艺通过对被涂物表面的预处理，改进基底的表面粗糙状态，从而改进和增强防腐蚀涂层的附着效果。

因此在涂装前，为了保证防腐蚀涂层的涂装质量，延长涂层的使用寿命，在任何一种被涂物表面进行涂装作业，都必须在涂装前进行表面预处理或表面清理，无论是在金属材料表面还是在非金属材料表面。

7.1.2 表面预处理在防腐蚀涂装中的作用

采用适宜的表面预处理措施，对被涂物表面进行机械的、化学的或电化学的表面预处理，使被涂物表面达到规定的表面清洁度和表面粗糙度，是涂料施工的基础工序，更是防腐蚀涂装质量保障的重要前提条件。

表面预处理在防腐蚀涂装中究竟起到怎样的作用呢？它是如何加强涂膜与基底的结合力，进而保证涂膜的附着力呢？本节将从三个方面进行讲解。

第一，通过涂装前的表面预处理，可以使被涂覆表面获得规定的表面清洁度，而清洁的基底表面就可以保证液体涂料分子与基底材料表面的充分润湿；其次，涂料分子与基底表面分子的充分润湿又可以提高涂膜材料与钢表面的附着力；最后，通过特殊的表面预处理措施如磷化和钝化等，可以增强涂层的耐蚀性。总之，涂装前的表面预处理可以起到增加涂层与基底的黏接强度的作用，又可以增强涂层的防腐蚀功能作用。

7.1.2.1 涂层的附着力或黏接力

涂层附着力或黏接力是涂层能够实现防护功能的先决条件，无论是防腐蚀功能，还是防护功能都如此。也就是只有当涂层能与基底材料间达到紧密附着时，涂层才能起到防腐蚀效果。

涂层结构间的作用力可分为涂层与基底间的附着力、底涂层与中间涂层间的附着力、中间涂层与面涂层间的附着力、每种涂层分子间的内应力等多种作用力。其中，涂层与基底间的附着力最为关键，如果该附着力达不到防腐蚀涂层的要求，则会造成防腐蚀涂层的整体剥离，涂层的防腐蚀效果也就无从谈起。那么，涂层与基底间附着力的实质是什么呢?

到目前为止，关于附着力的本质在涂装领域内还没有统一的认识。对非金属防腐蚀涂层或防护层而言，一般说来涂层与基底间的附着力可大致分为：分子间力、化学键力和机械锚固力三种，而对金属防护层则还包括通过热喷涂而使喷涂的金属涂层与基底金属间的冶金结合力等。冶金结合力是一种比较强的结合力，这是由于金属涂层的施加过程中往往通过上千度甚至上万度的高温下的热喷涂等手段来获得，喷涂材料(金属粉末、线材等)在喷枪中被加热到上千度的高温熔化后，而高速喷射到工件的基底金属表面而形成涂层。因此，这种喷涂所形成的金属涂层与基底之间是熔融后结合在一起，该结合力是非常强的。而在非金属类涂层中，作用力强弱以化学键力最强，然后是分子间力，最后是机械锚固力。

1. 化学键力

所谓化学键在化学理论中有两种：离子键和共价键。离子键通常是带有正电荷的阳离子和带有负电荷的阴离子之间的静电力作用，靠离子键结合的物质分子具有非常强的离子键能，如强碱和强酸，以及由强碱和强酸生成的盐。一般在化学上很难将这类分子破坏。共价键则是通过共享电子对而使两原子形成的分子，它们之间的化学键力要远小于离子键结合的分子。有机化合物分子大部分是通过共价键结合的，共价键又有极性键和非极性键之分，这是由于共享电子对在两种电负性具有差异的原子间分布不均匀造成的。

据相关资料认为，当底漆涂料分子与基底金属表面原子间形成化学键结合时可获得最佳的附着力。通常，采用拉开法来测定附着力的大小，当测得的附着力值大于10MPa时就有可能产生了化学键结合。目前已经证实能够产生化学键结合的底漆寥寥无几。环氧聚氨酯底漆最高可以达到15MPa以上的附着力，是防腐蚀底漆中附着力最为优异的底漆品种。

2. 分子间的作用力

分子间的作用力在物理化学中称为范德华力，涂层分子与被涂物基底表面的金属原子间主要通过范德华力的作用而形成附着或黏接。范德华力有三种，分别是诱导力、色散力和取向力。所谓色散力是指非极性分子瞬间偶极之间产生的作用力；诱导力是极性分子与非极性分子靠近时，非极性分子受极性分子的电场作用而产生的诱导偶极与极性分子固有偶极间的吸引力；取向力则是极性分子相靠近时，按同性相斥、异性相吸的原则，两偶极子在空间的状态取向力。这种取向力使极性分子间更加靠近，而相邻分子在固有偶极的作用下使原分子中的正负电荷中心更加分离而产生诱导偶极，即：极性分子间也存在着诱导力。总之，这三种力都是以分子的固有极性或诱导产生的极性为基础，相互吸引而产生结合。

在分子间作用力中，以氢键的作用力最强。一些极性基团如羟基(—OH)、胺基(—NH—)等由于含有活性氢原子，可产生类似氢键的结合力。经过适当的表面预处理如喷砂处理后，高度清洁的金属表面则会处于高度活性状态，其表面的铁元素会从空气中吸收水分子生成具有高极性的水化铁化合物—Fe—OH，为涂层分子的结合打下了基础。而环氧类防腐蚀涂料由于在其分子结构中含有大量的羟基、环氧基等多种官能团，也可大大增加涂层与金属表面的黏接，因而是非常优良的防腐蚀涂料。

3. 机械锚固力或机械作用力

涂装前的表面预处理如喷砂处理还会造成被涂物表面的一定粗糙度，涂层在粗糙表面的附着之所以强于光滑表面的附着，一方面认为，粗糙表面可以提供多个活性中心，有利于化学键力或分子间作用力的强化，或形成机械锚固作用；另一方面认为，涂层与金属间黏接力的大小还与两者间的接触面积有关，金属或非金属表面的喷砂处理可形成具有一定锚纹齿型结构的表面状态从而有效扩大了被涂物的表面积，防腐蚀涂层会沿着每个锚纹的“波峰”和“波谷”形成无数的附着点和附着结构，从而大大增强了涂层的附着力。这种机械锚固力通常认为是涂层与基底间附着力的第三种贡献。

上述分析说明的是在非金属类防腐蚀涂层与金属或被涂物基底表面附着力的由来和种类。那么，涂装前的表面预处理是如何加强和改进涂层与基底间的附着状态呢？这要从表面预处理的以下三个作用来分析。

7.1.2.2　表面预处理作用之一——可提高涂料的润湿性

液体涂料均一铺展在底材上，达到两者之间的紧密接触称为润湿。它是涂料与基底材料产生附着力的前提条件。也就是只有当液体涂料能够润湿被涂覆的基底表面时，涂层才能达到附着的状态。如果液体涂料的分子根本不能润湿被涂覆的结构物表面，那么，涂料的分子根本不能与基底表面的分子接触，因此也形成不了涂层对基底的附着，这种防腐蚀涂层就是失败的。

涂料的润湿性是与涂料的表面张力、表面能和基底金属的表面张力、表面能相关的。表面能是产生单位面积所需要的功，极性分子比非极性分子具有更高的表面张力，例如：水的表面张力为 72.6mN/m，己烷则只有 18mN/m。因此，极性涂料比非极性涂料具有更高的表面能。

如果液体的表面张力远低于固体的表面张力，则液体就会完全地铺展在固体的表面上，或者说该液体润湿固体的表面。相反，当液体的表面张力高于固体的表面张力时，就不会产生液体涂料对固体表面的润湿或铺展。液体不能对固体表面产生润湿或附着，那么，液体涂料在固体表面所形成的涂层也就不会对固体表面产生好的附着和黏接。

液体在固体表面的润湿还可以用图 7-1 表示。

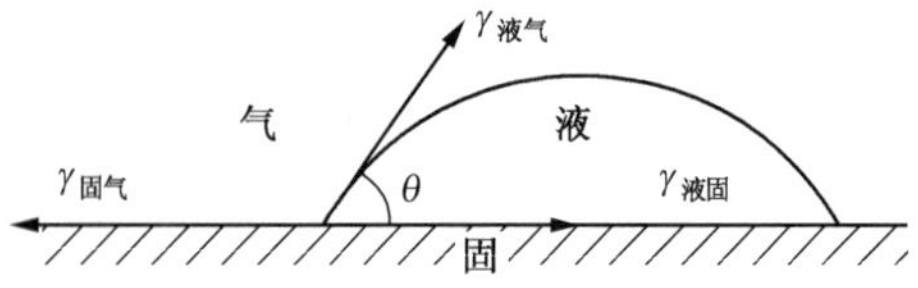

图 7-1　液体在固体表面的润湿

如图：θ 是固体表面上液滴的底切线与固体表面的夹角，称为接触角。接触角越大，则表明液体的表面张力远大于固体的表面张力，液体与固体润湿很困难；接触角越小，则液体的表面张力会小于固体的表面张力，液体将很容易铺展在固体表面，达到很大程度的润湿或全部润湿。

一般认为，光洁的钢表面对任何涂料的润湿都不成问题。光洁的钢材表面对涂料的附着功为：

$$W = (\gamma_s - \gamma_1) + \gamma_L$$

式中　γ_s——固体的表面自由能；

γ_1——界面的表面自由能；

γ_L——液体涂料的表面自由能。

钢表面的自由能很高，涂料的表面自由能较低(一般比钢的自由能低一个数量级左右)，当 $\gamma_s>\gamma_L$ 时，涂料会自动地在钢表面润湿，此时的附着功为正值，表现为涂料在基底表面的充分铺展。而当钢的表面有油污时，钢表面的自由能降低到与涂料相似甚至比涂料的自由能还要低时，就大大地降低了涂料在钢表面的润湿，一些极性大的具有较高表面能的涂料如环氧类、聚氨酯类涂料则根本不附着。因此钢材表面的去脂、除油是非常必要的表面预处理内容。只有通过彻底的表面清理，使钢材表面达到应有的表面清洁度，才能使钢表面具有远大于涂料的自由能和表面张力，从而使液体涂料能在钢表面充分铺展，达到完全的润湿。常用溶剂的表面张力见表 7-2，常用树脂的表面张力见表 7-3。

表 7-2　常用溶剂的表面张力

溶　　剂	表面张力/(mN/m)	溶　　剂	表面张力/(mN/m)
水	72.2	丁醇	24.6
丙二醇	36.0	石油烃	24.0
甲苯	28.4	甲基异丁基醇	23.6
Dowanol PM	27.7	甲醇	22.6
Dowanol 乙酸酯	26.4	石油醚	22.0
己烷	18.0		

表 7-3　常用树脂的表面张力

树　　脂	表面张力/(mN/m)	树　　脂	表面张力/(mN/m)
三聚氰胺树脂	57.6	聚氯乙烯	41.9
聚乙烯醇缩丁醛	53.6	聚甲基丙烯酸甲酯	41.0
苯鸟粪胺树脂	52.0	长油度豆油醇酸	38.0
环氧 828	46	聚乙酸乙烯	36.5
脲醛	45	聚甲基丙烯酸丁酯	34.6
聚酯三聚氰胺	44.9	聚二甲基硅氧烷	19.8
聚苯乙烯	42.6		

涂料的表面张力除了由组成涂料的溶剂决定外，还与涂料的配方、助剂、填料和黏度及环境温度等因素有关。

7.1.2.3　表面预处理作用之二——可提高涂膜材料与钢表面的附着力

涂料分子与金属表面分子的作用力大部分属于分子间力——范德华力，即分子间的次价键的极性吸力，一般认为吸力的大小与分子间距离的 6 次方成反比，分子间距离越近则分子间的作用力越大。

钢材涂装前的表面预处理去除了钢材表面的污物、附着物，如氧化皮等，减少了涂料与被涂物底材分子间的距离，从而增大了涂层分子与基底金属间的附着力。据相关资料报道，只有当涂料的分子与基底分子间的间距在 0.5nm 以内时，分子间的作用力才会有效。钢表面若存在有油污时，即便是单分子层，其厚度也超过 0.5nm，从而会使涂料分子不可能与基底钢材的表面产生附着力。

清洁的钢表面的自由能可达 4×10^{-3} N/cm，涂料分子的表面自由能约为 $(2\sim6)\times10^{-4}$ N/cm，钢材表面的自由能远大于涂料的自由能，因此清洁的钢表面与涂料的黏接和附着应是不成问题的。如果钢材的表面缺乏必要的表面预处理，则会使钢材表面自由能降低一个数量级左右，与涂料的自由能相当，从而降低涂料与钢材表面的黏接。

7.1.2.4　表面预处理作用之三——可增强涂层的耐腐蚀性能

一般认为，表面预处理程序中的抛丸除锈和其后的磷化处理工艺均可提高涂层的耐蚀性能。这是因为抛丸除锈时，磨料以很高的线速度射向待处理的钢结构物的表面，抛出的铁丸以一定的扇形区域作用在钢材的表面，产生打击、磨削作用，不仅去除了钢表面的氧化皮和锈层，同时还强化了钢材表面。其结果可有效消除钢表面的残余应力，降低钢材的疲劳和应力开裂的可能性。这是因为经过喷丸除锈工艺后，使被喷射的表层材料的结构和原有的残余应力得到改善的缘故。正常情况下，喷丸除锈工艺可使金属材料的常温疲劳极限提高 1.35 倍。磷化处理也可将涂层的防腐蚀性能提高 2~3 倍，这是因为磷化后在金属表面形成了不导电的难溶磷酸盐磷化膜。这层磷酸盐磷化膜又使磷化后的表面形成针状结晶，非常适合用作涂装的底漆，它既增强了涂膜的耐蚀性，又使磷化膜表面变得更加粗糙，从而使磷化膜上进一步附着的涂层具有更高的黏接强度和绝缘强度。就磷酸盐膜本身来说，虽然其耐蚀性并不十分强，但磷酸盐膜与油漆或其他涂膜组成的复合涂层，与基底金属有很强的附着强度，因此可大大提高涂膜或涂层的耐腐蚀性能。

7.1.3　表面预处理的内容和程序

钢材的表面预处理应去除钢材表面的油脂、水分、污物、氧化皮、锈斑、灰尘、旧涂层；非铁金属材料(有色金属)的表面处理与钢材一样，也要去除金属表面的油脂、水分、污物、氧化皮、锈斑，只不过有色金属的种类不同，所采用的表面预处理的方法也不尽相同。

非金属材料的表面处理如对混凝土和混凝土结构物表面的处理，所要去除的仍然是油污、水分、旧涂层及混凝土和混凝土表面的松散物。除此之外，还应对混凝土或混凝土表面进行化学中和处理，干燥处理，粗糙化处理，严格控制混凝土构筑物表面的含水量、pH 值等表面预处理措施。

钢材表面预处理的程序一般为：

(1) 除油或脱脂；

(2) 除锈斑、氧化皮；

(3) 表面清洗和机械性污物如粉尘、毛刺、旧涂层等的清除；

(4) 表面的化学转化或转化处理。

更严格的表面预处理还应包括去除钢材表面的可溶性盐类，例如硫酸铁、氯化亚铁等可溶性盐类，因为这些可溶性盐不仅会破坏涂层，引起渗透压和起泡，使涂层的附着力变差，还会起到一种催化剂的作用，加剧腐蚀反应的进行。表面除盐还常常在旧钢结构表面再涂装的前处理工程中使用，这些结构物的不平整表面，或存有旧的腐蚀产物的缝隙处，也会有一些可溶性盐分存留。不清除掉这些盐分，涂膜的附着就不能很好地实现。

清除可溶性盐分的工艺可安排在表面除油之后进行，一般可采用高压淡水清洗的方式。

钢材的表面预处理还与钢材服务和使用行业的不同而有所区别，例如：对桥梁建筑、海船结构等，都存在着钢材的一次表面预处理、二次表面处理的区分。所谓钢材的一次表面预处理是指钢材在加工组装前进行的表面预处理工作，其目的是对钢材进行临时保护作用。一次表面预处理通常包括喷砂、抛丸或酸洗等方法，去除钢板表面的锈斑，使其达到涂装规定的表面预处理标准的规定，然后采用喷涂方式涂装底漆或底漆加中间漆。二次处理是指钢板经过预处理并涂上车间底漆，再经过加工、装配成构件后，由于在加工过程中的焊接、切割、运输或机械碰撞等，都会使钢板上的涂层受到破损，从而在钢板上由于发生腐蚀而产生锈斑。因此对这样的一些锈蚀钢结构需要重新进行表面除锈，对钢结构物的腐蚀防护就显得非常必要，这也称作二次除锈或二次处理。

一次处理的表面除锈常常采用流水线进行，该流水线通常是封闭的抛丸除锈或喷砂除锈的生产线。例如：大型桥梁的建造，往往先在桥梁预制厂进行桥梁各部分预制件的加工，也就是在高度自动化、封闭的钢材预处理流水线上将钢板校平、预热、抛丸处理、自动涂装底漆、中间漆等，然后加热涂层，待涂层干燥或固化后将涂装好防护涂层的钢板起吊运输。在完成桥梁的现场焊接组装后，再在现场进行最后的面漆涂装。而在最后的面漆涂装之前，就需要进行二次表面处理。

船舶工业或者说造船本身是一个非常复杂的工艺工程，尤其对大型船舶的制造，可以说涂装贯穿了造船业的自始至终。从第一道工序开始就是涂装，建造船舶用的钢板在完成初始的表面预处理，即一次表面处理后应进行车间底漆涂装，涂装完车间底漆后的钢板要根据图纸的设计要求进行划线、下料、加工和组装成分段，然后再将组装成分段的钢材上船台涂装。

但组装成分段的钢材表面会由于钢板预制件加工程序或装配程序等过程，造成涂层的损坏，甚至造成钢板的锈蚀。因此，在将每个分段的船板合拢时，都有二次除锈或二次表面处理的程序。二次除锈也常常采用喷丸或喷砂除锈的方法，也可以采用工具除锈手段，视二次除锈的工作量、涂装工艺对表面预处理的要求和施工现场情况而定。

船舶二次除锈的重点部位通常集中在焊缝区域、涂层的烧损区域、锈蚀区域及角、边缘等区域，相关行业也制定了二次除锈的工艺要求和质量要求或标准。

因此，表面预处理的内容和程序并非是一成不变的。它随着生产工艺的变化而不同，但原则和目的是相同的，都是为了加强涂层与基底的黏接强度、提高防腐性涂层的防护性能。

7.2 钢结构涂装前的表面预处理

钢结构物表面涂装前的表面预处理如上一节所述，应主要包括：除油(或称脱脂)、除锈和表面的化学转化等过程，以下将分别介绍各处理工序的内容和方法。

7.2.1 脱脂

脱脂就是除去基底表面油污的过程。

脱脂是表面预处理的第一道工序，不进行脱脂或脱脂进行不彻底，钢结构表面存留的油污会直接影响到其他表面预处理的质量。如果采用喷砂除锈，则钢表面的油污会污染喷砂或喷射的磨料，使这些磨料受到污染而不能继续使用；如果采用溶液或酸洗除锈，则油污会隔离酸洗液，使酸洗除锈的效果大打折扣。油污还会影响磷化处理的质量，起到屏蔽磷化溶液的作用，同时影响进一步进行的涂料附着和涂膜固化，造成涂膜与基底间的起泡等涂装缺陷。

因此，在涂装前的表面预处理程序中首先应进行除油或脱脂工序。脱脂是表面预处理规范中规定的第一道工序。

7.2.1.1 脱脂的方法

钢结构物体在储存、运输中，或者在加工过程中，常常会与动植物油脂、矿物油脂接触，从而在钢结构物的表面存有油污。例如，在机加工过程和热处理过程中，会常常与矿物油脂或各种油脂接触。这些油脂的存在无疑会影响防腐蚀涂层的黏接力，降低防护性涂层的性能。同时，还会影响表面预处理其他工序的质量。

钢结构表面的油脂有二类，一类是动物油和植物油；另一类属于矿物油，如凡士林、石蜡等。

去除油污的方法有多种，动植物油脂可以采用皂化反应来清除；矿物油不能使用皂化反应去除，要采用润湿、乳化、分散的方法去除。利用各种溶剂清洗钢结构物的表面是去除油污的主要方法。除此之外，对于难于清洗的油污也常常使用化学反应或物理作用来处理，常用的除油或脱脂方法可概括如表 7-4 所示。

表 7-4　钢结构物表面的除油或脱脂方法

序　号	方法名称	使用方式	特　　点
1	燃烧法	将钢结构物表面的温度加热到 300～400℃，使油脂燃烧后去除	结构物表面会留下油脂燃烧后的产物
2	碱液清洗	可用浸渍、喷射或滚筒的方式	价格低廉、方法简便但对难皂化的油污效率低
3	乳化清洗	使用溶剂乳化清洗或表面活性剂水溶液清洗	表面活性剂易起泡沫
4	溶剂清洗	采用常温下的擦洗、浸洗、喷洗	对油脂类的污物具有很好的去污能力 存在安全和环境问题
		蒸气清洗	去污速度快、效率高 存在安全和环境问题
5	电解清洗	可采用阳极电解法(对铁基结构物)	可获得最清洁和具有活性的表面
6	超声波清洗	可在水溶液或有机溶剂溶液中采用浸渍式清洗	可去除黏稠污物，渗入基体的微小的缝隙内清洗污物

1. 碱液清洗

碱液清洗是利用碱液与动植物油的皂化反应，进行溶解、乳化和分散动植物油的清洗作用。碱液清洗时，碱液的浓度、操作的温度及适当的搅拌作用等因素都可以影响到碱液清洗的效果。在室温下，油是液体而脂是固体，它们的化学结构相同，但含有的脂肪酸不同。油脂在碱液中水解生成脂肪酸钠和甘油，俗称皂化反应。所生成的脂肪酸钠溶于水，并且由于脂肪酸钠的特殊结构(带有亲水的羧基的和憎水的烃基)，而具有表面活性剂的作用，可使未起皂化反应的油污乳化、分散在溶液中。

(1) 碱液清洗的配方见表 7-5 的实例。

表 7-5　碱液清洗配方(%)

配方组成		浸　渍　用	喷　淋　用	电　解　用
氢氧化钠		20	20	55
无水碳酸钠		18.0	19.0	8.5
三聚磷酸钠		20.0	20.0	10.0
偏硅酸钠(无水)		30.0	40.0	25.0
树脂酸钠		5.0		
烷基烯丙基磺酸钠		5.0		1.0
烷基烯丙基聚醚醇		2.0		
聚氧乙烯非离子表面活性剂			1.0	0.5
操作条件	处理液浓度/(g/L)	60	7.5	60
	温度/℃	>90	75～80	80

（2）碱液清洗的方法。碱液清洗最常用的方法是浸渍式或喷射式清洗法。浸渍式清洗适用于外形复杂的工件、中小型工件，特别是具有封闭式内腔的工件，而喷射式清洗可用于大批量的生产，不适合用于具有封闭内腔或形状复杂的工件。当采用浸渍式清洗时应具备有浸渍清洗槽和加温设施，并应控制好清洗液的浓度和温度；当采用喷射式清洗时，也应提供由低碳钢制造的喷洗室、储液槽、喷嘴及加热设施。

一般应加热清洗液至60℃以上，并应用搅拌。其设备简单但占地面积大，处理时间长。

碱液清洗的工艺路线为：预脱脂⟶碱液脱脂⟶一次水洗⟶二次水洗⟶干燥。

水洗是为了去除工件上的残留碱液和清洗剂，否则会影响涂层的附着。一次清洗用热水，二次清洗用冷水。

（3）影响因素。碱液清洗要用多种手段如皂化、乳化、分散等方法来去除油污，因此需要有多种材料的组合配制，方可使脱脂取得好的功效。其碱液的配制无严格要求，但匹配应适当。应针对清洗对象的油污种类来配制清洗液。清洗液的碱度、温度、搅拌和表面活性剂含量，都对脱脂的质量起作用。碱度高有利于皂化反应，并使油污与溶液间的表面张力下降，温度高也有利于皂化反应的进行。加入表面活性剂同样可以降低油污界面间的表面张力，改善润湿性和乳化性，提高清洗效果。

控制清洗液的温度以避免使用高温强碱是脱脂工艺要注意的问题，还应选用低泡沫的表面活性剂或加入消泡剂，控制碱液清洗的质量。

脱脂工艺完成后的工件或钢结构物表面，可采用水膜法或擦拭法来检查脱脂的质量。

2. 乳化清洗

乳化清洗或称表面活性剂清洗，是利用有机溶剂对油污的溶解作用、乳化作用、分散作用来去除油污。该种除油方法效率高、不易起火和中毒，是涂装前除油的较好手段。很适合于非定型产品和部件的除油。

乳化除油的原理是当带有油污的结构物或工件进入清洗槽后，其表面的油污即与分散在槽液中的乳化剂相接触，乳化剂的亲油基润湿了油污的表面，降低了油水之间的表面张力，乳化剂就可向油污渗透，在乳化清洗槽被加热和搅拌作用下，使油污分子离开工件的表面而形成乳化状态进入清洗溶液。

使用于乳化清洗的溶剂通常称为乳状溶剂。乳状溶剂内含有互不相溶的两相，其中的一相为烃溶剂，另一相是水。

烃有机溶剂一般选用沸点在60~260℃，闪点为室温~93℃的芳香烃、杂环、环烷烃类，相对分子质量接近水的有机溶剂，如烷基芳香基磺酸胺盐、聚甘油酯的脂肪酸类等。常用的乳化溶剂为乳白色不透明的液体。乳化清洗的方法常常采用浸渍法、喷射法（手工喷射和机械喷射）。当采用喷射法时，应关注清洗车间的通风问题，尤其是采用机械喷射法时，更应注意在加压和加温情况下的清洗剂的挥发问题，避免明火，保证生产的安全。

采用乳化清洗时，乳化溶剂的浓度通常为5%~10%，用于喷射清洗时的乳化液浓度则在2%~5%。清洗槽液的温度一般维持在闪点以下8~15℃，采用喷射手段清洗时槽液的温度要比浸渍法低，一般维持在闪点以下6~11℃。可以采用搅拌的方法来提高清洗效率。

3. 溶剂清洗

溶剂清洗是利用溶剂可溶解油脂类有机化合物的特点进行的去污过程。溶剂清洗可采用在室温下的冷清洗和蒸气清洗两种方法。对于顽固的油污也常配合采用超声波清洗的方法。

(1) 冷清洗。冷清洗宜在室温下进行，即便加热也应使温度低于其闪点 21℃。在加热使用时，应考虑到溶剂的挥发性而采取必要的排风措施，以避免不安全事故的发生。在清洗结束后，还应采取措施使工件上留有的溶剂挥发或去除，可采用通风或加热干燥的方式，但应注意溶剂挥发所带来的蒸气对环境和操作人员的危害。

(2) 蒸气清洗。蒸气清洗是利用碳氢氯化物或氟化物热蒸气来去除油污的脱脂方法。

大部分碳氢卤化物溶剂，如三氯乙烯、过氯乙烯、二氯甲烷、三氯三氟乙烷及四氯化碳等有机溶剂可用于蒸气脱脂。由于几乎所有的油和脂都可溶解于碳氢氯化物的溶剂中，因此，在正常操作情况下，蒸气脱脂可以获得很高的表面清洁度。但由于上述溶剂都挥发出对大气臭氧层有破坏作用的气体，因此从环境保护意识出发，该种脱脂的工艺应属于被淘汰的技术范畴。

蒸气脱脂的工艺程序可以采取：单一蒸气清洗、蒸气-喷射-蒸气清洗、热液体-蒸气清洗等多种工艺过程。

4. 超声波清洗

超声波清洗是根据油污的性质，选择在适宜的清洗液中引入高频超声波振动，以加速和加强去油作用的一种清洗方法。超声波清洗的适用范围广，去油的效率高，可去除黏稠污物，包括渗入基体的微小缝隙内的污物都可以清洗干净。因此可用于形状复杂、有微孔和脱脂要求高的工件，用于除油的超声波频率为 30kHz 左右。超声波清洗液的浓度、温度一般较其他清洗液低，但清洗液的物化性质如表面张力、蒸气压及黏度等应与超声波清洗的工艺条件相适应。

超声波清洗的原理是在清洗溶液中，声波利用换能器产生正负交变的压力波，以形成微小的气泡，该气泡从生长到崩溃的过程称为空化效应。此气泡在崩溃之际，内部积聚了巨大的能量，在崩溃的瞬间会释放出高温、高压、更细小的气泡流，冲向被清洗的物件的表面，所产生的冲击力足以将物件表面的油污破碎而与表面产生剥离，从而完成清洗。

超声波清洗可作用于物件极小的缝隙内，具有很高的渗透率和极高的清洗功能，常与溶剂清洗联合使用，用于钢铁、非铁基金属、陶瓷等表面黏稠污物的清洗。

除超声波清洗外，还有超临界 CO_2 清洗，它将不燃、不爆，处于临界状态的 CO_2 作为对环境有破坏作用的氯代烃的替代物，是一种更加安全和环保的选择，也是一种绿色的油污清洗技术。

7.2.1.2　脱脂质量的检查方法

脱脂的质量可采用水膜法、擦拭法、喷雾法等简单易行的方法检查，国家标准也制定了相应的方法，如 GB/T 13312—1991《钢铁涂装前除油程度检测方法》等。表 7-6 所示的脱脂的质量检查方法是简单易行的。

表 7-6　除油质量评定方法

名　称	试　验　过　程	评　定　方　法	方　法　特　点
水膜法	将清洗后的工件浸入干净的水中,然后取出检查	工件表面应带有一层连续的水膜,如水膜有破裂则表明油污未除净	是工业生产中最常用的一种方法; 工件表面留有残渣时会影响结果的判断; 采用表面活性剂清洗时也会影响结果的判断
擦拭法	清洗后的工件用白布或滤纸擦拭	白布或白纸上留有污迹时,表明清洗不良	是定性方法,简单直观
喷雾法	将经清洗、酸浸干燥后的试件(非工件),垂直置于蓝色溶液雾状中,当试件表面液滴将要降落时,停止喷雾;将试件平置并微微加热使表面状态固定	无蓝色覆盖的区域,表明带有残留的油污; 再用带有网格的透明板,评估未覆盖区域的百分数	此法能定量表达清洗的清洁程度,且灵敏度较高
试纸法(注 1)	取标准 G 型极性溶液约 0.1mL,滴于被检测的工件的表面,展开约 20mm×40mm;用 A 型验油试纸,紧贴其上,取下试纸检查	A 型验油试纸(原为白色稍带有黄色)若显示均匀、连续的红棕色为合格; 若红棕色不均匀,不连续则表明除油不彻底	可检出表面残余的含油量大于 0.12g/m^2;适用于作涂装前除油程度的检查

注:表中的验油试纸法摘自 GB/T 13312—1991《钢铁涂装前除油程度检测方法》。

7.2.2　除锈

除锈就是去除钢铁结构物表面的氧化皮、铁锈等物质。钢铁表面常见的氧化物有氧化亚铁(FeO，灰色)、三氧化二铁(赤色)、水合三氧化二铁($Fe_2O_3 \cdot nH_2O$、橙黄色)和水合四氧化三铁($Fe_3O_4 \cdot nH_2O$，蓝黑色)。铁锈的结构疏松，与金属表面的附着并不牢固，因此，如果涂层涂覆在铁锈的表面，则一定会造成涂层的脱落，从而使防腐蚀涂层失效。除锈是任何涂装工艺都绕不开的一道工序。无论是在钢铁类黑金属表面的涂装，还是在有色金属表面的涂装。

除锈的方法可采用化学法和物理方法两类。化学除锈采用酸洗，物理除锈可采用手工除锈、动力工具除锈、喷砂或抛丸除锈，以及高压水除锈。

7.2.2.1　酸洗除锈

也称为化学除锈，是利用化学反应或电化学反应，溶解钢结构物表面的锈斑、氧化皮及各种腐蚀产物的一种除锈方法，但不能影响基底金属材料的性能。

无机酸或有机酸都可用于酸洗。但在酸洗过程中由于有氢原子的析出，因而会对金属基材产生不利，为避免基底金属受到酸溶液析氢的损害，而产生腐蚀或氢脆现象，在酸洗溶液中常常加入缓蚀剂。一般认为缓蚀剂的分子与金属表面有很强的吸附能力，阻止了酸与金属的腐蚀反应发生。除此之外还需要加入一些润湿剂、表面活性剂、抑雾剂等来改善酸洗除锈的效果。

1. 化学除锈的原理

钢、铁结构物表面的一些锈蚀产物如：氧化亚铁、氢氧化铁都极易与酸反应，生成溶解性的盐和水，从钢、铁结构物表面脱离。以硫酸作为酸洗液为例：

$$FeO+H_2SO_4 \longrightarrow FeSO_4+H_2O$$

$$Fe(OH)_2+H_2SO_4 \longrightarrow FeSO_4+2H_2O$$

$$Fe(OH)_3+3H_2SO_4 \longrightarrow Fe_2(SO_4)_3+6H_2O$$

钢铁结构物表面的另一些锈蚀产物如：Fe_3O_4、Fe_2O_3 是轧制生成的氧化皮，室温下难于与硫酸反应，生成溶解性的盐。但当与钢结构同处于酸溶液中时，则这类氧化物表面的电极电位会与基底铁元素之间构成腐蚀电池，铁元素为阳极，而使与这类氧化皮接触的铁元素首先产生阳极溶解的腐蚀反应，并产生氢气：

$$2Fe+3H_2SO_4 \longrightarrow Fe_2(SO_4)_3+H_2\uparrow$$

析出的原子氢会将 Fe_3O_4、Fe_2O_3 还原成氧化亚铁，从而使其与硫酸发生溶解的反应。化学反应的方程式如下：

$$Fe_3O_4+2[H] \longrightarrow 3FeO+H_2O$$

$$Fe_2O_3+2[H] \longrightarrow 2FeO+H_2O$$

从上述化学反应方程式可以看到，析氢是酸洗的必然产物，采用其他绝大部分酸溶液进行酸洗除锈时都会产生。酸洗产生的酸雾也会对施工人员的呼吸系统产生损害，因此，酸洗工艺的车间既应采取措施预防对施工人员的劳动保健，也应采取必要的方法避免“氢脆”对钢结构的破坏。

2. 化学除锈的常用酸及配方

化学除锈可以采用硫酸、盐酸、硝酸、磷酸等无机酸，也可采用草酸、氨基磺酸、酒石酸、乳酸、柠檬酸、乙酸等有机酸。无机酸的除锈效率高，速度快，价格低，但容易对基底金属产生腐蚀，清理不干净时还会对涂层的质量产生影响；有机酸的作用比较缓慢，除锈后无严重的后果，但价格高。

化学除锈常用的缓蚀剂为若丁(二邻甲苯基硫脲、淀粉、平平加、氯化钠)、乌洛托品、硫脲等；润湿剂则大部分为非离子型表面活性剂，如：十二烷基磺酸钠、吐温-80(失水山梨醇油酸脂聚氧乙烯醚)、乳化剂 MOA-15(脂肪醇与环氧乙烷缩合物)、乳百灵 A(脂肪醇与环氧乙烷聚合物)等。

化学除锈应随时调整洗液的浓度，控制洗液的温度、时间以及适当的搅拌等，还应注意由于酸液挥发而对操作人员的身体健康的损坏等保健措施，以及酸洗车间的通风等安全事项。

7.2.2.2　物理除锈(或机械除锈)的方法

物理除锈的方法可分为手工工具除锈、动力工具除锈、喷射除锈和高压水除锈等方法。这些除锈方法在钢结构表面所能达到的表面清洁度和表面粗糙度是大不相同的。其各自具有不同的适用场合。以下分别给予简要介绍。

1. 手工除锈

手工除锈是人们利用钢丝刷、刮刀、铲刀、凿刀、铲锤和砂布等简单工具和人力的除锈方法。

手工除锈的方法简单，但劳动强度大、生产效率低、除锈质量差。因为该法只能去除钢结构物表面的较疏松的铁锈和与钢表面结合不牢的氧化皮，对与钢表面结合力较大的氧化皮和锈层则显得无能为力。

目前，手工除锈大部分作为喷射除锈前的一种辅助手段，先用手工铲除较厚的松散锈层或旧涂层，以节约喷射除锈的成本。

手工除锈不需要电源，且工具可随身携带，但是当由于天气、环境和施工场合等不具备进行喷射除锈工艺的条件时，也可选用手工除锈方法对钢结构进行除锈操作。

2. 动力工具除锈

使用以电动机带动或以压缩空气驱动的除锈工具，如电动砂轮、电动刷等进行除锈作业的除锈方式。小型机械工具一般用电或压缩空气为动力。

动力工具除锈与人工除锈相比在一定程度上提高了除锈效率，大约是手工除锈效率的4~6倍，但除锈的质量仍不理想，钢结构物表面无法获得表面均一的粗糙度和清洁状况。动力工具可以除去所有松散的氧化皮、锈斑和其他有害介质，但不能除掉与钢表面附着牢固的氧化皮、铁锈和旧涂层。

常用的动力除锈的工具有：砂轮、砂纸盘、钢丝刷、钢丝盘等，砂轮主要用于清理毛刺、焊缝等部位的除锈，也用于平面的除锈。最常用的是 $\phi100$ 和 $\phi150$ 的砂轮。在市场上德国博士公司有很多型号的砂轮机可供选购，国内也有大量厂家生产各种型号的砂轮机。

钢丝刷用于小面积和表面极不平整的结构表面除锈，有以压缩空气为动力的钢丝刷，钢丝刷的形状有碟形、碗形两种，好钢丝刷的除锈效率可以达到 $6\sim8m^2/h$。要注意的是过多的使用钢丝刷，或钢丝刷的反复摩擦会造成被处理结构表面变得更光滑，反而不利于涂层的附着。

手工工具除锈的表面预处理达到St2级时，可应用于沥青、酚醛、醇酸、硝基类涂料的涂装，当用于环氧类涂料、聚氨酯类涂料涂装时，其手工工具除锈的等级必须达到St3级。这时可以采用有气喷涂的涂装方式。而如果采用高压无气喷涂、浸涂或粉末喷涂涂装时，则不宜采用该种表面除锈的方法，而应当采用喷射除锈的方法。

3. 喷射除锈

喷射除锈是以压缩空气为动力，将磨料以一定的速度喷向被处理的钢结构表面，以除去钢结构表面的铁锈、氧化皮及其他污物，并使钢结构表面获得一定的表面粗糙度的表面处理方法。

喷射除锈又可分为喷砂除锈、抛丸除锈。喷砂除锈的方法又可分为：干喷砂、湿喷砂、真空喷砂等方法。

还有在湿喷射基础上发展起来的高压水喷射清理技术，在船舶、化工设备、管道修复等领域已得到广泛的应用。

各种喷射除锈方法的比较见表7-7。

表7-7　钢材表面喷射除锈方法比较

喷射除锈方法	优　点	缺　点	表面处理质量
干喷砂	除锈彻底，对钢底材的形状不限，粗糙度好	开放式操作，沙尘大、不环保、现场施工的砂很难回收	优
湿喷砂	除锈彻底，对钢底材的形状不限，环保好	必须解决水闪锈，效率比干喷砂低	优
真空喷砂	除锈彻底，对钢底材的形状不限，粗糙度好	需要专用设备，成本高	优
抛丸除锈	除锈彻底，对钢底材的形状不限，粗糙度好，大量使用	适用于固定的生产线上	优

7.2.2.3 喷砂除锈

喷砂除锈或者称为喷丸除锈是发明于100多年前的表面处理技术，由于使用的是石英砂作为喷射的磨料，也被称为喷砂除锈。喷射磨料的品种有人造的、天然的、也有金属的、非金属的磨料之分，也被称为喷丸清理或喷射除锈。

喷砂除锈多用于金属表面，防腐蚀涂装中应用较多的是干喷砂。这是由于喷砂除锈与抛丸除锈相比具有设备投资少、占地少等优点，而且施工方式机动灵活。由于其成本低、除锈效果好，因此在防腐蚀工程中应用广泛。但干喷砂会对操作人员产生健康危害，并造成环境的污染，因此敞开式的干喷砂除锈方法在目前已受到国家的禁止。

如图7-2所示，喷砂(丸)除锈系统应由空压机、配气系统、喷丸设备、磨料回收、通风除尘等几部分组成。

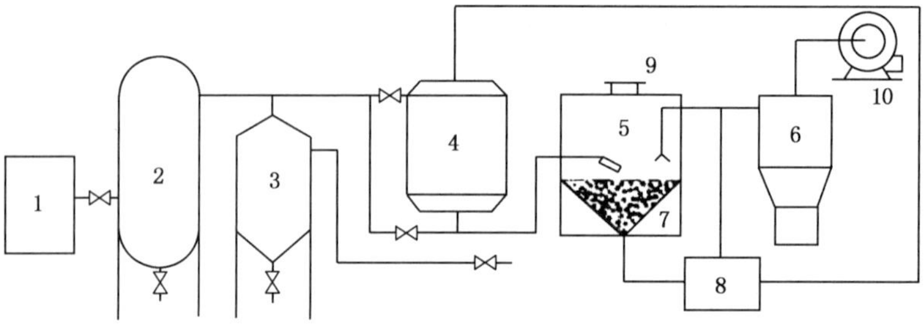

图7-2 喷丸(砂)除锈系统示意图

1—压缩机；2—油水分离器；3—空气过滤器；4—喷丸机；5—喷丸室；6—除尘器；7—集丸坑；8—丸粒回收装置；9—进风口；10—风机

压缩空气应先经过油水分离器后进入配气罐，配气罐将一部分气输入喷丸缸，另一部分输入过滤器，提供给操作者的呼吸使用。喷丸缸内的铁丸在压缩空气的作用下，经导管进入喷枪，射向待处理的钢结构表面，喷出的丸粒经过在集丸坑内收集后回收处理，喷丸室内的灰尘、粉尘通过风机吸进除尘设备。

所使用的压缩空气必须先经过稳压和净化，因为当未净化的含有大量水分和润滑油气的压缩空气进入混合室后，其中的水分和油分会造成磨料的凝块，从而堵塞管道，同时也污染了磨料，影响喷射除锈的效果。

1. 干喷砂

干喷砂是用干燥的磨料以高压压缩空气喷射除锈的方法。

干喷射是以0.5~0.7MPa的压缩空气带动砂粒或铁丸，高速喷射于基底表面，去除基底表面的锈斑和污物，使金属基底表面得到彻底的清理，呈现出金属光泽，并具有一定的表面粗糙度的表面除锈方法。

干喷射的磨料在压缩空气的作用下，以50~70m/s的速度冲击金属结构表面的锈斑，喷射作用如同一种高速的切削和摩擦作用，所产生的力度足以使金属或钢结构表面的锈斑或氧化皮被清除掉。

干喷砂常常是开放式的作业形式，喷砂除锈方式设备更简单，磨料的使用是一次性的，适合于野外的流动作业，但由于没有粉尘回收装置因此对环境的污染大、噪声高，尤其在使用石英砂时易使人患矽肺，这种除锈方式对环境和操作人员具有双重破坏和伤害作用。据相关报道，目前正在修订的GB 7691《劳动安全和劳动卫生管理》标准中，已将以前对干喷砂的限制使用修改成了禁止使用，即："限制使用含 70%以上的游离二氧化硅的干喷砂除锈；严禁敞开式干喷除锈"。

将喷射的石英砂改为喷丸，即采用结实的钢丸，由于钢丸不会被粉碎，所造成的污染较小。但价格要比喷砂高。

干喷砂的装置有两种形式：压出式和吸入式两种。压出式喷砂是利用压缩空气的压力和磨料的自重，将密闭压力罐内的磨料压入喷砂管。砂粒在喷砂管内与压缩空气混合，形成悬浮状的砂气混合气流，在经过缩径的喷砂嘴时，高压势能转变成动能，悬浮的砂气混合流被加速喷出，形成高速的射流，喷射在被清理的结构表面。压出式干喷砂方式很适合于大面积作业，而吸入式的清理效果比压出式差，已很少使用。

这种敞开式的除锈方式，在金属罐体、造船业、大型钢结构物的现场涂装中广泛使用。其操作简单，除锈效率高，除锈质量理想。但燥声大、污染严重、磨料回收率低。在实际操作时，应将其他相邻的结构遮蔽，并采取措施减少粉尘污染，以利于环境的保护，如磨料由石英砂改为钢丸等。

为了减少干喷砂(丸)过程中的粉尘污染，人们也发明了密闭式喷砂(丸)室。密闭式喷砂室的特点是需要将喷丸除锈的过程中产生的粉尘、喷散的磨料等，用抽风机抽走，再经过旋风除尘器分离、喷淋装置净化。分离出的磨料丸粒可再收集。这种密闭式喷丸(砂)的有效工作面积可以从 1m×2m 到能容纳大型船体分段的空间。里面的操作人员都戴有洁净空气供给的空气分配器的安全帽，不会受到污染。

2. 湿喷砂

湿喷砂有两种喷射方式，一种是湿法喷砂，另一种是水喷砂。

湿喷砂技术很好地解决干喷砂的污染问题和喷砂操作人员的职业病问题。在涂装维修除锈的工程中被广泛使用。近年来，为提高湿法除锈的效果，国外已大量使用了高压水除锈技术，除用于新建结构涂装前的表面预处理外，还应用于再涂装的维护和修复工艺的前处理工艺。

该方法使用压缩空气将全湿的磨料喷出，可有效地去除氧化皮、锈蚀和旧涂层。该法可以克服干喷砂的缺点，不会产生粉尘的污染，同时可以去除被处理表面的水溶性盐分。还有一种湿喷砂的方法是利用专用的喷枪，使水和砂子分别进入喷嘴并在出口处汇合，高压空气将水和砂子高速喷出，也可以有效地去除氧化皮、锈蚀和旧涂层，包括被处理表面的可溶性盐分。在该种湿除锈方式中，水在砂子外形成水罩，防止了粉尘的产生。

湿喷砂除锈后的金属表面会有闪锈产生，为了防止闪锈的产生应在水中加放缓蚀剂，如加入 1.5%的亚硝酸钠或磷酸三钠等。

7.2.2.4 抛丸除锈

1. 抛丸除锈原理

抛丸除锈(shot blasting)是利用抛丸机的叶轮在高速旋转时所产生的离心力和抛力，把磨料以很高的线速度射向待处理的钢结构物的表面，抛出的铁丸以一定的扇形区域作用在钢材的表面，并产生打击、磨削作用，有效去除钢结构物表面的氧化皮、铁锈并使其脱落，同时使钢材的表面具有均一的粗糙度。不仅如此，抛丸除锈还可以强化钢材的表面，消除残余应力，是一种高效优质的表面处理手段，在钢结构物的表面预处理中广泛使用。

2. 抛丸除锈的结构组成和工艺

抛丸除锈或称抛丸清理可以分为：室内抛丸、室外抛丸两种形式。

室内抛丸是把抛丸机安装在专用、密闭的室内，将待抛丸除锈的工件持续送入室内进行抛丸清理。室外抛丸则是制作专用的抛丸机，直接在设备上或进入现场进行抛丸除锈。

抛丸机的抛头，也叫做抛丸叶轮，是抛丸除锈的关键构件，它的叶轮转速为1550~2700r/min，可将铁丸以155~170m/s的速度抛出。叶轮的叶片采用高耐磨钢制作，可作业200h。一般在抛丸除锈时采用0.6~0.9mm的铁丸。

室内抛丸常用于定型构件的表面除锈，如管道、铁路运输的机车、桥梁等钢结构部件；而室外抛丸机常用于现场的抛丸清理，如在大型的船厂，对船体的表面清理等。这种专用抛丸机也被称为飞溅机，主要由抛丸系统、除尘系统、油压升降系统、机械传动系统、电气与自控系统等5个系统组成。

抛丸系统由抛丸叶轮、抛丸箱、储丸罐、密闭柜式吸尘器、下丸管和手拉闸板组成。

除尘系统由吸尘软管、旋风除尘器、高压离心抽风机与布袋除尘器组成。

室内抛丸常常被用于自动化的喷涂生产线上。例如，在管道外防腐层的生产线上，已广泛使用抛丸除锈设备和装置，无论是在熔结环氧粉末涂层的生产线上，还是在三层PE聚乙烯涂层的生产线上，都毫无例外的采用了抛丸除锈的设备和工艺。

3. 抛丸除锈的优点和与喷丸除锈的比较

抛丸除锈是自动化进行被涂物表面除锈技术，它完全由机械操作，提高了除锈的质量，又改善了操作人员的劳动环境，降低了工人的劳动强度。同时具有如下的特点：

（1）抛丸除锈表面可以获得均匀的表面粗糙度；

（2）采用抛丸除锈后的钢结构表面可提高其抗疲劳强度、硬度和抗应力能力；

（3）抛丸除锈在单机消耗功率、生产效率、耗电量等方面都大大优于喷丸除锈。

其缺点是设备的一次性投资高。

抛丸除锈是钢结构表面预处理的发展方向之一。

7.2.2.5 喷射除锈中使用的磨料

1. 磨料的种类

喷射除锈的磨料可分为金属磨料、非金属磨料两类。金属磨料包括钢丝段、钢碎粒；铸钢丸粒、铸钢碎粒；可锻铸铁丸粒、碎粒；非金属磨料包括：天然的石英砂、碎砂；人造的金刚砂、熔渣等。非金属磨料还有石榴石、橄榄石等。石英砂是最常用的非金属磨料，适合于要求较高的钢结构和有色金属的除锈处理。

从使用性能来分，又可以将磨料分为消耗型的磨料和可重复使用型的磨料两种。石英砂、河砂、炉渣和钢渣等属于消耗型磨料；消耗型磨料的形状比较锋利，为棱尖角形的磨料，适宜获得粗糙的表面。但容易破碎，只能被使用1~2次。

而可重复使用的磨料如钢丸、铸铁丸、钢丝段等的抗破碎能力较强，可回收后再利用。但其形状大多缺乏棱角，尤其是呈丸粒的磨料，所产生的粗糙效果比尖角状的磨料差。金刚砂可使用30~40次，而钢丸、铸铁砂等可使用上百次。表7-8是常用磨料的成分和密度。

用于喷丸或抛丸的磨料形状有丸粒和棱角状之分，它们会影响到喷射后的金属表面的微观形态，即锚纹深度和形态。它们各具有的形状特性如表7-9，其中磨料的破碎率是表征磨料使用寿命和损耗的特性参数。

表 7-8　喷射除锈常用磨料成分与密度

名　　称	成　　分	密度/(g/cm^3)
石榴石	矾土、镁土、氧化钙、氧化铁、锰氧化物、氧化铬	3.4~4.3
氧化铝	质量分数为 99.5%~99.6%的纯氧化铝和硅及矿物杂质	3.95~4.00
碳化硅	碳化硅	3.2
钢　砂	质量分数为 0.85%碳、0.40%硅、0.60%锰	8.7
硅　砂	二氧化硅	2.20~2.66
玻璃珠	硅碳化合物	2.45~2.50
河　砂	二氧化硅	3.0
棕刚玉(天然)	三氧化二铝	4.0
铬刚玉	三氧化二铝质量分数>91%，氧化铬质量分数>1.3%	3.98

表 7-9　常用磨料的形状特性和破碎率

磨料种类	形　　状	密度/(g/cm^3)	破碎率/%	洛氏硬度 HRC
石英砂	立方体	2.61	77	23
石英砂	角状	2.63	90	23
矿渣	立方体	2.76	61	39
急冷钢丸	多角状	7.65	0	100
可煅钢丸	多角状	7.40	8	97

2. 选择磨料的原则

选择磨料应根据涂装涂料的表面预处理要求，也应考虑到被涂装结构物的结构和材质，一般磨料的粒径大小为所选择喷枪口径的 1/3。表 7-10 是不同工件适用的磨料砂粒尺寸和喷射的空气压力。

表 7-10　不同工件适用的砂粒尺寸和空气压力

工　件　类　型	空气压力/MPa	砂粒尺寸/mm
铸件、锻件、厚 3mm 以上的钢板冲压件	0.2~0.4	2.5~3.5
厚 3mm 以下的钢板冲压件	0.1~0.2	1.0~2.0
薄板件和小件	0.05~0.15	0.5~1.0
有色金属铸件	0.10~0.15	0.5~1.0
厚 1mm 以下的板件	0.03~0.05	0.01~0.15

不同锈层适用的金属磨料尺寸和硬度见表 7-11。

3. 不同磨料的除锈效果

喷射除锈的效果与所选用的磨料关系很大。用显微镜绘制的金相照片显示了不同磨料喷射后的表面光泽。用石英砂喷射的金属的表面呈暗淡的浅灰色，表面较光，并带有不规则的散乱凹槽。用 0.65mm 钢丝段喷射的金属表面呈金属光泽，表面有严重不对称的、尖角的锯齿形的击坑，同时没有磨料的颗粒嵌入金属表面。

表 7-11　不同锈层适用的金属磨料尺寸与硬度

应用范围	推荐的磨料		
	类型	直径/mm	硬度/HRC
铁金属	铸钢或铸铁		
磷化前清除轻度氧化皮	丸或碎粒	0.2~0.7	30~66
磷化前清除重度氧化皮	丸或碎粒	0.71~2.0	45~66
清理铸件	丸或碎粒	0.43~2.0	30~66

用金刚砂喷射的金属表面呈暗灰色，略带暗红色闪光，表面极像用砂喷过的表面，但较暗，没有那么多明显的凹槽。只有少量的细凹纹。而且有很多磨料嵌入金属表面。

在选择磨料的粒径大小时，磨料的粒度越小，获得的表面粗糙度就越小，能作用于金属表面的范围就越大。磨料的粒度越大，对金属表面的冲击力就越大，所形成的弹坑就越深，表面粗糙度也就越大，而在单位时间内对金属表面的冲击次数就少。因此，大的丸粒可用于难于清除的氧化皮，而小的丸粒则适合于用来清理锈斑。

7.2.2.6　影响喷射除锈效果的因素

1. 磨料

选择何种磨料是与喷射效果密切相关的。应根据被清理金属结构表面特性，喷射除锈的场所、喷射除锈的工艺及所选择的涂膜种类选择喷射除锈的磨料种类和粒度。

2. 喷射磨料的角度和喷射距离的选取

影响喷砂或喷丸除锈效果的主要因素除了取决于喷射时的空气的压力、所选择的磨料种类、尺寸和形状、喷枪的类型外，还与喷射的角度和磨料与工件的距离等因素有关。

例如：磨料投射角是指磨料射向工件表面时所形成的角度，其投射角度不同，则磨料作用于工件表面的锈蚀物的作用原理也不相同：

当磨料的入射角>30°时，磨料主要起锤击作用；

当磨料的入射角<30°时，则磨料主要起切削和冲刷作用。

通常，对于具有较坚硬的氧化皮的工件应采用>70°角的入射角的喷射方式，可以取得较为理想的喷射除锈效果；而如果工件的表面为一般锈层，则应采用<70°的入射角的喷射方式。

由于磨料颗粒的大小、投射速度与距离决定了磨料喷射于工件表面的动能大小及锤击或切削能量的大小。因此，上述各因素也就直接影响到喷射除锈的效率。一般认为，当抛丸除锈时，抛丸器的叶轮直径为 500mm，选择 1.2mm 的铁丸，若铁丸离开叶轮的初始速度为 80m/s 时，则有效射程为 5m，即在 5m 以内都可以获得较满意的除锈效果。当磨料喷射的速度<50 m/s 时，不能有效地清除工件表面的氧化皮。

3. 喷嘴的选定

喷嘴是提高除锈效率的关键因素，选择具备既能进行高速喷射又具备高耐磨材质的喷嘴，可以提高喷射除锈的效率。应在工程中及时更换掉那些已经磨损的喷嘴，例如，当 8~9mm的喷嘴磨损到 13~14mm 时，就应当换掉，以免影响到喷射除锈的效率。

喷嘴的形式有多种，有普通喷嘴，还有超音速喷嘴、高速喷嘴和特殊结构喷嘴之分。喷嘴的口径有多种，一般 4~15mm，最大可到 20mm。制作喷嘴的材质也有多种，不同材质制作的喷嘴使用寿命相差很大。表 7-12 是不同材质喷嘴的使用寿命表。

表 7-12 不同材质喷嘴的使用寿命

喷 嘴 材 质	使用寿命/h	喷 嘴 材 质	使用寿命/h
无缝钢管	6~12	陶瓷	24~36
白口铸铁	8~12	钨钢(粉末冶金)	500
铬耐磨铸铁	16~36	碳化硅(用于喷砂)	700~1000

7.2.2.7 高压水除锈

高压水除锈技术是湿喷技术发展的产物。也是近年来发展较为迅速的新型除锈技术，由于其具有彻底消除粉尘的环保特性，同时又具有将除锈效率提高 3 倍以上的高效率特征，使得该项技术在国内外得到越来越广泛的应用。

1. 高压水射流除锈机理

高压水除锈是以水为介质，通过高压发生装置形成高压，在经过特制的喷嘴喷射出具有高压、高速、高能的水射流，该水射流可以产生强大的冲击、水楔、气蚀作用，通常称为水射流的打击力作用和水楔作用(即楔入缝隙、扩展锈层的裂纹，使其在水力冲击下被除去)，可清除掉工件表面的氧化皮、锈蚀产物、旧涂层等，包括十分坚硬的腐蚀产物，甚至对腐蚀坑所造成的凹坑内的腐蚀产物也可清除。

如果在水射流中均匀加入磨料后，可使水射流的水打击力作用和水楔作用得到更明显的增强，可达到传统的喷射效果所得不到的效果，使被喷射的表面呈现均匀的粗糙度和光泽。

2. 种类

高压水除锈有两种方法，一种是高压水加磨料(砂)，其水压在 10MPa 或稍低水平即可。另一种是纯的高压水喷射除锈，其高压水的压力达 32MPa 或更高，甚至达上百兆帕。

3. 高压水加砂除锈

在高压水中加入磨料可大大提高除锈能力。与普通的湿喷砂相比可将空气的粉尘含量降低 1 倍以上，同时将除锈的效率提高 4 倍以上。

普通的湿喷除锈对已发生腐蚀的、表面具有凹坑和腐蚀性电解质盐类沉积的结构表面具有独到之处，这是因为水可以溶解这些沉积在凹坑内的腐蚀性盐类，并通过冲击作用将它们清除。尤其是对那些氯化物盐类，如果不去除，对将来涂层的涂装效果是非常不利的。这也是其他喷射除锈技术所不能清除的有害杂质。而高压水加砂则更加强了这种清除效果。这在大量的旧的结构设备如船舶、大型石油化工设备、工艺管道等的再涂装的表面处理中显示了其独到的优势。因此也促进了该种技术的进步和发展。

高压水加砂除锈也称为高压水磨料射流除锈，采用磨料射流比单纯使用高压水射流可以集聚更高的能量，使高压射流的打击作用发挥得更加淋漓尽致，而且可以更加有效地去除锈蚀产物。

我国已能自己生产该种设备，如天津机械研究所、海军装备技术研究所等，通常由 30MPa 的高压泵、磨料输送系统、高压管系和喷枪组成。其中高压泵和磨料喷头的选择较为关键。例如：我国的 HJSS-1 型船用高压水磨料除锈机就是应用于船舶的高压水加砂除锈的专用设备。该项设备的调试安装、操作规程、劳动保护，包括其维护保养等一系列应用技术都比较齐备，已经积累了较多的经验。

高压水加砂的除锈技术水压在 10~35MPa 就可获得明显的除锈效果。

在高压水加砂除锈中所加入的磨料是除锈的主要的工作介质，选择适当的磨料是很关键的。目前在高压水加砂除锈技术中使用最多的磨料以刚玉类、碳化硅类和石榴石为主，白刚玉应用较为广泛。

4. 高压水除锈(纯水)

高压水除锈即纯水的射流除锈是在超高压水射流技术的基础上发展起来的，它采用的150~250MPa(后面介绍关于高压水除锈的美国 NACE 标准)的超高压水流进行除锈作业。喷头可以是强制旋转或自转旋转的喷头，以提高效率。强制脉冲水射流的产生是在喷嘴中设置一个振子，使连续的水射流产生高频脉冲震动，来加强水射流的除锈作用，同时也可以使基底金属表面具备一定的粗糙度。

高压水除锈时，由于水射流高速通过喷嘴时产生的升温和抽真空作用，使得被清洗的表面的水分迅速蒸发，可以马上获得清洁、干燥并适合于涂装的表面。同时，除锈过程中产生的污泥量比高压水加磨料除锈要少得多。

高压水喷射除锈(包括加磨料的高压水除锈技术)是主要应用于工业领域(如表 1-16)、海洋工程中船泊进坞的涂装工程以及各类工艺管道和埋地管道内修复工程中使用的一种除锈方法，是一种环保、经济的新型表面预处理技术。其突出的优点在于：

(1) 没有灰尘或有害气体产生，不会污染大气环境；

(2) 除锈、除旧涂层的成本低；

(3) 可同时去除被清理物表面的溶解性盐分；

(4) 可以将清理物方便地回收；

(5) 减少了对被除锈结构物的设备部件(如阀门等)的损害几率。

纯高压水除锈设备主要来自国外，价格比较昂贵。而且由于纯高压水除锈的环保和技术因素，国外使用得较为广泛。我国也有厂家进入了该设备的研究和生产领域，例如合肥通用机械研究所等。

5. 高压水除锈的标准规范

高压水除锈用于钢结构物或其他硬材料的表面涂装或再涂装之前的表面预处理，美国腐蚀工程师协会(NACE)和美国钢结构涂装技术委员会(SSPC)制定了相对应的标准规范。该规范在 1995 年制定，2001 年又进行了修订。即：NACE NO. 5/SSPC SP-12 "Surface preparation and cleaning of steel and other hard materials by high-and-ultra-high-pressure water jetting prior to recoating"，标准的中文名称应为《钢或其他任何硬质材料表面再涂装之前采用高压或超高压水清理的表面预处理标准》，该标准为美国腐蚀工程师协会 NACE NO. 5 和钢结构涂装技术委员会 SSPC SP-12 标准。该标准根据所使用的高压水的压力，将高压水喷射除锈的使用场合进行了 4 个级别的分类。并将除锈后的表面状态进行了相应的分类。具体规定如下：

(1) 低压水清洗(LP WC)　压力 $p<34$MPa；

(2) 高压水清洗(HP WC)　压力：34MPa $<p<$70MPa；

(3) 高压水喷射清洗(HP WJ)　压力：70MPa$<p<$170MPa；

(4) 超高压水喷射清洗(UHP JC)　压力：170MPa 以上。

使用超高压水喷射清洗，水的压力在 200~250MPa 时，可以除去钢表面的氧化皮、铁锈和旧涂层；但不能像喷砂除锈那样还能额外产生一定的表面锚纹深度，即表面粗糙度。但它可以把钢表面的溶解性的盐分去除。

该标准将高压水除锈后的表面状态分成 4 种可视状态和 3 种不可视状态，4 种可视状态即：WJ-1、WJ-2、WJ-3、WJ-4 分别对应于在后面介绍的表面预处理国际标准 ISO 8501—

1 中的 Sa3、Sa2.5、Sa2 和 Sa1。而 3 种不可视状态则是针对钢表面的化学污染物如氯化物等，需要特殊的仪器才能测出的状态。

对高压水除锈而言，由于采用“水”作为除锈的介质，因此会有“闪锈”产生。对于闪锈的处理，国际上不同的涂料公司都总结了自己的经验，有一套自我检验的方法。实际工程中，高压水除锈也很适合应用于像混凝土结构物表面的再涂装工程。因此，高压水喷射清洗是非常具备应用前景的一项表面预处理技术。

6. 高压水除锈时工作压力的选择

表 7-13 是在不同行业部门的不同设备体系采用高压水除锈清理技术时的清洗压力选择表。

表 7-13　不同应用场合所需高压水清洗的工作压力

行业部门	应用场合	工作压力/MPa
石油化工	再生锅炉，冷却塔，换热器管束内外表面，水和物料输送管路内壁的海藻、钙和碳垢、水锈、软硬聚合物、硫化物、氯化物、氧化锈和焦化物	70~100
船舶和运输业	船舶和船坞的净化清洗，储油罐、锅炉及管道净化清洗除掉海洋生物，浮漆及锈蚀产物	55~100
电力工业	核燃料室，U 型管换热器的放射物质，锅炉，过热器的熔渣水垢及锈蚀产物，气轮机叶片和蒸发器管束锈垢	50~100
橡胶制造业	反应器、贮罐换热器、管道及设施上的凝胶、污垢和锈蚀产物	30~100
炼油工业	各种设备结蜡、沥青、油脂、油渣、水垢聚合物、氧化皮和锈蚀产物	70~150
化工行业	锅炉、换热器管束、槽、罐、阀门、管道，反应釜蒸发设备内外壁水垢、钙、碳垢、氯化物和锈垢	40~150
冶金行业	锅炉、换热器管束、炉床槽、罐和储仓的水垢、氧化皮和锈物、溶渣等	70~150
汽车工业	装配线上除漆、除渣，车身、底盘涂装前的表面预处理	70~100
航空工业	跑道涂胶，飞机表面涂漆	70~100
建材工业	栅栏、楼板、管道外壁等处的水泥垢和其他垢污	35~70
建筑业	专用设备水泥垢和其他污垢的清理，水泥制品表面涂装前的表面清理	35~70
机械制造业	新设备、管道、容器、储槽上的氧化皮、焊渣、毛刺和锈层的清理	70~150
制药行业	釜罐、换热器、蒸发器、管道的化学垢和锈蚀产物	35~150
铁道工业	各种罐车的垢层，车皮、车厢涂装前的表面预处理	35~100
金属表面预处理	应用射流清除旧涂层、氧化皮、锈垢或其他污垢，使表面呈金属光泽	70~150

7.2.2.8　各种除锈方法的除锈成本

为便于对各种表面除锈方法的经济性进行比较，表 7-14 提供了海船系统的船用涂装工程中各种除锈方法的成本比较。

表 7-14　不同除锈方法的成本比较表

费　用	船用高压水磨料除锈机干砂系统	船用高压水磨料除锈机湿砂系统	普通干喷砂	纯手工	说　　明
人工费/(元/h)	5.0	5.0	5.0	5.0	按 40 元/8h 计
设备折旧/(元/h)	16.0	16.0	6.0	0.5	
电费/(元/h)	33.0 (电机和空压机)	33.0 (电机和空压机)	11.0 (空压机)		工业用电 1 元/(kW·h)
水费/(元/h)	海水 1.5 淡水 2.2	海水 1.5 淡水 2.2			168t/h，正常工业用水 1.3 元/m^3
砂嘴/(元/h)	2.0	2.0	2.0		300h，600 元/个
水嘴/(元/h)	0.1	0.1			5000h，500 元/个
密封件/(元/h)	0.2	0.2	0.1		5000h，1000 元/套
石英砂/(元/h)	120.0	16.8	120.0		干砂 0.6t/h， 湿砂 84kg/h， 石英砂 200 元/t
合计/(元/h)	178.5	78.6	144.1	5.5	
折合成每平米的费用/(元/m^2)	11.1	19.7	44.3	22.0	

7.2.3　清除旧涂膜

清除旧的涂膜或漆膜，是各类钢结构物或混凝土结构物的再涂装和修复工程中经常遇到的问题，也是防腐蚀修复工程中必不可少的施工程序。例如：对管道工程、设备维护、桥梁的维护和更新、船舶的维护和更新等，对于该类工程项目都需要先把原有的旧涂层进行脱除处理，或称为脱漆。尤其是一些老化或失效严重的涂层，应彻底清理干净后，再进行二次涂装。

常用的脱漆或脱除旧涂层的方法有机械法和化学法。机械法脱除旧涂层可以采用手工打磨、机动工具打磨、喷砂以及高压水喷射清理等方法；化学脱除旧涂层的方法则采用溶剂脱除的方法，可以是冷溶剂脱除漆膜(冷脱漆)，也可以采用热溶剂脱除漆膜(热脱漆)，也可分为无机脱漆剂和有机脱漆剂脱漆。无机脱漆剂多采用强碱、强氧化性的酸(如硫酸、硝酸等)，虽然脱漆效果好，但对金属底材的腐蚀性也大，当用于有色金属如铝、镁等结构物表面时，尤其明显。

7.2.3.1　化学法脱漆膜

化学法脱漆膜最常用的是热碱液，将工件浸入热的碱液中。该种方法适合于不耐碱的调和漆漆膜的脱除。该方法成本低，但操作环境恶劣。工作人员应佩戴劳动保护用品，避免被热的碱液烧伤。

(1) 热碱液脱漆的配方见表 7-15。

表 7-15　热碱液脱漆液的配方

序号	组成及含量/%		配置方法及工艺	备　　注
1	氢氧化钠 碳酸氢钠 烷基磺酸钠表面活性剂(55~206g/L)	80 19 1	温度 75~95℃	经典的热脱漆剂配方
2	氢氧化钠 表面活性剂 葡萄糖酸钠 碳酸氢钠 松油 甲酚酸	80 1 5 11 1 2	温度 75~95℃	脱除磷化底漆的涂层
3	氢氧化钠 碳酸钠 表面活性剂(脂肪酸皂等) 山梨醇 甲酚钠	77 10 3 5 5	取混合物 6%~15%，加 94%~85%的水温度为：90℃	适用于钢铁结构表面的旧涂层
4	氢氧化钠 生石灰 机油 碳酸钙 水	16 18 10 22 34	先将氢氧化钠溶于水，然后加入生石灰，再加入机油，碳酸钙，搅拌均匀	可调成糊状，涂于旧的漆膜上，大约 150~180min 后待漆膜开裂后用刮刀清除

（2）酸性冷脱漆剂配方见表 7-16。

表 7-16　酸性冷脱漆剂配方

物质名称	质量/%	物质名称	质量/%
氯化钾	60	酚	15
蚁酸	15	甲醇	10

（3）氯化烃脱漆剂配方见表 7-17。这种有机溶剂的脱漆多用于合成树脂类的漆膜，市面上有市售的脱漆剂，如 T-1 型、T-2 型、T-3 型等，配方见表 7-18。

上述有机脱漆剂可采用涂刷型和浸渍型两类，涂刷型脱漆剂的施工方法是将脱漆剂涂于旧涂层的表面。待涂膜被咬起，并起皱时，用铲刀将旧涂层去除，或者是用具有一定压力的水流冲洗旧涂层，将其去除。浸渍型的脱漆剂则可以采用冷浸渍(常温下)或热浸渍(60~80℃)两种方法浸渍，待涂层被咬起并起泡后用清水将旧涂层冲净、干燥。

表 7-17　氯化烃脱漆剂配方

组分名称	质量/%	组分名称	质量/%
三氯甲烷	30	乙基纤维素	2
三氯乙烯	25	乙二醇醚乙酸酯	15
鳞片状石蜡	3	二氯二氟甲烷(增压气雾剂)	25

表 7-18　T 型脱漆剂配方与应用

<table>
<tr><th rowspan="2">编号</th><th rowspan="2">配方组分
(质量比)</th><th colspan="2">工艺条件</th><th rowspan="2">施工方法</th><th rowspan="2">应用范围</th><th rowspan="2">注意事项</th></tr>
<tr><th>温度/℃</th><th>时间/min</th></tr>
<tr><td>T-1</td><td>乙酸乙酯,乙醇,丙酮,纯苯,石蜡</td><td rowspan="2">25</td><td rowspan="2">120</td><td rowspan="2">手工涂刷,待漆膜溶胀后用刮刀刮除</td><td rowspan="2">各种油基漆、酚醛漆、醇酸漆、硝基漆</td><td rowspan="2">脱漆后表面残留的蜡质必须清除</td></tr>
<tr><td>T-2</td><td>乙酸乙酯,乙醇,丙酮,甲苯</td></tr>
<tr><td>T-3</td><td>二氯甲烷 72,石蜡 3,甲基纤维素 3,乙二醇-乙醇 4,甲醇 6,乙醇胺 5,十二烷基苯磺酸钠 5,水 3</td><td>常温</td><td></td><td></td><td>油基漆、氨基漆、有机硅漆、醇酸漆、硝基漆</td><td>漆皮起皱后应立即刮除,避免腐蚀工件,表面残留的蜡质必须清除</td></tr>
</table>

脱漆剂上述的组分也含有氯化烃，如二氯甲烷等，其挥发性大，是释放于大气中对环境有害的介质，同时也容易引起火灾。其发展方向应是：既具有高效的脱漆能力，而且具有低毒性、高沸点的溶剂。目前，也有使用以苯酚为主的脱漆剂，其效果也较好。

7.2.3.2　高压水或高压水加砂清除旧涂膜

高压水喷射或高压水加砂喷射也是去除旧容器或旧结构上旧涂膜的有效方法。尤其适用于一些化工设备、工艺管道、罐的旧涂膜清除。采用高压水清除法可以清除掉容器内部的水溶性盐类，以及腐蚀坑内积存的腐蚀性产物和含有氯离子的盐分，因此非常有利于后续的涂装作业。

清除时，高压水的水压应根据旧漆膜的类型和厚度决定，其喷嘴的选择和砂水比的选择也与除漆的效率有关。一般来说，高压水的水压应控制在 5~20MPa 之间，砂水的比例控制在(0.6~1.2)：1 之间。所加的磨料可以是石英砂，也可以采用钢砂。磨料的粒度控制在 1~2mm 左右，太大的粒径容易造成堵塞。清理效率可以达到 10~40m^2/h，但采用该种方法除掉旧的漆膜，水与砂的消耗都比较大。

旧涂层的去除，是在结构或设备的修复工程中常常要遇到的，通常只有在旧涂层脱除后，才能进行下一步的脱脂、除锈等表面预处理工艺。

在脱除旧涂层的施工过程中，应注意采取必要的通风、防火等安全措施，以及工人的卫生保健。国家已明令：禁止采用燃烧旧涂层的方法来去除旧涂层，这一方面是出于环境保护的要求，另一方面是考虑到旧涂层的燃烧气体会对操作工人产生极大的健康危害。

7.2.4　涂装前的磷化处理

磷化是指利用含磷酸或含磷酸盐的溶液在基底金属表面形成一种不溶性磷酸盐膜的过程。

涂装前的磷化处理是指使用化学或电化学手段，通过化学反应在金属表面形成一层难溶的、非金属的、不导电的、多孔的磷酸盐薄膜的过程。磷化处理也是在金属表面形成化学转化膜的过程，所生成的薄膜也称为化学转化膜或磷化膜。

磷化技术已有百年的历史，主要用于汽车、军工、机械、建筑等行业中金属结构物的防锈、耐磨、润滑、涂底漆等，还可以提供短期工序间的金属结构物的防护等。如：家用电器、汽车等涂装都需要磷化处理的工艺过程。大型防腐蚀钢铁构筑物，如船舶、桥梁的防腐蚀涂装和防护涂装也离不开磷化处理工艺，高强度钢以及一些不允许电镀的组合件防护等也需要磷化处理技术。

事实上，磷化膜只是化学转化膜的一种，化学转化膜除磷化膜外，还有由铬酸盐、草酸盐等生成的各种钝化膜以及氧化物膜等。如铝和铝合金表面的阳极钝化膜，也是一种应用非常广泛的转化膜，它具有非常优良的耐腐蚀性能。常常作为一种功能性的防护膜使用。

这些化学转化膜都是在金属表面与溶液间的界面之间生成的，而且是界面上的金属元素直接与溶液中的介质反应，因此，其反应产物——化学转化膜会牢牢地与金属底材结合在一起，即：与金属表面具有很强的黏接强度；另一方面，该类薄膜又具有一定的孔隙率，其针状的结晶形态又为磷化膜表面涂层的渗透和附着提供了“抛锚效应”，可明显提高涂膜附着力。同时，由于该类薄膜的绝缘、难溶等特性，使得转化膜技术越发广泛地应用于多种金属结构物的腐蚀防护技术中。

磷化处理也是表面处理的手段之一，其目的就是在基体表面形成一种能改进基体表面活性的薄膜，并提高材料在腐蚀环境中的使用性能和使用寿命。据相关研究，磷化膜对涂层防腐蚀性能的影响可参见表 7-19。

表 7-19 磷化膜对防腐蚀性能的影响比较 h

盐雾试验	未磷化处理的样板	磷化处理过的样板	磷化、钝化综合表面处理的样板
开始出现锈点	32	129	167
约出现 50%的锈点	135	448	1208
全部锈蚀	177	918	1470

7.2.4.1 磷化膜形成的基本原理

磷化处理时主要采用铁、锰、锌、镉的磷酸盐溶液，通过喷淋磷化、槽浸、涂刷和电化学磷化的方法进行，不同的磷化体系会发生不同的磷化反应。以酸式磷酸盐为例，磷化膜的生成机理如下：

酸式磷酸盐的分子式可写为：$Me(H_2PO_4)_2$，其中 Me 通常为：Zn^{2+}、Mn^{2+}、Fe^{2+}、或 Na^+、NH_4^+ 等，酸式磷酸盐存在下列水解反应：

$$3Me(H_2PO_4)_2 \longrightarrow Me_3(PO_4)_2+4H_3PO_4 \quad (7-1)$$

当表面已经清理干净的金属(除油、除锈完毕)结构物放入配置好的酸式磷酸盐溶液中时，游离磷酸将与基底金属发生下面的化学反应，即发生铁的溶解，见式(7-2)。

$$Fe+2H_3PO_4 \longrightarrow Fe(H_2PO_4)_2+H_2\uparrow \quad (7-2)$$

由于酸的消耗，使铁的界面附近的 pH 值上升，而进一步有下列反应产生：

$$3Fe(H_2PO_4)_2 \longrightarrow Fe_3(PO_4)_2+4H_3PO_4 \quad (7-3)$$

上述反应的发生使得难溶性的磷酸盐在金属表面沉积而成膜，成膜过程中产生的氢气被吸附于磷化的金属表面，会有气阻产生。在磷化液中加入的氧化剂则使原子态的[H]氧化：

$$2[H]+[O] \longrightarrow H_2O$$

而溶解的二价铁离子则被氧化成在磷化溶液中几乎不溶解三价铁离子，作为磷化渣($FePO_4$)而沉淀：

$$Fe^{2+}+[O] \longrightarrow Fe^{3+}$$

$$Fe^{3+}+PO_4^{3-} \longrightarrow FePO_4 \downarrow$$

因此，总的磷化反应可表示如下：

$$4Fe+3Me^{2+}+6H_2PO_4+[O] \longrightarrow \underset{(淤渣)}{4FePO_4 \downarrow} + \underset{(磷化膜)}{Me_3(PO_4)_2 \cdot 4H_2O} + 2H_2O$$

上述反应说明，磷化渣的主要成分是 $FePO_4$，其中还有 $Me_3(PO_4)_2$，而磷化膜的主要成分则为 $Me_3(PO_4)_2 \cdot 4H_2O$。

7.2.4.2 磷化处理的分类和用途

根据磷化时所采用磷化处理液的不同，磷化处理可分为：铁盐磷化、锌盐磷化和锰盐磷化三类。

铁盐磷化的磷化剂由 Na^+ 或 NH_4^+ 的酸式磷酸盐组成，其颜色为蓝色或褐色，磷化膜很薄，一般用于装饰性要求高，而耐蚀性要求不太高的场合。其磷化速度快、处理的时间短，温度也较低，工艺比较容易控制。

锌盐磷化的磷化剂为含 Zn^{2+} 的酸式磷酸盐，是涂装前磷化处理应用极为广泛的一种磷化剂。可根据配方的不同形成不同厚度的磷化膜，厚度可在 1~50μm 之间调整，磷化膜的颜色为灰白色到灰黑色。其磷化槽液的主要组成为：Zn^{2+}、Mn^{2+}、NO_3^-、$H_2PO_4^-$、H_3PO_4 和其他添加物(以硝酸钠和亚硝酸钠较为普遍)。其磷化晶粒为紧密颗粒状，或针片状晶粒，空隙较少。经常用于涂装打底、防锈和减磨、润滑等。

锰盐磷化的磷化剂为含 Fe^{2+}、Mn^{2+} 的酸式磷酸盐，其磷化处理的时间要求比较长，温度要求也比较高，其磷化膜的厚度也比较厚、疏松，因此该种磷化处理一般不与涂装配套使用。

7.2.4.3 磷化膜厚度分类与用途

磷化膜的厚度一般分为 4 类：次轻量级、轻量级、次重量级、重量级。涂装工艺中主要使用轻量级的磷化膜。具体见表 7-20。

表 7-20 磷化膜厚度分类及用途

分 类	膜重/(g/m²)	膜的组成	用 途
次轻量级	0.2~1.0	磷酸铁、磷酸钙等	钢铁工件涂装底层或耐蚀性要求较低的涂装底层
轻量级	1.1~4.5	磷酸锌、其他金属的磷酸盐	广泛用作涂装底层
次重量级	4.6~7.5	磷酸锌、其他金属的磷酸盐	防腐蚀、冷加工和减膜底层
重量级	>7.5	磷酸锌、磷酸锰等	不宜做涂装底层防腐蚀、绝缘

钢铁表面磷化后，其表面的磷化膜质量可因磷化液的组成、工艺等因素的影响，生成不同性能、结构和厚度的磷化膜，其磷化膜重在 1~45 g/m² 之间，而其膜厚与膜重的比值对于重膜为 1.5~3.5，对于轻膜和中膜则为 1.5~2。

7.2.4.4 钢铁磷化处理工艺

钢铁的磷化工艺分为：高温磷化、中温磷化、常(低)温磷化、“四和一”磷化等。

高温磷化：钢铁的高温磷化工艺是将钢铁工件放置于 90~98℃ 的高温磷化液中，处理 10~30min；中温磷化则是将钢铁工件置于 50~75℃ 的磷化液中处理 10~15 min，是应用较广泛的一种磷化工艺；低温磷化则是在室温下的磷化工艺。

“四和一”磷化处理工艺是指将除油、除锈、磷化和钝化四个工序，集中于一个槽内完成的综合工艺过程。可减少工序、缩短工期、提高效率，很方便于大型机械和管道的涂装。有关钢铁工件涂层磷化处理的技术条件和检验方法可参照国家标准 GB 6807—86 的相关规定。

处理方式可采用刷涂、全浸式、喷淋式、喷淋-浸泡结合式等。

7.3 钢材表面预处理标准

对涂装前钢结构物的表面预处理，各个国家都制定了相对于表面清洁度和表面粗糙度的评价和检验标准。

表面预处理规范最为著名的是瑞典工业标准：SIS 055900：1967《涂装前钢材表面除锈图谱标准》(现已发布了第 3 版)，该标准为世界各国普遍采用，它是关于钢材除锈的表面清洁度的标准。其次，还有美国钢结构涂装协会的标准 SSPC《表面预处理规范》；日本造船研究协会的标准 JSRA-SPSS 以及英国的国家标准 BS 4232 等。国际标准化组织色漆和清漆技术委员会涂装前钢材表面处理分会也制定了国际标准 ISO 8501—1：1988《涂装油漆和有关产品涂装前钢材预处理——表面清洁度的目视评定——第一部分：未涂装过的钢材和全面清除原有涂层后的钢材的锈蚀等级和除锈等级》，其中的目视评定用的钢材锈蚀等级和预处理等级所参照的 28 张典型的样板照片中，有 24 张采用了瑞典工业标准。

国际标准 ISO 8503 则是关于钢材表面除锈后的表面粗糙度标准的评价与测量。德国工业标准 DIN 4763、DIN 4768、DIN 4769 也是关于钢材表面粗糙度的评价标准。

我国等效采用国际标准 ISO 8501—1：1988，制定了国家标准 GB 8923—88《涂装前钢材表面锈蚀等级和除锈等级》。该标准是针对钢材表面除锈和除锈后的表面清洁度评价标准。另外，我国还针对钢材除锈后的表面粗糙度的评价制定了 GB 13288—1991《涂装前钢材表面粗糙度等级的评定(比较样板法)》。

7.3.1 国际标准 ISO 8501—1：1988 关于钢材除锈的表面清洁度的等级划分

国际标准 ISO 8501—1：1988 是国际标准化组织色漆和清漆技术委员会涂装前钢材表面处理分会对未涂装过的钢材表面锈蚀等级和表面预处理后的钢材表面清洁度等级的划分。具体内容介绍如下：

1. 除锈前钢材表面锈蚀状态的区分

ISO 8501 标准中将未涂装的钢材表面，按锈蚀状态和氧化皮的附着状况分为 4 类，即：A、B、C、D 四个等级，该标准还将未涂装的钢材表面及表面清除了原有涂层后的钢材表面，经过表面预处理后的目视清洁度，分为若干个等级，称为预处理等级。这些等级既与清理之前的钢材表面状态相关，也与表面预处理的方法相关联。该标准中目视评定用的钢材锈蚀等级和预处理等级提供了 28 张典型的样板照片。

其未涂装钢材原始状态的 A、B、C、D 四个等级分别有照片相对应，它们区分的定义分别为：

A：大面积覆盖氧化皮，几乎没有锈蚀的钢材表面；

B：已开始锈蚀，且氧化皮已开始剥落的钢材的表面；

C：因为有锈蚀产生，氧化皮已剥落，并可以刮除，但目视检测仅观察到少量点蚀的钢材表面；

D：氧化皮因锈蚀而剥离，正常目视检查钢材表面，可以见到已普遍发生点蚀。

2. 除锈方式和除锈后钢材表面清洁程度的等级划分

ISO 8501—1 标准是针对钢材所采用的表面预处理方法，以及预处理后钢材表面的除锈程度——即针对表面清洁度的评定等级。例如，相应于每种表面预处理的方法都有对应的字母表示法：喷射除锈表示为“Sa”，工具除锈表示为“St”，该符号后面跟着的阿拉伯数字 1、2、3 等则表示表面清洁度的等级。并且，分别有标准的照片与除锈的方法和除锈后的各类清洁程度的标准相一一对应，具体分级如下：

（1）钢丝刷清理分为：St2 和 St3 级；

（2）喷射清理分为：Sa1、Sa2、Sa2 $\frac{1}{2}$和 Sa3 级；

（3）火焰清理分为：F1 级。

另外，ISO 8501 标准还将钢材表面的原始状态分为 A、B、C、D 四个等级，在最前面的字母中表示，然后是钢材的表面预处理方法，最后的数字代表的是表面清理后的表面清洁度的等级。如：“A Sa3”表示的是钢材未处理前的表面腐蚀状态是 A 级，采用喷射处理手段，表面预处理后的钢材表面达到了 Sa3 级的喷射除锈最高的清洁程度。

7.3.2　国际标准 ISO 8503 关于钢材除锈的表面粗糙度的规定与测量

钢材表面预处理后的表面粗糙度是指经过喷(抛)除锈后，由于高速撞击磨料的切削或冲击作用，在钢材表面形成有较小间距的微观无规则凹凸特征。表面粗糙度可有效增大钢材的表面积，同时提高钢材表面防腐层与钢基底的黏接力(附着力)。它与表面清洁度一样是表面预处理的一项重要的指标。

不同的涂料和涂膜厚度对表面粗糙度指标有不同的要求。

1. ISO 8503 标准内容

国际标准有 ISO 8503 是钢材表面喷射除锈后表面粗糙度的评价标准，该标准由以下四部分组成：

ISO 8503—1 ISO　表面粗糙度比较样块的技术要求和定义；

ISO 8503—2　喷射处理后钢材表面粗糙度分级——比较样块法；

ISO 8503—3 ISO　基准样块的校验和表面粗糙度的测定方法——显微镜调焦法；

ISO 8503—4 ISO　基准样块的校验和表面粗糙度的测定方法——触针法。

2. ISO 8503 表面粗糙度的表示方法与比较样块的技术要求

表面粗糙度也称为表面轮廓，是钢材经过喷砂处理后的表面粗糙程度的一种量度，常常用钢材表面所形成凹凸面的最低处即谷底，到凹凸面的最高点所产生的轮廓高度来描述。也称为表面锚纹深度。

对于表面粗糙度的描述有多种参数，其中有：R_a、R_z、R_y 三种方法，具体区别如下：先在表面粗糙度轮廓的剖面图上，画一根测量段的中心线，R_a 是波峰与波谷到轮廓线上中心线的平均距离，称为平均粗糙度；R_z 是波峰到波谷的平均值，所取的点数是由上、下相互临近的 5 个点，单独的粗糙度深度所求得的算术平均值，称为平均粗糙深度；R_y 则是波峰到波谷的最大值，也可称为最大粗糙深度，表示为 R_{max}。

喷砂处理后的表面粗糙度常用 R_z 来表示。因此，如果使用 ISO 标准时，一定要注意的是所使用的粗糙度指标，不同的粗糙度指标代表不同的表面粗糙度状况。有关表面粗糙度的各种描述参数，以及物理意义和测试方法在德国工业标准 DIN4768、DIN4763 等标准中有更为清晰和严格的介绍。

由于采用不同的磨料所得到的表面粗糙状态不同，因此 ISO 8503—1 提供了采用钢砂(样板 G)和采用钢丸(样板 S)两种标准的样板，每种为 4 块。表 7-21 是 ISO 8503—1 粗糙度的技术划分标准。

表 7-21　ISO 8503—1 规定的表面粗糙度划分

处理方法	等　级	表面粗糙度	
钢砂喷射处理后的表面	细 Fine G	表面轮廓等于样板Ⅰ~Ⅱ，但不包括Ⅱ	R_y23~49μm（典型值 25~45μm）
	中 Medium G	表面轮廓等于样板Ⅱ~Ⅲ，但不包括Ⅲ	R_y50~84μm（典型值 55~80μm）
	粗 Coarse G	表面轮廓等于样板Ⅲ~Ⅳ，但不包括Ⅳ	R_y95~150μm（典型值 85~129μm）
钢丸喷射处理后的表面	细 Fine S	表面轮廓等于样板Ⅰ~Ⅱ，但不包括Ⅱ	R_y23~34μm（典型值 25~30μm）
	中 Medium S	表面轮廓等于样板Ⅱ~Ⅲ，但不包括Ⅲ	R_y35~59μm（典型值 40~55μm）
	粗 Coarse S	表面轮廓等于样板Ⅲ~Ⅳ，但不包括Ⅳ	R_y60~84μm（典型值 65~80μm）

ISO 8503—1 表面粗糙度的基准样块粗糙度的公称值及允许误差如表 7-22 所规定。

表 7-22　ISO 样块的表面粗糙度的规定

部　位	"S"样块粗糙度参数 R_y		"G"样块粗糙度参数 R_y	
	公称值	允许误差	公称值	允许误差
1	25	3	25	3
2	40	5	60	10
3	75	10	100	15
4	100	15	150	20

注：表中的"G"样块为喷射棱角类磨料获得的表面粗糙度特征的样板。

表中的"S"样块为喷射丸类磨料获得的表面粗糙度特征的样板。

R_y：为根据 ISO 8503—4 用触针法测得的粗糙度参数，指"最大峰-谷"的高度。

7.3.3　美国钢结构涂装协会的标准 SSPC《表面预处理规范》

美国钢结构涂装协会的 SSPC《表面预处理规范》中，含有 11 种钢材表面预处理的方法标准，它们分别是：

（1）SSPC SP-1 溶剂清洗

（2）SSPC SP-2 手工工具除锈

（3）SSPC SP-3 动力工具除锈

（4）SSPC SP-4 火焰除锈

（5）SSPC SP-5 出白级喷射除锈

（6）SSPC SP-6 工业级喷射除锈

（7）SSPC SP-7 清扫级喷射除锈

（8）SSPC SP-8 酸洗

（9）SSPC SP-9 暴露后除锈，先除去氧化皮后再喷射除锈

（10）SSPC SP-10 近白级除锈

（11）SSPC SP-11 动力工具清理至裸露金属

因此，美国的 SSPC 标准是针对一种表面预处理方法就有一个表面预处理的评定标准。

我国对涂装前钢材的表面预处理也制定了国家标准。其他如石油天然气行业制定了 SY/T 0407—97《涂装前钢材表面预处理规范》；船舶行业制定了船舶行业标准 CB/T 3513—93《船舶除锈涂装质量验收技术要求》等。

7.3.4 国标 GB 8923—88《涂装前钢材表面锈蚀等级和除锈等级》的规定

1. GB 8923—88 对除锈前钢材锈蚀等级的规定

由于我国国标 GB 8923—88 是等效采用 ISO 8501—1：1988，因此对除锈前钢材的表面锈蚀等级也划分为四个等级，并分别以 A、B、C、D 表示，具体定义和叙述如下：

A. 全面地覆盖着氧化皮而几乎没有铁锈的钢材表面；

B. 已发生锈蚀，并且部分氧化皮已经剥落的钢材表面；

C. 氧化皮已因锈蚀而剥落，或者可以刮除，并且有少量点蚀的钢材表面；

D. 氧化皮已因锈蚀而全面剥离，并且已普遍发生点蚀的钢材表面。

2. GB 8923 对除锈后的钢材表面清洁度的除锈等级规定

我国国标 GB 8923《涂装前钢材表面锈蚀等级和除锈等级》对除锈后钢结构的表面清洁度标准按除锈方法的不同种类作如下的等级划分，见表 7-23。

表 7-23 GB 8923 规定的除锈等级和质量要求

除锈方式	质量等级	质量要求
喷射或抛射除锈	Sa 1 级： 轻度的喷射或抛射除锈	应无可见的油脂和污垢，没有附着不牢的氧化皮、铁锈和油漆涂层等附着物
	Sa 2 级： 彻底的喷射或抛射除锈	无可见的油脂和污垢，氧化皮、铁锈和油漆涂层已基本清除，残留物应是牢固附着的
	Sa $2\frac{1}{2}$级： 非常彻底的喷射或抛射除锈	无可见的油脂和污垢、氧化皮、铁锈和油漆涂层附着物，任何残留的痕迹应仅是点状或条纹状的轻微色斑
	Sa 3 级： 使钢材表观洁净的喷射或抛射除锈	无可见的油脂和污垢、氧化皮、铁锈和油漆涂层附着物，显示均匀的金属色泽
手工和动力工具除锈	St 2 级： 彻底的手工和动力工具除锈	无可见的油脂和污垢，没有附着不牢的氧化皮、铁锈和油漆涂层等附着物
	St 3 级： 非常彻底的手工和动力工具除锈	无可见的油脂和污垢，没有附着不牢的氧化皮、铁锈和油漆涂层等附着物，除锈应比 St 2 更为彻底，底材应具有金属光泽

3. GB 8923 与其他国际上常用钢材表面预处理标准的对应关系

GB 8923 中对除锈后的钢结构表面清洁度的划分等级与 SSPC、ISO 等国际规范除锈等级的对应关系见表 7-24。

表 7-24　GB 8923 喷砂除锈与几种通用国际规范的除锈等级的对应关系

标准名称 \ 评定级别	出白级	近白级	工业级	清扫级
美国腐蚀工程师协会 NACE	No. 1	No. 2	No. 3	No. 4
钢结构涂装委员会 SSPC	SP-5	SP-10	SP-6	SP-7
瑞典标准 SIS 05 5900	Sa 3	Sa 2. 5	Sa 2	Sa 1
英国标准 BS 4232	第 1 级	第 2 级	第 3 级	无
中国国家标准 GB 8923	Sa 3	Sa 2. 5	Sa 2	Sa 1

以上这些标准评定及其相对应的 28 张典型样板的照片，都仅仅以表面清洁度为依据，不涉及表面粗糙度、允许采用的除锈方法及除锈前后的表面处理。

由于 GB 8923 是等效采用国际标准 ISO 8501—1，因此 GB 8923 的评定标准是与 ISO 8501—1 完全一致的。总之，以表面光洁度来评价钢材涂装前后的表面预处理质量的方法都是依据了典型样板照片的目视评价，因此国外一般要求对于表面预处理质量的检验人员都应进行相关专业的培训，并取得一定的资质后，才能从事该项技术评定工作。

7. 3. 5　国标 GB 13288—1991《涂装前钢材表面粗糙度等级的评定(比较样板法)》

1. 国标 GB 13288—1991 关于喷射除锈后钢材表面粗糙度的规定

参照 ISO 8503 我国制定了 GB 13288—1991《涂装前钢材表面粗糙度等级的评定(比较样板法)》。在该标准中将喷射除锈后的钢材表面的表面粗糙度分为 5 级，评定时也是通过与表面粗糙度基准样块比较和直观触摸的方式进行。其等级的划分如表 7-25 所示。

表 7-25　GB 13288—1991 关于除锈后钢材表面粗糙度等级的划分

级　别	代　号	定　　义	粗糙度参数值 R_y/μm	
			丸状磨料	棱角状磨料
细细		钢材表面所呈现的粗糙度小于样块区域 1 所呈现的粗糙度	<25	<25
细	F	钢材表面所呈现的粗糙度等同于样块区域 1，或介于区域 1 和区域 2 所呈现的粗糙度	25~40	25~60
中	M	钢材表面所呈现的粗糙度等同于样块区域 2，或介于区域 2 和区域 3 所呈现的粗糙度	40~70	60~100
粗	C	钢材表面所呈现的粗糙度等同于样块区域 3，或介于区域 3 和区域 4 所呈现的粗糙度	70~100	100~150
粗粗		钢材表面所呈现的粗糙度等同于或大于区域 4 所呈现的粗糙度	≥100	≥150

经验表明，对于钢结构物的防腐蚀涂装，钢材表面最适宜的粗糙度为 40~75μm。因此细细级和粗粗级一般使用得比较少一些。而涂装中等黏度的底漆时，要求 R_a 在 10~35μm，富锌底漆 R_a 取 25~38μm。只有当涂层厚度超过 3mm 厚时，R_a 才可取 100μm。

2. 表面粗糙度的测量和评定

喷射除锈后钢材的表面粗糙度评定可采用比较样块法，用肉眼观察或用手触摸进行，这种评价方法是对表面粗糙度做出定性的综合评定。

评定时，首先应根据喷射处理时所采用的磨料性质，即丸粒还是棱角状磨料，选择其对应的表面粗糙度比较样板(“G”样块为喷射棱角类磨料获得的表面粗糙度特征的样板，“S”样块为喷射丸类磨料获得的表面粗糙度特征的样板)，依次进行对比，观察时可采用不大于7倍的放大镜。

国际标准ISO 8503中规定了采用标准样板的比较法进行测定。粗糙度样板每2块为一套，“丸”粒磨料清理后的“S”样板和棱角类磨料清理后的“G”样板。一共4套。比较样块法是粗糙度评定时较为常用的方法。

我国有GB 1031—83《表面粗糙度参数及数值》标准，可对表面粗糙度参数进行测定。一般用平均粗糙值R_a，或平均粗糙度深度R_z来度量粗糙度的大小。为了对表面的微观不平度进行定量的测量，有各种仪器和设备面市。常用的测量表面粗糙度的方法有：印模法、干涉法和触针法等。发展到现在又有电子显微镜、光学显微镜和电子粗糙度测量仪对表面粗糙度进行定量的测定。电子显微镜、光学显微镜等仪器价格昂贵，使用需要专业培训，而且不适用于现场的使用，在我国很少使用。而电子粗糙度测量仪(触针法)比较多地用于自动化流水线的涂装工艺，国际标准中也有相关的规定。

触针法测定表面粗糙度的原理如下：

采用触针法对被检测的表面粗糙度进行测定时，触针直接在工件被测表面上划过，由于被测表面上凹凸不平的状态，而带动触针在垂直于被测表面的方向上往复运动。触针的这种移动通过电子信号而得到放大，通过测试仪器的输出装置而在仪表上定量的显示出来。

采用触针法测定表面粗糙度的仪器由传感器、驱动器、指零表、记录器和工作台组成，触针一般由金刚石制作，很硬，而电感传感器是粗糙度测量仪的主要部件，它应当能将金刚石触针位移信号的大小和方向，经过电子装置放大，并分成三路，一路与指零表相通，表示触针的位置，一路到放大器，输入给记录器，最后一路分发给积分计算器，再输给指示表，直接读出平均粗糙度R_a的值。

以前传统的粗糙度测量仪只能测量较少的参数，而且测量的精度也低，系统的可靠性和误差都不理想。

目前应用计算机系统改进后的粗糙度测量仪，测量精度得到很大的改善和提高。例如：英国兰克精密机械有限公司制造的Talysurf10型就采用了计算机系统，计算机可以自动地将采集到的数据进行数字滤波和计算，将模拟信号改为了数字信号，显著提高了系统的可靠性。而且输入与显示可同步进行，测试结果可直接输出于显示屏上或打印机上。

我国目前在实际生产中，使用表面轮廓(表面轮廓就是表面粗糙度)对比仪和具有弹簧测微计的复膜带来测量粗糙度的数值。例如使用具有弹簧微分计的复膜带测量粗糙度数值时，应先取下一小段复膜胶带，启去纸背，将带有乳胶的一面放置于除锈后的清洁钢表面，然后在胶带的背面用工具用力摩擦，直至胶带表面变成为均匀的灰色。取下胶带，使用弹簧测微计测量拓在胶带纸上的锚纹高度，并扣除聚酯薄膜的厚度。

还有一种数字式直读的表面轮廓仪，可直接放置在钢表面轮廓峰上，使其探针的探头探入到锚纹的谷底，并测量3次以上，直至获得稳定值。

时代集团推出的TR150袖珍组合式粗糙度仪，TR150袖珍组合式粗糙度仪，不仅具有以往传统粗糙度仪的测量精度高、测量范围宽、操作简便、便于携带、工作稳定的特点，可以广泛应用于各种金属与非金属的加工表面的检测，传感器主机一体化，而且具有手持式特点，更适宜在生产现场使用。

TR200手持式粗糙度仪适用于生产现场，可测量多种机加工零件的表面粗糙度。根据选定的测量条件计算相应的参数，在液晶显示器上清晰地显示全部测量结果及图形，并可在打印机上输出，亦可与PC机进行通讯。

7.3.6 表面预处理的其他标准

严格说来，国际上关于表面预处理的标准，除了以上章节所述的内容外，对于锈蚀等级为C级、D级的钢材，经过喷射除锈后，还需进行表面可溶性盐分和灰尘的测定。这是由于腐蚀的存在，会将一部分钢材腐蚀后的产物——铁离子、氯离子等，残存于钢材的表面，尤其是腐蚀造成的缝隙或孔隙深处。如若这些离子不去除，则会严重影响到这些部位的涂层与钢表面的黏接，同时在涂装后会造成涂层下的腐蚀，使钢材表面与涂层产生剥离。

国际标准ISO 8502—1、ISO 8502—2，一直到ISO 8502—11都是相对于钢材表面的可溶性铁盐、可溶于水的氯化物、灰尘污染程度等各种表面污染物的测定标准，本处不再详述，当在进行再涂装工程时，应对此加以关注，并可参考相关的规范。

7.3.7 常用防腐蚀涂料的表面预处理等级要求

工程中在钢结构表面经常使用的有机防腐蚀涂料的表面预处理要求如表7-26所示。

表7-26 常用防腐蚀涂料所要求的表面预处理等级

防腐蚀涂料类型	防腐蚀涂料底漆	表面预处理等级要求
橡胶类 乙烯类 聚氨酯类 环氧类 富锌类 漆酚或生漆类 有机硅类 沥青类	氯磺化聚乙烯底漆、氯化橡胶底漆 磷化底漆+过氯乙烯底漆、聚氯乙烯底漆 聚氨酯底漆、聚氨酯改性涂料底漆 环氧底漆及各种改性环氧涂料底漆 富锌底漆、各种改性富锌涂料底漆 现场配置的底漆 有机硅涂料底漆 耐酸沥青底漆	Sa 2.5
油基防锈类 醇酸酚醛类 沥青涂料	红丹、铁红等防锈漆 醇酸、酚醛树脂底漆 油基类防锈涂料	Sa 1 或 Sa2
金属喷镀 热固化酚醛树脂漆		Sa3

7.4 混凝土表面预处理与表面预处理标准

7.4.1 混凝土腐蚀与防护的必要性

混凝土尤其是钢筋混凝土与钢材相比，具有价格低、制作方便、耐疲劳性能好、使用寿命长的优点，是一种重要的现代化建筑材料，被广泛应用于桥梁、水坝、污水处理水池、储槽等设施，以及建筑工程、石油化工、公用事业、水利设施、海洋环境等领域。混凝土结构物经常被应用于具有很强的腐蚀性环境中，例如：在污水处理厂内的储水池、中和池、生化池等，盛装各类腐蚀性介质的化工贮罐。

在海工结构物中经受严酷的海水腐蚀环境的水坝、码头、栈桥和跨海大桥结构中等，也都大量采用混凝土构筑物。因此，处于这种环境中的混凝土结构物的腐蚀是不可避免的。

由于腐蚀，钢筋混凝土结构的耐久性问题暴露出来，其表面防护也日益引起政府、工程技术专家和防腐工程师的广泛关注。在混凝土表面施加防护涂层是防止混凝土腐蚀的有效方法，即在混凝土完全养护完毕后进行，或对旧混凝土结构进行表面预处理后再进行涂装，既不影响熟化期混凝土的排水、排气，也能有效阻止腐蚀介质在混凝土使用过程中侵入毛细孔隙内，从而阻止了腐蚀介质对混凝土的侵蚀和破坏。近年来在混凝土表面涂装保护性涂层已在各国获得普遍应用，它能使混凝土的使用寿命延长 15~30 年，并可大大减少混凝土的维护费用。

1. 混凝土的腐蚀类型

混凝土类结构的腐蚀以什么形式进行呢？这可从混凝土的腐蚀和混凝土结构物的特有腐蚀形式来说明。

混凝土是一种水硬性硅酸盐胶结材料，其腐蚀主要有膨胀型腐蚀、溶出型腐蚀、分解型腐蚀 3 种类型的腐蚀。膨胀型腐蚀是由于混凝土结构物所处环境溶液中的某些离子如：硫酸根离子(SO_4^{2-})与混凝土石中的 $Ca(OH)_2$ 作用生成石膏，而石膏又与混凝土中的水化铝酸钙作用，生成含有结晶水的硫铝酸钙，使体积增大 2.5 倍，而造成混凝土结构的开裂；处于较多 SO_4^{2-} 腐蚀环境的的混凝土结构中，可有 $Ca(OH)_2 \cdot 2H_2O$ 的晶体析出，$Ca(OH)_2 \cdot 2H_2O$晶体的体积也增大 2 倍。除此之外，NaOH、Na_2CO_3 等也是具有使混凝土结构发生膨胀腐蚀的介质。

混凝土结构处于硬水的环境中时，硬水中的 Ca^{2+}、Mg^{2+} 能将混凝土中的 $Ca(OH)_2$ 转变成 $CaCO_3$ 沉淀下来，使混凝土结构更加硬实；而当混凝土结构处于软水环境中时，软水不但不能硬化混凝土结构，还会溶解混凝土表面已经硬化的碳酸盐薄膜，造成溶出型腐蚀。因此，经常进行水冲洗，尤其是软水环境下的混凝土结构，溶出型腐蚀是其主要腐蚀形式，当混凝土中 CaO 含量损失 33%时，混凝土的结构被认为受到破坏。

分解型腐蚀的主要特点是混凝土结构所处环境中的腐蚀性介质破坏了混凝土结构的碱度平衡，溶解了固态的石灰，并使水化硅酸盐、水化铝酸盐水解，变成硅酸凝胶、钙盐和铝盐。当混凝土处于酸性溶液中时，或镁盐溶液中时，或者是含有较多游离态 CO_2 的环境中时，混凝土发生分解型腐蚀。其分解腐蚀的速率取决于腐蚀产物的溶解性高低，溶解性越强，分解腐蚀的速率越快。

2. 混凝土中钢筋的腐蚀

混凝土腐蚀是引起混凝土结构强度产生破坏的一种原因，即混凝土的耐久性和完整性的破坏；混凝土结构破坏的另一种原因是由于环境中的腐蚀性介质进入到混凝土结构中，引起混凝土中钢筋的腐蚀。混凝土中的钢筋发生腐蚀时，钢筋的锈蚀产物[$Fe(OH)_3$、$Fe_3O_4 \cdot H_2O$、Fe_2O_3 等]的体积一般比原来钢筋的体积增大 2~4 倍，进而导致的混凝土开裂和整体结构强度的丧失和破坏。这对混凝土结构而言是致命的破坏，该种混凝土结构特有的腐蚀形式已被全世界工程界所关注。

例如，人们对处于海洋环境中的混凝土结构的各类破坏所占有的比例进行了统计。结果如表 7-27。

表 7-27　海洋环境中混凝土结构各种破坏形式的比例

破坏原因	比例/%	破坏原因	比例/%
机械磨损	6.5	化学腐蚀	5.5
碱骨料反应	15.6	钢筋锈蚀	31.4
开裂	15.1	冻融	25.9

上表的数据说明，在海洋环境下，钢筋的锈蚀已成为混凝土结构物破坏的主要因素。根据美国的调查数据，美国在1975年全年的腐蚀损失是700亿美元，其中，混凝土钢筋腐蚀所造成的损失占40%，为280亿美元之巨！我国1981年调查华南的18座使用了7~25年的海港钢筋混凝土码头，其中因钢筋腐蚀遭到严重破坏或较严重破坏的占到77%。

钢筋混凝土结构的破坏和腐蚀，给各类建筑和工程造成了重大的安全隐患和经济损失，因此混凝土结构的表面防护也是一项关系到国计民生的大事。韩国跨海大桥的坍塌、美国为维护乔治华盛顿大桥，动用了5亿美元的资金，对该桥梁进行重新涂装，整个工程花费了三年的时间。发达国家走过的路已经表明，如果不重视混凝土结构的腐蚀防护，付出的经济代价将是昂贵的，社会影响也是恶劣的。

3. 混凝土中钢筋的腐蚀原因

正常情况下，混凝土的钢筋处于周围水泥石所造成的一种碱性环境(大约的pH值为12.5~13.5)的保护下，钢筋表面被钝化，称为钝化膜保护。也就是混凝土中的钢筋表面有一层致密的钝化保护膜，可抑制钢筋的腐蚀。只有在钝化膜遭到破坏后，钢筋才会发生腐蚀现象。促使钝化膜破坏的原因有两种，一种是由于混凝土的碳化反应，使混凝土孔隙液pH值降低，在达到一临界值(pH值<11.5)时，则会使钢筋的钝化膜的稳定性受到破坏。另一种情况是环境中的腐蚀性离子，尤其是氯离子Cl^-通过混凝土毛细孔通道渗透到钢筋表面，由于氯离子具有非常高的活性、体积最小、穿透力也最强，会取代钝化膜中的氧元素，使钢筋的钝化膜遭到破坏。这在海洋环境、污水环境或化工厂介质环境中是经常遇到的。在海洋环境中，特别是处于潮差区或浪花飞溅区的混凝土结构，最具备上述的腐蚀环境。在炎热而潮湿的环境下，也会造成混凝土裂缝区的钢筋发生腐蚀而破坏。

混凝土是一种人工材料，本身具有表面的粗糙性和多孔性，侵蚀性的环境又会通过混凝土表面的孔隙和粗糙的表面，使具备腐蚀性的介质对混凝土造成腐蚀和破坏作用。日晒、雨淋和大气中的酸雨、氯化物等，也会造成混凝土构筑物的损坏。因此，要使混凝土构筑物在它的使用期限内，能满足其承载力、变形性和渗透性的要求，就要对混凝土结构物表面采取防护措施，这也就说混凝土构筑物表面必须进行防护处理。具有优良的防水性、防腐性的涂层保护是一种普遍采用的措施。即：应针对混凝土构筑物的服务环境的侵蚀性强弱，在混凝土表面施加相应的防护性涂层，使混凝土结构与外界的腐蚀环境隔离开来。

除此之外，一方面可通过控制混凝土构成时的水灰比，或掺加减水剂等方法来加强混凝土对钢筋的防护作用；另一方面，可对混凝土中的钢筋实施环氧粉末涂层保护，以及对钢筋进行阴极保护等腐蚀控制措施，都是对混凝土构筑物腐蚀防护的常用手段。

从以上论述表明：由于腐蚀环境的作用，使混凝土结构中水泥的中性化、氯离子的侵蚀、硫酸盐的侵蚀以及氧和水等因素的作用，都会造成混凝土构筑物中的钢筋腐蚀。钢筋腐蚀产物(铁锈)的体积约为原先铁体积的2.5~7倍，所产生的膨胀压力会造成混凝土的开裂、剥落，裂缝的产生又会招致更多腐蚀介质的进入，引发更严重的腐蚀。因此，混凝土尤其是钢筋混凝土的腐蚀既包括混凝土中水泥石的破坏，又包括了混凝土结构中钢筋的腐蚀破坏，而钢筋的腐蚀又进而加剧了混凝土结构的开裂，为腐蚀性介质的长驱直入到混凝土结构内部提供了条件和可能，使混凝土结构的服务寿命大打折扣。因此，近年来随着混凝土在现代化建筑中的作用日趋重要，对混凝土表面的保护性涂装也日益被人们所关注。特别是在美国，混凝土涂装已列入与钢结构同等重要的地位，除了有大量应用实例和较长应用历史外，又以规范形式制定很多标准，对混凝土所处腐蚀环境分类、涂层设计、施工工艺、涂层性能检测甚至涂层使用寿命等都有严格的规定。

7.4.2 混凝土的表面处理

混凝土是由水泥、砂石填充料经水化过程形成的建筑材料，与钢材不同，新浇注的混凝土表面呈碱性，与金属材料相比其机械强度要差很多，具有多孔性，同时孔隙中又含有水分。如果不经过处理就进行涂层的涂装则这些碱性物质、毛孔、表面的油污物以及水分等都会影响到涂装后的涂层黏接，不仅使涂膜的黏接力差，同时会造成涂层起泡、龟裂等弊端。因此，水泥、混凝土类结构物在进行防腐蚀涂装之前，也必须进行与钢材表面相类似的表面预处理。而表面预处理的方法也与钢材表面预处理的方法类似，原理相同。

喷砂和酸蚀手段都可以去除混凝土表面的疏松物质，使混凝土表面清洁并具有一定的表面粗糙度。还可以使用温的碱水，来去除混凝土表面的油污。高压水清洗或高压水喷射也经常用于混凝土表面的清理，包括使用手工或电动机械等机械手段，使混凝土表面具备一定的表面粗糙度，都是常用的表面预处理方法。

一般来说，混凝土类基材防腐蚀涂装的表面处理应注意以下几点：

(1) 新浇注的水泥、混凝土底材必须经过充分的养护；

(2) 由于水泥、混凝土是多孔结构物，因此在表面处理时应首先去除水泥、混凝土表面的任何疏松物质；

(3) 应清除水泥、混凝土表面的油污或油脂，清除油脂的方法可采用表面活性剂，也可采用温的碳酸钠溶液，然后再用淡水冲洗混凝土的表面，使其表面的 pH 值降低到中性；

(4) 用粗磨料喷射混凝土的表面，使其表面被打毛，或者采用 10%~15%的盐酸刻蚀混凝土表面，并待盐酸在混凝土表面充分反应完后，再用清水冲洗，可在混凝土表面得到较细的粗糙度；

(5) 严格控制混凝土表面 20mm 深度内的含水量，应在 5%以下，含水率的测定可以使用含水率测定仪，也可以采用目测观察或用手触摸的方式，如有潮湿感则不能进行涂装；

(6) 混凝土表面的 pH 值应控制在 10 以下；

(7) 混凝土表面的缺陷如：裂纹、坑、微孔等必须修复。

7.4.3 混凝土结构物表面处理的标准

我国对在混凝土表面涂装前的表面处理尚未有明确的统一规范，但在相关的施工规范中一般对混凝土表面的湿度、洁净程度和粗糙状况具有规定。应当指出的是，混凝土的类型不同，所选择的涂装涂料不同，表面处理的要求也会有差异。

美国 ASTM(美国试验与材料学会)发布了专用于混凝土表面处理的标准，它们是：

ASTM D-4258　涂装前的混凝土表面预处理方法

ASTM D-4259　混凝土表面喷射粗糙化方法

ASTM D-4260　混凝土表面的酸蚀粗糙化方法

包括混凝土表面处理完后的质量检查方法标准等，美国的 ASTM 都有方法标准提供。如：表面含水量的测定方法标准、表面 pH 值的测量方法等。由此可见，发达国家对混凝土表面涂装的施工，已经规范标准化。例如，近年来在欧美等国家迅猛崛起的聚脲弹性体涂层被广泛用于混凝土表面的防水和防护，包括饮用水管道、饮用水的贮罐、污水处理池等。这都是由于该种涂料具有优异耐水、耐化学性，以及优良的机械性能和优异的可施工性能。美国的聚脲产品供应商，也提供了聚脲在混凝土表面喷涂的施工标准，包括混凝土的表面预处理方法等规定。

7.5 有色金属的表面预处理

在工程上常常使用的非铁金属例如：铝合金、锌合金、镁合金等有色金属材料，也需要进行表面防护处理。这些非铁金属和钢材表面一样，其表面预处理主要包括两方面，其一是表面除去锈蚀产物和污染物，常常采用与钢结构相同的机械除锈方法和化学除锈的方法，目的也是为了获得必要的表面清洁度和粗糙度，但材质不同，处理的方法也有所区别。其二是有色金属表面的氧化或化学转化，表面氧化或化学转化是为了提高金属表面的耐蚀性和对涂层的附着力。采用的方法有化学氧化法和电化学阳极化法。

当采用化学清洗液清理时，有色金属的种类不同，化学处理液的成分也不同。

1. 铝及铝合金

由于铝在化学上是非常活泼的金属，与氧在大气中很容易形成一层氧化物的薄膜。该膜具有一定的防护性，其耐蚀性与钢铁比较要强一些。但纯铝的强度低，因此直接在其上涂装则会造成涂膜的附着力差。

铝的锈蚀产物为白色的氢氧化铝或三氧化二铝，镁的腐蚀产物也是白色的氯化镁或碳酸镁产物。这些非铁基金属表面的油污可以和铁基材料一样采用碱液，表面活性剂，或有机溶剂来清洗。只是不能采用强碱溶液脱脂，应使用弱碱性溶液脱脂或去除表面的油污。

非铁基金属表面的除锈可以采用酸洗的化学除锈方法来去除金属表面的锈层，几种非铁金属化学除锈的配方和工艺见表 7-28。

表 7-28 几种非铁基金属化学除锈配方和工艺

金属材料		除锈配方和工艺条件
种类	状态	
铝及其合金	轧制件	在 CrO_3 35g/L，H_2SO_4(1.84)① 172g/L，HF(1.19)① 5g/L 的混合液中，于 65℃下浸 1~3min
	铸件	在 HNO_3(1.42)①溶液中，室温下浸 10~15s—水洗—在 NaOH 45g/L 水溶液中，65~70℃下浸 10s。在 HNO_3(1.42)①3 份、HF(1.197)①1 份的混合液中，室温下浸 3~5s
锌及其合金	一般件	H_2SO_4(50~100)g/L 溶液，室温下处理<1min H_2SO_4(1.84)①：HNO_3(1.42)①：(H_2O)=1：1：10 的溶液，室温下处理 1min
	铸件	在 H_2SO_4(1.84)①：HNO_3(1.42)①：(H_2O)=1：1：10 的溶液中，室温下处理到气体开始产生止
镁及其合金	一般件	CrO_3 150~250g/L 溶液，室温下处理 8~12min，先用 5 倍水稀释的 HNO_3(1.42)①溶液中处理；再在用 50 倍水稀释的 HNO_3(1.42)①溶液中处理，温度为室温
	铸件	用 HNO_3 15~30mL/L 的溶液，于室温下处理 1~2min
	含硅合金	用 HF 80~120g/L 溶液，在室温下处理数秒
铜及其合金	一般件	H_2SO_4 700~850g/L，HCl 2~3g/L，HNO_3 100~150g/L，操作温度≤45℃

① 数字为该酸的密度(g/cm^3)。

由于铝非常活泼，在空气中极易氧化，工程上常采用化学氧化或电化学氧化方法。铝及其合金氧化所生成的氧化膜较软，用化学或电化学方法氧化后再涂装，可提高铝的耐蚀性。

化学氧化可采用酸性氧化、碱性氧化或磷酸-铬酸法；电化学氧化则常用阳极氧化法。电化学氧化法是将表面预处理后洁净的铝制品，放置在电解液中，在外加电流的作用下生成氧化膜的工艺方法。操作时应将被处理的铝制品与外加电流源的正极相连，因此，被称为阳极氧化。阳极氧化的电解液可以采用硫酸、铬酸、草酸等。

氧化后得到的阳极氧化膜与基底结合牢固，内层的主要成分是三氧化二铝，致密而硬，而且具有孔隙，因而吸附能力强，容易着色，可用色彩装饰和再涂装。同时氧化膜具有绝缘性能，可耐上千度的高温。

2. 锌及锌合金

在通常的条件下，锌的耐腐蚀性能较优秀，因此金属结构尤其是钢结构的腐蚀防护在很多场合下使用锌材料，电镀锌、热浸锌、热喷锌等都是采用锌或锌合金来防护钢结构。据相关报道全世界每年锌产量的一半，是用于钢结构物的腐蚀防护。

随着对钢铁基底材料的耐蚀性能要求的提高，锌合金在工程上的使用日益广泛，有许多钢结构物要求在镀锌后再涂装，因此了解锌及锌合金的表面处理是很有必要的。

在化学上可以得知，锌是非常活泼的金属元素，是排在氢元素之前的贱金属。它非常容易与水、氧、酸性和碱性物质发生化学反应。但锌在碱性环境下(pH 值在 9~11 之间时)比较稳定。

锌及锌合金的表面比较平滑，与涂膜的附着力较差。而且涂料中的游离成分与锌的次生反应还会影响涂膜的固化性能。工程上采用磷化和氧化两种方法使锌及锌合金的表面产生转化膜。

用磷化处理后的表面会产生磷酸锌的致密薄膜；用铬酸盐氧化处理过的表面会形成耐蚀性很好的氧化膜。

第 8 章　防腐蚀涂料的涂装方法

涂装是表面科学领域的一个重要分支，广泛服务于国民经济的多个领域。其中，防腐蚀涂装随着我国现代化建设和科学技术的发展在近年来更是得到了迅猛的发展。我国防腐蚀各行各业也从国外引入或建立了自己的现代化水平的涂装行业标准与规范，使国内的防腐蚀涂装技术逐渐走向标准化和现代化。

西气东输天然气管道的铺设等大型工程的实施，我国能源政策的实施、石油天然气的开发以及城镇燃气的发展，都大大促进了管道防腐蚀技术的进步和提高。在管道的防腐层涂装技术方面，在粉末喷涂、3 层 PE(聚乙烯)、3 层 PP(聚丙烯)等管道防腐层的生产技术水平上，我国都基本参照采用了国际先进标准，建立了高度自动化的生产线，并已走出国门，承接了国外的大量管道工程。这说明：我国采用自动化生产线进行管道防腐层的施工技术已达到或与国际水平接轨。

涂料的涂装方法随涂料的性能不同、涂装作业的环境不同而具有不同的涂装技术。不同的涂料具有不同的涂装工艺。经过近百年尤其是最近的半个世纪的发展，我国的涂料生产水平已取得突飞猛进的发展，从而也促进了涂装技术的进步和提高。

随着防腐蚀涂料包括水性材料、粉末材料、光固化涂料、高固体成分涂料，尤其是重防腐蚀涂料的发展，以及涂装设备的技术进步，防腐蚀涂装也向着节能耗、少污染、高效率的方向发展。

8.1　溶剂型涂料的涂装方法

溶剂型涂料虽然向大气中排放“VOC”有害介质，但仍然是涂装工程中使用最多的涂料。它广泛应用于机械、建筑、石油化工、市政工程等行业，不仅应用于金属结构表面的防腐蚀涂装，也应用于非金属结构，如混凝土构筑物表面的防水、防腐和防护涂装。在防腐蚀涂装行业中占有较大的比重。

溶剂型防腐涂料的涂装是采用一定的设备和工艺过程将涂料均匀地涂布在被涂物表面，以形成防腐蚀涂层的施工过程。常用的涂布方法有刷涂、刮涂、浸涂、淋涂、空气喷涂和高压无气喷涂等。其中高压无气喷涂是工业涂装中溶剂性涂料最为常用的涂装方法。

8.1.1　刷涂

刷涂是使用最早、最简单和最传统的手工涂装方法，操作方便、灵活，可涂装任何形状的物件。除干性快、流平性较差的涂料外，可适用于多种涂料，例如油性涂料、合成树脂涂料、水性涂料等。刷涂用于小面积结构物的涂装显得十分经济和方便。对于喷涂无法实施或厚度不好达标的场合，也可以采用刷涂。

刷涂法可使涂料渗透金属表面的细孔，加强涂膜对金属的附着力。缺点是劳动强度大、工作效率低、涂布外观欠佳。尤其是刷涂快干型涂料时，应采取一次性完成涂刷作业的方式，刷涂工艺的技巧要求更加严格。也就是在一般性手工刷涂作业中所要求的涂布、抹平、修整的三个刷涂步骤，转变成一个过程来完成。因此，一些干性过快、流平性差的涂料要慎用刷涂工艺。

刷涂工艺讲究手握漆刷的方式、力度、漆刷沾漆量的均匀性以及漆刷的运行方向和模式。在一般的刷涂工艺上均有相关的规定，此处不再详述。

一般来说，刷涂可分为涂布、抹平、修整三个步骤。

刷涂涂膜常见的缺陷是流挂、刷痕、气泡、针孔、厚度不均。

产生流挂的原因有可能是漆刷上的带漆量过多的缘故，也可能是漆刷的选择不妥。产生刷痕的原因有可能是涂料的黏度过高，流平性差或稀释剂挥发过快造成。产生气泡的原因则可能是被涂物表面的预处理不合格，存有油污、水分等污物。涂层表面产生针孔大多是由于涂料中的溶剂挥发所致。而涂膜的厚度不均匀则是由于涂料的黏度过高，造成涂料的流平性较差，或者是刷涂技巧欠缺所造成。

操作者的熟练程度和刷涂技术水准将成为刷涂涂膜的质量关键。

刷涂适用于干燥慢的油基漆，如天然树脂、沥青、酚醛、醇酸等涂料。

8.1.2 刮涂

刮涂是使用刮刀进行涂装的方法。

刮涂也是一种常用的涂装方法，主要在刮腻子工艺中使用。刮刀可以是木制的、钢制的、牛角的、橡胶的等。常用于刮腻子或铸造成型的被涂物。目前，由于溶剂性涂料具有的溶剂挥发的特性，遭到各国的环保政策的局限，一些高固体成分、或无溶剂防腐蚀涂料相继问世，也使得刮涂技术常用于黏度较高、高固体含量的液态涂料涂装。

刮涂作业的涂膜常见缺陷是开裂、脱落、翻卷等，其涂膜的厚度也很难均匀。

刮涂涂膜开裂是由于一次涂刮的厚度超过涂料允许的厚度。脱落的原因则有多种，或者是底漆未干燥，或者是与底漆不配套，表面有污染，或者是涂料的配比存在一定的问题等。总之，应根据涂料的施工规范要求、涂覆表面的状况做具体的分析。

8.1.3 浸涂

浸涂也是一种传统的涂装方法。该方法将被涂物浸没在盛有涂料的槽液中，随即取出，让多余的涂料滴落回槽液中，或采用机械方法将多余的涂料甩落。该法适用于结构复杂的器材或工件的涂装，设备简单，机械化程度较高。但不适用于挥发性大的涂料。该类涂料浸涂时溶剂损失较大，容易造成空气污染。

浸涂的缺点是涂膜的厚度不易均匀，易产生流挂。

烘烤型涂料适合于浸涂作业，例如：单组分的环氧树脂涂料、醇酸树脂涂料、沥青涂料和一些自干型涂料等。因为该类涂料的溶剂挥发较慢，在涂料使用期内的性能比较稳定，而且适合于规模化生产。

双组分涂料如双组分环氧树脂涂料、双组分聚氨酯类涂料和快干型涂料都不适合于浸涂的作业方式。这是因为双组分涂料存在混合后使用期间的限制，快干型涂料也受到使用期短的局限。

涂料的施工黏度决定浸涂工艺的条件，室温下施工时，涂料的黏度应为 20~30s（涂-4 杯黏度计，25℃下测量），施工的温度越高，涂料的黏度要求相应减小。因此涂料的黏度与施工的温度之间存在一定的对应关系，一旦涂料的黏度参数发生变化，就要随时调整施工的工艺条件。否则会使浸涂的涂膜产生缺陷。

例如，当施工时涂料的黏度过低，会使涂料的流平性差，易产生流挂等现象。浸涂施工的最佳工艺条件为 20~30℃，施工中应保证浸涂槽的一定温度范围，以确保稳定的浸涂工艺条件和涂膜的质量。

浸涂的方式有：手工浸涂、离心浸涂和真空浸涂。

浸涂需要有浸涂设备——浸涂槽，作业方式可连续作业，也可间歇作业。间歇式浸涂槽适用于小批量工件的涂装生产，而连续性浸涂槽适用于大批量工件的连续生产。工件的起吊一般有人工和自动化两种，为防止涂料中的颜料、填料沉淀，造成涂料的分层，还应有搅拌装置，其他加热、通风等装置也是必需的。

冬季施工时，应有加热装置来调整涂料的黏度，以使浸涂工艺参数能处于所要求的工艺条件范围内。夏季气温较高时进行浸涂施工，则应注意增加浸涂槽的冷却装置，以避免涂料的过快挥发，对浸涂车间安全造成隐患。

浸涂最合适的涂膜厚度为 30μm 左右，厚度的控制是通过对涂料的黏度控制来实现的。去除多余的涂料可采用自然滴落和静电方法。自然滴落去除余漆是当被浸工件从浸涂槽内开始往上提时，依靠重力使工件表面沾附的多余涂料滴落在槽内，因此被涂工件的起吊应讲究其吊起的速度和方向，以使多余涂料的滴落均匀一致。静电法去除多余的涂料是采用一种由高压静电发生器所产生的静电场装置，当带有多余涂料的工件进入静电场内后，多余的涂料将在静电场力的作用下滴落。一般而言，工件与接地为正极，而一平板或网状电极与高压静电发生器的负极相连。

浸涂涂层的常见缺陷是涂膜不易均匀，还会产生气泡，或表面粗糙，存有流痕。

浸涂在化工防腐蚀涂装中常用来涂装化工机械零件。

8.1.4　淋涂

淋涂是使用压力或重力喷嘴，将液态涂料形成液流从喷嘴喷淋至被涂物表面，涂料经过自上而下的流淌将被涂物表面完全覆盖后形成涂膜的涂装工艺工程。

淋涂是从浸涂法改进而形成的涂装方法，都是依靠过量的涂料，经过被涂物的表面而形成涂膜。只是涂料涂布到被涂物表面的方式不同。淋涂所用设备简单，比较容易实现机械化生产，操作简便、生产效率高。

淋涂比浸涂的溶剂消耗量大，但一次性投入的涂料量比浸涂少，适用于淋涂的工件一般比浸涂的规模要大，如大型的板材等，但工件本身的形状不能太复杂，且没有凹坑、沟槽等不易产生涂料的存留。淋涂的作业方式和浸涂一样可分为间歇式和连续式；其淋涂设备最典型的是适合于大批量、连续生产的通过式淋涂设备，主要由室体、涂料槽、溶剂槽、喷淋装置和通风防火装置组成。喷淋装置由喷嘴、喷管、涂料泵组成，喷嘴安装在淋漆区，距离被涂工件 300~400mm，喷嘴形状为圆形或扇形，喷管应根据被涂物的形状设计。

淋涂工艺也会产生安全和污染问题，为防止溶剂的挥发和扩散，在喷淋室体的进出口的两侧应设置有吸入式风幕。风幕的吸入风速应大于溶剂挥发速度。为防止火灾，应有自动灭火装置。

淋涂常见的涂膜故障是涂膜不平整或覆盖的不完整，涂膜厚度不易均匀或过厚、过薄等。

8.1.5　喷涂

利用压缩空气及喷枪使涂料雾化的涂装施工方法称为喷涂法。其优点是采用喷涂法施工得到的涂层涂膜厚度均匀、表观平整、生产效率高。缺点是材料的损耗远大于刷涂和淋涂等方法，且使用溶剂性涂料时会造成环境的污染。喷涂法适用于各种涂料和各种被涂物，是使用最为广泛的涂装工艺方法。

喷涂法可分为空气喷涂、无空气喷涂两种方法。

8.1.5.1 空气喷涂

1. 空气喷涂的原理

空气喷涂也称为高压空气喷涂，该涂装方法是利用压缩空气从喷枪喷嘴中喷出时产生的负压，将涂料从涂料罐中吸出，并迅即进入高速的压缩空气流，使涂料液-气相急剧扩散，被分散为雾状微粒射向被涂物，雾状微粒均匀涂布在被涂物表面而形成连续涂膜的涂装工艺。

空气喷涂法要求被喷涂的涂料黏度应比较低，常在涂料中加入稀释剂。

2. 高压空气喷涂的特点

高压空气喷涂的特点如下：

(1) 涂装效率高，每小时喷涂面积大约为150~200m^2，比刷涂提高10倍；

(2) 涂膜质量好，均匀且与被涂面附着力得到提高；

(3) 适用性强，几乎适用于各种涂料和被涂物；

(4) 涂料损耗大，涂料的利用率低(50%或更少)，污染环境。

3. 空气喷涂的主要设备与喷枪的种类

空气喷涂的最主要工艺设备由喷枪、空压机、油水分离器、储气罐和涂料供给设备。喷枪由喷头、调节机构、枪体三部分组成，是空气喷涂最主要的设备。其中喷头是决定涂料雾化及雾化图形的关键部件。调节机构是用来调节涂料和空气喷出量的部件。枪体除支撑枪头和调节机构外，还装有扳机来控制喷枪的压缩空气和涂料的喷出。枪体上还配有防止涂料及空气泄露的密封件。

喷枪雾化涂料的方法按压缩空气的供给方式可分为外混式和内混式两种，它们都是借助于压缩空气的膨胀和扩散作用来使涂料雾化，使用较广泛的是外混式。

4. 外混式喷枪

外混式喷枪按涂料的供给方式可分为重力式、吸上式和压送式。由于涂料的供给方式不同，其应用范围也不同。三种喷枪与涂料的供给方式参见图8-1。

重力式喷枪的涂料罐位于喷枪的上部，涂料是靠自重与涂料喷嘴前端形成的负压使涂料从喷嘴喷出，并与空气混合雾化，其涂料的喷出量较大；

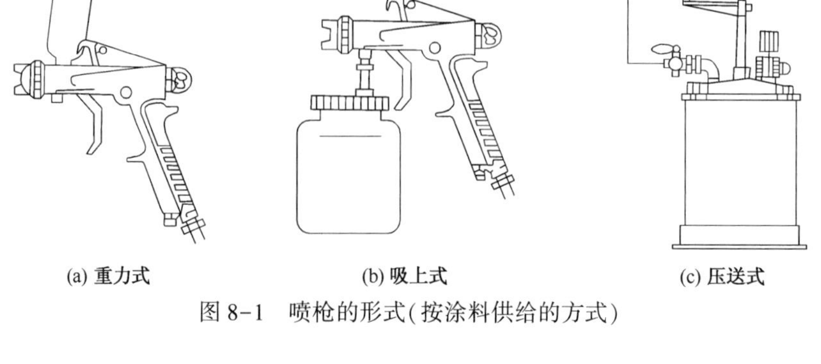

图8-1 喷枪的形式(按涂料供给的方式)

吸上式喷枪的涂料罐位于喷枪的下部，压缩空气从涂料喷嘴的周围喷出，在涂料喷嘴的前端形成负压，将涂料从涂料罐内吸出并雾化，一般用于非连续性喷涂的场合，受涂料黏度和密度的影响较多；

而压送式喷枪则有另外设置的涂料增压罐，提高增压罐的压力可同时向几支喷枪供给涂料，适用于涂料用量较多，且也适用于需要连续喷涂作业的场合。

5. 特殊喷枪

为适应不同的使用场合还有不同的特殊喷枪，如长柄喷枪、自动喷枪、无雾喷枪等，近年来随着喷涂技术的进步又有新型空气喷枪问世，如 HVLP(High Volume Low Pressure)空气喷枪、LVLP 喷枪等。

HVLP 喷枪使用较大容积的空气，在较低压力下雾化涂料，使涂料喷嘴处的涂料雾化压力降低，从而可将涂料的利用率提高到普通喷枪的 2 倍以上，也就是 HVLP 喷枪的涂料利用率可以达到 65%~85%，而且涂装的质量高，使用方便。涂料的过喷量减少，可降低污染。但 HVLP 喷枪一般适用黏度较低的涂料，而且喷涂需要空气量远大于其他的空气喷涂，从而加大了成本；而 LVLP 喷枪与 HVLP 喷枪的差别并不大，所适用的涂料黏度略有提高，其缺点是由于使用低压、低空气量雾化涂料，大大降低了涂装的速率，也加大了施工的成本。

HVLP 喷枪所使用的涂料种类、涂料黏度和喷嘴配置有一定的要求。如表 8-1 是 Binks 公司的 HVLP 喷枪相关配置要求，表 8-2 是 Binks 公司的 HVLP 喷枪适用的涂料与所需的雾化压力。

表 8-1　Binks 公司 HVLP 喷枪的喷嘴配置

涂　　料	标准液流喷嘴编号 (液流喷嘴直径)	使用的空气喷嘴型号
超低黏度(涂-4 杯)： 小于 12s	89(0.508mm)	95P，97P
	90(0.762mm)	95P，97P
低黏度(涂-4 杯)： 12~18s，使用涂料：色漆、清漆等	91(1.016mm)	95P，97P
	92(1.168mm)	95P，97P
中等黏度(涂-4 杯)：18~45s，一般工业用漆	94(1.397mm)	95P，97P
高黏度(涂-4 杯)：大于 45s	97(1.778mm)	95P，97P

表 8-2　涂料种类与所需雾化压力

涂料种类	喷枪输入压力/MPa	喷嘴雾化压力/MPa
底漆、面漆	0.15~0.18	0.020~0.025
丙烯酸瓷漆	0.20~0.25	0.035~0.050
清漆	0.25~0.26	0.050~0.055
低 VOC 聚氨酯	0.26~0.30	0.055~0.060

空气喷涂常用的喷枪及技术参数见表 8-3。

6. 空气喷涂工艺的调节

涂料雾化是空气喷涂工艺的中心环节，涂料雾化的效果也直接影响到涂膜的质量。而涂料的雾化又与空气喷出量密切相关，一般来说空气喷出量与涂料喷出量之比越大，则涂料雾化的微粒也就越细。因此，在空气喷涂中我们将这一反映和描述喷枪将涂料雾化细化的程度的参数定义为 Q_i，并且 Q_i=空气使用量与涂料喷出量之比，Q_i 值越大则涂料雾化越细，即微粒化特性越好。也就是通过调整喷枪的空气喷出量或涂料的喷出量的方法，都可以调节涂料漆雾的细化程度，即空气喷涂的效果。

空气喷涂中，在选择了喷枪后，如何调节喷枪的空气的使用压力、以及涂料的喷出量也就成为了喷涂效果的关键。

表 8-3　空气喷涂常用喷枪的主要技术参数

型　号	涂料供给方式	喷涂空气压力/MPa	喷涂有效距离/cm	涂料喷出量/(L/min)	涂料喷嘴直径/mm	喷枪质量/kg
PQ-1A	吸上式	0. 2~0. 3	20	0. 12	1. 0~1. 5	0. 5
PQ-1	吸上式	0. 28~0. 35	25	0. 07	1. 7	0. 45
PQ-2	吸上式	0. 45~0. 5	26	0. 26	2. 1	1. 2
FPQ-2A	吸上式	0. 3~0. 4	20	0. 36~0. 40	1. 8~2. 4	1. 0
64 型	重力式	0. 5~0. 6	25~30	0. 15~0. 21	1. 2~1. 8	0. 9
GH-4		0. 4~0. 5	20~26		2~2. 5	0. 75

7. 喷涂作业的要点

空气喷涂作业时，应掌握喷枪的喷涂距离、喷枪的运行速度、喷雾的图样搭接和涂料黏度四大要素。喷涂距离指喷枪前端与被涂物间的距离(大型喷涂一般应为 20~30cm)，喷涂距离保持恒定是保证喷涂涂膜厚度均匀的关键，也影响到喷雾图形的幅宽，喷雾图形的宽度过宽，也会造成涂膜的缺陷。

喷枪的运行速度一般应在 30~60cm/s 范围内，也应保持恒定，运行速度过慢会使涂膜过厚，而运行速度过快则会使涂膜产生缺陷或漏涂。在同样的喷出量下，50cm/s 的运行速度下所喷出的涂膜厚度是 25cm/s 运行速度下所形成的涂膜厚度的 4 倍左右。

喷雾图形的搭接宽度是指喷雾图形间重叠部分的宽度，一般来说喷雾图形可分为椭圆形、橄榄形(或称扁平形)和圆形三种，不同喷雾图形的搭接应遵照表 8-4 所示。

表 8-4　喷雾图形的搭接

喷雾图形形状	重叠宽度	搭接间距
椭圆形	1/4	3/4
橄榄形	1/3	2/3
圆形	1/2	1/2

喷雾图形重叠宽度、搭接间距的规定见图 8-2。

喷涂时，一方面应保持完好的喷雾图形形态，另一方面是需要保持搭接宽度的均匀才能保证涂膜的均匀一致。

涂料的黏度直接影响到涂料的喷出量、雾化效果和涂膜的平整度。因此在喷涂前，应通过对涂料黏度的调节来保证喷涂的质量。常见涂料适宜的喷涂黏度参见表 8-5。

空气喷涂的常见故障有：涂料雾化不好，喷涂不连续或喷雾图形不完整，喷涂的扇面不均匀而造成涂膜的不均匀等，所形成的涂膜会产生流挂、气泡、粗糙、条痕等。

空气喷涂法应用较广，并适用于绝大部分涂料，大部分用于工业产品的涂装、建筑物的涂装等。

表 8-5 常见涂料适宜的喷涂黏度

涂 料 种 类	黏度(涂-4 杯)/s	标准黏度/mPa·s
硝基树脂漆和热塑性丙烯酸树脂漆	16~18	35~46
氨基醇酸树脂漆和热固性丙烯酸树脂漆	18~25	46~78
自干型醇酸树脂漆	25~30	78~100

8.1.5.2 无空气喷涂(高压无气喷涂)

高压无空气喷涂是 20 世纪 60 年代以后得到迅猛发展的喷涂涂装技术，它利用压缩空气驱动高压泵，使涂料增压至 11~25MPa 通过软管和喷枪喷出，获得高压的涂料离开喷嘴时，快速雾化成极细的微粒，喷射至被涂物表面形成均匀的涂膜。高压无气喷涂是给涂料施加高压使涂料喷出时雾化的喷涂工艺。

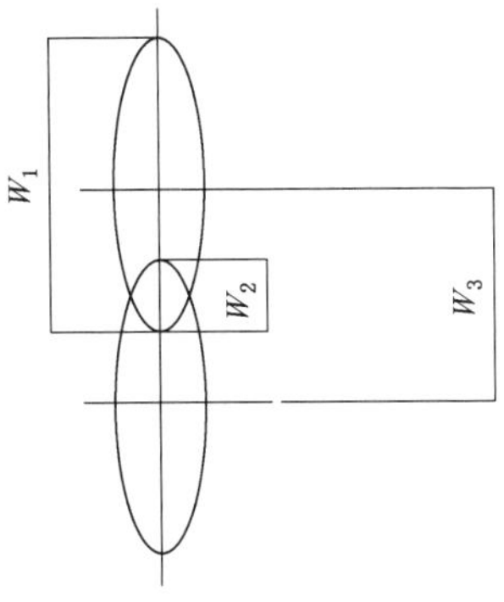

图 8-2 喷雾图形的搭界
W_1—喷雾图形幅宽；W_2—重叠宽度；W_3—搭接间距

在无气喷涂中，涂料本身通过高压泵被增至高压，不与压缩空气混合(与 8.1.5.1 所述的空气喷涂时压缩空气雾化涂料不同)，故称为无空气喷涂。在无气喷涂中的被增压的涂料在11~25MPa 压力下喷向被涂物表面，使涂料的渗透能力大为提高，涂膜的附着力好。并使涂膜具有光滑致密的表观。

高压无气喷涂技术的开发是为了解决高压空气喷涂中的涂料损失率高、污染环境的弊端。初期的高压无气喷涂采用齿轮泵加压涂料，由于齿轮泵压力的局限，使涂料的雾化效果较差，而影响到喷涂的效果。为了保证喷涂效果，需要配有预先将涂料加热的设备，使高压无气喷涂设备变得复杂庞大，因而其应用受到限制。

使用柱塞泵和隔膜泵给涂料加压，使无气喷涂涂料的雾化效果大为改善，涂料不需要加热处理，从而使无气喷涂得到广泛的应用。高压无气喷涂与有气喷涂相比具有涂料损失率低、对环境污染低、且一次喷涂可获得较厚的涂膜的特点。同时，高压无气喷涂与其他涂装方法也可以结合起来应用，如与静电喷涂结合，与空气喷涂相结合等，尤其是双组分高压无气喷涂技术的问世，就使得高压无气喷涂技术在防腐蚀涂装领域的应用更为广泛，成为了最主要的防腐蚀涂装方法。

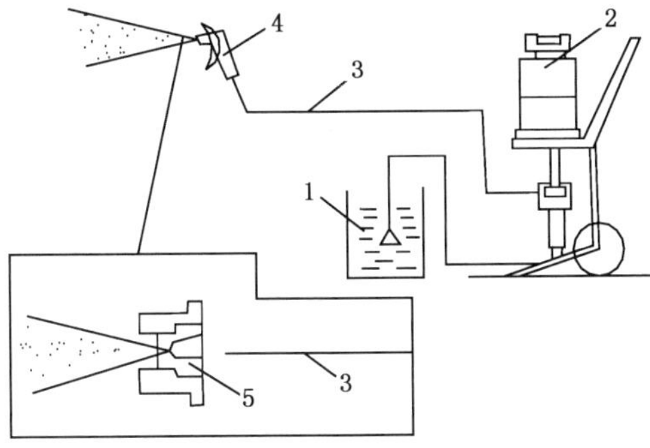

图 8-3 无气喷涂的原理
1—喷料容器；2—高压泵；3—高压涂料输送管；4—喷枪；5—喷嘴

1. 高压无气喷涂的原理

高压无气喷涂通过压力泵不断地向密闭的管路内输送涂料，从而在密闭的空间内形成高压，然后释放连接于涂料管末端的喷枪扳机，在涂料喷出的瞬间使其以 100m/s 的速度与空气发生碰撞，同时迅速膨胀而雾化。图 8-3 是无气喷涂的原理图。

2. 无空气喷涂工艺的特点

(1) 一次性涂膜厚度大，可喷涂各种高

固体成分及厚浆涂料，获得的涂膜较厚；

（2）喷涂效率高，是空气喷涂的3倍左右，可达到400～1000m^2/h。特别适用于工业领域大型涂装工程如造船业、建筑业以及大型钢结构防腐蚀涂装等领域的应用；

（3）涂料可加热后喷涂，降低了涂料的黏度，增加了涂膜的附着力；

（4）涂料的利用率高(不采用空气雾化，涂料飞散少)，减少了对环境的污染；

（5）可用于喷涂各种环氧、聚酯、聚氨酯、聚脲等双组分重防腐蚀涂料。

3. 设备

高压无气喷涂的主要设备有：动力源、高压泵、蓄压过滤器、输漆管、涂料容器和喷枪。

新型的高压无气喷涂设备还包括双组分无气喷涂设备、富锌涂料无气喷涂设备等。

高压无气喷涂的动力源有三种：气动(以压缩空气为动力源)、电动和液动(油压源)。其高压泵也分为气动高压泵、油压高压泵和电动高压泵三种。

由于气动高压泵具有安全可靠的特性，使用中无火灾危险性，因而应用较为广泛。一般压缩空气的压力在0.4～0.7MPa，而涂料经过气动压缩泵后的压力是压缩空气压力的几十倍。蓄压过滤器有稳压和过滤的功能，一方面是稳定涂料的喷涂压力，使涂料的喷涂稳定，另一方面是滤去涂料中的杂质和异物，避免喷枪的堵塞。高压无气喷涂的输漆管必须能耐高压，同时兼具消除静电的功能，所以由多层结构组成。一些新型的双组分涂料的输漆管还具有热导线的装置，使被加热器加热过的涂料保持在一定的温度范围内。输漆管的长度一般在5～30m范围内，也可以更长，例如：美国GUSMER公司生产的专用于聚脲喷涂的双组分高压无气喷涂机的导管长度最长可达90m。涂料容器一般应配有搅拌装置，可用于调整涂料的黏度和使涂料的混合均匀，在用于喷涂高黏度涂料的场合，在涂料容器外还配备有加热套，以降低涂料的黏度并保持涂料的恒温。

4. 喷枪

高压无气喷涂的喷枪与空气喷涂不同，只有涂料通道，同时由于高压无气喷涂的喷涂压力较高，喷枪的涂料通道应具有较高的耐压性和较佳的密封性，才能够承受较高的压力，同时又不会造成涂料的泄露。

为了便于喷涂操作，一般要求无气喷涂的枪体应比较轻便灵活，所以无气喷涂的喷枪可做成多种类型，如：手持式、长杆式和自动式等。其中，长杆式喷枪的枪柄杆长度可以达到2m左右，很适合于大型结构的喷涂作业。而自动式喷枪则可应用于自动化生产线的喷涂。

涂料的喷嘴是喷枪的关键，它可决定涂料的喷出量和喷雾图形的形状，一般将无气喷涂喷枪的喷嘴分为标准型、圆形、自清型和可调型喷嘴四种。涂料喷嘴的选择要根据涂料的黏度、无气喷涂的工艺条件特性和涂装要求来选择合适的涂料喷嘴口径和喷涂压力。其中，标准型喷嘴使用最普遍。

标准型喷嘴的开口呈橄榄形，喷雾图形呈椭圆形。涂料喷出量最高可以达到10L/min，能够满足各种喷涂涂装工艺的要求。

5. 常用涂料的无气喷涂工艺条件

无论是单组分的溶剂型涂料，还是双组分的溶剂型涂料都可以采用高压无气喷涂工艺。在选择高压无气喷涂的工艺条件时，除了选择适宜的喷涂设备外，还应根据涂料的黏度选择合适的喷涂工艺条件，以及根据涂膜厚度的要求选择喷枪喷嘴的口径大小和涂料喷出量等。常用涂料的无气喷涂的工艺条件选择可参照表8-6。

表 8-6　常用涂料无气喷涂工艺条件

涂料类别	喷嘴等效口径/mm	涂料喷出量/(L/min)	喷雾图形幅宽/mm	涂料黏度(福特杯-4)/s	涂料压力/MPa
磷化底漆	0.28~0.38	0.42~0.80	200~360	10~20	8~12
油性红丹底漆	0.33~0.43	0.61~1.02	200~360	30~90	>11
胺固化环氧树脂富锌底漆	0.43~0.48	1.02~1.29	250~410	12~15	10~14
烷基硅酸盐富锌底漆	0.43~0.48	1.02~1.29	250~410	10~12	10~14
云母氧化铁酚醛树脂漆	0.43~0.48	1.02~1.29	250~410	12~15	10~14
厚膜乙烯树脂漆	0.38~0.48	0.80~1.29	250~360		12~15
聚氨酯树脂面漆	0.33~0.38	0.61~0.80	250~310	30~50	11~15
氯化橡胶底漆	0.33~0.38	0.61~0.80	250~360	30~70	12~15
氯化橡胶面漆	0.33~0.38	0.61~0.80	250~360	30~70	12~15
聚酰铵固化环氧树脂底漆	0.38~0.43	0.80~1.02	250~360	50~90	12~15
聚酰铵固化环氧树脂面漆	0.33~0.38	0.61~0.80	250~360	30~50	12~15
胺固化煤沥青环氧树脂漆	0.48~0.64	1.29~2.27	310~360		12~18
异氰酸固化煤沥青环氧树脂漆	0.48~0.64	1.29~2.27	310~360		12~18

6. 双组分无气喷涂设备

环氧树脂涂料、聚氨酯涂料、聚酯涂料，聚脲弹性体涂料绝大部分都是双组分涂料，在化学上大部分是催化固化的反应机理，而且由于防腐蚀性能优异，在防腐蚀涂装工艺中使用的比较广泛，从而使得双组分无气喷涂设备在防腐蚀涂装工程中得到了大量应用。

由于混合后的双组分涂料需要在一定的时间周期内用完，即双组分涂料在混合后都具有较短的施工操作寿命，而双组分的无气喷涂设备可以将双组分涂料的混合设计成一定的模式，仅仅在喷枪枪内或喷枪的枪前实现混合，这样就保证了喷涂工艺的连续性，从而可大大提高该类涂料的涂装效率和涂装质量。

采用双组分无气喷涂时，应先将两种涂料涂装时的重量比，换算成一定的体积比，然后按照这种体积比来调节送料泵进行送料。喷涂设备将按照涂料的混合方式可分为内混式和外混式两大类型。内混式设备是指将双组分涂料的主剂和固化剂按照涂装时的体积比，将双组分涂料都送入混合器内进行混合，在混合器内充分混合后的涂料再由喷枪喷出而成为涂膜。混合比为 1∶1~1∶5 范围内的双组分涂料适合于采用内混式喷涂设备的无气喷涂。

混合比在 1∶20~1∶100 的双组分涂料适宜采用外混式喷涂设备，外混式喷涂设备是指主剂和固化剂分别由喷枪上各自的喷嘴喷出，双组分涂料在雾化的过程中混合，即枪前混合的方式。

双组分无气喷涂设备的关键是两种涂料的配比，配比调节好，就能够保证喷涂涂层的质量。而如果配比出了问题，则会直接影响到涂层的质量。同时，双组分喷涂设备在停止使用后，必须认真清洗混合器(室)、涂料输送管及喷枪等，保证将残留的双组分涂料清除干净，否则残留的双组分涂料的固化会造成这些设备零件的报废。图 8-4 是双组分无气喷涂系统的装置路线说明。

7. 聚脲弹性体喷涂设备和技术

近年来，由于溶剂性涂料对大气环境的污染，高固体成分、高性能的双组分防腐涂料的大量研制成功，更推动了双组分无气喷涂设备的技术进步和发展。例如，100%固体成分的聚脲弹性体涂料的问世，促进了适用于该种涂料的喷涂设备的产生。

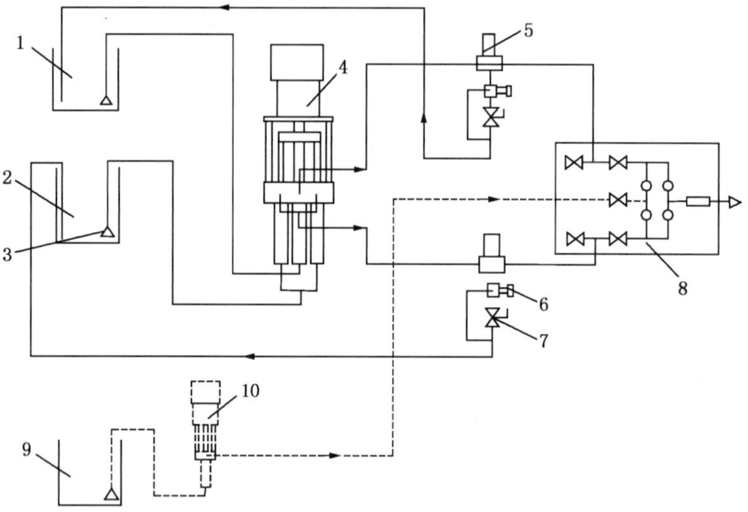

图 8-4　双组分无气喷涂设备系统

1—固化剂罐；2—主剂罐；3—过滤器；4—双组分泵；5—过滤器；
6—减压阀；7—球旋阀；8—混合器；9—清洗剂罐；10—清洗泵

聚脲(Polyurea)弹性体涂层是由异氰酸酯(Isocyanate)组分(简称 A 组分)与氨基化合物组分(简称 B 组分)反应而生成的一种弹性体涂层。异氰酸酯组分可以是芳香族的，也可以是脂肪族的，其中的 A 组分可以是单体、聚合物、异氰酸酯的衍生物、预聚物和半预聚物。预聚物和半预聚物是由端氨基或端羟基化合物与异氰酸酯反应制得的。而其中的 B 组分则必须是由端氨基扩散链剂组成的，在端氨基树脂中，不得含有任何羟基成分和催化剂，但可以含有便于颜料分散的助剂。它与聚氨酯(Polyurethane)的区别可用下面的方程式表示。

$$\underset{\substack{\text{Polyisocyanate}\\ \text{聚异氰酸酯}}}{OCN—R—NCO}+\underset{\text{多羟基化合物}}{HO—R'—OH} \longrightarrow \underset{\substack{\text{Polyurethane}\\ \text{聚氨酯}}}{OCN—R—\overset{H}{\overset{|}{N}}—\overset{O}{\overset{\|}{C}}—O—R'—OH}$$

$$\underset{\substack{\text{Polyisocyanate}\\ \text{聚异氰酸酯}}}{OCN—R—NCO}+\underset{\substack{\text{Polyamine}\\ \text{聚胺}}}{H_2N—R''—NH_2} \longrightarrow \underset{\substack{\text{Polyurea}\\ \text{聚脲}}}{OCN—R—\overset{H}{\overset{|}{N}}—\overset{O}{\overset{\|}{C}}—\overset{H}{\overset{|}{N}}—R''—NH_2}$$

以上的两个方程式表明：组成聚脲弹性体的两种化学组分的化学反应十分活跃，聚氨酯的反应需要在催化剂的作用下才能进行，而聚脲的双组分化学物质在接触后，会迅速反应形成聚脲弹性体涂层。对于反应如此迅速的化学体系，必须要有适宜的喷涂设备，才能保证喷涂涂层的质量。聚脲弹性体喷涂技术也就是在其相应的喷涂设备产生之后，才被有效地应用于各种防护领域。

该种涂料的 A、B 双组分在喷涂时的喷涂混合比为 1∶1，而且要求加热喷涂，以降低 A、B 双组分涂料的黏度。相对于这种双组分高固体成分涂料的喷涂设备，必须要求有一个稳定的送料体系，该体系应能够保证 A、B 双组分涂料的压力和温度稳定；还应具有精密的涂料计量体系以保证 A、B 双组分准确的混合比；在喷涂前的 A、B 双组分涂料应能有均匀的物料混合体系；其他如高效和精确的涂料加热体系，以及方便的物料清洗体系等等也是聚脲喷涂设备所必须具备的功能。

聚脲涂料的施工需采用专用的双组分无气喷涂设备，美国 GUSMER 公司是聚脲弹性体喷涂设备的主要供应商，也是最早的设备制造商，在北美、欧洲、澳洲和东南亚地区占有较大的市场份额。其他的设备制造商还有美国的 Graco、Glas-Craft 等。

该类喷涂设备具有自加热功能，并具有均匀的物料混合系统，可喷涂高黏度、难混合、快速固化的涂料。GUSMER 公司的 H-20/H-35(图 8-5)是较常用的喷涂聚脲的主力机型，采用液压驱动，输出量大，工作压力高。它配备有 6kW 的主加热器及自动温度控制系统，还配有保温软管以确保其可在严寒冬季的施工。GUSMER 系列喷枪具有专利的撞击内混合、机械自清洗功能，可根据喷涂的对象和要求选择不同的喷枪型号。例如：GX-7 型喷枪的输出量为 1.6~3.6kg/min，最大工作压力是 24.1MPa。

H-20/H-35 型技术数据(公制)

最大输出量：14/7.5kg/min

最小输出量：1kg/min

最大额定压力：138/240bar(3500psi)

原料黏度：250~1500cps

质量：175kg

尺寸大小：119cm×102cm×56cm

电性能：60A，3×220V，50/60Hz

38A，3×380V，50Hz

设备的主要组成部分如下所述：

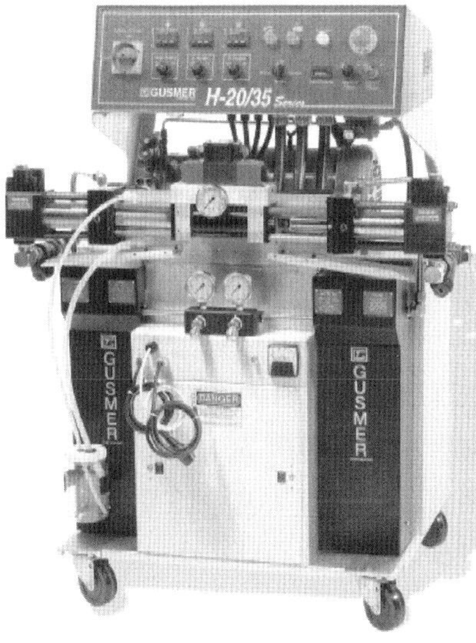

图 8-5 GUSMER 公司 H-20/35 聚脲喷涂设备

（1）物料输送体系。该图片上未显示出来的还有两根 90m 长的软管，每根 90m 的软管分别由 6 根 15m 长的标准软管连接在一起构成。可以根据施工的需要增减软管的根数，用于聚脲双组分原料的物料的输送。这两根软管连接主加热器与接枪管，且与两个抽料泵相连，两个抽料泵分别插入 A、B 料桶内。其作用是为主机供应喷涂原料。抽料泵必须能满足喷涂涂料的原料供应，由于聚脲原料的黏度比常规涂料要大得多，因此一般需要采用 2∶1 的抽料泵。

（2）相对应的活塞计量泵。可保证压力稳定，并能排除不均匀载荷。

（3）自动温度控制。具有 Gusmer 软管加热和控制系统，可自动控制软管的热量。在软管内，可以控制和维持化学反应的最初热量和温度。并可分别对高速流动的介质实施最大效率的预热，其工艺技术配有两台 6000W 的加热器，使化学介质被加温并产生瞬间反应。

物料经过比例泵精确计量后变成高压高速液流，流经主加热器，主加热器经过特殊设计，其功率在 6000W，主加热器必须能满足对物料的升温迅速且升温平稳，并能实施自动化控制，最大物料的加热温度应在 75~90℃之间。物料经主加热器加热升温后，流经加热软管并被输送至喷枪。为防止被加热的物料在软管的输送工程中被冷却，软管伴有加热设施，并通过温度传感器对温度进行控制和补偿。软管的加热系统一般采用低压电源。

(4) 物料混合、雾化系统。喷枪是聚脲喷涂的主要设备之一，在聚脲喷涂中使用的是撞击混合型喷枪，聚脲的高温、高压双组分物料在喷枪很小的混合室内混合、撞击后喷出。

与聚脲弹性体的喷涂专用喷涂设备相配套的喷枪，都采用专用的、具备自清洗功能、自撞击内混合功能的喷枪，主要型号有 GX-7、GX-8 两种类型，此外还有 GX-7-400DI 喷枪，它是在 GX-7、GX-8 喷枪的基础上推出的一种新型喷枪，主要特点是输出量大，直接对撞混合，不依赖空气雾化，阀杆易调节，机械自清洗等特点。

GX-7 型喷出量在 1.6~3.6kg/min ，适合于较厚涂膜的喷涂作业。GX-8 型则适合于较薄涂膜的喷涂作业。GX-7 喷枪的主要规格见表 8-7。

表 8-7　GX-7 喷枪的主要规格

名　　称	规　　格	名　　称	规　　格
质　　量	1.5kg	气源压力	100~125psi
外型尺寸	23×24×11cm	物料输出量	2~18kg/min

(5) 自动冲洗功能。喷枪在停止喷涂时，喷涂系统是全封闭的，聚脲物料的双组分彼此被分隔在两个独立的软管体系中，只有在开枪时聚脲的双组分物料才能在喷枪的混合室内撞击混合，雾化后喷出成型。需要清洗的就是喷枪的混合雾化体系，因为只有在喷枪的混合室内两组分涂料才相互接触。

该喷枪体系配有专门的清洗罐，可使清洗剂在压力作用下清洗喷枪和混合室。应保证在将喷枪内的物料全部清除后才能将喷枪储存存放。

(6) 计量泵。H-20/35 配备有正移动、双向活塞泵。其各种标准泵系列可提供各种特定的配合比，其范围为 1：1 到 4：1，A：B 或 B：A。Gusmer 的密封是由镀了一层非常坚硬的铬的活塞棒与活塞汽缸壁组成，可提供最可靠的泵性能。在每个泵上设有超压安全开关，可在分别达到 2000/3500psi 时停止液压马达。

由此可见，聚脲的双组分涂料是在 GUSMER 喷涂机的喷枪内实现高温、高压下高速撞击混合，雾化后喷涂在被涂物表面，而实现快速固化成膜。此种喷涂技术在 1991 年首先在北美投入商业运行，便受到轰动和业内人士的广泛关注，原因是此种技术的问世就使得在以前无法进行涂装施工的现场环境如零下几十度低温环境下的施工，以及要求在极短的时间段内完成的施工成为了可能。这是其他传统涂料所不可能做到的。又加上异氰酸酯基与胺基的极强的反应活性，即使在高寒、高湿环境下聚脲喷涂的施工仍可进行。从而大大扩展了聚脲的使用空间与应用场合。也因为该种涂料和喷涂技术的问世，人们将聚脲和喷涂聚脲弹性体技术称为引起了涂料界的一场“革命”。

8. 富锌涂料无气喷涂设备

富锌涂料也是防腐蚀领域使用较广泛的一种涂料，可分为有机富锌涂料和无机富锌涂料两类。在海洋环境或污染严重的工业大气环境中的腐蚀防护工程中都较多选用富锌涂料，这是由于富锌涂料具有的优良的防腐性能和耐候性，因而常常被作为底漆或面漆使用。富锌涂料中含有大量的锌粉，极容易产生沉淀、结块而出现堵塞喷涂系统、损坏高压泵等弊病。因此，常规的无气喷涂设备是无法用于富锌涂料的喷涂，而应选用专用的富锌涂料喷涂设备。富锌涂料无气喷涂设备具有如下的特性：

(1) 具有专用搅拌设备；

(2) 高压泵等压送机构由特殊耐磨材料制造，包括喷枪、喷嘴和高压软管；

(3) 涂料的输送管、压缩空气进气管口径大于普通喷涂设备，涂料喷出量大；

(4) 高压泵的加压系统和栓塞系统为分体结构。

例如，国内生产的气动型 GPQ9C 无气喷涂机就是富锌涂料的专用喷涂设备，涂料的最大喷出量为 51 L/min；而喷涂一般涂料的无气喷涂设备的喷出量则要低得多，如 GP2A1 无气喷涂机的最大喷出量为 5L/min，GPQ4C 喷涂机的最大喷出量为 9L/min 等。因此，不难看出喷出量大，是富锌涂料喷涂设备的主要特征。

一般来说，所有的高压无气喷涂设备的使用和维护的要求都是比较严格的，尤其对于双组分无气喷涂设备更是如此。喷涂时包括喷涂压力、温度的调节，喷涂后的喷枪的维护和清洗，密封配件的保养和更换，以及高压泵的检查和维护都是保证喷涂作业质量的关键。否则，就会出现喷涂压力不稳定，涂料雾化不均匀，喷涂图形不规则等一系列弊端，严重影响到喷涂效果和喷涂效率。

9. 高压无气喷涂的应用场合和常用涂料喷嘴的选取

高压无气喷涂技术是最广泛的一种防腐蚀涂装技术，它被大量应用于大型桥梁、船舶、车辆、飞机、贮罐、管道、建筑物，以及腐蚀严重的海洋环境和工业大气环境中的钢或混凝土构筑物的防腐蚀喷涂作业。该种喷涂可采用两种作业类型：固定式——应用于自动生产流水线，移动式——应用于工作场所经常改变的场合。

喷涂压力和流量是高压无空气喷涂作业的重要参数，也是选择高压无气喷涂机的技术参数。涂料的黏度与喷涂压力之间也存在着对应关系，在涂料产品的说明书中也应有提供。此外，喷枪喷嘴的选择则决定了喷雾幅度的大小，喷雾幅度选择应根据喷涂对象来决定。因此一般厂商提供的喷嘴都应注明其使用的规格型号。

8.1.5.3 静电喷涂法

静电喷涂法是利用静电发生器在喷枪和被涂物之间产生高压静电场，使喷枪和被涂物分别与高压电场的两端相连，喷枪喷出的涂料在高压电场中雾化并在静电场力的作用下沉积在被涂物的表面，经过干燥和固化后形成一层均匀的涂膜。

由于涂料粒子在通过枪口时被带有电荷，成为带电粒子，并在高压电场的作用下，喷向带有相反电荷的被涂工件，其雾化效果好，损耗很小，可使涂料的利用率达到 80%~90%，与空气喷涂相比可节约 30%~40%的涂料。其涂膜的质量好，可实现连续化生产。因此，静电喷涂可应用于大规模的自动涂装生产线，尤其是机械行业、家用电器、仪器仪表以及汽车行业等应用极为广泛。静电喷涂法适用于各种液态合成树脂涂料的施工。

静电喷涂时一般将工件接地，为阳极。喷枪口为负高压，当电场强度足够高时，枪口附近的空气产生电晕放电，而使空气电离。涂料粒子通过枪口时被带上电荷成为带电粒子，在通过电晕放电区时，进一步与离子化的空气结合再次带电，在高压静电场的作用下，被带到极性为正电的被涂工件表面，沉积在其表面而形成涂膜。

静电喷涂的设备需要高压静电发生器、静电喷枪、静电喷涂室、供漆装置和工件的输送装置等。静电喷涂的技术要求比较高，对静电喷涂涂料、静电喷涂设备、喷涂电压的高低、被涂物与喷枪的距离和喷枪的流量与设置等都有一定的工艺要求。

对于静电喷涂作业，由于是在高压电场下的涂装作业，国家有很严格的安全标准发布，

GB 12367—90《涂装作业安全规程 静电喷漆工艺安全》与 GB 14773—93《涂装作业安全规程 静电喷枪及其辅助装置安全技术条件》都是针对静电喷涂的安全规范。规范中对喷涂室的设计、电器接线、人员的操作等都有非常明确的规定。

例如规范中规定，被涂物必须接地，接地途径一般为：被涂物——吊具——运输链——房屋钢架——接地，其中吊具容易有涂料附着，如果涂料越积越厚，就会在连接点处产生不良接触，导致被涂物接地不良。当人或其他物品与其接触时就有可能产生火花放电的危险。静电喷涂的喷枪、喷涂室、静电喷涂中的电器设备选型和连接等都有相关规定。

8.1.6 溶剂性防腐蚀涂料的涂装安全

1. 溶剂性涂料的燃爆危险性

在防腐蚀涂装工程中使用的防腐蚀涂料绝大部分为溶剂性涂料，涂料中的有机溶剂大部分是具有一定的毒性的，而且也是易燃的。涂料产品是由基料、颜料、溶剂、助剂组成，溶剂中绝大多数为易燃易爆的具有挥发性的有机介质，当挥发出来的有机介质与空气混合达到一定的比例后，常常会由于静电、明火的作用，产生爆炸或引起燃烧，因此溶剂性涂料具有很大的燃爆危险性。溶剂性涂料的危险性取决于溶剂闪点和挥发速率。

所谓闪点：就是溶剂蒸气自燃从而能够起火或爆炸的最低温度。

闪点越低，着火的危险性就越大。可以用闪点来划分可燃性气体的引发火灾的危险等级。即：分为一级火灾危险品(极其易燃)、二级火灾危险品(一般易燃)和三级火灾危险品(难燃)。具体划分标准如下：

一级：闪点在 21℃以下；

二级：闪点在 21～70℃；

三级：闪点在 70℃以上。

也可以用爆炸极限作为衡量危险品的危险等级。爆炸极限是爆炸上限与下限间的范围，它是指该种可燃性气体在空气中的比例。爆炸极限的范围越大，表面该种可燃性气体的危险等级越高。

每种有机溶剂的闪点和爆炸极限都可以在安全手册上查到相关的数据。表 8-8 是常用有机溶剂和稀释剂的闪点和爆炸极限浓度

表 8-8 常用有机溶剂和稀释剂的闪点和爆炸极限浓度

有机物名称	应用形式	闪点/℃	爆炸极限/%	
			上 限	下 限
甲苯	溶剂 稀释剂	6～30	1.0	7
二甲苯	溶剂 稀释剂	29	1.0	7.6
乙醇	溶剂 稀释剂	9～32	2.6	19
异丙醇	溶剂 稀释剂	12	2	12
丁醇	溶剂 稀释剂	21～34	1.7	8
丙醇	溶剂 稀释剂	-20	1.6	13
乙酸乙酯	溶剂 稀释剂	-10	2.1	11.5
乙酸丙酯	溶剂 稀释剂	10	11.7	8
乙酸丁酯	溶剂 稀释剂	22	1.2	706
200 号溶剂	溶剂 稀释剂	19	1.0	6

涂料中除含有有机溶剂外，还含有有机树脂，也是易燃成分。国外厂家生产的涂料一般会提供闪点的数据和爆炸极限。表 8-9 是丹麦老人牌涂料产品提供的相关数据。

表 8-9　老人牌涂料的安全数据

涂料产品名称	闪点/℃	爆炸极限/%	涂料产品名称	闪点/℃	爆炸极限/%
氯化橡胶涂料	23~38	0.77~8.0	纯环氧树脂涂料		1.0~15.7
醇酸树脂涂料	27~38	0.77~6.7	环氧沥青涂料	0~25	1.0~15.7

2. 溶剂性涂料涂装现场危险等级的划分

由于溶剂性涂料的挥发性，在涂装作业的现场以及烘干涂膜的过程中，按涂装时所形成的混合性气体发生爆炸的危险性，国家发布了《爆炸危险场所电气安全规划》的国家标准，将不同的涂装环境按危险性划分成以下三级危险场所。

（1）1—0 级爆炸危险场所即正常情况下，爆炸性混合气体连续地或经常地长时间存在的场合；

（2）1—1 级爆炸危险场所即在正常情况下，有可能积聚形成爆炸性混合气体的场合；

（3）1—2 级爆炸危险场所即在不正常情况下,有可能短时间形成爆炸性混合气体的场合。

按照此标准，在有限的空间内进行涂装作业(有限的空间指空间狭小、没有良好通风的涂装场合进行连续的涂装作业，例如：在容器内部的涂装施工，在管道内部的涂装施工等，都属于这种 1—0 级爆炸危险场所)必须采取措施，防范爆炸或燃烧的危险。国家发布了专门针对此种场合的涂装作业的安全规范，即 GB 12942—1991《涂装作业安全规程　有限空间作业安全技术要求》。

当涂装作业在室内进行，例如在喷涂室内或者在静电喷涂室内进行时，也属于有限空间的作业条件，同时又有静电喷涂环境和工艺条件带来的环境风险。因此，除了通风换气，限制工作空间内的可燃性气体的含量外，又必须注重电器设备所带来的燃爆风险问题。国家专门发布了有关喷涂室的安全技术规范，尤其是静电喷涂的相关安全规定。这些国家标准是 GB 12367—1990《涂装作业安全规则　静电喷涂工艺安全》和 GB 14444—1993《涂装作业安全规则　喷涂室安全技术规定》；GB/T 6514 涂装作业安全规程《 涂漆工艺安全及其通风》；以及 GB 12158《防止静电事故通用导则》。

3. 溶剂性涂料的毒性

有机挥发物是人类生存环境的第二大污染源，著名的“洛杉矶光化学烟雾事件”就是由于大气中的有机挥发物造成的。几乎所有的溶剂都能发生光化学反应，涂装中常用的溶剂苯、二甲苯以及乙酸酯等都是有毒溶剂的典型。

有机溶剂产生的毒害作用多样。几乎所有的有机溶剂都是原发性皮肤刺激物，对皮肤、呼吸道黏膜和眼结膜具有不同程度的刺激作用，能引起中枢神经系统的非特异性抑制、周围神经疾患和全身麻醉作用。其中有些有机溶剂可作用于神经系统、肺脏、心脏、肝脏、肾脏、血液系统和生殖系统，造成特殊的损害，有的甚至具有致癌或潜在的致癌作用，如氯乙烯在动物实验中可引起 DNA 烷基化，对沙门氏伤寒杆菌有致突变作用，可引起大鼠和小鼠的乳腺癌、肝癌等癌症，在职业接触人群中，可导致肝血管肉瘤；苯可致大鼠和小鼠的乳腺癌、皮肤癌和口腔癌，对人可造成染色体畸变、白血病，这两种化学物质已被 IARC 确认为对人类有致癌危害的一类化学物质。

苯对人体的危害是引起急性中毒、再生障碍性贫血和白血病。乙二醇醚则是一种剧毒溶剂。化学家证明急性中毒涉及的有机溶剂达 8 种以上，职业性皮肤病涉及的毒物有防腐油、大漆、汽油、甲醇等，四氯乙烯皮炎检出率 100%；汽油清洗作业的汽油中毒患病率 1.46%，乙酸乙酯等危害也多有报道。另外，涂料中含有的重金属毒性也常常引起施工作业人员的急性和慢性中毒。

为此，必须有效控制涂装工艺车间的有害气体浓度，包括在敞开空间的涂装施工。表 8-10是常见溶剂在空气中的最高允许浓度。

表 8-10　常用溶剂在空气中的最高允许浓度

溶　剂	最高允许浓度/(mg/m^3)	溶　剂	最高允许浓度/(mg/m^3)
苯	50		
甲苯	50	乙酸乙酯	200
二氯乙烷	50	乙酸丙酯	200
二氯乙烯	50	乙酸丁酯	200
氯苯	50	丙醇	200
甲苯	100	丁醇	200
二甲苯	100	松节油	300
溶剂石脑油	100	松香水	300
戊醇	100	丙酮	400
乙酸戊酯	100	乙醇	1500
乙酸甲酯	100		

1966 年，美国加利福尼亚州发布了世界上第一个关于挥发性有机化合物 VOC 的法令，即"66 法规"。1998 年美国环境保护署发布了 AIM(Architectural and Industrial Maintanance Coatings Rules)条例，对各类涂料的 VOC 最高限额作了规定，并于 1999 年正式生效。欧共体也在 1993 年通过了"生态管理和审核法规"（EMAS），也于 1994 年生效。世界标准化组织（ISO)207 技术委员会（ISO/TC207)制定了环境管理的法规体系标准(ISO 14001—14100)共 100 条，对环境保护作了规定。中国也强制性要求在 2002 年 7 月 1 日以后，建筑涂料的 VOC 含量必须低于 200g/L。这说明，有机溶剂的危害已引起全社会的广泛关注。防腐蚀涂装行业除了尽量选用无溶剂涂料、水性涂料等环保型涂料外，还应该在涂装作业中尽量采取必要的措施，减少溶剂的排放量。

8.2　粉末涂料的涂装

粉末涂料是一种不含有溶剂的 100%固体含量的涂料，它与传统的溶剂性涂料的涂装方法不同，它是把粉末形态的涂料以静电喷涂、或火焰喷涂等方法喷涂到被涂物的表面，经烘烤流平或固化成膜后得到的涂膜。

由于粉末涂料不含有溶剂，因此粉末涂料在涂装工程中不会产生污染大气的挥发性有机溶剂，操作人员也不会因长期与有机溶剂接触而患有职业病。粉末涂料的一次成膜厚度较厚，一次性涂装便可达到设计厚度，因此提高了涂装作业的效率，而且由于粉末涂料大多是有机树脂涂料，具有优良的机械性能和防蚀性能，同时还具有良好的装饰性，因此，粉末涂料一问世后，就受到业内人士的广泛关注，并发展很快。1966 年美国颁布了限制溶剂性涂料对大气的污染的"66"法规后，人们更重视粉末涂料的开发和利用。

粉末喷涂技术起始于 20 世纪 50 年代，人们起初研究粉末涂料的涂装方法，是设法将粉末树脂熔融，然后再涂敷于金属的表面，因此滚涂和火焰喷涂成为了主要的涂装方法。1952年德国发明了流化床法涂敷法，借助空气动力使处于专用设计的容器内的粉末涂料具备了液体的流动特性，然后粉末涂料在热的工件表面熔融而实现涂敷。60年代，美国壳牌化学公司发明了热固性环氧粉末涂料，1962年粉末静电喷涂技术装置在法国研制成功，使粉末静电涂装技术走上了工业化的道路。

粉末涂料除大量应用于机械设备、仪器仪表、电子原器件，还大量应用于航空航天、管道的防腐蚀涂装。以防腐型环氧粉末用于埋地钢质管道为例，从60年代开发至今，已有40多年，经过近30年的发展，该技术已非常成熟，世界上已有近10万公里以上的管道使用了熔结环氧粉末涂层，美国著名的阿拉斯加原油管道(也是世界上第一条伸入北极圈的输油管道。全长1287km，管径为1210mm，1977年建成)，就使用了该种防腐层，至今已有30多年的历史。国外建筑用的钢筋混凝土结构中的钢筋，为提高其耐蚀性，也采用环氧粉末涂装。据美国《Pipeline Digest》统计，在北美发达国家90年代以来，熔结环氧粉末涂层一直连续占据年管道涂敷用量的首位。表8-11是《Pipeline Digest》杂志提供的1993~1996年世界管道各种防腐层用量的比较表。

表8-11　1993~1996年世界管道各种防腐层用量比较　m^2

防腐层种类	1993年	1994年	1995年	1996年
熔结环氧粉末涂层(FBE)	15，044，780	8，783，397	7，681，410	11，724，879
煤焦油瓷漆	4，304，205	4，043，486	2，323，703	4，898，726
混凝土涂层	1，608，348	2，928，306	3，898，213	4，934，689
环氧煤沥青	81，408	238，701	60，692	34，660
聚乙烯挤压涂层	2，827，827	3，933，820	2，254，811	2，293，842
石油沥青	1，641，263	111，480	2，230，197	1，309，818
缠带	109，720	354，141	34，049	63，354
其他	2，350，560	462，027	3，703，539	6，184，099
总计	27，968，121	20，955，339	22，516，275	31，409，068

注：聚乙烯挤压涂层为国内的二层、三层聚乙烯。

事实上，用于管道防腐的粉末涂料不仅仅是熔结环氧粉末，聚乙烯等粉末喷涂技术也已应用于管道的内、外腐蚀防护。其他热固性树脂的粉末涂料、如聚氨酯粉末涂料、丙烯酸粉末涂料，以及其它各类绝缘型、装饰型粉末涂料在家用电器、航空航天、机械设备、仪器仪表、建筑等行业的应用也得到推广和应用。据相关资料报道，世界热固性粉末涂料的增长率约为涂料增长率的2倍。也说明了粉末涂料应用的广泛性。

我国的粉末涂料喷涂技术的发展是从70年代中期到80年代初期，最初应用于家用电器，后逐步向其他领域推广。我国先后从英国、法国引入了粉末涂料的生产线，使粉末涂料生产能力得到提高，并在粉末涂料的品种、粉末喷涂设备等方面得到迅猛的发展。

粉末涂料在石油天然气领域的防腐蚀涂装工程中已得到广泛的应用，尤其是用于管道的内外防腐层的防护。不仅建立了与国际水平同步的标准规范，而且也已从最初的技术引入，到现在已可以自行设计和建设各种类型的粉末静电自动化喷涂的生产线。例如，管道的内、外环氧粉末涂装生产线等。除此之外，热塑性的聚乙烯粉末喷涂自动化作业线也已经用于管道的内腐蚀防护、或外腐蚀防护等。聚乙烯粉末涂料是热塑性粉末涂料中使用最广，产量最大的粉末涂料，由于其耐水性优异，电绝缘性能和隔热性能、涂膜的机械性能均良好，价格也便宜，可应用于电冰箱食品架、饮用水管道等领域，也用于金属槽的防腐蚀衬里等场合。聚酰胺粉末(尼龙)也是我国60年代就已开发的粉末涂料，主要品种如尼龙1010、尼龙11等是可应用于有电绝缘和耐热要求的场合，由于聚酰胺粉末是无毒的粉末涂料，也被应用于食品加工业。聚氨酯粉末常用于金属板的预涂装，汽车、摩托车和设备的防护装饰等。

在我国，粉末涂料已应用于家用电器、交通运输、化工防腐、造船等国民经济的各个领域，应用范围越来越大，生产厂家越来越多，而且年生产规模在300t以上的生产厂家有40家以上，与国外的差距也越来越小。

8.2.1 粉末涂料的涂装方法

1. 粉末涂料的涂装过程

粉末涂料的涂装近年来发展很快，不管采用什么方法，只要是能将粉末涂料均匀涂布于被涂物的表面，再经过加热熔融而使粉末涂料流平成膜的涂装工艺，都属于粉末涂装工艺。粉末涂料的涂装在施工方法上更类似于烘烤型的溶剂性涂料。其涂装的工艺过程主要包括了以下三个过程：

(1) 把粉末涂料采用静电喷涂、火焰喷涂或其他的方法，使其到达被涂物的表面；

(2) 经过烘烤流平，或固化成膜；

(3) 冷却后得到保护性涂膜或装饰性涂膜。

2. 粉末涂料的涂装方法

粉末涂装或称喷涂可以采用多种方法，其主要涂装方法列于表8-12中。

表8-12　粉末涂料的主要涂装方法

涂装方法	粉末输送方式	粉末附着方式	喷涂原理说明
火焰喷涂法	压缩空气	熔融附着 工件预热或者不预热	高速行进的粉末涂料在火焰中通过，呈熔融状态，喷射到工件表面
空气喷涂法	压缩空气	熔融附着 工件预热	粉末涂料喷涂在预热至粉末涂料熔融点以上的工件表面
流化床法		工件预热	用气流使粉末涂料在流化床内呈均匀悬浮沸腾状态，迅速将预热的工件移至流化床内，使悬浮的冷粉末粒子均匀黏附在工件表面，将工件移出烘烤成膜
静电喷涂法	压缩空气	静电引力 工件预热	用静电喷枪将带有负电的粉末涂料喷涂到预热至粉末涂料熔融温度的工件表面，工件表面带有正电
静电流化床法		静电引力	用气流使粉末涂料呈沸腾状态并带有负电，流化床与工件形成高压电场，并产生电晕，粉末被吸引到带有正电的工件表面后再加热熔融固化
真空吸涂法	真空吸引	熔融附着	利用真空的吸引力，使粉末涂料吸附，熔融后成膜

粉末涂料有热塑性和热固性之分，不同的粉末涂料适用的喷涂方法也不同。在这些喷涂方法中使用最多的是静电粉末喷涂法。一般热固性粉末涂料绝大多数采用静电喷涂技术，而热塑性粉末涂料可采用静电喷涂和流化床浸涂两种方法。聚乙烯粉末、聚丙烯也都可使用粉末喷涂技术，我国国内也已建有专用于管道内、外壁防腐的自动化流水生产线，例如，石化行业某催化剂生产厂家已使用聚乙烯粉末喷涂技术生产用于化学工艺管道的内防腐层。事实

上，聚乙烯粉末喷涂在国外已大量用于饮用水钢质管道的内腐蚀防护层，也用于输送饮用水的铸铁管道的内防腐。其他的一些树脂的粉末涂料，如聚丙烯、聚酯等也可采用粉末静电喷涂技术进行涂装作业。

为改变聚乙烯粉末在涂装技术和成膜后的一些固有缺陷，如：工程上聚乙烯以及其他聚烯烃类树脂涂层具有很难与其他材料进行黏接、着色等问题，该缺陷已经大大影响了该类树脂材料在工程防护和防腐蚀领域的应用。国外已有公司对聚乙烯、聚烯烃类粉末等一些塑性树脂粉末，进行特殊的等离子体处理技术。等离子处理后的聚乙烯等粉末材料表面状态得到很大的改善，即增加了材料的柔韧性，又极大改善了聚乙烯类涂层的黏接性能，甚至能与混凝土类材料黏接等，从而大大扩展了聚乙烯类粉末作为防腐蚀和保护性涂层的应用领域。由于该类材料具有无毒等环保特性，一些发达国家(如德国)的环保部门大力支持该项技术的应用和推广，如应用于饮用水管道内防护和饮用水工程领域，以及其他应具备环保特性的如汽车内装饰场合等。

火焰喷涂适合现场作业和小批量生产；流化床法的生产规模可大可小，也适合自动化生产；静电喷涂法很适合于自动化生产线工艺的大规模产品的生产；静电流化床法也适合自动涂装生产线。而且不同的涂装方法对粉末涂料的粒度等的也有一定的使用限度规定。表 8-13 是三种主要的粉末涂料涂装方法对粉末涂料的要求。

表 8-13 涂装方法对粉末涂料的要求

涂装方法	适用的粉末涂料	标准粒度/μm
火焰喷涂法	热塑性粉末 热固性粉末使用时应后加热，而且易受氧化的树脂不能使用	较粗的粒子较好 100~200
流化床法	热塑性粉末 环氧树脂类的热固性粉末也适用	50~150
静电喷涂法	所有粉末都可使用，热固性的粉末更适合	150 以下

3. 常用粉末涂料的喷涂工艺条件见表 8-14。

表 8-14 常用粉末涂料的涂塑条件

粉末涂料名称	预热温度范围/℃	塑化温度范围/℃
聚乙烯	270~290	220~300
聚氯乙烯	240~280	200~250
聚丙烯	260~370	200~310
聚酰胺(尼龙)	240~430	200~290
环氧树脂	180~230	150~220

粉末涂料的各种涂装方法，均要求被涂装的工件表面在涂装前应进行除油、除锈、除水、磷化、氧化等表面预处理程序，与溶剂性涂料涂装前的要求是一样的。表面预处理的等级和要求与粉末涂料性能和被涂物材质密切相关。表面预处理的作用一方面提高涂膜的防腐蚀性能，延长涂膜的使用寿命，另一方面是为了加强涂膜与基底材料表面的附着力。

4. 粉末涂料涂装与溶剂性涂料涂装比较

粉末涂装是指将粉末涂料涂布到被涂物上，经烘烤成膜的工艺过程。由于粉末涂料中不含有溶剂和分散物质，只有熔融后才能流动，因此，部分传统的溶剂涂料施工方法并不适用于粉末涂料。表 8-15 是对粉末性涂料和溶剂性涂料涂装特点进行了比较。

表 8-15　粉末涂料与溶剂性涂料涂装特点的比较

项　目　内　容	粉　末　涂　料	溶剂性涂料
一次涂装的涂膜厚度/μm	50~500	10~30
涂装自动化	易实现	难
涂装时涂料的回收	可以	不能
涂膜性能	好	一般
有无溶剂挥发	无	有
粉尘污染	少量存在	没有
粉尘爆炸危险	存在	没有
涂装作业效率	高	一般
专用涂装设备	需要	视涂装作业方法而定
所使用的树脂	能够热熔融的固体树脂	能分散在溶剂中的树脂
涂料损失/%	<10	20~50
干燥时间	不需要	需要

由于粉末涂料中不含有溶剂，也就不存在对大气环境的污染，也不会带来废水污染等环境问题，同时也避免了操作人员的健康危害。同时，粉末涂料在喷涂时可以加设再回收装置，使涂料的利用率得到明显提高。粉末涂料喷涂涂膜的厚度一次涂装可以达到 450~500μm 厚，因此与溶剂性涂料相比可大大减少涂装的次数，提高涂装的效率。但是，并非粉末涂料涂装就没有缺点。其中最主要的是粉末涂料的涂装设备投资比较高，涂装技术要求比较高，同时也存在着粉尘污染及爆炸的危险性。对此，国家已发布了相关的安全规范。

8.2.2　火焰喷涂法

火焰喷涂法是粉末涂料通过高温气体火焰时，被熔融后喷涂到被涂物的表面，经流平固化成膜，火焰喷涂法又称熔射喷涂法。可用于热塑性粉末涂料的涂装，以及部分热固性粉末的涂装，也用于金属粉末的涂装。

其工作原理为：利用压缩空气使粉末涂料从火焰喷嘴中吹出，并以高速通过从喷嘴外围喷出的火焰区域，使粉末涂料呈熔融状态后喷射到被涂物的表面。

火焰喷枪是喷涂施工的主要设备，被涂物或者经过预热，或者直接喷涂。该法可适用于粒子较粗的热塑性粉末涂料（如聚乙烯、聚酰胺等），适用于现场施工。火焰喷涂的工件一般需要预热，粉末的粒度、火焰的温度、粉末通过火焰的时间及距离等都会影响到涂膜质量。

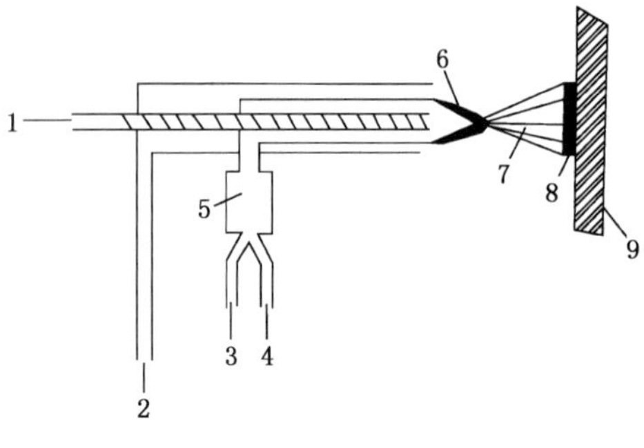

图 8-6　粉末涂料熔射法的原理

1—粉末涂料；2—冷却空气；3—氧气；4—可燃性气体；5—混合室；6—火焰；7—熔融的粉末涂料；8—涂膜；9—工件

火焰喷涂一次性喷涂厚度可以达到 500μm 以上，可在 100%相对湿度和低温环境下施工，常用于化工设备、化工池槽表面的防腐层或内衬层的涂装，并应用于大型结构物、机械设备的涂装与维护，常作为防腐涂层、耐磨涂层使用。也可用于使用静电喷涂、或流化床喷涂的大型结构物涂层缺陷的现场修补，如管道、大型贮罐内壁的涂装，以及桥梁的涂装和修复。火焰喷涂还可应用于高熔点陶瓷粉末涂料的喷涂，多为手工操作。

火焰喷涂的设备简单，价格也便宜。其主要设备是喷枪，其喷涂的原理如图 8-6。

粉末涂料从枪头中心的铜管喷出，铜管周围的同心圆环是喷出冷却空气的位置，冷却空气的排出是为了防止粉末涂料在枪身内熔化，喷枪外围的气体喷出管喷出的是氧和乙炔的混合气体或其他可燃性气体(如丙烷)，而形成火焰，从中心铜管喷出的粉末涂料通过高温的火焰时熔融，进一步被喷射到工件表面成膜。常用的火焰喷涂设备如 SHP-A 型和 FSP-Ⅱ型等，还有多功能的火焰喷涂装置，能喷涂塑性粉末、高熔点的陶瓷粉末，而且能喷涂金属合金粉末。关于金属粉末的喷涂，在其后的防腐蚀涂装的“热喷涂”的相关内容中还要介绍。

该涂装方法的缺点是涂膜的厚度不易控制均匀，而且在施工时容易造成粉末涂料的飞扬和损失。

8.2.3 粉末静电喷涂法

粉末涂料的静电喷涂与溶剂涂料的静电喷涂的原理相同，它也是利用高压静电电晕原理，将喷枪的端部与一负高压静电电极相连，被涂物接地，带有负电荷的粉末涂料粒子在静电场的作用下，喷涂到被涂物的表面(被涂物表面已被加热)，熔融、固化后形成一层均匀致密的涂膜，或者在固化炉中熔融、流平而形成均匀的涂膜。

在相关的国家标准中，粉末静电喷涂的定义：由于一定电场强度的电晕放电及空气动力作用，使粉末涂料粒子荷电或极化而吸附于工件表面的涂装方法。

粉末静电喷涂是静电涂装施工中应用最为广泛的涂装工艺，也是近年来，国际国内在管道防腐蚀涂装领域应用最多的工艺技术。

粉末静电喷涂的工艺流程如下：

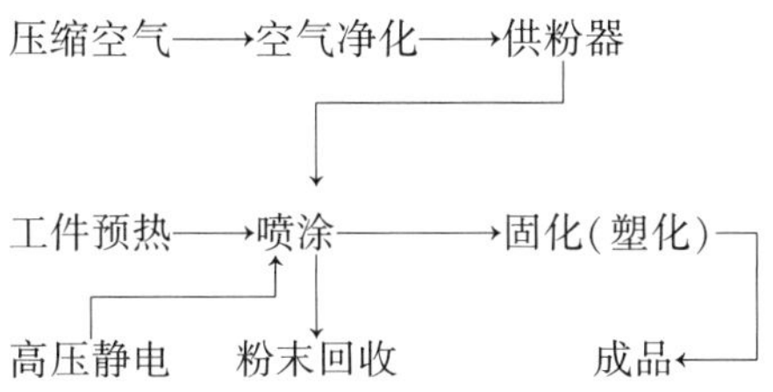

粉末涂料在静电喷涂前的的表面预处理应包括脱脂、除锈、化学磷化或钝化等手段。其主要工艺流程为：被涂物的表面预处理—预热—粉末喷涂—烘干(或固化)—冷却。

对于热塑性粉末涂料只需要流平，而对于热固性粉末涂料还应有固化成膜的工艺过程。

粉末的静电喷涂有冷喷涂和热喷涂之分，当被涂装的工件经过表面预处理后，先进行预热，然后再进行静电粉末的喷涂，则称之为热喷涂工艺，而被涂装的工件在进行表面预处理后，不预热直接进行粉末喷涂的工艺，称之为静电粉末冷喷涂。

静电粉末冷喷涂时，当涂膜的厚度超过 150μm 以上时，会由于电离排斥现象使涂膜外观出现麻点。但静电冷喷涂由于不对被涂装的工件预热，而使涂装工艺操作更简便，涂装效率更高。

静电粉末热喷涂的一次涂膜厚度可以比较厚(350~400μm)，适用于大多数粉末涂料的静电喷涂作业，所适用的被涂装结构物广泛，甚至可用于铸铁工件的涂装，涂膜没有针孔。

粉末静电热喷涂的涂膜较厚，喷涂过程中的粉末涂料利用率可达 95%以上，且在喷涂过程中不会产生溶剂污染，一次涂布可达到涂膜的设计厚度，涂膜的质量均匀可靠，可用于大规模的自动化生产线的生产。例如：石油天然气行业，采用熔结环氧粉末作为管道内、外的防腐层的喷涂涂料，该种管道防腐层的生产采用了粉末静电喷涂技术，这在国内外应用都

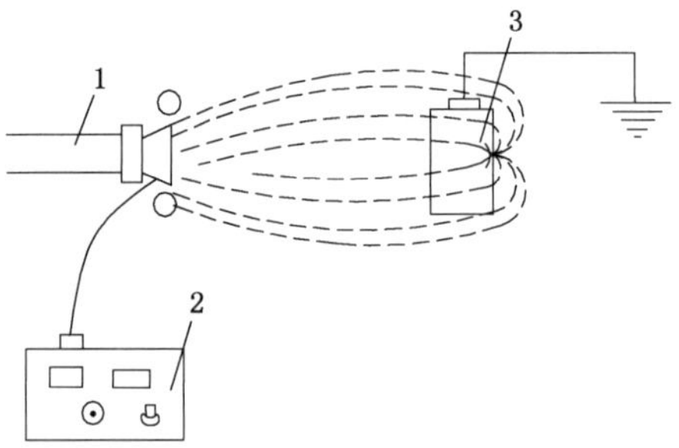

图 8-7　粉末静电喷涂的原理

1—静电喷粉枪；2—高压静电发生器；3—工件

十分广泛，并具有完善的施工技术标准与验收规范。该自动化喷涂生产线的具体运行模式将在下面的管道防腐蚀涂装工艺中作具体的介绍。

粉末静电喷涂的示意图如图 8-7。

粉末喷涂法需使用高压静电发生器、喷粉器、喷粉枪、喷涂室、粉末回收、传动装置、固化设备、及空压机等一系列施工设备。喷涂设备的投资高，喷涂时需调节喷涂的压力、温度、流量和各种喷涂工艺参数，并应根据被涂物的大小，选择合适的喷枪与喷枪的个数，确定喷枪的喷粉量来确保涂膜的厚度和均匀度，具有较高的技术含量并要求具备较多的专业技能。

影响粉末涂料静电喷涂质量的主要因素有：

粉末涂料的粉末粒度　这是因为粉末涂料的粒度的大小会影响到粉末的流动性和涂膜的厚度，以及涂敷特性。

粉末涂料的电导率　即涂料的体积电阻率可直接对涂料的施工性能造成影响，当粉末涂料的体积电阻率在 10^9 以下时粉末粒子易脱落，10^{10}~10^{14}范围内时的施工性能最为理想。

喷涂距离　这是因为喷涂距离可直接影响到静电场的电场强度。

喷涂电压　喷涂电压越大，粉末的喷出量越多，涂膜越厚。但并非喷涂电压越高越好，如果太高，也会造成涂膜质量不好，一般应控制在 60~90kV。

8.2.4　流化床浸涂法

流化床浸涂法是把预热的被涂工件浸入粉末涂料的流化床中，粉末熔融而被附着到被涂物的表面，经流平或固化成膜的涂装过程。

流化床浸涂的工艺过程如下：

被涂装工件—表面预处理—预热—流化床浸涂—加热流平—冷却—成膜

其工艺原理的示意图见图 8-8：流化床由气室、微孔隔板和流化槽组成。

粉末涂料装在如图 8-8 所示的流化槽中，气室的作用是将由进气口输入的经过滤、净化的压缩空气由集流状态分散成均匀的上升气流。多孔隔板是流化床的关键部件，它为了保证在流化床内的粉末涂料能实现均匀、良好的悬浮状态，必须具有透气率高、孔径均匀的特点，使底部气室内的压缩空气气流向流化槽的透入均匀；粉末涂料在流化槽内由于压缩空气流的作用处于沸腾状态。

当已完成表面预处理的预热工件进入流化槽中时，粉末涂料就熔融并附着在工件的表面。被涂覆了粉末涂料的工件从流化槽取出后，或者通过工件的自身潜热，或者再一次的给工件加热，使粉末涂料完全熔融流平后成膜，然后再经过冷却，完成粉末涂料的流化床涂装。

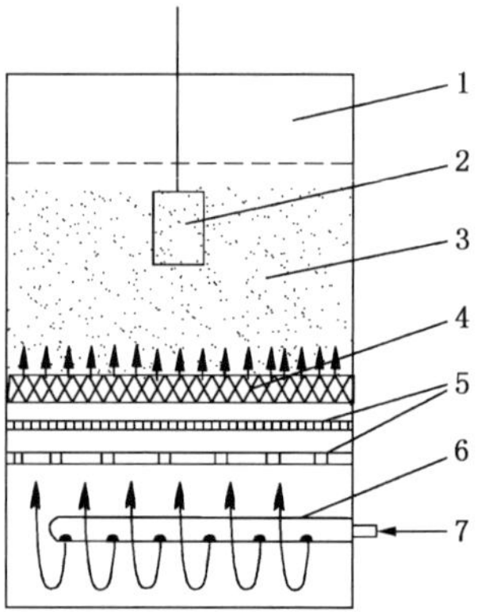

图 8-8　粉末涂料流化床热熔敷工艺原理示意图

1—流化槽；2—工件；3—粉末流化；4—微孔隔板；5—均压板；6—气室；7—进气管

流化床涂装中，已涂装粉末的工件的后加热与否，取决于粉末涂料的种类。各种不同涂料进行流化床浸涂的工艺条件见表 8-16。

表 8-16　各种粉末涂料的流化床浸涂工艺条件

粉末涂料种类	预热温度/℃	底　漆	后加热温度/℃	后加热时间/min
环氧	120~230	无	120~230	5~20
醋丁纤维素	260~320	有	200~290	1~3
聚酰胺	340~430	有	340~370	1
聚乙烯	260~320	无	200~320	1~5
聚丙烯	260~370	无	200~320	1~3
聚四氟乙烯	430~540	无	430~480	1~3

流化床浸涂更适合于小型工件的涂装，如家用电器的异型管件、电极的定子等。

8.2.5　静电流化床浸涂法

静电流化床浸涂法是把流化床浸涂法和静电粉末喷涂法结合起来的一种涂装方法。

粉末静电流化床浸涂法也是通过静电引力，用气流使流化槽内的粉末涂料呈沸腾状态，并带有负电，放入预热到粉末涂料熔点以上温度的带正电被涂工件(工件接地)，粉末被吸引到被涂工件表面，熔融固化的涂装方法。图 8-9 是静电流化床浸涂法的原理图。

该装置的原理是：在流化床多孔板下，安装有多电极，当电极上通过高压直流电时，流化床中的空气产生电离而带有电荷。带电的空气离子与粉末涂料的相互碰撞使粉末涂料带有电荷，粉末涂料带的是负电荷。而被涂工件与电源的正极相连带有正电。在静电引力的作用下，带有负电的粉末涂料的粒子被吸引到带有正电的被涂装工件的表面，再经过烘烤，而使粉末涂料熔融流平成膜。粉末涂料的品种、所施加的电压、流化床内浸涂的时间，以及流化床的结构设计、涂装的距离等决定了涂膜的厚度。

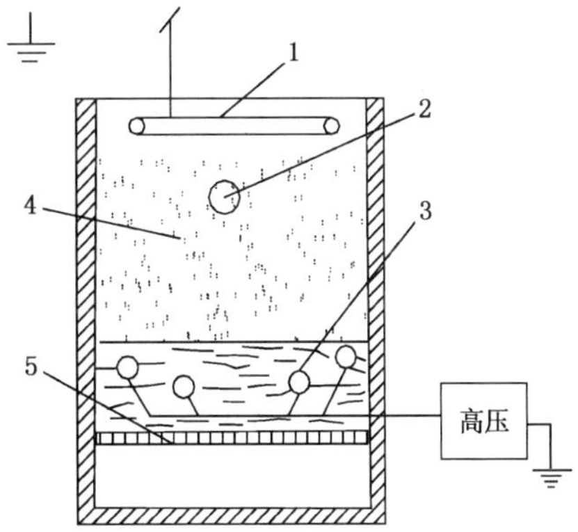

图 8-9　配有控制电极的静电流化床结构

1—控制电极；2—长形零件；3—充电电极；4—涂覆室；5—微孔透气隔板

该涂装方法的粉末涂料损失很少，而且被涂装的工件不需要预热，涂装设备的投资并不高，而且容易实现自动化的作业线。其缺点是：不适合涂装大型的工件，而且涂装工艺中需要较高的工作电压。其涂膜不易涂布均匀，设备简单，适用于小型、线状、带状的电子部件涂膜的涂布，如线圈、带材、电器等。可用于热塑性和热固性的两种粉末涂料的涂装。其主要涂装设备包括流化床、高压静电器、电晕电极等组成。

8.2.6　粉末涂料的涂装实例

8.2.6.1　环氧粉末涂层的涂装与应用

1. 环氧粉末涂料的涂装现状

环氧粉末涂料的涂装是应用最为广泛的粉末涂层技术，环氧粉末涂料是热固性粉末涂料，涂膜附着力性能好，不需要涂覆底漆。一次成膜的厚度较厚，涂膜的机械性能(包括抗冲击强度、硬度、柔韧性等)很突出。而且电绝缘性能优异。同时，环氧粉末涂料涂膜的耐化学介质性能，如耐盐水、耐酸、耐碱和耐溶剂性能都很优良，因此，非常适用于各种防腐蚀涂装场合下的应用。实际上，环氧粉末涂层不仅仅被广泛用于防腐蚀，而且也被广泛用于装饰。

用于防腐蚀的场合，比如国外从60年代开始将环氧粉末涂层用于埋地或浸在水中的钢质输油、输气和输水管道外壁的防腐蚀涂层；用于混凝土构筑物内的钢筋腐蚀防护；用于输水或输油管线内壁的防护；用于家用电器表面的防护和装饰，包括仪器仪表、汽车零部件、船舶设施等。用于不同场合下的环氧粉末涂料组成和涂膜的技术指标性能都不相同。尤其是用于重防腐蚀如埋地钢质管道涂层的环氧粉末涂料，最早在20世纪末期由美国的3M公司引入了中国，我国的涂料厂家并不能生产。西气东输管道工程招标时，我国已有不少厂家能够生产专用于管道防腐蚀的重防腐环氧粉末涂料。

环氧粉末涂料可以采用流化床浸涂、静电流化床浸涂、静电喷涂和火焰喷涂技术来进行涂装。其缺点是涂膜的耐候性较差，当用于大气环境下时，容易产生粉化。

采用不同的涂装工艺进行涂装时，环氧粉末涂料涂膜的厚度如下：

静电冷喷涂法(后加热被涂物)：50~150μm；

静电热喷涂法(先加热被涂物)：200~500μm；

静电流化床浸涂法（后加热被涂物)：100~200μm；

流化床浸涂法(先加热被涂物)：300~1000μm。

8.2.6.2　聚乙烯粉末涂层的涂装

聚乙烯粉末涂料是粉末涂料中开发最早，在热塑性粉末涂料中应用量最大、用途也最广的一种粉末。聚乙烯涂层具有耐水性好、耐碱、耐盐等特性，同时其隔热和电绝缘性能也比较好。尤其是具有非常优异的韧性和拉伸强度，且价格便宜、无毒。缺点是耐候性差，附着力不好。

聚乙烯涂层用于电缆电线的护套，电冰箱的食品架等，尤其是其无毒的特性，使其非常适用于饮用水管道和储水容器内壁的涂覆。

国产用于普通防护的聚乙烯粉末涂料的涂层技术指标如表8-17。

表8-17　国产聚乙烯粉末涂料普通防护涂层技术指标

项　目	技术指标	项　目	技术指标
外观	松散粉末	耐电压/(kV/mm)	19
光泽（60℃）/%	20~80	电绝缘性/Ω·cm	$>1.7\times10^{14}$
抗冲击强度（厚度200μm）/cm	40	耐10%盐酸（48h）	无变化
柔韧性（厚度200μm）/mm	≤2	耐5%硫酸（48h）	无变化
附着力（划圈法）/级	≤2	耐5%氢氧化钠(48h)	无变化
铅笔硬度	≥2B	耐二甲苯(30h)	无变化
耐低温性(-70℃，48h)	无裂纹	耐丙酮(30h)	无变化

热涂的聚乙烯粉末涂层用于管道防护时，不仅仅用于管道的内壁。从80年代开始国外就有热涂的聚乙烯粉末涂层用于管道的外防腐层。它是将改性后的高密度、低密度聚乙烯粉末，采用淋涂的方法涂覆在加热旋转的钢质管道上，使其受热融化，熔融的聚乙烯粉末流平后，在钢管表面形成均匀的涂膜，经过冷却后形成最后的聚乙烯涂层。

聚乙烯涂层作为内涂层时，因其具有光滑的表面，较低的摩阻系数，还可以起到减阻的作用。日本公司还利用聚乙烯粉末与环氧粉末的复合粉末，进行内涂层的喷涂。我国也从日本引入了聚乙烯粉末热涂的生产线，其主要工艺过程如下：

钢管除锈—钢管经加热炉加热—粉末喷涂(淋涂)—涂敷管喷淋冷却—成品管。管道上聚乙烯粉末的涂敷温度控制在320℃左右，涂膜厚度在0.5~4.0mm之间。为改变聚乙烯材料的突出缺陷，即难于黏接和上色的特性，德国的一家公司将聚乙烯粉末先用等离子体技术处理，处理过的聚乙烯粉末的黏接特性、强度、柔韧性、着色性、再涂覆性等都得到很大程度的改善。不仅用于饮用水钢质管道的内防腐层，该项技术已被应用于非洲等国家用于输水的铸铁管道的内防护层。该技术由于其环保的特性得到德国国家环保部门的支持。

8.2.7 粉末涂装的工艺安全措施

粉末涂料与溶剂型涂料相比，虽然不存在由于溶剂的挥发，所带来的环境污染问题和对操作人员的毒害作用，以及在储存、运输和涂装等等过程中的安全问题，但仍然存在着作为粉末涂料和其特有的涂装工艺所带来的涂装安全和环境问题。为此，国家发布了专用于粉末涂料静电喷涂的涂装安全规范，即GB 15607—95 涂装作业安全规程《粉末静电喷涂工艺安全》和GB 14773—93 涂装作业安全规程《静电喷枪及其辅助装置安全技术条件》。

导致在粉末涂料的静电喷涂工艺过程中出现安全问题的原因，一方面是从涂料的组成来看，粉末涂料都是由有机高分子化合物合成的，这些化学物质本身或者带有毒性，或者在加热或喷涂时释放出气体有毒，因此而带来的健康问题，另一方面是由于粉末涂料所带来粉尘爆炸和高压静电喷涂工艺所导致的安全问题。这也是国家发布安全规范的原因。

8.2.7.1 粉末涂料与粉尘爆炸特性参数指标

由于粉末涂料是由可燃性有机高分子树脂为主组成的化学物质，而且粉末涂料的粒度比较小，当与空气混合后，粉末涂料在空气中的浓度达到一定的限度，就会产生粉尘爆炸的危险。不同的粉末涂料具有不同的着火温度，也具有不同的爆炸极限浓度。如果粉末涂料中填加了一定成分比例的阻燃剂后，其爆炸的灵敏度也会降低。因此，对于使用静电喷涂的粉末涂料的这些性能，在涂装前应必须充分了解清楚，以防范喷涂工艺中的爆炸风险。表8-18是环氧粉末涂料、丙烯酸粉末涂料的相关性能参数。

表8-18 粉末涂料的安全特性参数

项　　目	环氧粉末涂料	丙烯酸粉末涂料
着火温度/℃	530	541
着火灵敏度	3.6	0.36
最低着火能/J	0.21	0.35
粉尘爆炸极限浓度/(g/m^3)	30	50
粉尘爆炸性指数	7.6	0.17
粉尘爆炸激烈程度	2.1	0.46
粉尘爆炸最大压力/kPa	764.9	637.4
粉尘最大压力上升速度/(MPa/s)	0.251	0.066
粉尘爆炸程度	强	冲

上表的指标中最低着火能、着火灵敏度、着火温度都是表征粉末涂料着火难易程度的指标；粉尘爆炸极限浓度则表明粉末涂料与空气混合后混合物中，所允许的粉尘浓度，此值越高则表明安全性越好。上表中丙烯酸粉末涂料的值为50 g/m^3要高于环氧粉末涂料的30g/m^2，因此丙烯酸粉末涂料的安全性从粉尘爆炸极限浓度来看要高于环氧粉末涂料。

粉尘的爆炸浓度还与粉末涂料的粒度有关，一般来说，粉末涂料的粒度越小越容易引起爆炸。

8.2.7.2 静电喷涂工艺所带来的安全问题

1. 静电喷枪的结构安全

使用高压静电喷涂工艺，高压静电喷枪、静电喷粉室或者使用后固化的烘干室等工艺或设备，都存在安全问题。静电喷枪的机械结构安全和电气安装安全要求应符合 GB 14773—93 涂装作业安全规程《静电喷枪及其辅助装置安全技术条件》的规定。

2. 静电喷粉室的结构和电器安全

静电喷粉室——是粉末涂料喷涂工艺中的重要组成部分，它应是“一个封闭或半封闭、不易积聚粉末的、具有良好机械通风不外逸粉末的，并能有效地将未涂着粉末导入回收装置的专门用于粉末静电喷涂的室体或围护结构。”在静电喷粉室的喷粉区，则由于粉末喷涂作业形式，存在着危险量的易燃易爆性悬浮状的粉末区域，在 GB 15607—95 涂装作业安全规程《粉末静电喷涂工艺安全》标准中规定，喷粉区的防火防爆等级是“喷粉区的火灾危险区域划为 22 区，喷粉区的火灾的危险性分类为乙类。”因此，喷粉区内的相关设备选择不允许存在可以产生火源、明火和火花的设备，禁止有摩擦和撞击，以免产生火花；同时设置报警和灭火装置等。包括喷粉区的所有导体、地面、照明等一系列设计都有一系列的安全规定。应防止产生静电，同时都要有可靠的接地。防静电和可靠接地要贯彻在整体粉末静电喷涂的生产线的设计中。

3. 所有电器设备的防爆、防尘和保护

由于粉末静电喷涂工艺中的电压，高达 100kV，因此所有电器设备的选型必须是防爆型的。同时应有自动断电保护措施。操作人员应严格遵守操作规程，包括安全保护措施要得当。如果有烘干室，应遵守 GB 14443 涂装作业安全规程《涂层烘干室安全技术规定》。确保通风和净化。

8.2.7.3 粉末涂料涂装中的卫生保健

1. 粉末涂料的毒性

根据粉末涂料的化学组成，我们就必然要警惕它所带来的化学污染和毒性，以及对施工人员的健康是否存在危险性。施工人员在粉末涂料的涂装过程中，避免不了要与涂料的颗粒、涂料的粉尘、熔融后挥发出的气体接触，因此，了解粉末涂料的毒性大小和强弱是非常必要的。组成粉末涂料的化学树脂大部分几乎没有毒性，但粉末涂料的固化剂、填料却不一定是无毒的。即便是无毒的涂料，这种化学物质日复一日的与人们的皮肤、呼吸道等接触，对人类来讲也不是安全的。因此，施工人员的安全保健是涂装作业中必须注重的。为此，必须了解各种涂装粉末的毒性。

化学物质的毒性通常用 LD_{50} 值来表示，表 8-19 是 LD_{50} 值与毒性的关系。而表 8-20 是粉末涂料中经常使用的固化剂、树脂和粉末涂料的 LD_{50} 值。

表 8-19 LD_{50} 值与毒性的关系

LD_{50}/(mg/kg)	毒 性	LD_{50}/(mg/kg)	毒 性
<1	非常毒	500~5000	弱
1~50	强	5000~15000	非常弱
50~500	中等	>15000	几乎无毒

表 8-20　粉末涂料中常用固化剂、树脂和粉末涂料的毒性

树脂、固化剂和粉末涂料	LD_{50}/(mg/kg)	树脂、固化剂和粉末涂料	LD_{50}/(mg/kg)
双酚 A 型环氧树脂	>15000	2-甲基咪唑	1400
羟基聚酯树脂	>15000	封闭型异氰酸酯	>20000
羧基聚酯树脂	>15000	异氰脲酸三缩水甘油脂	300~1100
环氧基丙烯酸树脂	>16000	双氰胺环氧粉末涂料	>3000
癸二酸	>7000	聚氨酯粉末涂料	>15000
双氰胺	400~3000	丙烯酸粉末涂料	>15000

2. 施工人员的保健

粉末静电喷涂的施工人员应有必要的保护措施，如带有防尘口罩、手套、防静电的工作服和工作鞋，应防止粉末涂料接触到施工人员的皮肤、呼吸道。如果粉末涂料接触到了施工人员的皮肤，应用清水充分的冲洗干净。

应保持喷涂车间的通风，保证工作环境的空气的新鲜和洁净。

8.3　热喷涂

8.3.1　热喷涂概述

8.3.1.1　热喷涂技术的定义

所谓热喷涂技术是利用一种热源，例如：电弧、离子弧，或燃烧的火焰，将丝状或粉末状的固体金属材料、陶瓷材料等加热至熔融状态或软化，借助高速气流再将其雾化，使喷涂材料的熔滴喷涂到已经被处理过的基体表面，并沉积成具有优良防护性能的涂层的喷涂方法。

简言之，热喷涂是对被喷涂的材料采用加热与喷射方法而获得涂层的技术。

热喷涂过去被称之为火焰喷涂或金属喷涂，这是因为热喷涂技术在发展的初期，被喷涂的材料只限于金属与合金，所使用的热源仅限于火焰的缘故。热喷涂技术发展到现在，不仅仅可以喷涂金属及合金材料，而且可以喷涂高熔点的陶瓷、非金属材料、塑料等。而所使用的高温热源可以是氧-乙炔等可燃性气体的燃烧火焰，也可以是电弧、等离子电弧、激光束等。

8.3.1.2　热喷涂技术的应用与发展

随着工业现代化的发展，由于钢结构物的强度高、易于施工等特性，各种大型钢结构物的使用也越来越普遍，大型桥梁设施、建筑结构、机场、会馆、输变电铁塔、水坝水闸、水利设施、海洋平台、海洋设施等无不大量使用钢结构。这些大型钢结构物大部分处于具有腐蚀性或严重腐蚀性的介质与环境中，由于腐蚀所造成钢结构物的腐蚀和破坏所带来的经济损失和社会危害也日益受到各国政府和专业人士的关注。

多少年来，人们一直在寻求一种大型钢结构物的长效防腐蚀措施，这是因为许多重要的大型钢结构在服役期间通常要求不维护，或少维护，或者不能维护。这就要求采用了长效防腐蚀措施后的钢结构，应具备较长的使用寿命。热喷涂技术就是人们通过半个多世纪的实践和研究证明了能够保护处于腐蚀性大气、土壤和海洋环境中的钢结构物至少 20 年不需要任何维护和超过 40 年后的少量维护的长效防腐蚀技术。

金属热喷涂技术始于 20 世纪初的 1910 年，早期商业应用始于德国。其后美国、英国开始将该种技术应用于桥梁钢索、军舰、船舶和闸门的防护。第二次世界大战期间和大战后，由于航空航天工业的发展，更促进了热喷涂技术的发展。热喷涂技术也由最初的火焰喷涂、电弧喷涂，发展成为了能够进行等离子喷涂、超音速火焰喷涂等多种喷涂方法的热喷涂技术。

最早将热喷涂技术用于处于恶劣海洋环境中的钢索防护的是英国人，当时是用在威尔士的 Menai 海峡大桥上，经过 20 多年的运行，在确认了该种防腐技术的可靠性后，英国政府从 20 世纪 60 年代开始，对新建桥梁上的钢结构大规模采用热喷涂技术防护。1936 年，美国在密苏里州堪萨斯城的 Kaw River 铁桥的钢结构上，采用了热喷锌涂层 0. 25～0. 30mm 的防护措施，1975 年即 39 年后又全面检查了该桥梁上采用了热喷涂锌涂层的钢结构腐蚀状况，发现锌涂层存在局部破损，但钢结构的状况良好，并未受到腐蚀。

北美、欧洲等国家在 50 年代以后均对桥梁和海洋环境中的钢结构采用热喷涂技术防护。1953 年，美国焊接学会热喷涂委员会进行了为期 19 年的在各种腐蚀性环境下的挂片试验来考察热喷锌、热喷铝涂层的防腐蚀效果。针对海洋中的各类腐蚀环境，美国海洋土木工程实验室进行了 10. 5 年的挂片试验，英国、法国、日本等也作了类似的实验研究来考察热喷涂涂层的可靠性。试验研究结果有力的证明了以下结论：

（1）喷涂锌、铝涂层对钢铁基体有可靠的阴极保护作用，是优良的长效防腐涂层；

（2）喷涂锌、铝涂层+封闭涂层的复合涂层比单纯的喷涂层具有更长的防护年限；

（3）封闭的喷铝复合涂层在海洋、工业大气中 50 年防腐寿命是可以实现的。

国外也将热喷涂锌涂层应用于混凝土构筑物内钢筋表面的防护，除此之外热喷涂涂层还可以解决电厂锅炉的高温腐蚀和硫化腐蚀的问题，也就是说，热喷涂技术不仅可以形成防腐蚀涂层，还可以获得绝热、耐磨、抗氧化、绝缘等多种功能的涂层。

例如：电厂锅炉的水冷壁管、过热器、再热器、燃烧器等由于高温腐蚀、硫化腐蚀和磨蚀，从而造成爆管和泄露是长期困扰火电企业的效益和安全生产的重要问题。这是由于电厂锅炉水冷壁壁面的温度高达 1000℃，管内水的工作温度达到 360℃，从而导致高温腐蚀的产生，同时，燃煤中含有的“硫”等杂质元素也会在煤粉燃烧中的烟气中产生具有腐蚀性的 SO_3 气体，引起管道的热腐蚀和硫腐蚀等。这样的腐蚀环境是其他普通的防腐蚀涂层难以解决的。国外从 20 世纪早期就使用热喷涂铬合金涂层来防护锅炉管道的热腐蚀、硫腐蚀和磨蚀，并已制定了相关标准。例如：美国焊接协会的标准 AWS C2. 3—54T，英国国家标准 BS 2569：Part 2，都规定了使用铬合金来防护电厂锅炉和管道的热腐蚀。

总之，热喷涂技术于钢结构的腐蚀防护具有长效、可靠的防腐蚀效果，这已成为了国内外专业人士的共识。目前的热喷涂技术也不仅仅局限于喷涂金属和合金粉末，还可以喷涂陶瓷粉末以及热塑性、热固性的粉末涂料等，经过近几十年的发展，热喷涂技术的应用领域越来越广泛，已扩展到国民经济的各个行业部门，几乎涵盖了建筑、交通、石油化工、市政、通讯、水利、机械、航天航空、矿业开采、医疗等所有领域。包括应具备极其优异的防护性能的运载火箭、宇宙飞船和航天卫星上的使用领域，都采用等离子喷涂或超音速喷涂技术喷涂的耐高温、耐磨等具备优良防护性能的热喷涂涂层。

从喷涂技术来看，为提高喷涂涂层的质量及性能，都尽量将热喷涂的施工作业集中在工厂车间内进行，即在厂内的自动化生产线上完成从表面清理到热喷涂的全过程，只留下很小的一部分现场组装的焊接部位，进行现场热喷涂，也就是在大型钢结构的施工组装现场只对焊口和局部由于钢结构的运输或施工所造成的局部涂层缺陷进行补喷的作业方法。

我国从 20 世纪 50 年代开始采用热喷涂技术来防护处于腐蚀性环境下的钢结构，如：高压输电铁塔、水利设施中的闸门，大型桥梁上的钢结构防护等。近年来，我国在大型水利工程中如葛洲坝水利枢纽工程中，都使用了热喷涂技术。我国有多座大型桥梁，如南京长江大桥、武汉定军山公路大桥、跨钱塘江的杭州复兴大桥、位于钟宅海湾内湖出海口的厦门钟宅湾大桥、三峡工程中的下牢溪大桥、黄柏河大桥、跨京杭大运河长达2755米的邳州大桥等，这些钢结构桥梁都处于内陆工业大气或海洋性的腐蚀环境中，大部分采用了电弧热喷涂锌或铝涂层的金属热喷涂涂层来防护。除此之外，我国的大型电视塔、输电线铁塔、电厂锅炉、矿井井架等也都大量采用了热喷涂技术，包括最新完成的上海磁悬浮铁路的铁轨等都使用了热喷涂技术，并已制定了系列国家标准或行业规范。我国已能自行设计并生产用于热喷涂技术的施工设备，并已具备专业化的施工队伍，承揽国外的工程项目。

应当指出的是，热浸镀和电镀涂层、热喷涂涂层虽然从涂层的选材机理和结构上，具有一定的相同点，但相比之下，由于电镀涂层受电镀工艺的条件限制，也就是电沉积锌的速率是相当慢的，电镀锌的镀层厚度仅在几微米到几十微米之间，而锌镀层的厚度就决定了该涂层的使用寿命，所以镀锌涂层无法在腐蚀性很强的环境中应用。热浸锌或铝的工艺条件非常严格，工艺设备的一次性投资巨大(上百万)，也受到热浸设备的限制，而大型钢结构的热浸施工是几乎很难实施的。同时，热浸锌或铝的涂层也比较薄，一般在30~50μm，也达不到大型钢结构防腐蚀的要求，况且，浸锌工艺中也很难保证浸液中没有Fe等类的寄生杂质混入，进而影响浸锌层的使用寿命。另一方面，热浸和电镀仅能在工厂的车间内实施，对于钢结构的现场施工部位则无能为力。也就是说，不同工艺方法产生的不同防护性涂层适用于不同的场合、不同产品的腐蚀防护。表8-21是以上几类锌涂层的厚度比较。

表8-21　不同工艺锌涂层厚度比较

涂层名称	涂层厚度/μm	涂层名称	涂层厚度/μm
热喷涂锌涂层	75~250	电镀锌涂层	3~25
热浸锌涂层	25~125	富锌涂料	12~85

为规范热喷涂技术的施工，参照国际标准ISO 2063《金属涂层-钢铁的抗腐蚀防护——喷涂金属锌和铝》，以及ISO 14713《钢铁构件腐蚀防护——金属涂层指南》、我国制定了GB 9793—88《热喷涂锌及锌合金》和GB 9795—88《热喷涂铝及铝合金涂层》等多个专用于热喷涂涂装作业的国家规范，这说明了热喷涂防腐蚀技术在我国大型钢结构防腐蚀工程中的地位和作用。其部分有代表性的标准如下：

(1) GB/T 11373—1989　热喷涂金属表面预处理通则

(2) GB/T 12607—1990　热喷涂涂层设计命名方法

(3) GB/T 12608—1990　热喷涂涂层材料命名方法

(4) GB/T 11374—1989　热喷涂涂层厚度的无损测量方法

(5) GB 11375—1989　热喷涂操作安全

(6) GB/T 12608—2003　《热喷涂 火焰和电弧喷涂用线材、棒材和芯材分类和供货技术条件》

(7) GB/T 8642—2002　《热喷涂 抗拉结合强度的测定》

(8) GB/T 19352. 1—2003　《热喷涂结构的质量要求 第1部分：选择和使用指南》

(9) GB/T 19352. 2—2003　《热喷涂结构的质量要求 第2部分：全面的质量要求》

(10) GB/T 19352. 3—2003　《热喷涂结构的质量要求 第3部分：标准的质量要求》

(11) GB/T 19352. 4—2003　《热喷涂结构的质量要求 第4部分：基本的质量要求》

应当指出的是，受热喷涂所涉及的材料，以及喷涂工艺条件的影响，必须注重喷涂作业的完全和防护。例如，有些热喷涂材料在高温熔融状态下，或者分解或者产生的烟雾是有毒的，极有可能危害到操作人员的身体健康，也有可能对环境产生破坏作用，例如会产生粉尘、爆炸等，因此，国家已发布了强制性的安全防护性标准，对喷涂的各类材料的毒性以及各类喷涂工艺及其危害程度进行了明示，包括喷涂作业时的安全保护措施、环境保护措施等。

8.3.2 热喷涂工艺原理与热喷涂方法

8.3.2.1 热喷涂原理

热喷涂原理是将喷涂材料(金属粉末、线材、陶瓷等)在喷枪中被加热、熔化或软化、加速后喷射到工件的基底金属表面而形成涂层。因此，热喷涂是利用被喷涂材料的加热与喷涂的方法获得的涂层。

热喷涂时，工件表面应先经过表面预处理，具备一定的表面粗糙度，喷涂粒子以熔融状态瞬间被冲击到基底表面后，在强大的压缩空气急剧冷却作用下凝固、沉积成涂层。

热喷涂的工艺所使用的喷涂设备不同，热源也不相同，所喷涂的涂层材料也不相同。热喷涂涂层的性能取决于热喷涂材料的性能，也取决于热喷涂的工艺和喷涂水平。因为不同的喷涂工艺需要不同的喷涂热源和喷涂温度。

粉末粒子受到过热热源的熔融作用，形成过热液滴，在压缩气流作用下冲击到被涂装的基底的表面，形成扁平状的薄片黏附在基底的表面，并逐渐冷却凝固。后续的熔融过热液滴又被冲击到已沉积的涂层表面，同样会形成扁平状特征的涂层。喷涂液滴的持续堆积，形成了层状结构的热喷涂涂层。

在形成涂层的过程中，喷涂粒子从上千度高温的液相迅速冷却凝聚成固相的过程中，由于冷却速度的制约，所形成涂层的微观结构并不会很均匀，而且喷涂材料中的一部分元素会蒸发或升华，还会与雾化气体中的元素如氧气发生化学反应，而使涂层的内部结构不同，涂层之间也会产生孔隙或气孔等。因此，这种涂装工艺所造就的热喷涂涂层是一种层状结构涂层，外观表面比较粗糙并具有较高的表面能、微观结构各向异性，且不均匀，并存在孔隙与气孔。但热喷涂涂层的宏观表面应呈现均匀一致的、无气孔，且无颗粒附着的光滑特征。

热喷涂涂层与基底表面的附着为机械结合、冶金-化学的和物理的三种结合方式，以机械嵌合为主的黏接形式。

8.3.2.2 热喷涂的主要工艺方法和分类

热喷涂工艺就是使用热喷涂设备，将设计选用的热喷涂材料(金属、合金、陶瓷或塑料粉末或线材等)，熔融后喷射在被涂装的基底表面，形成防护性涂层的工艺过程。

热喷涂工艺按照所使用的设备与热源进行分类，对此，国家标准 GB 12607—90 有明确的规定，部分工艺方法及分类可参见下表 8-22。

表 8-22 热喷涂工艺分类及表示方法

热源	喷涂工艺	代号	英文名称
燃烧法	粉末火焰喷涂	F	Powder flame spraying
	超音速火焰喷涂	U	Ultrasonic flame spraying
	线材气喷涂	W	Wire flame spraying
	陶瓷棒火焰喷涂	R	Ceramic rod flame spraying

续表

热源	喷涂工艺	代号	英文名称
电热法	电弧喷涂	A	arc spraying
	低压(真空)电弧喷涂	LA	Low pressure arc spraying
	激光喷涂	L	Laser spraying
	高频感应喷涂	I	High frequancy induction spraying
等离子体法	空气等离子喷涂	AP	Air plasma spraying
	高能等离子喷涂	HP	High energy spraying
	真空等离子喷涂	VP	Vacuum plasma spraying
	等离子喷焊	T	Plasma transferred arc process

常用的热喷涂方法有：粉末火焰喷涂、线材火焰喷涂、电弧喷涂、等离子喷涂和超音速火焰喷涂等。

粉末火焰喷涂大多数采用氧-乙炔作为热源，粉末材料为金属粉、合金粉或陶瓷粉等，粉末火焰喷涂枪的结构与气焊用的装置相似，仅多了一套送粉装置。而线材火焰喷涂则只能喷涂拉成丝状或加工成线材的材料。在喷涂时，被喷涂的线材要从喷涂枪的后部送入，并自动被驱动轮推向喷嘴处，通过喷嘴时被同轴喷射出的火焰加热熔融，它在能源利用、生产效率、涂层质量方面都优于火焰喷涂。在进行等离子喷涂时，由于产生高达上万度的高温，可以熔化任何用来喷涂的材料，因此可以用于喷涂高熔点的陶瓷、合金和碳化物等。等离子喷涂技术主要用于航天航空领域、核电领域等一些技术含量高、具备特殊功能，或要求非常苛刻涂层的耐高温、抗腐蚀涂层的喷涂。

这几种热喷涂工艺方法的比较见表 8-23。

表 8-23　常用的热喷涂方法的工艺比较

喷涂方法	涂层材料	热源温度/℃	粒子速度/m·s^{-1}	涂层质量
粉末火焰喷涂	金属、陶瓷、塑料	3100	90~150	孔隙较多、结合强度较低
线材火焰喷涂	金属线材或合金线材	3100	150~240	孔隙较多、结合强度较低
超音速火焰喷涂	金属、碳化物	2800	600~900	孔隙少、结合强度高
电弧喷涂	金属线材	5500	150~400	孔隙较多、结合强度中等
等离子喷涂	金属、陶瓷、碳化物	10000	240~540	孔隙较少、结合强度较高

不同的热喷涂工艺，使用不同的热源、不同的设备、不同的喷涂材料。对于在自然腐蚀环境下的结构防腐蚀热喷涂，应选择成本低、喷涂速度快的线材喷涂或电弧喷涂，而对于要求耐化学腐蚀或耐高温腐蚀涂层的热喷涂工艺，则应选择等离子喷涂工艺技术，相应的喷涂材料也有所不同。

在热喷涂工艺中，热源的温度决定了它所能够喷涂的材料，喷涂粒子的飞行速度决定了涂层的致密程度。相比之下，火焰喷涂涂层的质量较差；等离子喷涂技术的应用范围最广，涂层质量也较高；超音速火焰喷涂的涂层质量最佳；电弧喷涂的涂层质量也相当高，但仅适用于金属材料。

8.3.2.3　热喷涂的技术特色

采用热喷涂技术除了喷涂金属粉末或线材，产生具有很强的防腐蚀功能的金属涂层外，还可以喷涂各种合金材料、陶瓷材料、金属陶瓷材料、塑性材料等各种工程材料。因而，可以产生具备各种功能性能(防腐蚀、隔热、绝缘、耐磨等性能)的涂层结构。

热喷涂工艺的工艺特点决定了该种涂装方法可以涂装任何形状、任何大小的结构和工件。它即可以在固定的厂房内施工，也适合于现场如大型桥梁的钢结构、大型水利水工设施的现场施工。因此，这种施工方法也就大大的加快了该项技术的普及和发展与开拓。也就是热喷涂涂层的形成可以在任何时间、地点、场合实施，它不像其他的防腐蚀涂层的实施那样，受到厂房、工艺等条件的局限。例如，电镀和热浸涂层，一定要有相对应的车间、热浸槽，对于大型钢结构的现场施工几乎不可能。而且，热喷涂方法不但可以喷涂纯锌或纯铝涂层或它们的合金涂层，还可以喷涂锌铝合金、铝镁合金、以及稀土铝合金、铬合金等，这是采用热浸、电镀等方法无法实现的。

热喷涂涂层可以一次生成较厚的涂层，因而可以使热喷涂的涂层可以达到较长的使用寿命。成为在大气、海洋大气、工业性的腐蚀大气或海洋中的、化工溶液中的钢结构半永久性防腐性涂层的首选。

也成为在高温介质或严酷腐蚀环境下，包括同时具备其他耐磨、绝缘、防辐射等条件下涂层的首选。这是由于该种工艺可以喷涂更加广泛的材料所造成的。

热喷涂工艺具有方便、灵活、适应性强的优点。同时热喷涂涂层可以根据需要，通过选择不同的喷涂材料和喷涂工艺获得任何所需性能的涂层结构。也就是有了这一特点，才使得发展并不长久的热喷涂技术得以在国民经济的各个领域广泛应用。

热喷涂技术也并非是十全十美的，它本身也存在一些缺点：

（1）热喷涂涂层与基底金属的结合力以机械嵌合为主，因此涂层的耐冲击性能不高。

（2）热喷涂涂层具有一定的孔隙率，必须采取其他手段，如外加封闭涂层等措施，组成复合涂层结构，才能发挥更好的腐蚀防护功能；为了提高涂层的防腐蚀性能，在金属热喷涂涂层外，一般要进行热喷涂涂层的后处理，加封闭涂层和面涂层，即应根据热喷涂层的使用环境设计成复合涂层的结构，一般为：热喷涂涂层+封闭涂层+面漆。

加封闭涂层的原因是由于热喷涂涂层具有孔隙，例如，氧-乙炔线材火焰喷涂铝的涂层的孔隙率为5%~12%，经过封闭处理后，防止了腐蚀性介质水、气及污物等对孔隙的渗透，从而加强了涂层的耐腐蚀性能。

热喷涂后处理时所选择的封闭涂层应具有良好的渗透性，且黏度较低，与热喷涂涂层金属具有较好润湿性，从而容易渗入孔隙内。一般封闭层的种类可见表8-24。

表8-24　封闭涂层的种类和使用环境

材料类别	封闭涂层	施　工	适用的环境
无机材料	碳酸盐 磷酸盐 铬酸盐 锶盐等水溶液	喷洒或刷涂	一般大气
有机材料	环氧树脂 环氧煤沥青 乙烯树脂 氯化橡胶 氨基酯 不饱和聚酯	刷涂	较恶劣的环境、工业大气、海洋大气、江、河、海水、化工介质
耐高温抗氧化材料	硅树脂+铝粉	刷涂	耐550℃以下高温

(3) 热喷涂工艺过程中，会产生粉尘、有毒金属蒸气、热辐射、燥声污染等对施工人员和环境的干扰，因此，必须注意热喷涂工艺的安全和保健。

8.3.3 热喷涂的涂层材料

8.3.3.1 热喷涂材料应满足的性能要求

热喷涂材料是组成热喷涂涂层的基本材料，它和热喷涂工艺以及涂层结构设计一起，决定了热喷涂涂层的性能。作为一种热喷涂材料应满足下列要求：

(1) 可以满足热喷涂工艺的要求，在高温喷射工艺中热喷涂材料的性能应稳定；

(2) 不能与基底金属发生不可控制的化学反应，而影响到涂层的性能；

(3) 与基底金属具有较为接近的热膨胀系数和物理性能；

(4) 与基底金属具有匹配的电化学电极电位，可以起到阴极保护或电化学保护作用；

(5) 热喷涂后所形成的涂层能满足被涂装结构物服务体系的各种环境要求，例如：耐温性、耐磨性等；

(6) 材料应具备环保、无毒甚至低毒的特性。

8.3.3.2 热喷涂材料的分类

国家标准 GB/T 12608—1990《热喷涂涂层材料命名方法》已经对热喷涂材料的命名方法进行了规定，热喷涂材料可按材料的形状、种类和功能进行分类。

1. 线材(或丝材)

热喷涂线材(或丝材)适合于火焰喷涂、电弧喷涂工艺，也可以用于等离子喷涂工艺。热喷涂线材可以包括各种金属线材、合金线材、塑料膜包覆的柔性喷涂丝等，还包括陶瓷棒。各种线材(或丝材)的基本化学成分、物理性能都有一定的要求，包括它们加工成线材后的实际尺寸、截面形状、公差要求、表面状态以及机械性能等。

热喷涂线材(或丝材)的喷涂成本低、结合强度好、设备简单且适合于大面积的现场喷涂作业，是热喷涂工艺中使用最多的喷涂材料。

最主要的材料是锌、铝和锌铝的低熔点合金线材。由于该类金属材料具有在水和土壤中比铁更低的电极电位，具有能隔离腐蚀环境和腐蚀介质的防护功能外，还具有优良的阴极保护功能。因而非常适合用于钢结构物表面的热喷涂涂层材料，是处于大气、海洋和土壤中的钢结构物的理想长效防腐蚀涂层。统计表明：全世界每年的锌产量的一半是用于热喷涂涂层或其他钢结构表面的锌材质防腐蚀涂层，也就是用于钢结构表面的防护。

重金属铅线材：可作为化学工艺中硫酸的防腐蚀涂层材料。而锡则用于食品工业中耐有机酸腐蚀的涂层材料。

镍及镍基合金丝：具有强度高、韧性好的优点，尤其是镍及镍基合金具有比铁更好的耐高温特性和抗氧化性能，再填加“铬”元素、钛元素等，能制作成耐受更高温度的合金丝，如 NiCrTi 特别适合于高温环境下的锅炉管道所喷涂的耐高温氧化的热喷涂涂层。80Ni20Cr 也是一种具有很好的耐高温和抗氧化性能的涂层材料，采用电弧喷涂后可以与基底金属形成结合力很好的热喷涂涂层。

蒙乃尔合金是 Ni-Cu 合金，是最早应用的一种耐腐蚀合金，它的熔点是 1316℃，硬度是(HR)B50。蒙乃尔合金丝可以采用电弧喷涂，也可以采用火焰喷涂，所喷涂出的涂层硬度高、致密，而且在各种介质中如海水、非氧化性酸(盐酸、硫酸、磷酸、氢氟酸)等和盐类、碱类水溶液的环境中均具有良好耐腐蚀性。在 400℃以下的环境中服务时，其各项力学性能没有任何改变。

铜及铜合金丝具有优良的导电、导热性，而且耐海水腐蚀性很突出、适用于海水环境下的防腐蚀涂层。

2. 陶瓷棒

凡是经过加热可以熔化呈熔融状态的材料，都可以作为热喷涂的材料，陶瓷就是一种可用于热喷涂的非金属材料。它用于金属表面的热喷涂涂层的主要作用是屏蔽腐蚀环境，尤其是在一些强腐蚀环境中使用。

陶瓷通常是指各种金属氧化物、氮化物、硼化物、硅化物和碳化物等，也称为工业陶瓷。氧化物陶瓷是常用的陶瓷材料，氧化物可以是单一氧化物，也可以是复合氧化物。当用于耐高温场合时，常用单一氧化物。可以制作成粉末状，也可以制作成陶瓷棒。由于陶瓷的价格贵，喷涂工艺也复杂一些，其应用受到一定的限制。

3. 粉末

热喷涂使用的粉末可以是金属粉末，也可以是合金粉末。一些难于制造成线材的热喷涂材料都可以制作成粉末进行热喷涂作业。制造成的热喷涂粉末，在形状、粒度、粒度分布等方面都应符合热喷涂工艺的要求，以保证喷涂时粉末流速的均匀和热喷涂涂层的质量。

自熔性合金粉末是一种重要的热喷涂粉末材料，如镍基自熔性合金粉末具有优良的综合性能，耐腐蚀、抗氧化、耐高温、力学性能优异。铁基自熔性合金粉末来源广泛，价格低廉。陶瓷粉末与陶瓷线材一样具有高绝缘性、硬度、刚性和化学惰性，除此之外还有复合粉末等。

总之，热喷涂的粉末涂料种类繁多，要比线材或丝材广泛得多。

8.3.4 几种热喷涂的施工工艺介绍

8.3.4.1 线材火焰喷涂

线材火焰喷涂是最早使用的热喷涂技术，其设备投资少，操作简便，技术成熟，而且目前仍然被业内广泛使用。

1. 热源

它采用最一般的氧-乙炔火焰作为热源，主要喷涂的线材是各种金属线材、合金线材等，若要喷涂陶瓷棒材，则需要使用特殊的喷枪。大多应用于大型钢结构体、机械零件的喷涂。除氧-乙炔火焰外，线材火焰喷涂还可以使用其他可燃性气体作为热源，例如：天然气-氧气、丙烷-氧气等，只不过它们的燃烧温度均低于氧-乙炔火焰。表 8-25 是几种气体的燃烧温度。

表 8-25　几种火焰的燃烧温度

热　源	温度/℃	热　源	温度/℃
丙烷，氧气	2640	氢气，氧气	2690
天然气，氧气	2735	乙炔，氧气	3100

2. 线材火焰喷涂的装置

线材火焰喷涂采用空气电机驱动送线(或丝)，也有采用电动机送线的。喷涂时被喷涂线材(或丝)从喷枪的后部送入，在电机驱动下连续被送到喷嘴处，喷涂线材在喷嘴处被喷涂枪喷嘴同轴喷出的火焰加热而熔化，火焰周围的压缩空气则将已熔化的线材雾化，并使之成为高速的射流，喷向基底表面。图 8-10 是线材火焰喷涂枪的原理图。

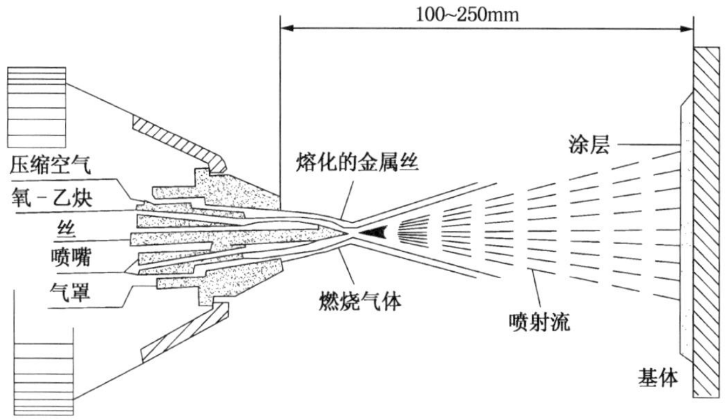

图 8-10　线材火焰喷涂枪的原理图

3. 喷枪

线材火焰喷涂枪分高速枪和中速枪两种，喷涂材料熔点在 750℃以上的选用中速枪，熔点在 750℃以下的选用高速枪。当进行大面积的喷涂作业时，应选用高速枪。国产的 SQP-1 型线材火焰喷枪和 ZQP-1 型线材火焰喷枪是常用的喷枪，表 8-33 是这两种喷枪的技术数据，线材火焰喷枪可以用于各种不锈钢、锌、铝、铅等金属和合金的喷涂。

8.3.4.2　电弧喷涂

1. 电弧喷涂的装置与系统连接

电弧喷涂是最重要的热喷涂方法，图 8-11 是电弧喷涂系统的连接示意图。它是利用燃烧于两根连续送进的金属丝之间的电弧熔化金属，用压缩空气把熔化的金属雾化，并对雾化的金属细滴加速，使它们喷向工件表面形成涂层。

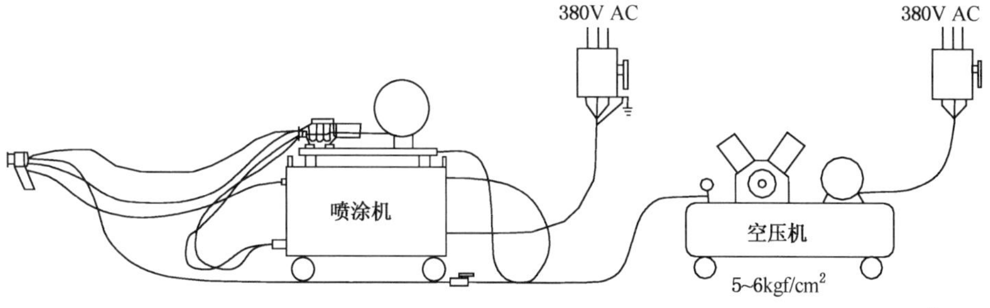

图 8-11　电弧喷涂系统连接

电弧喷涂在热喷涂的分类中属于电热法，它利用电能转变成热能来提供喷涂中的热源。根据电能转换的方式不同，可分为丝材电弧喷涂设备、激光喷涂设备等。

在丝材电弧喷涂设备的电弧喷涂工艺过程中，两根金属丝加有 18~40V 的直流电压，并带有不同的极性，彼此绝缘，被送丝机构送进。这两根金属丝可以是同种金属的，也可以是不同种金属的，在喷涂枪的前端两根金属丝相遇，短路引燃产生电弧。电弧使两根金属丝的尖端熔化。施加到电弧后面的强大压缩空气雾化气流，使熔化的金属熔滴充分雾化，并加速喷射到工件表面而形成涂层。电弧喷涂系统的示意图如图 8-12。

由图 8-12 可知，电弧喷涂系统主要由喷涂枪、送丝软管、送丝机构、喷涂电源、控制箱(器)等组成。按喷涂枪的不同又可分为手持式与固定式两种。手持式便于现场操作，固

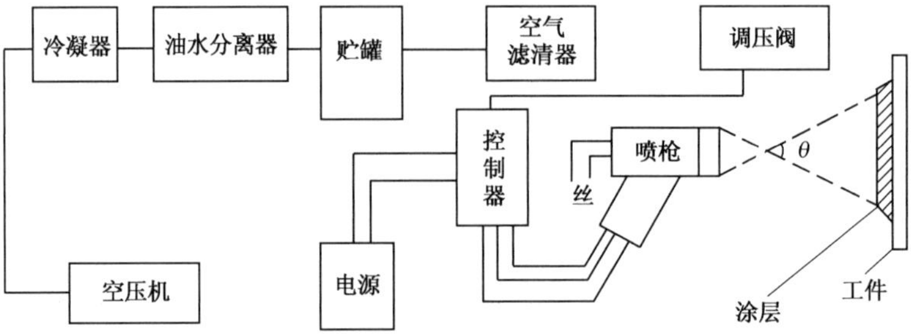

图 8-12　电弧喷涂系统示意图

定式电弧喷涂设备将喷涂枪、送丝机构固定在可自动行走的机械化装置上，适合于规则表面、大面积的防腐蚀工程施工。雾化气体通常采用净化的压缩空气，当使用保护性气体并在惰性气体的舱室中进行电弧喷涂时，称为保护气氛电弧喷涂；当在真空或低压室中进行时，称为低压或真空电弧喷涂。

电弧是电弧喷涂的热源，提供电弧喷涂的喷涂能量，而电弧是由喷涂电源提供的，因此，喷涂电源的性能就决定例如电弧燃烧的稳定性，从而又决定了喷涂的质量。

电弧喷涂电源应经过专业性的设计，应具有电弧的自调节作用。同时要求短路电流大、引弧容易，而且对喷涂电流和喷涂电压可单独进行调节。

2. 电弧喷涂的工艺参数与设备

电弧喷涂是热喷涂工艺中生产效率最高的热喷涂工艺技术，其喷涂的速率比线材火焰喷涂高 2~5 倍，成本仅是火焰喷涂的 20%。电弧喷涂的涂层质量几乎可与等离子喷涂相媲美，但其喷涂设备仅仅是等离子喷涂设备的 30%左右。因此，电弧喷涂是热喷涂技术中很有发展前景且使用非常广泛的一种喷涂工艺。电弧喷涂具有可以喷涂各种金属及其合金的丝材，如铜、青铜和蒙乃尔合金、巴氏合金、碳钢、不锈钢、镍铬合金、铝和铝合金、锌和锌合金等的功能。

铝和锌的线材是大型钢结构防腐蚀涂层的常用选材，其工艺参数可参见表 8-26。

表 8-26　电弧喷涂(铝或锌)工艺参数

涂层材料	线材直径/mm	电弧电压/V	电弧电流/A	压缩空气/MPa	喷距/mm
铝	2.0	28	150~180	0.5~0.7	150~250
锌	2.0	22	150~180	0.5~0.7	150~250

电弧喷涂的生产效率高，涂层质量好，操作不复杂，又容易维护，但只能用于金属材料的喷涂，不可用于陶瓷或塑性非金属材料的喷涂作业。

在大面积钢结构的热喷涂防腐蚀施工中，电弧喷涂是优于其他任何一种热喷涂技术的施工工艺。电弧热喷涂技术在我国大型钢结构建筑物的防腐蚀涂装中，应用已比较广泛。电弧喷涂的主要工艺参数有 4 项：电弧电压、工作电流、雾化空气压力和喷涂距离。在实际施工操作中应特别注意调节和控制，特别是当进行大型的机械喷涂时。

热喷涂的喷涂距离取决于喷涂设备，一般在 150~250mm，距离太短，会发生工件过热现象，使涂层与基底金属的黏接受到影响。喷涂时铝材和锌材的纯度在大多数情况下为 99.5%就可以了。并不一定使用更高纯度的材料。

为保证热喷涂的质量，应在被涂结构表面的喷砂除锈后及时进行热喷涂作业，当大面积的喷砂除锈后的表面来不及进行热喷涂作业时，可以先在喷砂过的表面喷一层防锈涂层。

8.3.4.3　等离子喷涂

1. 等离子喷涂的定义

等离子喷涂原理的示意图如图 8-13 所示，其热源为工作气体电离产生的等离子体。由电弧放电产生的等离子焰流或等离子弧中的等离子体温度可达上万度的高度，可将喷涂材料(粉)加热到熔融或软化状态，并在高温、高速等离子焰流的载引下，撞击到工件的表面冷却后成为涂层，此种工艺称之为等离子喷涂。

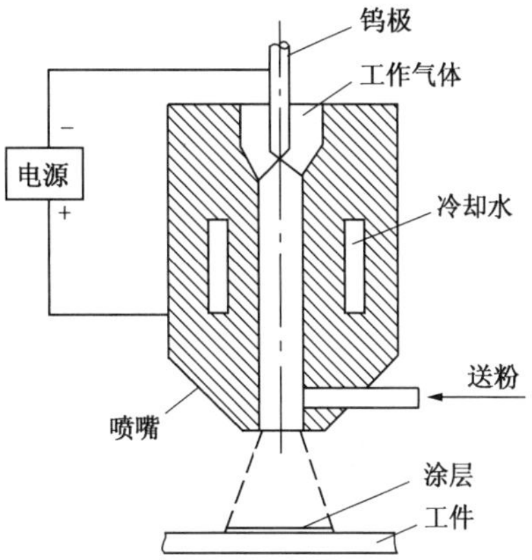

图 8-13　等离子喷涂原理示意图

等离子喷涂可用于产生耐高温腐蚀的涂层，也可以用于产生耐磨、导电、绝缘、超导等其他的功能性涂层的喷涂。

所谓等离子体是物质继固态、液态、气态三态以后的第四态，指当气体被电离后所形成的数量相等的正离子和负离子，且整体呈现电中性的导电体。当气体的电离度大于 1%时所形成的高温等离子体，就是用于等离子热喷涂的热源——等离子体弧。

也可以利用水作为工作介质的被称为水稳等离子喷涂，在电弧作用下，水被迅速蒸发并电离成氢、氧组合成的等离子体。这种水稳等离子弧可具有 30000℃以上的高温，其喷涂的速率更高，涂层的质量也更佳，可用于氧化物陶瓷涂层的喷涂。

2. 等离子喷涂设备

等离子喷涂的设备主要包括电源、喷枪、送粉器、循环水冷却系统和控制系统，具体喷涂的设备布置线路图参见 8-14。

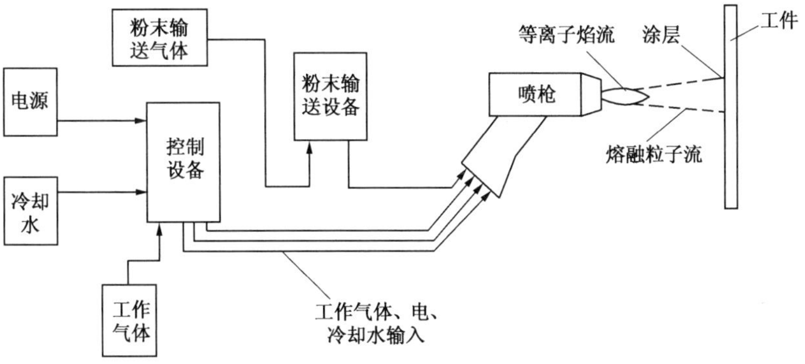

图 8-14　等离子喷涂的设备布置示意图

3. 等离子喷涂的特点

(1) 由于等离子喷涂的热源温度可达上万，甚至 3 万度的高温，因此可喷涂的材料范围非常广泛，几乎所有固态材料，包括金属、非金属，陶瓷等都可以作为等离子喷涂的材料。

(2) 等离子喷涂的工件本身不带电，基材的适用范围也广。

(3) 等离子体喷涂的涂层质量好。

缺点是设备投资大，喷涂成本高，喷涂时会产生辐射、金属粉尘、有害气体、蒸汽等影响环境和有害操作人员身体健康的不利因素。

由于等离子成本较高，等离子喷涂绝大部分只用于航天航空领域，并在热喷涂领域占有较大的市场份额。等离子喷涂可以产生10000℃的高温，可以熔化任何材料，尤其是比较难于喷涂的陶瓷粉末等热喷涂材料，均可以采用等离子喷涂工艺来实施，用于产生具备耐极高的温度、绝缘、耐磨和高强度的涂层。

8.3.5 热喷涂工艺的安全防护

热喷涂与其他涂装工艺一样存在着与安全、环境和健康相关的问题。因此，国家发布了针对热喷涂作业的安全操作规程，国家已重新修订了 GB 11375—89《热喷涂操作安全》。新的热喷涂国家标准是《金属和其他无机覆盖层热喷涂操作安全》GB 111375—1999 代替11375—1989，已从2000年3月始实施。以下将从安全、环境和健康三方面进行介绍。

8.3.5.1 与热喷涂相关的安全问题

1. 热喷涂工艺中的燃爆性风险

热喷涂的多种喷涂工艺方法如氧-乙炔粉末喷涂、超音速喷涂、陶瓷棒的火焰喷涂等喷涂工艺中，都使用了氧、乙炔、丙烷等可燃性气体作为热源，这些可燃性气体存在燃爆的可能性。因此，在进行热喷涂作业中对氧气瓶、乙炔气瓶的储存、运输和操作应严格遵守相关规定，不得产生泄露，严禁明火等。

另一种燃爆的风险来自于热喷涂活性较大的金属或合金时，产生的大量微细粉尘的积聚，有可能产生燃爆，尤其是铝、钛、硅和镁等金属粉末和丝材。

热喷涂作业时的高温、高速(含熔融微粒)射流产生过热环境，所有从事热喷涂作业的操作人员都必须作好防火的各项要求，遵守安全操作规程。

2. 热喷涂作业设备的高温和高压安全

等离子喷涂、等离子喷焊和电弧喷涂中的高电压和大电流电气设备是火焰喷涂所不具备的，都会产生新的安全问题。操作者上岗操作前，必须按 JB/T 6973《热喷涂人员考核要求》的规定接受全面的培训，必须遵守制造厂说明书中的操作安全规定，还必须按 GB/T 13869中的要求，实施电气设备的安全措施以及安全使用氢气等的操作规程等。

热喷涂作业中对等离子、电弧喷涂设备的调试、操作，包括喷涂场所的电气设备的保护、接地等均应按相关的安全操作规程进行。

8.3.5.2 与热喷涂相关的环境问题

(1) 热喷涂之前的被喷涂工件表面预处理所带来的环境问题，如喷砂的粉尘，与溶剂清洗所带来的溶剂挥发问题；

(2) 热喷涂过程中会产生有害气体，如等离子和电弧喷涂时的弧光与强紫外辐射会产生臭氧、NO_2 等氮氧化物和碳酰氯等有害气体；

(3) 热喷涂某些金属时所产生的烟气和金属的蒸气是有毒的，这些有毒金属及其化合物，如铍和铍化物、镉、铬、碲(Te)、铅和铅合金都有剧毒，因此，不论在室内室外或有限空间内喷涂这类材料，都应使用适当的局部抽风器和空气管道呼吸器。通风机的废气要安全管理，并直接排入安全地区。任何情况下，邻位喷涂操作的工人也要有局部抽风器和空气管路呼吸系统。在停止喷涂后，在空气中暴露8h，这些有害金属及化合物的允许含量如表8-27的规定。

(4) 热喷涂工艺大部分都产生噪声和高噪声。对人体和环境都会产生破坏作用。因此，应尽可能的采取措施，如消声措施和施工人员的防护等，减少噪声污染和对人体的危害。

表 8-27　空气中允许的有害金属及化合物安全极限规定

有害材料	铍 (Be)	铅尘 (Pb)	镉 (Cd)	锰尘 (Mn)	铬尘 (CrO_3)	氧化锌 ZnO	石英粉尘 SiO_2	无毒粉尘
允许浓度/(mg/m^3) (空气中)	0.002	0.05	0.1	0.2	0.1	5	2	10

8.3.5.3　热喷涂带来的健康问题和防护

热喷涂会产生粉尘污染、气体污染和光和热辐射污染，这些对人体都会造成伤害，国家规定，热喷涂的操作人员都应实施普通安全防护，应按 GB/T 11651、GB/T 3609.1 和 GB/T 2626 中的规定选用眼、面及呼吸系统保护用品，用劳动部门认可的生产厂家生产的护耳器或耳罩进行听力保护。

热喷涂尤其要注意在有限空间的作业环境，一定要注意通风和新鲜空气的供给。当喷涂环境对操作人员的直接呼吸有损害时，不能进行直接呼吸。在喷涂有剧毒材料时，如果空气源堵塞，喷涂作业者需要去掉头盔时，污染的空气对健康危害极大，也不能进行直接呼吸，在这种情况下，头盔必须事先和紧急辅助呼吸用气瓶相连接。当空气源发生故障时，喷涂作业者就能摘除空气供应管路，启用辅助空气源以呼吸新鲜空气。

国家规定，喷涂毒性材料时，空气流速应达 120m/min。

国家规定了热喷涂操作人员必须带有护目镜，因为一些热喷涂工艺会产生强的紫外光辐射，一般可为电焊的 33~50 倍。

第 9 章　涂膜的干燥和固化

9.1　干燥的重要性

涂膜(层)干燥与固化在涂装工艺中占有重要地位，普通涂膜干燥或固化是将液体或粉末状涂料转变成具有防护和装饰功能的连续性的完整涂膜的过程。而防腐蚀涂膜是使防腐蚀涂料干燥或固化，并转化成与基底黏接良好、涂膜完整、致密并能达到理想的强度、韧性和硬度的具备防腐蚀效果的防腐层的关键环节，人们通常认为干燥或固化是涂装工艺中的底材表面预处理、涂覆(布)、涂膜干燥的三要素之一。

任何涂装工艺的干燥或固化如果不能符合涂料的固化条件，尽管其前期工艺都符合质量的要求，仍然不会达到涂膜的预期效果。有很多涂装工程不能达到质量预期都是由于在涂装工艺的固化工艺中，未能满足涂料干燥或固化的工艺参数要求而造成涂装失效。例如，无机硅酸锌涂料需要在湿气环境下完成固化，如果环境的相对湿度小于 60%，则其固化很缓慢。而如果使用热的蒸气固化环境则可以达到快速固化的效果。

在防腐蚀涂装工程中大量使用的各种树脂类的重防腐涂料，如双组分的环氧、聚氨酯类涂料，以及各类不同的粉末涂料，干燥与固化工艺条件均有不同的要求。一般情况下，成膜温度高，则涂膜的性能就好，反之成膜温度越低，则涂膜的性能就越差。不论是常温干燥涂料还是烘烤型涂料均有这种趋势，这是因为在低温下溶剂挥发的速度慢，使得高分子链间的体积增大，而使涂膜的耐水性降低。另一方面，对于象环氧树脂类或聚氨酯类涂料，过低的温度使其固化反应变得不充分，也降低了涂膜的各类性能。

因此，在较高的温度下成膜是保证涂膜质量的必要条件。虞兆年先生介绍法国的埃非尔铁塔每 7 年要重涂一次，每次使用的油漆量为 40t 左右，涂装面积有 50000m^2，一般都安排在夏、秋季节进行涂装施工，因为夏、秋季节的气温高而干燥，非常适合于涂装的施工。而且可以为优质的涂膜固化提供固化环境保障。

涂膜的固化环境尤其是温度，对涂膜的质量是非常关键的。在埋地钢质管道的防腐层涂装工艺中，就存在很多由于干燥工艺不能达到涂料的要求而影响到涂料的选用和使用寿命。最典型的是城镇燃气管道的防腐层，在过去的十几年间，城镇燃气管道的外防腐层由于受到涂装工艺技术和资金的局限而大量使用手工涂装的溶剂型涂料——环氧煤沥青涂料的防腐层。国内北方的很多城市中，由于冬季的气温大部分处于零度以下而使环氧树脂不能固化，因此冬季环氧煤沥青防腐层的施工就成为了难题。虽然管体防腐层的涂装可以采取在厂房内进行，通过增加防腐车间内的温度的方式来使环氧煤沥青中的环氧树脂固化，而在燃气管道的施工现场的补口、补伤，却很难在低于 5℃ 的环境下进行。尽管采用了低温固化的涂料，仍然需要两周以上的时间才能固化，而且还必须采取其他加热措施。

9.2　涂料干燥的分类和机理

涂膜干燥的过程就是液态涂料或粉末涂料在被涂物表面转变成固态薄膜的过程。

根据涂料的成膜机理，可将涂料的干燥分为物理性干燥和化学性干燥两类，这是因为涂料中的成膜物质的成分不同，其成膜的机理也不相同。物理干燥以溶剂挥发等物理过程为主，而化学干燥是以成膜物质的各类化学反应为主，也含有溶剂挥发的干燥过程。而化学性干燥过程中的化学反应又有各种不同的反应类型，有游离基引发的聚合，也有缩合聚合等。表 9-1 是物理性与化学性两种干燥的成膜机理和特征对照。

表 9-1　涂料成膜机理分类表

成膜类型		成膜机理	典型涂料品种	成膜控制因素
物理性干燥	溶剂挥发	溶剂性涂料中的溶剂挥发后成膜物质在被涂物表面成膜	过氯乙烯涂料、丙烯酸(不含活性官能团的)类涂料、沥青类涂料	温度、湿度、通风
	熔融冷却	粉末涂料受热熔融后在被涂物表面流平、冷却成膜	热塑性粉末：如聚乙烯等	温　度
化学性干燥	缩合反应	涂料中的成膜物质发生缩合反应后成膜	聚酯树脂涂料等	温度、催化剂
	氧化缩合反应	涂料中的成膜物质与空气中的氧进行氧化反应并聚合后成膜	油性瓷漆、改性醇酸树脂涂料	温度、催化剂
	聚合反应	涂料中的成膜物质在加热或固化剂作用下发生聚合反应成膜	环氧酚醛涂料、环氧粉末、聚酯粉末	温度、催化剂
	电子束聚合	涂料中的成膜物质受电子束照射后产生游离基而引发聚合反应成膜	电子束固化涂料	电子束
	光聚合	涂料中成膜物质受紫外光照射后产生游离基，而引发聚合反应成膜	光固化涂料	紫外光

从表 9-1 中我们可以看到，无论是液态的溶剂性涂料还是固态的粉末状涂料，其干燥的机理都存在物理干燥和化学干燥的两种不同机理。但溶剂性涂料中无论是物理干燥还是化学干燥都同时含有溶剂的挥发过程。也就是说化学性干燥的溶剂性涂料同时存在溶剂挥发及化学交联成膜的过程，属于物理/化学的混合干燥过程。涂料究竟是遵从什么样的干燥机理，在很大程度上不取决于涂料的形态，而取决于涂料成膜物质的组成。

人们还经常将物理性干燥的溶剂性涂料称之为挥发型涂料，或自干性涂料。它可在常温进行，也可以高温进行。施工中影响自干性涂料成膜的主要因素包括溶剂挥发的速度，而溶剂挥发的速度主要受制于环境的温度、湿度、通风概况与溶剂本身的性质和组成。

挥发性或自干性涂料成膜时，成膜物质本身不起化学变化，即成膜物质本身未变化，只是物理状态的改变。因此涂膜本身还可以再次溶解于溶剂中；如果是物理性干燥的粉末涂料则再次受热时，粉末涂料还可以恢复成熔融状态。因此，遵从物理性干燥机理的的粉末涂料一般为热塑性的粉末涂料，如聚乙烯粉末、聚酰胺粉末等。

化学性成膜的涂料也常常被称之为交联成膜型涂料，交联成膜的液态溶剂性涂料在干燥成膜过程中，除包含溶剂挥发过程外，涂料中的主要成膜物质应在成膜过程中发生缩合或聚合等化学反应过程。而粉末性涂料的固化过程，除粉末的熔融物理过程外，粉末涂料中含有的主要成膜物质应发生催化聚合或各类游离基聚合或缩合的化学过程。固化成膜后涂膜不能通过溶剂的作用被重新溶解，也不可能使已固化的涂膜再一次受热时恢复成熔融状态。因此，这类涂料(包括溶剂性涂料和粉末状涂料)被统称为热固性涂料，例如环氧粉末涂料等。

还有一种分类方法，是将涂料按涂膜成膜的机理分为转化型涂料和非转化型涂料两类，对于所有的涂料而言，可将涂覆于物面表面未曾固化的涂膜分成以下 4 种形式：

(1) 液态非转化型涂料的涂膜；

(2) 液态转化型涂料的涂膜；

(3) 熔融状态的粉末涂料的涂膜；

(4) 粉末状态的粉末涂料的涂膜。

对液态非转化型涂料的涂膜干燥存在以下三种形式：采用溶剂或分散介质的挥发形式而实现的挥发干燥；依据分散介质的挥发与聚合物粒子的凝聚而实现的物理干燥；或聚合物粒子的熔胀凝聚，即塑性粉末熔融后冷却成膜干燥。

这三种干燥可以在常温下进行，也可以在较高的温度下(加温)进行，或者先加热而后再冷却的方式进行。

液态转化型涂料有两种，一种是含有溶剂的溶剂性液态涂料，还有一种是无溶剂的高固体成分涂料。一般来说转化型涂料的成膜物质需要通过化学反应而成膜干燥。其中含有溶剂的液态转化型涂料的涂膜则既包括了溶剂或分散介质的物理挥发过程，还包括了通过各类化学反应而成膜的化学性干燥的过程。其化学反应的类型则包括了如表 9-1 所列出的氧化缩合、常温或加温下的缩合反应、加热或催化剂作用下的缩聚反应，以及其他各类在光、电子束等特殊物理手段引发下的缩聚反应等。

对熔融状态的粉末涂料的涂膜，一般采用冷却方法使熔融状态涂料成膜，如采用流化床法涂覆的粉末涂料。而对粉末状态的粉末涂料的涂膜，如采用静电喷涂的粉末涂料，则需要采用特殊的加热手段，使粉末涂料被加热到其熔点温度而熔融后，在被涂物表面成膜。例如，在进行环氧粉末涂料进行静电喷涂时，管道表面需通过中频加热器，将已经被抛丸除锈和除尘后的钢管表面加热到环氧粉末的固化温度，但不能超过 275℃。从而使静电喷涂到钢管表面的环氧粉末涂料，变成熔融状态，交联固化后成为与钢管表面黏接良好，而又具备非常优良的机械性能和耐腐蚀性能的熔结环氧涂膜。

9.3 涂膜干燥的方法

涂膜干燥的方式有如下三种：自然干燥、加热干燥和辐射方式干燥。辐照方式干燥可采用光辐照、电子辐射等固化形式。涂料加热固化等三种干燥或固化方法的具体分类见表 9-2 的规定。

表 9-2 涂料各类干燥或固化方式的规定

固化方法名称		固化温度和方法的选择
自然干燥		常温下的干燥方式
加热干燥	低温干燥或固化	指 100℃以下的烘干方式
	中温干燥或固化	指 100~150℃的烘干的方式
	高温干燥或固化	指 150℃以上的烘干方式
辐照(射)干燥	紫外线固化	紫外线照射的固化方式
	电子束固化	电子束照射的固化方式

9.3.1 自然干燥与自然干燥的环境要求

自然干燥是利用空气的对流，使溶剂蒸发、氧化聚合或与固化剂反应成膜的干燥方法，它是最常见的一种干燥方式。自然干燥在室内、室外均可进行，无需任何干燥设备。适用于挥发性涂料、气干性涂料、自干性固化剂型涂料和触媒聚合型涂料。干燥时将被涂物放置在常温环境下，涂膜自身逐步由液态转变成固态，并成连续状的涂膜，并且在干燥过程中不需要能源和设备。

自然干燥特别适用于大面积的涂装作业，但该种涂料的涂装受制于涂膜的厚度和干燥环境，包括气温、湿度、光照、通风等因素的制约。一般干燥时间较长，环境的洁净程度也对涂膜的质量有所影响。

影响自然干燥的主要因素有以下两方面：

(1) 涂料中溶剂的挥发速度，溶剂的挥发速度又取决于溶剂的相对分子质量、填加剂等，以及在当时环境下的饱和蒸气压。

(2) 涂装环境参数，即温度、湿度、采光与照明、风力(或通风状况)。各部分因素对涂膜自然干燥的影响如下：

① 温度。温度对涂装施工的影响是比较大的，尤其对采用自然干燥法的涂料施工。有些涂料如环氧系列的涂料，受固化反应的温度条件限制，不可在5℃以下的环境温度下施工，因为在这样的温度下，环氧树脂不能产生固化反应。

对化学固化型涂料而言，自然干燥与环境温度的关系是十分紧密的。这是因为温度每上升10℃，固化时间可缩短一半。对不同树脂的涂料品种，温度过低则难以产生固化反应，涂膜不固化。环氧系涂料的涂装应在10℃以上施工为佳。聚氨酯类涂料的涂装对环境温度的要求略低于环氧，但也不能在零度以下自然环境中施工。(这也是涂装行业的一道难以逾越的障碍。这道障碍直到聚脲弹性体喷涂技术的诞生，才得以逾越。)

涂料涂装时应更加注重底材的温度，因为涂膜的干燥发生在底材表面。对钢结构而言，无论是寒冷的冬季还是炎热的夏季，底材表面的温度与环境温度都有很大的差异。例如：夏季在沙漠地区的涂装施工，钢表面的温度可达60℃以上甚至更高，会引起挥发性涂料的快速挥发而产生气泡和针孔。而在低温条件下，则会由于涂料黏度的增大无法施工。或者，在钢材表面产生凝露，影响涂层的黏接质量。

② 相对湿度和露点。相对湿度是指在一定的大气条件下，定量空气中所含水蒸气的量与该温度下同样体积的空气所能容纳的最大水蒸气的量之比。

当相对湿度超过85%时，当气温下降时，被涂物表面的温度会低于气温(钢结构表面在这种情况下的温度常常会低于气温)，其表面就会结露。这也是涂装时规定环境湿度不能超过85%的原因。

露点是指在该环境温度下和相对湿度条件下，物体表面刚刚开始产生结露的温度。如果被涂物的表面湿度比露点高3℃以上，则认为被涂物表面是干燥的，可以进行涂装。如果被涂物表面的温度接近露点或低于露点，则认为其表面是潮湿的，应采取去湿，或使被涂物表面升温的措施后，方可进行涂装作业。

③ 采光与照明。采光和照明的要求是为了更清楚的检查和控制涂膜的质量。室内、室外等不同的作业场合都应注意采光和照明的适度。以利于涂装工作人员对涂膜的控制以及对涂装工艺中的任一施工环节的质量监督。

④ 防尘与通风。空气中的尘埃对涂装是十分有害的，室外作业时在3级以上大风的环境下，应停止涂装作业。特别应尽量去除空气中大于10μm以上的尘埃。室内作业时，应保持室内空气的流通。所以，应保证对室内的送风量大于排风量。而且排入的空气应先经过除

尘、除湿后再排入室内。

总的来看，对采用自然干燥方式的室外涂装施工，其对施工环境的要求如下：

气温不宜低于5℃，一般建议在10~35℃之间；相对湿度不宜大于85%，以75%以下为宜。应无3级(3.4~5.5m/s)以上的大风，风天、雨天、雪天、雾天等应停止施工。

如果在室内喷涂，最好控制室温在20~25℃。除此之外，室内还应有良好的通风条件，通风量应保持在6~10次。但保持空气流通的同时，应注意防尘。在室内可采用相应的除尘设施，如静电除尘、离心力除尘和喷射水洗涤等，除去空气中10μm以上的粉尘。

涂装作业要求比较好的光线照明条件，室内的光线较差时，应增加具有防爆功能的照明设备。在室外施工时，气温过高也会影响涂装效果，一般认为，当钢材表面的温度大于40℃时，会使溶剂挥发太快而造成涂膜起泡，因此夏季进行涂装施工应避免钢表面的曝晒。

9.3.2 加热干燥或固化的方法及安全

加热干燥也称烘干，包括强制干燥和加热烘干，是现代化涂装的主要涂膜干燥方式。加热干燥又可分为低温烘干、中温烘干和高温烘干。如表9-2所示，固化温度低于100℃称之为低温烘干，主要用于对自干性涂料的强制性干燥，以缩短涂膜的干燥时间，一般为60~80℃；中温烘干或固化的温度在100~150℃之间，用于缩合聚合反应固化成膜的涂料，此类涂料的最佳固化温度范围在120~140℃之间，当温度过高时会使涂膜的脆性加大；高温烘干的干燥或固化温度在150℃以上，适合于粉末涂料、电泳涂料等。

加热干燥或固化的温度与持续时间应取决于涂料的类型、被涂物的表面性质。聚合反应成膜、交联固化聚合成膜的涂料需要外加热量，且外加热量制约成膜反应和成膜的质量。一些受制于自然环境温度的自然干燥涂装，为了加快涂装进度也会采用加热干燥。加热干燥时应根据涂料性能选择烘干工艺和设备。

加热干燥的优势是：

(1) 可加快涂膜干燥的速率，提高涂装的效率；

(2) 可缩短涂装作业时间、减少施工占地；

(3) 采取一定的措施后，可减少对环境的污染；

(4) 增强涂膜的物理性能和强度指标。

缺点：耗能高、设备投资大，而且加热干燥的过程必须注意涂料的溶剂挥发所带来的环境问题，遵守有关在烘干室或车间的安全保护，包括防火、防静电、防污染等一系列涂装环境、健康的国家规范。

9.3.2.1 加热干燥的方式方法

加热干燥的方式目前采用对流、辐射和电感应三种形式。

(1) 对流加热是以空气为媒介，将热以热风对流的形式传给涂层和被涂物的干燥方式。是最简单而又经济的干燥方法。但操作时的温度不易控制精确。热风循环固化设备是对流式干燥的常用设备。它利用了热空气作为热的载体，通过对流的方式将热量传递给涂层和被涂物表面，使涂膜固化。热风循环加热设备的加热非常均匀，可以保证涂层质量的一致性，而且固化温度的范围也很广，可以满足绝大部分涂料的固化要求。但设备结构庞大，升温速度慢，对防尘要求程度高。它是加热固化技术中使用最为广泛的一种设备和加热干燥方法。也适合于各种尺寸、形状工件的固化。

对流加热所采用的热源有蒸气、煤气、天然气、液化气、燃油、电能等。各类热源的适用范围如表9-3所示。

表 9-3 涂膜加热固化常用热源的适用范围

种　类	温度范围/℃	加热干燥的适用范围	工　作　特　点
蒸气	<100	预热、自干和低温烘干型涂料	热源运行成本较低，系统控制简单
燃气	<220	可直接燃烧。用于对表面要求不高的涂膜的间接加热，和大多数涂料的固化	热源运行成本较低，系统投资较高，系统控制和管理要求较高
燃油	<220	可直接燃烧。用于对表面要求不高的涂膜的间接加热，和大多数涂料的固化	热源运行成本较低，系统投资较高，系统控制和管理要求较高
电能	<200	适用于大多数涂料的固化	运行环境清洁，控制精度高，易于维护保养，运行成本较高
热油	<200	适用于大多数涂料的固化	使用不普遍，运行成本低，系统投资高，且管理和系统控制要求高

根据加热空气介质的方法，可将热风循环式固化设备的烘干室分为直接加热式和间接加热式两种形式。间接加热式烘干室的热空气相对直接式要清洁得多，在汽车和摩托车行业应用广泛。

(2) 辐射加热通常使用红外线和远红外线辐射源，这些从红外或远红外热源辐射出来的电磁波辐射到涂膜表面后，被涂料分子吸收，转变成涂料分子的热能而加速了其固化反应的速率。它可使底材的涂膜同时被加热，升温速度快，热效率高。但由于照射有盲点，容易造成温度的不均匀。因此，又有采用辐射与对流相结合的加热方式。电热远红外辐射器、燃气远红外辐射器等是辐射加热常使用的辐射源。远红外线的辐射材料一般选用辐射率大，单色辐射率高的材料，如氧化铬、氧化钴、氧化锆、氧化铁红及碳化硅、碳化钛等，根据需要将以上一种或几种材料和高温黏接剂按比例磨合、烧结、作为辐射源的涂料，涂覆于辐射器表面。这些辐射器被加工成板式、管式和灯状等使用。

使用辐照式干燥时，应选择适当型式的辐射器，还要注意调节好辐射器的间距，温度的控制、通风等问题。同时必须要遵守烘干工艺中的安全规范规定，注重烘干室的通风调节和有害溶剂的排放，防止空气污染和保证工作人员的健康。

(3) 电感应加热将涂有涂膜的金属工件放置在电磁场内，电磁能在工件内部转化成热能，热能再传向涂膜而使涂膜干燥的方法。也就是利用电感应原理，将电磁能转变成热能的加热方式。电感应加热的整个过程是从涂膜的底部开始，由内向外的干燥过程，因此可使涂膜中的溶剂完全挥发，干燥后的涂层具有很好的性能。

9.3.2.2 加热干燥的注意事项及烘干室的安全规定

1. 加热干燥的注意事项

在涂膜的固化过程中，如采用加热烘干方式时，应注意如下事项：

(1) 根据涂料固化时所需要的技术参数来选择适当的烘干工艺条件、烘干设备，包括烘干温度的设定、烘干时间的确定等。

(2) 溶剂性涂料的涂膜在进入烘干室前，应在大气环境下晾置一段时间，当湿膜中的溶剂挥发大部分后，再放置烘干室内烘干。

(3) 根据涂料的固化特性指定烘干室的工艺参数，如：对氧化聚合型涂料的烘干工艺就不应快速进入高温状态，而应该慢慢升温至预定的温度。

（4）烘干室的设置、操作、管理以及烘干工艺工程应严格遵守国家相关的安全规程，烘干过程中产生的溶剂性蒸气、有害分解物质应及时排除，并作好安全、消防、通风、净化等措施。涂膜的烘干工艺对涂膜的质量将起到很关键的作用，固化不完全则会影响到涂膜的强度和寿命，过度的烘干工艺，即烘干温度过高、烘干时间过长等，又会造成涂膜的机械强度、附着力等显著下降。如果湿膜未加处置便马上送入烘干室内烘干，也会造成涂膜出现橘皮、针孔等缺陷。

2. 关于烘干室的安全规定

关于烘干室的安全规定国家已发布了 GB 14443—93《涂装作业安全规程　涂层烘干室安全技术规程》，它是我国目前已制定和发布的 11 项有关涂装安全作业的标准之一，并正在进行进一步的修订。该标准规定了涂装作业涂层烘干室的设计、制造、安装、检验、使用和维修的基本安全技术要求。该标准从爆炸危险区域的划分、烘干室的安全通风结构、加热系统、空气循环系统、调节、卸压设施和电器调节系统等都作了非常具体的相关规定，例如：规定了“在烘干过程中，烘干室内含有挥发的溶剂或悬浮的粉末时，烘干室须设置安全通风装置。”以及“烘干室内可燃气体最高体积浓度不应超过其爆炸下限值的 25%。空气中粉末最大含量不应超过爆炸下限浓度的 50%”，以及“ 烘干室应设置静电保护接地，其接地电阻值不大于 100Ω”，而且“ 设有电器设备的烘干室，其外壳必须接地，接地电阻值不大于 100Ω。金属外壳的各部件之间，应保持良好的电气连接”等非常具体的规定，这对保证涂装工艺的安全是十分重要的，概括起来包括以下几方面：

（1）烘干室必须作好防火、防爆、防毒的相关安全措施；

（2）涂膜在烘干室内干燥和固化的过程中有可能释放出易燃、易爆、有毒的气体，因此烘干室的通风装置对烘干室的安全至关重要，应控制烘干室内可燃气体的最高浓度不应超过其爆炸下限的 25%，空气中粉末最大含量不应超过爆炸下限浓度的 50%；

（3）应在可燃性气体的最高浓度区域设置排风口；

（4）应保证烘干室排气系统的通畅，防止堵塞；

（5）设置温度控制和报警系统，防止烘干室内温度超标；

（6）设置烘干室的静电接地装置，并使接地电阻值不大于 100Ω；

（7）设置烘干室的外保温层。

9.3.3　辐射式干燥法

辐射式干燥法也常常称之为特种干燥法。主要包括光照射固化和电子束辐照固化。

辐射与对流有着完全不同的本质，对流传递热量需要依靠载体，而辐射传递热量是依靠电磁波的电磁能，根本不需要任何中间媒介参与，在真空中也可进行。

任何物体都有辐射特性，包括固体、液体和气体。只要物体本身的温度在绝对零度以上，都会向外辐射能量。这是因为从物质结构理论出发，任何物质的带电粒子(如金属原子表面的电子)都处于不同的能级状态。如果给其带电粒子以能量，使其处于激发态或更高的能级状态，则物体本身也就处于了高能态，就具有对外发射辐射能的能力，物体将本身的内能转变成对外发射辐射能及其传播的过程称为热辐射。以红外线、远红外线为主的辐射是热辐射，远红外辐射器是利用了辐射与对流相结合的对涂膜的加热固化机理。而本节所要介绍的辐射式干燥是针对了具备光固化特性的涂料所进行的辐照固化手段。

辐射式干燥是指采用紫外线、电子束固化有机涂料成膜的技术。它采用特定光波长的紫外线照射涂膜，使含有光敏剂的光固化涂料固化，或者使用高能量的电子束照射涂膜，激发涂料分子内的活性基团，使涂料分子发生聚合反应而固化。当采用波长为300~450nm的紫外线辐照时，也称之为紫外线固化。一般在实际生产中使用高压水银灯或紫外线荧光灯。在固化过程中升温速度快，热效率高，涂层质量好。但照射有盲点，适合于形状简单的被涂件。

9.3.3.1 光照射固化

即紫外线照射固化，紫外线固化时采用波长为300~450nm紫外线，辐射在常温下进行，固化时间很短，光固化涂料一经照射，其内的光敏剂就会产生游离基，引发聚合反应而使涂料在短时间内固化成膜。因此，紫外光固化设备是专供光固化涂料固化时使用的。不饱和的醇酸树脂，含有光固化剂的环氧树脂，以及不饱和的聚酯树脂等涂料都可以使用辐射式干燥。

该类固化的特点如下：

（1）常温下固化；

（2）固化时间短，减少了能耗；

（3）设备简单，投资和费用低。

缺点：

（1）被涂物的形状应简单；

（2）光固化涂料应具备透明或半透明的特点，可以使紫外光穿透；

（3）能量效率低，寿命有限（紫外光灯泡的寿命大约为1500~2000h）这是由于紫外光光源本身具备的特性决定的。

（4）紫外灯放射出的紫外线直接照射人体会对人的皮肤、眼睛造成伤害，另外紫外灯会产生臭氧，对人和设备造成损伤。

光固化涂料的干燥速度与涂膜的厚度密切相关，还与紫外光光源的照射强度、照射距离有关。光固化多用于平面或简单形状的被涂物体。光固化使用的紫外光照射装置上主要应包括光源、反射源、电源、冷却装置，以及输送与传动装置。紫外线光源中使用的水银灯是由石英制作的管子，内部封入水银。管子两端接通电源后水银气化，水银蒸气在管内放电而发光。可通过调节石英管内水银的蒸气压来调节紫外光光源的功率。表9-4是不同功率的水银灯对固化速度的影响。

表9-4　不同功率水银灯对固化速度的影响

水银灯功率/W	1000	3000	6000
灯与涂膜的间距/cm	20	30	30
固化时间/s	180	80	40

9.3.3.2 电子束照射固化

电子束照射固化简称EB，专用于电子束固化涂料，采用高能量的电子束照射涂膜，使涂膜内的分子产生活性基团，引发聚合反应而使涂膜固化。其特点是：固化时间极短，只有几秒钟，而且可在常温下进行。

电子束固化不需要加热，能使涂膜的深部位置产生固化反应，并可用于不透明的涂膜固化，固化过程中不会产生有害气体。用于电子束照射固化的涂膜厚度一般在10~300μm的范围内，涂膜密度一般在1.0~2.0kg/L。常使用的电子束由加速器主体、高压发生器和室体等组成。电子束固化通常可使用的照射线有电子线和 γ 射线两种，以 γ 射线的渗透率为高。

电子线由电子束加速器产生，如包括能发生热电子的电子枪、加速电子的电子管等。从电子枪发射出的电子，在加速管内高电压作用下获得很高的能量，成为电子束。电子束加速器电源采用交流电整流为直流电再变压成为直流高压电。电子束固化装置应有完善的设备屏蔽设施，这是由于电子束遇到金属会产生 X 射线，因此在电子束加速器周围应用水泥或铅板屏蔽。同时，应在电子束照射的空间内充惰性气体，防止氧的浓度超过 10^{-3}。

9.3.4 涂料的干燥与固化过程

人们将涂料的干燥与固化过程按固化程度分为以下三个阶段：

(1) 触指干燥(表干)　手指轻触涂层感到发黏，但没有涂料黏在手上；

(2) 半硬干燥(实干)　手指用力压涂层不感到发黏，且涂膜不移动；

(3) 完全干燥　手指甲用力刻涂膜，涂膜上不留痕迹。

表干、实干和完全干燥的三个过程表明了涂料干燥程度的概念，是通过将涂膜干燥过程用直观的感触来划分的，很适合在施工现场的使用和评价。并用于涂层的现场质量检查。

涂装作业中还可以将涂膜的固化程度作如下的细化和分级：

触指干燥　轻触涂膜涂料不附手指；

不黏尘干燥　干燥到不黏尘土的程度；

表面干燥　干燥到无黏尘的状态；

半硬干燥　轻压涂膜涂料不附手指；

全硬干燥　强压涂膜涂料不附手指；

打磨干燥　干燥到可以打磨的程度；

完全干燥　无缺陷的完全干燥状态。

第 10 章　防腐蚀涂装设计

10.1　防腐蚀涂装设计的设计与程序

防腐蚀涂装设计就是按防腐蚀的技术要求，给工作体系选择最适宜的防腐涂料，设计最合理和最经济的防腐层结构、厚度，实施标准化和规范化的涂装工艺，并进行系统的涂装工程管理的系统工程，也就是防腐蚀涂装设计应根据被涂物的材质性能、工艺条件、所处的腐蚀环境，以及防腐蚀施工的环境等与涂装相关的各种因素等，来进行防腐蚀涂装系统的设计。其意义在于提高防腐蚀涂装系统的科学性、可靠性，更合理的保护环境，取得更大的社会效益和经济效益。

10.1.1　防腐蚀涂装的设计原则和设计内容

防腐蚀涂装的设计一般由具备防腐蚀专业知识的设计院技术人员和业主协商决定，技术人员要根据被防护体系的材质、腐蚀环境、运行寿命以及国家的相关技术规范和投资成本的比较来进行涂料选型和工艺设计。国外，对涂装行业的从业人员要求比较严格，需经过专业培训和资质认证。美国的腐蚀工程师协会(NACE)，挪威的 FROSIO 都具备该行业专业人员的培训能力。

防腐蚀涂装设计在很大程度上还受业主的经济实力、设计单位的专业水准、施工承包方的施工技术水平的制约。我国国内工程项目的选型和设计常常如此。

随着现代工业和社会的进步，涂料的生产越发强调 4E 原则，即“Economy(经济)、Efficiency(效率)、Ecology(生态)、Energy(能源)”。防腐蚀涂装的设计也应遵从这一原则，因为这是国际社会发展的大趋势。也就是说，应根据被防护的体系所处的腐蚀环境，确定防护体系的最经济和可行的寿命周期，选择最适宜的涂料种类，确定涂膜的最佳厚度和结构，并根据涂装环境条件确定环保型的与经济合理的涂装工艺，选择适宜的施工技术标准和质量保证体系。其中在涂料选型和设计的过程中还必须进行涂装成本分析和经济核算，以保证涂料和涂装体系的经济性，发挥最佳的经济效益。

因此，在进行防腐蚀涂装设计时，应首先明确被涂装体系所处的腐蚀环境，对涂膜的性能要求，确定被涂装体系的使用寿命，即涂层的耐久性要求，然后根据该项目的投资定额进行涂层的材料选型，涂膜厚度的确定。

另外，选型时还应考虑涂装施工的现场条件，维护费用等因素，并进行涂层每平米价格与涂层寿命周期价格的经济分析，最后确定涂层的涂装工艺。

10.1.1.1　腐蚀环境的划分与相关标准

为保证涂装体系设计的科学性、合理性，规范防腐蚀涂装的设计程序和设计依据，国内外都有相关的标准发布。首先要考虑的就是对腐蚀环境的分类标准，如国际标准 ISO 12944《色漆和清漆——钢结构防腐蚀涂料系统保护》，就是用于钢结构表面在大气、土壤和水下等环境体系中涂装体系的确立和选择的依据。该标准为防腐蚀涂装领域的业主、设计人员以及涂料的生产商提供了参考和指导。

我国发布了国家标准 GB/T 15975—1995，对大气环境的腐蚀性进行了分级和分类。本节将逐一对各种腐蚀环境的划分和环境腐蚀性的强弱作一一介绍。

1. ISO 12944—2 标准中对环境的腐蚀性分类

在 ISO 12944—2 的标准中，将钢结构服务的腐蚀环境，按腐蚀性的强弱定义了在大气环境下的腐蚀性级别。在该表中将大气环境分成了很低(C1 级)、低(C2 级)、中等(C3 级)、高(C4 级)、很高(C5-1 工业级、C5-M 海洋级)等级别，而将水和土壤的腐蚀性也进行了分类。参见表 10-1 和表 10-2。

表 10-1　腐蚀定义和环境

腐蚀类别	材料损失(第一年暴露后)				温性气候下的典型环境(仅作参考)	
	低碳钢		锌		内　部	外　部
	质量损失/$g \cdot m^{-2}$	厚度损失/μm	质量损失/$g \cdot m^{-2}$	厚度损失/μm		
C1 很低	≤10	≤1.3	≤0.7	≤0.1		加热的建筑物内部，空气洁净，如办公室、商店、学校和宾馆等
C2 低	10~200	1.3~2.5	0.7~5	0.1~0.7	大气污染较低，大部分是乡村地带	未加热的地方(如库房、体育馆)，冷凝有可能发生
C3 中等	200~400	25~50	5~15	0.7~2.1	城市和工业大气，中等的 SO_2 污染，低盐度沿海地带	高湿度和有些污染空气的生产场所，如食品加工厂，酒厂，牛奶厂等
C4 高	400~650	50~80	15~30	2.1~4.2	高盐度的工业区和沿海地带	化工厂、游泳池、海船和船厂等
C5-1 很高(工业)	650~1500	80~200	30~60	4.2~8.4	高盐度的工业区和恶劣大气的工业区域	总有冷凝和高湿的建筑和场所
C5-M 很高(海洋)	650~1500	80~200	30~60	4.2~8.4	高盐度的沿海和近海岸地带	总处于高湿、高污染的建筑场所

表 10-2　水和土壤的腐蚀分类

分　类	环　境	环境和结构实例
Im1	淡水	河流的安装结构，水力发电站
Im2	海水和盐水	港口区的结构，如闸门、防波堤；近岸工程
Im3	土壤	埋地贮罐、钢桩和钢管

2. 国标 GB/T 15975—1995 对大气环境的腐蚀性分类

我国国标 GB/T 15975—1995 对大气环境的腐蚀性的分类如表 10-3 所示。

一般来说，大气环境的腐蚀性分类主要取决于大气中的污染物，如大气中的 SO_2、H_2S 等，包括大气中的固体尘埃等都对处于大气中结构物表面的涂膜产生破坏作用。因此，大气中的污染物的性质和含量就决定了钢结构物的腐蚀程度。工业大气中的 SO_2、H_2S 都是大气中钢结构腐蚀的关键因素，这是由于 SO_2、H_2S 进入钢结构物表面的液膜时，会使液膜呈酸性而加速钢结构物表面的腐蚀。有资料证明，含有 0.1%的 SO_2 污染的空气可使钢结构表面的腐蚀速度增加 5 倍。在不同的大气环境中，钢结构表面的腐蚀速度如表 10-4 所示。

表 10-3　大气环境腐蚀性的分类

腐蚀类型		腐蚀速度/mm・a^{-1}	腐　蚀　环　境		
等　级	名　称		环境气体类型	相对湿度（年平均）/%	大气环境
Ⅰ	无腐蚀	<0.001	A	<60	乡村大气
Ⅱ	弱腐蚀	0.001~0.025	A B	60~75 <60	乡村大气 城市大气
Ⅲ	轻腐蚀	0.025~0.05	A B C	>70 >60~75 <60	乡村大气 城市大气和 工业大气
Ⅳ	中腐蚀	0.05~0.20	B C D	>70 >60~75 <60	乡村大气 城市大气和 海洋大气
Ⅴ	较强腐蚀	0.20~1.00	C D	>70 >60~75	工业大气
Ⅵ	强腐蚀	1~5	D	>75	工业大气

注：在特殊场合与额外腐蚀负载作用下，应将腐蚀类型提高等级，如：

1. 机械负荷　(1)风沙大的地区，因风携带颗粒使钢结构发生腐蚀的情况；(2)钢结构上用于(人或车辆)或有机械重负载并定期移动的表面。

2. 经常有吸潮性物质沉积于钢结构表面的情况。

表 10-4　大气环境与腐蚀的关系

大气特色	腐蚀速度/g・m^{-2}・a^{-1}	大气特色	腐蚀速度/g・m^{-2}・a^{-1}
低湿度的大气	10.03	中等工业地区大气	401.5
炎热干燥的大气	80.3	大工业地区大气	1003.8
乡村大气	200.8	热带海洋地区大气	5018.8
海岸地区大气	301.1		

上表清楚表明，不同地区的大气所具有的腐蚀性千差万别，我们在进行防腐蚀涂装设计时，首先应对被保护的涂装物所处的腐蚀环境调查清楚，然后才能针对环境进行涂料和涂装工艺的选型，这是进行防腐蚀涂装设计的第一步。钢结构物在土壤中的腐蚀，在海洋环境中的腐蚀，以及在各种化学介质中的腐蚀则应参照相应环境下的标准规范，选择适宜的涂料和涂装体系。

此外，大气中的紫外线，包括大气中的氧元素等，还会促使高分子化学物质的涂膜老化或分解，会对涂膜的分子链产生作用，促使涂膜的光老化或退化。

我国石油天然气行业对大气腐蚀性的分级标准如表 10-5 所示。

表 10-5　大气腐蚀性的分级标准(SY 0007—1999)

等　　级	弱	中	较强	强
第一年的腐蚀速率/(μm/a)	1.28~25	25~51	51~83	>83

3. 国内行业标准对土壤腐蚀性强弱的划分

土壤也是钢结构物服务的主要环境，土壤的腐蚀性也是千差万别的，如沿海地区的土壤与内地的土壤，由于土壤中氯离子含量的差异而使土壤的腐蚀性强弱差距很大。对土壤的腐蚀性进行正确评价，一方面取决于对土壤腐蚀性强弱测试方法的选择，另一方面取决于评价指标的界定。国外对土壤腐蚀性的检测一般采用综合指标评价法，这是考虑到影响土壤腐蚀性的因素的多样性及复杂性。代表性的标准有美国国家标准(ANSI A21.5)打分法和德国工业标准（DIN 50929)打分法。对不同性质的土壤腐蚀性要作出科学、准确的评价是比较困难的，这是由于土壤是由固、液、气三相组成的不均一的多相体系，影响其腐蚀性的因素多种多样，例如，土壤的结构、土壤的类型、土壤的含水量、透气性、土壤的氧化还原电位、土壤中的可溶性离子总含量、土壤的 pH 值、土壤电阻率等。

土壤腐蚀性评价在国际上尚未形成统一的量化标准。国内对土壤腐蚀性的评价一般都采用土壤电阻率值(ρ)来界定，这也是工程上经常使用的方法。

各类土壤的电阻率值有非常大的差异。最低的如大港滨海盐土的土壤电阻率只有 0.28Ω·m，最高的如鹰潭红壤及一些干旱荒漠则在 1000Ω·m 以上。我国大部分地区的土壤电阻率值在 100Ω·m 以下。

评价土壤腐蚀性的量化分类可参照我国的行业标准《钢质管道及贮罐腐蚀与防护调查方法标准》SY/T 0087—95 中的相关规定：土壤腐蚀性应采用检测管道钢在土壤中的腐蚀电流密度和平均腐蚀速率判定。土壤腐蚀性的分类和评价应符合表 10-6 的规定。

表 10-6　土壤腐蚀性的级别划分

指　　标	级　　别				
	强	中	轻	较轻	极轻
腐蚀电流密度/($\mu A/cm^2$)	>9	6~9	3~6	0.1~3	<0.1
平均腐蚀速度/($g/dm^2 \cdot a$)	>7	5~7	3~5	1~3	<1

该标准还规定了，对一般土壤也可以采用土壤电阻率来判定其腐蚀性的强弱，这也是到目前为止，我国防腐蚀领域使用比较方便和比较广泛的方法。见表 10-7。

表 10-7　一般土壤的腐蚀性分级

指　　标	级　　别		
	强	中	轻
土壤电阻率/Ω·m	<20	20~50	>50

用土壤电阻率来评价土壤的腐蚀性国外也有不同的分类方法，一般分为 5 级。与我国的区别参见下表 10-8。

表 10-8　各国关于土壤电阻率与土壤腐蚀性的分级标准比较　　Ω·m

腐蚀性	中　国	前苏联	英　国	日　本	美国(1)	美国(2)	法　国
极强	—	<5	<9	—	—	<7.5	<5
强	<20	5~10	9~23	<20	<20	—	5~15
中等	20~50	10~20	23~50	20~45	20~45	7.5~100	15~25
弱	>50	20~100	50~100	45~60	45~60	—	—
很弱	—	>100	>100	>60	60~100	>100	>30

4. 国内行业标准对水腐蚀性的分类

水介质是钢结构服务的很广泛的环境，水工结构物、采油平台、海工结构物、海船等，都处于各种不同的水介质的腐蚀环境中。石油天然气行业规定了水对钢质管道或贮罐内壁的腐蚀性划分级别，是通过失重法所测得的年腐蚀率大小来区分的。具体分级标准参见表 10-9。

表 10-9　水的腐蚀性的分级标准

腐蚀性等级	强	中等	弱
腐蚀率/(mm/a)	>0.2	0.1~0.2	<0.1

国际上很多较著名的涂料商，大多按照 ISO 12944 规定的使用年限，建立了自身的涂料体系。例如，国际油漆公司按大于 15 年的耐用年限，将防腐蚀涂料保护系统的不同行业如电力、化工、石油、桥梁等进行了分类。有些涂料公司还依据自己多年的经验，将涂料体系服务的腐蚀性环境进行分类，以供涂料防腐蚀体系设计参考。荷兰的 SIGMA 公司的分类如下：

(1) 内部干燥环境　中性大气，相对湿度低于 60%；

(2) 内部潮湿环境　建筑物内部可能产生冷凝，大气中污染较少，属于较干燥的气候，相对湿度 80%以上；

(3) 乡村大气环境　包括从海岸到工业或者城市的环境，这些地区的腐蚀主要是由湿气、淋雨和紫外线造成，每立方米 SO_2 的浓度低于 10μg，每升雨水中的含盐量低于 12mg；

(4) 工业污染大气环境　高湿度、紫外线和化学污染会促进腐蚀，每立方米 SO_2 的浓度高于 10μg；

(5) 海洋性大气环境　高湿度、紫外线和盐雾都会促进腐蚀，海风及带有固体粒子的海浪的磨蚀作用会进一步恶化腐蚀环境，每升雨水的含盐量会高于 12mg；

(6) 大气环境中存在磨蚀作用的环境　腐蚀环境同(4)和(5)，同时存在额外的磨蚀和冲撞作用；

(7) 高温环境　温度远远高于一般大气环境；

(8) 浸水环境　进水环境中有或没有阴极保护，水下及飞溅区；

(9) 污水或泥浆环境　适用于河道设施、污水处理池、水槽等，pH 值在 3~10 之间，可能存在磨损作用；

(10) 化学品浸泡环境　化学品、酸、碱和溶剂等的浸泡；

(11) 原油和石油产品的浸泡环境　包括成品油和原油；

(12) 带湿气的钢材表面；

(13) 环氧富锌涂料和无机富锌涂料表面。

由此看来，对于各类不同的腐蚀环境划分，各国都已积累了不同的经验，也有相关的标准推出，以保证防腐蚀设计有章可循。

我们在进行防腐蚀设计之前，首先应该根据被涂物的腐蚀环境，选择相对应的腐蚀性划分的标准和规范，然后再根据规范的要求，进行防腐蚀涂料和涂装工艺的设计。

10.1.1.2　涂膜耐久性的选用原则

涂膜耐久性也称为涂膜工作寿命，是防腐蚀涂装设计首先要明确的原则。涂膜的使用寿命一般有两种概念，其一是指使用至下一次维护周期的时间间隔，其二是指涂膜丧失保护效果的期限。因此，必须首先明确被保护体系本身的防护要求、维护条件和所要求的保护期限。

一般来说大型设备的防护必须考虑维护的可能性以及期限要求，小型结构和装置则应以更换为主，内壁受液相介质腐蚀的设备，也常按一次性使用来处理。

1. 耐久性的确定原则

我国在习惯上认为，对处于气相腐蚀介质中的被涂装结构或设备，短期寿命应保证5年以下，中期寿命应保证5~10年，长期寿命应保证在10~20年，20年以上为超长期。

理想情况下涂膜的寿命越长越好，但受到涂装费用、涂料品质、施工质量等各方面因素的局限，涂膜的寿命总存在一定的限度。我们在进行涂料的选型时，要从被防护的体系的运行寿命要求、维护的可实施性，以及涂装的施工成本等因素综合考虑，以选择最佳的涂料和涂装工艺。一般情况下，以中期寿命和短期寿命较为可行，特殊情况下则必须选择长期寿命。

对埋地钢质管道和设施和浸入水中的结构而言，一般要求结构物的设计与运行寿命相符合。例如，埋地管道外防腐层的更换和修复成本不同于大气环境中的结构物表面涂层的修复与更新，其成本是很高的，尤其是城市中埋在地下的水管道、气管道和热力管道(非管沟敷设)等市政管道，管道防腐层的开挖更新与修复几乎是不可能的，甚至包括换管。而且随着我国城市化进程与现代化建设的推进，全面开挖修复埋地旧管道的涂层将会对城市社会环境、交通、环保和人文环境造成极大的干扰和破坏。因此，要求管道涂层的寿命一劳永逸将不是苛求。也就是说城市埋地管道涂层的设计选型要求应远远高于长输管道。

对于埋地管道防腐蚀涂层的选型，应根据管道埋设的土壤环境和施工环境、管道输送工艺参数，使用年限和要求来选择管道防腐蚀涂层的种类。对于必须在复杂土壤环境中敷设和运行的长输管道，从管道敷设工程的角度考虑，长输管道的施工难度要远远大于城市管道，如西气东输管道，近4000km长，经历了沙漠、高原、黏土，多次穿越大型河流，并通过江南水田等复杂的地形地貌，是世界上少有的管道敷设条件极为艰苦和复杂的管道工程。而起于广东茂名至云南昆明的大西南成品油管道，全长也达到近1700多公里，有近900多公里的管道需要沿山区运行，其沿线的地形地貌多为山区丘陵，地形复杂、起伏频繁、高差大。管道的敷设难度相对要求更高，据初步设计图纸的统计，仅弯头就需要18000多个，对管道防腐层的选型和要求也格外严格。这些长输管道的防腐蚀涂层，显然与城市燃气管道所经历的土壤环境有很大的差异。包括管道施工环境和施工的艰巨性，都是城镇管道埋设所不可想象的。因此，对管道外防腐层的机械性能指标也有很严格的要求。

同样，对处于大气或海洋大气等自然环境中的大型钢结构物，如桥梁、水闸门、海工结构物等等，也常常要求有长效可靠的防腐蚀措施，许多重要的大型钢结构通常要求在其服役期间不维护或少维护。或者要求在腐蚀严重的环境中的大型钢结构物的防护层应具备较长的使用寿命。因为对这样一些结构和设施的再涂装成本是很高的，而且，其再涂装技术的要求也非常严格。一般情况下，对水中或土壤中的钢结构应至少有20年不需任何维护和超过40年少量维护的寿命。因此，涂装涂膜耐久性的确定原则关键取决于被保护的体系所处的腐蚀环境，以及维护和修复的难易程度。

2. 国际标准ISO 12944—5关于涂料耐久性的规定

ISO 12944—5规定的是防腐蚀涂料系统，ISO 12944—5认为，保护性涂料的耐久性取决于以下几方面的因素：

（1）涂料系统的类型；
（2）结构的设计是否合理；
（3）表面处理前底材的状况；
（4）表面处理的效果；
（5）涂装施工的标准；
（6）施工的环境；
（7）施工后的暴露状况。

与我国的习惯划分略有差异，ISO 12944 将涂料系统的耐久性分为以下 3 种范围：

低：2~5 年

中等：5~15 年

高：>15 年

因此，在进行防腐蚀设计时，应先根据被涂装体系的寿命要求，再根据钢结构的腐蚀环境、钢结构体系使用寿命决定涂料的选型和设计方案。

各类涂料的涂膜在正常大气环境下的耐久性可参见表 10-10。

表 10-10　各类涂膜在一般大气环境下的寿命

涂料种类	使用寿命/a	涂料种类	使用寿命/a
醇酸树脂	2~5	丙烯酸有机硅系	10~15
氯化橡胶系	5~8	氟树脂涂料，烘干型	20
丙烯酸系	5~10	氟树脂涂料，自干型	20
聚氨酯系	7~12		

处于不同的腐蚀环境和腐蚀介质，则应选择不同的涂料种类，包括涂膜厚度的设计，工艺的选择等都应有区别。

3. 与涂膜耐久性相关的其他设计因素

涂膜的耐久性除了与涂料的性质和施工工艺水平有关外，还与涂膜的厚度有关，与涂膜的层数或施工道数也有关。一般来说涂膜的总厚度越厚，涂膜的耐久性就长一些。一般涂膜具有相同厚度的防腐蚀涂膜，其得到该涂膜厚度的施工道数越多，耐久性也越长。因为一般情况下通过多道施工，后一道涂敷可以弥补前一道工艺的缺陷。要获得相同的防护期限，不同的涂料对漆膜厚度的要求是不一样的。

例如在乡间大气的情况下，采用油基漆仅需要 4 道，总厚度达到 100μm 即可，而在工业区则要求在 175μm，需要涂 7 道，在海洋环境下需要涂 9 道，涂膜厚度要达到 225μm。由此可见保护性涂膜的涂装设计与其要保护的结构物所处的环境密切相关，而且涂装工艺的设计也决定于所处环境的腐蚀特性与腐蚀强度。

10.1.2　涂装设计程序和设计内容

10.1.2.1　设计前应采集的资料与信息

应围绕被涂物、涂料、环境收集以下信息：

（1）被涂物的材质、结构状况、表面状况、服务环境、维护保养、设计寿命；

（2）涂料产品的性能、与被涂物底材的黏接性能、与服务环境的适用性、涂装条件下的施工性能、相关技术规范；

（3）环境的腐蚀性、对涂料的性能要求、对施工的要求、对涂料施工的环保要求；

(4) 施工技术水平、设备、涂装工艺的质量检验标准与质量保证体系；

(5) 涂料的材料成本、施工成本。

10.1.2.2 选择涂料品种、确定涂层厚度、进行涂膜的结构设计

1. 选择涂料品种

我国涂料品种17大类有近上千种，性能和施工方法也各具特色。如何选择适宜的防腐蚀涂料品种应遵从以下原则：

(1) 根据被涂物(或被保护的结构物)的材质选择涂料；

(2) 根据被保护结构物所处的腐蚀环境；

(3) 根据实施涂装作业的施工现场的环境条件；

(4) 所选择的涂料产品之间的配套性；

(5) 涂装成本的经济性、环境保护性。

为此，设计者应熟悉各类涂料的特性，以及各类树脂结构中的化学基团对涂层性能的影响。有关成膜树脂和化学键对涂层性能的影响见表10-11。

表10-11 成膜树脂结构中化学基团对涂层性能的影响

项　　目	耐　水　性	耐腐蚀性	耐　热　性
使涂层相应性能降低的基团	—OH，—NH_2，—HSO_3，—COOH	—CH_3，—OCH_3，—COOR，——OH	—CH_3，—OCH_3，—COOR
使涂层相应性能提高的基团	—CH_3，—C_6H_5，—O—	=CO，—O— 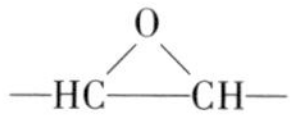	—C_6H_5，—$CONH_2$，—COOH

防腐蚀涂层最重要的性能之一是与基材表面的良好附着力，为了提高涂膜的附着力，常需要提高成膜树脂的极性，而控制聚合物的相对分子质量，使其在成膜前的相对分子质量不大，形成固化涂层时转成体形结构，这样可提高涂膜的附着力。例如，环氧粉末涂料中的主要成膜物质是环氧树脂，由于在环氧树脂的分子结构中含有多种极性集团如羟基、环氧基等，因此环氧类涂料是与钢质底材附着力最为优良的防腐蚀涂料，无论是液态的还是粉末的涂料。

涂层耐腐蚀性的长久与否还要求涂层材料的透气性、水汽渗透率尽可能的低。因此必须选择透气性低的成膜材料和屏蔽作用大的填料。除此之外，还要求涂膜具有适宜的硬度、柔韧性、耐磨性等必要的机械性能。这些都与涂层材料的树脂微观结构密不可分。涂膜性能与涂料分子结构的关系如下表10-12所示。

表10-12 涂膜性能与涂料分子结构的关系

性　　能	平均聚合度	分子交联	无极性基团	极性基团	结晶度
附着力	-	+	-	+	-
耐湿性	+	+	+	-	+
耐热性	+	+	-	+	+
表面硬度	+	+	-	+	+
弹性	+	+	-	+	+
断裂伸长	+	-	+	?	-
冲击强度	+	-	+	?	-

注：“+”号表示该种涂料分子结构增加时，涂层的对应力学性能提高；

“-”号表示该种涂料分子结构增加时，涂层的对应力学性能降低；

“?”号表示情况不明确。

选择涂料还要考虑底材的性质，涂料对底材、底漆和原有涂层的重涂性是否具有适应性，底材不同，底漆、中间漆和面漆的选择也不同。表 10-13 说明的是不同底材与底漆、面漆的配套性，表 10-14 说明的是防腐蚀涂料之间的重涂适应性。

表 10-13　不同底材与底漆、面漆的配套性

1 / 2 / 面　漆	黑色金属	铝材和铝合金	镀锌板与锌合金	混　凝　土
油性漆类	醇酸底漆	锌黄酚醛底漆	硝基底漆	酚醛底漆
醇酸漆类	酚醛、乙烯类环氧底漆	锌黄酚醛、锌黄过氯乙烯、锌黄环氧底漆	过氯乙烯 环氧两种底漆	酚醛、环氧两种底漆
氨基漆类	醇酸、环氧底漆	锌黄环氧底漆	环氧底漆	
酚醛漆类	硝基、过氯乙烯、醇酸、油性底漆	锌黄过氯乙烯、锌黄油性底漆	硝基底漆	油性底漆
沥青漆类	沥青底漆	沥青底漆	沥青底漆	沥青底漆
过氯乙烯类漆	醇酸、丙烯酸底漆	锌黄酚醛、丙烯酸底漆	过氯乙烯底漆 乙烯酯类底漆	过氯乙烯、醇酸 酚醛三种底漆
丙烯酸漆类	醇酸、环氧、过氯乙烯底漆	锌黄酚醛、环氧两种底漆	丙烯酸、环氧两种底漆	醇酸、丙烯酸底漆
硝基漆类	醇酸、酚醛、丙烯酸三种底漆	锌黄酚醛、锌黄环氧、锌黄丙烯酸三种底漆	环氧、硝基两种底漆	醇酸、硝基两种底漆
环氧漆类	醇酸、酚醛、丙烯酸、环氧四种底漆	锌黄酚醛、锌黄丙烯酸两种底漆	丙烯酸、环氧两种底漆	酚醛、环氧两种底漆
聚氨酯类漆	醇酸、环氧、聚氨酯三种底漆	锌黄环氧、锌黄聚氨酯两种底漆	环氧、聚氨酯两种底漆	环氧、聚氨酯两种底漆

注：1. 表示基底材质。
2. 表示底漆选材。

表 10-14　部分防腐蚀涂料之间重涂适应性

重涂涂料 / 原涂料	长暴型磷化底漆	无机富锌底漆	有机富锌底漆	油性防锈涂料	醇酸树脂涂料	酚醛树脂涂料	氯化橡胶系涂料	乙烯树脂涂料	环氧树脂涂料	环氧焦油涂料
长暴型磷化底漆	×	×	×	√	√	√	√	√	△	△
无机富锌底漆	√	√	√	×	×	×	√	√	√	√
有机富锌底漆	√	×	√	×	×	×	√	√	√	√
油性防锈涂料	×	×	×	√	√	√	×	×	×	×
醇酸树脂涂料	×	×	×	√	√	√	×	×	×	×
酚醛树脂涂料	×	×	×	√	√	√	√	△	△	×
氯化橡胶涂料	×	×	×	×	√	√	√	×	×	×
乙烯树脂涂料	×	×	×	×	×	×	×	√	×	×
环氧树脂涂料	×	×	×	×	△	△	△	√	√	×
环氧焦油涂料	×	×	×	×	×	×	√	×	△	×

注：×：表示不可以重涂；△：表示在一定条件下可以重涂；√ ：表示可以重涂。

2. 确定涂层的厚度和结构及与确定涂膜厚度时应考虑的因素

（1）在不同服务环境下的涂层厚度数值可参考表 10-15。

表 10-15　不同用途涂层应控制的厚度参考数值

环境条件和涂层性质	控制厚度范围/μm	环境条件和涂层性质	控制厚度范围/μm
一般性涂层	80～100	耐磨蚀涂层	250～300
装饰性涂层	100～150	超重防腐蚀涂层	300～500
防腐蚀涂层	150～200	高固体分涂层	700～1000
重防腐蚀涂层	200～300		

通常把能起到腐蚀防护作用的涂膜的最小厚度称为临界厚度。各种涂层的临界厚度取决于成膜树脂的种类，还取决于被涂物的表面预处理状况。常规条件下，在喷(抛)射除锈的钢质底材表面的涂层临界厚度可按表面粗糙度，即表面锚纹深度的 2.5～4 倍的厚度来界定。

（2）ISO 12944 标准中的厚度选择。

在 ISO 12944 标准中，对于涂膜厚度的选择也是根据其腐蚀环境和使用寿命而制定的，见表 10-16。

表 10-16　腐蚀环境、使用寿命和涂膜厚度的关系

腐蚀环境的级别	使用寿命	干膜厚度/μm	腐蚀环境的级别	使用寿命	干膜厚度/μm
C2	低 中 高	80 150 200	C4	低 中 高	160 200 240(含锌粉) 280（不含锌粉)
C3	低 中 高	120 160 200	C5-1，C5-M	低 中 高	200 280 320

应当指出，不同场合使用的不同结构物，其表面防腐层的厚度选择也是有差异的，例如，对于一般钢质结构物的涂层厚度选择与埋地钢质管道防腐层厚度选择显然不同。这是因为一般在防腐预制厂生产的涂层管，要经过储存、运输、安装、下沟等施工过程，涂层的机械性能等皆要经受管道施工环节的考验。而且，不同涂料的涂层厚度选择也有区别。

（3）涂料性能也可以决定涂层的厚度。

美国水工协会 AWWA C222—99《钢质水管道及管件用内外聚氨酯类涂层标准》中规定内涂层采用聚氨酯类涂料时，最小干膜厚度是 0.5mm，外涂层的最小干膜厚度为 0.625mm。而同样是 AWWA 标准的 C213—91 规定采用熔结环氧粉末涂料作为内涂层的厚度则不小于 380μm(0.38 mm)。因此，涂层厚度的选择还与成膜树脂的种类、涂料成膜后的性能密切相关。

同样是埋地管道的外防腐层，如果选择石油沥青防腐层，厚度就要大得多了，普通防腐都要在 4mm 的厚度。这是由石油沥青材料的各种机械性能、理化性能和石油沥青防腐层的涂装结构决定的。

（4）防腐层的厚度选择与施工方式有关。

防腐蚀涂层的厚度选择除了要考虑使用场合外，还与防腐蚀结构的施工方法密切相关。对于管道施工而言，同样都是埋地管道的施工，但施工方法不同，防腐层的厚度选择也不同。例如，管道穿越河流、公路、高架桥、铁路的施工，如果采用定向穿越的施工方式，涂层管在被牵引头拖进定向穿越的管道位置时，虽然有水泥砂浆的防护，涂层管仍需要在当时当地的水泥砂浆环境的磨蚀作用下就位。该种管道的施工方式就对管道外的防腐层就有了特殊的要求，它与穿越处的地下土壤结构有很大的相关性，如果处于砾石土壤或鹅卵石结构的河床土，则管道的外防腐层不仅要求具备很高的耐磨性，而且还应具有高强度、高硬度。杜邦粉末公司从 1992 年开始在管道穿越工程中选择双层环氧涂层。也就是说双层环氧涂层就是为了使用定向穿越这种特殊的管道施工方式而被发明和产生的。因为该种涂层是在原来的单层环氧喷涂生产线上，即第一层环氧涂层未完全固化前，又迅速喷涂了第二层改性的(加入塑性材料)环氧粉末，因此称为双层环氧涂层。这使该涂层的总厚度增加了，强度和韧性也增强了，能很好地适用于定向穿越的施工要求。

我国目前已制定了有关双环氧涂层的技术标准，其普通级涂层厚度大于等于 620μm，其中底层环氧涂层最小厚度为 250μm，面层最小厚度为 370μm。加强级涂层厚度大于等于 800μm，其中底层环氧涂层最小厚度为 300μm，面层最小厚度为 500μm。

其双环氧涂层部分技术性能指标的规定如下：对普通级涂层，30kg 耐划伤性划伤深度 ≤350μm，无漏点；对加强级涂层，50kg 耐划伤性划伤深度≤500μm，无漏点。对普通级涂层要求能抗 10J 的冲击能量；对加强级涂层要求能抗 15 J 的冲击能量。

10.1.2.3　涂装工艺的设计与设计时应考虑的内容

(1) 底漆的选择；

(2) 中间涂层、面涂层的选择、相溶性和配套性；

(3) 涂层结构与施工方法的对应性；

(4) 涂层的性能要求与涂膜中填料的选择及配套性；

(5) 涂膜层数与涂膜厚度的关系。

例如，对于船舶的涂装，在船底的涂层结构设计中既应包括船底防锈涂料，又应包括船底防污涂料，这是为了防止海洋生物在船底的附着。海洋中有近 2000 多种海洋生物(包括植物和动物)，海洋植物有 600 多种。其中附着性生物如藤壶、牡蛎、海葵、苔藓虫等，它们是主要的海中污损性生物，能附着在海船的底部且耐高速海水的冲刷而不脱落。附着在船底的这些海生物如藤壶等还会喷射出大量的黏液，黏接在船底而永远不能去除，同时又会有小藤壶出世。如此，使附着在船底的海生物的体积迅速增大，给船舶和船舶的航行带来巨大的危害作用，它不仅增加海船的重量，增大船体运行的阻力和海船的能源消耗，而且这些附着在船底的生物所分泌的有机酸等会大大加速船底钢板的腐蚀速率。有资料表明：船底污损严重时，海洋生物的堆积层可以达到 10 多厘米厚，每平米的重量达到 20kg。船舶动力燃料的损耗也会由此大大增加。

为此，习惯上常常在船底的环氧煤沥青漆防锈漆外，还要选择一种有毒的介质、能杀伤海生物的防污涂料。防污漆中的毒料主要有氧化亚铜、氧化汞和有机锡等。而且为增加防污涂料与环氧煤沥青漆防锈漆的附着力，还要在环氧煤沥青防锈漆和防污涂料之间加一层中间过渡层。

但防污涂料的毒性(Cu^{+}、Hg^{2+}、有机锡)，又对海洋环境造成了危害，因此 1999 年国际海事组织会议(IMO)等出于对海洋生物环境保护的要求通过了一项决议：要求“确保在 2003 年 1 月 1 日止在全球范围内禁止施工含有有机锡化合物防止海生物的船用防污漆系统，并且在 2008 年 1 月 1 日全面禁止含有有机锡化合物防止海生物的船用防污漆袭用的存在”。

可见，对不同的涂装体系的涂层设计是与涂装体系的服务环境和现代社会的法规等多种因素密切相关的。

例如，同样是船舶不同部位的涂装系统的涂料选择，也有不同的规定。船舶水线以上部位的涂料，针对其腐蚀环境，国家标准有不同的技术要求，相应的国家标准如 GB 6745—86 中有对船壳漆的规定，GB 9261—88 有关于甲板漆的技术要求等。

在原油管道输送及原油油罐的相关防腐蚀涂层结构的设计中，由于我国的原油含蜡量高，必须加热输送或加热储存，热原油(包括任何热介质的输送或储存)在管道输送或油罐的储存中，如果不采用保温措施，将有很大的热量损失。而采用保温措施后可减少 90% 的热源损失，可见其经济效益是巨大的。因此，石油系统历来对热油管道的防护采用防腐蚀和保温的复合结构体系，城市和工业上的供热、供暖的管道也都采用这种防腐保温复合结构的涂层体系。

在这种防腐保温体系中，底层防腐层应为耐热的防腐蚀涂料，而在防腐蚀涂料外则根据输送介质的温度选择保温材料。100℃以下的热介质如原油，通常选择聚氨酯硬质泡沫，泡沫外再施加一层外保护层的复合结构，即防腐蚀涂层+泡沫保温层+外防护层。常规的做法是底层为环氧粉末或液态环氧，中间为聚氨酯硬质泡沫，外层为聚乙烯。我国采用“一步法”，或丹麦引入的“管中管”法工艺生产的这种结构的管道已经有 20 多年的运行实践。

20 多年的防腐保温复合结构的防腐层体系证明：由于外层聚乙烯为典型的非极性材料，它与聚氨酯硬质泡沫的黏接成为整个防腐保温结构体严密性的一大难关和隐患，无论是对预制厂内防腐保温管的预制，还是对施工现场的管道现场补口，很多泄露事故也都因此产生。石油天然气行业中有很多条采用该种结构的原油输送管道，其原油管道的泄露事故屡见不鲜，时有发生，最为严重的是中洛线，投产仅仅两年就因为屡屡发生管道泄露事故，而在两年多时间内就将该管道报废，又重新敷设了中洛复线。国家上亿元的投资付之东流。另外一条地处西北高原的花格线，泄露事故也很频繁。

应当说，聚脲弹性体材料的产生和喷涂施工技术的发展，使这一难题得到完美的解决。即在聚氨酯硬质泡沫外喷涂与之能紧密结合的聚脲弹性体可形成非常一体化，无任何空隙和缝隙的保温防护体系，且由于聚脲的高强度，也使得该结构成为最为理想的保温防护结构。在美国、韩国等已大量用于建筑物结构的保温，如在屋顶的使用以及输送和储存热介质的管道、罐，以及储存过冷介质的罐体的保冷防护结构，例如液化天然气贮罐的保冷防护层等。

由此可以说明，各类型的涂装设计又是与社会的科学技术进步密切相关的，并随之发展而发展。

10.1.2.4　涂装工艺的选择与设计

在选择了涂料的种类和确定了涂层的结构以后，就可以进行涂装工艺的设计。涂装工艺的设计应包括以下内容。

（1）涂物表面预处理的方法和程序，以及其必须达到的表面清洁度和表面粗糙度等级，同时应考虑表面预处理的设备以及表面预处理工艺所产生的废气、废水和污物的处理措施与方法，包括施工操作人员的防护措施。

（2）涂装作业方法的选择：手工刷涂还是自动化生产线、机械喷涂、静电喷涂，一旦确定了要选择的涂装工艺方法后，应选择与之适应的涂装设备，或者涂装生产线。这些都应与所确定的防护性涂料和涂层的施工规范相适应。

（3）涂装工艺条件的确定和对涂装环境的要求，应根据涂料的施工规范和涂装工艺设备的要求，以及当时可能的涂装环境条件，设计涂装作业的工艺条件。

例如，冬季施工与夏季施工的固化和干燥的工艺条件是不同的。而在有限空间内的作业施工也与在施工现场如沙漠或野外的施工是不同的。还有些作业需要分步考虑实施，例如，管道防腐层的涂装施工，一般都应先在防腐预制厂内完成涂层管的预制，然后在油、气、水管道的施工现场完成埋地管道的焊接、补口、下沟和回填。大型的钢结构桥梁也是如此，应在桥梁厂内，先完成钢结构防腐蚀涂装的绝大部分工作量，如下料、喷丸除锈、涂底漆、中间漆，甚至包括第一层面漆等，在桥梁的架设现场，则再继续完成焊接、二次除锈、损坏和损伤涂层部位的修复和修补，最后再喷涂最后一道面漆的工艺过程。同时应考虑在完成涂装工艺过程中的防护措施和安全规则。

(4) 涂膜干燥方式，干燥设备和干燥工艺的安全措施。如果是在有限的空间内或是在烘干室内进行，应遵守和注意相应的安全规范。

(5) 涂膜应必须达到的性能指标，现场应完成那些检测，那些性能指标必须在实验室完成，所遵从的标准和测试方法是什么。

以上 5 部分内容，应是涂装工艺设计所应解决和确定的相关内容，以及工作思路。

10.2 防腐蚀涂装的经济核算

涂装设计的一项重要工作是对所选择涂层的涂装体系进行经济成本核算，并根据国家的概预算定额计算出每平米涂层的材料价格、施工价格。然后再通过总的施工面积和工程量的计算，求出总的防腐蚀涂装的投资成本。同时，还应根据国家的预算定额，以及防腐蚀体系的其他项目投资进行各种涂装体系的性价比比较，确立最佳的涂装系统。

例如，对于埋地钢质管道的腐蚀控制系统，管道的外防腐层往往与管道的阴极保护一起实施联合保护。选择环氧煤沥青外防腐层，则其阴极保护的保护电流密度要比选择三层聚乙烯防腐层的阴极保护电流密度高出几十倍，甚至一百倍。如果要考虑到两种涂层的寿命差距，以及两种涂层的不同维护费用，则环氧煤沥青外防腐层的方案选择与三层聚乙烯相差的显然不仅仅是涂装的成本差异。

因此，涂装的经济核算在今天已包含了两个概念，这就是：

(1) 涂层的每平米价格；

(2) 涂层的寿命周期费用。

涂层的寿命周期费用是个新的概念(英文是 Life cycle cost)，国际上简称为“LCC”。它是从项目的整个使用寿命过程来分析涂料的总投资费用。实质上，它仍然取决于涂料本身的性能。

我们在设计一个项目开始时，就应该先做这样的一种分析。根据现有的经验，把重防腐涂料的寿命周期一般定为 25 年来分析。来自北海海上油田的经验表明，采用高性能的涂料，如改性环氧涂料、玻璃鳞片涂料、聚氨酯涂料和聚硅氧烷涂料，采用 LCC 分析，总的费用可以节省 25%~40%。而如果采用一般性能的涂料，在 25 年内由于涂料失效而增加的维护、维修的费用，包括材料费、人工费等的确是个不小的开支，如果造成跑、冒、滴、漏，或腐蚀穿孔，停工停产而酿成事故，更是一笔大的损失。

例如，对于埋地管道而言，如果发生腐蚀穿孔泄露，所引发的间接损失如何来考虑呢？美国腐蚀工程师协会标准在 NACE RP 0169—96《埋地或水下金属管道系统的外腐蚀控制》标准的 A. 1-c 中明确规定了由于管道腐蚀泄露的腐蚀间接费用所应包括的项目内容，规定如下：

“除了腐蚀直接发生的费用之外，间接费用包括：

(1) 公共责任索赔；

(2) 财产责任索赔；

(3) 自然设施的损坏，如市政供水或水利灌溉、森林、公园和风景区；

(4) 漏到环境中的产品清除；

(5) 工厂停产和开工费用；

(6) 泄露产品的费用；

(7) 由于使用的中断而造成收入的损失；

(8) 由于使用中断而造成的合同或信誉的损失；

(9) 管道系统的恢复或抢救费用的损失。”

标准规定，上述9个项目的费用开支都应包括在腐蚀泄露所造成的间接费用的规定之内，这说明了腐蚀的间接费用要大大超过腐蚀的直接费用，因此一种质劣但价廉的防腐性涂层，看起来一次投资的费用低一些，但由于防护性能差而造成的设备或管道的防护失效，引发腐蚀泄露事故后的成本会大大超过预期，给企业带来不可估量的经济损失和社会声誉的损坏。

特别是近年来，我国社会和人们的环保、法律意识和自我保护观念的深入，会造成后期腐蚀事故处理成本的大幅度上升。

对于输送危险性气体或液体的管道，发达国家如美国新修订的 H. R. 3609《2002年管道安全改进法》中明确规定要进行更为严厉的经济惩罚，同时对由于管理和经营不善所造成泄露事故的处罚除经济罚款外，还要追究企业法人和管理人员的刑事责任。仅以1999年6月美国柏林翰姆市(Bellingham)一条输送汽油的管道发生破裂、燃烧、爆炸事故的处理为例，在这次事故中，由于管道泄露，使泄露出的汽油长达2.4km，进而引起大火，大火烧死了两名在 Whatcom Fall 公园游玩的儿童和一名在溪边钓鱼的18岁的年轻人，还使8人受伤，在管道关闭前有大约250000加仑的汽油流失。柏林翰姆市市长 Mark. Asmundson 在1999年10月27日的证词中所述：“泄露的燃料沿着小溪发生的爆炸和大火破坏了所有的植被、动物、水生物，并把浓烟送入空中。大火一直持续了4天，因为有如此多的燃料泄露。该地区的自然风貌至少需要经过100年才能恢复到以前的状态。”美国政府首先对管理和运营该条燃油管道的公司征收超过3百万美元的罚款，经过近2年的事故原因调查(调查显示该条管道采用的是缠带类的管道防腐层)，于2002年在对该泄露事件做出了最终的司法判决。制定了如下的惩罚条例。

美国司法部门除对在该事件中的3名管道操作人员判处5年监禁和25万美元的罚款外，还通过了对董事长 Larry Peck 的宣判判决了 Olympic 公司所付有的3项刑事责任，它们是

(1) 忽略和故意违反了对其管道操作人员进行培训的最低安全标准；

(2) 疏忽了管道内危险燃料所产生的泄露会进入通航水道；

(3) 这种危险燃料非法排泄进入通航水路违反河流和港口法。

因此，企业法人将受到50万美元的罚款和5年期内的法人试用期的惩罚。除此之外，还根据 Olympic 公司的支付能力，要求 Olympic 公司支付给市民的罚款是5000万美元，其中包括了给美国环境保护机构(EPA)和华盛顿能源部(WDOE)两家各一半的罚款，对 Olympic 公司的裁决还有：“公司应在最近5年内用大约1500万美元的费用用于曾发生泄露惨案的640km的产品管道的泄露检测”。这样严格的法律惩罚在我国虽然不可能，但至少说明了发

达国家对生命的关注和对环境的关注程度已经达到前所未有的程度，这无论如何也代表了社会未来的共同发展趋势。

10.2.1 涂膜每平米价格的计算

为计算涂膜每平米的价格，必须计算出每平米的涂料用量——材料费用，还应当根据国家发布的施工定额(《全国统一安装工程预算定额》13 册、《全国统一建筑工程基础定额》(土建)第十章和《工业建筑防腐蚀工程定额》)计算出防腐蚀涂装的总工程预算。再根据总的涂装面积，求出涂膜每平米的价格。这应该既包括了材料费，又包括了施工机械费、设备折旧费、人工费、水电消耗等。按概预算的原则，该价格应包括直接费用、间接费用，也应包括税金等项目。对此，国家都有相关定额计算的具体规定，是工程概预算的重要内容，均可参照国家的相关规定进行。有关专家根据国家的相关文件，例如国家计委、中国人民银行计标(1985)352 号文件《关于改进工程建设概预算定额的管理工作的若干规定》、化学工业部(1988)化基第 991 号文件《化学工业部工程建设其他费用编制规定》以及冶金部的相关文件，经整理后给出了化工部、冶金部各部的关于现行工程造价项目的构成，具体内容可参见表 10-17 的规定。

表 10-17 建设工程造价的构成及各项费用的计算

费用所包括的项目内容		基本计算方法
建筑安装工程费(一)	直接费	[工程量×概算(预算)定额基价]+其他直接费用
	间接费	直接费或直接费中人工费×间接费率
	计划利润	[直接费+ 间接费] ×计划利润率
	税金	[含税工程费- 直接列入工程费的专用基金] ×税率
设备工器具购置费(二)	国内设备购置费	设备原价×(1+设备运杂费率)
	引进设备购置费	运杂费包括设备成套公司的服务费
	工器具及生产家具购置费	按引进设备费用构成计算
	特殊施工机械购置费	设备购置费×费率(按规定的费用标准计算)
工程建设其他费用(三)	土地、青苗补偿和安置补助费	按有关规定计算
	建设单位管理费	[(一)+(二)] ×费率(或按规定的费用标准计算)
	研究试验费	按标准的额计划列入
	生产职工培训费及提前进厂费	按有关定额计算
	办公和生活家具购置费	按有关定额计算
	联合试运转费	[(一)+(二)] ×费率(或按规定的费用标准计算)
	勘察设计费	按有关规定计算
	供电补贴费	按有关规定计算
	施工机构迁移费	按有关规定计算
	矿山巷道维修费	按有关规定计算
	引进技术和引进设备的其他费用	按有关规定计算
	拆迁工程费	按有关规定计算
	设备储备贷款利息	按有关规定计算
	其他有关费用	
(四)	预备费	[(一)+(二)+(三)] ×费率
	其中施工图预算包干系数	[直接费+间接费] ×费率
	涨价预备金	按规定或国家公布指数
	固定资产投资方面调节税	按有关规定计算
	建设期贷款利息	按有关规定计算。其中自筹资金项目无此项
单项工程的造价		(一)+(二)
建设项目总造价		(一)+(二)+(三)+(四)

其中直接费包括人工费、材料费和施工机械使用费三项；人工费是指直接从事建筑安装工程施工的生产工人所开支的各项费用；材料费则指施工过程中耗用的构成工程实体的原材料、辅助材料、结构配件、零件、半成品的费用，以及周转使用的费用。它包括：材料原价、供销部门的手续费、包装费、装卸费及损耗和保养费等。

以上的内容是根据国家计委和中国人民银行的文件和指示精神制定的。上述内容应对其他部门有参考和借鉴的价值。

10.2.1.1　涉及涂料用量的计算参数

在计算涂膜的材料价格时，最主要的是应能根据涂料厂家给予的涂料技术参数可大约计算出涂料的用量，这是进行涂装经济分析的基础。正确计算涂料的用量所涉及到的参数如下：

（1）涂料密度（ρ），即：$\rho = M/V(\mathrm{kg \cdot L^{-1}})$

（2）固体体积分数(V_s)，为不挥发物质的体积百分数(或称固体含量，或称不挥发分含量，不挥发成分含量大部分以质量分数计算)，即 V_s =(固体体积/总体积)×100%

（3）干膜厚度（DFT）

（4）湿膜厚度（WFT）

（5）涂料的理论用量

（6）涂料的实际用量

（7）涂料的理论涂布率

（8）表面粗糙度所产生的绝对消耗值

（9）每平米的单价

（10）每升单价和每公斤单价的换算

上述参数中的固体体积分数是涂装计算中十分重要的基础物理量，是涂料经过施工后留下成为涂膜的成分，是涂料中在被保护结构表面成膜真正起防护作用的成分，而溶剂、稀释剂等则是挥发掉的物质，是专用于改善涂料涂装施工性能所添加的。因此，涂料中的固体体积含量决定了被涂物表面的干膜厚度，或称被涂物表面防腐或防护性涂膜的最终设计厚度。目前，为了减少有机挥发物对大气的污染，出于对环境保护的要求，国内和国际上都要求生产和使用高固体成分含量的涂料。而从涂装经济成本的核算考虑，使用高固体体积分数或高固体含量的涂料也可降低涂装的成本。这可以从下面的计算来体现。

测定涂料的固体成分含量经常采用加热烘焙的方法以除去挥发成分，国家标准 GB 9272—88《液体涂料内不挥发容量的测定》中规定，测定液体涂料在规定的温度和时间固化或干燥后所留下的干膜体积以百分数表示，测得的结果可用于计算在一定的干膜厚度下所需要的涂料的量。ASTM D—2697 规定了实验室内在自然干燥条件下的涂料固体体积分数的测定方法，它需要干燥固化 7 天。

应当指出的是，涂料的密度与涂料的固体体积分数不同。密度的定义是在规定的温度下，物体单位体积的质量，用 $\mathrm{g/cm^2}$ 或 g/mL 来表示。其中既包括涂料中的固体成分，也包括了涂料中的液体物质。它与环境的温度密切相关，并不能反映涂料中真正成膜物的有效成分。

10.2.1.2　涂料用量的常规计算

1. 干膜厚度与湿膜厚度的关系

只须通过涂料的固体体积分数这一参数，就可以沟通涂料干膜厚度与湿膜厚度之间的关系：

$$DFT=(WFT\times V_s)/100\% \quad (10-1)$$

$$或\ WFT=(DFT\times 100\%)/V_s$$

式中 DFT——干膜厚度，μm；

WFT——湿膜厚度，μm；

V_s——固体体积分数。

例：钢结构表面的干膜厚度需要150μm，涂料的固体体积分数为75%，问：

（1）湿膜厚度应为多少？

（2）如果为改变涂料的黏度和施工性能填加了稀释剂10%，湿膜厚度又为多少？

计算：

① WFT=(150×100%)/ 75% =200μm

② 首先计算填加稀释剂后涂料的固体体积分数：

$$V_s(新)=V_s(原)/新涂料总量=75\%/(1+0.1)\approx 68\%$$

$$WFT(新)=(150\times 100\%)/68\%\approx 221\mu m$$

2. 涂料用量计算

计算工程中的涂料用量时，需要的设计参数如下

（1）被涂物表面的干膜厚度(DFT，μm)；

（2）涂装的层数；

（3）涂料的固体体积分数(V_s,%)；

（4）被涂物的表面积大小(A，m^2)；

（5）结构表面预处理时的表面粗糙度指标；

（6）涂料的每单位体积价格(元/L)；

（7）涂料的损耗率与施工方法。

例：钢质贮罐的外表面的腐蚀防护：外表面积1200m^2，喷砂除锈得到的表面粗糙度为R_z75μm，采用高压无气喷涂的施工方法，其涂料的涂装体系价格和分析如下表10-18所示。

表10-18 钢质贮罐的涂装体系的价格和成本分析

涂层结构	涂料名称	固体体积分数/%	密度/(kg/L)	干膜厚度/μm	价格/(元/L)
第一道底漆	无机富锌底漆	55	2.6	70	70.00
第二道中间漆	环氧封闭漆	45	1.3	25	30.00
第三道中间漆	厚浆型环氧涂料	85	1.5	180	40.00
第四道面漆	聚氨酯面漆	50	1.2	45	65.00

（1）涂料的理论用量计算：

$$涂料的用量=(A\times DFT\times 100\%)/(10^6\times V_s)\,m^3 \quad (10-2)$$

$$1m^3=1000L$$

$$涂料的用量=[(A\times DFT\times 100\%)/(10^6\times V_s)]\times 1000L$$

$$=(A\times DFT)/(10\times V_s\times 100)L$$

即：涂料的理论用量是：$(A\times DFT)/(V_s\times 1000)L$

由此计算出每道漆的理论用量如下：

无机富锌底漆：$W_1=(1200\times 70)/(0.55\times 1000)=152.7(L)$

环氧封闭漆：$W_2=(1200\times25)/(0.45\times1000)=66.67(L)$

厚浆型环氧涂料：$W_3=(1200\times180)/(0.85\times1000)=254.1(L)$

聚氨酯面漆：$W_4=(1200\times45)/(0.50\times1000)=108(L)$

（2）考虑施工损耗的涂料实际用量计算

由于采用高压无气喷涂工艺，施工时涂料会产生一定的损耗，此处的损耗定为 40%，另一种损耗是由于表面粗糙度的存在，所增加的底漆涂料的用量。

如果喷涂的损耗为 40%，则涂料的实际利用率仅为 60%。

那么

$$涂料的实际用量=(A\times DFT)/(V_s\times1000\times涂料的利用率) \quad (10-3)$$

上述 4 种涂料的实际用量结果如下：

无机富锌底漆=152.7/0.6=254.5(L)

环氧封闭漆=66.67/0.6=111.1(L)

厚浆型环氧涂料=254.1/0.6=423.5(L)

聚氨酯面漆=108/0.6=180(L)

（3）由于钢结构表面粗糙度增加的第一道底漆的实际用量计算

国外称之为涂料消耗的绝对值(Dead volume)，取决于表面预处理获得的表面粗糙度。这是因为由于表面粗糙度的存在，而加大了被涂物的表面积，不同的粗糙度则对应着不同量的涂料来填平粗糙度的凹凸部位。因此相对于不同的表面粗糙度，涂料的消耗应增加，增加的涂料绝对值与钢结构表面粗糙度的对应关系如下表 10-19 所示。

表 10-19　底漆消耗绝对值(Dead volume)与表面粗糙度的对应关系

钢结构基底表面粗糙度值 $R_z/\mu m$	绝对值系数 $DV/L\cdot m^{-2}$	钢结构基底表面粗糙度值 $R_z/\mu m$	绝对值系数 $DV/L\cdot m^{-2}$
30	0.02	75	0.05
45	0.03	90	0.06
60	0.06	105	0.07

对照此对应关系：

$$底层底漆增加的绝对消耗量=(A\times DV\times100\%)/(V_s\times CF) \quad (10-4)$$

本施工实例钢贮罐的表面粗糙度 R_z 为 75μm，DV 为 0.05

则底漆增加的绝对消耗量=(1200×0.05×100%)/(55%×0.6)=181.8(L)

因此，底层无机富锌底漆的需要量应为：254.5+181.8 =436.3(L)

以上考虑钢结构表面粗糙度对涂料实际使用量的影响是在较精确的计算涂料用量的场合使用。通常是在采用抛丸除锈的车间底漆涂装时考虑。在一般的涂装体系中，如果待涂装体系的表面积较大，或涂装环境较复杂时，可将第一道底漆的消耗量加大，而忽略由于表面粗糙度引起的增加涂料绝对值的计算。

（4）涂料的理论涂布率计算

涂料的理论涂布率应是每单位重量或单位体积涂料理论上可以涂覆的面积。国外用每升涂料可以涂覆的面积，国内使用每公斤涂料可以涂覆的平方米面积来表示。计算时表示为：

$$理论涂布率=(10^3\times V_s)/DFT \quad (10-5)$$

依次可得到

无机富锌底漆的理论涂布率=$(10^3\times55\%)/70=7.86(m^2/L)$

环氧封闭漆的理论涂布率 = $(10^3 \times 45\%)/25 = 18(m^2/L)$

厚浆型环氧涂料的理论涂布率 = $(10^3 \times 85\%)/180 = 4.72(m^2/L)$

聚氨酯面漆的理论涂布率 = $(10^3 \times 50\%)/45 = 11.11(m^2/L)$

因此，如果我们知道了某一种涂料的理论涂布率，又知道涂覆的总面积，就可以计算出该种涂料的理论用量。如果同时又知道了该涂料的损耗，则可以很轻松的计算出涂料的实际使用量。计算过程如下：

无机富锌底漆的理论用量 = 1200/7.9 = 152(L)

环氧封闭漆理论用量 = 1200/18 = 66.7(L)

厚浆型环氧涂料的理论用量 = 1200/4.7 = 255.3(L)

聚氨酯面漆的理论用量 = 1200/11.1 = 108.1(L)

再根据损耗计算实际用量

无机富锌底漆的实际用量 = 152/0.6 = 253.3(L)

环氧封闭漆的实际用量 = 66.7/0.6 = 111.1(L)

厚浆型环氧涂料的实际用量 = 255.3/0.6 = 425.5(L)

聚氨酯面漆的实际用量 = 108.1/0.6 = 180.2(L)

计算结果显示，上面的计算与前面(1)、(2)的计算结果很接近。实际定货时考虑到国外大多采用每 20L 为一包装桶的原则，可以将涂料的使用量折合成涂料的桶数。

10.2.1.3　涂料每平米价格的计算

每平米价格与涂料固体体积分数(固体含量)的关系。

前述关于涂料使用量的计算已经为每涂敷平米涂料的价格打下了基础。只要按涂料商给出的单位体积或重量的涂料销售价格，再根据用量就可以计算出涂料的每平米的价格。

应当指出的是，每平米的价格与涂料的固体体积分数仍存在一定的对应关系，用该种参数表达的每平米涂料价格的表达式如下：

$$Y = (\mathrm{DFT} \times N)/(10^3 \times V_s) \qquad (10-6)$$

式中　Y——每平米价格，元；

DFT——干膜厚度，μm；

N——涂料的单位体积单价，元/L；

V_s——涂料固体体积分数，%。

上式计算出的是已知涂料的每单位体积价格，所需要的干膜厚度，以及涂料的固体体积分数的情况下的每平米价格，是不考虑消耗的理论上的每平米价格。上面所给出的公式表明：在干膜厚度一定的条件下，如果涂料每单位体积的价格相同，则涂装时每平米涂料的价格与涂料的固体体积分数成反比。即涂料的固体含量越高，其体积分数值越大，则涂装时的每平米涂料价格越低，反之，涂料的固体含量越低，其固体体积分数越小，那么涂装时每平米价格就越高。

上面的讨论可以说明，防腐蚀涂装采用高固体成分的涂料，一方面对保护环境有利，另一方面也可以减少每平米涂料的成本，降低工程的造价。这对我们进行涂料的选型和涂装设计都具有一定的指导意义。

10.2.1.4　涂料包装常用的单位换算

我国涂料厂家涂料产品的包装与报价，基本采用 kg(质量)为单位，而国外涂料厂家的包装和报价都采用升(体积)为单位，这两种包装和报价方法的换算，是从事涂装业内人士经常遇到的问题，也是国内外涂料产品进行价格比较时经常要做的。

这两者间的换算关系如下：

每公斤价格=每升价格/密度

10.2.2 涂装施工工程成本核算

涂装每平米的价格估算，除了应进行上一节所介绍的涂料涂装的价格计算以外，对于一个工程项目而言，还必须包括表面预处理、人工费、施工机械费等直接工程费用。直接费用中还应包括由于施工导致的检测、工程定位、测量、场地清理、现场设施等直接费用。

施工工程的间接费用则包括企业的管理费用、财务费用、计划利润、营业税等。

上述费用(参考表10-17的相关内容)的计算总和结果出来后，我们才能最终确定涂装施工的每平米最终价格。关于以上计算项目的费用收取，应该以国家发布的相关概预算定额为标准和依据。虽然有专业的概预算人员进行该项工作，作为腐蚀工程师也应该大概了解相关的内容和规定。

10.2.3 防腐蚀涂装工程的经济分析

10.2.3.1 涂层的寿命周期费用

涂层的寿命周期费用是当今世界涂装工程进行经济分析的新概念，也是我们在进行涂料选型和涂装设计时应考虑的内容，也就是除应考虑涂膜每平米的涂料涂装价格外，还要考虑其他的相关费用。对“涂层的寿命周期费用”的规定，以及所应涉及的问题，在我国还没有看到相关的标准规定。显然，涂层的寿命周期费用应既包括涂层涂装工程投资的初始费用(每平米涂料的综合价格)，又应包括在涂层投入运行后，每年所发生的维护费用，其中包括定期的检测费用、修复费用等。它应该是该涂层的整个寿命周期，即服务周期内的总费用。因此，防腐蚀涂装设计和施工的经济分析，最关键的一项是“寿命周期”。寿命周期短的涂料只针对和适合那些服务寿命要求很低，保护年限也短的结构体系的涂装选型。否则，就不能算是经济的选择和投资。

对于腐蚀环境比较严酷，结构服务年限要求比较长的结构体系，则尽量选择那些防腐蚀性能优异，能维持长久寿命的新型涂料体系。

10.2.3.2 防腐蚀涂装工程的经济分析方法

1. NACE RP-02—72与SYJ 42—89标准

防腐蚀涂装属于防腐蚀工程中的一种，而且应用最为广泛。对于防腐蚀工程而言，不仅仅是技术问题，也是经济问题。不考虑涂装的经济效益不符合市场经济的要求，也失去了防腐蚀涂装的意义。在经济评价中对影响投资效益的因素进行分析时，可分为定量分析和定性分析，动态分析和静态分析等方法。

例如，在管道防腐蚀的工程中，对其所带来的经济效益分析是与管道运营的总效益联系在一起的，无法进行定量的估算。因此，国内外在进行经济分析计算时选用了最小费用法。以费用现值和年度成本两项指标作为比较准则。该方法是动态分析方法，即根据货币时间价值的原理，把不同时间的现金流量折算成同一时点(项目计算的基准点)的价值而进行计算。所谓的现金流量，是反映拟建项目在整个计算期(包括建设期和生产期)内的现金流入与现金流出的收支情况。

美国腐蚀工程师协会(NACE)发布的NACE RP-02—72《腐蚀控制经济评价的直接计算》是推荐作法，主要评价指标如下：

(1) 考虑了资金时间因素，引入了主要的评价指标“税后现值”、“税后年度成本”是一种动态的分析指标和方法。

(2) 考虑了税率的影响，引入了税务倒找(Tax Credit，指免税额)的概念，将防腐蚀工程的投资减免看作现金流入，评价时定性考虑收益。而定量费用则引入两个费用定量计算指标，即税后现值和税后年度成本。

我国石油管道行业标准SYJ 42—89《防腐蚀工程经济计算方法》是依据美国NACE RP-02—72标准，又参考了我国的《建设项目经济评价方法与参数》制定的。它所提供的计算方法是根据货币的时间价值原理，把不同时间现金流量折算成同一时点的价值而进行计算，也是一种考虑资金时间因素的评价方法。

由于防腐蚀项目是一个局部项目，在进行方案比较的计算中，也采用局部比较的方法。又因各种防腐蚀措施带来的效益基本相同，往往与其他工程的效益难以区分开来(如防腐蚀涂层与阴极保护等)，也就不易进行定量估算效益。因此，在计算方法中采用了最小费用法，以费用现值比较法和年度费用比较法两项指标作为经济比较的准则。使用动态分析计算方法，把建设与生产期不同时间的收支情况，折算为现值，这是国内外进行经济评价流行的方法，即“现值法”。

对项目计算期(包括建设期和生产期)相同的方案，宜采用现值法，通过计算各个方案的现值进行比较，现值较低的方案为可取方案。

对项目计算期不同的方案，采用年度费用法，也称为等额年费用法。对各个方案的年费用进行比较，年费用低的方案为可行的方案。

在我国石油行业的标准中未引入税务倒找的概念，只是假定在防腐蚀效果相同的前提下，计算各方案的投资费用的现值并进行比较，选取现值最低的方案，或计算各个方案的等额年成本进行比较，选取年费用最小的方案。

NACE RP-02—72和SYJ 42—89都是以现值为依据或者是以年度成本为依据，它们都只计算费用或投资，而不定量计算收益。SYJ 42—89标准所提供的是一种方案比较和计算的方法，为人们考虑防腐蚀工程的投资回报是否经济合理，以及多个防腐蚀方案的比较提供了一种方法。它考虑问题的基点是希望以最小的费用以达到最佳的防护效果。

通常的防腐蚀工程在进行项目投资和投标时，所应考虑的因素包括：

(1) 防护体系预期的使用寿命；

(2) 初始费用，包括项目初始投资，如设备、材料、劳动力，技术咨询等。对于管道的防腐层及阴极保护的投资还应该包括使用期内的维护、维修和管理；

(3) 技术经济分析，应该对防腐蚀体系进行全面的分析，应考虑资金的投入与产出效益；

(4) 市场物价上涨和通货膨胀的影响；

(5) 大修费用所占有的份额。

2. SYJ 42—89的计算方法

(1) 净现值法：把不同时间的资金流量折算成项目计算基准年的价值(净现值)进行比较，现值低的方案为可取方案的方法，称为净现值法。

在计算中，根据复利基本方程，设现值为PW，将来值为FW，折现率为i，项目计算期为n，现值和将来值的关系如下：

$$PW(1+i)^n = FW \tag{10-7}$$

$$PW = FW(1+i)^{-n} \quad (10-8)$$

式中：$(1+i)^{-n}$称为现值系数。

现值法的基本公式：

$$PW = \pm a \cdot 1/(1+i)^{n'} \quad (10-9)$$

式中　a——第 n' 年的现金流量；

n'——现金流量发生的年数；

±——现金流入取“+”号，现金流出取“-”号。

(2) 等额年费用法：等额年费用法(简称年费用法)是根据货币时间价值原理，把不同时间的现金流量根据复利关系折算成每年发生的等额费用，年费用较低的方案为可取方案。计算公式如下：

$$AC = PW \cdot (1+i)^n/[(1+i)^n - 1] = PW \cdot i \cdot F_n \quad (10-10)$$

式中　AC——年费用；

n——项目计算期，年；

F_n——现金流量折算系数，$F_n = (1+i)^n/[(1+i)^n - 1]$

(3) 计算的项目内容

在防腐蚀工程中，计算上述费用时应包括以下 5 种费用，即

① 基建费用(指第一次投资基准年发生的费用)；

② 每年发生的费用(包括运行费、维护费、人工费等)；

③ 定期发生的费用(大修费用、检测费用)；

④ 流动资金 (防腐蚀措施所占有的周转资金)；

⑤ 固定资产残值(指固定资产报废时回收的价值)。

10.2.3.3　防腐蚀涂装经济分析实例

澳大利亚某公司对管道内涂层系统进行方案比较和分析，表 10-20 是按净现值法与等额年费用法对采用两种涂层体系的费用比较。

表 10-20　两种涂层体系的费用比较

项　　目	富锌环氧涂层体系	醇酸树脂涂层体系
寿命期/年	15	5
净现值/美元	780000	276000
年费用/美元	52000	55000

由上表可以看出，初始投资大的富锌环氧涂层体系在整个寿命期内的费用并不比醇酸树脂涂层体系的费用高。而且，其寿命期是醇酸树脂涂层体系的 3 倍。因此，虽然该种涂层体系的初始投资费用要高一些，但综合成本仍然要大大低于醇酸树脂涂层体系。实际上，在醇酸树脂涂层体系失效后的再涂装或维修费用要远高于富锌环氧涂层体系，因为现场的涂膜修复工程，需要将原有的不完整和破损的旧涂膜全部去除，经过表面预处理后，再重新涂装醇酸树脂涂层。若考虑维修费用，再比较两个涂层体系的年费用，醇酸树脂涂层体系要高达 87750 美元，比富锌环氧涂层体系高出 3 万美元。上表中的费用还没有包括腐蚀工程师评估标书，指导施工的额外费用，以及用于工程质量保证体系的监理费用。

这种涂层体系的经济比较，假如是发生在城镇埋地钢质管道的环境下，质量性能优

异、长寿命的管道外防腐蚀涂层，如三层聚乙烯防腐层的经济效益就更加明显，因为在城市现代化越来越发达的今天，对于埋地管道的开挖更新涂层几乎是不可能实施的。例如在20世纪末期的北京市，在管道工程的费用中，用于地面上的各种施工赔偿费用几乎就是地下管道敷设的工程费用的1.3~1.5倍，发展到21世纪的今天，地面赔偿的比例将会更高。因此，选择长寿命的管道外防腐层几乎是具备一定业务素质的理性管道管理者毫无任何悬念的选择。

10.3 埋地钢质管道防腐层的设计

10.3.1 埋地钢质管道防腐层的设计规范

10.3.1.1 埋地钢质管道防腐层应具备的性能

对于埋在地下或水下的钢质管道的防腐层，应能满足美国腐蚀工程师协会NACE RP-0169—96《埋地或水下金属管道系统的外腐蚀控制》的规定，在该规范的5.1.2.1条文中对埋在地下或水下的钢质管道的防腐层性能作了具体的规定，即

（1）有效的电绝缘性；

（2）有效的阻水性；

（3）涂敷于管道的方法不会对管道性能产生不利影响；

（4）涂敷于管道上的防腐层缺陷很少；

（5）与管道表面具有良好的附着力；

（6）能够防止管道涂膜的缺陷随时间而发展；

（7）防腐层应具有的足够的机械强度，以抵御防腐管的搬运、储存和安装期间的损伤；

（8）能保持绝缘电阻率值的恒定；

（9）具有抗阴极剥离性能；

（10）具有耐化学介质性能；

（11）容易修复；

（12）机械性能持久；

（13）对环境友好，无毒害；

（14）在地面储存和长距离运输期间能耐环境变化和老化。

同时在进行管道的防腐层选择时还应考虑管道的运行温度、所处环境的腐蚀性、管道的安装方法，以及管道涂敷、装运、储存、安装和试压期间的环境状况。

目前国际上一般认为良好的管道维护和管理可以使油气管道的寿命延长到80~100年（采取了防腐层和阴极保护双保护的埋地钢质管道）。如果选择国际上近些年流行的熔结环氧粉末涂层或三层聚乙烯（三层PE或PP）类的高性能管道防腐层体系的管道寿命应可达到50年以上。再加上管道腐蚀防护机构每年对埋地管道防腐层的检测和维护，对管道阴极保护参数的科学管理和检测，以及能够揭示管道准确的腐蚀状况和损耗状态的管道内部智能检测器（Piging）的定期检测，埋地管道80~100年的使用寿命应该是可能和现实的。

我国国内所采用的石油沥青防腐层的寿命，国际上一般认为在15~20年。我国的油气管道的寿命一般还停留在30年左右的寿命周期。相比之下，仍然存在着较大的差距。假如能够实现国外的水平，相当于再生了一条管道，对资源和资金的节约则是不言而喻的。

10.3.1.2 国外标准规范推荐的管道防腐层种类

在NACE RP-0169—92《埋地或水下金属管道系统的外腐蚀控制》标准中推荐的常用管

道的防腐层有如下 6 种，见表 10-21。

表 10-21　常用涂层系统类别及其材料要求和推荐的涂敷技术

序号	常用涂层系统类别	参考资料编号	序号	常用涂层系统类别	参考资料编号
1	煤焦油瓷漆	1(ANSI/AWWA C-203—91)	4	预制胶带	4(NACE MR 0174—89)
2	沥青	2(NACE RP 0276—76)	5	熔融黏接环氧涂层	5(ANSI/AWWA C213—91)
3	石蜡	3(NACE RP 0375—75)	6	聚烯烃涂层	6(ANSI/AWWA C215—88)

注：此表摘自 NACE RP 0169—92 表 2。

1996 年，美国的 NACE RP 0169—92《埋地或水下金属管道系统的外腐蚀控制》标准进一步修订后，所推荐的管道防腐层的有 5 种，取消了石油沥青，参见表 10-22。

表 10-22　常用防腐层系统的材料要求和涂敷方法

序号	常用涂层系统类别	参考资料编号	序号	常用涂层系统类别	参考资料编号
1	煤焦油瓷漆	1(ANSI/AWWA C-203—91)	4	熔融黏接环氧涂层	5(ANSI/AWWA C213—91)
2	石蜡	3(NACE RP 0375—75)	5	聚烯烃涂层	6(ANSI/AWWA C215—88)
3	预制胶带	4(NACE MR 0174—89)			

注：此表摘自 NACE RP 0169—96 表 A. 1-2(注：涂层的类别排序不表示前面的优于后面的涂层类别) ANSI 代表美国国家标准的；AWWA 是美国水工协会的标准缩写。

10. 3. 1. 3　我国国内常用的管道防腐层和其技术规范

我国的石油天然气行业根据美国 NACE 标准、德国的 DIN 标准等也制定了 SY 0007—1999《钢质管道及贮罐腐蚀控制工程设计规范》，其中的第 4 章“防腐层”对管道防腐层的选择原则也给出了类似美国 NACE RP 0169—96 的规定。

我国城镇燃气行业也制定了相应的标准：CJJ95—2003《城镇燃气埋地钢质管道腐蚀控制技术规程》。国内在埋地管道防腐蚀领域正在使用的各类管道外防腐层的规范，基本都采用石油天然气的行业标准，具体如表 10-23 所示。

表 10-23　常用管道外防腐层和技术规范

序号	防腐层种类	标准号和标准名称
1	石油沥青	SY/T 0420—97《埋地钢质管道石油沥青防腐层技术标准》
2	环氧煤沥青	SY/T 0447—96《埋地钢质管道环氧煤沥青防腐层技术标准》
3	煤焦油瓷漆	SY/T 0379《埋地钢质管道煤焦油瓷漆外防腐层技术标准》
4	聚乙烯胶带	SY/T 0414《埋地钢质管道聚乙烯胶黏带防腐层技术标准》
5	挤压聚乙烯	SY/T 4013—2002《埋地钢质管道聚乙烯防腐层技术标准》
6	环氧粉末	SY/T 0315—97《埋地钢质管道熔结环氧粉末外涂层技术标准》
7	聚氨酯泡沫保温	SY/T 0415《埋地钢质管道硬质聚氨酯泡沫塑料防腐保温层技术标准》

除以上所列举的 7 种管道的外防腐层外，还有近年来使用的高固体含量的液态环氧类涂层、聚脲弹性体涂层等。采用的有美国水工协会 AWWA 标准。但还没有建立国内的行业标准。

进入 21 世纪后由于我国管道建设的大力发展，中国石油天然气集团公司又专门发布了集团公司的企业标准，它们是：

Q/SY XQ8—2003《钢质管道三层结构聚乙烯防腐层技术标准》

Q/SY XQ9—2003《钢质管道熔结环氧粉末外防腐层技术标准》

应当指出的是，虽然我们国内都按照石油天然气的上述行业标准进行管道防腐层的设计和施工。但上述 7 种防腐层的标准规范并不能等同对待，例如：SY/T 0447—96《埋地钢质管道环氧煤沥青防腐层技术标准》是国内城镇燃气行业大量使用的防腐层，应当说该规范即便在石油天然气行业也存在着诸多的争议。而且，作为埋地管道的防腐层其性能指标存在一定的不足和缺陷。制定该行业规范的石油天然气行业也责成该标准的制定单位对该标准进行修订。原则是：

第一，将环氧煤沥青溶剂涂料改为无溶剂涂料；

第二，和国外标准相一致，取消涂层的玻璃布结构。

从历年该涂层在使用中所表现出的弊端来看，突出体现在涂膜的抗冲击强度较差，因此耐管道施工性能也不是很理想，涂层的返修率较高；该防腐层的绝缘电阻值即便在施工质量很好的情况下，也仅能达到 5000$\Omega \cdot m^2$(该数值在 SY/T 0036—2000《埋地钢质管道强制电流阴极保护设计规范》中第 4.0.1 条有规定)，对后期的阴极保护极为不利，往往需要消耗较大的阴极保护电流密度，城镇燃气管道大部分采用牺牲阳极阴极保护方式，会造成阳极在短时间内消耗，因而需要重新开挖路面，更换阳极。这会大大增加管道的腐蚀控制的成本。如果能更改环氧煤沥青涂料为无溶剂型涂料，势必加强了涂料中的主要成膜树脂—环氧树脂的含量，则会有效提高该涂料的绝缘性能，从而改善其阴极保护性能，也使防腐层的绝缘电阻值能在埋地后保持比较长的稳定时期，从而提高其涂层的防腐蚀寿命。

管道防腐层的绝缘电阻值是管道阴极保护设计的关键指标。例如，联盟管道——即 Alliance Pipeline 管道，横穿美国和加拿大，全长 3050km，我国西气东输管道设计前，曾重点考察了该管线的设计。该条管道采用熔结环氧粉末涂层，在设计该管线的阴极保护时，设计人员将熔结环氧粉末涂层的原始面绝缘电阻率定为 23250$\Omega \cdot m^2$，考虑到涂层的老化，远期的防腐层取 4645$\Omega \cdot m^2$。因此管道初期的阴极保护电流为 39.1mA/km，长期运行后的电流应为 197mA/km。熔结环氧粉末涂层在我国的阴极保护规范 SY/T 0036—2000 中的绝缘电阻率取为 50000$\Omega \cdot m^2$。而对于环氧煤沥青防腐层施工完成后初期的绝缘电阻率为 5000$\Omega \cdot m^2$,整整相差了 10 倍的数值。相比之下环氧煤沥青涂层的远期绝缘电阻率就太低了，而相对应的阴极保护电流无论如何都是不经济的。

当然，该规范对防腐层厚度的规定是否合适也值得商榷，例如美国 ANSI/AWWA C210—97 标准，是美国水工协会和美国国家标准的有关水管道内外液态环氧防腐层的标准。标准规定防腐层的最低厚度为 406μm。

如果在考虑到该防腐层施工的环保性，所使用的稀释剂二甲苯和甲苯的致癌性，选择该种防腐层的利弊已是不言而喻的。

因此，选择和设计管道防腐层时，对管道防腐层技术规范的科学性、可行性、先进性、可操作性应当经过慎重的考察和比较。这从近年来，我国石油天然气行业仅重新修定了三层结构聚乙烯和熔结环氧粉末涂层的技术标准，可以反映出各类管道防腐层的使用前景差异。

上述管道防腐层规范中的熔结环氧粉末涂层技术标准 SY/T 0315—97，与 SY/T 4013—2002 聚乙烯防腐层的技术标准都是参照了国外发达国家的相关标准，并总结国内多条长输管道的施工经验，经过多次修订而发布的，标准的实用性、先进性和可靠性是值得信赖的。

一般认为，在管道防腐蚀工程中，选择一个可靠而先进的规范是防腐层工程质量保障的前提条件。因为管道防腐层的施工在管道建设的投资中不但占有很大的比重，而且对管道的安全运行至关重要。

10.3.2　埋地钢质管道防腐层的使用现状与选型原则

埋地钢质管道防腐层的选择虽然在国外、国内的标准中都有规定，但都只给出了定性的概念，缺乏定量的选择原则和依据。虽然管道防腐层类别的选择需要考虑的因素很多，但应当主要根据管道的埋设环境，以及管道的施工方式来选择管道防腐层已成为最基本的原则。因此国外的一些大型管道公司也一直就管道的埋设土壤环境和管道的敷设方式的不同，而选择不同性能指标的管道防腐层做了大量的研究和量化工作。他们认为应针对管道的埋设土壤环境和施工方式来选择管道的防腐层。具体可参见在下一节内容里所给出的加拿大努发公司所研究出的管道防腐层的最低性能指标要求见表 10-24。

埋地钢质管道的防腐层是管道防腐蚀的第一道屏障，对管道腐蚀控制的成功至关重要，同时也决定管道阴极保护的投资和运行费用。因此，选择一种运行寿命长久，性能优异，易于施工和维护的管道防腐层是所有管道运营和管理者几十年来为之探索和追求的目标。

10.3.2.1　埋地钢质管道防腐层现状

20 世纪 50 年代，我国从第一条长输管道——克独输油管线开始到 70 年代的管道建设，无论是长输管道还是城镇的市政工程管道都采用了石油沥青防腐层。70 年代后改革开放，我国相继引入了聚乙烯冷缠胶带，煤焦油瓷漆，夹克，熔结环氧粉末涂层，以及聚氨酯硬质泡沫防腐保温层等各类防腐层体系，90 年代后期由于陕京天然气管道的建设又引入了三层聚乙烯管道防腐层。西气东输工程中又引入和开发了双层环氧粉末涂层。我国的管道防腐层无论从生产规模，自动化生产线的工艺水平，还是标准规范方面，都已具备国际竞争的水准，实际上也已经走出了国门，承揽了大量的国外管道的防腐蚀涂层的涂装工程，如苏丹管线工程等。

应当说不同的管道防腐层，具备各自的优点，也都有各自不同的缺陷，也在不同的使用场合和历史时期发挥了作用。但随着技术的进步和提高，新型材料和技术的不断发展，管道防腐层材料和技术也会不断推陈出新。

1. 石油沥青防腐层

石油沥青防腐层的成本低，技术简单，对管道表面预处理的要求不高。如果施工良好，石油沥青防腐层同样会取得较好的防腐效果。我国东北输油管理局的大部分原油输送管道采用的都是石油沥青防腐层，防腐蚀效果也是较好的，只不过寿命短一些。

石油沥青防腐层的突出缺点是吸水率高，不耐植物根茎的穿透，温度适应性差，温度高会产生流淌，而低温又脆化，国际上公认的寿命是 15 年。石油沥青的强度低，不耐细菌，易老化，最主要的是沥青材料在涂装过程中需要进行 4 个小时以上的脱水处理，此过程是有关石油沥青防腐层质量的关键。影响石油沥青防腐层质量的还有一个主要因素，就是石油沥青中的含蜡量是使沥青质量恶化的最主要的原因，但我国又缺乏低含蜡专用防腐沥青供应，通常采用建筑 10 号沥青代之。沥青玻璃布施工随意性很大，容易造成较多的涂层缺陷。几十年的应用实践证明，如果石油沥青防腐层的施工质量得不到保证，其腐蚀穿孔是很惊人的。美国的腐蚀工程协会标准 NACE RPOI69《埋地或水下金属管道系统的外腐蚀控制》在 1992 年修订时，在常用涂敷层系统类别表中仍然保留了石油沥青类涂敷层，但在 1996 年又一次修订时就删除了石油沥青类防腐层就是一个明证。

2. 聚乙烯冷缠胶带

聚乙烯冷缠胶带由于施工方法简单灵活，对钢管的表面预处理不十分严格，而且可以边缠绕边施工下沟，很得管道施工人员的青睐。在强力型或无溶剂型共挤压热复合聚乙烯冷缠胶带未推出前，我国大部分是涂布法生产的冷缠胶带，其胶层薄、黏接强度低(剥离强度仅在 10N/cm 左右)，黏基力小。由于胶层时有脱落，同时胶层与基带背材的表面剥离强度很低，因此冷缠胶带防腐层在胶带的搭接部位的严密性和整体性是存在问题的。

这些部位的防腐层由于黏接不牢，在土壤应力的作用下胶带会产生位移，从而在搭接部位出现缝隙，造成土壤溶液的侵入。同时聚乙烯胶带又会产生阴极保护的屏蔽作用，使管道阴极保护不能发挥应有的功能，从而使埋地管道产生应力腐蚀开裂等事故的发生。这使得冷缠聚乙烯胶带的应用受到很大的局限。这种现象在高温运行的管道上发生比较多，加拿大曾就这一问题进行了详细的调查，并发表了系列文章。国内外对管道选型冷缠聚乙烯胶带防腐都显得十分慎重。

目前，我国已有具备较高性能的冷缠胶带的生产厂家和技术，美国的 NACE 标准中也未排斥冷缠胶带的应用。关键是所选择的胶带的质量，尤其是其黏基力(即与基带背材的黏接性能的大小)，它是保证冷缠胶带防腐层体系完整性、无任何缝隙的关键指标。

3. 环氧煤沥青防腐层

环氧煤沥青是我国独创的管道防腐层结构，但施工质量不易保证，除锈质量要求也很高(要求 Sa2.5 级)，常常由于配料不当而难以固化或者过固化而产生脆性。也有污染及环保问题。

该种防腐层的耐冲击性能极低，非常不耐管道施工的机械损伤。同时施工时使用的稀释剂如苯和二甲苯是致癌化学试剂。防腐层的绝缘电阻率值低，因此需要较大的阴极保护电流。

优点是该防腐层的阴极剥离性能、耐水性、耐细菌腐蚀性突出。施工方式灵活机动，非常适合于小规模常温环境下的管道防腐蚀施工。

4. 熔结环氧粉末涂层

熔结环氧粉末防腐层在国外商业化应用起始于 20 世纪 70 年代。壳牌化学公司于 60 年代初发明了环氧粉末涂料，60 年代中期达到工业应用水平，在美国和加拿大等国，将熔结环氧粉末涂层广泛应用于埋地管道的防腐，如著名的美国阿拉斯加原油管道，采用熔结环氧粉末涂层防腐已运行了 30 多年。90 年代以来，熔结环氧粉末涂层连续占据年管道涂敷用量的首位。其突出的优点和缺陷如下：

(1) 具有优异的黏接力；

(2) 涂层坚固，与钢管有极好的黏接力；

(3) 耐腐蚀性能突出；

(4) 抗土壤应力；

(5) 极佳的耐阴极剥离性能，与阴极保护的配套性非常突出；

(6) 不会对阴极保护产生屏蔽作用，且适用于多种土壤；

(7) 是可以实现管道防腐层的整体均一性的防腐材料；

(8) 施工过程中不产生有害溶剂和介质。

该涂层为薄涂层，其突出的缺点是耐湿热性较差，抗机械损伤、冲击力有限，涂层返修率较高，而且耐高温性能不佳。

5. 三层聚乙烯(或聚烯烃)防腐层

三层聚乙烯(3层PE或PP)是一种以聚乙烯(PE)、聚丙烯(PP)塑料为主要原料，加入增韧剂、抗老化剂、抗氧化剂、光稳定剂等助剂，经挤塑或粉末喷涂成型的管道外防腐层，也称为挤压聚烯烃防腐层。我国于20世纪70年代开始研制，80年代投入使用(主要是两层结构的挤压聚乙烯夹克)。陕京天然气进京管线建设时引入三层结构的聚乙烯防腐层。

三层聚乙烯防腐层的结构中，底层熔结环氧粉末100μm左右，中间层为共聚物胶(200μm左右)，外层是挤涂的聚乙烯约2~3mm。该种管道复合防腐层将熔结环氧粉末涂层的优点和聚烯烃材料高机械强度、高绝缘性能和绝好的耐水性结合起来，其具有的优点包括：

(1) 极为优异的机械性能；

(2) 底层熔结环氧与钢管的良好黏接性能；

(3) 管道具有突出的耐土壤应力性能；

(4) 极好的耐水性、耐化学性能；

(5) 极佳的耐阴极剥离性能；

(6) 柔韧性好，并具有良好的耐低温性能。

(7) 寿命：40~60年。

该防腐层的缺陷是：

(1) 加工工艺复杂，需要较高的投资设备与厂房；

(2) 现场补口、补伤工艺复杂，质量控制较为困难；

(3) 配套的管道设施和管道附件无法采用相同的防腐工艺技术；

(4) 存在阴极屏蔽的风险。

我国的三层聚乙烯防腐层标准已经三次修订，2002年修订的行业标准中，有十几处修改，很多重要的技术参数如防腐层与钢管的剥离强度等都提高了很多，说明我国对该种防腐层的涂装工艺水平已经与国际水平相当。

6. 煤焦油瓷漆防腐层

煤焦油瓷漆是国外管道建设初期使用的防腐层，与石油沥青相比，具有很好的耐细菌腐蚀、碱类介质和化学介质腐蚀的能力。曾经占据过管道防腐层使用量的首位。后来由于该防腐层的环保性能缺陷，其大量的使用受到限制。

国外将该种管道防腐层用于海底管道的防腐结构中，外加混凝土配重层保护。目前，即便是海底管道也逐步采用了三层聚乙烯防腐层，然后在三层聚乙烯防腐层外面再用混凝土层配重。该防腐层的环保，以及施工时释放出的气体是防腐界受到质疑的主要问题，其毒性大、污染环境，而且其阴极剥离性能也不理想。美国已有从煤焦油瓷漆烟雾中测定的数据，数据表面该涂料的烟雾中含有多种致癌物质——多环芳烃，如3，4-苯并芘等，因而已逐步被淘汰。我国也仅在很少的长输管道上使用，效果不佳。

10.3.2.2　根据埋设环境选择适宜的防腐层

不同的埋设土壤环境，对管道的防腐层有不同的性能要求，平原地区、山区、沼泽地和沿海地区等的土壤环境不同，选取的管道的防腐层种类和涂层的厚度也应不同。

例如，加拿大的较为著名的管道公司——NOVA公司对埋地管道的外防腐层的最低性能要求进行了量化分析，参见表10-24。

表 10-24　NOVA 公司研究的管道外防腐层的最低性能要求

性　能	实验方法	最低要求	备　注
抗冲击	ASTM G 14	一般土壤 5.6J 多石地段 17J	保证搬运、施工中的机械损伤及多石土壤的冲击； 瑞侃公司研究直径为 19mm 的石砾从 2m 高下落产生 0.56 J 的冲击能
剪切黏接强度	ASTM D1002	0.34MPa	抗纵向应力、钢管热胀冷缩环向应力、土壤干/湿交替应力
抗弯曲	NOVA 19077	>2% 2.34°/管径	ANSI B31.4，大于 508 mm 管子的最大弯曲度 30D，加上完全余量，要求暂时弯曲变形达到一定的度数
硬度	ASTM D2204	40	反映抗荷载能力，岩石、沙漠腐蚀及擦伤
抗穿透性	ASTM G17	10%	反映抗静荷载的能力，管子自重及回填土自重的压力及岩石穿透
耐土壤应力	NOVA 19076	无变化	抗黏性土干/湿交替应力
耐阴极剥离性能	ASTM G8	剥离半径 <15mm	适应阴极保护
耐温		最高运行温度	
耐水及化学介质	NOVA 19066 ASTM G20	4 级	根据土壤介质环境选择化学介质 4 级为无明显影响

注：表中的 ASTM 为美国材料试验协会标准；NOVA 为 加拿大努发公司的标准；ANSI 为美国国家标准。

从上表可以了解到，努发公司对埋地管道防腐层的最低性能要求指标不是任意选取的，应根据管道埋设的土壤环境和防腐管的施工环境、工艺条件来确定管道防腐层应满足的一定的技术性能指标，才能真正保证管道外防腐性能的有效性。从管道防腐层的抗冲击性能指标来看，在一般的土壤环境下，防腐层的抗冲击性能在 5.6 J 即可，而如果在山区进行管道的敷设，而且土壤的土层薄而石方厚，则管道防腐层的耐冲击强度必须达到 17J，如果达不到如此高的耐冲击强度指标就有可能在管道敷设期间，管道的防腐层已经被损坏。

管道防腐层的选择还会间接影响管道的建设费用。这是因为从管道施工的角度考虑，在平原地区的管道施工与在山区进行管道施工，仅就管道回填土和垫层需要的费用是相差很大的。不同的管道防腐层对回填土和使用期持续的土壤载荷的承受能力存在较大的差别。因而在管道下沟时，管子防腐层尤其是下部的防腐层能够承受的回填土成分中的尖角类石子的破坏能力不同。为此，如果选择了防腐层的强度与硬度不足以抵御这些损害，就必须保证管道回填软土的要求，而增大土壤分级和施工的成本。否则，将使管道防腐层的完整性在管道施工时受到威胁。

10.3.2.3　根据管道的敷设方法选择防腐层的种类和厚度

应根据管道的施工环境和条件(包括市区或野外、山谷、河道)以及是手工作业或是机械化施工等而选择不同类型防腐材料。对采用非开挖施工技术如定向穿越、顶管敷设的管道防腐层选择，还需要参照穿越地区的土壤结构勘测结果进行管道防腐层的选型。

1. 常用管道防腐层性能比较

常见的几种管道防腐层的性能比较见表 10-25，各种管道防腐层的评价见表 10-26。

表 10-25　常用管道涂覆层性能比较

项　　目	石油沥青	煤焦油瓷漆	PE 胶黏带	熔结环氧粉末	二层 PE	三层 PE
防腐层厚度/mm	≥7	≥5	≥1	≥0.4	≥2.5	≥2.5
延伸率/%	≥33.4	≥33.4	≥150	≥4.8	≥600	≥600
压痕硬度/mm	0.25MPa	0.25MPa	—	10MPa	10MPa	10MPa
	≤10	≤10	—	≤0.1	≤0.2	≤0.2
黏接力/(N/cm)	约 10	约 10	≥18	1~2 级	≥35	≥70
抗冲击/(25℃)J	约 10	约 10	—	约 10	≥15	>15
耐化学介质浸泡	不耐碱、弱酸有机溶剂	不耐弱酸、强碱和有机溶剂	除 60℃以上芳香族外都好	好	除 60℃以上芳香族外都好	除 60℃以上芳香族外好
防腐层电阻率/$\Omega \cdot m^2$	$(1\sim2)\times10^4$	$(1\sim2)\times10^4$	$\geq1\times10^5$	$\geq1\times10^5$	$\geq1\times10^5$	$\geq1\times10^5$
阴极剥离/mm	—	—	≤18	≤10	≤18	≤10
吸水率(60 天)/%	>0.1	<0.1	>0.1	>0.1	<0.01	<0.01
耐候试验(开式)63℃	龟裂	龟裂	无异常	有漏点	无异常	无异常
冷弯性能/度/管径长度	不能冷弯	不能冷弯	≥3.0°	≥2.5°	≥3.0°	≥3.5°
补口和补伤难易程度	容易	容易	容易	较难	容易	容易
抗土壤应力性能	差	中等	中等	好	好	好
对环境影响	不耐植物根	毒性大	无毒	无毒	无毒	无毒
输送介质温度/℃	-10~70	-10~70	≤70	-30~100	≤70	≤70

注：石油沥青和煤焦油瓷漆的延伸率为 25℃时的值，高温流淌，低温发脆。

表 10-26　各种管道防腐层性能评价

分　　类	项　　目	PP	PE	FBE	PE 胶带	沥青/煤焦油瓷漆
装卸和敷设	冲击强度	5	4	3	3	2
	耐穿透性	5	4	5	3	1
	耐磨性	5	3	3	3	2
	涂膜完整性	5	3	3	3	2
	耐候性	5	5	4	5	2
	对操作者危害	5	5	5	5	1
	对环境的危害		5	5	5	1
耐腐蚀性	黏接性	5	4	5	3	2
	阴极剥离性	5	5	5	4	4
	耐水性	5	5	2-4	4	2
	耐氧化性	4	4	5	4	2
	绝缘电阻	5	5	4	5	1
使用性能	耐环境应力开裂	5	4	5	4	1
	耐微生物腐蚀	5	5	3	4	1
	耐紫外光照射	4	4	4	4	3
	柔韧性	5	5	3	5	1
	耐低温性能	5	5	4	5	2
	抗高温性能	5	3	4	3	1

注：5 为最优，1 为最劣。表中的 PP：代表聚丙烯防腐层；PE：代表三层聚乙烯防腐层；FBE：代表熔结环氧粉末涂层。

2. 管道进行特殊施工技术时的防腐层选择

进行管道防腐层的设计选型还应根据管道具体的施工方式，以及对管道涂层的性能要求，选择适宜的防腐层类型。当管道进行水平定向钻穿越或顶管穿越时，尤其当管道穿越的土层是为砾石或鹅卵石的结构时，普通的管道防腐层则不能满足施工性能的需要。这不仅在长输管道工程中穿越河流、高速路中使用，也在城镇管道的施工中使用。由于该种管道施工技术需要管道的外防腐层具备极高的耐磨性和耐冲击性能，同时也应具备良好的韧性。国外也在进行该种施工方法下的防腐层选择研究，但迄今为止尚无相关的标准规范推出，根据经验国外在进行管道的定向钻穿越时，一般选择以下几种管道防腐层，它们是

(1) 三层聚乙烯防腐层;

(2) 双层熔结环氧粉末涂层;

(3) 聚脲(Polyurea)弹性体涂层或者称为100%固体含量的尿烷(Urethane)聚合物体系;

(4) 聚合物环氧水泥(Epoxy Polymer Concrete)

美国定向钻穿越施工协会推荐的是熔结环氧粉末涂层，20 密耳厚(508μm)；现场补口采用熔结环氧粉末涂层或液态环氧涂料，涂层的厚度应达到 25 密耳厚(635μm)；如果地下土层为砾石或岩石等结构，则应在熔结环氧粉末涂层外施加 40 密耳厚(1010μm)的环氧基的环氧聚合物水泥涂层。

我国石油天然气行业普遍采用三层聚乙烯防腐层，现场的补口则应该选择加强型的热收缩带产品。补口部位的防腐质量将直接影响到穿越部位的管道防腐效果，而且这些部位的腐蚀泄露也是无法进行修复的。

3. 管道定向钻穿越的双环氧涂层及其规范

中国石油天然气集团公司为此推出了双层环氧涂层的企业标准，即：Q/CNPC 38—2002《埋地钢质管道双层熔结环氧粉末外涂层技术规范》。所谓双层熔结环氧粉末外涂层为一种复合涂层结构，由防腐型环氧粉末底层和抗机械损伤型环氧粉末面层一次喷涂成膜而成。双层熔结环氧粉末涂层是为了解决单层环氧涂层在实际使用中产生的在一般施工环境下容易产生机械损伤的弊端，以及不耐湿、热使用环境的缺陷而发明的。双层环氧涂层自 1992 年开始使用，粉末的原材料由美国杜邦公司提供，集中用于高温管线和管道的河流穿越段的防腐层。

目前，针对不同的土壤环境美国的 3M 公司、杜邦公司等都可以提供不同品种的双环氧粉末涂层体系涂料，包括具有高耐磨性和高韧性的不同品种。我国也有环氧粉末的生产厂家可以生产两种环氧粉末的配套产品，如廊坊的燕美合资粉末生产企业。Q/CNPC 38—2002 标准中规定的双层环氧粉末涂层的厚度如表 10-27 所示。

表 10-27 双层熔结环氧粉末涂层厚度规定

级别规定	低层环氧粉末涂层厚度/μm	面层环氧粉末涂层厚度/μm	双层涂层总厚度/μm
普通级	>250	>370	≥620
加强级	>300	>500	≥800

Q/CNPC 38—2002 标准中规定的双层环氧粉末涂层的外涂层验收指标见表 10-28。

表 10-28　双层熔结环氧粉末外涂层的检验和验收项目指标

试验项目	质量指标	试验方法
24h 或 48h 阴极剥离	≤6mm	SY/T 0315—97 附录 C
底层断面孔隙率	1 级~4 级	SY/T 0315—97 附录 E
底层黏接面孔隙率	1 级~4 级	
24h 或 48h 附着力	1 级~2 级	SY/T 0315—97 附录 H
0℃或-30℃，抗 2°弯曲（普通级涂层厚度，根据工程要求选定试验温度）	无裂纹	附录 D
0℃或-30℃，抗 1.5°弯曲（加强级涂层厚度，根据工程要求选定试验温度）	无裂纹	
抗 10J 冲击（普通级涂层厚度）	无针孔	附录 E
抗 15 J 冲击（加强级涂层厚度）	无针孔	
30kg 耐划伤性（普通级涂层厚度）	划伤深度≤350μm 无漏点	附录 F
50 kg 耐划伤性（加强级涂层厚度）	划伤深度≤500μm 无漏点	

显然，双层环氧粉末涂层的厚度规定和质量验收项目都表明其涂层选型主要服务于管道的穿越施工技术。其他用于穿越的管道防腐层还未见其相对应的涂层质量检验和验收标准。

10.3.2.4　现场补口、补伤与管道管体防腐层相一致

1. 管道防腐层现场补口、补伤质量的重要性

管道防腐层的施工不同于一般的防腐蚀涂装，这是为了保证防腐层涂装的质量，国内外都把管道防腐层的施工分为在防腐预制厂的涂层管涂装施工和在管道埋设现场的补口及补伤的施工两部分。也就是在防腐预制厂的涂层管涂装施工一般采用自动化流水线的施工工艺，包括管道的抛丸或喷砂除锈的表面预处理，然后是防腐层的涂装工艺。大部分都是在生产线上完成，一旦工艺条件调整好，管道防腐层的质量可以得到可靠的保障。

而现场的补口、补伤则必须在当时当地的管道施工环境下进行。特别是长输管道的施工，会面临着复杂和恶劣的气候条件和环境条件。高温、高湿或高寒、风沙、沙漠或高原等都会遇到。

选择管道防腐层还必须要考虑的一项原则是该种防腐层的现场可施工性能，也就是补口、补伤的可操作性。因为从腐蚀学的原理可知，管道的补口部位是腐蚀发生的最危险区域，因为它经过现场的焊接，在焊口部位本来就存在着与管道的不同金属组分，一旦防腐层失效，异金属腐蚀首先会在这些部位形成，因此，按道理这些部位的防腐蚀等级应高于管体部位。恰恰相反的是，现实情况下的现场对固定口的表面预处理水平，以及防腐层的涂装水平，往往低于防腐预制厂的工艺水平，也就是在最需要加强防腐的部位，反而得到了比管道整体防腐蚀水平低的腐蚀防护水平。这不能不说是一种本末倒置的做法，它恰恰与管道防腐蚀涂装的原理和初衷相违背。

因此，从防腐蚀的机理考虑，管道整体防腐层的现场可施工性能，在管道防腐层的抉择上本应当占有举足轻重的地位。如果该种管道防腐层不能保证现场补口、补伤的质量，那么即便管道整体的防腐层质量再完美，价值也不高，因为该种管道防腐层不能保证管道整体的完整性，则补口部位的腐蚀泄露必定会发生的。

2. 三层聚乙烯防腐层的补口补伤和该防腐层现存问题

基于这一点，国外的管道施工非常讲究现场补口的质量检查。我们看到同样是三层 PE

聚乙烯防腐层，即便是非洲国家的一些管道施工，在补口时采用高固体液态环氧涂料或者环氧粉末涂料施加一层 250μm 厚的环氧底涂层，然后在采用聚乙烯热收缩套或热收缩带进行外防护，而且有些为了使补口部位的聚乙烯与管体的聚乙烯涂层达到彻底的黏接而采用了电熔加热补口的原则。

我国现行三层 PE 管道的补口也采用了热收缩带或热收缩套的补口技术，而且中国石油天然气股份有限公司专门制定了关于熔结环氧粉末涂层和三层聚乙烯防腐层的现场补口补伤的施工验收规范：Q/SY XQ5—2003《西气东输管道工程现场补口补伤施工及验收规范》，这说明我国防腐界也十分关注现场防腐层的补口、补伤的施工质量和现场对防腐层补口补伤的质量检测的重要性。

事实上，采用热收缩套或热收缩带补口的难度很大，现场烘烤聚乙烯热收缩套或热收缩带的共聚物接枝胶层时，温度过高会损害聚乙烯基带，甚至使胶层老化而失去黏接功能，温度过低或达不到胶层的熔融温度，也会使热收缩带的密封性能受到挑战。图 10-1 是现场开挖热收缩带补口处的实例，从中可以看到补口处根本未达到密封和黏接，这意味着补口的失败和不成功，也为今后管道补口处的腐蚀留下了隐患。国内也有研究机构，曾经开挖过一条管线，结果表明 80%左右的热收缩补口存在问题，这虽然不能武断的说是施工问题，但起码暴露出了该种管道防腐层存在的致命缺陷。

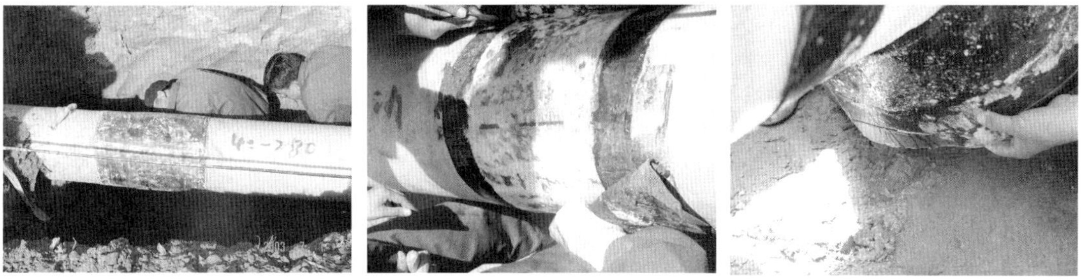

图 10-1　聚乙烯防腐层采用热收缩带补口处的现场开挖检查照片

我们知道，埋在土壤中的管道由于热膨胀和收缩作用，管线沿轴向移动会产生剪切应力，从而造成管道防腐层外形的破坏。管道防腐层的补口处常常与主体管道的防腐层存在搭接部位，这些部位会高于管道整体的防腐层。如果黏接性差，则土壤的微粒会沿防腐层的破损或黏接失效部位进入防腐层的内表面，造成防腐层黏接的进一步破坏和管道表面的腐蚀。用热收缩套补口是因为热收缩套(带)的扣紧力和胶黏剂的黏接力具有足够的剪切强度以防止运行时防腐层的破坏。这也是选择热收缩制品作为管道三层结构的防腐层固定口补口材料的原因。但如果这种热收缩制品的现场施工不能保证应有的质量，则会发生如上面照片中的问题。

自从陕京天然气管线以后，中国国内的长输管道几乎绝大部分管道防腐层选择了三层聚乙烯防腐层。诚然，该种管道防腐层由于热固性熔结环氧粉末涂层的优异黏接性、耐腐蚀性、耐阴极剥离性能以及热塑性聚乙烯挤出涂层的绝佳韧性、抗张强度等机械性能，以及复合的防腐层结构和外层聚乙烯会给管道防腐管的施工带来了优良的保护功能，因而受到业内人士的广泛青睐。但该种管道防腐层的最大缺陷就是其现场补口补伤的质量完全取决于现场施工人员的素质和水平，随机因素很强，这不能不说是该种防腐层的一种遗憾。

国际上对该种防腐层结构设计的认识也存在着一定的分歧，该问题也是管道涂层界所存在的最有争议的问题，表现在北美的 FBE(熔结环氧粉末)派和欧洲的 PE 派两种不同的观点认识。北美派认为，熔结环氧粉末涂层是唯一一种管体和管道补口处都能采用同一种防腐层结构的涂层，它与管道的阴极保护具有相当好的相合性，不会产生阴极屏蔽等弊端。采用熔结环氧粉末涂层时，现场可以采用环氧粉末涂料现场补口，也可以采用 100%固体含量的液态环氧涂料现场补口，用相同的防腐涂料补同类的管体涂层，是最为可靠的防腐蚀结构设计方案。而欧洲派认为在三层聚乙烯防腐层结构中的环氧底层是起到关键的防腐蚀作用，而外层的聚乙烯则是起到机械保护作用，其中间的聚合物接枝胶起到黏接剂的作用，使整个复合结构的防腐层成为一体化结构。但对于此结构的防腐蚀和防护机理，可以用美国腐蚀工程师协会 NACE 涂层组的著名专家 Dennis Neal 的观点为典型代表，他在《两种涂层在市场首要位置上的竞争》一文中谈到，根据水汽渗透率的研究，三层结构(即三层聚乙烯防腐层)的使用寿命超过 40 年，但须分析的前提是

(1) FBE 层没有针孔，这要求 FBE 层的厚度达到 250μm。因为厚度低于 150μm 的 FBE 涂层存在相当多的针孔；

(2) 中间层处于理想的黏接状态；

(3) 补口防腐层的性能与管体防腐层一致。

按照北美的观点，Dennis Neal 提出的以上三条表明，如果外层聚乙烯防护层受到机械损伤或破坏，熔结环氧粉末涂层起到最终的腐蚀屏障作用。因此，环氧涂层的厚度应达到 250μm 的厚度，才能保证不会出现针孔。

Dennis Neal 还在文章中认为，三层聚乙烯防腐层结构不适用于螺旋焊管。因为在采用缠绕式挤涂聚乙烯外涂层时，当涂装螺旋焊管时容易在焊缝部位造成挤压的涂层过薄，或在背过焊缝的一面造成空鼓的弊端。因此，北美最著名的 Alliance Pipeline 天然气管线，也称为联盟管道，北起加拿大的阿尔伯特，南止于美国的芝加哥，全长 3050km，管径为 914~1067mm，运行压力为 12MPa，管道涂层选用的是 FBE 涂层。该管线项目是在 1993 年提出，经过了长达 6 年的论证考察和设计阶段，于 1999 年 5 月动工，2000 年 10 月竣工。该管线也历经山区、河流等复杂的自然环境，除大型的河流穿越及一部分山区管道选择双环氧粉末涂层外，其余皆采用单层的熔结环氧粉末涂层。由此可以大概比较出北美与欧洲、我国管道业内对管道防腐层的认识差别。而且根据美国《管道文摘》的统计，熔结环氧粉末涂层一直是世界管道工程的首选涂层。

不管怎么理解，我们以为没有一种管道防腐层是万能的、没有缺陷的，防腐层的选择要根据具体的使用环境，目前，国际上也一直致力于寻找一种方法或材料能够改善三层结构防腐层的补口补伤方法或质量。

显然，我国即便在西气东输 *DN*1016mm 的大口径管道中，仍然采用了≥100μm 的底层 FBE 层的厚度。我国管道业明显倾向于欧洲的观点。欧洲的观点认为，三层聚乙烯防腐层的底层熔结环氧粉末涂层的作用仅仅是起到黏接的作用，熔结环氧涂层的作用在于通过环氧涂层本身，将根本与钢管不黏接的聚乙烯黏接在一起，而聚乙烯防腐层是起到防腐和防护作用的关键。因此欧洲的观点认为，底层环氧粉末涂层的厚度并不关键，对防腐层的整体防护效果没有太大的影响。

对此争论，笔者认为应持慎重的态度，因为随着 X60、X70 管道钢的使用，输气管道的压力也越来越高，因此对管道防腐蚀的可靠性也会日渐提高。毕竟熔结环氧粉末涂层的防腐

蚀寿命已经经过了近30多年的考验，是比较可靠的。大口径输气管道单根管的重量也已经非常可观，十几吨的自重使聚乙烯防护层受到严峻的考验。一旦聚乙烯外涂层破损，内层环氧的防腐性能则会至关重要。从防腐蚀的常规涂层考虑，100μm的涂层厚度是远远不够的。

10.3.2.5　管道防腐层的综合成本比较原则

1. 只考虑管道防腐层的一次性涂装成本

如果不考虑管道防腐层的维护和其他费用仅考虑防腐层的一次性涂装成本，各类防腐层的各项费用一次性投资可参见表10-29。

表10-29　各种防腐层的造价对比

覆盖层名称	材料单价	每平方米材料用量	材料造价/(元/m^2)	加工费/元	总造价/元
沥青玻璃布	底漆：17元/kg	0.5kg	8.50	24	59
	玻璃布：1.20元/m^2	5.6m^2	6.72		
	沥青：1.55元/kg	8.0kg	12.4		
	PVC膜：2.10元/m^2	1.35m^2	2.84		
	合计：30.46+30.46×15%=35.3元(损耗：15%)				
煤焦油瓷漆	底漆：280元/kg	0.5kg	14.00	24	65
	瓷漆：2.80元/kg	3.6kg	10.10		
	内缠带：1.80元/m^2	1.15m^2	2.00		
	外缠带：10.00元/m^2	1.15m^2	11.50		
	合计：37.60+37.60×10%=41.36元(损耗：10%)				
环氧煤沥青	环氧煤沥青：17.00元/kg	1.5kg	25.5	26	59
	玻璃布：1.20元/m^2	2.8m^2	3.36		
	合计：28.86+28.86×15%=33.19元(损耗：15%)				
聚乙烯胶黏带	底漆：17元/kg	0.5kg	8.50	16	67
	内缠带：25元/kg	1kg	25.00		
	外缠带：24元/kg	0.72kg	17.28		
	合计：50.78+50.78×0.5%+51元(损耗：0.5%)				
环氧粉末	37.10元/kg	0.95kg	35.24	30	68
	合计：35.24+35.24×8%=38元(损耗：8%)				
二层聚乙烯	PE：10.6元/kg	3.2kg	33.74	29	75
	底胶：21.20元/kg	0.54kg	11.48		
	合计：45.22+45.22×2%=46.12元(损耗：2%)				
三层聚乙烯	PE：10.6元/kg	3.1kg	32.86	33	88
	底胶：21.2元/kg	0.44kg	9.33		
	环氧粉末：37.1元/kg	0.3kg	11.13		
	合计：53.32+53.32×3%=55元(损耗：3%)				

注：此表摘自《埋地管道外防腐层的整体经济评价》，王彩芹，《防腐保温技术》，2000年2月。表中的价格是2000年以前的原材料价格，包括加工费用。近年来由于防腐蚀行业的恶性竞争，加工费用都呈现下降趋势。

2. 考虑阴极保护后的费用分析

根据SY/T 0036—2000《埋地钢质管道强制电流阴极保护设计规范》第4章"工艺计算"的规定，常规的阴极保护参数的选取是根据管道不同的防腐层来选取不同的保护电流密度，不同管道防腐层的绝缘电阻值则对应着不同的阴极保护电流密度值。大体上，管道防腐层的绝缘电阻值越高，所需要的阴极保护电流密度值就越低。各类管道防腐层的绝缘电阻值与所需要的阴极保护电流密度可参见表 10-30。

表 10-31 是 BP AMOCO 公司 DR. D. Fairhurst 提供的埋地管道阴极保护系统根据管道运行寿命的不同的管道防腐层所需要的阴极保护电流密度的对比。

表 10-30　SY/T 0036—2000 规定的管道防腐层电阻与阴极保护电流密度

防腐层类型	防腐层电阻率/$\Omega \cdot m^2$	保护电流密度/($\mu A/m^2$)
石油沥青、煤焦油瓷漆	10000	100~50
聚乙烯胶带	50000	50~10
环氧粉末	50000	50~10
三层 PE	100000	2~5
环氧煤沥青	5000	>100

表 10-31　不同埋地管道防腐层阴极保护电流密度与寿命的关系

管道防腐层	寿命/a		
	10	20	30
石油沥青/煤焦油瓷漆	0.01mA	0.04mA	0.09mA
熔结环氧	0.02mA	0.06mA	0.12mA
液态环氧	0.03mA	0.10mA	0.30mA
3 层聚乙烯	0.001mA	0.004mA	0.009mA
2 层聚丙烯	0.001mA	0.004mA	0.009mA

由上表可见，考虑埋地管道必须采用管道防腐层和阴极保护联合保护的双重措施的规定，选用一次性投资比较便宜的防腐层，其综合防护成本却并不便宜。也就是仅直观的分析，环氧煤沥青涂层的阴极保护电流密度是熔结环氧粉末的 10 倍左右，是三层 PE 的 50 倍左右。

3. 考虑涂层的寿命周期费用的原则

如果再考虑到不同质地防腐层的有效寿命的差别，以及由于防腐层缺陷有可能导致的管道泄露等因素，也就是应按照本章 10.2.3.1 涂层的寿命周期费用的规定进行各种管道防腐层的经济比较。

10.3.3　埋地钢质管道防腐层新型涂料

技术研究与应用规范方面都较为成熟的埋地钢质管道防腐层已经在上面的相关内容中予以介绍，国际与国内都最为看好的，且应用也最为普遍的是三层聚乙烯防腐层和熔结环氧粉末涂层两种。但这两种防腐层也都还存在着缺陷和不足，表现在，三层聚乙烯防腐层涂装工艺过程复杂，在底层环氧粉末的静电喷涂后的几十秒时间内，涂层未固化前就应该马上挤涂聚合物胶黏剂，否则就会影响三层聚乙烯防腐层的结构性能。此外还存在的缺陷和不足有：

(1) 在螺旋焊管上进行三层聚乙烯防腐层涂装工艺时，容易在焊缝部位形成空鼓等防腐层缺陷；

(2) 补口补伤质量的难于控制。

(3) 一旦三层聚乙烯外防腐层发生破损，则会导致阴极屏蔽，从而使阴极保护失效。

(4) 管道异型件的防腐层需要另外选择其他的防腐层。

虽然关于第(3)点国际上仍然存有争议，工程中还未发现由于阴极屏蔽而引发的管道腐蚀泄露的事例。但也没有足够的试验数据来证明聚乙烯涂层不会产生阴极屏蔽。而聚乙烯胶带由于阴极屏蔽而引发的应力腐蚀开裂却是实实在在的事。

熔结环氧粉末涂层的缺陷和不足则表现在：

(1) 环氧粉末涂层很薄，施工过程中的耐磕碰和划伤性能较差，涂层的反修率高；

(2) 环氧粉末涂层不耐湿热的使用环境。

(3) 管道异型件如弯头、三通等以及现场补口补伤时，继续采用环氧粉末，工序复杂，质量也难于保障，采用液态环氧涂料则需要足够的涂膜固化程序，因而也需要比较长的操作时间。

上述两种管道防腐层还有一个共同的特点，都是需要在投资较昂贵的防腐预制厂内，通过一套严谨而复杂的工艺过程来完成管道的防腐层涂装作业。对于大型的长输管道工程是适宜的。对于日常的市政管道工程，受到每次工程量的限制，则显得不十分经济可行。

因此，选择更经济更具有可施工性能的新管道防腐层结构和替代材料一直是管道业内人士的奋斗目标。随着新材料、新工艺的发展，管道防腐层也出现了施工更加环保、更加便捷和性能更加优异的防腐层品种。虽然目前还未形成产业化、标准化，但已显现出在施工和性能方面所具备的独特品质和优势。从发展趋势来看，应当以喷涂涂装的快速固化成型的高固体成分的溶剂性涂料为主，典型代表是喷涂聚脲弹性体涂料。

10.3.3.1 聚脲(Polyurea)弹性体管道防腐层涂层

1. 聚脲弹性体涂层应用于管道防腐层的可行性

聚脲弹性体涂料是国际上近十年来迅速发展起来的一种新型、高性能、100%固体含量的可快速施工、固化成型的环保型双组分液态涂料。聚脲双组分涂料在专用的喷涂设备内经过加温、高速碰撞、均匀混合并高压喷涂成型后的聚脲弹性体涂层具有优异的防水、防腐蚀、耐磨、耐冲击等机械性能，并且与多种物面尤其是混凝土、水泥和钢质管道的金属表面具有很强的附着力。因此，国际上认为喷涂聚脲弹性体技术是集新材料、新技术、新工艺于一体的涂料业的一颗新星，它的出现为涂料涂装行业开拓了新的视野，代表了21世纪的涂料工业的发展方向。

喷涂聚脲弹性体涂层工艺的涂装工艺条件由喷涂设备来保证，对喷涂环境条件没有苛求，可以是高寒的气候条件下，例如零下20多度，可以是高湿环境，例如环境湿度在95%以上等等，都可以进行喷涂聚脲的施工。而且照样可以保持其独特的快干性能。中国将喷涂聚脲技术称之为“SPUA”技术，并评价说“SPUA”技术所体现的材料性能集塑料、橡胶、涂料、玻璃钢于一身，所体现的可施工性能则全面突破了传统涂料的技术局限。也就是说喷涂聚脲弹性体涂层可以具备塑料、橡胶的弹性、防水、防渗性，又具备玻璃钢的刚性和强度，本身是涂料又可以采用涂料的涂装方法施工，因此其各种优点是显而易见的了。再加上其独一无二的可施工性能，就可以理解为什么国外将喷涂聚脲弹性体技术当作涂装领域的一场革命了。

由于聚脲弹性体涂层与钢管表面的良好黏接性、防腐性和优良的机械性能，使聚脲早在1992年就已用于埋地管道防腐涂层的修复，例如西伯利亚的石油液化气管道，美国阿拉斯加原油管道涂层的修复等。美国在1999年已由美国水工协会发布了美国国家标准/美国水工协会标准，即：ANSI/AWWA C222—99《钢质水管道及管件用内外聚氨酯类(聚氨酯、聚氨酯/聚脲、聚脲)涂层的AWWA标准。在此标准中明确规定了聚脲可用于钢质水管道的内、外防护，即聚脲可作为管道的内外防腐层。根据国外的相关资料该涂层会在钢质管道防腐与修复领域发挥越来越大的作用并具有广泛的发展前景。

事实上聚脲弹性体涂层不仅适用于钢质管道的防腐蚀，而且可广泛应用于铁基结构、混凝土水泥基结构物表面的防腐、防水和防护。美国钢结构涂装委员会SSPC已发布了新的规范，他们把聚脲弹性体涂层定义为保护性涂层，SSPC-Paint 39就是针对双组分脂肪族聚脲作为外涂层的规范。该规范规定的是将聚脲涂层用于涂敷有适宜底漆的铁基和水泥基的基底表面作为外防护层时，聚脲涂料所需要的组成成分、检测和性能要求，以及所采用的施工方法。说明聚脲已经被作为一种具备优良防护性能的涂层材料，而且从原材料到性能到施工都已经规范化。

聚脲弹性体涂层的突出优点还在于具有优异的机械性能、耐化学性能、耐阴极剥离性能，这些性能使聚脲弹性体涂层成为管道防腐层的佼佼者，也就是聚脲弹性体涂层既具备熔结环氧粉末类涂层与钢表面的良好的黏接性、防腐蚀性和刚性，又具备聚乙烯类防腐层的优良的韧性、耐水性，也就是它综合了各类管道防腐层的优点。因此，国际上一般将聚脲作为金属、混凝土以及其他结构表面的防护性涂层来应用。

按 ASTM 标准所测得的聚脲弹性体的性能指标见表 10-32。

表 10-32 聚脲弹性体的物理性能和测试方法

项目名称		指标	检测方法
硬度(25℃)		>80(肖氏)	ASTM D2240
抗张强度		$>170kgf/cm^2$	ASTM D412
撕裂强度		$>60kgf/cm^2$	ASTM D412
断裂伸长率		30%~800%	ASTM D412
耐磨性能		<100mg(1kg 载荷，CS17 轮，转动 1000 次)	ASTM D4060
抗冲击性能		0.91kg · m(23℃) 0.08kg · m(−40℃)	ASTM D3763
吸水率		0.5%(23℃，24h)	ASTM D570
水汽渗透率		$<5.0g/m^2(24h)$	ASTM E96
剥离强度	膜间剥离	$>25kgf/cm^2$	ASTM D4541
	与干混凝土剥离	$>10kgf/cm^2$	
	与涂过底漆的混凝土	$>25kgf/cm^2$	
	钢(锚纹深度 50μm 左右时)	$>35kgf/cm^2$	

表 10-33 的数据是国外聚脲弹性体按美国 ASTM 标准所测得的性能指标，应当说其各项性能都是很优秀的。为了探讨其作为管道防腐层的效果，国内研究机构将纯聚脲弹性体涂层按埋地管道防腐层的检测要求所测得的技术性能指标如表 10-33 和表 10-34 所示。

表 10-33 聚脲弹性体片材性能指标

项 目	性能指标	试验标准
拉伸强度/MPa	≥20	GB/T 1040
断裂伸长率/%	≥350	GB/T 1040
脆化温度/℃	≤−50	GB/T 5470
电气强度/(MV/m)	≥25	GB/T 1408.7
体积电阻率/Ω · m	$>1\times10^{12}$	GB/T 1410
耐紫外线老化(336h)/%	≥80(1)	SY/T 4013 附录 D
耐磨性能 CS17 滚筒，1kg 重每 1000 转损失/mg	≯100	ASTM D4060
吸水性/%	≯3.0	ASTM D570
耐化学介质腐蚀①(浸泡 7 天)/% HCl 10% NaOH 30% NaCl 30%	 ≥80(1) ≥80(1) ≥80(1)	 SY/T4013 附录 C

注：①耐化学介质腐蚀的数据代表实验后的拉伸强度和断裂伸长率的保持率。

表 10-34　聚脲管道防腐层的性能指标

项 目	性能指标	试验方法
剥离强度/(N/cm) 20℃±5℃ 50℃±5℃	 ≥70 ≥50	SY/T 4013—95 附录 F
阴极剥离/mm(65℃. 48h)	≤8	SY/T 4013—95 附录 A
冲击强度/(J/mm)	>8	SY/T 4013—95 附录 C
抗弯曲/2. 5	聚脲层无开裂	SY/T 4013—95 附录 H
压痕硬度 23℃±2℃/mm	≤0. 2	SY/T 4013—95 附录 E

注：SY/T 4013—95 是石油天然气行业标准《埋地钢质管道聚乙烯防腐层技术标准》。

表 10-34 中的数据是按照目前国内管道建设中使用最为集中的三层 PE 聚乙烯防腐层性能作为比较对象所做的技术检测数据。数据表明聚脲弹性体涂层的机械性能、耐化学性能、耐阴极剥离性能等都可以与之媲美。但在可施工性能上则大大优于三层 PE 聚乙烯防腐层。

喷涂聚脲弹性体技术经过近 10 多年的发展，在聚脲原材料的性能上也取得了很大进步和提高。随着聚脲弹性体技术的不断应用，针对聚脲在使用中出现的问题，适用于各种应用场合的聚脲产品也不断更新。除价格比较便宜的芳香族聚脲、耐紫外光老化的脂肪族聚脲外，最近 5 年又推出了聚天冬氨酸酯聚脲，这是在聚脲领域内所出现的一种新型脂肪族、慢反应、高性能的聚脲材料，被称为第三代聚脲产品。

从聚脲的施工方法上，从早期的高压喷涂聚脲，又有低压喷涂聚脲产品和手刷级聚脲产品的问世。这无疑对管道现场的施工提供了很大的方便。手刷级聚脲产品可以用于现场补伤。低压喷涂聚脲产品可以在恶劣的山区环境中用于现场补口。

2. 与传统的管道防腐层比较聚脲弹性体涂层的优势

(1) 聚脲弹性体防腐层具有极为优异的可施工性能。

聚脲弹性体防腐层的可施工性能表现在对环境的温度、湿度的不敏感，和喷涂聚脲极其迅速的反应速度，可以在几秒或几十秒的时间内凝胶成型，1min 后就可以在涂层上行走。

聚脲可以在-20℃成膜，同时喷涂后可在几秒钟内反应成型(聚脲的凝胶时间可以通过配方调整)，成型后涂膜的机械强度在 2h 内可以达到其设计强度的 60%左右。因此喷涂几分钟后就可以在聚脲弹性体涂层上行走，且不受环境温度的影响。

我国海洋化工研究院专门对脂肪族和芳香族聚脲的低温柔韧性进行了测试。表 10-35 是相关的测试数据。

表 10-35　脂肪族和芳香族聚脲在 25℃和-20℃时的物理性能

项 目 \ 材 质	脂肪族(25℃)	脂肪族(-20℃)	芳香族(25℃)	芳香族(-20℃)
拉伸强度/MPa	8. 9	12. 3	11. 4	14. 1
断裂伸长率/%	420	350	180	130
撕裂强度/(kN/m)	43. 9	105	67. 7	102
硬度(邵氏 D)	35	—	51	—

表 10-35 数据表明无论是脂肪族聚脲还是芳香族聚脲在低温下都具有良好的柔韧性。因此能很好地保证低温下防腐层施工的质量。

聚脲的上述施工性能是迄今为止任何涂料都不可能实现的。因而，非常适合和有利于管道的施工和管道防腐层的修复。管道工程的施工可能遭遇到任何极端的环境条件，虽然新建管道的施工可以选择适宜的工期和环境，但旧管道的维护、抢修是随机发生并应随时进行的。长期以来，在寒冷地区的冬季人们对各类涂料涂装的保护性涂层的施工都是几乎不可能的。因为常规的环氧类涂料、聚氨酯类涂料等各类液态涂料在零度以下的环境都不可能固化成膜。喷涂聚脲涂料使得在此种环境下防护性涂层的施工成为可能。因此人们说喷涂聚脲的出现是涂装技术的一大革命，全面突破了传统涂料涂装技术的局限，成为涂装行业的一朵奇葩。

（2）可喷涂作业。也可进行手工刷涂，涂装方法灵活，使用性强。

高压喷涂聚脲弹性体施工时，双组分涂料在喷涂设备中自行加热，而被涂管件不需加热。涂敷设备简单，移动方便，也便于管件、阀门、弯头、三通等异型件的喷涂，同时使现场管道防腐层的补口补伤不再是一件令人头疼和难于得到质量保证的难题。

特别是手刷级聚脲的问世，更为喷涂聚脲涂层提供了一种极为方便的施工修补手段和现场修复手段。也可以为山区或复杂地形和地区管道施工的补口补伤提供了方便的手段。

可以说，聚脲防腐层的喷涂作业灵活机动，不像熔结环氧粉末涂层和三层聚乙烯防腐层需要一套复杂的生产线和设备。

（3）100%固体含量，无挥发性有机物，符合环保要求。

（4）一次施工就可以达到涂层的设计厚度（从几百微米到数毫米），不像其他的液态涂料那样，需要多次涂装才能达到所需的涂层厚度，大大提高了喷涂效率。

（5）热稳定性高于三层聚乙烯防腐层和熔结环氧粉末涂层，可在120℃下长期工作，能耐150℃短时热冲击，因而具有较宽的工作温度范围。

（6）涂膜的性能可根据管道施工的需要对配方进行调整，如：需要高耐磨性或高冲击性能，以及高硬度和耐紫外光性能等，因而非常能适应管道施工过程中对涂层管的搬运和装卸、下沟等操作，其出色的机械性能完全能抵御机械损伤的发生。

（7）与钢管表面有良好的黏接性能，当钢表面预处理达到Sa 2.5级，表面锚纹深度在40~75μm时，可直接喷涂聚脲涂层，25℃环境下测试其剥离强度可达到80N/cm，阴极剥离半径为2mm，说明该种涂料与钢表面的附着力很好，这就可以保障管道在土壤应力的作用下，管道防腐层不会产生剥离。

综上所述，聚脲作为一种新型管道防腐层具有其他涂料不可替代的可施工性能，同时还具有各种管道防腐层所应具备的防护性能、机械性能。

3. 聚脲管道防腐层的工程实例

将聚脲弹性体用于管道防腐层在国外已有不少成功的施工实例，例如从1993年美国的阿拉斯加北部SLOPE管道项目就曾经采用了聚脲防腐层，1994~1997年，美国Cherry Point Refineries管道项目等。我国国内仅2004年已大约有160km的管道防腐层选用了聚脲弹性体涂层，包括山东管道煤气公司管道，大庆油田的原油管道，新兴铸管公司的铸铁管道，以及上海浦东国际机场的架空管道，大港-沧州输气管道的修复工程等。北京曾经在污水管道的顶管穿越工程中选用了聚脲防腐层。

在美国阿拉斯加北部石油管道的应用中曾经在-28℃的低温环境下进行聚脲涂层的现场补口作业，而且实现了正常的固化，充分展示了聚脲低温下的可施工特性。

聚脲管道防腐层的喷涂作业可以采用自动化生产线喷涂，也可以手工喷涂。

根据美国水工协会的规范 AWWA C222—99 推荐聚脲作为管道的外防腐层时，其涂层的厚度可以按表 10-36 的规定，决定其涂膜的厚度。

表 10-36 涂层的厚度推荐

涂层级别	最小厚度/μm
普通级	650
加强级	1500
特加强级	2000

4. 聚脲弹性体涂层的经济成本

聚脲弹性体涂层虽然具有上述多种优点，也存在比较严重的一个缺陷，就是其成本要高于现有的管道防腐层很多，尤其是进口的聚脲产品。按照加强级的厚度，每平米的造价大约相当于三层聚乙烯涂层的 1.5 倍。

10.3.3.2 聚脲聚氨酯泡沫防腐保温层

进入 21 世纪以来，全世界都不可避免的面临着能源危机的难题，国际社会将新型绝热保温材料及节能措施视为第 5 能源。这说明保温结构对节约能源的意义非同一般。而我国与发达国家相比，能源的利用率相差很大，参见表 10-37。

表 10-37 我国的能源利用率与发达国家的对比

国家	美国	日本	中国
能源利用率/%	51	57	28

对于管道输送的热介质，如果不采用保温措施，将有很大的热损失，而采用良好的保温措施可减少大约 90%以上的热损失。统计资料表明，在建筑业中每使用一吨绝热制品，一年节约的热损失量相当于节约了一吨石油。因此，对工业设备和输送热介质管道进行良好的绝热保温防护，可大大降低生产的能耗和成本，为企业和社会创造经济效益和社会效益。

我国的原油含蜡量高，原油管道大部分采用热油输送形式。原油管道外采用"一次成型"技术或丹麦引入的"管中管"技术建立埋地钢质管道硬质泡沫塑料防腐保温层结构。该防腐保温结构是由防腐底漆、聚氨酯泡沫保温层和聚乙烯外保护层组成。并发布了行业标准 SY/T 0415—96《埋地钢质管道硬质聚氨酯泡沫塑料防腐保温层技术标准》。而城镇供热的热力管道与热力设备设施也都采用与之类似的防腐保温结构，变化的就是在聚氨酯硬脂泡沫保温层外的防水或防护层，有些采用了石油沥青玻璃布的防护，也有些采用其他如玻璃钢外防护层等。另外，针对管道输送介质的温度不同，采用的保温层结构也有差异。对于一次设备及管道，在管道或设备外施加岩棉(珍珠岩)毡、玻璃棉毡、硅酸铝纤维或复合硅酸铝成型瓦等保温材料，然后再在保温材料外加镀锌铁皮、水泥等其他外保护层。在城镇热力管道的二次供热管道的保温结构中，也都采用了与石油天然气原油热管道相同的防腐保温结构，即硬质聚氨酯泡沫保温层，外加聚乙烯防护层的结构。

虽然经过近 20 多年的改进和发展，无论采取何种工艺，该种防腐保温层结构由于外层聚乙烯材料不含有任何极性基团和结构，几乎与任何材料都不黏接，从而使聚乙烯外保护层与聚氨酯泡沫的结合总是不能十分紧密，包括防腐保温管施工现场的补口补伤与管道异型件的作业也十分困难，除非使用电熔焊手段。以石油天然气行业的调查为例，采用该种防腐保温层的热油管道投产后，很快就发生了腐蚀泄漏事故，具体可参见石油天然气行业的统计表 10-38。

上述防腐保温管道泄漏最严重的是中洛线，由于施工补口的质量欠佳，经常漏油，管道仅敷设了两年就重新敷设了中洛复线，而将原来的中洛线报废。尽管防腐保温管道的投资将近是单纯防腐管道的 3 倍，而一次一次的漏油事故的处理成本也相当高，有时不得不停输。同时泄漏的原油还会污染农田和环境。

表 10-38 防腐保温管线腐蚀泄漏调查统计表

管线名称	规格/mm	建成时间/年·月	长度/km	漏油时间/年·月	漏油次数/次	开始大修时间
中洛线	Φ273×6.35	1985.2	283	1987.4~1992.12	27	1988 年
沈抚线	Φ426×7	1987 年底	64	1989.2~1992.12	10	1992 年
胶青线	Φ273×7	1988 年初	53	1993.4~1993.5	2	1989 年
阿塞线	Φ273×6.35	1989.9	361	1991.11~1993.5	3	1993 年
花格线	Φ273×6	1989.12	432	1992.5~1992.12	2	1993 年

聚脲材料的诞生，可改变以上所述传统的、易失效的保温结构，使其成为严密一体化、结构坚实、寿命长久的保温结构体。美国保温界认为，实现保温结构的严密无缝是保温工程结构设计的基础。近十年来，一种新型的保温体系已在美国阿拉斯加的蒸汽管道、输油管道等热力工程中应用，同时也大量应用于建筑结构的保温防护和防水处理，如屋顶的防水保温层，也就是在聚氨酯泡沫保温结构中，将与任何其他材料都难于黏接的聚乙烯，用聚脲来替代所形成的新防腐保温结构。

正如大家所知，聚氨酯泡沫是由聚醚多元醇与异氰酸组分反应而成，而聚脲是从聚氨酯发展而成，它也是异氰酸组分与聚醚多元胺反应而成，因而聚脲与聚氨酯泡沫黏接非常牢固，并且可直接喷涂成型。我国大庆油田专门引进了管道聚脲聚氨酯泡沫防腐保温层自动喷涂的作业线，并将该结构用于原油管道的防腐保温，也将该结构用于原油贮罐的防腐保温。

图 10-2 是聚脲聚氨酯泡沫防腐保温管的照片。

图 10-2 聚脲聚氨酯泡沫防腐保温管

该种保温结构在美国和加拿大已大量应用于建筑业的保温隔热工程或防水保温层，并已有 10 多年的历史。1996 年，芝加哥俱乐部在 42000ft^2 的屋顶上进行了该种结构的施工，5cm 的聚氨酯泡沫，1mm 厚的芳香族聚脲，0.5mm 的脂肪族聚脲。施工结束后专业监理商认为："在 18 年的屋顶监理中，这是我见过的最好的防水保温体系"。同样，美国 TWA 公司 10 多年前也在工厂的屋顶进行了同样的保温防水层的施工，该项目的工程师评价说："不仅解决了渗漏问题，同时由于优异的保温效果和面层优异的反射作用，使得能量消耗大大减少了，更重要的是在这 20 年里，我们没有像其他工厂那样，因漏雨停产检修带来巨大的经济损失，工厂停产一天将带来 1000 万美元的损失。"

美国纽约港务局、美国环球航空公司维护中心等建筑也都采用了该项技术，难怪美国国际屋顶施工协会认定了聚脲/聚氨酯泡沫现场喷涂技术是惟一长期有效的防水保温体系。韩国也于 2000 年发布了韩国产业规范将聚脲作为防水层使用，标准号为 F4922：2000《聚脲树脂防水层技术规范》。

在屋顶上喷涂很厚的一层泡沫保温层，既可以节约大量的能源，又可降低屋顶的维护成本和使用寿命，而在聚氨酯泡沫保温层的外面则需要一层防水层的防护。聚脲则是一种很完美的选择。

实际上国外已经不仅仅在屋顶进行保温设计和施工，还包括墙体和房屋的门窗。相比之下，我国的房屋建筑一年中最起码夏季需要 3 个月的空调制冷，冬天则需要 4 个月的取暖保温，能源的消耗是非常可观的！国外的人居建筑则要求所建筑的房屋在一年之中房屋内大部分时间，都应该自然保持适合人生存的常温状态。要达到该种要求，建筑结构的整体保温设计是很关键的。我们从国外的相关信息中可以看到，建设经济型社会是国外早已树立的一种观念。

实际上，据笔者的了解，西方发达国家例如美国，很早就非常关注建筑物的保温结构和节能设计问题。在美国国内有美国的政府部门——环境保护署和能源部负责管理专门用于建筑物屋顶涂料的注册和管理。他们将涂料分为三类，一类是建筑物白色的屋顶冷涂料，另一类是热的铝涂层，还有一类是最热的黑色沥青类涂层。这三类涂层有不同的特点，白色的冷屋顶涂层属于对太阳光具有非常高的反射率和高发射率的涂层；铝涂层则属于对太阳光具有高反射率和低发射率的涂层；最后一种黑色沥青类的涂层属于对太阳光具有低反射率和高发射率的涂层，属于最热的涂层效应类。

白色屋顶冷涂料具备两种突出的功能，即将太阳光中的热反射回大气环境的功能，涂层的该项功能是可以实测的，可以测出其反射系数。该类涂料的另一个功能是发射热的功能，即它还可以将太阳光照射到涂层表面的热发射到大气中去，在涂层的热效应中测定的是其发射系数，该两个系数值决定了该涂层的热效应分类类别。联合涂料公司的屋顶冷涂料系列涂层的这两种作用结果可以将屋顶原本由太阳光照射所升高的温度，降下 10~40℃，从而既能使屋顶的温度得到一定的控制，又能延长屋顶的使用寿命，同时还可降低对环境的污染，对能源的节约作用是明显的。

10.3.3.3　其他高固体成分液态涂料

具备高度自动化生产技术的熔结环氧粉末涂层和三层聚乙烯防腐层，非常适合于长输管道或成规模的管道建设防腐层的首选。喷涂聚脲弹性体涂层适合多种环境，尤其是在极端环境下的管道防腐层的喷涂作业，但从目前国内企业的经济实力，由于其价格比常规的管道防腐层高，普及使用还存在一定的困难。

对于小规模、短距离的管道施工，如城市燃气、自来水等，以及管道防腐层的大修项目，采用高固体成分的液态涂料是一个较为合适、可靠的方案。高固体成分的液态涂料可以是液态环氧树脂基的环氧涂料，也可以是聚氨酯基的聚氨酯涂料。我国石油天然气行业已经在管道防腐层的大修工程中使用。高固体成分可以避免施工时对环境和施工人员的污染和伤害。而且高固体成分涂料，一般为性能比较优异的环氧类和聚氨酯类的涂料组成，其涂膜与钢表面都具有较高的黏接性能、机械强度和耐化学性能等。在美国的水工协会 AWWA 的钢质输水管道防腐层的规范中都有相应的规范规定。也就是该类液态涂料是适合于作为保护性的涂层使用的。它们是：ANSI/AWWA C222—99“Polyurethane Coating for the Interior and Exterior of Steel Water Pipe and Fittings”《钢质水管及配件的内外聚氨酯涂料》和 ANSI/AWWA C210—97 “Liquid-Epoxycoating Systems for Interior and Exterior of Steel Water Pipelines”《钢质水管线的内外液态环氧涂层系统》。美国上述标准中并未强调液态涂料的高固体成分。但从近年来国际社会对环境日益关注的环境问题，以及涂料水性化、无溶剂化的趋势来看。高固体成分在重防腐领域无疑是一发展方向。

1. 无溶剂液态环氧涂料

国内外均有无溶剂液态环氧涂料和 100%聚氨酯涂料的生产。美国 3M 公司就专门提供与熔结环氧粉末涂层相配套的无溶剂液态环氧涂料，用于熔结环氧粉末涂层现场的补口补伤和管道异型件的防腐蚀施工。该涂料为双组分环氧树脂涂料，可以刷涂、辊涂或喷涂，一次喷涂的涂膜厚度可以达到250μm左右，可以方便作业，在常温下2~3h可以作到不剥落、不黏手。但低于13℃则不能进行涂装作业。这是热固性树脂涂料对涂膜干燥的环境条件要求。

我国西气东输工程的热煨弯头的防腐层选型，也选择了无溶剂液态环氧类涂料，其中除环氧外，还填加了聚合物水泥的成分。

2. 100%聚氨酯涂料

100%聚氨酯涂料从1973年在北美开始用于管道防腐层，除用于油气管道系统外，还用于饮用水系统管道的内、外涂层，以及其他钢结构设施的腐蚀防护。除100%聚氨酯涂料外，还有改性的聚氨酯涂料，如关于采用聚氨酯焦油涂料用于三层聚乙烯防腐层的补口补伤工程实例和采用德国工业标准DIN30671和DIN30677所测定的该涂层作为现场补口的性能评价。

这是在1995年横贯马格里比输气管道工程的阿尔及利亚段进行的44000个现场补口工程。该种涂料是喷涂焦油聚氨酯体系——Protegel(r)32-10。1996年在63公里、36英寸的输气管道上5500个补口工程中再次应用。Protegel(r)喷涂焦油聚氨酯还接受了美国独立试验室全面和特殊的评价，所进行的试验项目是

（1）聚氨酯/聚乙烯搭接部位的剪切强度；

（2）与聚乙烯的剥离强度；

（3）与钢的剥离强度；

（4）在钢基底上的抗冲击强度；

（5）在聚乙烯涂层上的抗冲击强度；

（6）聚氨酯涂层与钢界面的剪切强度；

（7）耐阴极剥离性。

美国该试验室按照德国DIN30671和DIN30677标准进行了对比，发现涂焦油聚氨酯体系——Protegel(r)32-10涂层都能满足标准的要求，为现场补口提供最佳的性能。我国石油天然气行业在港-沧输气管线的防腐层大修中，也采用了100%固体含量的聚氨酯涂料。并取得了很好的效果。

陕京二线在热煨弯管的防腐层选择上采用了聚氨酯涂层外加聚丙烯胶带的防腐层结构，这说明国内管道防腐界也在进行着不断的探索和实践，力图使管道的防腐蚀施工更上一层楼。

10.4 埋地管道的非开挖修复技术与选择

10.4.1 埋地管道的非开挖修复技术与发展现状

10.4.1.1 非开挖管道修复技术与国外的现状

所谓非开挖技术(英文：Trenchless Technology)由两部分组成。一部分是新管道敷设的非开挖施工技术，即采用非开挖路面的管道施工技术：如水平定向/导向钻进技术、顶管技术、冲击矛法、夯管施工技术等。另一部分是在对已经埋地的旧管道，不进行地面开槽的情况下实施检测、评估、更新和修复的工艺技术。发达国家已有近八十年的历史，而我国仅有近十几年的历史，我国的非开挖管道修复技术进入21世纪以来，得到了较为迅猛的发展，这是与我国近十年来的现代化建设和城市化进程的迅速推进密切相关的。

埋地管道的非开挖修复技术是随着社会现代化的发展而产生，并伴随着科技的进步，城

市基础建设设施的发展和完备，以及城市地下空间利用率的提高，人类对环境保护意识的增强和国家法规建设的完善而逐步成为一个政府支持、企业投资踊跃、社会重视的生机勃勃的新产业方向。

美国著名的“Insituform Technologies，Inc”是原位成型管道技术（Cured-in-Placed Pipe）的创始者，也是专门从事埋地管道非开挖修复工程技术的专业公司。该公司是美国纳斯达克高科技公司的证券市场上市的上市公司，掌握有多种管道的非开挖技术，并已发展成几乎在全球都有分公司的跨国公司。该公司采用非开挖修复技术修复的管道已经超过 2 万公里。美国的 InlinerTechnologies LLC 公司也是一家较早介入该行业的公司，到 2003 年止已修复管道近 2300 多公里。

国际上于 1986 年在英国伦敦就成立了国际非开挖技术协会（ISTT），每年有技术会议召开，并设有专业技术刊物。西方发达国家的非开挖技术已应用十分普遍，据统计发达国家采用开挖换管方法进行管道更新的工程的比例平均不足 5%，而大多采用修复技术来恢复旧管道的输送功能。这是因为已经发生泄漏或丧失输送功能的管道内，真正发生问题或腐蚀破坏的部位在管道上仅仅是局部。因而，采用全部换管来更新管道不仅是资源的浪费，也很不科学和经济。尤其是在现代化的大都市环境下，采用全面开挖换管的管道更新方法几乎是不可能的。

采用局部修复，或在整段旧管道内加衬，或喷涂密封涂层的非开挖管道修复技术，来更新管道已成为发达国家对埋地水管道、气管道、污水及各类工业管道共同的更新途径和方法。例如，德国有大约 10%的管道施工采用非开挖技术，丹麦甚至成立了对非开挖管道铺设和修复的监督机制，不但对工程质量由检查委员会进行日常检查，而且出台了一系列的规范和技术要求，对施工单位的质量进行监督。当社会上有需要进行管道的修复工程项目时，该监督委员会可以推荐质量监督体系内的施工单位承揽工程。也就是说在丹麦，管线修复监督计划的实施在政府政策的支持下逐步标准化。这说明非开挖修复埋地管道技术代表了未来管道工业的发展方向，它是社会文明与进步发展的必然结果，也是建设节约型社会的一种体现。

非开挖管道修复技术由于仅需开挖很少的路面，或根本不需开挖路面，因而不会对社会环境和交通造成大的干扰。非开挖管道修复施工可以为国家、社会、和企业节约大量的资源，非开挖修复管道技术还可以不对临近的管道、电缆、通讯设施等产生干扰和破坏，同时又减少了对环境的污染，保护了生态环境。另外，修复后的管道内壁状况也得到很大的改善，提高了管道的运行寿命和功能。

在我国，随着城市化进程的推进，城市地下空间的日益拥挤，大城市城市交通的日益紧张和拥挤不堪，以及人们对所生存的社会环境质量的需求提高，政府对城市功能和建设设施的严格管理，企业对经济效益和社会效益的追求，旧管道的开挖修复已经变得越来越困难，成本也越来越高。以北京为例，从 20 世纪末期开始，管道地下建设的成本就已远远低于管道路面上的拆迁、商业赔付、市政地面恢复的赔付成本。因此，管道的非开挖修复技术也越来越受到重视。管道的非开挖修复技术已成为 21 世纪的管道建设的发展方向。

发达国家由于都市化和现代化先于我国，而比较早开发和发展了非开挖的各类管道修复技术。尤其是 20 世纪 50 年代以来得到了快速的、全面的发展。目前，对于各种管道的非开挖修复技术，都已经建立和发布了相关的材料选择、施工和质量监督的规范。

例如，最早进入国外管道非开挖修复市场的 Cured-in-Placed Pipe 技术（CIPP），也就是原位成型管道修复技术，国内也称之为翻转内衬管道修复技术，美国材料试验协会(ASTM)已有非常全面的标准发布。从热固化树脂的选择，包括修复不同类型的管道，如饮用水管道和污水管道应采用不同的树脂的标准；所使用的翻转内衬软管的标准，以及压力管道(燃气)和非压力管道(下水、雨水)的设计和施工的规范等，都十分齐备。美国 ASTM 协会发布的关于 CIPP 技术的设计和施工规范，最早于 1993 年推出，1998 年修订，2005 年又再一次修订，该标准的英文标题是：ASTM F 1216—05《Standard Practice for Rehabilitation of Exsting Pipelines and Conduits by the Inversion and Curing of a Resin-Impregnated Tube》(中文：采用翻转浸渍了固化树脂软管修复管道的标准方法)。而修复污水管道时热固化树脂选择的标准则可以依据：ASTM D 5813—95《Standard Specification for Cured-In-Place Thermosetting Resin Sewer Pipe》(中文：采用原位固化成型内衬管修复污水管道的热固化树脂的技术规范)的规定。

美国各州(如，美国衣阿华州、德克萨斯州)，各大城市(圣地亚哥市等)都制定了自己地区或城市的管道非开挖修复规范，并有管道非开挖修复技术的设计和施工规范推出，美国衣阿华州在全州城市设计和规范的第 14 章中，全部是关于非开挖技术的设计与施工规定。

美国环境保护署在 1999 年也发布了关于排水管道非开挖修复所应采取的 4 种非开挖修复技术，以及这 4 种技术的相关规定。美国塑料管协会和非开挖技术中心也都有相关的规范和标准推出。

2004 年，在"HDPE 管解决自来水和污水管线难题的重要管材"一文中，Drew L. Wilson 指出，美国自来水管的"渗漏使得管线的拥有者和社区要蒙受数十亿美元的损失，这些地下工程的损坏对长期世人公认的珍贵资源——水产生了无节制的浪费"。美国的环境保护署的统计数字也支持这一观点。认为美国的自来水管道需要修复，大概需要 1500 亿美元，而美国的污水管道的状况也不比自来水管道好到哪去。美国环保署的报告中认为："马上需要 1812 亿美元用以对集中收集污物的地下管道进行修复"，而且认为，如果不进行这样大规模的投入，到 2025 年美国的水资源将遭受到与污物相关的污染问题，将比美国历史上最为严重的 1968 年更为严重。

由此看来，地下管道的修复并非只与企业的自身利益相关，而是与国家、国计民生的利益休戚相关。

10.4.1.2　非开挖管道修复技术在中国

我国从 1993 年开始，石油天然气行业最早进入该专业领域，北京市煤气公司(现在的北京燃气集团)最早在城市燃气管网的修复中使用了非开挖管道修复技术，开发此项技术的初衷是源于长安街位于中南海门前的中压煤气管道的更新和改造。当时的北京(1995 年)在长安街进行管道的施工其地下管道的施工费用与地面上的市政，园林等恢复费用之比已经是 1.5∶1 的比例。即便如此，在中南海的两旁进行开挖换管也是不允许和不现实的。

非开挖修复技术在进入 21 世纪后显得尤为重要的一个原因是，我们现在的大城市的交通和人口拥挤已经十分普遍，使用非开挖修复技术可以有效避免原本就十分拥挤堵塞的城市交通环境。另一个原因是我国绝大部分城市的地下设施，如雨水，污水管道等都不同程度的出现了年久失修，或者已泄漏，或者发生堵塞，失去原有功能的缺失现象。而现代大都市环境所面临的是生活污水，及工业污水的排放量与日俱增。污水管网体系的扩展和延伸，都对城市污水排水管网的更新改造提出更高的要求。同样对城市自来水供水系统的配套设施建设也已经迫不及待。2003 年建设部、国家发改委、财政部已联合下发了《关于加快城市供水管网改造的意见》，为此，我国上海在 8000km 的供水管线中，大约有 10%的管道需要翻新，其中有 560km 是没有任何衬里防护的输水管道；深圳也计划翻修 935km 的于 20 世纪 90 年代初敷设的供水管道；广州等城市也在进行饮用水管道升级为直饮水管道的更新改造工程，计划总投资 80 亿元，最近已获得 4 亿美元的世界银行的贷款。

除此以外，国家和地方也要投入巨大的资金进行城市污水工程的改造，国家发改委远期规划，“在 10 年期间我国将投入 275 亿元人民币用于排水和污水处理”，同时规定，“超过 50 年使用期的任何管线必须进行改造”。供水管网中的旧式铸铁管、混凝土管的改造，城市供热管线的更新改造等都为非开挖管道的修复开辟了广泛的发展空间。

像美国目前提出的口号那样：“要把地下结构提升到 21 世纪的标准和水平”，中国也会由于各类地下管道的升级换代必然会导致非开挖管道修复技术的发展。正如中国非开挖协会所言，进入 21 世纪后，我国的非开挖技术将得到超常规的发展。

10.4.2 埋地管道的非开挖修复技术方法

埋地管道的非开挖修复技术一般可分为整体修复和局部修复。

局部修复针对管道的局部破损，在管道内实施局部修复，本文不准备作介绍。

而管道的整体修复则主要采用以下 3 类修复方法：

1. 内衬管修复法（内衬修复技术又可以细分为独立承压的结构性内衬修复和非独立承压的结构性修复，本文将不做详细的介绍，相关标准可参照欧洲标准 BS EN 13689 和 DIN EN 14408：2004 等国际规范）。
2. 喷涂内衬法
3. 更替管道法

埋地管道的诸多修复技术中，虽然有不少并不是涂装技术的范畴，但其中有不少与涂装技术密切相关，像原位固化成型管道技术（CIPP），以及喷涂内衬管道技术等，本部分在系统地将埋地管道的非开挖修复技术作全面的介绍后，重点介绍与涂装技术相关的非开挖修复技术。应当指出的是，随着世界各国的非开挖修复管道市场的逐步扩大和发展，新技术新材料的不断进步，更先进的非开挖技术也大量涌现。由于那些常规的开挖管道更新方法给社会和公众带来越来越多的不便和干扰，而且耗费资源和资金，也越来越不被公众，政府所接受。因此，非开挖管道修复技术无论在中国还是在发达国家，甚至在印度等第三世界国家，都呈现了无限的商机，并给社会的持续性发展带来了福音。

10.4.2.1 内衬管修复法

内衬管修复法是非开挖修复管道技术中内容最丰富，品种最多样化的修复技术，它是通过在原有的管道内生成或引入一内衬管的修复方法，使原来的已发生破损，失去输送功能的管道恢复原有的输送能力。根据所施加内衬管的方法不同，可有三种不同的修复技术，第一种内衬管法是采用聚乙烯（PE）或聚丙烯（PP）或聚氯乙烯（PVC）等内衬管材，作为原来管道的内衬管，采用拉入或推入管道的方式，在原来的管道内形成管中管结构的修复方法。第二种方法称之为翻转内衬法，或原位固化成型管道法（Cured-In-Place Pipe，CIPP）。第三种是螺旋缠绕法（spiral-wound pipes ）。这三种修复方法，所使用的材料不同，第一种方法使用的是成型的内衬管，第二种方法使用的是浸透了热固化树脂的软管，不过固化成型后也形成内衬管，而第三种采用的缠绕的片材，采用在原有的管道内部缠绕成型的内衬管技术，最后在原管道内都形成了“管中管”的结构，里面的衬管成为真正的输送管。三种修复技术可以分别适用于不同的管道，不同的应用场合的管道修复。除了以上三种内衬修复技术外，还有其他的一些内衬管修复方法，如：不锈钢内衬、以及其他材质的内衬管修复技术，由于与涂装技术的关系不大，此处不再介绍。

10.4.2.2　喷涂内衬修复法

1. 喷涂水泥砂浆内衬层

喷涂修复技术也是非开挖修复技术中的一种，非开挖喷涂水泥砂浆就是其中的一种。在美国每年有大约500~700km的地下供水管道采用该种技术修复。

喷涂水泥沙浆可以给原来的管道内壁施加一层均匀、平滑、密实的能起到密封和防蚀作用的保护内衬层，可以防止管道内壁的腐蚀和结垢，并改善水质。该内衬层的施工采用的大部分为离心喷涂的方法进行，主要用于饮用水管道的修复。

现场进行非开挖喷涂水泥砂浆内衬技术最早应用于20世纪30年代的1934年，水泥砂浆内衬不但消除了原来管道的渗漏，而且将原管道的Hazen-Williams C值从70提高到124（聚乙烯管的C值约为140），使修复后的管道的输送能力超过了原有管道的供水能力。为此，美国水工协会发布了“现场喷涂水泥砂浆衬里技术规范”并于2000年更新，即ANSI/AWWA C602-00。在1934年修复的水泥砂浆衬里到68年后的2002年重新开挖时，该内衬层表面只出现了1mm的软化层。

现场喷涂水泥砂浆衬里采用离心喷涂技术，其施工程序为

（1）挖工作坑；

（2）清管；

（3）用喷涂机在管内喷涂水泥砂浆衬里；

（4）养护水泥衬里；

（5）水压进行压力试验；

（6）用氯气消毒；

（7）恢复供水。

2. 喷涂环氧树脂内衬层

喷涂环氧树脂内衬层是国外饮用水管道内修复的技术手段之一，喷涂环氧树脂也可以用于污水管道及污水井的修复，在国外的管道修复规范中，可以看到相关的规定。其中液态环氧树脂涂料用于饮用水管道的内衬层，美国国家标准和美国水工协会已有标准，于1997年发布，即ANSI/AWWA C210—97《Liquid-Epoxy Coating Systems for the Interiorand Exterior of Steel Water Pipelines》。

在非开挖修复管道技术中一般所使用的环氧树脂涂料应为100%或高固体成分的双组分环氧树脂涂料，如果用于饮用水还需要通过国家或地方政府卫生组织规定的健康产品检验机构的卫生检验。环氧树脂涂料一般采用喷涂的方法施工，由于是高固体成分的液态涂料，环氧内衬层喷涂的厚度可以在1mm以上的厚度，甚至可以达到3mm，这要取决于所修复的管道的破损状况和工艺条件。有时也采用清管器挤涂的方法，我国石油天然气行业曾经进行过尝试，但采用挤涂技术的内衬层质量不容易得到保障，内衬层的大面积脱落，会对管道输送的压缩机和泵等设备造成威胁。

环氧树脂液态涂料在国外还用于大量的污水井修复，因为污水井的泄漏会导致污水的泄漏，从而造成地下水源的污染。采用高固体成分的环氧树脂涂料喷涂饮用水管道内衬，内衬不同于一般的涂层，它不仅具备防腐蚀、防渗漏的功能，还具备一定的强度，对饮用水管道而言，其寿命应在30年以上。除了管道设施外，环氧涂层还应用于水利设施，如水的存储

设备、水厂设施的防护等。

3. 喷涂高固体成分聚氨酯/聚脲内衬

除喷涂环氧树脂内衬层的修复方法之外，与高固体成分环氧树脂类似的高固体成分的聚氨酯/聚脲内衬也是修复钢管道和混凝土管道的有效修复方法。聚氨酯/聚脲用于饮用水管道的内衬层，美国国家标准和美国水工协会已有标准，这就是 ANSI/AWWA C222—99《Polyurethane Coatings for the Interior and Exterior of Steel Water Pipe and Fittings》。

实际上高固体成分聚氨酯/聚脲不仅可以用于金属管道的内衬层，也可以用于混凝土管道的内修复，在大口径饮用水管道的修复中，这种情况也是比较多的，而且这种大口径的混凝土管道，在口径比较大时，采用喷涂聚氨酯/聚脲内衬是一种很方便的修复方法。

聚氨酯及聚脲弹性体涂层可以产生高弹性防水膜及内衬体系，而且这些涂膜能耐化学腐蚀并具有优良的韧性及耐磨性。这些快速固化、不含 VOC、无味的涂料能提供具有超高性能的薄膜，干燥时间极短。当混凝土及钢基底表面采用聚脲及聚氨酯系统涂敷后，在很短的时间内这些被修复的结构体便可以投入使用，因此在市政污水系统的修复工程中，该种内衬修复体系以其反应时间极快，且成型后的内衬层或涂膜的耐腐蚀性能，防水性能，防四季温度变化开裂的性能优异而得到青睐。

10.4.2.3　更替管道法(Replacement Pipe)

更替管道法是在原有的管道位置上，以非开挖的施工方式将原有的管道切碎，拉入或顶入新管道的修复技术，该类技术包括爆管法、吃管法等，最典型的就是裂管法(Bursting)。

裂管法(Bursting)更替管道技术是采用一组割刀轮将原来的旧管道切开并涨扩后，回拉带入与原管道同径或大于原管道直径的新管道施工方法，可用于铸铁管、陶瓷管或其他 PVC、PE 管道的更新。

裂管法适用于原有的旧管道已毁坏到很严重的程度的管道修复，这种管道的管内由于腐蚀或外力的破坏，原来的管道的管壁已经严重受损，所形成的障碍物已经无法采用 PE 管直接拉入到原来的旧管内作为衬管的修复方法，或者是原来的管道的口径已经不能满足现有管道输送能力的需求，急需扩大原有的管道口径，以便提高原管道输量的情况下使用。裂管法可以使用 PE 管，也可以采用交联聚乙烯管材(PEX)。裂管法更新管道技术可以用于铸铁管，图 10-3 是采用裂管法更新管道的示意图。

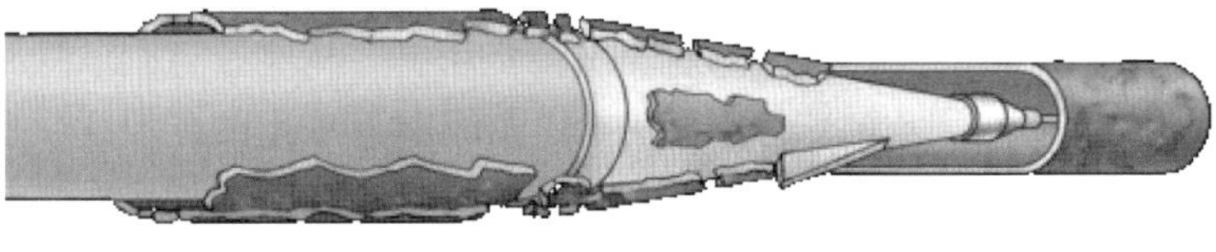

图 10-3　裂管法更替管道技术

10.4.3　原位固化成型管道修复(CIPP)技术及适用场合

10.4.3.1　原位固化成型管道技术修复管道的原理

CIPP 技术修复旧管道的原理如下图 10-4 所示。

上图表明了采用 CIPP 法，紧贴原来的管道内壁生成一条管道内衬管的施工方法。该方法的关键在于，内衬管未翻转进管道内时是软管，该软管浸满了热固化的树脂，按待修复的管道的管径制作，并截取所要修复的管道的长度后装载在车上，翻转入地下的管道内就位后，采用蒸汽或热水，使软管内的水温上升到浸在软管内的树脂的固化温度，软管固化成型

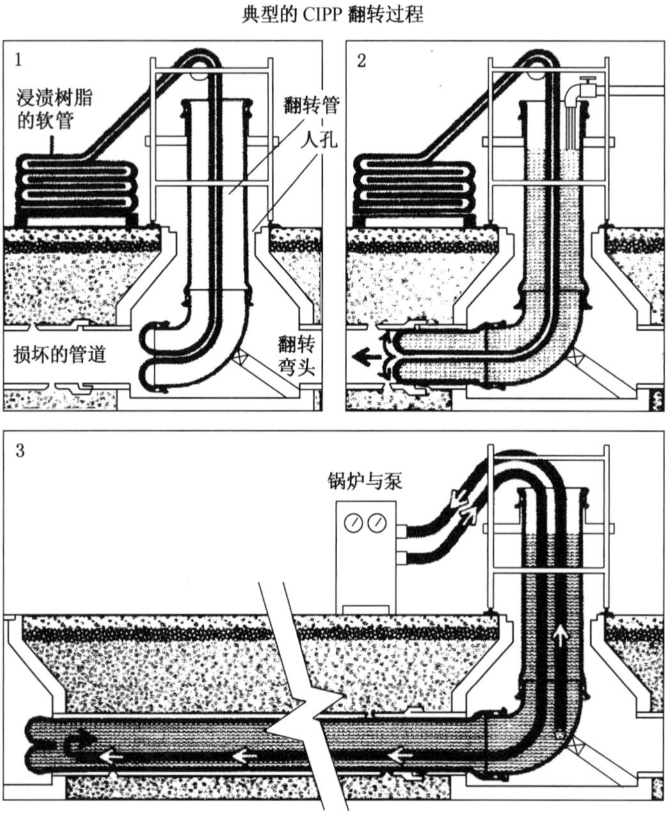

图 10-4　水翻法原位固化成型管道(CIPP)安装原理

后形成具有光滑的内表面、连续、无任何缝隙的一体化的内衬管。

10.4.3.2　CIPP 法的选材

美国 ASTM F-1216 规范了 CIPP 法的施工程序和施工材料，其主要的施工材料是软管和树脂。对于软管的选材，该标准有如下规定。

1. 软管

软管必须是由一层或多层柔性编织物黏合在一起，编织物可以是无纺布、编织布，或无纺布与编织布组合在一起的材料组成，这种材料要能够携带树脂，且能承受施工压力和固化温度。软管材料必须能与热固化树脂体系相融合，并且具有一定的延伸度，要能够伸展开与部分不规则的管道部位相适宜以及能通过管道的弯曲部位。软管的外表面必须有一层塑性涂层，这种塑性材料也应能与所使用的树脂体系相融合。软管必须加工成与待修复的管道具有相同的长度，并且其直径的大小要能恰好与旧管道的内壁紧贴在一起。软管沿径向必须有一定的余量用于翻转工艺时软管沿旧管的延伸就位。

2. 树脂

一般采用非饱和的苯乙烯基的热固化树脂和催化剂体系，或者是一种环氧树脂和固化剂，树脂的选取应与所采用的翻转工艺相匹配。树脂必须在有水的环境下能固化，且初始的固化温度必须低于 82.2℃。

3. 成型后的内衬管

成型后的内衬管的工艺强度应能满足表 10-39 的要求。

内衬管的设计应根据原管道的破损状况，原来管道所在地区的地下水水位，管道的压力等多种因素设计和选择内衬管的厚度。在进行内衬管的设计时，应把原来管道的原始状况分为两种情况来考虑，这就是，部分损坏的管道和几乎全部损坏的管道两种情况来做内衬管的设计和计算。

所谓局部损坏的管道是指原来的管道仍能支撑土壤和超额载荷。一直到管道的全部设计寿命期间，与管道临近的土壤仍可对管道提供足够的支撑。管道可能有纵向开裂并管道的直径存在有10.0%以内的变形。

而全部损坏的管道是指原来的管道的结构已彻底损坏，不再能支撑土壤和载荷，很明显，原有的管道功能尽失，原有管道已失去了它原来的形状，或者管道已由于土壤溶液的腐蚀、土壤或施加的其他负载而严重损坏。

局部损坏的重力管道，在进行CIPP设计时认为原有的管道应可以承受由于地下水产生的水压，这是因为原有的旧管道可承受土壤和超额的负载。而全部损坏的管道则需要设计能够单独承载土壤压力和地下水压力的内衬管。

表10-39 CIPP初始结构物理性能表

项目名称	检测方法	最小数值	
		psi	MPa
弯曲强度	D790	4500	31
弹性模量	D790	250000	1724
抗拉强度(仅用于压力管道)	D638	3000	21

注：D790、D638均指美国ASTM标准。

10.4.3.3 CIPP法的施工工艺过程

1. 对待修复旧管道的勘测

勘测内容包括地下管道的走向，管径的大小，长度，管道线路上所有的弯头，三通等的位置，管道的损坏状况，管道的输送压力和温度等。

2. 待修复管道的清管和检测

通过工作坑或管道原有的检测井对管道实施清理，管道内的所有腐蚀产物，污垢，及杂物都必须从管内清理出去。重力管道必须使用带有高速喷射清洗头的高压水清洗设备，或者使用机械清洗设备清洗，压力管道也可以使用高压水清洗，也可以使用清管器，或机械清洗的手段清洗管道。清洗后应采用CCTV检测，并存档。

3. 内衬软管的制作

应根据检测的管道的破损状况、原有管道的直径、长度，并根据新管道的输送工艺条件设计和选择适宜的内衬管厚度，并截取有一定裕量的长度。并进行内衬管内的树脂浸渍。

4. 浸透了树脂的内衬软管的翻转就位

采用水压或气压使软管翻转进管道内就位。

5. 固化软管

使用热水锅炉或蒸汽锅炉，给管道内软管内的水或气加热，加热过程中，应有循环加热的措施，并安装测温装置，保持水或气的温度不可过热，直至软管完成整个固化过程。

6. 冷却

应在软管固化完成后使用冷水冷却软管，待到达38℃(水翻转)或45℃(气翻)以下再将管内的冷却水放出。

7. 完成端头处理

8. 检测

重力管道用CCTV检测内衬管的全貌，压力管道还应完成强度测试和严密性测试。另外，还应该从已成型的内衬管上截取试样，按表 10-39 的规定，进行内衬管材的短期弯曲性能和抗张强度测定。

9. 检测合格后的翻转内衬管与原来管道的连接

10.4.3.4　CIPP 管道修复技术的适用场合

CIPP 技术自从应用于埋地管道的非开挖修复以来，已经有将近 30 年的应用历史，由于该种管道修复技术可以创造一种与原来管道紧密接触的结构(英文称之为 a Close-Fit‘pipe-within-a-pipe’)，而且使用该种方法可以修复的管道形状是多种多样的，包括椭圆型，方形，及其他已变形的管道。因此该技术特别适用于各种各样的污水管道的修复，而且当用于污水管道的修复时，内衬管不需要与外管道黏接。

CIPP 管道技术还可以用于饮用水管道的修复。用于饮用水管道修复时，由于承压，其内衬管的设计应不同于重力管道。除此之外，其所采用的软管树脂还需要满足饮用水的行业的特殊卫生检测要求。在北美非开挖协会中，专门有饮用水管道采用 CIPP 内衬技术修复的设计规范发布。

CIPP 技术也可以应用于 0.8MPa 以下的天然气压力管道的修复，在 ASTM F-1216 和 ASTM F2207—02 标准中，有专门用于气管道修复时的检测标准，而并不是像我国某些技术文章的观点认为那样，CIPP 技术不适合于气管道的修复。

我国在非开挖修复管道技术的初期，由于国外技术的封锁和高昂的成本而不得不自行开发，由于在内衬管选材，设计等方面，包括施工设备工艺方面存在的因陋就简等问题，使内衬管的固化成型质量不能满足气管道的要求，因此出现了质量问题。这并不能否定该项技术的适用性。美国 Insituform Technologies, Inc. 专门有一种用于压力管道采用 CIPP 技术修复的内衬管的产品——Insituform PPL™可以满足压力管道内衬的强度等各项要求。

10.4.4　插管修复技术的种类和使用场合

10.4.4.1　插管修复技术与分类

插管修复管道非开挖修复技术(Slipling)是采用现成的已成型热塑性管材，如 PE 管、PP 管和 PVC 管等，推入或拉入待修复的管道内部，形成内衬管的修复方法。

该种管道非开挖修复技术仅需要开挖很少的作业坑，或者根本不需要开挖作业坑，就可以在管道内形成具有独立的输送功能的光滑和完整的内衬管。插管修复技术一次作业的施工距离最长可以达到 2km，大大减少了对环境的干扰和破坏。

插管修复又可分为普通插管法，即国内所说的大管穿小管与紧贴内衬法等技术。

1. 普通插管法(Slipling)

普通插管法是将由各种管材制作成的内衬管，可以是 PE 管、PVC 管、PP 管等采用拉入或推入管内的方法在旧管道内就位，以新的内衬管作为更新的输送管，并在旧管道内形成管中管结构的管道修复方法。该方法所修复的管道所形成的内衬管要小于原来的旧管道的口径，相比之下，在一定程度上减少了管道的容量和输量。当修复水管道或污水管道时，新的内衬管与原来旧管道之间存在的环形空间，宜使用水泥来填充。

普通插管法适用于原来的旧管道已严重变形，管道所带的用户不多，管道输量不大的管道修复与更新，此方法还适用于结构不健全的管道修复。

与外管道存有间隙的内衬管可以有效地取代原管道功能，并避免外管道可能的断裂和毁坏对管道输送功能的损害。该技术可以应用于排水管道、雨水管道的修复，也能应用于燃气和自来水管道的修复。当用于自来水管道的修复时，内衬管材还必须通过国家或卫生部门的健康检测认证。

该修复方法的缺点是拉入或推入的内衬管减少了原旧管道的横截面积，从而减少了输量，但光滑的内衬结构也能减少流体的摩擦阻力。该种管道修复技术已有近 30 年的使用经验，图 10-5 是该种修复方法的示意图。

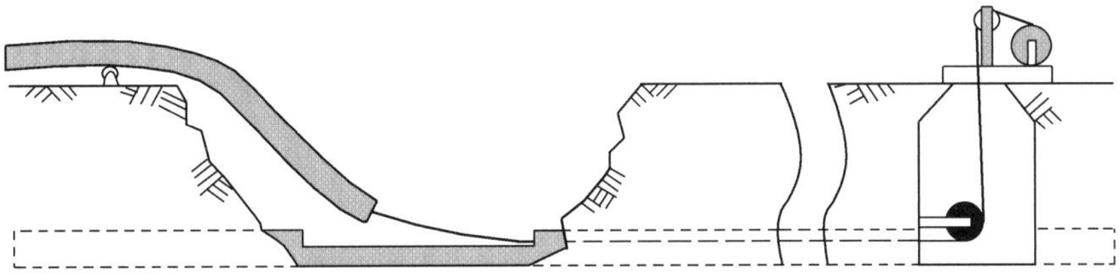

图 10-5 普通插管法示意图

2. 紧贴内衬管法(Close-Fit Lining)

该类内衬管是通过制造厂商或施工者，将内衬管变形或折叠成“U”型或“C”型，从而减少了衬管的横截面积以利于内衬管能比较方便地引入旧管道内的修复方法，也称为变形内衬法。

这种内衬管在国外的管道修复标准中称为“Deformed Polyethylene(PE)Liner”或者是“Folded/Formed Pipe”。本文所介绍的 U-HDPE 管修复技术就属于 Close-Fit Lining 技术的一种。U-HDPE 内衬管修复后恢复圆形内衬，内衬管外壁与原旧管道内壁紧密相靠近，不存在环形空间。

某些内衬管可以一次性馈进旧管道内几百英尺长，而且一旦内衬管就位，就可以采用加压或加热的方法使得具有记忆功能的内衬管恢复原来的圆形，并与原来旧管道的内壁贴紧。制作成这种变形内衬的管材可以是聚乙烯、聚丁烯等，热塑性内衬的截面应采用电熔焊连接，来保证接头部位无泄漏。

采用该种技术可以在旧管道内形成一个新的无任何缝隙的完整内衬管道，由于该种内衬管要膨胀到与旧管道管壁相接触的程度，因而使得原来管道的横截面积损失最少，原管道的输量还会由于内衬管表面的摩阻力的降低而增大。

该种管道修复技术几乎不对管道的修复现场产生影响和干扰，很少破坏路面的状况。

插管修复技术有很多种施工方法，这里仅介绍最常用的施工方法，而且质量最为可靠的施工技术。该技术在我国的非开挖修复技术专业公司已采用，而且已大量应用于水管道和气管道的修复。由于我国污水管道的修复还未被市场和社会所关注，所以施工实例比较少。但随着城市的发展，人民生活水平的提高，生活污水和工业污水排量会与日俱增，而且越来越紧张的水资源也会对污水处理要求越来越高，因此地下污水管道的建设和更新在中国并不遥远。

紧贴内衬管法修复技术还可以分为很多种修复技术，例如最早在英国煤气和 Subterra 公司的 Rolldown 技术，该项技术分 4 步进行，即“Roll it”、“Hold it”、“Insert it”和“Revert it”。第 1 步“Roll it”是通过专利的 Rolldown 设备，将 PE 内衬管的管径缩小 10%左右，但不能使 PE 内衬管的长度增长，也不能降低内衬管的强度，也就是使用专用的设备使 HDPE 内衬管产生弹性的或半永久性的变形。第 2 步则是保持将截面积已减小的内衬管在拉入或塞入待修复旧管道之前的缩径内衬管状态。第 3 步是将缩小了内径的内衬管拉入旧管道内的施工过程。

第4步是“Revert it”过程，就是给具有记忆功能的聚乙烯内衬管加压，或者加温，使内衬管恢复原直径的大小，并与原来管道的内壁紧贴在一起，形成 Close-Fit Lining 的复合管道结构。

“U”型内衬管的修复技术也可以分为在工厂预制成“U”型内衬管的“Subcoil”技术，和在管道修复现场压“U”型内衬管的“Subline”技术。

“Subcoil”技术是预先在工厂将 HDPE 内衬管挤压成“U”型，然后将已经冷压成“U”型的 HDPE 内衬管如同电缆一样缠绕在圆盘上，待管道修复时使用。“Subcoil”技术也就是工厂成型的折叠内衬管技术，适合 DN500mm 以下的管道修复。

“Subline”技术是在管道修复现场，将一根一根的 HDPE 内衬管在热熔焊接后，冷压“U”型，然后再将“U”型内衬管直接保护后，牵引进待修复的已清理干净的管道内。内衬管就位后，再将“U”型内衬管加压或加蒸汽，使其恢复原来的圆形内衬管形状。这种现场成型的折叠管修复技术适用于 DN1600mm 以下的管道修复。

10.4.4.2　紧贴内衬管法(Close-Fit Lining)的规范和施工

1. 国外的相关材料和施工标准

Close-Fit Lining 法，也称为 Deformed 或 Folded Liner，以选择高密度聚乙烯管材居多。在各种形式的 HDPE 内衬管修复技术当中，以 U-HDPE 折叠内衬管技术具有结构可靠，施工简单，选材先进，适用性最普遍的特点。所形成的新管中管的质量有保障，且寿命长。在所有采用 HDPE 聚乙烯管道修复旧管道的技术当中，这种采用折叠或变形的内衬管(Deformed)形成紧贴的管中管结构(Close-Fit Lining)的修复技术是最为先进、可靠的结构。

美国的 Rinker Materials Corporation 公司，是 1986 年发明并采用 HDPE 管制作成 U-Liner 内衬管，用于燃气、自来水、排水管道或其他工业管道的非开挖修复的公司，到目前为止，已为用户提供了近 8×10^6 英尺长(合 2400 km)的 U-Liner，用于各类埋地管道的修复，该公司的 U-Liner 可以修复管径为 24 英寸以下的各类管道。

美国的 ASTM 已经发布了采用 Deformed PE Liner(变形聚乙烯内衬管)，或者是 Folded/Formed Pipe 折叠/成型管道修复已有的旧管道的施工规范和标准，而且也制定了这类内衬管的材料标准。

2. 我国的 U-HDPE 技术

我国河北肃安集团在 2001 年引入了美国近年来最新的“U”型内衬 HDPE（高密度聚乙烯)管的施工工艺与施工技术，称为 U-HDPE 法。该技术采用独特的管道“现场压折成‘U’型技术”，使与管道同径的 HDPE 管冷压成“U”型，同时将其直径缩小 40%左右牵引入管道，然后再在压缩空气压力的作用下使 HDPE 管复原成为衬里管，并与主管道的内壁贴紧，形成连续、无接缝、光滑一体化的独立内衬管结构管线。其独特的施工工艺设计能使 HDPE 管在施工过程中完好无损，从而保证了内衬管的质量。目前，建设部正在制定针对城市燃气管道的修复的技术规范。

图 10-6　国内修复饮用水管道时现场将内衬管压“U”型
(属薄壁半结构内衬修复)

图 10-6 是河北肃安集团从美国引入 U-HDPE 设备，在施工现场压“U”型的施工过程。

10.4.5　喷涂内衬和使用场合

10.4.5.1　环氧树脂内衬在非开挖修复领域的应用

喷涂内衬除水泥砂浆外，环氧树脂喷涂内衬是最早在非开挖管道技术中应用的内衬材料。首先在英国的饮用水管道上应用，美国和日本在饮用水管道的非开挖修复技术上也相继采用了该种技术，至今已有20多年的历史。之所以使用环氧树脂类涂料是因为环氧树脂类涂料具备与钢或铸铁或混凝土结构的水管道底材绝好的黏结性能，以及环氧树脂类涂膜的优异耐腐蚀性和耐水性能，以及长久的工作寿命。随着环氧树脂内衬在饮用水管道修复的成功应用，它还被应用于污水管道和污水检查井的修复。

1. 环氧树脂内衬的应用场合和作用

在北美非开挖协会的饮用水管道修复规范"Epoxy Resin Lining"的相关规定中表明环氧树脂内衬的作用和具体应用条件与场合是：

（1）环氧树脂内衬是非结构性内衬，其主要功能是改善输水管道的内壁状况，也就是光滑的环氧树脂内衬层可以减少输水管道表面容易产生沉积物和结瘤的状况。除此之外，内衬层应可以封闭管道表面的渗漏。

（2）环氧树脂内衬于1989年在英国首先被应用于饮用水管道，当时能够用于此种技术的环氧树脂涂料仅有一种，到目前英国已有5种产品经过了工程检验。北美非开挖协会已经核准了6个产品，认证了它们之中的4个产品可用于饮用水管道内衬的修复（这表明并非所有的环氧树脂涂料都可以用于饮用水管道的修复，真正能够用于饮用水管道修复的环氧树脂涂料是必须要经过很严格的检测和认证，即便是发达国家也仅仅认证了很少的涂料产品）。

（3）该种内衬修复技术可用于最小内径为3in（75mm）的管道修复。

（4）一次喷涂的长度取决于喷涂的设备，一般来说对于600mm以下的管道，一次喷涂的长度最长为180~200m左右。

（5）该种内衬修复技术可用于铸铁管、水泥管道和钢质管道的修复。

2. 修复用液态环氧树脂涂料的要求

并非任何液态环氧类涂料都可以用于饮用水管道的非开挖修复，能够应用于饮用水管道喷涂内衬的环氧树脂涂料应具备以下的性能要求：

（1）环氧树脂涂料应是双组分，无溶剂，无毒，且必须通过NSF B61的认证。

（2）英国相关标准中规定环氧树脂涂料喷涂时，主剂和固化剂的比例应通过计算机控制，环氧树脂内衬的最小厚度应为1mm。

（3）最好是快干型双组分涂料。

3. 喷涂施工的程序

（1）清管，可以采用高压水喷射清洗，也可以采用机械清理的方法，将水管道中的所有沉积物清除掉。

一般来说，水管道内的水垢是很严重的，不但坚硬而且很厚，可以达到十几个厘米的厚度。

（2）环氧树脂涂料的喷涂，大口径管道施工人员可在管道内喷涂，但需要做好管道内的通风防护，因为在管道内的喷涂作业属于在有限空间内的作业环境。

（3）内衬层的固化过程，一般应在16h之内。

（4）检测内衬的质量，包括检查管道内衬的严密性等，并用CCTV录像存档。

（5）消毒，并清洗管道的内壁，做好开通饮用水的准备。

10.4.5.2　高固体成分聚氨酯和聚脲内衬

与环氧树脂内衬相似，高固体成分聚氨酯和聚脲已经发展成具有比环氧树脂涂料更具优异性能的内衬涂料。尤其是聚脲弹性体涂料的面世，更为管道非开挖内衬修复技术开辟了新的篇章。

聚脲弹性体涂料与环氧树脂内衬不同的是，除了具有很好的黏接性，耐腐蚀性，耐水气渗透性和抗张强度外，还具有非常突出的韧性，其抗张强度可达 20MPa 以上，断裂伸长率可在 30%~800%之间调节。实验表明：2mm 厚的聚脲涂膜可单独承压 16kg。这是其他类涂料的涂膜所不具备的特性。因此用于饮用水管道的修复更具有优势。聚脲的施工又由于其快速固化的特性，使施工更为便捷。

1. 喷涂聚脲弹性体内衬在饮用水领域的应用

混凝土结构的输水管道经长期带压运行后，由于管道自身的疲劳导致强度下降，产生老化现象，造成管内壁脱砂、开裂、管口错位，甚至于管道爆裂，使水源产生泄漏。又由于混凝土水管线内外壁没有防腐蚀保护层，因而长期使用后土壤潮湿因素形成对管线的严重腐蚀，造成漏水现象，且管道外部植物根系沿管接缝处渗入内部，造成水源污染，影响供水质量。

聚脲弹性体涂层是近年来国际上最新发展的可作为防水、防腐、防护性能的一种双组分、无溶剂型、100%固体含量的快速反应成膜的弹性体涂层。可用于钢质材料、混凝土材料、木材等多种物面的防水、防腐，且施工快捷。

韩国的某些纯聚脲产品已通过了饮用水的卫生检测，且已用于韩国的饮用水管道的内涂层修复。美国 SPI 厂家的聚脲产品也通过了澳大利亚水质量中心的卫生检测，也通过了美国农业部的食品卫生检测。用于混凝土表面的防水时，韩国在 2000 年制定了用于混凝土表面的聚脲防水层的韩国产业规范 KS F4922：2000，而美国则在 1999 年制定了 ANSI/AWWA C222—99《用于钢质水管道和管件的聚氨酯类(聚氨酯、聚氨酯/聚脲、聚脲)内外涂层的 AWWA 标准》。此处的 ANSI 为美国国家标准，AWWA 则为美国水工协会标准。由此可见，聚脲作为水管道的内外涂层应是国际上的一种趋势。这不但是由于聚脲的高性能和喷涂施工的快捷性，也由于该材料的对环境友好及卫生安全性能。

采用聚脲作为混凝土管道的内衬层的优点如下：

(1) 固化快速，施工快捷，工期短。

(2) 对施工现场要求低，设备进入管体内部施工，可实现完全非开挖的形式(修复段管头管尾各开一个工作坑即可)。

(3) 材料对环境及人体友好、无污染，经中国疾病预防控制中心鉴定为可直接接触饮用水产品。

(4) 喷涂厚度一次达到 2mm，即可自身承压 16kg 以上，完全满足饮用水输送要求。

(5) 可承受来自饮用水中的消毒剂(如臭氧)的腐蚀。

(6) 表面密度高，光洁平整，憎水性强，水体携带的杂质不会沉积在表面，不会滋生微生物，造成水源变质，产生异味。

北京市已经将该项技术成功的应用于饮用水管道的修复，已进行的修复作业是 DN900mm的混凝土管道，已有 50 年以上的使用期限，施工的长度在 3km 左右。

图 10-7 是北京焕发管道修复有限公司采用美国纯聚脲修复混凝土管道的实况。该聚脲产品已通过中华人民共和国卫生部认定的涉及饮用水卫生安全检验机构——环境与健康相关产品安全所依据国家《生活饮用水输配水设备及防护材料卫生安全评价规范》2001 年所做的卫生检测和毒理检测。

图 10-8 是韩国将聚脲用于饮用水管道内腐蚀防护的喷涂照片。

图 10-7　喷涂聚脲弹性体内衬修复饮用水管道(此管道为混凝土管道，已运行 50 多年)

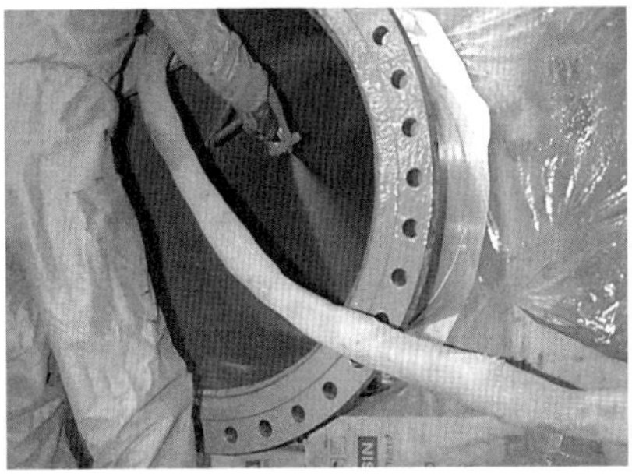

图 10-8　聚脲弹性体涂层用于饮用水管道内衬喷涂(韩国)

2. 喷涂聚脲弹性体内衬在污水领域的应用

发达国家将喷涂聚脲弹性体大量应用于污水管道修复，以及污水检查井的修复。根据美国的相关资料报道，“美国污水基础设施已明显表现出老化的特征。大多数市政污水系统已运行了 75 年到 100 年之久，并且由于腐蚀这些结构物几乎都呈现一定程度的超载和老化。原有系统的功能在一天天退化，而城镇居民对污水集输能力的需求却日益增长。”

很多市政当局为了修复对健康和环境提出挑战的腐蚀污水检查阱，每年付出的费用与日俱增。据大多数工业部门估计，泄漏的检修阱占据不应有的地下水渗漏的 20%～30%，这将使污水体系超载并威胁着环境卫生体系。

相对于主管道的修补，人们曾经认为检修阱的修复仅占次要地位，而目前则意识到这对恢复污水集输系统的完整性是必需的。

一种先进的、性能优良的聚合物涂层体系，包括高固态成分环氧、聚氨酯以及聚脲，由于其优良的耐腐蚀性及长期有效性，正被越来越多地用于检修阱的修复。以具有高性能涂膜、干燥时间快和其他优点为特征，这些新的保护性涂层正为市政当局提供了有效的经济的解决方案，使停工时间缩短，并把污水系统修复的成本降至最低。由此可以看到，国外对污水井的修复是非常重视的。

市政下水道环境中腐蚀的基本原因是微生物腐蚀(MIC)。MIC 发生时，硫杆菌类细菌(俗称食混凝土菌)，将硫化氢(下水道臭气)中的 S^{2-} 氧化，而产生硫酸。硫酸对混凝土、钢及有色金属均具有很强的腐蚀性。当受夏天高温影响，硫酸的浓度得到浓缩时，对大多数污水结构中使用的混凝土，有色金属将是极为有害的。

在这种环境中的建筑材料，将很快失去原有的载荷能力、保持自身形状和输送液体的能力及设计功能，它们的检修阱也将处于最恶劣的环境中。

检修阱的重建或修复可采取多种形式，多年来检修阱的修复主要由局部或补块修补组成，这仅仅对不可避免的酸侵蚀提供了一种暂时解决方案。聚氨酯及聚脲涂层可以产生高弹性防水膜及内衬体系，且这些涂膜能耐化学腐蚀并具有耐磨性。这些快速固化、不含 VOC、无味的涂料能提供具有超高性能的薄膜，且干燥时间极短。当混凝土及钢基底表面采用聚脲及聚氨酯系统涂敷后，仅几分钟这些被涂物便可被水浸没、埋地或驱动。在市政污水系统的修复工程中，由于该体系的反应时间极快，因此可以实现污水系统的快速修复并马上恢复使用，而特别具有吸引力。最近 San Diego(圣地亚哥)的一个案例中，有五个 8ft 直径的标准检

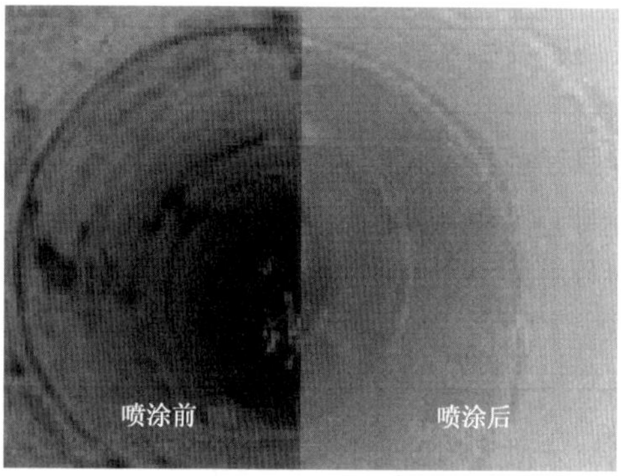

图 10-9　下水管道喷涂聚脲内衬的前后

修阱修复——包括表面预处理，电火花测漏及涂层体系的其他应用，在轮班的 8h 内完成了全面的修复工程。

聚脲及聚氨酯涂层由于其具有的良好的弹性，用于容易产生裂缝的混凝土表面涂层时，显现出了比其他涂料更适宜的优点，对污水检修阱等的防护是非常理想的。这些涂层具有理想的伸长率，可填补 1/8in 的裂缝，不受外界环境的极限温度限制。并且在基底材料发生膨胀或收缩时仍可以保持其韧性。涂层的伸长率特性特别适合服务于市政设施的各类阱子，这些阱子需要历经苛刻的外界环境气候条件，如冷冻/融冻周期循环或频繁的土壤运动。具体见图 10-9、图 10-10、图 10-11。

图 10-10　污水阱未喷涂前

图 10-11　污水阱用聚脲喷涂后

第 11 章　防腐蚀涂装施工与质量管理

防腐蚀涂装施工遍及国民经济的各个工业领域，如化工、建筑、石油天然气、机械、海洋、运输、国防、市政工程等。防腐蚀技术也渗透在国民经济的所有行业中。国际上最具权威的美国腐蚀工程师协会吸收的会员也遍及各行各业。因此，防腐蚀技术和原理应该是所有工程技术人员的必须具备的专业知识和技能。这些原理和技能的掌握对于实现国民经济的可持续发展，最大限度地利用地球上的各类资源，使得物尽其用、物有所值具有十分重要的现实意义。

在防腐蚀涂装的施工中，具备高品质的防腐蚀涂料性能要通过涂装技术来体现，也就是只有高质量的涂装施工才可以使防腐蚀涂料的性能得到充分的展示。同时，现代化的施工技术又可以大大提高防腐蚀涂料的性能，减少施工成本，提高经济效益。反之，即便采用了高级和昂贵的防腐蚀涂料，如果涂装施工方法不当，形成不了理想的涂膜，则发挥不了涂料的良好防腐性能，也得不到预期的防护效果，从而影响工程体系的使用寿命，降低经济效益。这就是人们常常讲的“三分材料七分施工”的道理。

我国的涂装施工在手工和刷子的原始小作坊施工方式中走过了漫长的历程。随着新材料、新技术、新工艺的不断推陈出新，如今在各工业领域中，现代化的涂装技术已得到飞速的发展，涂装作业的自动化、现代化已是不争的事实。这对提高涂装工程质量和效益、节约能源、降低环境污染具有十分重要的意义。

防腐蚀涂装施工包括：被涂物的表面预处理、涂料的涂布、涂膜的干燥三个方面。对防腐蚀涂装的质量管理就意味着对这三个涂装作业过程的管理，除此之外，还应该包括对涂料原材料品质的检测，对涂装后涂膜质量的检测和验收。

为获得优良的防护性涂膜，选择适宜的表面预处理方法是第一步。表面预处理方式的选择不但应根据涂装设计方案来确定，还应考虑防腐涂料品种、基底材料的材质等因素，并保证整个涂装体系表面预处理方法和涂装标准的一致性。

涂料涂布的工艺过程则应严格遵守工艺程序、工艺流程、工艺条件和参数的要求，严格按照涂料施工技术规范的规定。一般应包括：

在涂装作业过程中，应十分重视在涂装设计中的底漆施工（或称底涂）。因为底漆对防腐层与基材表面的附着力至关重要，在较大的流水线工艺中，对防腐层最终的黏接性能也起到十分关键的作用。因此一定要使底漆的涂膜完整，附着良好。

手工涂布方式中对底漆涂布后中间过程的控制，如打腻子、打磨、涂中间层等工艺过程均应按涂装工艺的要求进行，每一道工序都应使防腐层均匀、层间黏接牢固、无气泡、裂纹、流挂、斑点和针孔。

自动化流水线施工的工艺参数，如温度、压力等应严格遵守防腐层施工规范的规定，定时检测。

涂膜干燥与最终防腐层质量验收，应在涂膜彻底干燥后进行防腐层的质量检查。对防腐层表观检查中表现出的如起泡、针孔等影响到防腐层的防腐蚀性能缺陷的问题给予充分重视和认真对待。应针对产生缺陷的原因对涂料和涂装方法及工艺条件做出调整。

11.1　防腐蚀涂装质量管理内容概述

由于防腐蚀涂料以最终涂敷在被涂物表面的具备防腐蚀性的涂膜来体现和展示其对被保护和被涂物的防护性能，因此涂装的质量管理可以说是围绕着涂膜质量的管理。涂膜质量的管理是涂装管理的中心环节，它应贯彻涂装工程的自始至终。从被涂结构物的表面预处理开始，涂料涂装，防腐层最后的质量验收，技术标准和施工规范始终是涂膜的涂装质量的行为指南。一般来说涂装的质量控制分以下几个阶段。

1. 涂装前

(1) 涂料性能的检查；

(2) 涂装前被涂物表面状态的评定；

(3) 涂装工艺和涂装环境的检查。

2. 实施涂装工艺过程

(1) 被涂物表面预处理质量的检查；

(2) 预涂装涂膜质量的检查；

(3) 涂装工艺参数和涂装环境的控制；

(4) 湿膜厚度的检查，以及涂装过程中针对涂膜的常见缺陷、病态特征所应采取的补救方法和措施。

3. 涂装后

(1) 干膜厚度的检查；

(2) 防腐层外观的检查；

(3) 防腐层附着力及层间黏接力的检查；

(4) 防腐层完整性(针孔)检查。

4. 涂装后的质量管理

(1) 涂装后涂装产品的储存、堆放与运输；

(2) 新出现涂膜缺陷的补伤与再涂装。

综合以上各个管理环节，还可以大体划分为表面预处理的管理；涂装环境的工艺条件管理；涂装工艺过程的管理；涂膜厚度和质量的管理；涂膜缺陷的管理等几方面。这些都是涂装技术管理的重要内容。除此之外，还应有涂装的工程进度管理、成本的管理等，这些都与防腐蚀涂装企业的经济效益相联系。

可以说，从涂装设计开始到涂装工程验收的过程中，涂装管理贯彻了从始至终的全过程，它是防腐层最终获得优良品质的关键。

在我国大型的防腐蚀涂装施工中，国外技术标准的引入已经比较规范。例如，大型埋地油气管道的防腐层施工，汽车、大型船舶、钢结构桥梁的防腐蚀施工等。但仍然有不少的防腐蚀涂装施工的管理存在着不规范，缺少质量监督和检测以及必要的防腐蚀质量管理的弊端。因此，了解防腐蚀涂装的技术管理内容是非常必要的。

11.2　防腐蚀涂装施工前对涂料产品的检验和复核

涂料是涂装施工的基础原材料，其技术性能和质量是获得合格的防腐层的前提条件。因此必须在涂装前按设计规定的要求，对涂料性能包括产品的性能和涂膜的性能进行验收检查。

涂料所具有的可施工性能和成膜后的技术性能也是考查涂料性能的内容之一。一般说来，涂料的性能指标应包括产品性能指标和施工性能指标。产品的性能指标一般为通用指标，包括颜色、外观、黏度、密度、固体含量、干燥时间等。还应明确有涂料产品的施工性能指标，包括涂料的遮盖力、流平性、流挂性、使用量、施工的技术要求。安全卫生要求，包括环境的温度、湿度要求，表面的预处理要求，涂装的间隔时间，涂膜厚度等。

涂料产品的厂家还应提供该涂料的涂膜所应达到的机械性能和物理性能指标，包括附着力、柔韧性、抗冲击性、硬度、耐化学性、耐水汽渗透性等。

涂料的上述性能指标在每种涂料产品的说明书中都应有规定和说明，而其检测方法，我国均已建立了相应的国家标准或行业标准。进行每一项涂装工程之前，对涂料产品是否符合涂料厂家的说明及涂装工艺的技术要求，还必须进行检验和验收。对工程规模较大的，不是一个批号的产品，也应对与施工有关的性能进行测试，才能保证最终的防腐层质量。

11.2.1 检测的必要性

应依据合同和涂料产品厂家对涂料产品提供的技术指标，进行涂料和涂膜性能的检验。防腐蚀涂料是为被涂物服务，应用于被涂物表面，针对不同的腐蚀环境而发挥其防护功能的涂装材料。它以最终在被涂物表面的涂膜形式而体现其应用价值。因此，作为防腐蚀涂料除应具有一般涂料的性能外，即包括涂料产品的通用性能指标，以及涂膜的各项物理化学性能外，还应具备抵抗各种腐蚀环境耐久性的专用防护性能指标。这在防腐蚀涂料性能检测中是必须要格外关注的。除此之外，还应关注涂料的施工性能指标及安全、环保要求。

对于大型防腐蚀涂装工程项目应委托具有国家检测资质的专业检测机构，按行业规范的规定进行涂膜的性能检验。包括涂膜的各种必要性能技术指标，以及针对腐蚀环境要求的耐久性检测。

涂装之前的检验，可以在施工前发现不合格的产品，避免涂装施工中不必要的损失，保证防腐蚀涂装施工质量的可靠性。比如，对双组分涂料中主剂与固化剂的配比，其产品是否与说明书相一致等，或者是涂膜的各项性能指标如固化时间、黏度等是否满足涂装工艺设计的要求等。

例如，对熔结环氧粉末涂料的固化时间这一指标而言，是与环氧粉末的喷涂生产线的设计密切相关的。不同厂家的产品有不同的参数指标，美国3M公司生产三种固化时间不同的粉末，分为快干型、标准型、慢速型，固化时间分别为30s、90s和180s。该指标应与熔结环氧粉末自动化生产线中，钢管从喷涂室到水冷却室之间行走的时间相当，喷涂作业的速度也应与这一指标相一致。如果该项指标与生产线的设计不相一致或符合，则直接影响到环氧粉末涂膜的固化性能，从而使最终的环氧粉末防腐层的性能指标，尤其是其机械性能和黏接性能指标，不能达到设计要求。因此，环氧粉末涂料的施工性能指标是必须与生产工艺相匹配的。

在涂装前，针对涂料产品性能的检测目的是，确定涂料产品的性能指标是否符合防腐蚀工程的技术要求，以及其施工性能和施工的技术工艺条件能否满足防腐蚀涂装工艺的要求。

11.2.2 涂料的通用性能指标和检测方法

1. 细度

涂料细度也称为研磨细度，是决定涂膜的内在品质，如光泽、外观、防蚀性、耐久性和储存稳定性的一项指标，用μm表示。涂料的细度越细，涂膜就越平整光滑，涂料的分散度也就越好。在涂料的底漆、中间漆和面漆中，以面漆的细度为最细，中间漆次之，底漆最粗。对以云母氧化铁为中间漆的涂料略有例外，中间漆的细度要粗于底漆，是为了加强涂膜之间的附着力。

测定涂料的细度是将涂料铺展为厚度不同的薄膜，观察在何种厚度下能显现出颜料粒子的方法，所测得的数值为涂料中最大固体颗粒的大小尺寸。可使用刮板细度计，刮板细度计由一磨光的平板和刮刀组成。平板上有一道或两道平行于平板的长边沟槽，沟槽的深度从一端起始逐步递减，并注有刻度。其测量的结果与细度计的规格有关。检测方法：GB /T 1724—88，GB /T 6753. 1—86。

一般涂料的细度等级见表 11-1。GB /T 1724 中的细度计有三种规格，见表 11-2。国际标准 ISO 1524 中的细度规格见表 11-3。

表 11-1　涂料细度等级表

涂料品种	等 级		
	一等	二等	三等
	细度/μm		
磁漆	<20	20~30	>30
底漆	<50	50~60	>60

表 11-2　GB/T 1724 标准中的细度计规格

沟槽深度范围/μm	沟槽分度值/μm
150~0	5
100~0	5
50~0	2. 5

表 11-3　ISO 1524 标准中的细度计规格

沟槽深度范围/μm	沟槽分度值/μm
150~0	10
50~0	5
25~0	2. 5

2. 黏度(厚浆型称之为稠度)

所谓黏度是部分液体在该液体的另一部分上运动时，所受的阻力量度。黏度是表示流体流变特性的指标，也可称为内摩擦系数，是流体内部阻碍其相对流动的一种特性。黏度是除粉末涂料外的所有涂料的一项重要工艺参数指标和技术指标。涂料的黏度值可以决定涂料可采用的涂装工艺方法，也可以通过改变涂料的黏度来控制涂膜的厚度，或改善涂膜的外观。

液体涂料为了能够长期储存，要保持较高的黏度值，通常称之为涂料的原始黏度。施工时为了与施工工艺方法相匹配，要加一定的稀释剂，将涂料的黏度调整到较低的黏度值，称为施工黏度。还有一种称为动力黏度或剪切黏度的黏度表示法，它是剪切力与剪切速度梯度的比值，称为动力黏度。

动力黏度的单位是帕斯卡・秒(Pa・s)，表示涂料流动时内摩擦力的大小。习惯上也常常使用泊(P)、厘泊(cP)来表示动力黏度，它们之间的关系：

$$1Pa \cdot s = 10P,\ 1mPa \cdot s = 1cP$$

动力黏度与密度的比值称为运动黏度，其国际单位是平方米每秒(m^2/s)，习惯上使用 mm^2/s。例如，一般清漆的原始黏度在 150~300mm^2/s，而厚浆型的防腐涂料可达到数万 mm^2/s。采用刷涂方法时涂料的黏度可以高一些，大约在 250mm^2/s 左右，涂料空气喷涂时的施工黏度则要低一些，通常要求在 50mm^2/s 左右。

液体涂料的黏度有很多种测定方法，可分别适用于不同的涂料品种。例如，我国通用的涂-1 黏度计，涂-4 黏度计(即 GB/T 1723—79)法和 ISO 流量杯等，都是流量杯法或者也可以说采用了流出法的原理，它是通过测定液体涂料在一定容积量的容器内流出时，所需要的时间来表示涂料的黏度。

流量杯法测定的涂料黏度是运动黏度，涂-1 黏度计适合测定流出时间大于 20s 的涂料。而涂-4 黏度计(即 GB/T 1723—79)法适宜测定流出时间在 150s 以下的黏度的液体涂料(以涂-4杯黏度计为标准)。GB/T 6753.4—1998《用流出杯测定流出时间》等效采用了国际标准 ISO2431：1993。图 11-1 是常用的涂-4 杯黏度计的示意图，图 11-2 是 ISO 2431 流量杯的示意图。

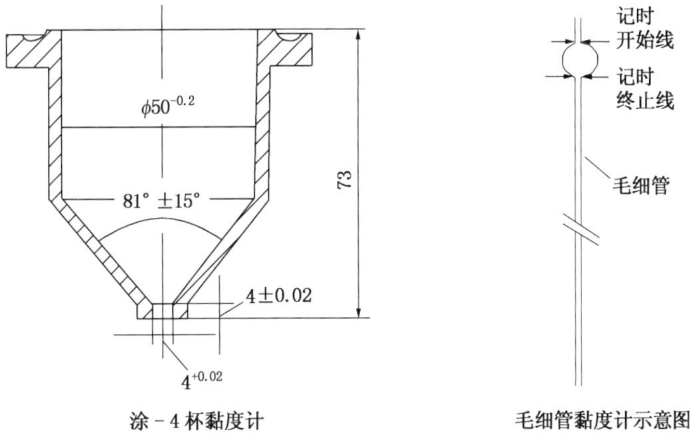

图 11-1　常用的涂-4 杯黏度计、毛细管黏度计示意图

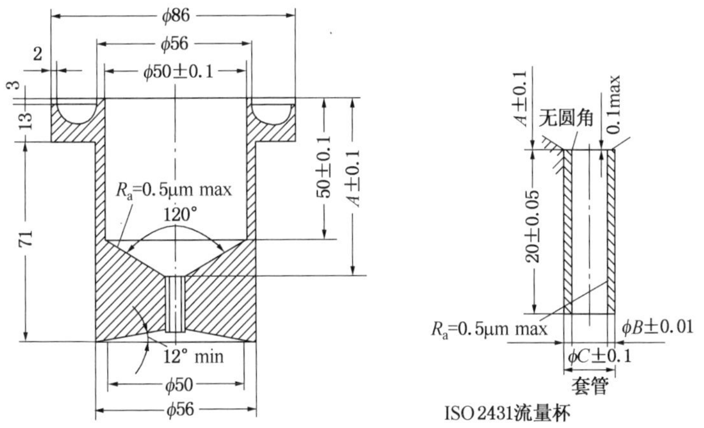

图 11-2　ISO 2431 流量杯的示意图

落球黏度计用于测定黏度较高的透明涂料产品的黏度，称为落球法。

落球法测定涂料的黏度是利用固体物质在流体中流动速度的快慢来测定液体涂料的黏度，所使用的仪器称为落球黏度计。这种测定黏度的方法常用于涂料生产的控制。我国国家标准 GB/T 1723—79《涂料黏度测定法》也规定了落球黏度计的规格和测试方法。

工业上经常使用的加氏(Gardner-Holdt)气泡黏度计是利用气泡法来测定涂料的黏度。它是利用空气气泡在液体中流动的速度来测液体的黏度。

高黏度的色漆用上面介绍的方法都不能测出它们的实际黏度值，因为这类涂料的黏度不是一个定值，它们在不同的剪切应力作用下会产生不同的剪切速率，而具有非牛顿型流动性质。因此它们的黏度需要在设定的剪切应力和剪切速率下来测定，或者在设定的剪切应力下，改变剪切速率，来测得涂料的表观黏度曲线。进行这种黏度测量的仪器称为旋转黏度计。转盘式旋转黏度计的测定方法在美国 ASTM D2196—81 的方法中有介绍。

我国国家标准 GB 9751—88《涂料在高剪切速率下黏度的测定》就是等效采用了国际标准制定的，是专用于高黏度的涂料黏度测定方法。表 11-4 是几种常用的旋转黏度计的应用范围。

表 11-4　几种常用的旋转黏度计的应用范围

仪器名称	同轴圆筒旋转黏度计	布氏(Brookfield)旋转黏度计	斯托墨(Stormer)旋转黏度计	锥板黏度计
应用范围	适用于测定油类和涂料的黏度及流变性，测量的黏度范围较大	用于低剪切黏度，适用于一般涂料的质量控制	用于中等剪切黏度，适用于建筑涂料的黏度和稠度的测定	用于高剪切黏度，适用于较黏稠的涂油墨和其他物料的流变性质的测定
结果表示	Pa・s	Pa・s	KU 值	Pa・s

涂料黏度的测试方法还有多种，此处不再介绍。

3. 密度

在规定的温度下，涂料单位体积的质量称为涂料密度，其单位是 g/cm^3 或 g/mL。密度也是与成膜的厚度和涂料用量相关联的指标，测定密度可以了解施工时单位容积的涂料能够涂覆的表面积大小。检测方法：GB /T 6750—86《色漆和清漆—密度的测定》。标准中规定，应使用比重瓶(质量/体积杯)法作为在规定温度下测定涂料产品密度的标准方法。标准中规定的比重瓶有两种，一种是容量为 20~100mL 的玻璃比重瓶，另一种是容量为 37mL 的金属比重杯，在涂料产品的检验中，较多使用金属比重杯。

通过涂料密度的测定可以估算出单位容积内的涂料质量，并计算出涂覆单位面积的被涂物时的涂料的消耗量。涂料密度值的高低主要取决于所使用的颜料和填料密度。一般情况下采用金属和金属氧化物作为颜料和填料的涂料密度，要高于以无机、有机化合物作为颜料和填料的涂料密度。而密度高的涂料不利于储存和运输，容易产生沉淀和分层，对涂料的施工不利，如富锌底漆类涂料等。

4. 固体含量(不挥发物含量)

固体含量是指涂料组分中经过施工涂膜干燥后，成为涂膜的部分，它以涂料在一定的温度下加热焙烘后剩余质量与试样的初始质量之比值(百分数)来表示。

涂料成膜后，挥发掉的是涂料中的溶剂、稀释剂以及部分助剂。剩余的部分则都是涂料中不挥发的成分，如树脂、颜料、填料等。因此，固体含量也称为不挥发物含量。涂料的固体成分越高，其涂装时一次成膜的厚度就会越厚。也就是为得到相同的干膜厚度，固体成分越高的涂料，消耗的涂料量就比固体成分含量低的涂料消耗量少。因此，在进行涂料品种选择时，选择固体成分含量高的涂料往往更经济一些。

涂料的固体含量可以决定涂料的有效使用率和溶剂的含量，也决定涂料的环保性能，它是溶剂性涂料的一项重要的性能指标，它与每平米涂膜的涂料使用量和最终每平米的价格密切相关。

涂料的固体成分通常采用烘箱法来测取。烘箱法又可分为培养皿法和表面皿法，各国的检测标准略有不同，但基本原理都相同。采用的都是将涂料在一定的温度下加热烘焙，待涂料干燥后将剩余的物质量与试样原始质量相比较的方法。

我国标准 GB/T 1725—88《涂料固体含量测定法》规定的是使用玻璃培养皿和玻璃表面皿，在鼓风恒温烘箱中测定。该标准等效采用了国际标准 ISO 1515—1973。

国家标准 GB 9297—88、GB/T 1725—88《液态涂料内不挥发成分容量的测定》是测定不挥发成分的体积分数，以测定液态涂料在规定的温度和时间固化或干燥后所留下的干膜体积，并以百分数表示。此结果也可通过计算涂料的干膜厚度方法，推算出单位体积液体涂料所能涂装的面积大小。通常称之为固体体积分数。

固体成分的质量分数和固体成分的体积分数在美国的 ASTM 标准中也采用不同的测试方法，分别称之为质量固体成分(测试方法为 ASTM D2369)和体积固体成分(测试方法为 ASTM D2697)。

各种涂料在进行烘焙时的温度控制可参照表 11-5 的规定。

表 11-5　各种涂料烘焙温度的规定

涂料名称	烘焙温度/℃
硝基漆类、过氯乙烯漆类、丙烯酸漆类、虫胶漆	80±2
缩醛胶	100±2
油基漆类、酯胶漆、沥青漆类、酚醛漆类、氨基漆类、醇酸漆类、环氧漆类、乳胶漆(乳液)、聚氨酯漆类	120±2
聚酯漆类、大漆	150±2
水性漆	160±2
聚酰亚胺漆	180±2
有机硅漆类	在 1~2h 内，由 120℃升温到 180℃，再于 180℃±2℃保温
聚酯漆包线漆	200±2

11.2.3　涂料的施工性能指标和检测方法

1. 涂料产品的大面积刷涂施工性

用于检测涂料产品的施工难易程度，也就是采用刷涂、喷涂或刮涂的方法，将涂料施加于被涂物的表面，观察涂料在被涂物表面的流平性，有没有起皱、缩边、咬底等现象。我国规定的检测方法是 GB/T 6753.6—86《涂料产品的大面积刷涂试验》，检测时应在规定的底材上涂刷，所规定的钢板尺寸为 1.0m×1.0m×0.00123m；而木材和混凝土板的大小也有相应的规定，并将施工得到的涂膜样品与标准的样品进行比较，给予定性的评价，此方法的评定包含有人为的主观因素。国外也有相应的规范。

2. 涂料流平性

流平性是涂膜外观变为光滑表面的能力，是涂料施工性的一项重要指标，因此被单独立项。它考察的是涂料在施工后，其涂膜由不规则、不平整的表面，自动的流展成规则、平整、光滑的表面的能力。流平性的测定采用刷涂和喷涂两种方法，以刷涂后的涂膜刷纹消失，流平成为平滑表面的时间来评定，单位以“min”计，检测方法见 GB/T 1750—88《涂料流平性测定法》。流平性良好的涂膜在 10min 内就可以达到光滑的表面。喷涂法则观察在喷涂后的涂膜表面达到均匀、光滑、无皱状态的时间。

3. 色漆流挂性

流挂性是考察刷涂在垂直表面上的涂膜，受到重力作用，在湿膜状态下其涂膜表面向下流淌，形成上薄下厚的涂膜状态的现象。涂膜的流挂性不合格很难得到平整均匀的涂膜，既影响外观更影响到涂膜的保护性效果。国标 GB /T9264—88《色漆流挂性的测定》规定了涂料该项性能的检测方法。

4. 干燥时间

液体涂料涂覆于被涂物表面从液态转变成固态涂膜，即经过物理或化学过程干燥成膜的时间。

涂装行业习惯上将干燥的过程分为：表干、实干和完全干燥三个阶段(国外标准分为更多的阶段，如美国的 ASTM D1640)。

对于涂装施工而言，涂膜的干燥时间越短，就越容易保证涂膜的干燥质量，尤其是在野外或户外的涂装施工，也就是该种涂料的可施工性能较佳。

由于涂膜的干燥过程和涂膜的干燥时间，与施工环境和施工工艺时间有关，而且大多数是一种缓慢和连续的过程，可以采用自动干燥时间测定器。表干，也称为指触干燥，即用手指轻触涂膜不粘手，测定它的方法称为指触法：GB /T 1728—88《涂膜、腻子膜干燥时间的测定法》，GB/T 6753. 2—86《涂料表面干燥试验 小玻璃球法》。实干，即手指用力推涂膜，涂膜不移动，测定方法是 GB/T 1728—88。

5. 涂料遮盖力

涂料遮盖力指把色漆均匀涂覆在被涂物表面，使其底色不再呈现的最小涂布量，以 g/m^2 为单位。优良的涂料应具有良好的遮盖力，遮盖力高的涂料产品，在相同的涂装施工条件下可以涂装较多的被涂物的表面。涂料遮盖力的大小一般情况下取决于涂料中颜料的遮盖力和颜料的颗粒的大小、晶体形状等，因而影响到涂料产品对光的反射作用。

检测方法为 GB /T1726—79《涂料遮盖力测定法》。

6. 涂料使用量测定方法

使用量是指涂料在正常的施工条件下，单位面积上达到规定的干膜厚度所需要的涂料量，以 g/m^2 表示，测定方法为 GB/T 1758—88《涂料使用量测定法》。测定的方法有刷涂和喷涂，喷涂法测得的数据不包括施工中飞溅和损失的那部分涂料，因此，涂料使用量并非是实际涂装时的涂料消耗量。涂装施工时的实际消耗量应该在使用量的基础上，加上涂装的损耗。

以上这些性能指标，一般应在涂装施工之前进行测试，以确定该批涂料的施工性能是否满足该涂装作业的需要。例如，干燥时间等参数，在不同的季节、不同地区的数值是不同的，能否满足涂装作业的需要应通过试用试验来确定。

我国石油天然气行业标准 SY/T 0319—98《钢制贮罐液体环氧涂料内防腐层技术标准》在第 4 章“防腐层施工”的 4. 3. 4 条规定“在施工前，可先配制少量涂料，在试板上进行试验，测定涂布工艺适用性及湿膜、干膜的厚度和干燥时间”，此条规定就是这个道理。

熔结环氧粉末外防腐层的涂布工艺是行业标准 SY/T 0315—97《钢质管道熔结环氧粉末外防腐层技术标准》中规定的粉末静电热喷涂的工艺过程中，在自动化流水线的生产之前，技术标准规定，应对涂装用的环氧粉末性能进行检测。在规范的“第 4 章 材料”的 4. 2. 3 条中规定“环氧粉末涂料的性能应符合表 4. 2. 3 的规定。”具体指标规定见表 11-6。

表 11-6 环氧粉末的性能(表 4. 2. 3 号是源自 SY/T 0315—97 标准)

试验项目		质量指标	试验方法
外观		色泽均匀、无结块	目测
固化时间/min	180℃	≤5	CAN/CSA-Z245. 20-M92 第 12. 1 条
	230℃	≤1. 5	GB/T 6554—86

续表

试验项目		质量指标	试验方法
胶化时间/s	180℃	≤90	CAN/CSA-Z245.20-M92 第 12.7 条
	230℃	≤30	
热特性		符合环氧粉末生产厂家给定特性	GB/T 6554—86
不挥发物含量/%		≥99.4	GB/T 6554—86
粒度分布/%		150μm 筛上粉末≤3.0 250μm 筛上粉末≤0.2	GB/T 6554—86
密度/(g/cm^3)		1.3~1.5	GB/T 4472—84
磁性物含量/%		≤0.002	GB/T 2482—86

在 6.1.1 条则具体规定了"涂布前，每批环氧粉末涂料至少应取样一次，按照 GB/T 6554—1986《电气绝缘涂布粉末试验方法》中的方法进行胶化时间测试，其指标应符合表 4.2.3 的要求。"

综上所述，涂布前对涂料通用性能的检测是涂装施工规范化的要求。它是规范的涂装施工作业中必不可少的检验过程。涂料的施工性能指标如使用量、流平性、流挂性、干燥时间和遮盖力性能等，对涂料的施工和最佳施工条件的选择，以及涂装工艺的选择都十分重要。

11.2.4 涂料涂膜的性能指标及检测方法

11.2.4.1 涂膜性能与检测方法规定

防腐蚀涂装中的涂膜性能指标与普通涂装涂膜的性能指标，包括涂膜的各种机械性能、物理化学性能指标的检测相同，国际上都有不同的检验方法和标准发布，例如，美国的材料试验协会 ASTM 标准，德国的 DIN 工业标准，日本的 JIS 标准和 ISO 国际标准等。我国已发布和制订的国家标准大部分等效或参照了国际标准或 ASTM 标准。

从 1979 开始，我国对于涂料产品检验和检测方法已发布了近 130 多个国家标准。这些标准也很好地规范了我国涂料产品的生产与施工。

有关涂膜的主要技术性能包括附着力、机械性能(抗冲击、柔韧性、耐磨等)、耐水性、耐化学腐蚀性及涂膜的耐热老化性、耐光老化性等。我国国家标准中对这些指标的测定也有相应的标准方法。

应当指出的是针对被涂物所服务的腐蚀体系不同，防腐蚀涂膜的各项技术性能指标和检测方法也不相同，不同的防腐蚀行业内也有不同的检测方法标准发布。但是有些涂膜的技术性能对于各个不同的行业都是通用的。表 11-7 是各行业内涂装施工通用的主要涂膜性能及其检测方法。

表 11-7 常见涂膜性能及检测方法标准

检测方法	检测标准	检测方法	检测标准
漆膜附着力(划圈法)	GB 1720—89	漆膜耐热性	GB/T 1735—1979
漆膜光洁度	GB/T 1743—1979	漆膜耐磨性	GB/T 1768—1979
漆膜厚度	GB/T 1764—1979	色漆和清漆耐中性盐雾	GB/T 1771—1991
涂膜铅笔硬度	GB/T 6739—1996	漆膜耐湿热性	GB/T 1740—1979
漆膜柔韧性	GB/T 1731—1993	漆膜耐汽油性	GB/T 1734—1993
漆膜耐冲击性	GB/T 1732—1993	漆膜老化(人工加速)	GB/T 1865—1998
漆膜耐水性	GB/T 1733—1993		

上表中的涂膜性能检测方法都是针对通用的涂膜性能，检测方法都是国家标准。其中既包括了涂膜机械性能的检测，也包括了涂膜耐久性的检测。

11.2.4.2　埋地钢质管道防腐层检测的性能和方法

涂膜的性能检测对涂装行业而言，既具有通用性的指标，又具有特殊性的指标。不同的行业又有不同的检测方法的要求和规定，普通的防腐蚀涂装既有一定的共性，又有一定的行业特殊性。本节将以埋地管道防腐层的技术性能和检测方法为例，做一较为系统的介绍，对不同行业的涂装工程师会有所启发。目的是为了说明，一个防腐蚀的涂装工程师，应当掌握和了解涂料或涂膜技术性能要求的每一项物理意义和技术含义，才能在涂装工程中不断改进和提高相应的涂装技术水平，创造出优质的防腐蚀涂装工程。同时，也能够对涂装中发生的问题给以及时正确的解决。

石油天然气行业针对埋地钢质管道的土壤腐蚀环境，以及埋地管道的施工特性，并参照美国腐蚀工程师协会标准 NACE RP 0169—96《埋地或水下金属管道系统的外腐蚀控制》中有关管道外防腐层的性能要求和美国材料试验协会 ASTM 相对于管道防腐层的特定要求而制定出了关于埋地管道防腐层性能的测试方法标准。所制定的有关埋地钢质管道外防腐层标准是针对其施工性能所应具备各种机械性能和防腐蚀性能的系列检测方法标准，参见表 11-8 和表 11-9。

表 11-8　埋地钢质管道外防腐层的耐环境性能和检测方法

环境因素的防腐层性能	国外标准	国内行业标准
抗阴极剥离性能	ASTM G-8；ASTM G-19 ASTM G-95	SY/T SY/T 0037—97
耐水汽渗透性	ASTM G-9	SY/T 0064—2000
耐化学介质性能	ASTM G-20	SY/T 0039—97
耐土壤应力	ASTM D-427	
耐候性	ASTM G-11	SY/T 0085—2000
与钢管表面的黏接性能	ASTM D-1002	SY/T 0041—97

表 11-9　埋地钢质管道外防腐层为适应管道施工所应具备的性能和检测方法

施工因素的性能	国外标准	国内行业标准
耐冲击性能	ASTM G-14，G-13	SY/T 0040—1997
耐磨性	ASTM G-6	SY/T 0065—1997
耐弯曲性	ASTM G-10	SY/T 0038—1997
压痕硬度(针入度)	ASTM G-17 DIN 30670-91	SY/T 0062—2000
补口、补伤的适用性	ASTM G-55	SY/T 0064—1992
厚度	ASTM G-12	SY/T 0066—1999
针孔(防腐层的完整性)	ASTM G-62	SY/T 0063—1999

表 11-8 和表 11-9 表明，我国埋地钢质管道防腐层的性能检测方法标准已基本参照或等效参照了国外的方法标准，检测技术基本接近国外的水平。

对以上涂膜性能的检测，既应在涂装前进行，也应在涂装后取样进行测试，涂装前的检测是为了用于检查涂料能否符合防腐蚀防腐层的设计要求，以及能否适合腐蚀环境和耐久性要求。而涂装后的涂膜性能检测是为了检查和用以确定管道防腐层的施工水平。管道防腐层的各项性能指标的测试，都与管道工程和管道防腐层所面临的腐蚀环境、施工程序密切相关。

11.2.4.3　耐阴极剥离性能和测试方法

管道防腐层的阴极剥离性能被认为是检验、筛选、评价管道防腐层的一项最最重要的性能指标。这是因为埋地管道特殊的防护性质和所处的环境特色决定的。

国际上关于埋在地下和水中的钢结构体以及管道，是以法规的形式作出规定，必须采取防腐层和外加阴极电流保护的联合保护措施。

针对输送天然气和石油产品等具有危险性的管道，美国运输部发布了针对用于输气管道的各种法令，并以联邦法规的形式由美国政府发布。49 CFR 就是联邦政府管理法规第 49 部，是美国运输部发布的关于油气管道运输的相关管理条例。例如，49 CFR 192 就是由美国运输部“研究和特殊项目行政管理局”发布的《用管道输送的天然气和其他气体的联邦最低安全标准》，英文是“PART 192-Transporitation of Natural and Other Gas by pipeline：Minimum Federal Safety Standards”。

该法规规定“凡 1971 年 7 月 31 日后敷设的地下或水下输气管道，都必须按照本篇的规定(1)必须具备满足 § 192.461 规定的外防腐层，(2)必须按本章的规定在管道工程结构完工后 1 年内对有外涂层的管道实施有效的阴极保护”。

美国的腐蚀工程师协会是其腐蚀防护行业的全球性技术协会，该协会针对埋地或水下的钢质管道的腐蚀防护问题发布了系列技术标准，这就是，NACE 的系列标准，其中最有代表性的是针对埋地或水下钢质管道腐蚀的防护发布的标准 NACE RP 0169，从 1969 年颁布已经过了 6 次修订，成为全世界腐蚀防护领域指导性的标准和规范。

美国机械工程师协会 2001 年颁布的关于《天然气管道完整性的管理体系》(Managing System Integrity of Gas Pipelines)的管理技术标准，其内容包括了对天然气管道如何进行管道完整性管理的工作程序、工作内容、计划安排等全面系统的规范。

美国政府还在 2002 年重新修订了《管道安全改进法(HR 3609)》。美国国会认为该法令的发布“将通过在最近 10 年内的必要检测来防止油气管道泄漏和破裂的事故发生，确保美国国内的油气管道的安全。而更多的问题管道将在最近 5 年内完成检测”。新的管道安全法规定了对发生管道泄漏事故的责任人和社会集团，处以比以往更加严厉的经济和刑事处罚。

上述国家法规和专业协会的技术标准的共同目标，就是为了使埋地管道，尤其是输送危险性气体或液体的管道，能安全运营，不发生泄漏和事故，更好的服务于社会。如果得不到应有的防护，就会造成腐蚀泄漏事故的产生，对环境造成污染，对社会形成危害。

在这些法规和标准中的核心目的，就是要保证管道处于防腐层和阴极保护的双重保护状态下，使管道不可能遭受到土壤溶液的腐蚀，而永远处于保护状态下。也就是说，即便是由于管道施工或管道埋地后，受到第三者外力的破坏，还应能够通过阴极保护电流的作用，对已经发生漏铁的管道表面，提供阴极极化的电流，从而使管道的漏铁部位，处于阴极保护电位的控制状态，而不会发生腐蚀泄漏。

这说明任何一种管道的防腐层必须能与管道的阴极保护相适应。也就是在阴极保护电流的长期作用下，防腐层应能保持很好的与管道表面的黏接性，而且防腐层不会发生老化。

管道防腐层的阴极剥离性能就是检测防腐层的这一适应性。在进行阴极剥离试验时也模拟和提供了一种与管道埋在地下同样的电解质环境，并在试验样片上，设计了人为破坏的人孔，在进行阴极剥离试验时，人孔处的防腐层同时遭受到电解质溶液和阴极保护电流的双重作用。试验时将该防腐层试片，放入含 3%NaCl 溶液的浸泡下，通以-1.5V 的直流电，如

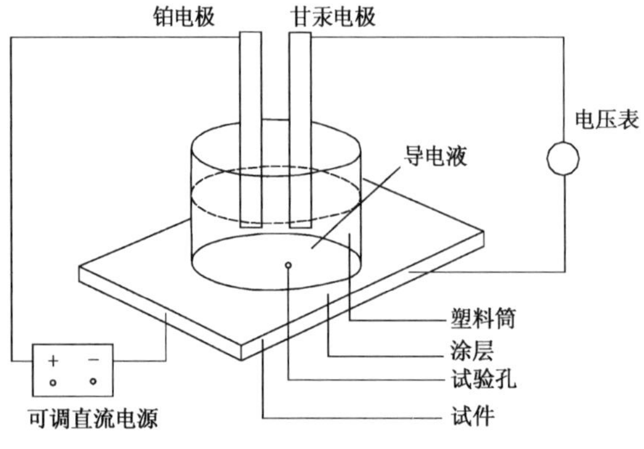

图 11-3　管道防腐层阴极剥离试验示意图

图 11-3的装置所示。

试验时使用的管道防腐层试片上，应在阴极剥离试验完成后，用小刀直接划出到钢基底的射线。射线的划出是为了测试涂膜与钢表面的黏接。射线的形状如图 11-4(b)所示。

上面的阴极剥离试验，创造了一种使管道防腐层加速剥离的环境，可在常温下通电一定的时间，也可在加温状态下通电一定的时间。不同的阴极剥离测试标准给定的通电时间不同，通电的温度也不同。

例如，美国的 ASTM G8-1996《Standard Test Methods for Cathodic Disbonding of Pipeline Coatings》标准中规定了在常温状态下通电 3 个月的时间。然后将样品从试验容器中取出，拿小刀从射线的中心环节往下剥翘管道防腐层，一直到防腐层剥离不下来为止。最后，以人孔为中心测量每个样品剥离下来的防腐层的面积(mm^2)，取若干个试件的缺陷孔平均值表示阴极剥离值，当量圆的直径 D 用下式计算：

$$D=(A/0.785)^{1/2} \qquad (11-1)$$

式中　A——人为缺陷孔的剥离面积。

图 11-4(a)是美国 CC Technologies Laboratories 所进行的管道防腐层检测试验室的阴极剥离试验。图 11-4(b)是熔结环氧粉末防腐层的阴极剥离试验完成后，样品的人为缺陷孔处的阴极剥离状况。表明熔结环氧粉末防腐层的耐阴极剥离性能非常好，具有非常小的阴极剥离直径值。

(a) 试验室阴极剥离试验(28 天)现场

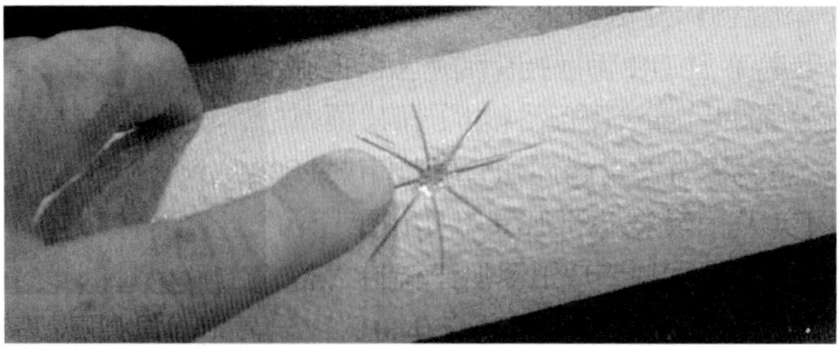

(b) 管道熔结环氧粉末防腐层样品的阴极剥离半径

图 11-4　熔结环氧粉末防腐层的耐阴极剥离性能的检测

管道的阴极剥离性能评价由阴极剥离试验后的防腐层与钢管表面的黏接状况和剥离面积的大小来评价。阴极剥离试验是一个在比较的基础上得到的指标。该试验是一种加速试验的方法，适用于具有绝缘性能的钢管外防腐层的阴极剥离对比性能的测定。

在试验时，应使试件在高导电的碱性溶液中受电应力的作用，为保证试验结果的可靠性，在浸没区域内，防腐层上的任何相对黏接力的降低，都必须是由电应力引起，而不是其他任何原因。

阴极剥离试验有不同的试验条件，也就有不同的试验周期。ASTM G42-96 是防腐层高温下的阴极剥离性能的测试，还有在循环温度下的阴极剥离测试标准，应根据管道防腐层的具体使用环境选择不同的阴极剥离试验标准，来评价和检验管道防腐层的这一性能指标。

在目前管道行业最经常使用的熔结环氧粉末防腐层的阴极剥离测试方法中，一般都使用加速试验条件，而不采用试验周期为 3 个月的 ASTM G8 标准。由于所选用的阴极剥离电压升高到 5 V(ASTM G8 的阴极剥离试验电压是 1.5V，常温，90d)，所以检测的时间也就缩短了。在 SY/T 0315—97 的规范中一般可以选择下述环境条件下之一做加速试验：

(1) 1.5 V，20℃±3℃，28d；

(2) 1.5 V，65℃±3℃，48h；

(3) 3.5 V，65℃±3℃，24h。

而在中国石油天然气股份有限公司企业标准 Q/SY XQ9—2003 的技术标准则规定了下面的试验条件：

(1) 1.5V，20℃±3℃ ，28d；

(2) 5V，65℃±3℃ ，48h；

(3) 5V，65℃±3℃ ，24h。

试验过程中应按时添加蒸馏水，以保持相同的液面高度。试验完成后，应用小刀从人孔算起至少划出 20mm 的射线，再用刀尖从人孔开始，以水平方向的力沿射线方向撬剥防腐层，直到撬不动为止。直接测量剥离距离，并计算出平均值。

三层聚乙烯防腐层的阴极剥离检测标准，采用 1.5V 的阴极剥离电压，试验温度保持在65℃，试验时间为 48h。

因此，我们在对管道防腐层进行阴极剥离性能的比较时，一般应选取同样的阴极剥离试验条件才有意义。就一般结果来看，所有的管道防腐层以环氧类的阴极剥离性能最为优异。其他的高分子树脂(如聚氨酯)类的防腐层阴极剥离性能都不如环氧树脂类涂料(粉末环氧，液态环氧，以及环氧煤沥青涂料等)。

在美国的 ASTM 的阴极剥离标准有很多，原理一样，但试件的测试条件有区别。

ASTM G80-88 是与 ASTM G8 相似，但可以选择检测条件的标准。

ASTM G95-87 是将一塑性电池施加于管道防腐层的表面所进行的阴极剥离测试。而 ASTM D 6676-01 也是阴极剥离的检测方法。

11.2.4.4 管道防腐层的耐冲击性能和测试方法

管道防腐层的耐冲击性能测试是为了评价管道防腐层在防腐层管施工过程中的耐搬运、磕碰等机械损伤的能力。管道的耐冲击性能指标还与管道所埋设的土壤壤质环境有关，如黏土、黄土与沙砾土是显然不同的土壤环境。粗的砾石特别是带有尖角的砾石对管道防腐层有非常大的破坏作用。这在山区施工管道时会经常遇到。

为保证管道防腐层施工的完整性，必须根据管道的不同埋设土壤环境，选择不同的管道防腐层，我们在前面的章节中已经介绍了，国外的管道公司已经开展了此类问题的研究，并把相关的指标量化。这对指导管道防腐层的设计和选型是十分必要的。

管道防腐层耐冲击性能指标的测定是参照了美国 ASTM G14-1996 标准"Standard Test Method for Impact Resistance of Pipelines Coatings(Falling Weight Test)"。该方法采用一个固定的重锤，从不同的高度落下，在试件表面产生点冲击的机械试验方法。在冲击过后，采用电测法检测管道防腐层产生的破损状况。管道防腐层的耐冲击性能指标是以重锤从高处落下，在此高度下重锤的冲击不会使防腐层产生破裂的最大能量值。

图 11-5 是试验用的冲击试验机，该冲击设备主要组成部分是锤头和锤体组成的重锤，以及下落导管、夹持器组成。重锤的锤头质量为 1360g，锤头呈半球形，直径为 15.9mm；下落的范围为 0.61～1.22m 组成；锤头的硬度是有规定的，应为 55±5HRC，至少能产生 20.34J 冲击能量。

导管长应有 1.52m，导管上应有分度值为 2.5m 的标尺。夹持器用于试件的定位和固定。做冲击试验的防腐层样品也应取自工业生产线上具有代表性的管段，管段的防腐层表面应没有漏点。

测试的环境条件应根据所选择的标准规定，按美国 ASTM G14 的规定，需要 7 个试件，而且是在常温 21～25℃下测试，试件应在室温 21～25℃下放置 24h，然后对样品进行电火花检漏，将检漏合格的样品放置在试验机的 V 型夹持器中固定。试验的步骤如下：

(1) 为了确定落锤的大致高度，应先做以下预试验，即：采用足可以导致防腐层破损的高度将重锤落下，对第一根已经调整好温度的试样冲击，使之发生破损。

(2) 如果防腐层真的破损了，则把重锤的高度降低一个高度，或 50%的高度，并在试件表面做第 2 个冲击点，再用高压电火花检漏仪检漏，直至不出现防腐层破损为止。

(3) 在防腐层不出现破损的高度上，再增加一个高度增量，观察冲击后的防腐层有无发生破损。

(4) 在选择防腐层表面的冲击点时，应保持每两个冲击点之间的距离不小于 76mm，距离防腐层管的管端不小于 38mm，而且不能采用有规则的方式取点。

(5) 在紧接无破损的前一个高度上做试验，以确定平均冲击强度的高度是否适宜。如果防腐层反复出现破损或不破损的现象，则这一高度就是管道防腐层的平均冲击强度。

(6) 计算与实验报告。

冲击强度的平均值(M)的计算：

冲击强度的平均值应按下式计算

$$M=9.81\times10^{-5}[h_o+d(A/N\pm1/2)]W \tag{11-2}$$

式中 h_o——发生次数较少的最低冲击高度，cm；

d——冲击高度增量，cm；

N——20 次冲击中，发生或不发生破损的总次数，取少者为 N 值；

A——在全部 N 中，高于 h_o 值的增量个数与该高度发生次数的乘积的和；

W——锤重，g。

注：以防腐层破损的总次数计算冲击强度平均值时取负号；反之取正号。

标准偏差：

标准偏差(S)的计算

$$S=9.81\times10^{-5}\{1.62d[(NB-A^2)/N^2]+0.0737\}W \tag{11-3}$$

式中　B——在全部 N 中，高于 h_o 的增量个数的平方与在该高度发生次数乘积的和。

注：只有正确的选用高度增量 d，才能合理确定防腐层的冲击强度。当使用 1360g 的重锤，对 0.254～1.016mm 厚的防腐层进行测试时，高度的增加值应以 5.1～12.7mm 为宜。

对于较厚的防腐层，需要采用较大的高度增量。如果高度增量与标准偏差之比(d/s)小于0.045($1/N$)时，则应以较大的高度增量做试验，这样会改进防腐层冲击强度的估值计算。

例　表 11-10 给出了用 1360g 重锤所做的 20 次冲击的试验记录。

表 11-10　用 1360g 重锤所做的 20 次冲击的试验结果

试验次数	下落高度/cm	破损状况	试验次数	下落高度/cm	破损状况
1	35.814	是	11	34.29	否
2	35.052	否	12	35.052	否
3	35.814	否	13	35.814	是
4	35.576	是	14	35.052	是
5	35.314	是	15	34.290	否
6	35.052	否	16	35.052	是
7	35.814	否	17	34.290	是
8	36.676	是	18	35.528	否
9	35.814	是	19	34.290	否
10	35.052	是	20	35.092	是

测试的高度增量值=0.762cm，破损次数 11 次，不破损次数 9 次。在 33.528cm(h_o)时，不破损次数=1；在 34.290cm 时，不破损次数=3；在 35.052cm 时，不破损次数=3；在 35.814cm 时，不破损次数=2。

计算 A 和 B

$$A=(0\times1)+(1\times3)+(2\times3)+(3\times2)=15$$

$$B=(0^2\times1)+(1^2\times3)+(2^2\times3)+(3^2\times2)=33$$

按公式(11-2)计算：

$$M=4.69\text{J}$$

按公式(11-3)计算：

$$S=0.156\text{J}$$

此防腐层的冲击强度为 4.69J；而标准偏差为 S=0.156J。

石油天然气股份有限公司企业标准 Q/SY XQ 9—2003《钢质管道熔结环氧粉末外防腐层技术标准》中规定了对熔结环氧粉末防腐层的耐冲击性能标准的测定与美国 ASTM G14 标准的规定不同，但原理都一样，由于环氧粉末防腐层比较薄，可以使用低压湿海绵检漏仪。

管道防腐层样片为 200mm×25mm×管道壁厚，取 3 个样片。其耐冲击性能应在-30℃下测试，也就是应先将管道防腐层样片放置在冷冻箱内，冷却到-30℃±3℃，并在这一温度下至少保持 1h。然后将冷却后的试件放入冲击试验机，然后以至少 1.5J 的能量冲击试件 3 次。每个冲击点相距 50mm。三次冲击应该在 30s 内完成。该标准是参照了加拿大的国家标准

CAN/CSNZ245.20-M98，比 ASTM G14 标准的规定作了简化，但原理和设备都相同。

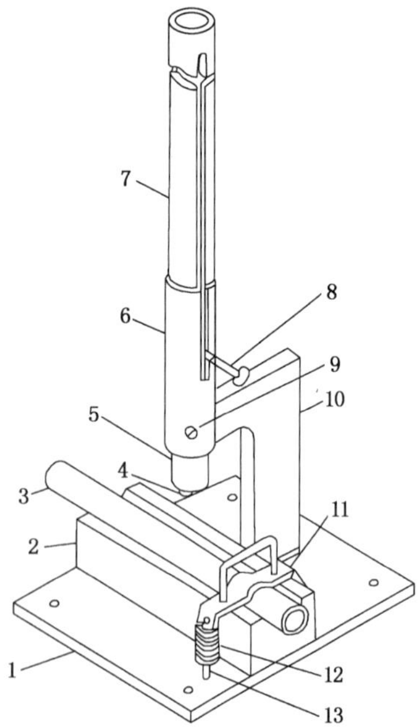

图 11-5　管道防腐层耐冲击性能设备总图

1—下落导管；2—套管；3—锤体；4—锤头；5—试件；6—金属 V 型座；7—基座；8—翼形螺栓；9—定位螺钉；10—框架；11—管夹；12—弹簧；13—吊环螺栓

图 11-5 是管道防腐层耐冲击试验的装置图。

11.2.4.5　压痕硬度和测试方法

压痕硬度是硬度的一种。硬度是防腐层强度的一项指标，指防腐层对作用于防腐层表面的比防腐层本身的强度更强的力时，防腐层抵御形变的特性，特别是对永久形变、压痕或刻痕的抵抗能力。硬度是一个相对比较的性能指标，可以有压痕、划痕等不同的测定方法。

管道防腐层的压痕硬度指标也是针对管道施工时，防腐层管放置于工地上时，管子底部的防腐层必然经受着管子的自重所造成的对防腐层的压力，以及与工地表层土壤颗粒之间的联合作用力，此时的防腐层抵御形变的特性用压痕硬度指标来表示。

千万不能小看这一作用力，国外的管道公司在进行管道防腐层选型时非常重视这一指标。而我国管道界并不十分注重这一指标，在大型管道工程的敷设时，这一指标是非常有意义的。例如，我国西气东输工程中采用直径为 1016mm，壁厚为 16mm 的钢管，每根管子的自重就在 8t 以上，因此管底防腐层所受到的管道自重的压力是相当可观的。如果此时的地面土壤又存在着一些硬的、带有棱角的砾石，则会使防腐层受力而变形。不同的防腐层强度不同，抵抗发生变形的能力也不同。

源自国外的聚乙烯防腐层的标准中有压痕硬度指标的测定要求，压痕硬度仪的结构如图 11-7 所示，该标准参照的是德国工业标准 DIN 30670-91 的规定。照片图 11-6 是美国 CC Technologies Laboratories 的试验室，根据美国 ASTM G17 标准进行压痕硬度的测试。

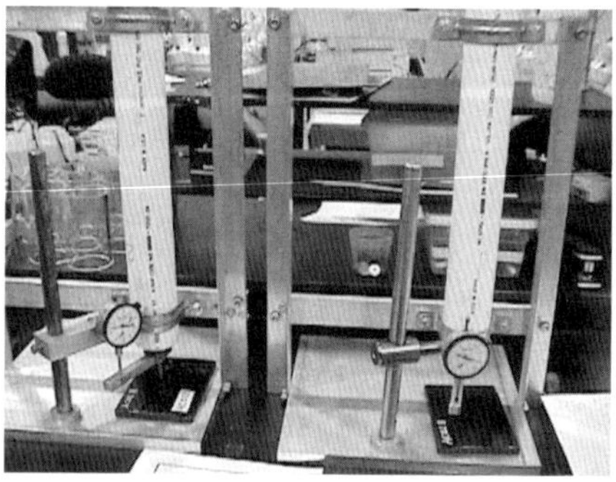

图 11-6　管道防腐层压痕硬度（按 ASTM G-17 方法）的检测

按照德国 DIN 30670-91 的规定，压痕硬度仪的压头为底部直径 1.8mm 或截面积 2.5mm^2 的金属棒，加载后向下的总压力应为 10MPa。

检测时将防腐层试片在测定温度下放置 1h 后，将压头缓慢地降落在试件上，并在 5s 之内将刻度指示器设置零位。然后将荷载施加在压头上，24h 后读取试件的压痕深度，即刻度指示器的指示值。该值就是防腐层的压痕硬度值。

除压痕硬度外，还有铅笔硬度、洛氏硬度等测试方法。我国国标中规定了采用铅笔硬度计测量涂膜的硬度，该标准是 GB/T 6739—1996《涂膜硬度铅笔测定法》，用于普通漆膜硬度的测定。

而 GB/T 9279—1988《色漆和清漆划痕试验》是采用划痕试验仪测定的抗划痕硬度，与我们所介绍的管道防腐层压痕硬度的测定也是不同的。

11.2.4.6　管道耐磨性能和测试方法

材料的耐磨性应该是与摩擦力、接触面积和载荷三者相关的力学性能，这多种因素所引起的结果是磨损或磨耗。耐磨损性一般定义为材料耐受逐渐从其表面磨去材料的机械作用如摩擦、刮削等的能力。测试耐磨性的设备不同，所得到的测试结果也不同。

管道防腐层的耐磨性能是考察管道防腐层抵抗外界的摩擦等机械作用力的能力。它是防腐层的硬度、附着力和涂膜内聚力的一种综合体现。

由于防腐层管在施工时会遇到各种机械作用力，如海底管道的敷设过程，埋在地下后，也会在土壤的运动力的作用下，受到土壤的机械摩擦力的作用。包括四季土壤的干湿交替变化，以及地层的土壤运动。特别是当防腐层管采用特殊的施工方式，如定向钻穿越等非开挖施工技术敷设时，管道防腐层会遇到强烈的土壤机械摩擦作用。

根据美国 ASTM 标准的规定，不同材质的管道层应采用不同的耐磨试验方法。例如，对有机涂料的耐磨性可以采用如图 11-8 所示的机械方法测定。该装置和方法是依据了美国的 ASTM D4060-95“Standard Test Method for Abrasion Resistance of Organic Coatings by the Taber Abraser”的规定，如熔结环氧粉末涂料的耐磨性，聚脲弹性体涂料的耐磨性就可以用该标准方法来测试。国外有很多技术文献，对该类防腐层的材料性能指标的测试是采用 ASTM D4060 的方法的。我们也应当了解该试验方法和其测试结果的含义。

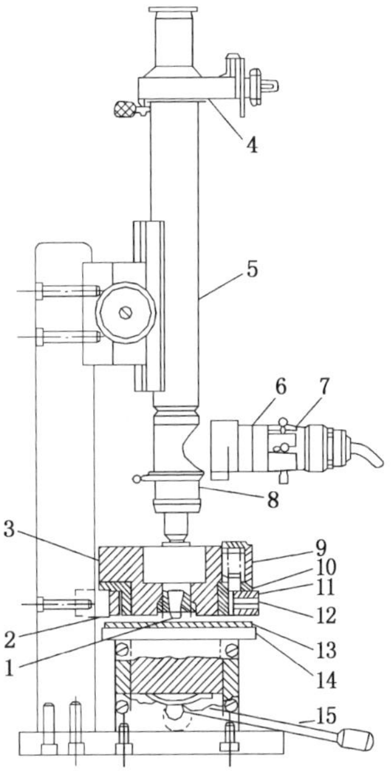

图 11-7　防腐层压痕硬度计

1—压头；2—弹簧载荷固定按钮；3—重物；4—游丝测微计；5—显微镜；6—光源；7—照明器外罩；8—接物镜外罩；9—球型衬套；10—载荷板；11—承重器；12—显微视野调节螺丝；13—样板；14—台架；15—偏心杆

以上方法是通过一种研磨剂对防腐层对磨蚀的重量损失来测定。测试时使用一种 Taber 研磨剂作用于涂敷钢板表面的有机防腐层的表面，通过研磨下来的防腐层损失量来评价有机防腐层的耐磨性。可以有不同规格的磨轮，常用的是载荷为 1000g 的名叫“CS-17”的“Calibrase”磨轮，可适用于大多数的有机防腐层材料。如果涂膜材料比较软则选用比较小的磨轮。测试时，将试件做成圆盘或板，样板的中心钻一个直径为 1/4in 的孔，测试之前应用标准的测试条件来调试试件，然后将试件放置在一旋转台上，在精确重量的载荷下，将选用的磨轮放置在试样上。启动旋转台，并自动记录旋转的转数。

图 11-8　有机涂膜耐磨性能检测
（按 ASTM D4060-95 标准）

在旋转 5000 转后，对涂膜或防腐层样板进行精确称重，精确到毫克。试验结果以“mg/1000 转”的重量损失表示。磨轮的等级和载荷的大小应随测试结果同时发布。测试装置如图 11-8 所示。

管道防腐层的耐磨性能，也用图 11-9 的装置来测定。它是依据了美国的 ASTM G6“Standard Test Method for Abrasion Resistance of Pipelines Coatings”的规定。该标准是将管道防腐层样品放入一旋转的圆鼓内，鼓内装有用粗糙的磨料合成的泥浆，管道防腐层在这样一种旋转的装置中连续转动 8 天。根据防腐层的破损状况来评价其耐磨性能。

这也是创造一种人为的加速试验环境来检测管道防腐层的耐磨性。几乎各类管道防腐层都可以用本试验方法来检测，包括热塑性材料的防腐层和热固性材料的管道防腐层以及石油沥青类的防腐层。图 11-9 是采用 ASTM G6 标准对管道防腐层耐磨性的测试装置照片。

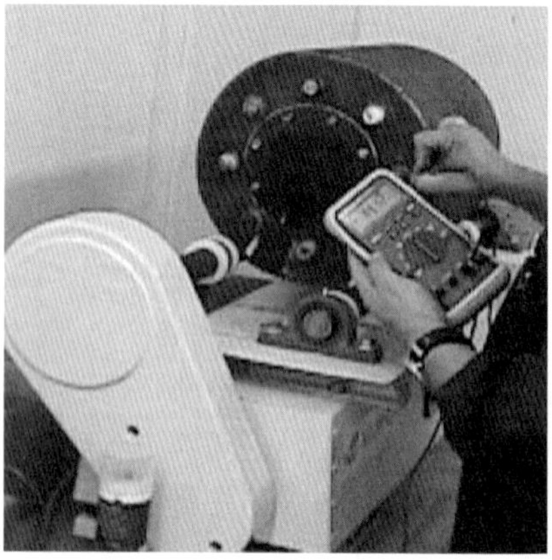

图 11-9　管道防腐层耐磨性能的检测(按 ASTM G6 方法)

在耐磨性的测试标准中，我国的熔结环氧粉末防腐层的耐磨性能的测试方法与 ASTM G6 相似，它参照采用的是美国 ASTM D968-1981《有机防腐层耐磨性落砂试验方法》，是用落砂法来测定其管件防腐层的耐磨性。它是采用一定体积和一定规格的石英砂，放入试验机的漏斗中，使石英砂冲击防腐层试件的表面，石英砂以一定的速率不断地冲击防腐层的表面，直至使用了累计体积为(400±2)L 的石英砂为止。

通过测试件前后的厚度差，计算出防腐层的耐磨值，以 L/μm 表示。这也是一种管道防腐层耐磨性的测试方法。

11.2.4.7　管道防腐层的抗弯曲性能和测试方法

抗弯曲性能是指防腐层承受作用于其纵轴上弯曲力的能力。弯曲负载所产生的应力是压缩应力和拉伸应力的组合。

管道防腐层的弯曲性能是考察管道防腐层的韧性指标。目的是检查已经涂装了管道防腐层的钢管，当承受弯曲应力时的防腐层耐受性。这是钢管在敷设时对防腐层的性能要求。图 11-10 是参照美国 ASTM G70 标准“Standard Test Method for Ring Bendability of Pipelines Coatings(Squeeze Test)”，该检测方法采用挤压检测法将环状的管道防腐层试件一直挤压到管道环状试件表面的涂膜发生破损。

图 11-10　管道防腐层环向弯曲性能的检测(按 ASTM G 70)

我国熔结环氧粉末防腐层的抗弯曲试验方法是参照了加拿大国家标准中的试验方法，测试的是熔结环氧粉末防腐层管件在低温-30℃下的弯曲性能指标。它所采用的试验设备是弯曲试验机，该弯曲试验机由压力机和弯曲角为 2.5°的弯曲磨具(包括凹模和凸模)组成。其中凸模的曲率半径按下式确定

$$R = 22.43T \tag{11-4}$$

式中　R——凸模半径，mm；

T——试件厚度，mm。

试验程序如下：

试件应沿管子轴向切割，每组不少于 5 个试件，先将试件放置在低温箱内冷却至-30℃±3℃，并保持 1h；

应在 30s 内完成每个试件的弯曲试验；

弯曲后的试件在常温下放置 2h 以上，用目测法检查防腐层是否有开裂。

11.2.4.8　管道层附着力的检测

管道防腐层的附着力检测是非常重要的性能检测，在本书的 11.4.2.1 中重点介绍各种附着力的测定方法。此处介绍美国 ASTM 的几种涂膜附着力的测试方法。

附着力测试方法可以按美国的 ASTM D 3359—97“Standard Test Method for Measuring Adhesion by Tape Test”，在防腐层表面切割到钢表面基底通过一交叉的 X 射线，然后，在其表面黏接一种特殊的黏胶带，再将黏胶带去除后，观察和评价剩余的防腐层表面的状况，用此来评价防腐层与钢基底的附着力大小。

附着力测试方法还可以按美国的 ASTM D 6677—01“Standard Test Method for Evaluation Adhesion by Knife”，该方法也是在防腐层上划一交叉的 X 射线，然后用小刀从射线的交叉点开始将防腐层的黏接破坏，用所能够将防腐层的黏接破坏的比例来评价防腐层的附着力。图 11-11就是环氧粉末防腐层的附着力测试样片。

管道防腐层的附着力还可以通过美国的 ASTM D 4541—95《使用便携式附着力仪测量剥离强度的测试方法》来测试，也可以通过 ASTM D2197—86 等标准方法来测试。

图 11-11　管道熔结环氧粉末防腐层附着力的检测(按 ASTM D 6677-01 标准)

我国对管道防腐层的测试方法也采用不同的标准，对管道熔结环氧粉末防腐层附着力的测试参照了加拿大的国家标准 CAN/CSA Z245.20—M92 的标准方法：

(1) 将 3 个试件(100mm × 100mm × 6mm)浸没在水中，加热至 75℃ ±3℃。恒温 48h，或加热到 95℃ ±3℃，恒温 24h；

(2) 取出试件，在试件上用小刀划一约 30cm×15cm 的长方形，要划透防腐层至基材，并在 1h 内将试件冷却到室温；

(3) 从长方形的任一尖角，用小刀的刀尖插入防腐层下面，以水平推力撬剥涂层，直至不能撬动为止。

防腐层的附着力分为以下 5 级：

1 级——涂层明显不能撬动；

2 级——被撬剥的涂层小于或等于 50%；

3 级——被撬剥的涂层大于 50%，但涂层对水平力表现出明显的抗撬剥性；

4 级——涂层很容易被撬剥成条状或大块碎屑；

5 级——涂层成一整片被剥离下来。

三个试件中级别取最低的，为该组试件的附着力等级。

11.2.4.9　管道防腐层耐化学性的测量

管道防腐层耐化学性能的测试主要采用浸泡法。一般浸泡期应为 90d，该测试方法比较简单，不再多述。所选择的浸泡溶液也应根据管道防腐层的埋设或浸泡的服务环境来确定。

有些管道防腐层的耐化学性标准更科学一些。例如，钢质管道三层聚乙烯防腐层技术标准中，对聚乙烯混合料压制片的性能指标的测试方法中规定了当使用聚乙烯混合料的压制片时，在经过 90 天的各类化学介质浸泡后，除了应观察压制片的表观变化外，还应当通过测试压制片的各项性能，来确定压制片耐化学性的好与不好。

该标准中规定了，该样片在化学介质中浸泡 7 天，浸泡后，进一步测量该片材的拉伸强度与断裂伸长率，其拉伸强度与断裂伸长率的指标，不应比未浸泡前降低 25%，也就是其上述的力学性能指标应相当于未浸泡前的 85%以上时，其耐化学性指标才能认为是合格的。

11.2.4.10 管道防腐层耐水汽渗透性或水吸收性能的测量

管道防腐层的耐水汽渗透性或水吸收性能是关系到管道防腐层使用寿命及屏蔽腐蚀环境的能力的一项重要指标。如果防腐层材料的本身含有较强的亲水性基团，则其吸水率会比较高，这就意味着在管道埋入地下后的较短时间内，防腐层就会较多地吸收土壤溶液中的水分子，使管道防腐层较快地老化，而失去其防腐蚀功能。因而，管道防腐层的吸水性或水汽渗透性一直是管道防腐层评价和筛选时要考虑的性能之一。对于塑料材料本身，即使含有较少的水分，也能显著影响某些机械性能，电性能或光学性能。

用于管道防腐层的材料，防腐层的耐水性与其材料的类型和组成有关。例如聚乙烯，是非常耐水汽的，而含有氧和氢氧基团的材料则很容易吸水。涂料中加入的填料，添加剂等也会对防腐层的吸水性造成影响。而且有些材料在不同的温度下的吸水性也不相同。

严格来说，任何材料都是具有透水性和透氧性的。要想做到绝对的不透水和不透氧是不可能的，能够阻止水分子渗透的材料就能更有效地阻止有害离子对防腐层的渗透。研究表明，各类离子通过聚合物膜的渗透率都大大小于水的渗透率。因此测量防腐层的水汽渗透率是管道防腐层的主要性能指标。表 11-11 是 NaCl 和水通过不同的聚合物膜的渗透率。

表 11-11 NaCl 和 H_2O 在不同聚合物漆膜中的渗透率

渗透膜聚合物类型	NaCl 在聚合物膜中的渗透率	H_2O 在聚合物膜中的渗透率
醇酸树脂清漆	0.00004	0.825
酚醛树脂清漆	0.000004	0.717
聚乙烯醇缩丁醛	0.000002	0.897
聚苯乙烯	0.000192	0.485

美国 ASTM 标准中对管道防腐层吸水性的测定标准是 ASTM G9—87(98)“Standard Test Method for Water Penetration into Pipeline Coatings”。该标准是通过水能浸透进绝缘性涂膜的深度来测定管道防腐层的耐水性。而且需要通过可以观察到的方式进行评价，并测定该管道防腐层的耐水渗透性。

ASTM D870—97“Standard Test Method for Water Resistance of Coatings Using Water Immersion”也是涂膜耐水性的一种测试方法，该标准是采用水浸透的方法来测定管道防腐层的耐水性。也是采用肉眼可见方式对管道防腐层样品的检测来评价。

ASTM D570—97“Standard Test Method for Water Absorption of Plastics”是塑料材质吸水性的测量，它也是通过水浸泡前后的涂层样品的重量变化来评价塑料涂层的耐水性。

我国的国家标准 GB /T《绝缘漆膜吸水率测定法》用于管道防腐层如环氧煤沥青防腐层吸水性的测试。该测试方法是通过重量法来定量计算涂膜的耐水性，样品应浸泡在具有恒温水浴的容器中浸泡 24h，也有在高温下做加速试验的。国外在评价熔结环氧粉末涂层时，澳大利亚标准有用 98℃高温浸泡 24h 后再进行评价的方法。我国在熔结环氧粉末涂层的性能测试方法中未进行该项技术指标的规定。

图 11-12 是美国试验室采用塑料涂层的吸水率方法，对环氧粉末涂层吸水率的测定。

11.2.4.11　管道防腐层耐大气老化性能和加速老化试验方法

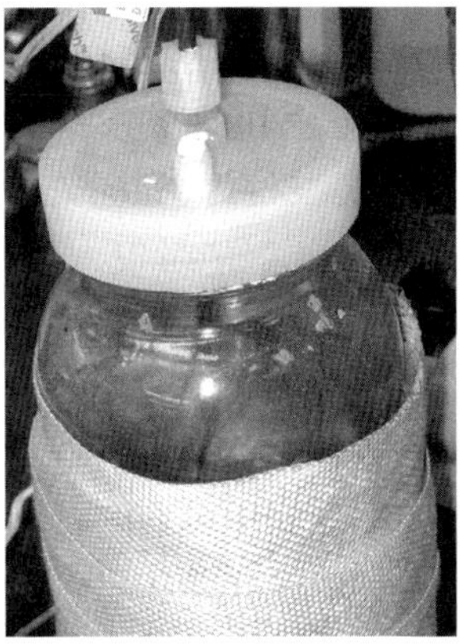

图 11-12　熔结环氧粉末管道防腐层水吸收性能的检测（ASTM D570-97）

管道防腐层耐大气老化性能也是针对在防腐预制厂加工好的涂层管，并非马上运到工地实施管道下沟回填作业的现实而规定的。有时，受管道施工计划以及各种因素的影响，成批的防腐管在加工好后，需要在工厂或工地露天存放一段时间，这就要求管道防腐层必须能具备耐大气老化的性能。否则，管道在未下沟时已经在紫外光的作用下性能发生老化或衰变，对管道工程而言将是非常大的损失。

一般来说，一些暴露在大气环境下的钢结构，或其他混凝土构筑物防腐层的耐大气老化性能更是非常重要的性能指标。而管道防腐层的耐大气老化性能也不可忽略。

管道防腐层耐大气老化性能指标的测定一般都通过在典型的气候环境下的自然晾晒方式进行，方法简单，因此测试周期都非常长，按美国的 ASTM 标准方法的规定（ASTM G11），需要两年的晾晒时间，经历了冬夏春秋二次的轮回，然后在目测评价防腐层的表观状态，有没有粉化、脱落、开裂、起泡、剥离，进一步还可以考察其黏接性能和材料的力学性能等。

我国还对塑料类的管道防腐层有专门的耐紫外光老化的性能测试要求。这是因为塑料材质的防腐层受环境的因素影响是比较突出的，除紫外光的影响外，它还受到下列因素的作用：

（1）日光辐射——红外线，X 射线；

（2）高湿度；

（3）臭氧，和氧；

（4）水，水蒸气；

（5）热能；

（6）其他污染源。

其中对防腐层具有较重要破坏作用的是雨露等潮气因素，这是因为水分子透入防腐层后会引起涂膜的肿胀，使涂膜产生鼓泡。而含有溶解氧的水分子进入防腐层的涂膜也会造成防腐层材料的老化变质。这些因素的作用会促使塑料类防腐层材料的降解和氧化。

由于紫外光的能量非常强，足以破坏塑料分子结构中的分子键，造成热氧化降解。也会造成该种材料的脆化、变色及物理性能的降低。因此，为了加强材料的耐大气老化性能，一定要在材料中添加紫外光稳定剂。

由于材料耐大气老化性能的测试时间周期太长，人们为了尽快得到材料的该项性能指标，又有加速大气老化的试验标准推出。实际选材时，往往将加速老化的试验结果与自然晾晒的结果综合考虑，有利于提高评价的效率和测定结果的可靠性。

加速老化试验是使用各种人造光源，如碳弧灯、氙弧灯、荧光灯等来模拟太阳光，并和雾化设备一起来模拟太阳光和雨水、雾水等所引起材料的劣化作用，之所以采用这些光源是因为这些光源可以发出比太阳光光强度更强的光。

有三种主要的加速大气老化的试验标准，它们分别是：暴露于氙弧灯环境下的加速老化（ASTM D2565）；暴露于荧光紫外光下的加速老化（ASTM G53）；暴露于碳弧灯光下的加速老化(ASTM D1499)。

1. 暴露于荧光紫外光下的加速老化(ASTM G53)

该方法利用人造紫外光和凝聚设备来模拟太阳光及露水对塑料类涂层材料的破坏。波长为290~350nm之间的紫外光是太阳光中对塑料类材料破坏性最强的光，实际太阳光中低于400nm的辐射能量仅占6%。因此，此设计试验可以起到加速老化的作用。

2. 暴露于碳弧灯光下的加速老化(ASTM D1499)

该方法把塑料材料暴露于碳弧灯光下的幅照，也是将样片放置在一封闭的结构中，通过设置在封闭结构中的两个碳弧灯的燃烧，产生低于275nm的紫外光辐射，因而也强化了大气的老化作用。

3. 暴露于氙弧灯环境下的加速老化(ASTM D2565)

用带有水冷却的氙弧灯，最能显示出地球表面的太阳光的光谱能量分布，因此也是最流行的户内暴露试验方法。该设备内还设置有蒸馏水和去离子水的循环回流装置，水可以将氙灯燃烧器冷却，所以称之为水冷型。关于此检测方法，美国的ASTM D2565标准内有详细的规定。

很多人在使用加速老化的试验结果时，常常拘泥于寻找“在人工控制的老化环境下暴露的多少小时可以相当于户外自然暴露的一个月的时间”的规律性数据，从而找出加速老化与自然老化的对应关系，美国的ASTM标准认为，这是需要一定的条件设置的。在比较之前，必须确认材料的老化确是由已确定的环境和化学变化造成的才具有实际意义。

即便如此，加速老化仍旧为我们对材料性能的评价提供了有效的依据。

我国在涂层领域，尤其是塑性涂层的性能比较上也采用了加速老化的试验方法。例如，在埋地管道的三层聚乙烯防腐层的性能检测中，参照美国ASTM G53标准的规定。用8根荧光灯，加热槽等对试件进行Q-U-V型的荧光/冷凝加速老化试验，试验条件为60℃、4h的荧光照射和40℃、4h的冷凝暴露交替循环的老化过程，试验时间为336h。最后以拉伸强度，断裂伸长率的保持率来评价聚乙烯防腐层的耐紫外光老化性能。

防腐层的加速试验方法还有很多，国内外有盐雾法、潮湿试验等测试方法，也有相关的标准推出，但并非加速试验结果就能够体现防腐层在实际应用中的效果。如，盐雾试验是国内外使用较多的加速试验方法，对其结果的信任程度有很多专家持怀疑态度，因为大多数的研究已表明，盐雾试验的结果与实际在海洋大气环境下的晾晒之间并不存在关联关系。而且，就盐雾试验本身也缺乏重现性。

由于金属的腐蚀过程是一种电化学反应过程，因此，人们一直在探求一种从电化学反应机理的角度来揭示涂层防腐蚀的行为本质。通过涂装综合腐蚀测定仪，进行极化曲线，极化电阻，线性极化速率，进而推断防腐蚀涂层的寿命，应该是一种比较有价值的途径。我国利用交流阻抗谱法研究具有防腐层的钢板的腐蚀行为已经有30年了，上述直流电化学测试法迫使离子从一个方向透过漆膜，其方向取决于对钢板所施加直流电压的极性，所引起涂层钢板的腐蚀行为则不相同。目前仍然处于科学研究的范畴，未见有相关标准推出。

防腐层还有其他的人工加速试验方法如湿热试验、浸渍试验等。湿热试验是将涂有防腐层或漆膜的样片放置于湿热试验箱中，定时观察样片起泡、腐蚀及附着力下降的变化等情况。该试验的测试结果对于那些服务于湿热环境下的结构的防腐层具有一定的实用性。如ASTM D 1735《有机涂层水雾试验标准方法》，是在37.8℃±1.1℃温度下喷雾液为蒸馏水或去离子水的试验方法。而有些湿热试验是在交变湿度和温度下的湿热试验，或者是升温和降温的循环条件下的试验等。具体应根据防腐层的服务环境决定试验的条件。

11.2.5 涂装规范所规定的涂装前检测

熔结环氧粉末防腐层是北美埋地管道外防腐层的首选防腐层，也是我国近年来埋地油气管道除三层聚乙烯防腐层外的主选防腐层。对于该防腐层的质量检验首先就是对环氧粉末涂料的验收。

石油天然气行业标准 SY/T 0315—97《钢质管道熔结环氧粉末外防腐层技术标准》中关于涂装前检测的规定在第 4.2.3 条，条文规定：“环氧粉末涂料的性能应符合表 4.2.3 的规定”。而且规定了“对每一牌(型)号的环氧粉末涂料，在使用前应按标准的表 4.2.3(即表 11-12)规定的项目进行检验，性能达不到质量要求的，严禁使用”。

表 11-12 环氧粉末涂料的性能要求

检验项目	质量指标	实验方法
固化时间/min	180℃；≤5 230℃；≤1.5	SY/T 0315—97 附录 A
胶化时间/s	180℃；≤90 230℃；≤30	GB/T 6554—1986
热特性	符合粉末生产厂家给定特性	SY/T 0315—97 附录 B
不挥发物含量/%	≥99.4	GB/T 6554—1986
粒度分布	150μm 筛上粉末≤3.0% 250μm 筛上粉末≤0.2%	GB/T6554—1986
密度/g·cm^{-1}	1.3~1.5	GB/T 4472—1984
磁性物含量/%	≤0.002	GB/T 2482—1986

而在涂装前，还应对涂膜的质量进行检测，具体规定如下：

标准 5.0.1 防腐层涂敷前，应通过涂敷试件对防腐层的 24h 阴极剥离、抗 3°弯曲、抗 1.5J(低温-30℃下)冲击及附着力等性能进行测试，测试结果应符合标准中表 5.0.2(即表 11-13)的要求。当生产厂、涂料配方和生产地点中三项之一或者多项发生变化时，应按照标准 5.0.2 条的规定对防腐层重新进行测试。

表 11-13 实验室涂敷试件的防腐层质量要求

检验项目	质量指标	实验方法
24h 或 48h 阴极剥离/mm	≤8	SY/T 0315—97 附录 C
28d 阴极剥离/mm	≤10	SY/T 0315—97 附录 C
耐化学腐蚀	合格	SY/T 0315—97 附录 D
端面孔隙率/级	1~4	SY/T 0315—97 附录 E
黏接面隙率/级	1~4	SY/T 0315—97 附录 E
抗 3°弯曲	无裂纹	SY/T 0315—97 附录 F
抗 1.5J 冲击	无针孔	SY/T 0315—97 附录 G
热特性	符合粉末生产厂给定	SY/T 0315—97 附录 B
电气强度/MV·m^{-1}	≥30	BG/T 1408—1989
体积电阻率/Ω·m	≥1×10^{13}	GB/T 1410—1989
附着力级	1~3	SY/T 0315—97 附录 H
耐磨性(落砂法)/L	≥3	SY/T 0315—97 附录 J

以上 12 项测试内容都是要求在试验室内进行的检测项目。同时，在该规范的第 6 章质量检验的第 6.1.1 条重申，“6.1.1 涂敷前，每批环氧粉末涂料至少应取样一次，按照《电气绝缘涂敷粉末试验方法》GB /T 6554—1986 中的方法进行胶化时间测试，其指标应符合本标

准 4. 2. 3 的要求。”

SY/T 0315—97 标准是参照加拿大国家标准 CAN/CSN-Z245. 20-M92《钢管外壁熔结环氧粉末防腐层技术标准》制定的，反应了国外在自动化涂装生产线上进行涂装作业的严格质量控制规程的原则。这对生产企业的利益保障是非常必要和必须的。

同样，对于溶剂型涂料的喷涂作业，也在相应的施工规范中规定了将配置好的涂料先在样板上做小样试验，测定涂料的适用性、湿膜和干膜厚度、干燥时间等参数。待调试完全合格后方可进行大面积的喷涂作业。

11.3　防腐蚀涂装施工中的技术管理

11.3.1　涂装前的表面预处理质量检查

所有的防腐蚀涂装，都应当先对表面预处理的质量进行检查，然后再进行下一步涂装作业程序，无论是新结构的防腐蚀涂装还是旧结构物的再涂装都没有例外。表面预处理应包括除油、除锈、除尘、除盐等内容，因而表面预处理的质量检查也应该按下述几方面进行。

（1）钢结构被涂物的原始锈蚀等级，按国标 GB 8923—88 提供的标准照片进行分级。

（2）钢结构被涂物表面有没有油污。

（3）采用手工或动力除锈后的除锈等级，或者是喷射除锈后的除锈等级，以及是否与涂料的涂装要求相符合，也按 GB 8923—88 提供的除锈后的标准样片比较。

（4）除锈后，钢结构被涂物表面的表面粗糙度是否达到 40~75μm，使用表面粗糙度测量仪测试。

（5）喷砂或抛丸后的粉尘是否清除。灰尘的检查可使用透明的检测胶带压在处理过的钢结构表面，再拉起胶带后将胶带放在白色的背景上，用检查胶带上的灰尘粒度多少的方法来检测钢管或钢结构表面的除尘效果。ISO 8502-3 标准中把除尘后的灰尘清洁度分为 0~5 级：

0——10 倍放大镜下不可见的微粒；

1——10 倍放大镜下可见，但肉眼不可见(灰尘微粒直径小于 50μm)；

2——正常或矫正视力下刚刚可见(直径为 50~100μm)；

3——正常或矫正视力下明显可见(直径小于 0. 5mm)；

4——直径为 0. 5~2. 5mm 的颗粒；

5——直径大于 2. 5mm 的颗粒。

也有将除微尘标准分为 10 级的。在熔结环氧粉末喷涂中使用的除尘清洁度是 10 级的标准。

（6）表面预处理后的放置时间是否超过了涂装的最佳时间间隔，有无产生返锈，如果有返锈产生则应重新进行表面预处理。

启动涂料和涂装系统：

应在表面预处理的质量检查合格后，检查和启动涂装系统。如果是液态涂料的涂装作业，则需要做好涂装准备，包括开罐、搅拌、混合或稀释以及过滤等，检查喷枪、喷嘴、喷涂机械。包括涂装环境的温度、湿度、钢结构被涂物表面的温度、湿度，钢表面是否产生结露等调查项目。

例如，在熔结环氧粉末防腐层的涂装过程中，对钢管表面预处理的检测包括

（1）对每根钢管采用样块比较法，都应进行目测表观的除油、除锈质量检查；

（2）要求管体的温度应大于露点温度 5℃以上，测试频率为 4 次/每班；

(3) 要求钢管的表面锚纹深度为40~100μm，锚纹的测试频率为1次/20根；

(4) 表面微尘<6级(1~10级)，微尘的测试频率也为1次/20根。

11.3.2　预涂装和涂装工艺参数的调试

防腐蚀涂装正式启动后，首先应按照涂料的施工技术规范的要求进行预涂装和涂装工艺参数的调试，如自动化涂装生产线的行进速度、被涂物表面被加热的温度、涂料的供应量、喷涂的压力、喷枪的位置和数量的调整和调试。

钢结构被涂物的预涂装是在喷砂除锈完成后进行，预涂装的部位是各种小孔、人孔的切割边缘、螺帽、型材反面、手工焊缝等喷涂不易到达的部位。预涂装应由经验丰富的施工人员进行，以防止漏涂。尤其是对于复杂的结构件，如果不进行预涂装，则会造成这些部位的漏涂，从而使整个结构存在涂装不均匀或漏涂造成的隐患，而不利于结构的腐蚀防护。

对其他大型设备的涂装，例如对钢质贮罐的涂装等，也需要在正式喷涂之前先进行预涂装，做小样试验来考查涂料的施工性和涂装工艺的质量能否符合技术规范的规定。我国石油天然气的行业标准SY/T 0320—98《钢质贮罐氯磺化聚乙烯外防腐层技术标准》中，都有相应的内容规定。

涂装工艺参数的测试将随涂装工艺的不同而不同，作业时可参照相关规范。

11.3.3　涂装中的监控和检测

涂装工程中的监控和检测也应当与涂装工艺过程相匹配，本部分仍然以"熔结环氧粉末防腐层"的涂装工艺为例说明。在涂装过程中为保证防腐层质量的合格，必须要进行检测和质量控制。

熔结环氧粉末防腐层的涂装过程中，为了保证防腐层的质量，除对每根钢管的表面预处理质量检测外，还应对涂装工艺中的如下参数进行随时的监控：

(1) 钢管进入喷涂室之前的表面预热温度，此温度应在涂料产品厂家给定的固化温度±5℃的范围内，要求每小时记录一次。

这是因为环氧粉末是一种热固性的粉末涂料，而且采用的是粉末涂料的静电热喷涂工艺，要求被涂敷的钢管表面必须预热并达到环氧粉末涂料的固化温度，才能使静电喷涂到管道表面的粉末涂料熔融固化。如果钢管表面的预热温度过高，则会使粉末涂料的交联反应过快，而使防腐层出现大量针孔和防腐层变色；如果钢管表面的预热温度过低，则会使粉末防腐层固化不充分，进而也影响到涂膜的质量和各种性能指标。

在静电喷涂的工艺中，钢管表面是通过中频感应式加热器加热钢管表面的，由于钢管始终处于行进状态，而且加热的温度高达220℃以上，钢管表面温度的测量是不能采用接触式测量的，在生产线上，我们一般采用非接触式测量的方法，例如在生产线上安装固定的远红外非接触式测温装置，进行完全的温度跟踪和测量。同时，可采用可熔式测温笔或接触式数字点温度计，进行随时的温度观测。

(2) 管体表面防腐层的测试，测试内容包括：

① 防腐层的厚度；

② 检漏，用电火花检漏仪对每根防腐层管进行100%的漏点检查；

③ 附着力，1次/20根；

④ 固化度，1次/20根。

(3) 抽样管段防腐层的试验室检测，对连续生产10km以上的，应在投产后的500m、5000m、10000m处，截取长度为500m的管段试件，做24h或48h的阴极剥离检测、抗3°弯曲的检测、抗 1.5J(低温-30℃)的冲击试验以及附着力的检测。

(4) 其他的必要的检测项目，如钢管表面预处理后的二次污染，氯化物的污染等。

通过以上的规定可以看出，但凡一种涂装工艺确立后，在涂装过程中的质量监控是十分重要的，它是最终取得合格的防腐蚀涂膜的关键。

11.3.4 涂膜厚度的测定

涂膜厚度是防腐蚀涂装质量检测的重要指标之一，它直接关系到防腐蚀工程质量的合格与否，防腐蚀涂膜的厚度不同于普通装饰性的涂层涂装，防腐蚀涂膜的厚度往往决定了防腐蚀体系的使用寿命，是防腐层检测的重要指标。因此涂膜厚度的检测可以说贯穿了防腐蚀涂装过程的自始至终，包括涂装结束后的工程验收。为了使涂装验收时能合格，就应该从湿膜厚度进行检测开始，在涂装的过程中给予必要的涂膜厚度控制。

为了准确掌握涂膜的厚度，涂装前应先进行预涂装，了解每次涂敷可达到的湿膜厚度，以及涂膜干燥后的干膜厚度，计算出准确的单位面积上的涂料用量。而且在涂装过程中，当干膜厚度的测量难以进行时，应对湿膜的厚度进行检测，以保证涂装的干膜厚度。

11.3.4.1 湿膜厚度的测量

为了能充分发挥防腐层的防护功能，在防腐层的结构设计中，防腐层常常由不同功能的涂膜组成。一般分为底漆、中间漆和面漆。涂层结构中的每层涂膜具有不同的功能。如果涂装时达不到需要的层次和防腐层厚度，也就影响到防腐层的整体防腐蚀效果和功能，从而降低防腐层的使用寿命。因此，在每进行一道涂膜的涂装后，都应使用防腐层测厚仪，当可以用干膜厚度测量时，应使用防腐层厚度测量仪检测干膜的厚度，当不能用干膜厚度测定时，应使用湿膜厚度测量仪对湿膜的厚度进行测量。湿膜厚度的测量是控制干膜厚度的主要手段，因为湿膜的厚度可以通过涂料的固体成分来换算成干膜厚度

$$DFT=(WFT\times V_s)/100\% \tag{11-5}$$

$$WFT=(DFT\times 100\%)/V_s \tag{11-6}$$

式中 DFT——干膜厚度，μm；

WFT——湿膜厚度，μm；

V_s——涂料的固体体积分数。

湿膜的测定应在漆膜制备后立即进行，常用的湿膜厚度计有圆盘式湿膜厚度仪、板状湿膜厚度计。湿膜厚度控制得当，可以及时地调整涂装工艺参数，保障涂膜的厚度达到设计的规定，避免更大的涂装误差。

应指出的是，湿膜厚度的测量往往不能作到十分精确，最终应以干膜厚度测量为准。经常使用的湿膜厚度测量仪有如图 11-13 和图 11-14 两种。

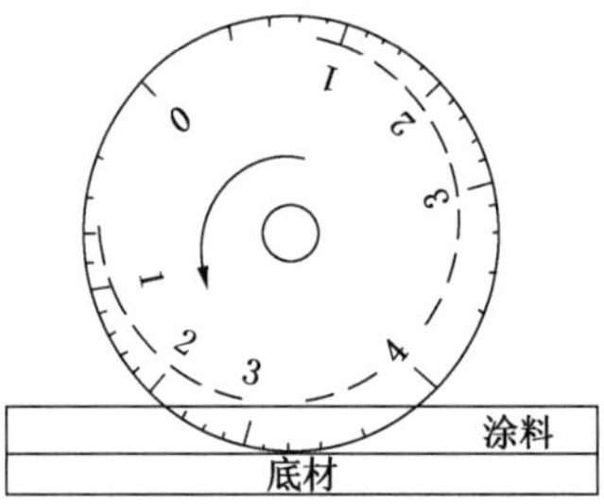

图 11-13 圆盘式湿膜厚度仪

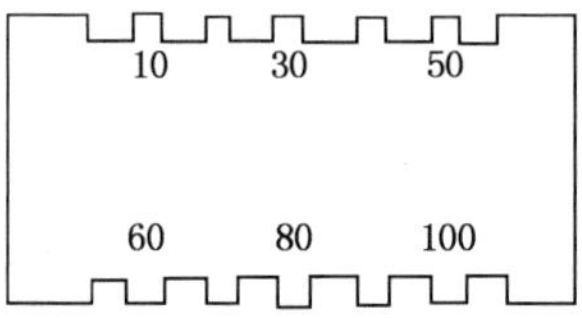

图 11-14 板状湿膜厚度计

国内生产的QVL型圆盘式湿膜厚度仪的测量范围为0~150μm，最小分度是15μm。对湿膜厚度进行检测是在施工过程中进行的，还是要强调测试湿膜厚度应在涂布完成后立即进行。

11.3.4.2　干膜厚度的测量

干膜厚度的非破坏性测量一般采用千分尺法、磁性测厚仪和涡流测厚仪三种方法，精密的测量也采用显微镜法测量。但显微镜法测量是属于破坏性测量。在一般防腐蚀工程中使用较少。

前三种方法都属于无损检测的方法。其中磁性测厚仪和涡流测厚仪都适合于金属底材表面的防腐层厚度的测量，只不过磁性测厚仪适用于磁性的金属底材，而涡流测厚仪适用于非磁性的金属底材表面的防腐层厚度的检测，例如，在有色金属底材表面的防腐层厚度的测量等。磁性测厚仪和涡流测厚仪都不能使用于混凝土等非金属底材表面的防腐层厚度的测量。

1. 千分尺或千分表(也称为机械法测厚)

当使用千分尺法测量涂膜的厚度时，一定要等到涂膜表面固化干燥后变硬，而且硬到与千分尺接触时涂膜的表面不能产生压痕，否则会影响测量的结果。千分尺测量厚度的精度是2μm，但测量结果的精度与测试方法有关。一旦使用该方法测试厚度，应选择适宜的测量平面点，这对测试结果的准确性十分必要，选点时应避免边缘效应，尽量选择中心位置的涂膜，而且表面平坦的点来测量。

测量结束后，计算出各测量部位的涂膜厚度的算术平均值作为涂膜的平均厚度。

2. 磁性测厚仪

磁性测厚仪的原理是通过测定磁性底材与防腐层之间的磁通量大小来测定涂膜的厚度。它是干膜厚度测定的主要方法。测量精度一般为2μm左右。机械式的测厚仪一般使用从涂敷的钢表面移去磁铁所需要的力来测量绝缘性涂层的厚度，涂层越厚，从表面移去磁性探头所需要的力就越小；电子式测厚仪使用电磁感应探头或霍尔效应探头来测量铁基基材上的绝缘性涂层的厚度。

磁性测厚仪使用时要先用标准样品校准，这对于施工现场应用并不十分方便。德国ElektroPhysik公司生产的MIKROTEST(麦考特)系列便携式自动测厚仪是一种使用非常方便、易于操作、不用核准、不需要电池或其他电源的防腐层测厚仪器。它应用磁吸力法原理，可测量钢表面的所有非磁性防腐层或镀层的厚度。其所有的仪器符合DIN、ISO、BS和ASTM标准。非常适合于施工现场的测试。其各种规格的便携式测厚仪见表11-14。

表11-14　德国ElektroPhysik麦考特测厚仪的技术参数

型号	测量范围	测量精度	最小测量区直径/mm	最小曲率半凸/凹/mm	基体最小厚度/mm	适用范围
MIKROTEST G6	0~100μm	1μm或5%读数	20	5/25	0.5	钢、铁上电镀层、搪瓷、塑料、橡胶层
MIKROTEST F6	0~1000μm	3μm或5%读数	30	8/25	0.5	
MIKROTEST 6S3	0.2~3mm	5%读数	30	1 525	1.0	
MIKROTEST 6S5	0.5~5mm	5%读数	50	1 525	1.0	
MIKROTEST 6S10	2.5~10mm	5%读数	50	1 525	2.0	
MIKROTEST 6S20	7.5~20mm	5%读数	100	100 150	7.0	
MIKROTEST 6Ni50	0~50μm	1μm+5%读数	15	1 525	—	非铁基体上镀镍层
MIKROTEST 6Ni100	0~100μm	1μm+5%读数	15	1 525	—	
MIKROTEST NiFe50	0~50μm	2μm+5%读数	20	2 025	0.5	钢上电镀镍层

图 11-15 是德国 ElektroPhysik 公司的 MIKROTEST（麦考特）系列便携式自动测厚仪。

图 11-15　麦考特便携式自动测厚仪

3. 涡流测厚仪

涡流测厚仪是用来测量铝板、铜板等不导磁的底板上防腐层的厚度，有些涂料的添加成分中含有铁红、铝粉等，会对测试结果有影响。涡流测厚仪有一个能在非铁基金属基材上产生磁场的具有高频率信号的单个线圈，这一磁场在基材上产生涡流电流，可以被探头探测出，涡流的强度受涂层的厚度影响，这就是涡流测厚仪测定涂层厚度的原理。

4. 显微镜法

显微镜法是根据国际标准 ISO 2808—1974《漆膜厚度的测定方法标准》中的测定涂膜厚度方法，此法不仅可以测出涂膜的总厚度，而且可以测出多层结构的涂膜每层涂膜的厚度。该测厚的方法被推荐为涂膜厚度的仲裁方法。但该方法属于破坏性的检测方法，因此仅适合于在涂膜的局部区域检测复核。大范围的施工使用则很不经济。

11.3.4.3　混凝土表面防腐层厚度的测量

混凝土表面的防腐蚀涂装已越来越引起人们的广泛关注，但由于混凝土为非金属底材，磁性法和涡流法的测厚仪器都不适用于混凝土表面的防护性涂膜厚度的测量，国外有专门用于混凝土表面的防护性涂膜厚度的测量仪，但价格比较昂贵（售价在每台人民币 20 万元左右）。图 11-16 是韩国在施工现场对混凝土表面防腐层厚度的测量。

图 11-16　韩国仁川机场混凝土表面聚脲防水层厚度的测量

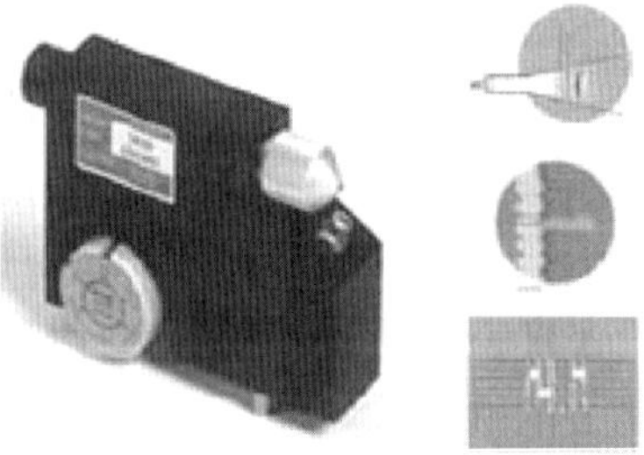
图 11-17　用于非铁基表面的多用途干膜厚度仪

此外，美国 ASTM 标准中也有一种在非金属表面涂膜厚度的破坏性测试方法标准，即：ASTM D4138—94（2001 年修订）《采用破坏性手段测量保护性防腐层干膜厚度的标准方法》，规定了采用显微技术，对涂料薄膜上有精确角度的切面的观察来测量防腐层的干膜厚度。通过带有比例刻度的显微镜，来观察涂膜上的角度切割线的方法，来测量干膜厚度。使用不同的切割仪器在防腐层上进行切割。美国的仪器厂商针对该方法标准生产了这种测试仪器，目前在我国国内市场已有该类产品销售，德国也有该类测试产品。该测试仪器还可以通过配置专用的附加附着力刀头，可做划格试验，附加硬度刀头可进行布氏压痕硬度测量的功能。图 11-17 就是该种测厚仪的照片，可用于混凝土表面防腐层厚度的测定，属于一种破坏性检测方法。同时配置不同的刀具，可以做涂膜硬度和附着力的测定。

在美国 ASTM D1186《用于铁基基材上非磁性涂层干膜厚度的无损测量标准》和 ASTM D1400《用于非铁基基材上绝缘涂层干膜厚度的无损测量标准方法》，分别推荐了磁性测厚仪和涡流测厚仪。

11.4 防腐蚀涂装施工后的质量检测

防腐蚀涂装施工后的质量检测应遵从各个行业的标准规范进行，相关标准包括：

GB 50212《建筑防腐蚀工程施工及验收规范》；

GB 50209《建筑地面施工及验收规范》；

GB 50224《建筑防腐蚀工程质量检验及评定标准》；

GB 50045《工业设备、管道外防腐蚀设计规范》；

HGJ 229《工业设备、管道防腐蚀工程施工及验收规范》；

GB 50046《工业建筑防腐蚀设计规范》；

HGJ 34《化工设备、管道外防腐蚀设计规定》；

HG/T 20587《化工建筑防腐蚀设计规定》；

SHJ 22《石油化工企业设备与管道涂料防腐蚀设计及施工规范》；

GB 50205《钢结构工程施工及验收规范》；

GB 50205《钢结构工程质量检验及评定标准》；

SL 105—95《水(利电力)工(程)金属结构防腐蚀规范》；

CJJ 95—2003《城镇燃气埋地钢质管道腐蚀控制技术规程》；

SY 0007—1999《钢质管道及贮罐腐蚀控制工程设计规范》。

尽管提供以上防腐蚀涂装规范，更具体的涂装项目还应查找相应的规范，如在埋地钢质管道外表面涂装熔结环氧粉末时，应参照 SY/T 0315《钢质管道熔结环氧粉末外防腐层技术标准》的规定进行。而在 SY 0007—1999《钢质管道及贮罐腐蚀控制工程设计规范》中仅仅给出了管道不同防腐层的不同规范标准号。只有在具体的标准中才能给出明确的检测方法、检测要求和评价标准。

涂装施工后的涂膜质量验收，将根据不同的涂装对象和涂装体系，按照涂装施工技术规范的要求，进行涂膜性能的检测。

涂膜性能的检测将分为涂膜的机械性能，包括涂膜的硬度、柔韧性、抗拉强度、抗张强度、抗冲击性能、耐磨性能等指标来体现，我们已经在 11.2.4 节的相关章节中做出了介绍。涂膜的耐环境性能，如吸水率、耐水汽渗透性、耐化学性、耐热老化性、耐紫外光的老化性等，也在前面的章节中给予了介绍。还包括在特定腐蚀环境下的涂膜所应具备的性能，如埋在土壤中的钢质管道外防腐层的耐阴极剥离性能，耐土壤应力性能等。在原油油罐内壁防腐层的防静电性能，即表面电阻率或体积电阻率的测量等。

以上涂膜的各种机械性能的测试、耐环境性能的检测均需要在专业试验室的条件下进行。按国际上的常规做法是从已涂装好的涂膜样品表面，截取涂膜样品，然后，由专业检测机构按照涂料的施工技术规范的要求和相关技术标准的规定，进行以上各种性能的检测。也就是说，涂膜以上各类性能指标的检测是由专业检测机构进行的检测。但防腐蚀涂装工程师应该了解该涂装项目需要进行哪些涂膜性能的检测及其检测方法和指标的要求，以及该性能检测的工程意义。

11.4.1 涂膜性能的现场验收和检测

对于防腐蚀工程师而言，在防腐蚀涂装施工的现场都应该进行哪些项目的检测和验收呢？也就是防腐蚀工程师应该怎样来检查和验收防腐蚀涂装的施工质量呢？除了必须拿到试验室检测的涂装的涂膜性能指标外，在涂装现场的涂膜质量验收是通过附着力(或黏接力)测试、涂膜的外观检查、涂膜的厚度控制以及涂膜的连续性的检测来进行的。该四项评价指标不仅应用于在金属结构物(如：管道、贮罐、船舶、桥梁等)的表面防护性涂层施工的检测，也应用于在非金属结构物——混凝土构筑物表面防护性涂层的施工质量检查。

该四项检测内容对于防腐蚀涂装工程来说，是最基本和通用的检测内容，无论涂装的是埋地钢质管道的防腐层，还是涂装的钢结构桥梁、船舶等，作为一种防护性的防腐层，都应该进行以上内容的检测和验收。

对于特殊用途的防腐层，有可能增加防腐层的硬度、耐冲击性、柔韧性的现场测试。这些测试要求和测试方法在涂料的涂装施工技术规范中都应该有明确的规定。

就一般的防腐蚀涂装工程而言，无论将防腐层应用于何种场合，有很多共性的要求是相同的，例如，涂膜与基底表面的附着力，包括涂膜应具备的一定机械性能指标如硬度、耐磨性和韧性等。只不过其性能的指标要求随使用场合的不同，其测试方法和标准的数值有所区别，包括涂膜的耐化学腐蚀性的强弱、耐水汽渗透性的强弱和耐冲击强度的强弱等指标。

我们在涂装作业的相应规范中，可以了解到涂装规范对施工现场涂膜质量的控制要求和检测项目的规定。例如参照采用加拿大国家标准，由石油天然气行业所制定的行业标准 SY/T 0315—97《钢质管道熔结环氧粉末外防腐层技术标准》在 第 6 章“质量检验”中做了如下的规定：

“6.3.1 环氧粉末外防腐层钢管的出厂检验应包括外观质量、防腐层厚度和漏点的检验，各项检验应按下列要求进行……”

“其附着力的检测是抽检，抽检的比例在 6.4.1 条中做了规定，测试方法参照了加拿大国家标准 CAN/CSA-Z245.20-M92 第 12.14 条的规定，采用将样品管的试件在热水中浸泡后撬剥法进行评价。”

由此可见，对防腐蚀涂装的防腐层施工的质量控制，该 4 项内容的检测是基本和必须的。

11.4.1.1 涂膜附着力的测定方法与检测

涂膜附着力的测定是一项重要的技术性能指标。所谓附着力是指涂膜与被涂物表面通过物理和化学作用结合在一起的牢固程度。在众多的性能指标中，涂膜与基底的附着力的大小，对任何防腐蚀涂装工程都是十分重要的。不仅是在钢基底结构物表面的防腐蚀涂装工程中，也包括在其他基底表面如混凝土结构物表面的涂装工程中。

应当指出，涂膜附着力的检测属于破坏性检测，因此，在相关规范中应当规定附着力的检测比例或几率，以及检测后的涂膜修复手段。

附着力的测定不仅要在涂装之前确认涂料的涂膜性能时测定，而且还应当在涂装结束后的涂装质量验收中测定。也可以说涂膜附着力的测定贯穿了涂装过程的自始至终。

除此以外，在防腐蚀涂装的性能检测中，仍然需要进行附着力的检测，例如，在考察涂膜的耐老化性能、耐热老化性能、耐湿老化性能、耐大气老化性能指标的检测中，都需要在环境的加速老化试验后，再进行附着力的检测，以确定涂膜耐久性的有效程度。因此，漆膜(或涂膜)附着力的测定是很重要的一项性能检测。

严格测得涂膜与被涂物表面的附着力是比较困难的。在涂装行业中国家标准规定，漆膜附着力采取划格法、划圈法、拉开法等方法来测定。测试的方法标准如下：

1. GB/T 9286—1998《色漆和清漆　漆膜的划格试验》

划格法测定涂膜的附着力是使用漆膜划格器的刀具，利用十字划格法在漆膜上垂直交叉划刻出方格，要求将漆膜划透。根据漆膜的破坏情况将附着力分为5级。

该方法不适合于涂膜附着力的现场检测。

2. GB 1720—89《涂膜附着力测定》

该法也称为划圈法，采用漆膜附着力测定仪，用一硬度很大、可长期使用的耐磨针尖在涂膜表面划出一定长度的、依次重叠的圆型线状图(要求将漆膜划透)使涂膜分成面积大小不一的7个部位，依据涂膜在不同部位的完整程度来区分附着力的大小。

在附着力测定仪的底座还装有蜂鸣器，当针尖刺穿涂膜到达金属板基底表面时，蜂鸣器发出响声，提示可以进入测试状态。

该方法也不适合于涂膜附着力的现场测试。

3. 拉开法测定涂膜的附着力

拉开法测定涂膜的附着力是在规定的速度下，在试样的胶结面上施加一垂直、均匀的可以量度的拉力，测量当涂膜与基底或涂膜之间附着破坏的力，以 N/cm^2(kgf/cm^2)表示。拉开法测定涂膜的附着力有很多种方法。

拉开法测量涂膜的附着力可以使用拉力试验机。拉力试验机的载荷应选择与试验样品的载荷相一致的数量级，试验所使用的夹具应能固定样品。当试验机的拉力增加时就施加给样品黏接部位一种剪切应力，直至破坏。记录当样品黏接破坏时的拉力机的数值，并观察断面的破坏形态，是属于涂膜与底材表面附着的破坏，还是涂膜之间的附着破坏。从而测定涂膜与基底的附着力。

GB/T 5210《防腐层附着力测定法》的拉开法是等效采用了 ASTM D-4541 便携式附着力测定仪测定防腐层附着力的方法。它也是通过拉力机拉开样片之间有效附着的测定来计算涂料的黏接强度。

测试过程是用特定的强力胶黏剂将防腐层面和底材分别黏接在拉力机的两个拉模头上，再将准备好的试样放入拉力机的上、下夹具并调整至中央，保证其截面均匀受力。然后开机以规定的速度进行拉开试验，记录下试样黏接破坏的最大力值。

根据拉开破坏后的截面状况，可以分析此破坏是属于防腐层与基材表面黏接的破坏，还是涂膜与涂膜之间的内聚力黏接的破坏等等。由于拉开法能比较科学地反映涂膜与底材的附着状况，因此，在重防腐层的涂料性能检测中已经被越来越多的使用。

SY/T 0041—1997《管道防腐层与金属黏接的剪切强度试验方法》是石油天然气管道行业根据美国 ASTM D-1002 标准制定的测定管道防腐层与管道表面黏接性能的标准方法。

该标准参照采用美国 ASTM D-1002，制定了一种专用于管道防腐层与金属黏接的剪切强度试验方法。它使用力学拉力试验机，采用的试片是由两片同样规格的钢片组成。两个钢试片间用涂料单面黏接在一起，在涂料完全固化后，再用拉力试验机将两试片拉开。根据拉力和黏接面积来计算剪切强度。

国外和国内的研究表明，采用 SY/T 0041—1997《管道防腐层与金属黏接的剪切强度试验方法》测定出来的防腐层与金属管道黏接力的大小，更能与管道在土壤中受力后防腐层与管道是否发生剥离现象相匹配。该方法也不适用于施工现场。

石油天然气管道行业标准里，对管道防腐层的黏接强度还可通过剥离强度的定量测定来评价。即用防腐层的剥离强度来评价管道外防腐层与钢管表面的有效黏接程度。该方法也与拉开法的检测原理相同。在石油天然气管道行业标准中都规定了具体的测定方法，如 SY/T

0413 关于三层聚乙烯防腐层与钢管黏接强度的测定方法附录 F 中规定："先将防腐层沿环向划开宽度为 20~30mm、长 10cm 以上的长条，划开时应划透防腐层，并撬起一端。使测力计垂直于钢管表面以 10mm/min 的速率匀速拉起聚乙烯层，记录测力计数值。将测定时记录的力值除以防腐层的剥离宽度，即为剥离强度，单位为 N/cm。测定结果以三次测量的平均值表示。"

剥离强度的测试如图 11-18 所示。

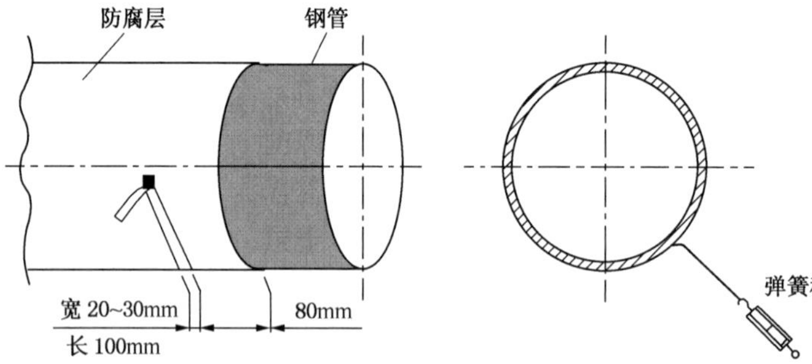

图 11-18　埋地管道聚乙烯防腐层剥离强度测试示意图

在 SY/T 0413—2003 标准中规定，常温下测得的聚乙烯防腐层与钢管的剥离强度值应≥100N/cm，50℃±5℃条件下的剥离强度应≥70N/cm。以上数值表明，SY/T 0413—2003 标准中规定的工艺条件下的复合聚乙烯防腐层与钢管表面的黏接是非常优良的，这是由于聚乙烯防腐层的施工规范非常严格，其钢管的表面预处理进行了抛丸处理、除尘等一系列处理措施，底层熔结环氧粉末防腐层采用了高压静电喷涂技术，以及优良的共聚物底胶的黏接性能非常优异。该标准方法参照了德国工业标准 DIN 30670 的规定。该方法适用于施工现场。

4. 涂膜与基底附着力的优劣还可以通过间接测定涂膜的耐冲击、耐弯曲等力学性能后，观察涂膜与基底附着的状况来间接评价和比较涂膜附着力的好坏。

涂装现场对涂膜与基底表面附着力的测试，不同行业的防腐蚀涂装施工有不同的规范要求。但任何行业在进行结构物的防腐层施工之前，都应当先对防腐涂料的附着力进行测试，凡附着力不合乎要求的涂料都不能在工程中使用。因为该项性能的不合格，将导致整个防腐蚀涂装工程的不合格。同样，在防腐蚀涂装施工完成后，还要进行涂膜附着力的检测。检测方法和标准将依据该涂料的施工技术规范的规定进行。

在油气管道建设行业，无论是城镇燃气还是石油天然气体系，在他们的行业规范中都十分重视防腐层或防腐覆盖层与钢质基底金属表面的黏接力或附着力的测试。在该行业中无论是埋地钢质管道还是钢制贮罐，其防腐层的技术规范中，都规定了要对防腐层的附着力进行检测，以及所采用的测试方法标准。例如，行业标准 SY/T 0319—98《钢制贮罐液体环氧涂料内防腐层技术标准》第 5 章"质量检验"的 5.3.5 条中规定"内防腐层黏接力的检查应符合下列规定：用锋利刀刃垂直划透防腐层，形成边长约 40mm、夹角约 45°的 V 形切口。用刀尖从切割线交点挑剥切口内的防腐层……"的规定。该附着力的测定是采用撬剥法，根据防腐层的剥离状况来评价防腐层的黏接。由于该法属破坏性检测法，因此标准中规定仅做少量的抽查，但必须要做。

该项指标的测定还可以通过拉开法或剥离法来测试。测试的是防腐层与基底金属表面的剥离强度。视其规范的具体规定，不同的涂装对象和涂装项目，可能采取不同类型的附着力测定方法，对检测出的结果也遵从不同的评价标准，给出不同的附着力等级。

还是应当强调，附着力的检测属于破坏性检测，虽然必须进行检测，但规范中一般都规定其具体的抽查率。

总之，涂层附着力的现场质量检测方法可归结为以下几种：剪切法、拉开法、冲击法、剥离法。剥离法中有“T”剥离，还有 180°剥离，90°剥离。具体的测试对象应根据行业标准的规定，选择而行。

11.4.1.2　涂膜厚度的测量方法与检测

在防腐蚀涂装工程结束后的涂膜质量验收中，涂膜厚度的检测是涂膜质量验收的重要指标。尤其对防腐蚀涂装工程该指标更为重要。

干膜厚度的测定可以采用磁性法、千分表以及涡流法的测厚仪。不同行业对涂膜厚度的测定也有不同的方法标准。GB 1764—88《漆膜厚度测定法》是国标，SY/T 0066—1999《钢管防腐层厚度的无损测量方法》是石油天然气行业等效采用美国材料试验协会 ASTM G12—92 标准制定的管道防腐层厚度的测定方法。对不同结构和材质的防腐层，检测的区别仅在于如何选取检测点以及检测点的分布，如对钢质贮罐罐体表面防腐层的检测，要将罐体分成不同的区域进行(罐底、罐顶、罐底角等)，对检测结果的评价方法也不相同。

船舶行业的防腐涂装对防腐层的膜厚更为重视，为此中船总公司在 1986 年颁布了 CB/Z 227—86《船舶涂装膜厚检测方法》，1994 年重新修订后发布为 CB/T 3718。CB/T 3718 规定，85%以上的检测点干膜厚度不小于规定厚度，其余检测点的干膜厚度不小于规定厚度的 85%。

HGJ 229《工业设备、管道防腐蚀工程施工及验收规范》中第 8.1.7 条“防腐层层数、厚度应按设计要求，负误差≤5%为合格”。

钢结构的涂料涂装应遵循 GB50205《钢结构工程施工及验收规范》，该《规范》中 4.11.4 条对钢结构表面的防腐层的厚度的测定规定，“室外防腐层厚度，室内防腐层厚度，无设计要求时允许负偏差为 25μm”。

SL 105—95《水(利电力)工(程)金属结构防腐蚀规范》中第 4.4.3 条“85%以上测点的厚度应达到设计厚度，没有达到设计厚度的测点，其最低厚度应不低于设计厚度的 85%(每 $10m^2$ 测点为 5 个)”。

SY/T 0315—97《钢质管道熔结环氧粉末外防腐层技术标准》第 6.3 条：“外防腐层钢管的出厂检验”2 条规定，使用防腐层测厚仪，沿每根钢管长度随机取三个位置。测量每个位置圆周方向均匀分布的任意四点的防腐层厚度并记录，不符合防腐层厚度要求的应按本标准的第 7.0.2 条的规定复涂。”

而在石油天然气的油罐内表面防腐层的涂装规范中就规定了防腐层厚度的检测应分成罐顶、罐底、罐壁三部分取点测量，每 $1m^2$ 是一个检测区域，取 2 个点，其中最薄点的厚度应符合设计的要求，每个区域若有 1 个以上的点不合格，则认为该区域为不合格，若不合格区域超过 5%，则应对防腐层厚度低于规定厚度的 90%的区域进行复涂，等等。

国际上对涂膜厚度的测量也针对不同的行业有不同的规定，此处不再赘述。

11.4.1.3　涂膜表观目测检查

任何一种防腐蚀涂装，都要进行表观状态的检查验收，一般用目测或放大镜检测。表观检查的方法虽然简单，但可以快速而直接地对防腐蚀涂装的施工质量做出基本评价。

表观检查是直接用眼睛或放大镜检查防腐层表面的光泽、平整度，有无粉化、褶皱、流挂、起泡、空鼓、缩孔等涂膜缺陷，初步了解涂膜的固化水平和固化效果，从而对涂装的工艺、涂膜与金属表面的附着力得到初步的结论和评价。

如果涂膜大面积出现起泡，则认为是涂膜与基底的不黏接，或者是底漆与中间层的黏接出现了问题。

起泡是防腐层十分普遍的一种涂装失败的形式，根据起泡的大小与泡内是实泡还是气泡以及泡的发生位置，可以分析出起泡的原因，从而对涂装的工艺提出看法。

对于涂装的缺陷，如缩孔、鱼眼、麻点等，则可以认为是涂装的表面预处理过程出现了问题，也就是底材的表面清洁度和粗糙度不标准造成，也可能是涂装时钢基底表面的温度过高等涂装工艺产生了问题。

如果防腐层表面出现大量的流挂，可以认为是涂料的黏度控制不当，而导致涂料的流平性不好，或者是加入了过多的稀释剂，或者是喷涂距离不当等原因，而使防腐层的表面平整性达不到标准。

如果是防腐层发生剥落，其原因则是多种多样的，有可能是表面预处理的质量问题，也可能是涂料本身的缺陷，或者是固化工艺存在缺陷等等。如果涂膜发生粉化，则可能是涂料的内在质量问题，或固化出现了问题。

总之，防腐层的表观检测是防腐层质量验收的第一步。表观有问题的防腐层就一定反映其涂装工艺或涂装材料之间产生了不和谐。在一般的防腐蚀涂装规范中也都有明确的验收条文的规定，防腐蚀涂装工程技术人员可通过长期的工程实践，逐步积累经验。

11.4.1.4 防腐层完整性(漏点)的测试方法与检测

防腐层完整性的检测就是防腐层漏点的检测。

所谓漏点，英文是 holiday，指防腐层上的不连续点。漏点检测的实质就是检查和发现金属表面局部的防腐层漏涂点，或涂膜不完整有缺陷的部位。这些部位就是将来有可能比较快地受到腐蚀介质如水溶液的浸蚀，而发生腐蚀破坏的部位。因此，对防护性的涂层，尤其是防腐层的连续性或称为完整性的检测在防腐蚀涂装施工验收中占有十分重要的地位。

埋地钢质管道的外防腐层的漏点检测，要比其他行业的防腐蚀涂装更为重要，这不仅是留下一个涂层漏点，也留下了一处涂层隐患。由于管道防腐层的完整性直接影响到阴极保护的电流密度的大小和阴极保护的经济性，因此在埋地管道防腐层的施工过程中，无论是在防腐预制厂里防腐涂层管的生产预制过程中，或者是将防腐好的防腐层管搬运到施工现场，实施现场的焊接、补口等工艺过程的施工中，都要对管道外的防腐层进行漏点检测。尤其在下沟前，应进行全线100%电火花检漏。检漏的方法通常都使用高压电火花检漏仪。对于少数涂膜厚度在0.5mm以下厚度的薄涂层可以采用低压湿海绵检漏仪。

下沟回填后，仍然要采用埋地管道防腐层音频检漏仪对管道外防腐层的漏点进行不开挖的地面检漏，可以采用人体阻容法，也可以采用 PCM 技术，或称之为多频管中电流法等对已埋入地下的管道的外防腐层的漏涂点进行定性定位的检测。

在石油天然气行业，防腐层漏点的检测方法，是根据 ASTM G62《管道防腐层检漏试验方法标准》的规定进行，可采用高压电火花检漏，也可以使用低压湿海绵检漏仪进行检漏。低压(<100V 的直流电压)湿海绵检漏仪用于涂膜厚度在0.5mm以下的薄防腐层漏点的检测。高压(900~20000V 的直流电压)电火花检漏仪用于大于0.5mm以上的较厚防腐层的检漏。0.5mm也是美国 NACE RP0188—90 标准中对使用高压电火花检漏仪还是使用低压湿海绵检漏所做的界定标准。图 11-19 是国产 DJ-6 型高压电火花检漏仪。图 11-20 和图 11-21

是采用高压电火花检漏仪分别对罐体内壁防腐层和管道外防腐层的检漏测试。

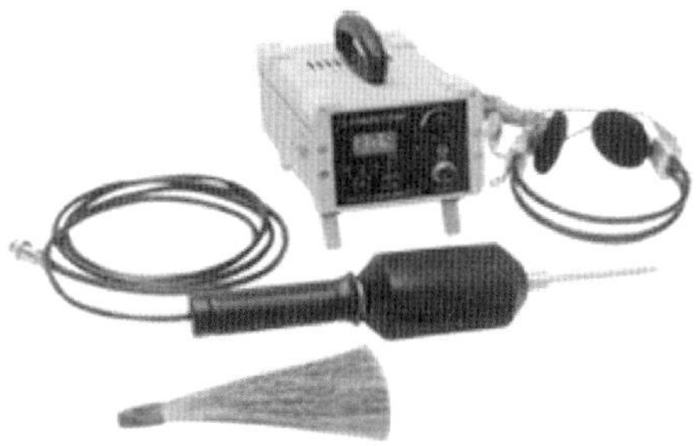

图 11-19　DJ-6 型电火花检漏仪

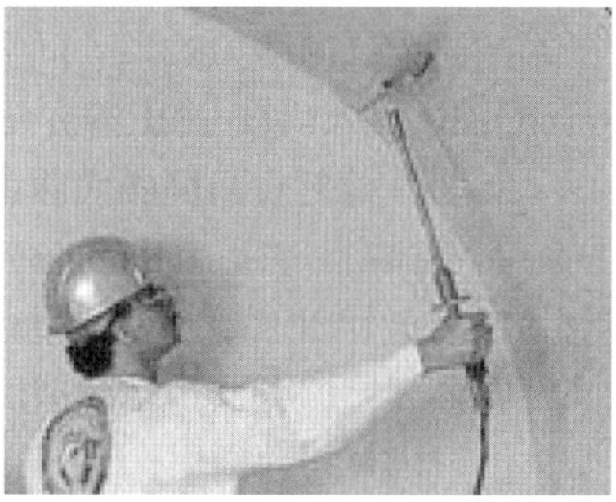

图 11-20　对罐内壁防腐层的漏点检测

美国腐蚀工程师协会标准 NACE RP 0274—74《安装前管道防腐层的高压电火花检测》和 NACE RP0188—90《保护性涂层的漏点的检测方法》，都是关于管道防腐层的漏点检测的 NACE 标准，我国船舶行业的涂装质量检查，就是参照 NACE RP0188 标准制定的船舶表面防护性涂膜漏点的检测方法标准。

我国制定的行业标准 SY/T 0063—1999《管道防腐层检漏试验方法》等效采用了美国 ASTM G62 标准。建设部 CJJ95—2003《城镇燃气埋地钢质管道腐蚀控制技术规程》对防腐层的检漏电压的计算作了如下的规定：

（1）防腐层厚度大于 0.5mm 时：

$$U=7900T^{1/2}$$

（2）防腐层厚度小于或等于 0.5mm 时：

$$U=3300T^{1/2} \text{或} 5\text{V}/\mu\text{m}$$

式中　T——防腐层平均厚度，mm；

U——检漏电压，V。

图 11-21　管道熔结环氧粉末涂层的检漏

（检漏电极刷使用的圈式导电橡胶探头）

电火花检漏仪和检漏的原理：

管道防腐层电火花检漏仪是利用高压火花放电原理检查防腐层的漏涂、露铁、针孔等缺陷点和破损点。主要用于预制厂内防腐层的质量检验、现场管道补口施工后，在管道下沟回填之前的质量检验及防腐层管理中经地面检漏后开挖出的管道表面防腐层破损位置的检验。

电火花检漏仪分 3 个部分：

主机：电源、高压脉冲发生器和报警系统；

高压枪：内装倍压整流元件，是主机和探头的连接件；

探头附件：探头分为导电橡胶圈式和铜刷式两种。

电火花检漏的原理是，当电火花检漏仪的高压探头贴近管道防腐层表面移动时，遇到防腐层的针孔、破损或厚度不合格处，高压将此处的气隙击穿，产生电火花，火花放电瞬间，脉冲变压器电流瞬间增大。此电流使报警采样线路产生一负脉冲，触发单稳延时电路，再经驱动开关使音频振荡器起振，扬音器即发出报警声音。

11.4.2 防腐层的涂装缺陷、原因与修正

防腐蚀涂装施工时，常常由于这样或那样的原因，使涂膜或防腐层出现缺陷。涂膜缺陷的存在既影响防腐层的防护效果，又会造成被防护体系的腐蚀失效。因此，及时对涂膜的缺陷处进行必要的分析、修复和完善，就可以避免事态的进一步发展，使涂膜得到应有的维护。表 11-15 是在溶剂性防腐蚀涂料在涂装中常见的涂膜缺陷及维护、改进措施。

表 11-15 防腐蚀涂装常见缺陷及维护改进措施

缺陷形态	主要原因	补救方法
缩孔	有污物污染了底材，或压缩空气中含有油污造成个别部位不附着	改善表面预处理，将压缩空气过滤
流挂	涂料太稀，防腐层太厚，涂料中重质颜料太多。颜料研磨不均匀，润湿不良，对表面附着力差	更换溶剂，改善施工，填加增稠剂等
咬底	溶剂太强，配套不当	改换涂装中配套涂料或涂一道中间漆
慢干和返黏	涂料不当，质量太差，防腐层太厚，施工环境湿度太大，底材材质及表面含有油污；被涂物(如化工厂房及旧设备等)表面吸附有酸、碱	改换涂料或加助剂，改善施工环境，对被涂物进行表面清洗，控制防腐层厚度等
起泡	施工不当，如涂膜太厚，施工现场温度、湿度太高，底层有潮气或挥发性液体存在	完善表面处理和施工，选择耐腐蚀性能好的品种，填加消泡剂
龟裂	由于温度变化，使内应力变化，产生收缩；底漆未干，涂膜太厚干得不透，即涂面层漆最易产生龟裂，严重者甚至脱落；底面漆不配套	改换涂料品种，提高配套性，完善施工，并在合适条件下使用，避免外部作用
脱落	龟裂而失去黏附力，与物面或底漆脱落，起因于表面处理不好，底漆选择不当(如太硬、太光亮)，涂膜太厚，层间干得不透即遇水汽等	精细处理被涂表面，选好底漆、作好配套。在化工烟雾和灰尘飞扬的环境中应选用快干涂料，缩短涂漆时间
生锈	旧设备表面处理时，除锈不净，以致在涂膜下的锈蚀蔓延。初时，涂膜呈黄色，而后涂膜破裂，出现点蚀、孔蚀和膜下腐蚀	完善表面处理，同时在表面处理完毕后立即涂上底漆(如带锈底漆)，选择耐腐蚀性好的涂料品种配套

从上面的表中可以看出，不当的施工或涂料的配比是产生涂膜缺陷的最主要原因，除此之外，还与涂装的环境和固化工艺条件不符合涂料的要求密切相关。

表 11-16 是粉末涂料涂装缺陷和原因分析。

表 11-16 粉末涂料涂膜缺陷原因与改进措施

涂膜缺陷类型	产生缺陷的原因分析	改进或补救措施
硬颗粒	1. 挤出机中有残留物 2. 生产中带进了杂质 3. 粉末涂料过筛不细 4. 预处理不洁净	1. 调整和控制好挤出机的转速 2. 注意螺杆的清洁 3. 清除粉末中的杂质 4. 检查过滤筛的完好性 5. 预处理的表面清洁度应达标
缩孔	1. 粉末涂料有潮气 2. 工件表面清洁度不达标 3. 涂料中混有水分或溶剂 4. 压缩空气未净化	1. 配方中加防潮剂、注意涂料的储存环境 2. 工件预处理后作好干燥 3. 空气过滤器、干燥器要定期检查，更换吸水材料
气泡	1. 粉末涂料中有水 2. 压缩空气中有水	1. 涂料包装应密封 2. 压缩空气经油水分离器后，应干燥

续表

涂膜缺陷类型	产生缺陷的原因分析	改进或补救措施
橘皮、橘纹	1. 粉末配方设计不合理 2. 流平剂质量差 3. 促进剂量多 4. 防腐层不均匀	1. 更改配方，使之合理 2. 更换流平剂 3. 务必使防腐层均匀
不光滑、不平整	1. 固化不完全 2. 填加剂量不够	1. 严格控制固化时间和温度 2. 调整配方

11.5 防腐蚀涂装的安全、卫生和环境的管理

伴随着防腐蚀涂装工程的实施，可能会产生一系列的安全问题、健康问题和环境问题。因此涂装行业也是具有一定的危险性、风险性和对健康、环境具备一定破坏性的行业。加强对涂料和涂装行业的立法已是世界各国的共同发展趋势。

11.5.1 防腐蚀涂装的安全问题

涂料产品是由基料、颜料、溶剂、助剂组成，溶剂中绝大多数为易燃易爆的具有挥发性的有机介质，具有很大的燃爆危险性。而溶剂性涂料的危险性则取决于溶剂涂料的闪点和溶剂的挥发速率。

因此在涂料的运输、储存、施工工艺过程中，都要严格遵守涂料的安全规定，防止燃、爆等危险事故的发生。

除了涂装工艺的燃烧和爆炸的危险外，在涂装设备的使用过程中，如喷砂设备、高压喷涂设备等也都存在着设备使用时对施工和操作人员的安全问题。尤其是喷砂与喷射设备的使用不当可能造成人为的意外伤害。操作者必须在上岗前，对设备的危险性有足够的了解和认识，以避免不必要的人身伤害事故发生。例如，当采用喷射除锈时的安全风险主要来自高速磨料的压力流，它对人身体的伤害是严重的。使用高压水喷射除锈也同样面临着高压水流的威力和对人的伤害，要知道高压水喷枪口的压力可以达到250MPa，足以切割钢板和混凝土。

从涂装的前处理开始，涂装的每一个工艺过程都有相关的安全问题，为此国家发布了很多有关涂装施工的安全标准，如：

GB/T 6514《涂装作业安全规程 涂漆工艺安全及其通风》；

GB7693—1987《涂装作业安全标准 涂漆前处理工艺安全及其通风净化》；

GB 12942—1991《涂装作业安全规程 有限空间作业安全技术要求》；

GB 12367—1990《涂装作业安全规则 静电喷涂工艺安全》；

GB 14444—1993《涂装作业安全规则 喷涂室安全技术规定》；

GB 15607—1995《涂装作业安全规则 粉末静电喷涂工艺安全》，等等，防腐蚀涂装工程技术人员应当对相关规范及内容有充分的了解，以防范于未然。

11.5.2 防腐蚀涂装的环境问题

统计表明，大气中的挥发性有机化合物(VOC)中，由于涂装所排放的占总量的10%。也就是说涂装带给我们人类所生活的自然环境，尤其是大气的污染是非常严重的。尤其是某些排放到空气中的有机溶剂还会与紫外光作用，产生光化学反应而释放出有毒物质，造成对人的伤害，引发慢性中毒。溶剂和其他有机挥发物还会促使 NO_2 和 O_2 在地表产生臭氧，危

害人类的呼吸道。

有机挥发物(VOC)是指涂料中的有机溶剂的含量，以每升中含多少克来表示。

世界各国都建立了对“VOC”即溶剂和挥发性有机物含量的限制规定。美国从1982年12月起执行“涂料挥发有机物的限制”的规定，欧共体23国1978年召开会议，要求到2000年减少挥发有机物排放量30%，而英国的环保法规定涂料中溶剂含量的上限为10%。因此在欧美等发达国家，那些含有高溶剂含量的涂料已逐步被淘汰，退出了市场。

我国与发达国家相比已存在较大的差距。例如，欧洲1996年环保法规要求，汽车涂装中有机溶剂(VOC)排放量不得超过$35g/m^2$，而目前我国的标准是$180g/m^2$，由此看来我国的环保规范与发达国家相比仍存在着较大的差距。

除了涂料和涂装中的有害气体的挥发外，涂装的表面预处理过程，以及涂装过程还会有废水、废物和废渣等污染物的排放问题。这些对环境都会造成一定程度的污染。虽然在国家的相关环保政策下，有些企业已经做了一些废水、废气和污染物的后处理，但距离零排放的要求还有很大距离。有一些监管不严的地区，依然存在着对环境较严重的污染性排放。其中最严重的是废气排放。在涂装行业最典型的如表面预处理过程中喷砂的粉尘、酸洗的酸雾、磷化、喷漆生产线上、烘干室等等，都会产生有害废气的排放问题。解决这些问题，应改善工艺过程，提高工艺技术水平，如采用密闭式的喷砂处理，或者采用高压水喷射清洗技术，提高涂料的固体含量，尽量使用无溶剂液态涂料，或者水性涂料、粉末涂料等。

对涂料的涂装工艺，凡可以采用无气喷涂的工艺就不要采用有气喷涂。因为无气喷涂可以比有气喷涂减少漆雾近80%。对中小型的工件，尽量采用静电喷涂，因为静电喷涂的涂料利用率更高，可以更大程度地降低漆雾。另一方面，对不可避免的排放废气，应采用适当的废气处理措施，在净化后再排入大气中。如采用活性碳吸附、水吸收等措施，都是对废气进行净化处理的非常有效的手段。

对于涂料涂装中产生的废渣，如喷漆室中的漆渣，应在收集后加以处理和再利用，防止二次污染。

国外在这方面的控制和处理是很严格的。例如，我们在进口国外的一些化工原料(如异氰酸酯)时，国外的包装桶所做的说明如下：“(译文)废物处理或包装桶的处置：本产品在联邦法规40CFR 261中规定是一种产生危险性废物的产品。处置它们必须遵从当地、州和联邦法规上规定的关于如何处置它们的相关规则。含有残渣的空的容器(料桶)的处置，应遵守所有危险品防范措施。不能散布、再利用、赠与，除非将空桶再次用于储存和运输原来的产品。已经发生穿孔或者破损的空容器应清除所有的残渣。”

如此看来，国外对类似含有一定毒性的化学品的规范管理比我国严格得多。

关于涂装中产生的废水处理，应根据所产生的废水种类的不同采用不同的废水处理方法。酸洗产生的是含有酸根离子的污染水，喷涂室产生的是含有有机溶剂、重金属，以及各种助剂的水溶液，均应按照国家关于污水排放的标准进行污水处理，处理方法遵照国家标准GB 8978—88的规定，分别根据废水的污染状况采用物理法、化学法、化学物理法和生物处理法进行处理后，再排放入自然界。

为了减少涂装作业对环境的破坏和污染，国家规定：

(1) 禁止使用含苯(包括工业苯、石油苯、重质苯，不包括二甲苯、甲苯)的涂料和稀释剂、溶剂。对于船舶涂漆工艺非用含苯涂料不可时，也必须尽量选用含苯量低的涂料和稀释剂；

（2）禁止使用含铅白的涂料；

（3）禁止使用含红丹的涂料。

例如，国外早已禁止了红丹涂料的使用，由于在早期的桥梁和大型钢结构的防腐蚀涂装中大量使用过红丹漆作为底漆，因此，国外对桥梁表面的再涂装工程，在去除桥梁的旧涂层和喷砂除锈时，沾有红丹底漆的砂粒，是不可以落入到河流中或对施工人员造成伤害的。因此，施工现场和人员必须采取有效措施，来保证有毒废物的回收。这些，在制定施工方案时，国家环保部门都要求做出具体的措施和方案。

11.5.3 防腐蚀涂装的健康问题

涂料产品中还有不少有机挥发物会对人的呼吸系统、神经中枢系统有严重的刺激作用和破坏作用。长期接触还会导致人的食欲减退、造血功能降低和造血机能损害。

几乎所有的有机溶剂都是原发性皮肤刺激物，对皮肤、呼吸道黏膜和眼结膜具有不同程度的刺激作用，能引起中枢神经系统的非特异性抑制、周围神经疾患和全身麻醉作用。其中有些有机溶剂可特异性地作用于周围神经系统、肺脏、心脏、肝脏、肾脏、血液系统和生殖系统，造成特殊的损害，有的甚至具有致癌或潜在的致癌作用。

统计表明，我国在职工中检查出的苯中毒检出率为1%，疑似率达3%，这些数字是很惊人的。

（1）中华劳动卫生职业病检测部门通过对职业病中毒的研究表明，造成施工人员中毒主要的原因是：

① 通风设计、安装不合理。一是发生在生产条件较好的企业，这类企业随着生产条件的改善或洁净厂房的要求，许多生产车间安装中央空调设备，由于回风口设置不当，造成室内循环通风，生产场所空气中有机溶剂浓度逐渐增高，导致中毒。广东发生的多起1，2-二氯乙烷急性中毒，就是这种通风设计不合卫生要求所致。另一种情况则是生产条件较为简陋、生产场所无任何通风设施或通风不足，有机溶剂在车间内挥发至一定程度，而引起中毒。尤其在冬、春季节中毒发生较多。

② 接触时间过长导致中毒的产生。这一方面是由于生产场所空气中有机溶剂浓度较高，另一方面是因为长时间加班造成的，一般都有12~16h的连续接触时间，或是因为工作场所布局不合理。

③ 缺乏个人防护用品。这一现象较为普遍，几乎所有发生有机溶剂中毒的个人，均未佩戴任何有效的个人防护用品。

④ 职业卫生、安全意识淡薄。企业主只注重企业的经济效益，轻视对雇员的职业卫生教育培训工作，对有机溶剂的危害认识不足。

因此，施工现场应严格遵守国家所制定的与涂装作业有关的安全卫生规程。作好施工人员的卫生防护，改善施工环境的通风，并对施工环境进行监控。

（2）美国国家职业安全和健康协会（OSHA）于1993年4月规定了关于“密闭空间”的含义为：

① 工人进出受到妨碍；

② 结构设计不适合工人在其中连续工作；

③ 含有或可能含有危险气体；

④ 含有或可能含有引起侵蚀的物质；

⑤ 具有可以使进入人员窒息的结构；

⑥ 具有公认的对健康的危害。

这种“密闭空间”在防腐蚀涂装工程中是会经常遇到的，例如各类罐体的内涂装，在容器、船舶船舱内壁的涂装，大口径管道的内涂装，各类地下设施、通道的涂装等。这种密闭空间的危险性又可分为3类，分别是：

① 密闭空间内的氧气水平不足或过量；

② 密闭空间内存在可燃气体；

③ 密闭空间内存在有毒气体。

密闭空间内的氧气水平的影响：密闭空间内的氧气不足是经常遇到的现象，原因有多种，例如置换、燃烧、氧化、吸附等，使用溶剂或者加热工作都可能引起密闭空间内的氧气供应不足。氧气浓度太低，会引起人的窒息，而超过常量的氧气会引发燃烧或化学反应。

密闭空间内存在可燃气体：地下管道的泄漏，尤其是地下煤气管道的泄露，当这些燃气与空气混合，达到它们的爆炸限度时，遇有明火或电器的开关等会引起爆炸和燃烧。

因此，在密闭空间内的涂装施工是必须要十分谨慎和小心的，万不可麻痹大意，掉以轻心，否则出了事故就会悔之晚矣。

（3）为了保证作业人员的健康，我国已规定限制采用危害作业人员的涂装工艺，如：

① 限制使用火焰法消除旧涂层；

② 限制使用含70%以上的游离二氧化硅的干喷砂除锈；

③ 严禁敞开式干喷除锈；

④ 禁止喷涂红丹防锈漆，禁止在没有有效的通风作业场合进行含苯涂料的涂装作业和使用含苯有机溶剂；

⑤ 对涂装作业人员每年进行一次职业健康检查。

同时，我国政府还制定了有关保证涂装工人身心健康的卫生标准，如GBJ 87《工业企业噪声控制设计规范》；GB 7691—1987《涂装作业安全规程劳动安全和劳动卫生管理》等。表11-17是国家对涂装作业场所所允许的最高的有害物质的浓度。

表11-17　涂装作业或生产场所空气主要有害物质最高允许浓度

物质名称（溶剂）	最高允许浓度/（mg/m^3）	物质名称（涂料原料）	最高允许浓度/（mg/m^3）	物质名称（溶剂）	最高允许浓度/（mg/m^3）	物质名称（涂料原料）	最高允许浓度/（mg/m^3）
苯	50	氧化锑	50	丙醇	200	丙烯腈	45
甲苯	100	镉化合物	0.10	丁醇	200	丙烯酸乙酯	100
二甲苯	100	铬酸盐	0.10	戊醇	100	甲醛	6
丙酮	400	氧化铁	15.0	乙酸甲酯	100	乙二胺	30
松香水	300	铅化物	0.20	乙酸乙酯	200	丙烯酸甲酯	35
松节油	300	汞化物	0.01	乙酸丁酯	200	甲基苯乙烯	480
二氯乙烷	50	二氧化钛	15.0	乙酸戊酯	100	苯酚	19
三氯乙烷	50	磷酸三苯酯	3	四氯化碳	25	甲苯二异氰酸甲酯	0.2
氯苯	50	三乙胺	100	乙醚	500	二异氰酸甲苯	0.14
溶剂石脑油	100	氧化锌	5	环已酮	50	苯乙烯	420
甲醇	50	锰化物	0.2	二硫化碳	10	吡啶	4
乙醇	1500	环氧氯丙烷	1	溶剂汽油	350	涂料粉尘	10

11.5.4 美国桥梁维修涂装的施工

本节内容将以美国桥梁维修涂装的事例，说明发达国家对涂装安全、卫生和健康施工的规范和管理。

11.5.4.1 对红丹底漆的规定和检测

美国联邦法规的规定，红丹涂料是具有毒性的，其毒性的界定有这样的法律规定，即如果废弃物中的红丹的含量超过 5mg/L 或 W/V 值>0.0005% 即可认为是有毒物质；可以使用化学分析的方法来确定。

由于美国早期桥梁的涂装底漆也使用了红丹涂料，因此美国行业内认为在进行桥梁的维护涂装作业时，例如喷砂作业产生的废物会产生如下途径对人员和环境产生毒害：一方面是含有铅的粉尘在桥梁空气周围的扩散，同样也会产生对施工人员的危害；另一方面是电焊切割作业产生的含铅的烟雾对施工人员和有可能吸入人体的周围人员的伤害。

美国职业安全与卫生条例(OSHA)规定了对有可能在接触或曾经接触铅的工人，进行血液中铅含量的测定，其容许值必须低于 40μg/dL。一旦发现铅中毒，则应进行排铅的治疗和不再允许接触铅的作业。

美国对含铅涂料的去除方法仍旧采用开放式喷砂的形式。磨料采用钢砂、石英砂等，为了防止喷砂产生的含铅挥发物对大气和周围居民的危害，喷砂时要采用防水的油布遮拦住附近的区域，防止飞溅和灰尘的扩散；还要求搭建围档等维护设施来减少含铅废物的扩散，为了减少对操作人员的损伤，还要封闭喷砂区域。同时通过大型的空气交换设施与这些封闭区域相连，排出充满灰尘的空气，而工人进入此区域应佩戴好呼吸器。而且所有的排风装置，都必须使用局部的带有高效微粒空气过滤器的排风通风装置。也可以使用真空喷砂和湿喷砂，真空喷砂可以将灰尘量降低到最低的程度，并可以减少维护措施。而湿喷砂也可以减少灰尘和盐分，减少维护措施，但湿的磨料和涂层碎片要更加难于处理。

还可以采用化学清洗，但同样要注意废弃物的处理。而且化学清洗剂本身也存在一定的毒性和对操作人员的伤害。

11.5.4.2 乔治华盛顿大桥(George Washington Bridge)的维修

乔治华盛顿大桥建于 1927 年，它连接新泽西州和纽约。1955 年，港口管理局动用了 5 亿美元的资金，开始该桥梁的维修和重新涂装工程。桥身的下部、桥梁的上部、钢板及加强结构都进行了重新涂装，包括桥塔和栏杆，整个工程持续三年才完成。

所有含铅涂料的去除是在密闭的工作区域进行的，用围拦包住了桥身下侧，以免对环境造成污染，影响通行的汽车和民众。工人在围拦内工作，喷砂除去的旧涂膜，用管子直接通到围拦内进行真空吸砂，围拦内用通风和除尘设备保证工作环境中的空气清洁。

所有的含铅涂料要求彻底清除一直到裸钢，然后进行重新涂装，新的涂装体系是富锌底漆、环氧中间漆和聚氨酯面漆。涂层使用寿命要求 25 年。

11.5.4.3 切萨皮克海湾大桥(Chesapeake Bay Bridge)的再涂装工程

著名的切萨皮克海湾大桥建于 1950 年，全长 4.2 miles(7000m)，是世界上最长的水上桥梁之一。最初采用红丹漆涂装，20 世纪 80 年代用厚浆型环氧树脂涂料进行了重涂。90 年代中期，该涂层系统出现层间分离现象，并出现了大量的锈斑。

马里兰交通部决定对其进行彻底更新涂装，要求总承包商担保涂装质量 10 年，总金额达一千万美元的担保。合同要求投标者具备 SSPC QP2 的认证资质，而且选择了一揽子担保方式。从 1998 年 4 月开始，喷砂除去旧涂层，重新涂装的涂层体系也是环氧富锌底漆-环氧中间漆-聚氨酯面漆的体系，而且合同分两期进行，一次为1/3桥长的涂装，另一次为余下的2/3桥长的涂装。

首先由顾问公司对该项目的桥梁进行了为时5个月的前期检测和评估，包括对旧有桥上的涂层的取样和检测，包括厚度、剥离强度、表面的盐分和重金属含量等的检验。评估的结论为，应全部重新涂装。

涂装工程要求要进行封闭作业、交通管制和水上作业，使用驳船运输设备、喷砂、回收废物等。而且表面预处理和喷涂作业都安排在晚间进行。

由于高达1千万美元的担保，这次的涂装承包方不同于以往的习惯，而与涂料供应商签订了担保涂料的协议，如果桥梁新涂装的防护性涂层的性能出了问题，则应由涂料生产商赔偿涂装承包商所付出的所有市场劳务价格。对于涂层缺陷的评定按照SSPC Vis-2，锈蚀等级7来评定。发生其他如开裂、龟裂、膜下生锈、附着力丧失等，则引用合同中所涉及的担保条款。

所有参与工程的施工人员在工作结束后，进行血液中红丹含量的检查，空气中的可见排放物要符合SSPC Guide 6一级水平。

涂装中总承包商还雇佣了一名NACE 3级资质的检查员。总承包商要求分包商也要雇佣有NACE资格的检查员负责涂装工作中的每一程序检验，包括负责对废弃物的运输、排放。

上述美国两座桥梁的维护涂装施工，反映了发达国家对涂装中所牵涉到的环境、卫生和健康问题的关注是实实在在的。对比一下国内的状况，不光有差距，而且差距很大。这一方面是法律法规的健全，另一方面是政府和社会的关注，当然经济实力也是问题的主要方面。

第 12 章　防腐蚀涂装实例

12.1　埋地钢质管道防腐层的涂装

埋地管道的涂装由于其规则的外形，常常采用机械化的作业线上在防腐预制厂预制，以提高效率，保证涂装质量。三层聚乙烯防腐层、熔结环氧粉末涂层皆如此。西气东输、陕京线、库鄯线、兰成渝线以及我国参建的苏丹等许多大型的管道工程都采用了这两种涂层体系：即三层聚乙烯和熔结环氧粉末涂层体系。

三层聚乙烯的生产线与熔结环氧粉末类似，是在环氧粉末喷涂后，再加上聚合物热熔胶和通过挤涂机挤涂聚乙烯外防护层的工艺过程。本节将先介绍国际上享有盛名的熔结环氧粉末管道涂层的生产线。

12.1.1　钢质管道熔结环氧粉末外涂层

该种管道防腐层采用的是熔结环氧粉末的静电喷涂技术，一次喷涂成膜达到设计厚度。这是由于环氧粉末涂料是一种热固性粉末涂料，它是环氧树脂、固化剂、催化剂、流平剂、颜填料充分混合后，经挤出机塑炼、捏合，以薄片挤出，再经过破碎、研磨和分级，得到粒度均匀的粉末涂料。它在常温下无反应，在高温下迅速反应，熔融并固化成管道涂层，一次成膜的厚度在 350μm 左右，环氧粉末喷涂前的钢管应进行密闭的抛丸处理，表面清洁度达到 Sa2. 5 级，表面锚纹深度应达到 40~70μm。

在粉末静电喷涂作业时，以纯净的压缩空气为动力将粉末送到静电场，使粉末颗粒带电，并通过静电场飞向已预热的管道表面。

12. 1. 1. 1　熔结环氧粉末外涂层涂布的工艺流程

熔结环氧粉末外涂层的工艺流程如下所示：

钢管上线──→钢管预热──→钢管抛丸除锈──→检测表面预处理──→除尘──→中频感应加热──→粉末喷涂──→水淋冷却──→电火花检测──→成品下线

熔结环氧粉末外涂层的涂层工艺见图 12−1。

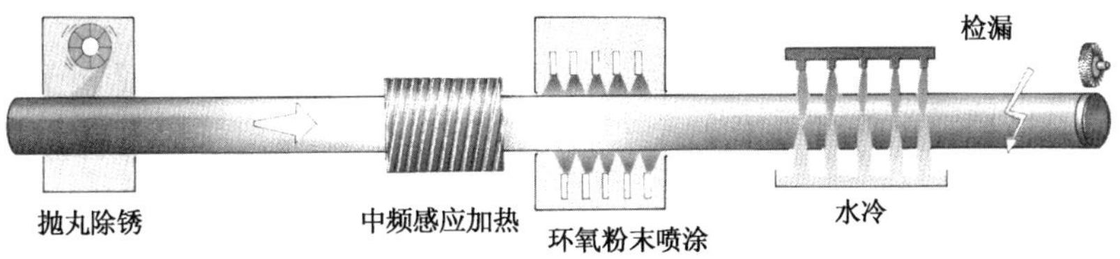

图 12−1　熔结环氧粉末外涂层的涂层工艺

12. 1. 1. 2　熔结环氧粉末的工艺过程和参数

熔结环氧粉末外涂层涂布作业线的布置如图 12−2 所示。

1. 熔结环氧粉末外涂层主要工艺参数

(1) 除锈质量：Sa 2. 5 级；

(2) 粗糙度：40~70μm；

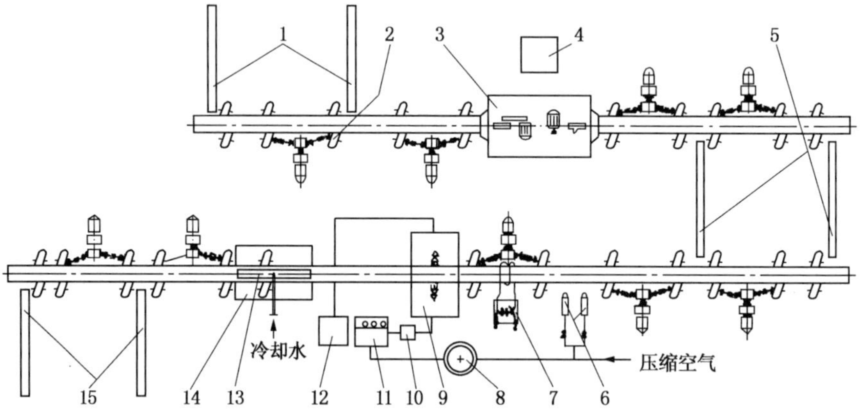

图 12-2　钢质管道环氧粉末外防腐涂装作业线

1—上管平台；2—传动轮组；3—抛丸除锈设备；4—除尘器；5—过管平台；6—微尘吹扫枪；7—中频电源及加热线圈；8—稳压罐；9—粉末喷涂室；10—静电发生器；11—供粉箱；12—粉末回收装置；13—冷却水喷头；14—冷却水池；15—下管平台

(3) 除锈速度：1~4m/min；

(4) 预热温度：180~275℃；

(5) 供风压力：0.6~0.8MPa；

(6) 喷涂速度：1~2m/min；

(7) 涂层厚度：0.3~0.4mm。

2. 主要涂装设备

(1) 传动轮组；

(2) 抛丸除锈设备；

(3) 中频加热设备；

(4) 粉末喷涂设备。

3. 涂装工艺及工艺条件

(1) 钢管表面预处理

① 钢管外表面涂装之前，必须将钢管外表面的油、油脂及任何其他杂质清除干净。

② 喷(抛)丸处理前，应预热钢管，驱除潮气，预热温度为 40~60℃。

③ 钢管外表面喷(抛)丸清理应达到 GB 8923《涂装前钢材表面锈蚀等级和除锈等级》规定的 Sa 2.5 级，钢管表面的锚纹深度(表面粗糙度)应在 40~70μm 范围内，并符合粉末生产厂家推荐的要求。

④ 喷(抛)丸处理后，应将钢管外表面残留的锈粉和灰尘清除干净。钢管表面预处理后 8h 内应进行粉末喷涂。当出现返锈或表面污染时，必须重新进行表面预处理。

⑤ 若用户另有特殊要求，在涂前应做另外的表面预处理(如磷化)。

(2) 粉末的静电喷涂及固化温度

① 钢管外表面的喷涂温度必须符合所用环氧粉末涂料要求的温度范围，但最高不得超过 275℃。钢管外壁在通过中频感应加热线圈时被加热到环氧粉末涂料的固化温度，应使用精密仪表测温，来保证管壁能满足环氧粉末涂料熔融固化所要求的温度，以保证涂层质量。加热温度的调节通过中频感应电源。中频感应电源一般为 1000kW 以上的功率。

② 粉末静电喷涂：环氧粉末涂料静电喷涂时，要将环氧粉末涂料颗粒从供粉筒中吸起，经管路进入喷枪，通过喷枪将环氧粉末喷涂到钢管的表面，在高压静电场的静电作用下均匀地涂布在钢管的表面，经固化形成连续、有效、均匀致密的环氧涂层。

整个喷涂系统由压缩空气净化器、供粉器、喷涂室、旋风分离器和布袋除尘器构成。喷枪是喷涂的关键。每把喷枪的喷粉量与喷枪个数的选择及安置与被涂装管道的大小及涂层的厚度设计和管道的涂装速度密切相关。

③ 喷涂外涂层时，固化温度和固化时间应符合所用环氧粉末涂料的要求和行业标准SY/T 0315—97《钢质管道熔结环氧粉末外涂层技术标准》的规定。

另外，熔结环氧粉末外涂层钢管的管端预留段的长度宜为(50±5)mm，预留段表面不得有涂层。

该高度自动化涂装管道外防腐层的流水线，从抛丸除锈到管道表面的电感应加热、自动化的粉末静电喷涂等，体现了防腐蚀涂装作业的较高水准。我国目前已具备上百条的生产线，而且都是自行设计制造的。

熔结环氧粉末涂层的生产及涂层管的搬运、施工见图12-3、图12-4、图12-5。

图12-3　熔结环氧粉末涂层生产

图12-4　熔结环氧粉末涂层管的搬运

12.1.1.3　熔结环氧粉末涂层的结构设计

钢质管道熔结环氧粉末外涂层为一次成膜的结构。熔结环氧粉末外涂层的厚度应符合管道工程的设计规定，设计无规定时，可根据涂层使用条件参照表12-1的规定选用。

表12-1　埋地钢质管道熔结环氧粉末外涂层厚度

涂层级别	最小厚度/μm	参考厚度/μm
普通级	300	300~400
加强级	400	400~500

图12-5　熔结环氧粉末涂层管的施工现场

12.1.2　埋地钢质管道的聚乙烯防腐层

12.1.2.1　聚乙烯防腐层结构、等级及材料要求

聚乙烯防腐层分两层结构和三层结构两种。两层结构的底层为胶黏剂，外层为聚乙烯，三层结构的底层为环氧涂料，中间层为胶黏剂，面层为聚乙烯。三层结构中的环氧涂料应为环氧粉末涂料。

采用聚乙烯层外防腐技术时，应根据不同的土壤腐蚀环境，选用不同等级结构的防腐层。不同直径的钢管及不同等级结构的聚乙烯防腐层厚度参见表 12-2，焊缝部位的防腐层厚度不宜小于表 12-2 规定值的 70%。

12-2　聚乙烯防腐层的厚度

钢管公称直径 DN/mm	环氧粉末底层/μm	胶黏剂层/μm	防腐层最小厚度/mm	
			普通级(G)	加强级(S)
DN≤100	≥80	170~250	1.8	2.5
100<DN≤250			2.0	2.7
250<DN<500			2.2	2.9
500≤DN<800			2.5	3.2
DN≥800			3.0	3.7

注：要求防腐层机械强度高的地区，规定使用加强级，一般情况采用普通级。

12.1.2.2　聚乙烯防腐层施工工艺

三层结构聚乙烯钢管防腐工艺框图见图 12-6。

钢管检查 → 钢管清理 → 钢管预热 → 抛丸除锈 → 外观检查 → 管面吹扫 → 中频加热 → 环氧粉末静电喷涂 → 胶黏剂涂敷 → 聚乙烯涂敷 → 割口 → 冷却 → 电火花检测 → 涂层检测 → 管端处理 → 标记 → 包装 → 入库

图 12-6　三层结构聚乙烯钢管防腐工艺方框图

三层结构缠绕聚乙烯作业线的工艺流程见图 12-7。

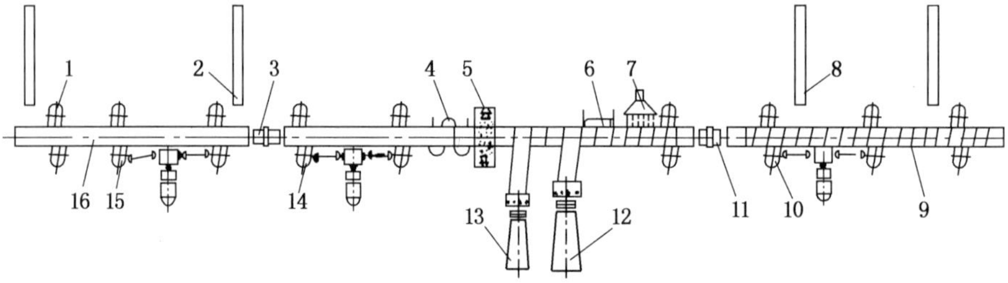

图 12-7　三层结构聚乙烯钢管防腐工艺流程图

1—传动辊轮；2—上管平台；3，11—管接头；4—钢管预热设备(工频或中频)；5—环氧粉末喷涂设备；6—压辊；7—水冷却喷头；8—下管平台；9—成品管；10，14，15—传动台；12—外层挤出机；13—中间层挤出机；16—钢管

(1) 主要参数：适应管径一般为 219~1200mm，管速为 1~5m/min，缠绕螺距根据挤出片材宽度确定，调速方式为无级调速。

(2) 主要装备及机具：环氧粉末供粉系统、工频或中频加热设备、塑料挤出机、塑料混合机、塑料烘干机、传动台及辊轮。

12.1.2.3　施工技术要求

(1) 钢管的表面预处理：钢管在涂敷前，应先清除表面的油脂和污垢等附着物，然后对钢管预热，再进行喷射除锈。涂敷两层结构防腐层和三层结构防腐层的表面预处理质量应分别达到《涂装前钢材表面锈蚀等级和除锈等级》GB 8923 中规定的 Sa 2 级和 Sa 2.5 级的要求，表面锚纹深度达到 50~75μm；表面的毛刺和灰尘也都应清理干净。并应防止涂敷前钢管表面受潮、生锈或二次污染。

(2) 钢管加热：经除锈合格的钢管，在涂敷前应采用无污染的热源进行均匀加热至合适的涂敷温度，加热温度可根据所选用底胶的类型或所选用环氧涂料的性能确定。一般两层结构涂敷的加热温度为40~80℃。三层结构喷涂环氧涂料时，加热温度控制为180~220℃。

（3）防腐层涂敷：三层结构防腐层涂敷环氧涂料底层时，环氧涂料应均匀地涂敷在钢管表面。采用环氧粉末涂料时，必须在环氧粉末胶化过程中完成胶黏剂的涂敷。采用液体环氧涂料时，应在环氧涂料终凝前完成胶黏剂的涂敷。

胶黏剂的涂敷工艺一般采用挤涂方式。

聚乙烯层的包覆可采用纵向挤出工艺或侧向缠绕工艺，直径大于500mm的钢管，宜采用侧向缠绕工艺。采用侧向缠绕工艺时，应确保搭接部分的聚乙烯及焊缝两侧的聚乙烯完全滚压密实，并防止压伤聚乙烯层表面。

（4）冷却：聚乙烯层包覆后应用水冷却至钢管温度不高于60℃。三层结构防腐层采用环氧粉末涂料作底层时，涂敷环氧粉末至防腐层开始冷却的间隔时间应确保熔结环氧涂层固化完全。

（5）管端部位聚乙烯层的切除：防腐层涂敷完成后，应除去管端部位的聚乙烯层。管端预留长度为100~150mm，且聚乙烯层端面应形成小于或等于45°的倒角。

12.1.2.4　质量检验

（1）表面预处理质量检验：表面预处理后应对钢管逐根进行表面清洁度质量检验，采用GB 8923《涂装前钢材表面锈蚀等级和除锈等级》中相应的照片或标准板进行目视比较，表面清洁度应达到设计标准的要求。

（2）防腐层外观检查：采用目测法逐根检查。聚乙烯层表面应平滑、无暗泡、无麻点、无皱褶、无裂纹、色泽应均匀。

（3）针孔检漏：采用在线电火花检漏仪检查，检漏电压为25kV、无漏点为合格。单管有两个或两个以下漏点时可修补；有两个以上漏点时，该管为不合格。

（4）防腐层厚度检查：采用磁性测厚仪测量钢管圆周方向均匀分布的四点防腐层厚度，结果应符合表12-2的要求。连续生产每批至少应检查第2、5、10根钢管的防腐层厚度，之后每10根至少测一根。

（5）剥离强度抽查：先将防腐层沿环向划开宽度为20~30 mm，长10cm以上的长条，划开时应划透防腐层，并撬起一端。用测力计(量程0~300N，精度10N)以10mm/min的速率垂直钢管表面匀速拉起聚乙烯层，记录测力计数值。(50± 5)℃的黏接力，可在防腐层涂后的冷却过程中测定，也可将防腐层加热后测定。测定时，应采用表面温度计监测防腐层的外表面温度，剥离试验应在45~50℃之间进行并完成，检查结果应符合有关标准的规定。

并非自动化生产线上生产出来的涂敷管质量就一定是合格的涂层管，实际生产中由于这样或那样的原因，会出现废管。有时废管率还会比较高。最多时可达到10%左右，这对防腐蚀涂装来说是很大的损失。出现废管的原因多种多样，或者是由于原材料的问题，或者是涂装设备的缺陷和故障等，例如，钢管的焊道较高、胶黏剂或聚乙烯挤出机胶辊存在缺陷等。及时发现这些问题并立即修正对管道聚乙烯防腐层的涂装是非常必要的。

12.2　大型钢结构的涂装

大型钢结构的防腐蚀涂装是钢结构设计、施工、使用维护中的重要环节，它与钢结构的服务寿命、耐久性、施工成本和维护费用密切相关。在现代化建设飞速发展的中国，钢结构建筑越来越多，建筑规模也越来越大。对于钢结构的腐蚀防护方法也越来越受到业内各界的重视，人们也一直在发掘和研究各种长效和优质的防腐蚀涂层结构和施工工艺。到目前为止钢结构的腐蚀防护还主要从以下几方面进行：

（1）从钢结构本身的选材入手，选择耐腐蚀和耐候性优异的钢材作为钢结构的基材；

（2）选择长效优质的热喷涂涂层以及热浸锌涂层的复合涂层体系，钢结构在大气环境下，不用维护，或只需很少的维护就可以使钢结构涂层的防腐蚀寿命提高到 20~30 年以上；

（3）钢结构表面的一般重防腐蚀涂料的涂装；

（4）重防腐蚀涂料与阴极保护的联合保护（适用于埋在地下和浸在水下的钢结构体）。

但是，当采用热浸锌时，钢结构构件的尺寸会受到热浸槽的容积尺寸的局限。采用热喷涂涂层，或采用重防腐蚀涂层时，都会遇到钢结构现场焊接接头部位的现场表面预处理和再涂装问题。与埋地钢质管道的涂装一样，在相关的设计上都应该有明确的规定和做法。

应当指出的是，现代化的大型钢结构，不仅仅要求防蚀性，往往还要求装饰性，这是与埋地钢结构物不同的。因为大型的桥梁和电视塔等，都已经发展成为现代化大都市的重要景观和旅游胜地。

12. 2. 1　桥梁的涂装

在卢浦大桥之前，上海已经先后建成了南浦大桥、松浦大桥、杨浦大桥、奉浦大桥等多座大型桥梁。这些与众不同的神采各异的桥梁成为了上海的象征和突出一景。它表明虽然桥梁的功能就是交通，但发展到今天的城市建设，桥梁不仅仅起到交通作用，它已经变成现代化城市的象征和标志。所以才有人们对桥梁建设的精心雕琢。卢浦大桥的油漆选用了云白色，使用了 700 多吨，涂敷面积达 16 万平方米。

从当前中国国内各种结构的大型桥梁的建设速度来看，大型桥梁的涂装，包括将来的维修和重涂会是越来越多。提高大型桥梁的涂装水平，既包括耐腐蚀性，也包括其外观的装饰性是发展的必然趋势。因此，钢结构桥梁的表面需要兼具装饰和防腐蚀两种功能的涂层。

我们同时应当看到，钢结构桥梁所面临的腐蚀环境也是严峻的。由于大气污染、酸雨，使桥梁所处环境的腐蚀性增强，如果靠近海洋（如上海的桥梁，靠近东海），也会由于氯离子的强侵蚀性，对钢结构桥梁表面的防护造成威胁。再加上大型桥梁维修费用高，因此表面涂层的耐腐蚀性更为重要。国际上一般认为临海桥梁涂层的使用寿命应达到 15 年，内陆为 20 年。

大型桥梁的涂装通常做法是将桥梁的大部分涂装工艺，安排在桥梁工厂内进行。涂装之前，预先将桥梁组件即各种钢板组件进行表面预处理，表面预处理的方法采用抛丸除锈，为减少粉尘对环境的污染，抛丸除锈常常在密闭的空间进行，并建立钢板预处理流水线和异型钢表面预处理流水线，生产线的设计中包括了钢板的校平-预热-抛丸-自动喷漆-后加热-辊道运输等，还设置有除尘和漆雾过滤等。在桥梁工地组装后完成涂面漆的最后工序。

桥梁组件除锈后应进行磷化处理或涂磷化底漆。也可以采用喷涂富锌底漆，以及采用热喷锌或热喷铝等。现场在钢结构施工完后应修补预涂的底漆缺陷，再喷涂或刷涂配套的面漆，采用自然干燥。涂层的厚度大约为 150~250μm、3~5 层涂膜的结构。因此，新建钢结构桥梁的涂装工序为：

（1）车间底漆处理；

（2）钢结构的制造厂涂装；

（3）吊装完后的涂层修补和完整性涂装。

用于桥梁钢结构物防腐蚀的涂装体系，常常是复合结构的多层体系，即富锌底漆、中间层即由中间封闭层和耐候性强的面漆组成。底层还常常采用热喷锌或铝合金涂层，主要用于重要的不易维修的钢结构桥梁。

例 1 三峡坝区的桥梁防腐蚀涂装

三峡坝区位于湖北宜昌，该地区的气候特点是高温、高湿、雾多风少，年平均湿度为75.8%，最高温度达到43.9℃。大气中 SO_2 的浓度较高，酸雨严重，其 pH 值达到5.44。混凝土结构、钢结构都面临着较严重的大气腐蚀。

三峡坝址的平均水量为4500亿 m^3，水中的泥沙量较大，因此水下结构体面临着较大的磨蚀和腐蚀的双重作用。

三峡工程中的钢结构、钢混结构的大小桥梁共计34座，其中的莲沱大桥等的涂层防护如表12-3所示。

表 12-3 三峡工程桥梁的防护涂层

名称	简况	涂层组成
莲沱大桥	全长340.87m，主桥为中承式三孔钢管混凝土连接拱桥，拱上桥面宽20m，钢管的寿命决定大桥的安全	钢管拱表面采用三道漆防护，即底漆、中间漆和面漆；总厚度305μm，涂装前的钢材的除锈等级为：Sa 2.5，表面粗糙度为：30μm，寿命20年
下牢溪大桥	全长286.06 m，为6孔三墩结构，最大跨径160 m，为钢管拱结构	钢管拱表面热喷铝(寿命20年)
西陵长江大桥	全长1118.66m，主孔跨度900m，为单跨双铰式钢筋加劲梁悬索结构，主塔高120m，为混凝土三层门式框架结构	主塔表面及钢缆表面防护 主塔表面：涂膜厚280μm，涂装寿命5年，钢缆表面为热浸锌

例 2 上海黄浦江南浦大桥

南浦大桥(总长8348m)，其桥面下钢结构的涂装工艺分为两个阶段：

(1) 在桥梁的钢结构制造厂车间内的涂装

喷砂或抛丸除锈达到 Sa 2.5 级，粗糙度40~80μm

第一道　环氧富锌漆　80μm

第二道　环氧云铁底漆　100μm

第三道　氯化橡胶厚膜漆(橘红色)　45μm

现场涂装

修补钢结构运输造成的涂膜损伤

第四道　氯化橡胶厚膜漆(橘红色)　45μm

总计涂膜厚度　270μm

(2) 桥面上570根热镀锌钢管的灯管的涂装

底漆　环氧云铁底漆　40μm

面漆　聚氨酯铝粉漆　40μm

防撞栏杆的涂装(未镀锌)

先酸洗、中和、水洗、干燥

底漆　环氧富锌底漆　80μm

中间层　环氧云铁底漆　40μm

面漆　脂肪族聚氨酯橘红面漆　40μm

例 3　美国旧金山的金门大桥涂装

(1) 1965 年以前：

底漆：红丹/亚麻油、醇酸

中间层：红丹、氧化铁红/醇酸

面漆：钼橘红、氧化铁红、TiO_2/酚醛醇酸

(2) 1965 年以后：

底漆：水性无机富锌(美海军规范 MIL-P-23236，C 级)，含锌粉及少量红丹

中间漆：磷化底漆 WP-1

面漆：钼橘红/氯醋共聚体

12.2.2　水工闸门和金属结构的涂装

水工闸门经常处于干湿交替的较严重腐蚀环境下，不仅如此，水工闸门还会受到高速水流的冲蚀作用，水生物的腐蚀作用等。水的氧浓差电池的腐蚀作用与机械冲刷联合作用的结果，使这些部位的腐蚀要远远大于水的全浸区的腐蚀速率。水工闸门每隔一定的时间都要根据其表面的腐蚀状况进行必要的维护和防腐蚀再涂装。

随着工业的发展与人们生活水平的提高，生活污水和工业污水也会与日俱增，一些地区也会自觉或不自觉的将未经处理过的污水排入河流，使河流遭受到严重的污染。污染后的水体更加大了其腐蚀性，从而也加剧了水工钢结构、包括闸门的腐蚀。

由于处于水的浸泡之中，这些钢结构的维护和涂层重涂也往往是很困难的。因此，该类防腐蚀体系的设计要求其涂装体系应具有较高的机械性能、耐磨蚀、耐水生物腐蚀、耐水汽渗透性和较好的耐候性，同时又应具有较高的附着力。保护年限应能达到 15~20 年。

对于水中钢闸门等钢结构的腐蚀防护涂层，在 20 世纪 80 年代以后逐步采用热喷涂涂层和与其配套的封闭涂层来防护，并取得了良好的效果。也可以采用高性能的树脂类重防腐涂料。

具体方案见表 12-4 所列举的我国水工闸门和钢结构的防腐蚀涂装方案。

表 12-4　水工闸门和金属结构的防护

水工闸门或金属结构	涂层结构
永久船闸人字工作门和第一闸首事故检修门及埋件	门体和底漆：热喷锌，最小局部厚度不小于 160μm，封闭层为磷化底漆一道，面漆为氯化橡胶两道，干膜厚度 100μm，涂层总厚度不小于 260μm
电站进水快速工作门，排沙孔工作门约 4911t	表层涂层为：热喷锌加封闭涂料层；热喷锌厚度 120~160μm，封闭层为不饱和乙烯树脂一道，干膜厚度 30μm，中间漆环氧云铁一道，干膜厚 50μm，面漆为改性耐磨环氧二道，干膜厚度 100μm；涂层总厚度 300~400μm
泄洪深孔弧形工作闸门 23 扇，排漂孔弧形工作闸门 2 扇及其埋件，总重约 10306t	门体：热喷锌+封闭涂料涂层；热喷锌厚度 120~160μm，封闭漆为不饱和乙烯树脂一道，干膜厚度 30μm，中间漆环氧云铁一道，干膜厚度 50μm，面漆为环氧金刚砂二道，干膜厚度 100μm；总厚度 300~400μm

12.2.3　海上平台涂装

海上平台时刻遭受到海洋大气、海水、海洋潮差区等恶劣环境的考验，处于海洋不同部位的海上平台应采取不同的防腐蚀涂装体系和腐蚀控制措施，才能应对海洋条件下的恶劣环

境。保证海上采油平台的安全。一般来说，海上采油平台可分为海泥区、水下全浸区、潮差区、飞溅区、海上大气区。其中，处于潮差区和飞溅区的钢质立管的腐蚀速率几乎是全浸区的10倍。这样的一些区域大体在处于工作甲板以下至海平面的区域，它们是海上采油平台腐蚀防护的中心环节。因为，这样一些部位的维修和再涂装几乎是不可能的。而且这些部位出现腐蚀必然威胁到平台的安全。

英国石油公司集40年的经验认为，海上石油平台的防腐蚀涂装应遵照以下原则进行：

(1) 平台的涂装应在岸上进行，否则会影响涂膜的质量。

(2) 平台的第一次涂装一定保证涂装的质量，以避免日后的维修。

(3) 常发生问题的部位是潮差区和飞溅区，这些部位的涂层选择和结构设计是特殊的。20年的经验证明在这些部位采用增加钢板厚度，再用环氧沥青涂料600μm的措施并不理想。他们认为宜采用Monel镍铜合金的厚包覆层，或者是氯丁橡胶包覆层，或纤维增强的厚有机涂层。

(4) 平台上层的建筑的涂装，用无机富锌漆作为底漆，用氯化橡胶面漆。

(5) 还要注意钢结构物的防火处理。

我们注意到随着新材料的不断进步，又有更好的材料可应用于海洋平台。如最近10年崛起和迅速发展的聚脲弹性体涂层，美国和台湾等已把它用于海工结构物，尤其是海上平台的钢结构物在飞溅区的涂装结构，并且效果很好。

12.2.3.1　海洋大气区的涂层系统

对于海洋平台的防腐蚀涂层的设计而言，防腐蚀涂料的优质和配套性，是获得长效优质防腐层的前提条件，当然，也需要进行经济分析和成本核算。应根据海洋平台不同的部位选取不同的涂料和涂层结构、涂层厚度。一般原则如下：海洋大气区处于海洋大气区的钢结构，受到日光、风、雨、盐雾的多重作用，要求该区域的防腐层应具有很突出的耐候性。研究资料表明，其颜色的选择应遵循下面的顺序：银色>黑色>绿色>黄色>灰色，白色漆的耐候性除了金红石型钛较好之外，其他均较差。颜料的颗粒以片状为最佳。成膜树脂的耐候性以脂肪族聚氨酯为最好，有机硅、丙烯酸等次之，再以后是醇酸树脂、酚醛树脂，油脂最差。如果设计要求的使用寿命长时，应选择价格较贵的高档涂料，而如果使用寿命的要求不高，则可以选择价格便宜的醇酸类涂料。

表12-5是海洋大气区的涂层系统选型。

表12-5　海洋大气区涂层系统

<table>
<tr><th rowspan="2">设计年限/a</th><th rowspan="2" colspan="3">配套涂料名称</th><th colspan="2">平均涂层厚度/μm</th></tr>
<tr><th>(1)</th><th>(2)</th></tr>
<tr><td rowspan="2">10~20</td><td colspan="2">底层</td><td>富锌漆(无机或有机富锌漆)</td><td rowspan="2">40
280</td><td>75</td></tr>
<tr><td>面
漆</td><td>1
2
3
4</td><td>氯化橡胶漆
聚氨酯漆
丙烯酸树脂漆
乙烯树脂漆</td><td>250</td></tr>
<tr><td rowspan="2">5~10</td><td colspan="2">底层</td><td>富锌漆(有机或无机富锌漆)</td><td colspan="2">40</td></tr>
<tr><td>面
层</td><td>1
2
3</td><td>氯化橡胶漆
聚氨酯漆
乙烯树脂漆</td><td colspan="2">100</td></tr>
</table>

续表

设计年限/a	配套涂料名称				平均涂层厚度/μm	
					(1)	(2)
5~10	同品种配套	第一类	1 2 3	橡胶树脂漆 乙烯树脂漆 丙烯酸树脂漆	180~220	
		第二类	1 2 3 4	油性漆 酚醛树脂漆 醇酸树脂漆 环氧树脂漆		
		第三类		聚氨酯漆	220~240	
		第四类		环氧树脂漆	240~260	
<5	配套底面漆		1 2 3 4	油性漆 酚醛树脂漆 醇酸树脂漆 环氧树脂漆	170~190	
				其他	200	

12.2.3.2　浪溅区的涂层系统

浪溅区指浪花飞溅区和潮差区，在海洋环境中浪花飞溅区和潮差区已经成为腐蚀学上最恶劣的腐蚀环境之经典的代表，因为在该部位的钢结构处于干湿交替的环境，不仅受到海洋大气的腐蚀、紫外光的幅照，还要受到海浪的冲蚀。处于该区域的钢结构的表面，在海洋腐蚀环境的作用下，一旦有腐蚀发生，在海浪的冲击作用下所生成的腐蚀产物会被马上带走，钢表面又会处于非常活性的状态，而且，海浪所带来的新鲜的氧的补充，又会对钢表面的腐蚀起到去极化作用，去极化作用显然大大加速了钢结构表面的腐蚀行为。因而，该区域的腐蚀速率几乎是其他部位的10倍以上。

当然，对该区域钢结构的腐蚀防护始终是最为关键的。要求该部位的涂层应该能够具有优良的机械性能：耐磨、耐冲击，还要耐大气老化、耐水汽的渗透，同时具有较优良的耐化学性，并适合于高氯的海洋环境。

表12-6是使用寿命在10~20年的飞溅区和潮差区的涂层系统。

表12-6　浪溅区涂层系统(使用10~20年)

配套涂料系统				平均涂层厚度/μm	
				(1)	(2)
第一类	底层		富锌漆(无机或有机富锌漆)	40	75
	中间层	1 2	环氧树脂漆 聚氨酯漆	310	270
	面层	1 2 3	氯化橡胶漆 乙烯树脂漆 丙烯酸树脂漆	130	130
第二类	底层	1 2	环氧树脂漆 聚氨酯漆	375	
	面层	1 2 3	氯化橡胶漆 乙烯树脂漆 丙烯酸树脂漆	65	
第三类	同品种底面层配套	1 2	环氧煤焦油沥青漆 聚氨酯煤焦油沥青漆	450	

同时，对于在该区域使用的重防腐蚀涂料，还必须通过下述检测：

（1）耐盐雾 4000h（按 GB 1771—79《漆膜耐盐雾测定法》测定）；

（2）耐老化 2000h（按 GB 1865—80《漆膜耐老化测定法》测定）；

（3）耐湿热 4000h（按 GB 1740—79《漆膜耐湿热测定法》测定）。

经过上述三个耐老化试验后，涂膜的耐蚀等级还应当符合评级标准的 1 级或 2 级，涂料才能应用于该体系的涂装。

12. 2. 4　电视发射塔的涂装

现如今的电视发射塔不仅仅服务于广播电视，而且也成为了世界各国各大城市观光旅游的重要景点。电视塔的高度不仅越来越高，而且，塔上还附有更多的设施和功能，几乎所有城市的电视塔上面都设有旋转观景台，可以俯瞰该城市的全貌。因此电视塔的涂装是必须具备防腐蚀和装饰双重效果的涂装系统。

上海的"东方明珠"电视塔高 450m，其高度居世界第三位。该电视塔的涂装既要求防蚀效果好，又要求美观壮丽，寿命应达到 20 年。对电视塔的钢结构部分采用喷砂除锈，应达到近白级 Sa 2. 5 的标准要求，然后用无机硅酸富锌涂料作为底漆，干膜 75μm 厚，环氧云铁中间漆两道，干膜厚度 160~200μm，塔的顶部喷涂丙烯酸/HDI 缩二脲面漆，其他部位涂敷防火涂料 2mm 厚。

东方明珠塔的天线采用了上海冶金研究所的研究成果，一种填加了稀有元素的 Ac 铝合金及其 ES-601 系列复合涂层(见图 12-8)。该热喷涂的铝合金由于加入了稀有元素，增加了涂层的耐氯离子和硫化物的腐蚀性，同时该复合涂层系统可以在 160℃下，耐酸、碱溶剂的腐蚀。该种热喷涂涂层也被用于上海磁悬浮列车的轨道的涂层。磁悬浮轨道是磁悬浮列车的关键部件，其 500km/h 的高速运行，轨道的防护是至关重要的。

图 12-8　上海东方明珠电视塔上的天线用热喷涂 Ac 铝合金涂装

中央电视台电视发射塔、北京广播电视发射中心发射塔、辽宁电视台发射塔则采用了热喷涂铝涂层(0. 12mm 厚)，外采用铝粉乙烯树脂封闭处理的技术。

12. 2. 5　风力发电机塔架的防腐蚀涂装

我国西部风力资源很丰富，在目前能源紧缺的自然界和全球能源危机的今天，合理和充分发掘风力发电的资源，是非常具有战略意义的。

我国的新疆大阪有亚洲最大的风力发电场，风力发电的设备主要由桨叶、风机和塔架组成。风力发电设备所处的自然环境十分恶劣，风沙、严寒、日照都相当严重。因此，对风力发电设施应必须作好耐环境腐蚀的防护涂装。作为主要的防腐蚀涂装部位，风力发电机的塔架内外表面将采取相应的涂层结构。塔架的外壁由于要遭受到 4 级以上的风沙侵蚀、紫外光的照射、冬季的高寒，以及夏日的高辐照等，涂膜必须具备高耐磨性、高抗紫外光老化性，以及较宽的温度适应性。一般采用脂肪族聚氨酯面漆，中间漆可采用厚浆型环氧云铁涂料，涂膜应坚韧，并具有屏蔽作用，而底漆采用环氧富锌底漆为最佳。

我国甘肃河西风力发电机塔架，处于最大相对湿度达 80%。而且风沙以 10~20m/s 的速率冲击，对该塔架，则采用了重防腐涂料的涂装体系，环氧富锌底漆—环氧云铁中间漆—丙烯酸脂肪族聚氨酯面漆的体系。具体如下：

塔架内壁采用：

环氧富锌底漆一道，50μm；

环氧云铁二道，100μm。

塔架外壁采用：

环氧富锌底漆一道，75μm；

环氧云铁二道，150μm；

丙烯酸脂肪族聚氨酯面漆，二道，50μm。

欧洲老人牌涂料提供了水性环氧涂料的配方，更有利于环保的要求。其具体的涂层结构如下：

水性环氧富锌底漆(涂料编号：18560)	40μm；
水性环氧中间漆(涂料编号：18500)	150μm；
水性丙烯酸面漆(涂料编号：58040)	50μm；
总干膜厚度	240μm。

如果风力发电场的塔架采用热喷锌涂层来防护，热喷锌的表面还要再加封闭涂层。

12.3 混凝土构筑物的涂装

混凝土构筑物是现代重要的建筑材料之一，在海工结构物、发电厂、水工水利设施、市政工程，以及公路、桥梁等交通设施的建设中都离不开混凝土结构物。可以说混凝土构筑物和钢结构一样遍及了人类赖以生存的各种环境中。

防腐蚀涂装不仅应用于金属表面，也大量应用于混凝土结构物的表面。因为这些混凝土的桥梁、水利设施、化工厂房等，都会由于侵蚀性环境中的腐蚀性介质的作用，使混凝土腐蚀、变得结构疏松，甚至使腐蚀介质深入到混凝土结构的内部，引起钢筋的腐蚀而造成混凝土整体结构的失效或事故。也就是由于腐蚀致使混凝土构筑物在使用期限内，不再能满足设计承载力的强度要求，或者混凝土结构物已发生变形，或者由于渗透而发生结构破坏。

例如，在污水处理系统中的储水槽、生化池、中和池、废酸碱池等。混凝土表面接触含有大量酸、碱、盐、硫化物、氯化物及各种有机酸等腐蚀性的介质。pH 值一般可达到 2~10 之间。混凝土水池在如此恶劣的腐蚀环境下，使用寿命只有 2~3 年就会龟裂或渗漏。

化工厂的储槽或污水处理系统中，混凝土储槽要直接接触腐蚀性液体，则其内壁的表面必须施加耐腐蚀的衬里，按以前的常规要求衬里的厚度一般应为 3mm 左右。衬里内通常加入增强材料如玻璃鳞片等。可以采用玻璃鳞片厚涂层、环氧石英砂浆等结构，这样的一些结构施工是很麻烦的，一般都是手工进行，而且由于涂料干燥的时间限制，这些结构的防腐蚀涂装或维护也往往需要较长的施工周期。

以上系统中的混凝土表面的防护都要选择耐化学性强的纯环氧涂料、酚醛环氧涂料等，因为这些防腐蚀涂料的附着力好、收缩率低，少量潮气也不影响其固化。而且应在涂装结束，涂层完全固化(至少 7 天)后再投入使用。大多数的聚氨酯或环氧树脂涂料都会要求较长的时间后才能使涂敷区域达到可使用的程度。

绝大多数混凝土结构的表面也需要采取防护措施，即涂装防护性的涂层，目的是为了将混凝土构筑物与侵蚀性环境隔离开来。混凝土表面的防护性涂层应该根据所处的外界环境的腐蚀性而选择具备不同防护功能的涂料。

由于混凝土构筑物的组成是不同于钢结构物，它是一种复合的人工材料，具有多孔性、显微裂缝结构和粗糙的表面。而且，混凝土结构内的钢筋和混凝土的结构变形性也不相同，因此，适用于混凝土表面的防护性涂料应与钢结构有较大的不同。而且，涂装的工艺也应有一定的区别。

12.3.1 混凝土构筑物对防护性涂料的要求

1. 耐碱性

混凝土的水泥石中含有水溶性和化学活性化合物，其水溶液呈碱性，其 pH 值在 12~13 之间，因此，混凝土结构物表面的涂层一定具有耐碱性；乙烯基涂料、氯化涂料和环氧类涂料的耐碱性突出，适合于混凝土构筑物表面的防护。

2. 憎水性或具有一定的耐水汽渗透性

混凝土表面涂层的耐水汽渗透性，或者说具有憎水性是保护混凝土构筑物不受水和水溶液浸蚀的有效手段。如果涂膜的耐水汽渗透性差，则外界的水和浸蚀性介质会很快渗透进涂层的内部，而到达混凝土的基底表面，从而使保护性涂膜与混凝土的黏接破坏，而造成混凝土表面的保护性涂层作用尽失。

另一方面在混凝土表面涂装时，混凝土表面也会含有一定的水分，这些水分的存在一定会影响到涂层与混凝土表面的黏接，而涂膜具有的水汽渗透性要能够使存在于涂层基底的水汽渗透出去，而不会让涂膜外面的液态水渗透进涂层内。只有具备该种特性的涂层才适合做混凝土表面上的防护性涂层。

俄国的研究机构认为憎水性最好的涂料是聚乙烯氢化硅氧烷。这是因为沉积在混凝土表面的有机硅化合物被吸附在孔隙和毛细管的壁上，与水泥石矿物质中的金属羟基、氧化物和氢氧化物起化学反应，生成了一种极薄的膜。硅氧烷的硅氧键在薄膜处有指向水泥石表面的定向作用，而有机根则指向相反的方向。这种定向作用造就了混凝土表面的憎水性。

将有机硅化合物溶解在溶剂中或制成水乳化液，其黏度很低，容易渗透进混凝土内部 2~10mm 的深度，待溶液蒸发后，就在孔隙表面形成了薄膜。当薄膜结构表面在紫外光照射下憎水作用降低后，混凝土表面下层仍能够长期保持其憎水性。

3. 渗透性

混凝土表面的涂层应具有较强的渗透性，这是保证混凝土表面的防护性涂层具有良好黏接性能的关键。因为混凝土的表面是一种多孔结构物，涂料具有较强的渗透性就可以保证涂料分子可以迅速地渗透到混凝土表面的微孔内，而加大其涂膜与基材表面的附着力。

低相对分子质量的环氧类涂料常常用来做混凝土表面的封闭性底漆涂料。可以取得满意的黏接效果。

4. 良好的柔韧性和延展性

因为混凝土构筑物在外界环境的作用下有较大的膨胀收缩性，因此，要求混凝土构筑物表面的涂层必须具有优良的韧性。否则会造成涂膜的剥离、开裂，从而造成涂层保护性的失效。从该性能要求来看，聚氨酯类的涂层具有优良的柔韧性，更能适合混凝土构筑物的防护。我国建设部“十五”规划要求，在“十五”期间将重点发展聚氨酯的防水涂料。聚氨酯的防水涂料是大部分用于混凝土构筑物表面的防护性涂层。

5. 与混凝土表面的良好附着力

混凝土表面涂层不同于钢结构的区别在于，混凝土有可能面临潮湿的环境，涂膜应能保证在潮湿环境下与混凝土表面的附着。

6. 抗二氧化碳性

由于混凝土的劣化往往是由于 CO_2 的作用，而使混凝土发生碳化。因此涂层能够阻止 CO_2 的渗透是保证混凝土构筑物不发生退化的重要因素。

12.3.2　混凝土构筑物涂装前的表面预处理

混凝土构筑物涂装前的表面预处理应遵从下面的程序：

(1) 除油。可以采用碳酸钠溶液清洗混凝土表面的油污，如果是深入到混凝土缝隙内的油污则应当采用热的碱水浸渍，直至油污全部去除。

油污去除后应使用清水将混凝土的表面冲刷干净，并调整其表面的 pH 值到 7~8。除油完成后应使用清水滴检测除油质量。通过观察清水滴在混凝土表面的润湿状况来判定。

(2) 表面的拉毛或粗糙化处理。可以采用喷砂或酸蚀的方法，将混凝土表面粗糙化，酸蚀时可以使用 10%~15%质量分数的盐酸，待盐酸全部反应过后，用清水冲刷混凝土表面。

(3) 去除混凝土表面所有的疏松物质、颗粒。

(4) 用底漆和水泥调成的腻子，封闭混凝土表面所有的微孔、裂纹和缺陷。

(5) 新混凝土构筑物应充分氧化 28 天以上。

处理过的混凝土表面应符合表 12-7 的规定。

表 12-7　混凝土涂装前的表面预处理要求

湿度/%	≤5
强度/MPa	>24.0
平整度/mm	≤2
pH 值	<10
表面状况	无砂无裂无油无坑

12.3.3　混凝土涂装在沪宁高速公路桥梁上的应用

高速公路上的桥梁除了钢结构外，还有不少混凝土构筑物，桥梁表面的装饰在现代化交通中占有非常重要的地位，它应能与城市的建筑物交相呼应，并起到画龙点睛的作用。因此，对混凝土桥梁的涂装特别注意涂层的防护和装饰双重功效。

为此，以前所使用的价格低、寿命短、耐侯性差、容易褪色的传统涂料，如聚乙酸乙烯涂料等已经逐步被淘汰，而代之以耐候性优良、色彩鲜艳、寿命长、防护效果好的树脂类涂料。这一方面是由于应满足处于大气环境下混凝土表面防护的要求，另一方面也由于一旦高速路通车，道路上桥梁的更新和维护就会变得十分困难。

桥梁上的混凝土的防护性涂层应具备下列特征：

(1) 与混凝土表面黏接力强，弹性好，不开裂；

(2) 耐候性优异，在春夏秋冬四季的气候变迁下不会产生褪色、粉化、剥落；

(3) 耐大气酸雨的腐蚀(SO_2、CO_2)；

(4) 抗静电、易清洗；

(5) 具备良好的可施工性，环保、无毒。

例如，为充分展示高速公路的现代化风采，在苏州东高浜分离式立交桥的混凝土表面选用了丙烯酸涂料进行涂装。色泽选用淡蓝灰色，并用稍深的蓝色勾勒出其线条轮廓，使得整个桥形舒畅，并与周围的绿化、水面景观相协调一致。施工程序为：

(1) 基底清洗。

(2) 用水性环氧高强黏接剂修复混凝土桥梁表面的裂缝、空鼓和气孔。

(3) 基层找平，二遍；用 FC 高强防水胶，是由纯丙烯酸树指等组成，与水泥、细骨料配成的粉刷料或腻子处理混凝土基层，不仅强度高，不裂，不剥落，而且具有极佳的防水性能(高强度胶：水泥：石英粉=1：2：4 配成腻子)。

（4）使用渗透力极强的封底剂对混凝土基底封底。

（5）二道水性丙烯酸面漆，100μm。

12.3.4 水处理系统的混凝土的涂装

用于污水体系的防护层涂料。应具有非常优良的耐化学性，环氧树脂类涂料、酚醛环氧类涂料和焦油环氧类涂料可用于这类体系的防护。下面的配方可以作为参考：

（1）焦油环氧涂料　　2×150μm

（2）纯环氧涂料　　3×100μm

（3）无溶剂环氧涂料　　2×200μm

（4）酚醛环氧涂料　　3×100μm

12.3.5 聚脲弹性体涂层用于混凝土构筑物的防护

1. 国外在混凝土构筑物上的聚脲防护性涂层应用

近十几年来发展的聚脲弹性体涂层和美国 Gusmer 聚脲专用喷涂设备的问世，为混凝土结构物表面的防腐蚀开辟了更新更可靠的具备多种防护功能的材料和技术。这是因为该种材料具有很优异的耐水、耐腐蚀性能，并具有非常高的机械强度和与混凝土、金属等多种材质的黏接性。国际上，聚脲不仅应用于新混凝土结构物表面的防护，在旧的混凝土结构物的修复工程上也得到成功应用，并取得很好的效果。

美国、韩国等国家已将聚脲用于污水处理系统混凝土表面的防腐蚀涂装，我国也将聚脲用于我国的污水处理系统的防护。美国的一些聚脲产品公司已制定了聚脲用于混凝土表面防护的施工规范。美国亨斯曼公司相关技术人员专门研究了喷涂聚脲弹性体用于混凝土表面的黏接问题，也研究和提供了聚脲在混凝土上的黏接与混凝土的表面状态、环境温度、底漆类型的关系，如表 12-8 所示。

表 12-8 聚脲在混凝土上的黏接力 N/mm²

	干(混凝土表面状态)		湿	
	8℃	23℃	8℃	23℃
无底漆	0.75	>4.45	1.30	>4.45
环氧类底漆 1	>4.45	>4.45	>4.45	>4.45
环氧类底漆 2	2.70	>4.45	1.75	>4.45

聚脲弹性体涂料除用于污水处理系统外，还可以用于旧的混凝土构筑物表面防护性涂层的修复。美国北卡来罗那州的交通部门选用聚脲来修复州内的一条 68 年的隧道。该隧道的混凝土表面由于渗水，使涂层大量脱落，选用环氧类涂料均达不到好的效果，在涂敷过两三年后涂层又会脱落，不得不重新再涂装。使用聚脲后达到了非常好的效果。

世界上最大的机场之一——达拉斯沃堡机场，位于美国得克萨斯州的达拉斯市，于 2001 年 8 月进行了一次施工面积近 64000m² 的地面聚脲喷涂的修缮工程。选择聚脲弹性体涂料，理由在于走道、停车场和跑道在晚间施工，在施工期不得干扰机场的正常运转。该工程使用聚脲对 4 个候机楼的人行道和停机坪跑道进行喷涂。

聚脲喷涂作业被安排在 90 天内完成，施工只能在每天的 23:30～5:30 进行，也就是只能每天的夜间作业 6h，并且要求每天作业的部位在早上 6:00 时可以正常使用。该种作业要求的苛刻性，在现今的涂料中是惟有聚脲的施工特性可以满足的。

韩国修建的仁川机场，是由两个海岛连接在一起填海建造的，选用的是韩国国都化学公司的聚脲产品。机场的 4 条跑道、两个航空集散中心，共计有 30 万 m^2 的钢筋混凝土结构物涂敷聚脲弹性体涂层，防止海水的浸蚀。涂膜的厚度 1.5mm，黏接强度 1.5MPa，抗张强度 14.7MPa。图 12-9 和图 12-10 是韩国国都化学公司生产的聚脲用于仁川机场混凝土构筑物的喷涂实况。

图 12-9　聚脲用于仁川机场时用腻子封闭混凝土表面缺陷

图 12-10　聚脲用于仁川机场时对混凝土表面的喷涂

据美国聚脲协会的统计，聚脲产品 65%用于混凝土构筑物表面的防护，因此聚脲弹性体涂层是混凝土构筑物表面防水、防腐、和防护的优良防护性涂层。

2. 国内使用聚脲弹性体涂层防护混凝土结构

国内最早使用聚脲于混凝土表面的防水是青岛海洋研究院所，它们将聚脲弹性体用于青岛海豚表演池的修复。这是我国第一个采用聚脲作为防渗堵漏的材料用于混凝土结构物的防护的工程实例。

该海豚表演池用混凝土建造，表面涂刷的原为天蓝色环氧涂料，使用不到一年就发生了开裂，局部出现了大面积脱落。在选用聚脲作为水池的防护涂层后，仅用了一天就完成了所有的喷涂施工，第二天海豚馆就继续得以开放。这充分展示了聚脲喷涂弹性体涂层的优良可施工性能。

大连老虎滩极地海洋动物馆的看台，也采用了聚脲喷涂弹性体涂层用于十级看台上的混凝土的防护。

北京焕发管道修复有限公司，使用经过卫生部检测合格的美国进口纯聚脲，用于已经运行有 50 多年的混凝土旧饮用水管道的修复，取得了很好的效果。

参 考 文 献

1 庞启财. 防腐蚀涂料涂装和质量控制. 北京：化学工业出版社，2004 年 4 月

2 王受谦. 防腐蚀涂料与涂装技术. 北京：化学工业出版社，2002 年 1 月

3 虞兆年. 防腐蚀涂料和涂装. 北京：化学工业出版社，2003 年 1 月

4 王泳厚. 实用涂料防蚀技术手册. 北京：冶金工业出版社，1994 年 9 月

5 胡传炘. 涂层技术原理及应用. 北京：化学工业出版社，2002 年 9 月

6 张忠礼. 钢结构热喷涂防腐蚀技术. 北京：化学工业出版社，2004 年 5 月

7 冯立明. 涂装工艺与设备. 北京：化学工业出版社，2004 年 7 月

8 叶扬祥. 涂装技术实用手册. 北京：机械工业出版社，2003 年 6 月

9 马庆林. 涂料工艺（增订本）第六分册. 北京：化学工业出版社，1997 年 1 月

10 黄微波. 喷涂聚脲弹性体技术. 北京：化学工业出版社，2005 年 7 月

11 徐湘缃. 实用防腐蚀工程施工手册. 北京：化学工业出版社，2002 年 10 月

12 曹京宜. 涂装表面预处理技术与应用. 北京：化学工业出版社，2004 年 10 月

13 何宜章. 2004 年我国非开挖行业发展概况. 非开挖技术，2005 年 3 月

14 蔡记华（译）. HDPE 管是解决自来水和污水管线难题的重要管材. 非开挖技术，2005 年 3 月

15 ASTM F 1216《Standard Practice for Rehabilitation of Existing Pipelines and Conduits by Inversion and Curing of a Resin-Impregnated Tube》

16 ASTM D4258—83《Standard Practice for Surface Cleaning Concrete for Coating[1]》

17 PPI《Pipeline Rehabilitation by Slipling with Polyethylene Pipe》

18 Aida Lopez, MsC., P. Eng. Coating Trial and Selection of Rehabilitation Coatings for Large Paper 00773

19 P. I. Meli, Jr. New Developments in 100% Solids Fast Curing, Epoxy Technology for Protecting Tanks and Pipe. Corrosion2000 Paper 00179

20 P. Singh. Development of a Cost Effective Powder Coated Multi-Component Coating for Pipelines. Corrosion 2000 Paper 00762

21 Bob Murphy. New Coating Systems Help Protect Aging Wastewater Infrastructure. WaterWorld March, 2004

22 SY/T 0315—97《钢质管道熔结环氧粉末外涂层技术标准》

23 SY/T 0413—2002《埋地钢质管道聚乙烯防腐层技术标准》

24 SY/T 0447—96《埋地钢质管道环氧煤沥青防腐层技术标准》

25 Q/CNPC 38—2002《埋地钢质管道双层熔结环氧粉末外涂层技术规范》

26 ANSI/AWWA C210-97《Liquid-Epoxy Coating Systems for the Interior and Exterior of Steel Water Pipelines》

27 ANSI/AWWA C222-99《Polyurethane Coatings for the Interior and Exterior of Steel Water Pipe and Fittings》

28 Marc Broekaert. Polyurea Spray-Applied Systems for Concrete Protection. Fourth European Congress on Construction Chemicals on April 10, 2003 in Nurnberg, Germany (parallel to the European Coatings Show 2003)